桩 基 工 程

主 编 蒋建平 史旦达
刘文白 邓益兵

上海交通大学出版社

内容提要

桩基础在各类工程中得到广泛应用。本书基于最新的桩基工程国家规范编写,顾及港口、航道与海岸工程专业,包含了桩基础在海岸工程、港口工程、海洋工程中的应用的内容。本书共分 12 章,主要介绍了桩基工程的基本原理和计算方法、设计原则、施工方法以及在港航工程中的应用。在每章后面都配有例题,帮助学生理解本章所学内容。本书不仅适用于航港专业学生,还适用于普通土木类学生。

图书在版编目(CIP)数据

桩基工程/ 蒋建平等主编.—上海:上海交通大
学出版社,2016
ISBN 978 - 7 - 313 - 13989 - 4

Ⅰ. ①桩…　Ⅱ. ①蒋…　Ⅲ. ①桩基础　Ⅳ.
①TU473.1

中国版本图书馆 CIP 数据核字(2015)第 249753 号

桩基工程

主　　编:蒋建平　史旦达　刘文白　邓益兵
出版发行:上海交通大学出版社　　　　　　　地　　址:上海市番禺路 951 号
邮政编码:200030　　　　　　　　　　　　　电　　话:021 - 64071208
出 版 人:韩建民
印　　制:上海景条印刷有限公司　　　　　　经　　销:全国新华书店
开　　本:787 mm×1092 mm　1/16　　　　　印　　张:33
字　　数:778 千字
版　　次:2016 年 9 月第 1 版　　　　　　　印　　次:2016 年 9 月第 1 次印刷
书　　号:ISBN 978 - 7 - 313 - 13989 - 4/TU
定　　价:84.00 元

前　言

随着经济建设与城市化的高速发展,桩基工程无论在理论研究、施工技术、设计方法上,还是在质量检测与环境控制方面都有了长足的发展。

目前国内有关桩基工程的教材不多,且主要是针对陆地上建筑工程,几乎没有涉及到港口、航道与海岸工程专业,也较少涉及到交通工程专业。本教材基于最新的桩基工程国家规范即《建筑桩基技术规范》(JGJ94—2008)进行编写,顾及港口、航道与海岸工程专业和交通工程专业,包含了桩基础在海岸工程、港口工程、海洋工程中的应用的内容,同时也适合大土木类的其他专业。

21世纪是海洋的世纪,国家目前加大了开发海洋的力度。大土木类其他专业的学生,也很有必要了解和掌握桩基础在海岸工程、海洋工程中应用方面的知识。因此,该教材在国内不仅对港航专业的学生是急需的,对普通土木类专业的学生也是需要的。

本书的出版得到了上海海事大学三年规划教材项目(2013—2015)、国家自然科学基金项目(50909057、51078228、51208294、41372319)、2013年上海市研究生教育创新计划实施项目(第二批)(20131129)、上海市教委一流学科建设项目、上海市教委科研创新项目(14YZ101、11YZ132)、上海海事大学学术创新团队建设项目的资助。同时,研究生陈文杰、王妍、郑鑫、宣杰,本科生易鑫、李强等在本书的编写过程中做了较多的工作。书中引用了许多科研、高校、工程单位及其研究人员的研究成果及教材、著作,书中也引用了一些其他资料,在此一并表示感谢。

由于作者水平有限,书中难免有错误和不当之处,敬请读者批评指正。

编　者

2014 年 11 月

目 录

绪　论

0.1　桩的基本概念

当地基浅层土质不良,采用浅基础无法满足结构物对地基强度、变形和稳定性方面的要求时,往往需要采用深基础。桩基础是一种历史悠久而应用广泛的深基础型式。近代随着工业技术和工程建设的发展,桩的类型和成桩工艺、桩的设计理论和设计方法、桩的承载力与桩体结构的检测技术等诸方面均有迅速的发展,以使桩与桩基础的应用更为广泛,更具有生命力。它不仅可作为建筑物的基础型式,而且还可应用于软弱地基的加固和地下支档结构物。

桩是将建筑物的荷载(竖向的和水平的)全部或部分传递给地基土(或岩层)的具有一定刚度和抗弯能力的传力杆件。

下面介绍桩的一些基本概念。

1) 桩基

由设置于岩土中的桩和与桩顶联结的承台共同组成的基础或由柱与桩直接联结的单桩基础。

2) 复合桩基

由基桩和承台下地基土共同承担荷载的桩基础。

3) 基桩

桩基础中的单桩。

4) 复合基桩

单桩及其对应面积的承台下地基土组成的复合承载基桩。

5) 减沉复合疏桩基础

软土地基天然地基承载力基本满足要求的情况下,为减小沉降采用疏布摩擦型桩的复合桩基。

6) 单桩竖向极限承载力标准值

单桩在竖向荷载作用下到达破坏状态前或出现不适于继续承载的变形时所对应的最大荷载,它取决于土对桩的支承阻力和桩身承载力。

7) 极限侧阻力标准值

相应于桩顶作用极限荷载时,桩身侧表面所发生的岩土阻力。

8) 极限端阻力标准值

相应于桩顶作用极限荷载时,桩端所发生的岩土阻力。

9) 单桩竖向承载力特征值

单桩竖向极限承载力标准值除以安全系数后的承载力值。

10）变刚度调平设计

考虑上部结构形式、荷载和地层分布以及相互作用效应,通过调整桩径、桩长、桩距等改变基桩支承刚度分布,以使建筑物沉降趋于均匀、承台内力降低的设计方法。

11）承台效应系数

竖向荷载下承台底地基土承载力的发挥率。

12）负摩阻力

桩周土由于自重固结、湿陷、地面荷载作用等原因而产生大于基桩的沉降所引起的对桩表面的向下摩阻力。

13）下拉荷载

作用于单桩中性点以上的负摩阻力之和。

14）土塞效应

敞口空心桩沉桩过程中土体涌入管内形成的土塞,对桩端阻力的发挥程度的影响效应。

15）灌注桩后注浆

灌注桩成桩后一定时间,通过预设于桩身内的注浆导管及与之相连的桩端、桩侧注浆阀注入水泥浆,使桩端、桩侧土体(包括沉渣和泥皮)得到加固,从而提高单桩承载力,减小沉降。

0.2　桩的特点和作用

桩的横截面尺寸比长度小得多。桩的性质随桩身材料、制桩方法和桩的截面大小而异,有很大的适应性。桩可以由各种材料制成,例如木材、钢材、混凝土或它们的组合。桩可以现场或工厂预制,也可以在地基中开孔直接浇筑。桩顶可以做成专门的钢帽,也可伸出钢筋以便与基础承台连接。桩身通常是柱形,但也可以是锥形。桩表面一般是平直的,也可以做成槽形或螺旋形。桩的断面形状常为圆形、环形、方形,也有矩形、多边形、三角形或 H 形等异形断面。桩端可以做成锥尖形或平底的,也可能扩大成球台形,或梨形的。

桩基础的作用主要体现在:

（1）桩支承于坚硬的(基岩、密实的卵砾石层)或较硬的(硬塑黏性土、中密砂等)持力层,具有较高的竖向单桩承载力或群桩承载力。

（2）桩基具有很大的竖向单桩刚度(端承桩)或群桩刚度(摩擦桩),在自重或相邻荷载影响下,不产生过大的不均匀沉降,并确保建筑物的倾斜不超过允许范围。

（3）凭借较大的单桩侧向刚度(大直径桩)或群桩基础的侧向刚度及其整体抗倾覆能力,抵御由于风和地震引起的水平荷载与力矩荷载,保证建筑物的抗倾覆稳定性。

（4）桩身穿过可液化土层而支承于稳定的坚实土层或嵌固于基岩,在地震造成浅部土层液化与震陷的情况下,桩基凭靠深部稳固土层仍具有足够的抗压与抗拔承载力,从而确保建筑的稳定,且不产生过大的沉陷与倾斜。

桩基是既古老而又常见的基础形式,桩的作用是利用本身远大于土的刚度将上部结构的荷载传递到桩周及桩端较坚硬、压缩性小的土或岩石中,达到减小沉降、使建(构)筑物满足正常的使用功能及抗震等要求。桩基由于具有承载力高、稳定性好、沉降及差异沉降小、沉降稳定快、抗震性能好以及能适应各种复杂地质条件等特点而得到广泛使用。桩基础除了在一般工业与民用建筑中主要用于承受竖向抗压荷载外，还在桥梁、港口、公路、船坞、近海钻采平台、高耸及高重建(构)筑物、支挡结构以及抗震工程中用于承受侧向风力、波浪力、土压力、地震力、车辆制动力等水平力及竖向抗拔荷载等。据不完全统计，全国每年桩的使用超过 100 万根以上。

0.3　桩基础的适用条件

(1) 荷载较大，地基上部土层软弱，适宜的地基持力层位置较深，采用浅基础或人工地基在技术上、经济上不合理时；

(2) 河床冲刷较大，河道不稳定或冲刷深度不易计算正确，如采用浅基础施工困难或不能保证基础安全时；

(3) 当地基计算沉降过大或结构物对不均匀沉降敏感时，采用桩基础穿过松软(高压缩性)土层，将荷载传到较坚实(低压缩性)土层，减少结构物沉降并使沉降较均匀；

(4) 当施工水位或地下水位较高时，采用桩基础可减小施工困难和避免水下施工时；

(5) 地震区，在可液化地基中，采用桩基础可增加结构物的抗震能力，桩基础穿越可液化土层并伸入下部密实稳定土层，可消除或减轻地震对结构物的危害。

当上层软弱土层很厚，桩底不能达到坚实土层时，就需要用较多、较长的桩来传递荷载，且这时的桩基础沉降量较大，稳定性也稍差；当覆盖层很薄时，桩的稳定性也会有问题，就不一定是最佳的基础形式，应经过多方面的比较才能确定优选的方案。

因此，在考虑桩基础适用时，必须根据上部结构特征与使用要求，认真分析研究建桥地点的工程地质与水文地质资料，考虑不同桩基类型特点和施工环境条件，经多方面比较，精心设计，慎重选择方案。

0.4　桩基的选型与布置

0.4.1　桩基设计应具备的资料

1) 岩土工程勘察文件

(1) 桩基按两类极限状态进行设计所需用岩土物理力学参数及原位测试参数；

(2) 对建筑场地的不良地质作用，如滑坡、崩塌、泥石流、岩溶、土洞等，有明确判断、结论和防治方案；

(3) 地下水位埋藏情况、类型和水位变化幅度及抗浮设计水位，土、水的腐蚀性评价，地下水浮力计算的设计水位；

(4) 抗震设防区按设防烈度提供的液化土层资料；

（5）有关地基土冻胀性、湿陷性、膨胀性评价。

2）建筑场地与环境条件的有关资料

（1）建筑场地现状，包括交通设施、高压架空线、地下管线和地下构筑物的分布；

（2）相邻建筑物安全等级、基础形式及埋置深度；

（3）附近类似工程地质条件场地的桩基工程试桩资料和单桩承载力设计参数；

（4）周围建筑物的防振、防噪声的要求；

（5）泥浆排放、弃土条件；

（6）建筑物所在地区的抗震设防烈度和建筑场地类别。

3）建筑物的有关资料

建筑物的总平面布置图；建筑物的结构类型、荷载，建筑物的使用条件和设备对基础竖向及水平位移的要求；建筑结构的安全等级。

4）施工条件的有关资料

（1）施工机械设备条件，制桩条件，动力条件，施工工艺对地质条件的适应性；

（2）水、电及有关建筑材料的供应条件；

（3）施工机械的进出场及现场运行条件。

5）供设计比较用的有关桩型及实施的可行性的资料。

0.4.2　桩基设计的原则

桩基的设计应根据建筑规模、功能特征、对差异变形的适应性、场地地基和建筑物体型的复杂性以及由于桩基问题可能造成建筑破坏或影响正常使用的程度等进行设计。

桩基础应按下列两类极限状态设计：

（1）承载能力极限状态：桩基达到最大承载能力、整体失稳或发生不适于继续承载的变形；

（2）正常使用极限状态：桩基达到建筑物正常使用所规定的变形限值或达到耐久性要求的某项限值。

0.4.3　桩的选型与布置

桩型与成桩工艺应根据建筑结构类型、荷载性质、桩的使用功能、穿越土层、桩端持力层、地下水位、施工设备、施工环境、施工经验、制桩材料供应条件等，按安全适用、经济合理的原则选择。

基桩的布置宜符合下列条件：

（1）基桩的最小中心距应符合规范的规定；当施工中采取减小挤土效应的可靠措施时，可根据当地经验适当减小。

（2）排列基桩时，宜使桩群承载力合力点与竖向永久荷载合力作用点重合，并使基桩受水平力和力矩较大方向有较大抗弯截面模量。

（3）对于桩箱基础、剪力墙结构桩筏（含平板和梁板式承台）基础，宜将桩布置于墙下。

（4）对于框架—核心筒结构桩筏基础应按荷载分布考虑相互影响，将桩相对集中布置于核心筒和柱下,外围框架柱宜采用复合桩基,桩长宜小于核心筒下基桩(有合适桩端持力层时)。

（5）应选择较硬土层作为桩端持力层。桩端全断面进入持力层的深度,对于黏性土、粉土不宜小于 2 d,砂土不宜小于 1.5 d,碎石类土,不宜小于 1 d。当存在软弱下卧层时,桩端以下硬持力层厚度不宜小于 3 d。

（6）对于嵌岩桩,嵌岩深度应综合荷载、上覆土层、基岩、桩径、桩长诸因素确定;对于嵌入倾斜的完整和较完整岩的全断面深度不宜小于 0.4 d 且不大于 0.5 m,倾斜度大于 30% 的中风化岩,宜根据倾斜度及岩石完整性适当加大嵌岩深度;对于嵌入平整、完整的坚硬岩和较硬岩的深度不宜小于 0.2 d,且不应大于 0.2 m。

第1章
单桩竖向承载力

单桩竖向承载力计算是桩基设计的最主要的内容,而单桩竖向承载力是桩基设计的最重要的设计参数。单桩竖向承载力是指单桩所具有的承受竖向荷载的能力,其最大的承载能力称为单桩极限承载力,可出单桩竖向静载荷试验测定,也可用其他的方法(如规范经验参数法、静力触探法等)估算。

1.1　单桩竖向极限承载力的概念

单桩竖向极限承载力 Q_u 为桩土系统在竖向荷载作用下所能长期稳定承受的最大荷载,亦即单桩静载试验时桩顶能稳定承受的最大试验荷载。它反映了桩身材料、桩侧土与桩端土性状、施工方法的综合指标。

单桩竖向破坏承载力 Q_P 是指单桩竖向静载试验时,桩发生破坏时桩顶的最大试验荷,它比单桩竖向极限承载力高一级荷载。单桩的破坏方式有桩土破坏和桩身混凝土破坏两种。

《建筑桩基技术规范》(JGJ94—2008)中对单桩竖向极限承载力的确定做了下列规定:

(1) 一般情况下,单桩竖向极限承载力应通过单桩静载试验确定,试验按《建筑基桩检测技术规范》(JGJ106—2003)执行;

(2) 对于大直径端承型桩,也可通过深层平板(平板直径应与孔径一致)载荷试验确定极限端阻力;

(3) 对于嵌岩桩,可通过直径为 0.3 m 岩基平板载荷试验确定极限端阻力标准值,也可通过直径为 0.3 m 嵌岩短墩载荷试验确定极限侧阻力标准值和极限端阻力标准值;

(4) 桩侧极限侧阻力标准值和极限端阻力标准值宜通过埋设桩身轴力测试元件由静载试验确定,并通过测试结果建立极限侧阻力标准值和极限端阻力标准值与土层物理指标、岩石饱和单轴抗压强度以及与静力触探等土的原位测试指标间的经验关系,以经验参数法确定单桩竖向极限承载力。

设计采用的单桩竖向极限承载力应符合下列规定:设计等级为甲级的建筑桩基,应通过静载试验确定;设计等级为乙级的建筑桩基,当地质条件简单时,可参照地质条件相同的试桩资料,结合静力触探等原位测试和经验参数综合确定,其余均应通过单桩静载试验确定;设计等级为丙级的建筑桩基,可根据原位测试和经验参数确定。

1.2　单桩竖向静荷载试验

1.2.1　试验装置与试验方法

通过现场试验确定单桩的轴向受压承载力。荷载作用桩顶,桩将产生位移(沉降)。可得到每根试桩的 $Q-s$ 曲线,它是桩破坏机理和破坏模式的宏观反映。此外,静载试验过程,亦可得到每级荷载下桩顶沉降随时间的变化曲线,它也有助于对试验成果的分析。对单桩荷载较大的重要建筑物和重要的交通能源工程以及成片建造的标准厂房和住宅进行静载试桩时,宜埋设应变测量元件以直接测定桩侧各土层的极限侧阻力和端阻力,以及桩端的残余变形等参数,从而能对桩土体系的荷载传递机理作较全面的了解和分析。

1) 试验加载装置

一般使用单台或多台同型号千斤顶并联加载,千斤顶的加载反力装置可根据现有条件选取下述 3 种形式之一:

(1) 锚桩主次梁(或主次钢衍架)反力装置。

一般采用锚桩 4 根,如用灌注桩作锚桩,其钢筋笼要通长配置;如用预制长桩,要加强接头的连接,锚桩按抗拔桩的有关规定计算确定,并应在试验过程中对锚桩上拔量进行监测。除了工程桩当铺桩外,也可用地锚的办法。主次梁强度刚度与锚接拉筋总断面在试验前要进行验算。试验布置见图 1-1。在高承载力桩试验中,主次梁的安装,自重有时可达 400 kN 左右,需要以其他工程桩作支承点,且基准梁亦以放在其他工程桩上较为稳妥。该方案不足之处是进行大吨位灌注桩试验时无法随机抽样,但对预制桩试验抽样仍无影响。

(2) 堆重平台反力装置。

堆重量不得少于预估试桩破坏荷载的 1.2 倍。堆载最好在试验开始前一次加上,并均稳固放置于平台上。堆重材料一般为铁锭、混凝土块或砂袋,见图 1-2。在软土地基上的大量主堆载将引起地面的大量下沉,基准梁要支承在其他工程桩上,并远离沉降影响范围。作为基准梁的工字钢,应该长一些好,但不能太柔,高跨比宜≤1/40。堆载的优点是能随机抽样(香港地区多用之),并适合于不配或少配筋的桩基工程。

(3) 锚桩堆重联合反力装置。

当试桩最大加载重量超过锚桩的抗拔能力时,可在锚桩上或主次梁上配重,由锚桩与堆重共同承受,千斤顶加载反力由于锚桩上拔受拉,采用适当的堆重,有利于控制桩体混凝土裂缝的开展,缺点是由于桁架或梁上挂重堆重,使由桩的突发性破坏所引起的振动、反弹对安全产生不利。

千斤顶应严格进行物理对中,当采用多台千斤顶并联同步工作时,其上下部尚需设置有足够刚度的钢垫箱,并使千斤顶的合力通过试桩中心。

试桩、锚桩(或压重平台支墩边)和基准桩之间的中心距离应符合表 1-1 的规定。

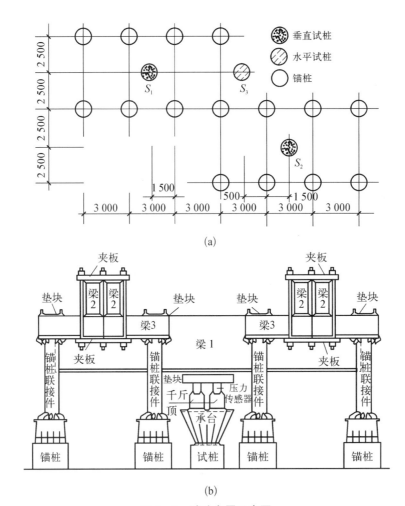

(a)

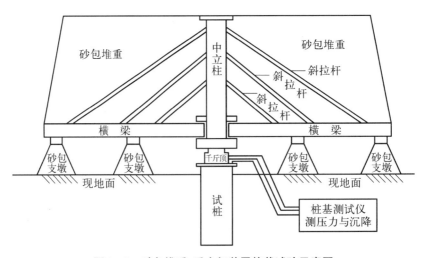

图 1-1 试验布置示意图

(a) 试验场地平面布置;(b) 试验场地立面布置

图 1-2 砂包堆重-反力架装置静载试验示意图

表 1-1　试桩、锚桩(或压重平台支墩边)和基准桩之间的中心距离

反力装置	试桩中心与锚桩中心(或压重平台支墩边)		试桩中心与基准桩中心		其准桩中心与锚桩中心(或压重平台支墩边)	
锚桩横梁	≥4(3)	且 D>2.0 m	≥4(3)	且 D>2.0 m	≥4(3)	且 D>2.0 m
压重平台	≥4	且 D>2.0 m	≥4(3)	且 D>2.0 m	≥4	且 D>2.0 m
地锚装置	≥4	且 D>2.0 m	≥4(3)	且 D>2.0 m	≥4	且 D>2.0 m

注：① D 为试桩、锚桩或地锚的设计直径或边宽，取其较大者；
②如试桩或锚桩为扩底桩或多支盘桩时，试桩与锚桩的中心距离不应小于 2 倍扩大端直径；
③括号内数值可用于工程桩验收检测时多排桩基础设计桩中心距离小于 4D 的情况；
④软土场地堆载重量较大时，宜增加支墩边与基准桩中心和试桩中心之间的距离，并在试验过程中观测基准桩的竖向位移。

2）仪表和测试元件

荷载测量可用放置在千斤顶上的荷重传感器直接测定，或采用并联于千斤顶油路的压力表或压力传感器测定油压，根据千斤顶率定曲线换算荷载。传感器的测量误差不应大于 1%，压力表精度应优于或等于 0.4 级。试验用千斤顶、油泵、油管在最大加载时的压力不应超过规定工作压力的 80%。重要的桩基试验尚需在千斤顶上放置应力环或荷重传感器实行双控校正。

沉降测量一般采用 30～50 mm 标距的百分表或位移传感器，测量误差不大于 0.1%，分辨力优于或等于 0.01 mm。直径或边宽大于 500 mm 的桩，应在其两个方向对称安置 4 个位移测试仪表，直径或边宽小于等于 500 mm 的桩可对称安置两个位移测试仪表。沉降测定平面离桩顶距离宜在桩顶 200 mm 以下位置，且不小于 0.5 倍桩径，测点应牢固地固定于桩身。固定和支承百分表的夹具和横梁在构造上应确保不受气温影响而发生竖向变位。基准梁应具有一定的刚度，梁的一端应固定在基准桩上，另一端应简支于基准桩上。当采用堆载反力装置时，为了防止堆载引起的地面下沉影响测读精度，其基准梁系统尚需用水准仪进行监控。为确保试验安全，特别当试验加载临近破坏时，最好采用遥控沉降读数，一是采用电测位移计，二是采用摄像头对准位移测试仪表读数。

基桩内力测试适用于混凝土预制桩、钢桩、组合型桩，也可用于桩身断面尺寸基本恒定或已知的混凝土灌注桩。对竖向抗压静载试验桩，可得到桩侧各土层的分层侧阻力和桩端阻力；对竖向抗拔静载试验桩，可得到桩侧土的分层抗拔侧阻力；对水平力试验桩，可求得桩身弯矩分布、最大弯矩位置等；对打入式预制混凝土桩和钢桩，可得到打桩过程中桩身各部位的锤击压应力和锤击拉应力。

基桩内力测试宜采用应变式传感器或钢弦式传感器。根据测试目的及要求，宜按表 1-2 中的传感器技术、环境特性，选择适合的传感器，也可采用滑动测微计。需要检测桩身某断面或桩底位移时，可在需检测断面设置沉降杆。

传感器宜放在两种不同性质土层的界面处，以测量桩在不同土层中的分层侧阻力。在试验桩桩顶下(不小于一倍桩径)应设置一个测量断面作为传感器标定断面。传感器埋设断面距桩顶和桩底的距离不应小于一倍桩径。在同一断面处可对称设置 2～4 个传感器，当桩径较大或试验要求较高时取高值。

表 1－2　传感器技术、环境特性一览表

特性 ＼ 类型	钢弦式传感器	应变式传感器	特性 ＼ 类型	钢弦式传感器	应变式传感器
传感器体积	大	较小	长导线影响	不影响测试结果	需进行长导线电阻影响的修正
蠕变	较小、适宜于长期观测	较大,需提高制作技术、工艺解决	自身补偿能力	补偿能力弱	对自身的弯曲、扭曲可以自补偿
测量灵敏度	较低	较高	对绝缘的要求	要求不高	要求高
温度变化的影响	温度变化范围较大时需要修正	可以实现温度变化的自补偿	动态响应	差	好

应变式传感器可视情况采用不同制作方法,对钢桩可采用以下两种方法:① 将应变计用特殊的粘贴剂直接贴在钢桩的桩身,应变计宜采用标距 3～6 mm 的 350 Ω 胶基箔式应变计,不得使用纸基应变。粘贴前应将贴片区表面除锈磨平,用有机溶剂去污清洗,待干燥后粘贴应变计。粘贴好的应变计应采取可靠的防水防潮密封防护措施;② 将应变式传感器直接固定在测量位置。

对混凝土预制桩和灌注桩,应变式传感器的制作和埋设可视具体情况采用以下 3 种方法:① 在 600～1 000 mm 长的钢筋上,轴向、横向粘贴 4 个(2 个)应变计组成全桥(半桥),经防水绝缘处理后,到材料试验机上进行应力-应变关系标定。标定时的最大拉力宜控制在钢筋抗拉强度设计值的 60% 以内,经 3 次重复标定,应力-应变曲线的线性、滞后和重复性满足要求后,方可采用。传感器应在浇筑混凝土前按指定位置焊接或绑扎(泥浆护壁灌注桩应焊接)在主筋上,并满足规范对钢筋锚固长度的要求。固定后应变计的钢筋不得弯曲变形或有附加应力产生;② 直接将电阻应变计粘贴在桩身指定断面的主筋上,其制作方法及要求与钢桩上粘贴应变计的方法及要求相同;③ 将应变计或埋入式混凝土应变测量传感器按产品使用要求预埋在预制桩的桩身指定位置。

应变式传感器可按全桥或半桥方式制作,宜优先采用全桥方式。传感器的测量片和补偿片应选用同一规格同一批号的产品,按轴向、横向准确地粘贴在钢筋同一断面上。测点的连接应采用屏蔽电缆,导线的对地绝缘电阻值应在 500 MΩ 以上,使用前应将整卷电缆除两端外全部浸入水中 1 h,测量芯线与水的绝缘;电缆屏蔽线应与钢筋绝缘;测量和补偿所用连接电缆的长度和线径应相同。电阻应变计及其连接电缆均应有可靠的防潮绝缘防护措施;正式试验前电阻应变计及电缆的系统绝缘电阻不应低于 200 MΩ。

不同材质的电阻应变计粘贴时应使用不同的粘贴剂。在选用电阻应变计、粘贴剂和导线时,应充分考虑试验桩在制作、养护和施工过程中的环境条件。对采用蒸汽养护或高压养护的混凝土预制桩,应选用耐高温的电阻应变计、粘贴剂和导线。

电阻应变测量所用的电阻应变仪宜具有多点自动测量功能,仪器的分辨力应优于或等于 1 με,并有存储和打印功能。弦式钢筋计应按主筋直径大小选择。仪器的可测频率范围应大于桩在最大加载时的 1.2 倍。使用前应对钢筋计逐个标定,得出压力(推力)与频率之间的关系。带有接长杆弦式钢筋计可焊接在主筋上,不宜采用螺纹连接。弦式钢筋计通过与之匹配的频率仪进行测量,频率仪的分辨力应优于或等于 1 Hz。

当同时进行桩身位移测量,桩身内力和位移测试应同步。

采用应变式传感器测量时,按下列公式对实测应变值进行导线电阻修正。

采用半桥测量时:

$$\varepsilon = \varepsilon' \left(1 + \frac{r}{R} \right) \tag{1-1}$$

采用全桥测量时:

$$\varepsilon = \varepsilon' \left(1 + \frac{2r}{R} \right) \tag{1-2}$$

式中:ε——修正后的应变值;

ε'——修正前的应变值;

r——导线电阻(Ω);

R——应变计电阻(Ω)。

采用弦式传感器测量时,将钢筋计实测频率通过率定系数换算,再计算成与钢筋计断面处的混凝土应变相等的钢筋应变量。

在数据整理过程中,应将变化无规律的测点删除,求出同一断面有效测点的应变平均值,并按下式计算该断面处桩身轴力:

$$Q_i = \bar{\varepsilon}_i \cdot E_i \cdot A_i \tag{1-3}$$

式中:Q_i——桩身第 i 断面处轴力(kN);

$\bar{\varepsilon}_i$——第 i 断面处应变平均值;

E_i——第 i 断面处桩身材料弹性模量(kPa),当桩身断面、配筋一致时,宜按标定断面处的应力与应变的比值确定;

A_i——第 i 断面处桩身截面面积(m^2)。

按每级试验荷载下桩身不同断面处的轴力值制成表格,并绘制轴力分布图。再由桩顶极限荷载下对应的各断面轴力值计算桩侧土的分层极限侧阻力和极限端阻力:

$$q_{si} = \frac{Q_i - Q_{i+1}}{u \cdot l_i} \tag{1-4}$$

$$q_p = \frac{Q_n}{A_0} \tag{1-5}$$

式中:q_{si}——桩第 $i+1$ 断面间侧阻力(kPa);

q_p——桩的端阻力(kPa);

i——桩检测断面顺序号,$i=1, 2, \cdots, n$,并自桩顶以下从小到大排列;

u——桩身周长(m);

l_i——第 i 断面与第 $i+1$ 断面之间的桩长(m);

Q_n——桩端的轴力(kN);

A_0——桩端面积(m^2)。

桩身第 i 断面处的钢筋应力可按下式计算:

$$\sigma_{si} = E_s \cdot \varepsilon_{si} \tag{1-6}$$

式中：σ_{si}——桩身第 i 断面处的钢筋应力(kPa)；

E_s——钢筋弹性模量(kPa)；

ε_{si}——桩身第 i 断面处的钢筋应变。

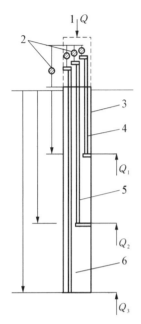

图 1-3 测杆式应变计

1-荷载；2-量测测杆趾部相对于桩头处的下沉量时用的千分表；3-空心钢管桩或空心箱形钢桩；4-测杆1；5-测杆2；6-测杆3

沉降杆宜采用内外管形式，外管固定在桩身，内管下端固定在需测试断面，顶端高出外管 100～200 mm，并可与固定断面同步位移。沉降杆应具有一定的刚度，沉降杆外径与外管内径之差不宜小于10 mm，沉降杆接头处应光滑。测量沉降杆位移的检测仪器应与前述桩顶沉降的技术要求一致，数据的测读应与桩顶位移测量同步。

当沉降杆底端固定断面处桩身埋设有内力测试传感器时，可得到该断面处桩身轴力 Q_i 和位移 Δ_i，经计算而求应变与荷载。这种方法也是美国材料及试验学会(ASTM)所推荐的，如图 1-3 所示。

$$Q_3 = \frac{2AE\Delta_3}{L_3} - Q \qquad (1-7)$$

$$Q_2 = \frac{2AE\Delta_2}{L_2} - Q \qquad (1-8)$$

$$Q_1 = \frac{2AE\Delta_1}{L_1} - Q \qquad (1-9)$$

在桩身端部轴力量测中，也可用扁千斤顶。

法国在桩身内埋元件中，曾采用在试验桩桩体内预留孔洞中安置多点串式应变计，试验后可整串回收，成桩后安装比灌注混凝土时预埋操作简便，尚可回收，试验费用较省。

应变等数据可自动采集打印，为了使整个测试系统量测精度满足试验要求，要防止阳光直照，宜将整个试验装置遮蔽起来。

3）试桩制备、加载与测试

（1）试桩制备。

试桩的成桩工艺和质量控制标准应与工程桩一致。试桩的倾斜度不应大于 1%。如属于工程检验性质而做静载试桩，则一定要随机抽样。灌注桩的试桩，应先凿掉桩顶部的破碎层和软弱混凝土，桩头顶面应平整，桩头中轴线与桩身上部的中轴线应重合，桩头主筋应全部直通至桩顶混凝土保护层之下，各主筋应在同一高度上。距桩顶一倍桩径范围内，宜用厚度为 3～5 mm 的钢板围裹或距桩顶 1.5 倍桩径范围内设置箍筋，间距不宜大于 100 mm。桩顶应设置钢筋网片 2～3 层，间距 60～100 mm，桩头混凝土强度等级宜比桩身混凝土提高 1～2，且不得低于 C30，或以薄钢板圆筒作成加强箍与桩顶混凝土浇成整体，桩顶面用砂浆抹平。对于预制桩的试桩，如因沉桩困难需在砍桩后的桩头上做试验，其顶部要外加封闭箍后浇捣高强细石混凝土予以加强。为安置沉降测点和仪表，试桩顶部露出试坑地面的高度不宜小于 60 cm，试坑地面应与桩承台底设计标高一致。

试桩间歇时间，在满足混凝土设计强度的情况下，应满足表 1-3 的规定。对于黏土与砂交互层地基可取中间值,对于淤泥或淤泥质土,不应少于 25 d。在试验桩间歇期间还应注意试桩区 30 m 范围内,不要进行如打桩一类的能造成地下孔隙水压力增高的环境干扰。

表 1-3　休 止 时 间

土 的 类 别		休止时间/d
砂 土		7
粉 土		10
黏性土	非饱和	15
	饱 和	25

注:对水泥浆护壁灌注桩,宜适当延长休止时间。不考虑桩在今后使用中因桩周沉陷、液化引起的承载力降低问题。

（2）加载卸载方法。

一般采用慢速维持荷载法,即逐级加载,每级荷载达到相对稳定后,再加下一级荷载,直到试验破坏,然后按每级加荷量的两倍卸荷到零。快速维持荷载法,即一般采用 1 h 加一级荷载。经与慢速维持荷载法试验对比,上海地区已作了定量分析:快速法极限荷载定值提高的幅度大致为一级或不足一级加荷增量。快速维持荷载法所得极限荷载所对应的沉降值比慢速法的偏小百分之十几。但软土地基中摩擦桩所得的桩顶沉降值,不论用什么试桩法取得的,通常都不能作为建筑物桩基沉降计算的依据。所以快速维持荷载法仍然可以推荐应用,该法在沿海软土地区已在推广。

当考虑结合实际工程桩的荷载特征,也可采用多循环加、卸载法(每级荷载达到相对稳定后卸荷到零或用等速率贯入法(CRP))。此法的荷速率通常取 0.5 mm/min,每 2 min 读数一次并记下荷载值,一般加载至总贯入量,即桩顶位移为 50～70 mm,或荷载不再增大时为终止。

（3）慢速维持荷载法。

① 试验步骤应符合下列规定:

a. 每级荷载施加后按第 5、15、30、45、60 min 测读桩顶沉降量,以后每隔 30 min 测读一次。

b. 试桩沉降相对稳定标准:每一小时内的桩顶沉降量不超过 0.1 mm,并连续出现两次(从每级荷载施加后第 30 min 开始,由 3 次或 3 次以上每 30 min 的沉降观测值计算)。

c. 当桩顶沉降速率达到相对稳定标准时,再施加下一级荷载。

d. 卸载时,每级荷载维持 1 h,按第 5、15、30、60 min 测读桩顶沉降量;卸载至零后,应测读桩顶残余沉降量,维持时间为 3 h,测读时间为 5、15、30 min,以后每隔 30 min 测读一次。

② 终止加载条件。为了便于应用,提出当出现下列情况之一时,即可终止加载。

a. 某级荷载作用下,桩顶沉降量大于前一级荷载作用下沉降量的 5 倍。

注:当桩顶沉降能稳定且总沉降量小于 40 mm 时,宜加载至桩顶总沉降量超过 40 mm。

b. 某级荷载作用下,桩顶沉降量大于前一级荷载作用下沉降量的两倍,且经 24 h 尚未达到稳定标准。

c. 已达加载反力装置的最大加载量。

d. 已达到设计要求的最大加载量。

e. 当工程桩作锚桩时,锚桩上拔量已达到允许值。

f. 当荷载-沉降曲线呈缓变型时,可加载至桩顶总沉降量 60～80 mm;在特殊情况下,可根据具体要求加载至桩顶累计沉降量超过 80 mm。

1.2.2　成果资料的整理

(1) 单桩垂直静载试验成果。为了便于应用与统计,宜整理成表格形式。除表格外,还应对成桩和试验过程中出现的异常现象作补充说明。

表 1-4 为单桩垂直(水平)静载试验概况;表 1-5 为单桩垂直静载试验记录;表 1-6 为单桩垂直静载试验结果汇总。

表 1-4　单桩垂直(水平)静载试验概况

工程名称			地点		试验单位		
试桩编号			试验起止时间		混凝土浇灌时间		
成桩工艺							
设计尺寸		混凝土标号	设计		配筋	规格	
实际尺寸			实际			长度	
加载方式			稳定标准				
综　合　桩　状　图					试桩平面布置示意图		
层　　次	土层名称	描　述	地质符号	相对标高	桩身剖面		
1							
2							
3							

土的物理力学指标

层次	深度/m	γ/g/cm³	w/%	e	S_t/%	w_p/%	I_p	I_L	a_{1-2}	E/kPa	c/kPa	φ/(°)	$[R]$/kPa
1													
2													

试验:　　　　　　　　资料整理:　　　　　　　　　　　　校核:

表 1-5　单桩垂直静载试验记录

试桩号:

荷载/kN	观测时间月/日/时分	间隔时间/min	读　　数					沉降/mm		备注
			表	表	表	表	平均	本次	累计	

试验:　　　　　　　　资料整理:　　　　　　　　　　　　校核:

表 1-6　单桩垂直静载试验结果汇总

试桩号：

序　号	荷载/kN	历时/min		沉降/mm	
		本　级	累　计	本　级	累　计

（2）绘制有关试验成果曲线。为了确定单桩的极限荷载，一般绘制 Q-s（按整个图形比例横：竖＝2∶3，取 Q、s 的坐标比例）、s-$\lg t$、s-$\lg Q$ 曲线以及其他辅助分析所需曲线。

（3）当进行桩身应力、应变和桩端反力测定时，应整理出有关数据的记录表和绘制桩身轴力分布、侧阻力分布、桩端阻力等与各级荷载的关系曲线。

（4）根据单桩轴向受压极限荷载，划分桩侧总极限侧阻力和总极限端阻力，并由此求出桩侧平均极限侧阻力（当进行分层测试时，应求出各层土的极限侧阻力）和极限端阻力。

（5）单桩轴向承压试验的典型 Q-s 曲线如图 1-4 所示。

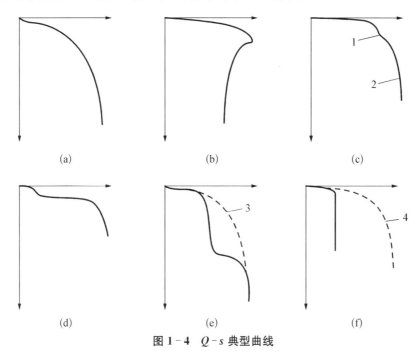

图 1-4　Q-s 典型曲线

（a）在软至半硬黏土中或松砂中的摩擦桩；（b）在硬黏土中的摩擦桩；（c）桩端支承在软弱而有孔隙的岩石上，上部曲线：桩底端（趾）下岩石的结构破损；下部曲线：岩体的总剪切破坏；（d）由于地基土隆起，桩端离开了坚硬岩石上的桩座，当被试验荷载压下后，桩又重新支承在岩石上；（e）桩身的裂缝被静载试验下的压荷载闭合；（f）桩身的混凝土被试验荷载完全剪断

1-桩底端（趾）下岩石结构的破损；2-岩体的总剪切破坏；3-正常静载荷试验曲线；4-正常静载荷试验曲线

1.2.3　极限承载力的判定

1）确定极限荷载的准则

确定极限荷载的准则很多，常用的有以下几种：

（1）从荷载-沉降曲线中相互关系来探讨。如出现"陡降段"、"$s_{i+1}/s_i \geqslant 5$"、"$s_{i+1}/s_i \geqslant 2$，24 h 后沉降仍未稳定"等。此外，还有 $s-\lg t$、$s-\lg Q$ 曲线等各种关系曲线。

（2）从 Q-s 曲线上的坡度限值来确定极限荷载。如"$\geqslant 0.1$ mm/kN"、"$\geqslant 0.025$ mm/kN"等。

（3）Davisson 极限分析法。将极限荷载定义为 $s_{总} = \dfrac{QL}{EA} + 0.15\,\text{inch} + \dfrac{D}{120}$ 所对应的荷载。该法明确提出要计算桩身弹性压缩和考虑桩径的影响概念。

（4）上海地区在长桩和超长桩（$L/D > 100$）使用中提出 $s = s_e + 20$ mm 相应的荷载作为极限荷载。式中 s_e 为试验桩卸载后桩顶的回弹量。应该说，s 值基本上反映了桩身的弹性压缩量和桩端下土的弹性压缩量（s_e 值系回弹实测得到的）。

2）单桩极限承载力的确定

工程实践中，单桩静载试验时，可采用下面的规定标准确定极限承载力。

（1）当 $Q \sim s$ 曲线的陡降段明显时，取相应于陡降段起点的荷载值。

（2）对于缓变型 $Q \sim s$ 曲线一般可取 $s = 40 \sim 60$ mm 对应的荷载。

（3）对于细长桩（$L/D > 80$）和超长桩（$L/D > 100$）一般可取桩顶总沉降 $s = \dfrac{2QL}{3EA} + 20$ mm 所对应的荷载或取 $s = 60 \sim 80$ mm 对应的荷载。

（4）根据沉降随时间的变化特征确定极限承载力，取 $s \sim \lg t$ 曲线尾部出现明显向下弯曲的前一级荷载值。

（5）对于摩擦型灌注桩取 $s \sim \lg Q$ 曲线出现陡降直线段的起始点所对应的荷载值。

（6）对于大直径冲钻孔灌注桩，当桩端压强一样时，桩端直径愈大，其沉降也愈大。DeBeer 曾提出取 $s_b = 2.5\%D$ 所对应的荷载为极限荷载。国内也曾提出取 $s = 0.03 \sim 0.06D$（大桩径取低值，小桩径取高值）所对应的荷载为极限荷载，二者的规定，实际上是一致的。

（7）当抗压静载试验桩顶沉降量尚小时，因受加荷条件限制而提前终止试验，其极限荷载一般仅取最大加荷值。在桩身材料破坏的情况下，其极限承载力可取前一级荷载值。

实例 1

舟山地区预制桩单桩竖向承载力现场试验

1）工程概况

舟山临城新区某 12 层框架剪力墙结构，采用 500×500 预制方桩，桩长 $49 \sim 50$ m。

2）场地工程地质条件

持力层为第五层角砾层地质情况如表 1 所示。

表 1　场地地质情况

土层评述	1~1 层	1~2 层	2 层	3~1 层	3~3 层	3~4 层
厚度/m	0.50	1.30	7.20	5.80	12.80	2.80
类　别	素填土	粉质黏土	淤泥质、粉质黏土	粉质黏土	粉质黏土	粉质黏土
q_{slk}/kPa	—	15	14	54	36	47
q_{pk}/kPa	—	—				

（续表）

土层评述	3~5 层	4~1 层	4~2 层	4~3 层	4~4 层	5 层
厚度/m	0.70	2.70	3.00	4.90	7.20	1.10
类　别	角砾	粉质黏土	角砾	黏土	黏土	角砾
q_{slk}/kPa	60	54	65	54	50	80
q_{pk}/kPa				2 200	1 800	4 500

3）试验内容及方法

（1）桩静载试验加载装置和持荷方法：

本次试验采用伞形堆载平台作为反力装置。平台由伞形架、工字钢梁等组成，堆载体为砂包。在装置重心、千斤顶、桩中心保持同一竖线条件下，通过千斤顶将荷重产生的竖向力逐渐传递给被试桩体，本次试验采用 QF320 型电力千斤顶及配套高压电动油泵加载。

静荷载试验采用慢速维持荷载法，按 1/10 预估单桩极限承载力作为荷载分级标准，首级荷载为其他加载值的两倍，当加载至最大试验荷载后，进行卸载观测，每级卸载量为加载的两倍。

（2）试验桩概况：

本次试验选取 43♯、47♯、87♯桩进行，试验桩概况如表 2 所示。

表 2　试验桩概况

测试桩编号	桩长/m	混凝土强度等级	预估单桩承载力/kN	沉降量/mm	极限承载力/kN
43♯	49.00	50	5 100	58.01	≥5 100
47♯	50.00	50	5 100	54.97	≥5 100
87♯	49.50	50	5 100	53.56	≥5 100

（3）试验结果：

43♯、47♯、87♯桩的静荷载试验数据如表 3，4，5 所示；由此作出的 Q-s 曲线如图 1 所示。

表 3　43♯桩单桩竖向静载试验汇总

序　号	荷载/kN	本级沉降/mm	累计沉降/mm
0	0	0.00	0.00
1	1 020	1.24	1.24
2	1 530	1.67	2.91
3	2 040	2.28	5.19
4	2 550	3.23	8.42
5	3 060	4.75	13.17
6	3 570	6.61	19.78

(续表)

序　号	荷载/kN	本级沉降/mm	累计沉降/mm
7	4 080	7.55	27.33
8	4 590	13.70	41.03
9	5 100	16.98	58.01
10	4 080	−0.99	57.02
11	3 060	−1.25	55.77
11	2 040	−4.69	51.08
12	1 020	−6.11	44.97
13	0	−7.23	37.74

表 4　47♯桩单桩竖向静载试验汇总

序　号	荷载/kN	本级沉降/mm	累计沉降/mm
0	0	0.00	0.00
1	1 020	2.02	2.02
2	1 530	2.74	4.76
3	2 040	2.71	7.47
4	2 550	3.05	10.52
5	3 060	4.40	14.92
6	3 570	6.14	21.06
7	4 080	9.25	30.31
8	4 590	12.00	42.31
9	5 100	12.66	54.97
10	4 080	−1.50	53.47
11	3 060	−1.86	51.61
11	2 040	−3.10	48.51
12	1 020	−4.84	43.67
13	0	−6.55	37.12

表 5　87♯桩单桩竖向静载试验汇总

序　号	荷载/kN	本级沉降/mm	累计沉降/mm
0	0	0.00	0.00
1	1 020	2.47	2.47
2	1 530	2.34	4.81
3	2 040	2.65	7.46
4	2 550	4.00	11.46

（续表）

序　号	荷载/kN	本级沉降/mm	累计沉降/mm
5	3 060	4.82	16.28
6	3 570	5.66	21.94
7	4 080	8.16	30.10
8	4 590	10.88	40.98
9	5 100	12.58	53.56
10	4 080	−0.57	52.99
11	3 060	−0.80	52.19
12	2 040	−2.56	49.63
13	1 020	−4.22	45.41
14	0	−6.47	38.94

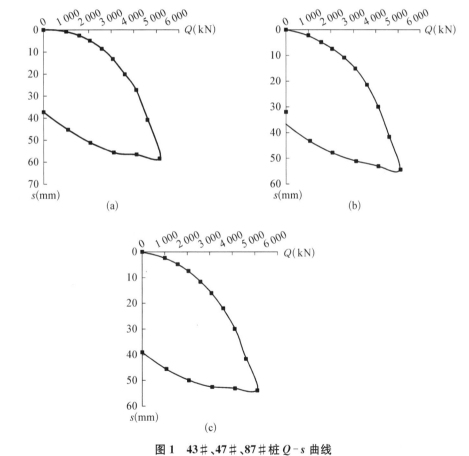

图 1　43♯、47♯、87♯桩 Q-s 曲线

(a) 43♯Q-s 曲线；(b) 47♯Q-s 曲线；(c) 87♯Q-s 曲线

4）试验结果

静载荷试验结论如下：

(1) 43♯桩极限承载力≥5 100 kN,对应最大沉降量为 58.01 mm,残余沉降量为 37.74 mm,最大回弹量为 20.27 mm,回弹率为 34.94%。

(2) 47♯桩极限承载力≥5 100 kN,对应最大沉降量为 54.97 mm,残余沉降量为 37.12 mm,最大回弹量为 17.85 mm,回弹率为 32.47%。

(3) 87♯桩极限承载力≥5 100 kN,对应最大沉降量为 53.56 mm,残余沉降量为 38.94 mm,最大回弹量为 14.62 mm,回弹率为 27.30%。

1.3　单桩承载力确定的方法

除了上述根据桩的静载荷试验确定单桩承载力外,还可以用经验参数法、静力触探法和动力法确定单桩承载力。桩的静载荷试验是最可靠的方法,但试验费用比较昂贵,试验时间比较长,试验数量也不可能太多。特别在工程勘察阶段,不可能进行桩的载荷试验,就需要采用一些间接的方法(经验参数法和静力触探法)预估单桩承载力,以满足勘察和设计的要求。在沉桩以后,往往限于经费和时间的限制,也不可能做大量的静载荷试验,动力法就是一种测定单桩承载力的间接方法,所需时间较短,费用也较便宜。

表 1-7　单桩竖向极限承载力的计算方法

计 算 方 法	特　　点
静载试验法	静载试验是传统的,也是最可靠的确定承载力的方法。它不仅可确定桩的极限承载力,而且通过埋设各类测试元件可获得荷载传递、桩侧阻力、桩端阻力、荷载-沉降关系等诸多资料
经典经验公式法	根据桩侧阻力、桩端阻力的破坏机理,按照静力学原理,采用土的强度参数,分别对桩侧阻力和桩端阻力进行计算。由于计算模式、强度参数与实际的某些差异,计算结果的可靠性受到限制,往往只用于一般工程初步设计阶段,或与其他方法综合比较确定承载力
原位测试法	对地基土进行原位测试,利用桩的静载试验与原位测试参数间的经验关系,确定桩的侧阻力和端阻力。常用的原位测试法有下列几种:静力触探法(CPT)、标准贯入试验法(SPT)、十字板剪切试验法(VST)等
规范法	根据静力试桩结果与桩侧、桩端土层的物理性指标进行统计分析,建立桩侧阻力、桩端阻力与物理性指标间的经验关系。利用这种关系预估单桩承载力。这种经验法简便而经济。但由于各地区间土的变异性大、加之成桩质量有一定变异性。因此,经验法预估承载力的可靠性相对较低,一般只适于初步设计阶段和一般工程,或与其他方法综合比较确定承载力。因为我国幅员辽阔、各地地质条件不一致,地基规范法和桩基规范法具体用于某地区时,应结合地区经验来综合确定

1.3.1　桩基规范中极限承载力的经验公式法

1) 按桩侧土和桩端土指标确定单桩竖向极限承载力

根据地质资料,单桩极限承载力 Q_u 由总极限侧阻力 Q_{su} 和总极限端阻力 Q_{pu} 组成,若忽略二者间的相互影响,可表示为

$$Q_u = Q_{su} + Q_{pu} = u_t \sum l_t q_{sut} + A_p q_{pu} \tag{1-10}$$

式中：l_t、u_t——桩周第 i 层厚度和相应的桩身周长；

　　　A_p——桩端底面积；

　　　q_{sut}、q_{pu}——第 i 层土的极限侧阻力和持力层极限端阻力。

　　Q_u、q_{sut}、q_{pu} 的确定通常采用下列几种方法。

2）根据桩身混凝土强度确定单桩抗压承载力值

（1）桩身混凝土强度应满足桩的承载力设计要求，根据《建筑地基基础设计规范》第 8.5.9 条、《建筑桩基技术规范》第 5.8.2 条规定（不考虑钢筋时），荷载效应基本组合下单桩桩顶轴向压力设计值 N 为：

$$N = \psi_c f_c A_p \tag{1-11}$$

式中：f_c——桩身混凝土轴心抗压强度设计值（kPa）（见表 1-8）；

　　　ψ——工作条件系数，《建筑地基基础设计规范》灌注桩取 0.6~0.7；基桩成桩工艺系数，《建筑桩基技术规范》灌注桩一般取 0.7~0.8，具体取值规定可参见上述规范；

　　　A_p——桩身混凝土截面面积。

表 1-8　混凝土抗压强度设计值 f_c 与标准值 f_{ck}（kPa）

强度种类	混凝土强度等级													
	C15	C20	C25	C30	C35	C40	C45	C50	C55	C60	C65	C70	C75	C80
f_{ck}	10.0	13.4	16.7	20.1	23.4	26.8	29.6	32.4	35.5	38.5	41.5	44.5	47.4	50.2
f_c	7.2	9.6	11.9	14.3	16.7	19.1	21.1	23.1	25.3	27.5	29.7	31.8	33.8	35.9

（2）考虑桩身混凝土强度和主筋抗压强度，确定荷载效应基本组合下单桩桩顶轴向压力设计值 N（桩基规范）：

$$N = \psi_c f_c A_{ps} + \beta f_y A_s \tag{1-12}$$

式中：f_c——桩身混凝土轴心抗压强度设计值（kPa）；

　　　A_{ps}——扣除主筋截面积后的桩身混凝土截面积；

　　　A_s——钢筋主筋截面积之和；

　　　β——钢筋发挥系数，$\beta=0.9$；

　　　f_y——钢筋的抗压强度设计值，如表 1-9 所示；

　　　ψ_c——基桩成桩工艺系数，《建筑桩基技术规范》灌注桩一般取 0.7~0.8。

表 1-9　普通钢筋抗压强度设计值 f_y 与标准值 f_{yk}

种　类	f_y/MPa	f_{yk}/MPa
一级钢	210	235
二级钢	300	335
三级钢	360	400

（3）根据荷载效应基本组合下单桩桩顶轴向压力设计值 N 确定桩身受压承载力极限值。

《建筑桩基技术规范》条文解释 5.8 节第 4 款根据大量静载试桩统计资料先算基桩设计值再来估算试桩抗压极限承载力 Q_u 方法为

$$Q_u = \frac{2N}{1.35} \tag{1-13}$$

式中 N 由式（1-12）计算。

设计时必须根据上部结构传递到单桩桩顶的荷载和地质资料来设计桩径和桩身混凝土强度。

3）大直径桩单桩极限承载力标准值

根据土的物理指标与承载力参数之间的经验关系，确定大直径桩单极限承载力标准值时，宜按下式计算：

$$Q_{uk} = Q_{sk} + Q_{pk} = u\sum \psi_{st} q_{stk} l_{st} + \psi_p q_{pk} A_p \tag{1-14}$$

式中：q_{stk}——桩侧第 i 层土极限侧阻力标准值，如当地无经验值时，可按下表 1-10 取值，对于扩底桩变截面以上 $2d$ 长度范围不计侧阻力；

q_{pk}——桩径为 800 mm 的极限桩端阻力，对于干作业挖孔（清底干净）可采用深层载荷板试验确定；当不能进行深层载荷板试验时，可按表 1-10 取值；

ψ_{st}、ψ_p——大直径桩侧阻、端阻尺寸效应系数，按表 1-11 取值；

u——桩身周长，当人工挖孔桩桩周护壁为振捣密实的混凝土时，桩身周长可按护壁外直径计算。

表 1-10　干作业挖孔桩（清底干净，$d=800$ mm）极限端阻力 q_{pk}/kPa

土　名　称		状　态		
黏　性　土		$0.25 < I_L \leqslant 0.75$	$0 < I_L \leqslant 0.25$	$I_L \leqslant 0$
		$800 \sim 1\,800$	$1800 \sim 2\,400$	$2\,400 \sim 3\,000$
		$0.75 \leqslant e \leqslant 0.9$	$e < 0.75$	
粉　土		$1\,000 \sim 1\,500$	$1500 \sim 2\,000$	
		稍　密	中　密	密　实
	粉　砂	$500 \sim 700$	$800 \sim 1\,100$	$1\,200 \sim 2\,000$
	细　砂	$700 \sim 1\,100$	$1\,200 \sim 1\,800$	$2\,000 \sim 2\,500$
	中　砂	$1\,000 \sim 2\,000$	$2\,200 \sim 3\,200$	$3\,500 \sim 5\,000$
	粗　砂	$1\,200 \sim 2\,200$	$2\,500 \sim 3\,500$	$4\,000 \sim 5\,500$
	砾　砂	$1\,400 \sim 2\,400$	$2\,600 \sim 4\,000$	$5\,000 \sim 7\,000$
	圆砾、角砾	$1\,600 \sim 3\,000$	$3\,200 \sim 5\,000$	$6\,000 \sim 9\,000$
	卵石、碎石	$2\,000 \sim 3\,000$	$3\,300 \sim 5\,000$	$7\,000 \sim 11\,000$

注：① q_{pk} 取值宜考虑桩端持力层土的状态及桩进入持力层的深度效应，当进入持力层深度 h_b 为：$h_b < d$、$d \leqslant h_b \leqslant 4d$、$h_b > 4d$ 时。q_{pk} 可分别取低值、中值、较高值。

② 砂土密实度可根据标贯击数判定，$N \leqslant 10$ 为松散。$10 < N \leqslant 15$ 为稍密，$15 < N \leqslant 30$ 为中密，$N > 30$ 为密实。

③ 当桩的长径比 $l/d \leqslant 8$ 时，q_{pk} 宜取较低值。

④ 当对沉降要求不严时，可适当提高 q_{pk} 值。

表 1 - 11　大直径灌注桩桩侧、桩端阻力尺寸效应系数 ψ_{st}、ψ_p

土　类　型	黏性土、粉土	砂土、碎石类土
ψ_{st}	$(0.8/d)^{1/5}$	$(0.8/d)^{1/3}$
ψ_p	$(0.8/d)^{1/4}$	$(0.8/d)^{1/3}$

对于人工挖孔灌注桩,当其为嵌岩短桩时,只计算其端阻值,其他情况则桩侧阻与桩端阻都要进行计算。

4)钢管桩承载力

当根据土的物理指标与承载力参数之间的经验关系确定钢管桩单桩竖向极限承载力标准值时,可按下式计算:

$$Q_{uk} = Q_{sk} + Q_{pk} = u\sum q_{stk}l_t + \lambda_p q_{pk}A_p \qquad (1-15)$$

式中:q_{stk}、q_{pk}——取与混凝土预制桩相同值;

λ_p——桩端闭塞效应系数。对于闭口钢管桩 $\lambda_p = 1$,对于敞口钢管桩当 $h_b/d_s < 5$ 时,$\lambda_p = 0.16 h_b/d_s$;当 $h_b/d_s \geqslant 5$ 时,$\lambda_p = 0.8$;

h_b——桩端进入持力层深度。

对于带隔板的半敞口钢管桩,以等效直径 d_e 代替 d_s,确定 λ_p。$d_e = d_s/\sqrt{n}$,其中 n 为桩端隔板分割数,如图 1 - 5 所示。

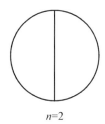  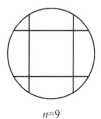

$n=2$　　　　　$n=4$　　　　　$n=9$

图 1 - 5　隔 板 分 割

5)预应力管桩承载力

当根据土的物理指标与承载力参数之间的经验关系确定敞口预应力混凝土管桩单桩竖向极限承载力标准值时,可按下式计算:

$$Q_{uk} = Q_{sk} + Q_{pk} = u\sum q_{stk}l_t + q_{pk}(A_p + \lambda_p A_{pl}) \qquad (1-16)$$

式中:q_{stk}、q_{pk}——取与混凝土预制桩相同值;

d、d_1——管桩外径和内径;

A_p、A_{pl}——管桩桩端净面积和敞口面积:$A_p = \dfrac{\pi}{4}(d^2 - d_1)$,$A_{pl} = \dfrac{\pi}{4}d_1^2$;

λ_p——桩端闭塞效应系数。当 $h_b/d_1 < 5$ 时,$\lambda_p = 0.16 h_b/d_1$;当 $h_b/d_1 \geqslant 5$ 时,$\lambda_p = 0.8$。

6)嵌岩短桩单桩竖向极限承载力

当桩端嵌入完整及较完整的硬质岩中时,根据《建筑地基基础设计规范》(GB50007—

2002),可按下式估算单桩竖向承载力极限值:

$$Q_u = q_{pu}A_p \tag{1-17}$$

$$R_a = Q_u/2 \tag{1-18}$$

式中:q_{pu}——桩端岩石承载力极限值;

A_p——桩身截面积;

R_a——单桩竖向承载力特征值。

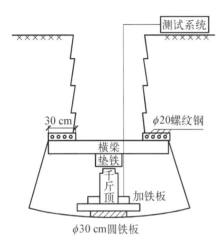

图 1-6 人工挖孔桩桩底基岩静载试验

嵌岩灌注桩桩端以下 3 倍桩径范围内应无软弱夹层、断裂破碎带和洞穴分布,并应在桩底应力扩散范围内无岩体临空面。

当桩端无沉渣时,桩端岩石承载力极限值 q_{pu},应根据岩石饱和无侧限单轴抗压强度标准值确定,或用岩基载荷试验确定,实验装置如图 1-6 所示。

试验采用圆形刚性承压板,直径为 300 mm。当岩石埋藏深度较大时,可采用钢筋混凝土桩,但桩周需采取措施以消除桩身与土之间的摩擦力。

测量系统的初始稳定读数观测:加压前,每隔 10 min 读数一次,连续 3 次读数不变可开始试验。

加载方式:单循环加载,荷载逐级递增直到破坏,然后分级卸载。

荷载分级:第一级加载值为预估设计荷载的 1/5,以后每级为 1/10。

沉降量测读:加载后立即读数,以后每 10 min 读数一次。

稳定标准:连续 3 次读数之差均不大于 0.01 mm。

终止加载条件:当出现下述现象之一时,即可终止加载:① 沉降量读数不断变化,在 24 h 内,沉降速率有增大的趋势;② 压力加不上或勉强加上而不能保持稳定。若限于加载能力,荷载也应增到不少于设计要求的两倍。

卸载观测:每级卸载为加载时的两倍,如为奇数,第一级可为 3 倍。每级卸载后,隔 10 min 测读一次,测读 3 次后可卸下一级荷载。全部卸载后,当测读到 30 min 回弹量小于 0.01 mm 时,即认为稳定。

岩石地基承载力特征值的确定:① 对应于 P-s 曲线上起始直线段的终点为比例界限,符合终止加载条件的前一级荷载为极限荷载,将极限荷载除以安全系数 3,所得值与对应于比例界限的荷载相比较,取小值;② 每个场地载荷试验的数量不应少于 3 个,取最小值作为岩石地基承载力特征值;③ 岩石地基承载力不进行深宽修正。

嵌岩灌注桩承载力往往比较高,必须同时验算桩身混凝土强度所能提供的单桩承载力,两者双控。嵌岩桩单竖向极限承载力特征值应按 Q_u 与 Q_u' 中的小值选取。

7) 桩周有液化土层时的单桩极限承载力标准值

对于桩身周围有液化土层的低承台桩基,当承台底面上下分别有厚度不小于 1.5 m 和 1.0 m 的非液化土或非软弱土层时,土层液化对单桩极限承载力的影响要用液化土层极限侧阻力乘以土层液化折减系数来计算单桩极限承载力标准值。土层液化折减系数 ψ_1 按表 1-12 确定(《建筑桩基技术规范》(JGJ94—2008))。

表 1-12 土层液化折减系数 ψ_1

序 号	$\lambda_N = N/N_{cr}$	自地面算起的液化土层深度 d_1/m	ψ_1
1	$\lambda_N \leqslant 0.6$	$d_1 \leqslant 10$ $10 < d_1 \leqslant 20$	0 1/3
2	$0.6 < \lambda_N \leqslant 0.8$	$d_1 \leqslant 10$ $10 < d_1 \leqslant 20$	1/3 2/3
3	$0.8 < \lambda_N \leqslant 1.0$	$d_1 \leqslant 10$ $10 < d_1 \leqslant 20$	2/3 1.0

注:① N 为饱和土标贯击数实测值,N_{cr} 为液化判别贯击数临界值,ψ_1 为土层液化指数。
② 对于挤土桩,当桩距小于 $4d$,且桩的排数不少于 5 排,总桩数不少于 25 根时,土层液化系数可按表列值提高一挡取值;桩间土标贯击数达到 N_{cr} 时,取 $\psi_1 = 1$。

当承台底非液化土层厚度小于以上规定时,土层液化折减系数取 0。

1.3.2 静力触探法

(1)当根据单桥探头静力探资料确定混凝土预制桩单桩竖向极限承载力标准值时,如无当地经验,可按下式计算:

$$Q_{uk} = Q_{sk} + Q_{pk} = u \sum q_{sik} l_i + \alpha p_{sk} A_p \tag{1-19}$$

当 $p_{sk1} \leqslant p_{sk2}$ 时

$$p_{sk} = \frac{1}{2}(p_{sk1} + \beta \cdot p_{sk2}) \tag{1-20}$$

当 $p_{sk1} > p_{sk2}$ 时

$$p_{sk} = p_{sk2} \tag{1-21}$$

式中:Q_{sk}、Q_{pk}——分别为总极限侧阻力标准值和总极限端阻力标准值;
u——桩身周长;
q_{sik}——用静力触探比贯入阻力值估算的桩周第 i 层土的极限侧阻力;
l_i——桩周第 i 层土的厚度;
α——桩端阻力修正系数,可按表 1-13 取值;
p_{sk}——桩端附近的静力触探比贯入阻力标准值(平均值);
A_p——桩端面积;
p_{sk1}——桩端全截面以上 8 倍桩径范围内的比贯入阻力平均值;
p_{sk2}——桩端全截面以下 4 倍桩径范围内的比贯入阻力平均值,如桩端持力层为密实的砂土层,其比贯入阻力平均值 p_s 超过 20 MPa 时,则需乘以表 1-14 中系数 C 予以折减后,再计算 p_{sk2} 及 p_{sk1} 值;
β——折减系数,按表 1-15 选用。

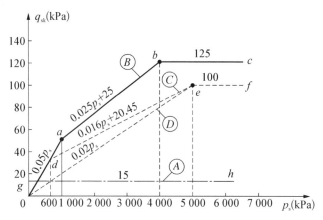

图 1-7　q_{sk}-p_s 曲线

注：① q_{sik} 值应结合土工试验资料，依据土的类别、埋藏深度、排列次序，按图 1-7 折线取值；图 1-7 中，直线
(A)(线段 gh) 适用于地表下 6 m 范围内的土层；折线 (B)(oabc) 适用于粉土及砂土土层以上(或无粉土
及砂土土层地区)的黏性土；折线 (C)(线段 $odef$) 适用于粉土及砂土土层以下的黏性土；折线 (D)(线
段 oef) 适用于粉土、粉砂、细砂及中砂；
② p_{sk} 为桩端穿过的中密～密实砂土、粉土的比贯入阻力平均值；p_{sl} 为砂土、粉土的下卧软土层的比贯入
阻力平均值；
③ 采用的单桥探头，圆锥底面积为 15 cm²，底部带 7 cm 高滑套，锥角 60°；
④ 当桩端穿过粉土、粉砂、细砂及中砂层底面时，折线 (D) 估算的 q_{sik} 值需乘以表 1-16 中系数 η_s 值。

表 1-13　桩端阻力修正系数 α 值

桩长/m	$l<15$	$15\leqslant l\leqslant30$	$30< l\leqslant60$
α	0.75	0.75～0.90	0.90

注：桩长 $15\leqslant l\leqslant30$ m，α 值按 l 值直线内插；l 为桩长(不包括桩尖高度)。

表 1-14　系　数　C

p_s/MPa	20～30	35	>40
系数 C	5/6	2/3	1/2

表 1-15　折减系数 β

p_{sk2}/p_{sk1}	$\leqslant5$	7.5	12.5	$\geqslant15$
β	1	5/6	2/3	1/2

注：表 1-14、表 1-15 可内插取值。

表 1-16　系　数　η_s 值

p_{sk}/p_{sl}	$\leqslant5$	7.5	$\geqslant10$
η_s	1.00	0.50	0.33

（2）当根据双桥探头静力触探资料确定混凝土预制桩单桩竖向极限承载力标准值时，
对于黏性土、粉土和砂土，如无当地经验时可按下式计算：

$$Q_{uk} = Q_{sk} + Q_{pk} = u \sum l_i \cdot \beta_i \cdot f_{si} + \alpha \cdot q_c \cdot A_p \tag{1-22}$$

式中：f_{si}——第 i 层土的探头平均侧阻力（kPa）；

　　　q_c——桩端平面上、下探头阻力，取桩端平面以上 $4d$（d 为桩的直径或边长）范围内按土层厚度的探头阻力加权平均值（kPa），然后再和桩端平面以下 $1d$ 范围内的探头阻力进行平均；

　　　α——桩端阻力修正系数，对于黏性土、粉土取 2/3，饱和砂土取 1/2；

　　　β_i——第 i 层土桩侧阻力综合修正系数，黏性土、粉土：$\beta_i = 10.04\,(f_{si})^{-0.55}$；砂土：$\beta_i = 5.05\,(f_{si})^{-0.45}$。

注：双桥探头的圆锥底面积为 15 cm²，锥角 60°，摩擦套筒高 21.85 cm，侧面积 300 cm²。

1.3.3　标准贯入法

北京市勘察院提出的标准贯入试验法预估钻孔灌注桩单桩竖向极限承载力的计算公式：

$$Q_u = p_b A_p + \left(\sum p_{fc} L_c + \sum p_{fs} L_s \right) + U + C_1 - C_2 X \tag{1-23}$$

式中：p_b——桩尖以上、以下 $4d$ 范围标贯击数 N 平均值换算的极限桩端承载力（kPa），见表 1-17；

　　　p_{fc}、p_{fs}——桩身范围内黏性土、砂土 N 值换算的极限桩侧阻力（kPa），见表 1-17；

　　　L_c、L_s——黏性土、砂土层的桩段长度；

　　　U——桩侧周边长（m）；

　　　A_p——桩端的截面积（m²）；

　　　C_1——经验系数（kN），见表 1-18；

　　　C_2——孔底虚土折减系数（kN/m），取 18.1；

　　　X——孔底虚土厚度，预制桩 $X=0$；当虚土厚度 >0.5 m，取 $X=0$，端承力也取零。

表 1-17　标贯击数 N 与 p_{fc}、p_{fs} 和 p_b 的关系

	N	1	2	4	6	8	10	12	14	16	18	20	22	24	26	28	30	35	≥40
预制桩	p_{fc}	7	13	26	39	52	65	78	91	104	117	130							
	p_{fs}			18	27	36	44	53	62	71	80	89	98	107	115	124	133	155	178
	p_b			440	660	880	1 100	1 320	1 540	1 760	1 980	2 200	2 420	2 640	2 680	3 080	3 300	3 850	4 400
钻孔灌注桩	p_{fc}	3	6	12	19	25	31	37	43	50	56	62							
	p_{fc}		7	13	20	26	33	40	46	53	59	66	73	79	86	92	99	116	132
	p_b			110	170	220	280	330	390	450	500	560	610	670	720	780	830	970	1 120

表 1-18　经验系数 C_1

桩　型	预　制　桩		钻孔灌注桩
土层条件	桩周有新近堆积土	桩周无新近堆积土	桩周无新近堆积土
C_1/kN	340	150	180

1.3.4　动力法

动力法是根据桩体被激振以后的动力响应特征来估计单桩承载能力的一种间接方法，包括打桩公式和动测法。

1) 打桩公式

打入桩凭借桩锤的锤击能量克服土阻力而贯入土中，贯入度（每一击使桩贯入土中的深度）越小，意味着土阻力越大，因此可以通过能量分析来判定桩的承载力。就能量守恒的基本原理而言，可以用下式表述：

$$QH = Re + Qh + \alpha QH \tag{1-24}$$

式中：Q——锤重（kg）；

$\quad\quad H$——落距（m）；

$\quad\quad R$——上阻力（kg）；

$\quad\quad e$——贯入度（m）；

$\quad\quad h$——桩锤回弹高度（m）；

$\quad\quad \alpha$——损耗系数，各种公式根据各自的经验和假定作出各自的规定。

这类公式中较常见的有，美国的"工程新闻"公式以及前苏联的格尔谢万诺夫（H. M. Gerxiewanof）公式和英国希利（Hiley）公式。由于土质条件千差万别，打桩设备（桩锤和锤垫）的构造与性能各不相同，桩和桩垫的材料与结构千变万化，以至这类公式各种各样，多达四、五百种，各个公式的结果往往相差悬殊。因此，在设计上一般不能用以确定桩的承载力。不过，在积累了丰富经验时，可根据实测复打贯入度利用打桩公式估算单桩承载力；亦可按照预期单桩承载力求算最小贯入度，并以此作为施工中停锤的控制标准。

2) 动测法

动测法系指桩的动力测试法，它是通过测定桩对所施加的动力作用的响应来分析桩的工作性状的一类方法的总称。动力（或称激振力）可以是冲击力、瞬时脉冲荷载（瞬态激振）或持续的周期荷载（稳态激振）等。桩的动力响应包括各种以波的形式表现出来应力（应变）、加速度、速度、频率和振幅等。动测法具有快速、直接、简便、价廉等突出优点，故获得广泛应用，方法亦多种多样。现从桩的承载力机理的角度出发，可按照桩土体系在动力作用下应变的大小，将桩的动测法分为高应变和低应变两大类。高应变动测法指激振能量足以使桩上之间发生相对位移，使桩产生永久贯入度的动测法，如以波动方程分析法为基础的史密斯（Smith）法和凯司（CASE）法以及锤击贯入法等。低应变动测法则指激振能量较小，只能激发桩土体系（甚至只有局部）的某种弹性变形，而不能使桩土之间产生相对位移的动测性。例如桩基参数动测法、机械阻抗法、共振法和水电效应法等。

根据桩的承载性能，桩达到极限承载之时，桩周土应已达到塑性破坏。只有高度变动测法才能使桩产生一定的塑性沉降（贯入度），它所测得的土阻力才是土的极限阻力；而低应变动测法则只能测得桩土体系的某些弹性特征值，而土的弹性变形与其强度之间并没有内在的因果关系。因此，从理论上讲低应变动测法不能提供确切的单桩极限承载力，只能用于检验桩身质量（完整性）。

高应变动测方法从理论上和实践上讲都是很严密的,它对单桩承载力的判定也是独立完成的。但是,凯司(CASE)法还属于半经验的方法,而实测曲线拟合法(CAPWAP)在似合的过程中从若干个优选的解中选取最终解时,分析者个人的因素仍是不可忽略的重要因素。在条件合适时,如对桩和土的实际情况比较接近所假定的物理模型,锤击的能量比较适中,分析者的经验比较丰富,高应变动测可以得到满意的结果,将高应变动测结果的波动范围控制在 15%～20% 以内是可能的。

高应变动测法现已成为确定打入桩单桩承载力的常用手段之一。国际土力学基础工程学会(ISSMFE)野外及试验室试验委员会正式推荐高应变动测法可用以确定桩的轴向承载力,但明确指出应使桩产生永久贯入度,以保证承载力的发挥,并要求同时进行静载荷试验,以便积累资料,提高动测法的分析水平和精度。

(1) 锤击贯入法。

锤击贯入法是指用一定质量的重锤以不同的落距由低到高依次锤击桩顶,同时用力传感器量测桩顶锤击力 Q_{df} 用百分表量测每次贯入所产生的贯入度 e,通过对测试结果的分析,以确定单桩的承载能力的一种动测方法。

在工程实践中,人们从直观上认识到对于场地、桩型和打桩设备相同的情况,容易将桩打入土中表明土对桩的阻力小,桩的承载力低;不易打入土中则表明土对桩的阻力大,桩的承载力高。因此,打桩过程中最后几击的贯入度常作为沉桩的重要控制标准。说明桩的静承载力和其贯入过程中的动阻力是密切相关的,这就是用锤击贯入法确定单桩承载力的物理机制。

锤贯法试验仪器和设备由锤击装置、锤击力量测和记录设备、贯入度量测设备 3 部分组成。锤击装置包括重锤、落锤导向柱、起重机具等,重锤应质量均匀、形状对称、锤底平整光滑,并宜整体铸造,锤的重量宜按 10、20、30、40 kN 系列选择制作。试验时所选用落锤重量不宜小于预估的试桩极限承载力值的 1/10;锤垫宜采用 2～6 cm 厚度的纤维夹层橡胶板,试验过程中如果发现锤垫已损伤或材料变性要及时地更换。锤击力量测和记录设备主要有锤击力传感器和动态电阻应变仪和光线示波器;贯入度量测设备大多使用分度值为 0.01 mm的百分表的磁性表座。

锤贯法试桩之前应收集工程概况,试桩区域内场地工程地质勘察报告,桩基础施工图,试桩施工记录。

检测前对试桩进行必要的处理是保证检测结果准确、可靠的重要手段。试桩要求主要包括以下几个方面:

① 试桩数量。试桩应选择具有代表性的桩进行,对工程地质条件相近、桩型、成桩机具和工艺相同的桩基工程,试桩数量不宜少于总桩数的 2%,并不应少于 5 根。

② 从沉桩至试验时间间隔。从沉桩至试验时间间隔可根据桩型和桩周土性质来确定。对于预制桩,当桩周土为碎石类土、砂土、粉土、非饱和黏性土和饱和黏性土时,相应的时间间隔分别为 3、7、10、15、25 d;对于灌注桩,一般要在桩身强度达到要求后再试验。

③ 桩头处理。为便于测试仪表的安装和避免试验对桩头的破坏,对于灌注桩和桩头严重破损的预制桩,应按下列要求对桩头进行处理。桩头宜高出地面 0.5 m 左右,桩头平面尺寸应与桩身尺寸相当,桩头顶面应水平、平整;将损坏部分或浮浆部分剔除,然后再用比桩身

混凝土强度高一个强度等级的混凝土,把桩头接长到要求的标高。桩头主筋应与桩身相同,为增强桩头抗冲击能力,可在顶部加设 1~3 层钢筋网片。

④ 检测结果可用于确定单桩极限承载力。锤击贯入试验时,在软黏土地中可能使桩间土产生压缩,在黏土和砂土中,贯入作用会引起孔隙水压力上升,而孔隙水压力的消散是需要一定时间的,这都会使得贯入试验所确定的承载力比桩的实际承载力降低;在风化岩石和泥质岩石中,桩周和桩端岩土的蠕变效应会导致桩承载力的降低,贯入法确定的单桩承载力偏高。在应用贯入法确定单桩承载力时,这些问题,应当注意。在实际工程中,确定单桩承载力的方法主要有以下几种:

a. $Q_d - \sum e$ 曲线法。首先根据试验原始记录表的计算结果作出锤击力与桩顶累计入度 $Q_d - \sum e$ 曲线,$Q_d - \sum e$ 曲线上第二拐点或 $\log Q_d - \sum e$ 曲线上陡降起始点所对应的荷载即为试桩的动极限承载力 Q_{du},试桩的静极限承载力 Q_{su} 可按下式确定:

$$Q_{su} = Q_{du}/C_{dsc} \tag{1-25}$$

式中:Q_{su}——$Q_d - \sum e$ 曲线法确定的试桩静极限承载力(kN);

　　　Q_{du}——试桩的动极限承载力(kN);

　　　C_{dsc}——动、静极限承载力对比系数。

动静对比系数 C_{dsc} 与桩周土的性质、桩型、桩长等因素有关,可由桩的静载荷试验与动力试验结果的对比得到。

b. 经验公式法。对于单击贯入度大于 2.0 mm 的各击次,可按下式计算单次的静极限承载力 Q_{sui}^f:

$$Q_{sui}^f = \frac{1}{C_{ds}^f} \frac{Q_{di}}{1 + S_{di}} \tag{1-26}$$

式中:Q_{sui}^f——经验公式法确定的试桩第 i 击次的静极限承载力(kN);

　　　Q_{di}——第 i 击次的实测桩顶锤击力峰值(kN);

　　　S_{di}——第 i 击次的实测桩顶贯入度(mm);

　　　C_{ds}^f——动、静极限承载力对比系数。

如参加统计的单击贯入度大于 2.0 mm 的击次不少于 3 击,且极差不超过平均值的 20%,则极限静承载力 Q_{su}^f 可按单次静极限承载力的平均值取用:

$$Q_{su}^f = \frac{1}{n} \sum_{i=1}^{n} Q_{sui}^f \tag{1-27}$$

式中:Q_{su}^f——经验公式法确定的单桩静极限承载力(kN);

　　　Q_{sui}^f——经验公式法确定的试桩第 i 击次的静极限承载力(kN);

　　　n——单击贯入度不小于 2.0 mm 的锤击次数。

(2) Smith 波动方程法。

过去,打桩过程一直被当做一个简单的刚体碰撞问题来研究,并用经典的牛顿力学理论进行分析。事实上,桩并不是刚体,打桩过程也不是一个简单的刚体碰撞问题,而是一个复杂的应力波传播过程。如果忽略桩侧土阻力的影响和径向效应,这个过程可用一维波动方程加以描述。然后通过求解波动方程就可得到打桩过程中桩身的应力和变形情况。

从桩身中任取一微元体 $\mathrm{d}x$,根据达朗贝尔原理,单元体上的诸力应满足下面的平衡方程:

$$A_p\sigma + \frac{\partial(A_p\sigma)}{\partial x}\mathrm{d}x - A_p\sigma - \rho A_p\mathrm{d}x\frac{\partial^2 u}{\partial t^2} = 0 \qquad (1-28)$$

式中: σ——截面应力(kPa);

　　A——桩身截面积(m^2);

　　ρ——桩身材料的密度($\mathrm{t/m}^3$)。

假定桩截面变形后仍保持平面,则由虎克定律有:

$$A_p\sigma = EA_p\frac{\partial u}{\partial x} \qquad (1-29)$$

式中: E——桩身材料的弹性模量(MPa)。

这样,式(1-28)就变为

$$\frac{\partial^2 u}{\partial x^2} = \frac{1}{c}\frac{\partial^2 u}{\partial t^2} \qquad (1-30)$$

$$c = \sqrt{\frac{E}{\rho}} \qquad (1-31)$$

1960 年,Smith 首先提出了波动方程在打桩中应用的差分数值解,将式(1-30)的波动方程变为求解一个理想化的锤-桩-土系统的各分离单元的差分方程组,从而第一次提出了能在严密的力学模型和数学计算基础上分析复杂的打桩问题的手段。

Smith 的计算模型仅仅是经验地将动、静阻力联系起来,完全忽略了土体质量的惯性力结桩的反作用,从这个意义上来讲,这些参数是经验性和地区性的,取用时要注意它们各自的使用范围。

Smith 法主要应用于确定单桩承载力、确定桩身最大应力和预估沉桩的可能性等方面。试验时,对不同的极限打入阻力,可以得到相应的最终贯入度,或打入单位深度所需锤击数,从而绘制打桩反应曲线。由打桩时实测的最终贯入度或锤击数,便可在反应曲线上找到对应的打入阻力,然后考虑土中孔隙水压力消散,土的挤密固结和受扰动的触变恢复等因素,可以得到桩的极限承载力;或者用桩休止后进行复打的贯入度所对应的打入阻力来评定极限承载力。

桩的极限承载力随时间增长是一个值得注意的问题,上海地区的试验研究表明用Smith 法估算打入时的极限承载力 P_{ud} 和静载荷试验得到的极限承载力 P_{us} 之间有统计关系式:

$$P_{us} = \psi P_{ud} \qquad (1-32)$$

式中: ψ——桩的极限承载力增长系数。

黏性土中 ψ 变化范围较大,它与土的灵敏度和打桩时扰动程度有关。通过一些桩的复打试验和动静对比试验,初步建立了一个黏性土灵敏度 S_t 与 ψ 之间的关系式:

$$\psi = 0.375S_t + 1 \tag{1-33}$$

式中：S_t——桩的极限承载力度系数。

砂土中桩的极限承载力增长系数 ψ 一般取 0.9~1.0。

打桩时,若锤垫或桩坚选用不合理,桩身会出现过大的拉、压应力,对混凝土桩,当拉应力超过混凝土强度时会使桩身开裂,形成断桩,所以打桩时的应力控制应引起重视。Smith 法能比较正确地模拟打桩时桩身受力特征,推述应力波在桩身中的传递过程。因此,当根据实际情况确定了有关参数及承载力后,即能算出与实测值比较接近的桩身应力值,并绘出桩身最大拉、压应力包络图。有关资料表明,实测的最大应力值与计算值误差在 10% 左右。

Smith 法可用以预估沉桩的可能性,所谓的沉桩可能性分析,包括两个方面的内容：一是在已知土质条件和桩型的前提下对选用什么样的锤和垫层能把桩沉入到预定深度进行分析;二是在满足贯入度要求和桩身强度的条件下,选择最佳的打桩系统。

在预估沉桩的可能性时,特别是估算桩进入不同深度持力层时的沉桩可能性时,必须根据当地经验选定与各实际地层相对应的各桩单元的 $S_{max}(m)$、$J_s(m)$ 值以及桩端阻力,再分别算出桩贯入到不同深度时的贯入度。在预估沉桩的可能性方面,Smith 波动方程法是最为准确可靠的方法。

(3) Case 法波动方程的解。

Case 法是美国俄亥俄州凯斯工学院(Case Institute of Techrwlegy)G. C. Goble 等提出的一种简单近似确定单桩承载力和判断桩身质量的动测方法。Case 法的实质是以波动方程行波理论为基础的动力量测分析方法,它从行波理论出发导出了一整套简洁的分析计算公式,还研制了能在现场立刻得到桩承载力、桩身质量、打桩应力、锤击能量和垫层性能等参数的 PDA 打桩分析仪。

根据行波理论,式(1-30)所得到的波动方程的通解为

$$u = f(x - ct) + g(x + ct) \tag{1-34}$$

式中, $f(xt - ct)$ 和 $g(x + ct)$ 是以恒定速度 c 沿桩身向下和向上传播的两个行波,它们在传播过程中形状保持不变。

Case 法的检测设备包括锤击设备和量测仪器,由于 Case 法属于高应变动力试桩的范畴,因此在测试过程中,必须使桩土间产生一定相对位移,这就要求作用在桩顶上的能量要足够大,所以一般要以重锤锤击桩顶。对于打入桩,可以利用打桩机作为锤击设备,进行复打试桩。对于灌注桩,则需要专用的锤击设备,不同重量的锤要形成系列,以满足不同承载力桩的使用要求。摩擦桩或端承摩擦桩,锤重一般为单桩预估极限承载力的 1%;端承桩则应选用较大的锤重,才能使桩端产生一定的贯入度。重锤必须质量均匀,形状对称,锤底平整。锤击装置的重锤提升高度都由自动脱钩器控制,锤自由下落时通过锤垫打在桩顶上;用于 Case 法动测的量测仪器由传感器、信号采集和分析装置等 3 部分组成。

现场测试工作前要做好以下准备工作：

（1）试桩要求。为保证试验时锤击力的正常传递和试验安全,试验前应对桩头进行处理。对于灌注桩,应清楚桩头的松散混凝土,并将桩头修理平整;对于桩头严重破损的预制桩,可以应用掺早强剂的高标号混凝土修补,当修补的砼达到规定强度时,才可以进行测试;对桩头出现变形的钢桩也应进行必要的修复和处理。也可在设计时采取下列措施:桩头主筋应全部直通桩底混凝土保护层之下,各主筋应在同一保护层之下,或者在距桩顶一倍桩径范围内,宜用 3～5 mm 厚的钢板包裹,距桩顶 1.5 倍的桩径范围内可设箍筋,箍筋间距不宜大于 150 mm。桩顶应设置钢筋网片 2～3 层,间距 60～100 mm。进行测试的桩应达到桩头顶面水平、平整,桩头中轴线与桩身中轴线重合,桩头截面积与桩身截面积相等等要求。桩顶应设置桩垫,桩垫可用木板、胶合板和纤维板等均质材料制成,在使用过程中应当根据现场情况及时更换。

（2）传感器的安装。为了减少试验过程中可能出现的偏心锤击对试验结果的影响,试验时必须对称地安装应变传感器和加速度传感器各两只,传感器与桩顶之间的距离不宜小于 1d(d 为桩径或边长),即使对于大直径桩,传感器与桩顶之间的距离也不得小于 1d;桩身安装传感器的部位必须平整,其周围也不得有缺损或截面突变等情况。安装范围内桩身材料和尺寸必须与正常桩一致。

（3）现场检测时的技术要求。试验前认真检查整个测试系统是否处于正常状态,仪器外壳接地是否良好。设定测试所需的参数,这些参数包括:桩长、桩径、桩身的纵波波速值、桩身材料的容重和桩身材料的弹性模量。

Case 法主要用于单桩承载力的确定和桩身质量的检测等方面。

利用 Case 法确定单极限承载力时,应满足桩身材料均匀、截面处处相等,桩身无明显缺陷等要求。

在一次锤击过程中,沿桩身各处所受到的实际土反力值的总和 $RT(t)$ 为

$$RT(t) = \frac{1}{2}\left[P_m(t) + P_m\left(t + \frac{2L}{c}\right)\right] + \frac{Z}{2}\left[V_m(t) - V_m\left(t + \frac{2L}{c}\right)\right] \quad (1-35)$$

式中：$P_m(t)$——实测的压应力波（MN）;

　　　$V_m(t)$——实测的压缩波（m/s）;

　　　c——波的传播速度（m/s）;

　　　L——传感器距桩端的距离（m）;

　　　t——时间（s）;

　　　Z——桩身的声阻抗（Pa·s/m³）。

由于利用了应力波在桩身内以 $2L/c$ 为周期反复传播、叠加的性质,所以使得求解单桩承载力的公式变得简洁、方便,需要注意的是,在使用该公式进行桩身承载力计算时,必须将 $2L/c$ 的实际值判断准确,否则将会带来较大的误差。

作用在桩身上的土的总阻力 $R_T(t)$ 是由土的静阻力 $R_s(t)$ 和土的动阻尼力 $R_d(t)$ 两部分组成的,即

$$R_t(t) = R_s(t) + R_d(t) \quad (1-36)$$

关于 L 的动阻尼力 $R_d(r)$，目前普遍采用的是用阻尼法求解，该方法假定土的动阻尼力全部集中在桩端且与桩端质点运动速度成正比，即

$$R_d(t) = J_p \cdot V_{roe}(t) \tag{1-37}$$

式中：$V_{roe}(t)$——桩端质点的运动速度（m/s）；

J_p——桩端阻尼系数。

锤击桩顶所产生的压缩波将和桩身各截面处的桩侧摩阻力所产生的下行波同时到达桩端。当这些波同时到达桩端时，桩端处力波的幅值为

$$P_{roe} \downarrow = P(t) - \frac{1}{2}\sum_{i=1}^{n}R_i(t) = P(t) - \frac{1}{2}R_T(t) \tag{1-38}$$

桩端自由时，其质点运动速度为

$$V_{roe} = \frac{1}{Z}[2P(t) - R_T(t)] \tag{1-39}$$

令 Case 阻尼系数 $J_1 = J_p/Z$，并将上列各式进行变换，得到 Case 法确定单桩静承载力的公式：

$$R_s(t) = \frac{1}{2}\left[P(t) + P\left(t + \frac{2L}{c}\right)\right] + \frac{Z}{2}\left[V(t) - V\left(t + \frac{2L}{c}\right)\right] - J_1[2P(t) - R_T(t)] \tag{1-40}$$

一次锤击过程中曾经达到过的土的最大静反力，就是桩的极限承载力 R_s。

$$R_s = \text{MAX}\left\{\frac{1}{2}\left[P(t) + P\left(t + \frac{2L}{c}\right)\right]\right\} + \frac{Z}{2}\left[V(t) - V\left(t + \frac{2L}{c}\right)\right] - J_1[2P(t) - R_T(t)] \tag{1-41}$$

对于以桩侧摩阻力为主的摩擦桩，在用 Case 法确定桩的极限承载力时必须考虑桩侧阻力 R_{st1} 的影响，在这种情况下，式(1-39)应修正为

$$\begin{aligned}
R_{s1} &= \text{MAX}\left\{\frac{1}{2}\left[P(t) + P\left(t + \frac{2L}{c}\right)\right]\right\} + \frac{Z}{2}\left[V(t) - V\left(t + \frac{2L}{c}\right)\right] \\
&\quad - J_1[2P(t) - R_T(t)] - \frac{1}{2}J_sR_{ski} \\
&= R_r - \frac{1}{2}J_sR_{ski} \tag{1-42}
\end{aligned}$$

式中：J_s——桩侧土的阻尼系数。

对于在软土中的摩擦桩，修正后公式预估承载力更接近实际值。

应用 Case 法计算单桩承载力时，需要人为地选取地基土的 Case 阻尼系数 $J(J_1, J_s)$，该值与土的性质等因素有关，G. G. Cioble、瑞典 PID 公司和上海地区的 J 值分别如表 1-19、1-20 和 1-21 所示。

表 1 - 19　G. G. Goble 等建议的 *J* 值

土 的 类 型	取值范围	建 议 值
砂	0.05～0.20	0.05
粉砂和砂质粉土	0.15～0.30	0.15
粉土	0.20～0.40	0.30
粉质黏土	0.40～0.70	0.55
黏土	0.60～1.10	1.10

表 1 - 20　瑞典 PID 公司建议的 *J* 值

土 的 类 型	取 值 范 围
砂	0～0.15
砂质粉土	0.15～0.25
粉质黏土	0.45～0.70
黏土	0.90～1.12

表 1 - 21　上海地区建议的 *J* 值

土 的 类 型	取 值 范 围
淤泥质灰色黏土、灰色黏土	0.60～0.90
灰色粉质黏土、暗绿色粉质黏土	0.40～0.70
灰色砂质粉土、黄绿色砂质粉土	0.15～0.45
粉砂、细砂、砂	0.05～0.20

对于长桩或上部土层较好的桩,桩身侧阻力在桩的承载力中比例很高,在桩身贯入过程中,当桩端应力波反射到桩顶以前,桩顶有明显的回弹,此时,桩身将产生负摩阻力,部分侧阻力产生卸荷,使测得的桩身承载力降低。

1.4　竖向荷载作用下单桩性状分析的若干问题

1.4.1　单桩承载力荷载传递规律

1) 荷载传递机理及影响因素

当竖向荷载逐步施加于桩顶,桩身混凝土受到压缩而产生相对于土的向下位移或位移趋势时,桩侧土抵抗桩侧表面向下位移的向上摩阻力,即正摩阻力,此时桩顶荷载通过桩侧表面的桩侧摩阻力传递到桩周土层中去,致使桩身轴力和桩身压缩变形随深度递减。当桩顶荷载较小时,桩身混凝土的压缩也在桩的上部,桩侧上部土的摩阻力得到逐步发挥,此时桩身中下部桩土相对位移较小或很小,其桩摩阻力发挥很小或尚未开始发挥作用。

随着桩顶荷载增加,桩身压缩量和桩土相对位移量逐渐增大,桩侧下部土层的摩阻力随之逐步发挥出来,桩底土层也因桩端受力被压缩而逐渐产生桩端阻力;当荷载进一步增大,桩顶传递到桩端的力也逐渐增大,桩端土层的压缩也逐渐增大,而桩端土层压缩和桩身压缩量加大了桩土相对位移,从而使桩侧摩阻力进一步发挥出来。由于黏性土桩土相对极限位移一般只有 6~12 mm,砂性土为 8~15 mm,所以当桩土界面相对位移大于桩土极限位移后,桩身上部土的侧阻就发挥到最大值并出现滑移(此时上部桩侧土的抗剪强度由峰值强度一般出现跌落为残余强度),此时桩身下部土的侧阻进一步得到发挥,桩端阻力亦慢慢增大。当桩端持力层产生破坏时,桩顶位移急剧增大,且往往承载力降低,此时表明桩已破坏。从上面的描述可以看出桩顶在竖向荷载作用下的传递规律是:

(1) 桩侧摩阻力是自上而下逐渐发挥的,而且不同深度土层的桩侧摩阻力是异步发挥的。

(2) 当桩上相对位移大于各种土性的极限位移后,桩土之间要产生滑移,滑移后其抗剪强度往往将由峰值强度跌落为残余强度,亦即滑移部分的桩侧土产生软化。

(3) 桩端阻力和桩侧阻力是异步发挥的。只有当桩身轴力传递到桩端并对桩端土产生压缩时才会产生桩端阻力,而且一般情况下(当桩端土较坚硬时),桩端阻力随着桩端位移的增大而增大。

(4) 单桩竖向极限承载力是指静载试验时单桩桩顶所能稳定承受的最大荷载。

桩荷载传递受以下因素影响:

(1) 单桩竖向极限承载力与桩顶应力水平。

(2) 桩侧土的单位极限侧阻力 q_{su} 和单位极限端阻力 q_{pu}。

(3) 桩长径比。

(4) 桩端土与桩侧土的刚度比。

(5) 桩侧表面的粗糙度以及桩端形状等诸因素。

设计中应掌握各种桩的桩土体系荷载传递规律,根据上部结构的荷载特点、场地各土层的分布与性质,合理选择桩型、桩径、桩长、桩端持力层、单桩竖向承载力特征值,合理布桩,在确保长久安全的前提下充分发挥桩土体系的力学性能,做到既经济合理又施工方便快速。

2) 荷载传递方程

可以用荷载传递法来描述上述荷载传递过程,把桩沿桩长方向离散成若干单元,假定桩土无相对滑移,桩身是线弹性的,桩体中任意一点的位移只与该点的桩侧摩阻力有关,用独立的线性或非线性弹簧来模拟土体与桩体单元之间的相互作用。

桩身位移 $s(z)$ 和桩身荷载 $Q(z)$ 随深度递减,桩侧摩阻力 $q_s(z)$ 自上而下逐步发挥。桩侧摩阻力 $q_s(z)$ 发挥值与桩土相对位移量有关,如图 1-8 所示。

取深度 z 处的微小桩段 dz,由力的平衡条件(图 1-8(a))可得:

$$q_s(z) \cdot U \cdot dz + Q(z) + dQ(z) = Q(z)$$

由此得
$$q_s(z) = -\frac{1}{U} \cdot \frac{dQ(z)}{dz} \tag{1-43}$$

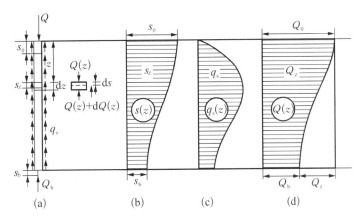

图 1-8　桩土体系的荷载传递

由桩身压缩变形 $ds(z)$ 与轴力 $Q(z)$ 之间关系得

$$ds(z) = -Q(z)\frac{dz}{AE_p}$$

可得 z 断面荷载

$$Q(z) = -AE_p\frac{ds(z)}{dz}$$

即

$$Q(z) = Q_0 - U\int_0^s q_s(z)dz \tag{1-44}$$

式中：A——桩身横截面面积；

　　　E_p——桩身弹性模量；

　　　U——桩身周长；

　　　z——断面沉降。

将式(1-44)代入式(1-43)可得：

$$q_s(z) = \frac{AE_p}{U}\frac{d^2s(z)}{dz^2} \tag{1-45}$$

式(1-45)是进行桩土体系荷载传递分析计算的基本微分方程。

式(1-43)、式(1-44)、式(1-45)分别表示于图 1-8(c)、(d)、(b)中。

不同的 $q_s(z)$-s 关系可以得到不同的荷载传递函数。常见的荷载传递曲线有线弹性的、弹塑性的、双曲线的及侧阻软化形式等。

3) 单桩破坏模式

单桩破坏模式大致有以下 4 种。

(1) 桩身材料破坏。

由于地基土提供的承载力超过桩身材料强度所能承受的荷载,桩先于土发生曲折(嵌入坚实基岩的端承桩等,如图 1-9(a)所示)或超长摩擦桩桩顶压屈破坏(超长薄壁钢管桩或 H 型钢桩等)。其 Q-s 曲线有明显的转折点,即破坏特征点。

(2) 桩端土整体剪切破坏。

桩穿越软弱层进入较硬持力层,当桩端压力超过持力层极限荷载时,桩端土中形成完整

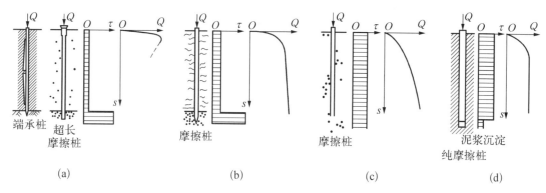

图 1 - 9　桩的破坏模式

(a) 桩身材料破坏；(b) 整体剪切破坏；(c) 刺入剪切破坏；(d) 沿桩身侧面纯剪切破坏

的剪切滑动画，土体向上挤出而破坏。其 Q-s 曲线有明显的转折点(见图 1 - 9(b))，一般为摩擦桩及端承摩擦桩的典型破坏模式。

(3) 刺入剪切破坏。

在匀质土层中的摩擦型桩，其 Q-s 曲线没有明显的转折点，桩沿桩侧及桩端发生剪切与刺入破坏(见图 1 - 9(c))。

(4) 桩侧纯剪切破坏。

对于孔底沉淤较厚的钻(冲)孔灌注桩，其桩端几乎不能提供反力，桩沿桩侧面发生纯剪切破坏(见图 1 - 9(d))。

1.4.2　影响单桩荷载传递性状的要素

影响桩土体系荷载传递的因素主要包括桩顶的应力水平、桩端土与桩周土的刚度比、桩与土的刚度比、桩长径比、桩底扩大头与桩身直径之比和桩土界面粗糙度等。

1) 桩顶的应力水平

当桩顶应力水平较低时，桩侧上部土阻力得到逐渐发挥，当桩顶应力水平增高时，桩侧土摩阻力自上而下发挥，而且桩端阻力随着桩身轴力传递到桩端土而慢慢发挥。桩顶应力水平继续增高时，桩端阻力的发挥度一般随着桩端土位移的增大而增大。

2) 桩端土与桩侧土的刚度比 E_b/E_s

如图 1 - 10 所示，在其他条件一定时：

当 $E_b/E_s = 0$ 时，荷载全部由桩侧摩阻力所承担，属纯摩擦桩。在均匀土层中的纯摩擦桩，摩阻力接近于均匀分布。

当 $E_b/E_s = 1$ 时，属均匀土层的端承摩擦桩。其荷载传递曲线和桩侧摩阻力分布于纯摩擦桩相近。

当 $E_b/E_s = \infty$ 且为短桩时，为纯端承桩。当

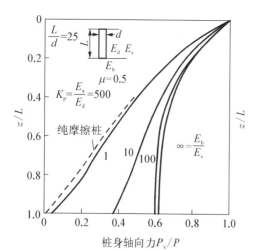

图 1 - 10　不同 E_b/E_s 下的桩身轴力图

为中长桩时,桩身荷载上段随深度减小,下段近乎沿深度不变。即桩侧摩阻力上段可得到发挥,下段由于桩土相对位移很小(桩端无位移)而无法发挥出来。桩端由于土的刚度大,可分担 60% 以上荷载,属摩擦端承桩。

3) 桩身混凝土与桩侧土的刚度比 E_p/E_s

如图 1-11 所示,在其他条件一定时:

E_p/E_s 愈大,桩端阻力所分担的荷载比例愈大;反之,桩端阻力分担的荷载比例降低,桩侧阻力分担的荷载比例增大。

对于 $E_p/E_s<10$ 的中长桩,其桩端阻力比例很小。这说明对于砂桩、碎石桩、灰土桩等低刚度桩组成的基础,应按复合地基工作原理进行设计。

4) 桩长径比 l/d

在其他条件一定时,l/d 对荷载传递的影响较大。在均匀土层中的钢筋混凝土桩,其荷载传递性状主要受 l/d 的影响。当 $l/d>100$ 时,桩端土的性质对荷载传递不再有任何影响。可见,长径比很大的桩都属于摩擦桩或纯摩擦桩,在此情况下显然无需采用扩底桩。

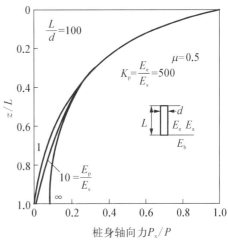

图 1-11　不同 E_p/E_s 下的桩身轴力图

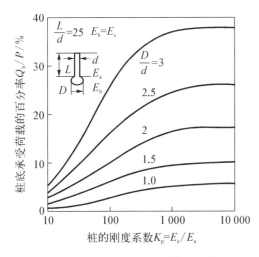

图 1-12　不同 D/d 下的端承力

5) 桩底扩大头与桩身直径之比 D/d

如图 1-12 所示,在其他条件一定时,D/d 愈大,桩端阻力分担的荷载比例愈大。

6) 桩侧表面的粗糙度

一般桩侧表面越粗糙,桩侧阻力的发挥度越高,桩侧表面越光滑,则桩侧阻力发挥度越低,所以打桩施工方式是影响单桩荷载传递的重要因素。

钻孔桩由于钻孔使桩侧土应力松弛,同时由于泥浆护壁使桩侧表面光滑而减少了界面摩擦力,所以普通钻孔灌注桩的侧阻发挥度不高,如果对钻孔桩的桩土界面实行注浆,实质上是提高了其界面粗糙度同时也相对扩大了桩径,从而提高了侧阻力。

预应力管桩等挤土桩由于打桩挤土对软土桩土界面的土层进行了扰动,从而在短期内降低了桩侧摩阻力,当然在长期休止后,随着软土的触变恢复,桩侧摩阻力会慢慢提高。

7) 其他因素

另外,单桩荷载传递性状与桩型、打桩顺序和打桩节奏、打桩后龄期、地下水位、表层土的欠固结程度、静载试验的加载速率等因素有关。

综上所述,单桩竖向极限承载力与桩顶预应力水平、桩侧土的单位侧阻力和单位端阻力、桩长径比、桩端土与桩侧土的刚度比、桩侧表面的粗糙度以及桩端形状等诸因素有关。

设计中应掌握各种桩的桩土体系荷载传递规律,根据上部结构的荷载特点、场地各土层的分布与性质,合理选择桩型、桩径、桩长、桩端持力层、单桩竖向承载力特征值,合理布桩,在确保长久安全的前提下充分发挥桩土体系的力学性能,做到既经济合理又施工方便快速。

1.4.3　桩侧阻力性状

桩基在竖向荷载作用下,桩身混凝土产生压缩,桩侧土抵抗向下位移而在桩土界面产生向上的摩擦阻力称为桩侧摩阻力。

桩侧极限摩阻力是指桩土界面全部桩侧土体发挥到极限所对应的摩阻力。由于桩侧土摩阻力是自上而下逐渐发挥的,因此桩侧极限摩阻力很大程度上取决于中下部土层的摩阻力发挥。桩侧极限摩阻力实质上是全部桩侧土所能稳定承受的最大摩阻力(峰值阻力)。

由于黏性土桩土极限位一般只有 6～12 mm,砂性土为 8～15 mm,所以当桩土界面相对位移大于桩土极限位移时,桩身上部土的侧阻已发挥到最大值并出现滑移,此时桩身下部土的侧阻进一步得到发挥,桩端阻力随着桩端土压缩量的增大亦慢慢增大。

影响单桩桩侧阻力发挥的因素主要包括以下几个方面:桩侧土的力学性质、发挥桩侧阻力所需位移、桩径 d、桩土界面性质、桩端土性质、桩长 L、桩侧土厚度及各层中的 q_{stk} 值、桩土相对位移量、加荷速率、作用时间、桩顶荷载水平、桩侧土的松弛、桩侧土的软化等。

1)桩侧土的力学性质

桩侧土的性质是影响桩侧阻力最直接的决定因素。一般说来,桩周土的强度越高,相应的桩侧阻力就越大。由于桩侧阻力属于摩擦性质,是通过桩周上的剪切变形来传递的,因而它与土的剪变模量密切相关。超压密黏性土的应变软化及密实砂土的剪胀、高结构性黄土,使得侧阻力随位移增大而减小,出现软化现象;在正常固结以及轻微超压密黏性土中,由于土的固结硬化,侧阻力会随位移增大而增大,松砂中由于剪缩也会产生同样的结果。

2)发挥桩侧阻力所需位移

按照传统经验,发挥极限侧阻力所需位移与桩径大小、桩长、施工工艺与质量、土类、土性及分布等有关。对于加工软化型土(如密实砂、粉土、高结构性黄土等)所需位移值较小,且 q_s 达最大值后又随位移的增大而有所减小;对于加工硬化型土(如非密实砂、粉土、粉质黏土等)所需位移值更大,且极限特点不明显。发挥桩侧阻力所需桩顶相对于位移趋于定值的结论,是 Whitaker(1966 年)、Reese(1969 年)等根据少量桩的试验结果得出的。随着近年来大直径灌注桩应用的不断增多,对大直径桩承载性状的认识逐步深化。就桩侧阻力的发挥性状而言,大量测试结果表明,发挥极限侧阻所需桩顶相对位移并非定值,与桩径大小、施工工艺、土层性质与分布位置有关。

3)桩径的影响

侧摩阻力与桩的侧表面(πDL)有关。按照规范,大直径桩的桩侧阻力按下式计算:

$$Q_{sk} = u \sum \psi_{st} q_{stk} l_{st} \tag{1-46}$$

式中:ψ_s——大直径桩桩侧阻力尺寸效应折减系数。对于黏性土和粉土有 $\psi_s = \left(\dfrac{0.8}{D}\right)^{\frac{1}{5}}$;

对于砂土和碎石土有 $\psi_s = \left(\dfrac{0.8}{D}\right)^{\frac{1}{3}}$。

D——桩直径(m)。

Masakiro Koike 等通过试验研究发现,非黏性土中的桩侧阻力存在着明显的尺寸效应,这种尺寸效应源于钻、挖孔时侧壁土的应力松弛。桩径越大、桩周土层的黏聚力越小,侧阻降低得就越明显。

4) 桩土面性质的影响

桩-土界面特征就是埋没于土中的桩与桩周土接触面的形态特性。对于预制桩和钢桩,桩-土界面特性主要取决于桩表面的粗糙程度及挤密效果,所以出现了孔壁粗糙的竹节预制桩;对于各种类型的灌注桩,桩-土界面特征一般表现为孔壁的粗糙程度,而这与桩周土层的性质和施工工艺有关。

从各种规范中关于桩侧阻力的取值标准可以看出,在桩周土条件相同的时候,不同施工工艺的桩具有不同的侧阻力值,这主要是由于不同施工工艺对桩-土界面的影响方式和影响程度不同。

对于打入桩,当桩侧土松散时,沉桩过程中会对桩周土体造成挤密,侧阻较高;对于泥浆护壁的钻孔灌注桩,施工过程中会使桩周土体受到扰动、孔壁应力释放,另外,采用泥浆护壁成孔,且泥浆过稠时,在桩身表面将形成泥皮,此时,剪切滑裂面将发生于紧贴于桩身的泥皮内,导致桩侧阻力显著降低。一般考虑钻孔桩泥皮的修正系数为 $\lambda = 0.6 \sim 0.8$。

对于各种类型的预制桩,桩-土界面特征取决于桩表面的粗糙程度及挤密效果,这与制桩工艺有关,一般比较光滑;对于各种类型的灌注桩,桩-土界面特征取决于成孔时机具对孔壁的扰动等因素,一般比较粗糙,并且不规则。

5) 桩端土性质

大量试验资料发现桩端条件不仅对桩端阻力,同时对桩侧阻力的发挥有着直接的影响。在同样的桩侧土条件下,桩端持力层强度高的桩,其桩侧阻力特别是桩端附近的侧阻力要比桩端持力层强度低的桩高,即桩端持力层强度越高,桩端阻力越大,桩端沉降越小,桩侧摩阻力就越高,反之亦然。另外,钻孔桩由于施工工艺的影响,经常在桩端存在部分沉渣,或者在持力层较差时,桩端土的弱化将会导致极限阻力的降低。因此,一般要求灌注混凝土前孔底沉渣厚度小于 50 mm。

6) 桩顶荷载水平

每层土桩侧摩阻力的发挥与桩顶荷载水平直接相关,在桩荷载水平较低时,通常桩顶上层土的摩阻力得到发挥;当桩顶荷载水平较高时,桩顶下层乃至桩端处周围土摩阻力才得到发挥,上部土层有可能产生桩土滑移(要视桩土相对位移而定);随着荷载进一步提高,桩端附近土摩阻力及桩端阻力得到发挥,所以桩顶荷载水平是决定侧阻力与端阻相对比例关系的主要因素之一。

7) 加荷速率及时间效应

对于打入桩,在淤泥质土和黏土中,通常快速压桩瞬时阻力较小,其后随着土体固结桩侧阻力会增大较多;在砂土中,快速压桩由于应力集中瞬时摩擦加大,侧阻也大,其后砂土容易松弛。时间效应包含土的固结及泥皮固结问题。软土中预制桩承载力是随着龄期增加逐渐增大的。

8) 松弛效应对侧阻的影响

非挤土桩(钻孔、挖孔灌注桩)在成孔过程中由于孔壁侧向应力解除,出现侧向松弛变形。孔壁土的松弛效应导致土体强度削弱,桩侧阻力随之降低。

桩侧阻力的降低幅度与土性、有无护壁、孔径大小等诸多因素有关。对于干作业钻、挖孔桩,无护壁条件下,孔壁土处于自由状态,土产生向心径向位移,浇注混凝土后,径向位移虽有所恢复,但侧阻力仍有所降低。

对于无黏聚性的砂土、碎石类土中的大直径钻、挖孔桩,其成桩松弛效应对侧阻力的削弱影响是不容忽略的。

在泥浆护壁条件下,孔壁处于泥浆侧压平衡状态,侧向变形受到制约,松弛效应较小,但桩身质量和侧阻力受泥浆稠度、混凝土浇灌等因素的影响而变化较大。桩侧泥皮与桩间土的性状差异,见表 1-22 和表 1-23。可以看出,泥浆护壁钻孔灌注桩桩侧泥皮土相对于桩间土具有含水量高、压缩性大、抗剪强度低的特点。

表 1-22　泥皮土与桩间土土工参数对比(一)

土 样 名 称	天然含水量 w/%	天然重度 /(kN/m³)	土粒相对密度 d_s	饱和度 S_t/%	孔隙比 e_0	液限 w_L/%	塑限 w_p/%	塑性指数 l_p	液性指数 I_L
淤泥质桩侧泥皮土	69.4	15.4	2.75	99	1.964	58.5	29.7	28.8	1.38
淤泥质桩间土	61.3	16.1	2.75	97	1.7	52.6	27.3	25.3	1.34
黏土桩侧泥皮土	38.4	17.7	2.71	97	1.076	43.9	23.9	20.0	0.72
黏土桩间土	33.2	18	2.73	92	0.98	40.8	22.7	18.1	0.58
砂质粉土桩侧泥皮土	30.4	18.6	2.7	93	0.832				
砂质粉土桩间土	28.8	18.6	2.7	89	0.798				

表 1-23　泥皮土与桩间土土工参数对比(二)

土 样 名 称	压缩系数 a_{1-2}/MPa⁻¹	压缩模量 E_s/MPa	直剪试验 内摩擦角 /(°)	直剪试验 黏聚力 /kPa	垂直压力下孔隙比垂直压力 P/kPa 50	100	200	400
淤泥质桩侧泥皮土	2.08	1.42	1.5	6	1.85	1.693	1.485	1.268
淤泥质桩间土	1.79	1.51	2	7	1.542	1.402	1.223	1.037
黏土桩侧泥皮土	0.69	3.01	14	1.02	0.982	0.913	0.81	
黏土桩间土	0.5	3.96	5	18	0.911	0.877	0.827	0.761
砂质粉土桩侧泥皮土	0.13	14	28	12	0.82	0.81	0.797	0.779
砂质粉土桩间土	0.12	15.3	30	17	0.791	0.783	0.774	0.761

9) 桩侧阻力的软化效应

对于桩长较长的泥浆护壁钻孔灌注桩,当桩侧摩阻力达到峰值后,其值随着上部荷载的增加(桩土相对位移的增大)而逐渐降低,最后达到并维持一个残余强度。将这种桩侧摩阻力超过峰值入残余值的现象定义为桩侧摩阻力的软化效应。

图 1-13 中 Q-s 曲线为杭州余杭某大厦载荷试验结果，试桩桩径 $\phi1\,000$ mm，桩长 52.5 m，根据地质报告计算的桩侧极限摩阻力为 6 000 kN，静载荷试验时，加载到 4 000 kN，桩顶即发生较大的沉降，达100 mm，随后在卸载过程中，桩顶沉降仍持续增加，即桩顶承载力随沉降增加出现跌落。

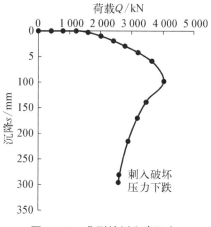

图 1-13　典型桩侧土摩阻力软化 Q-s 曲线

桩侧摩阻力在达到极限值后，随着加荷产生的沉降的增大，其值出现下降的现象，即桩侧土层的侧阻发挥存在临界值问题。对超长桩，因为承受更大的荷载，桩顶的沉降量较大，这种现象更为普遍。当桩长达到 60 m 或者更长时，这个临界值对桩承载力的影响更为敏感。众多的超长桩静荷载试验实测结果表明，这种现象比较普遍。

由于各个土层的临界位移值不同，各层土侧摩阻力出现软化时的桩顶位移量（即桩土相对位移）也不同，即各层土侧摩阻力的软化并不是同步的，因此桩顶位移的大小直接影响侧摩阻力的发挥程度，也影响着承载力。尤其对超长桩，由于其桩身压缩量占桩顶沉降的比例较大，在下部沉降还较小的情况下，桩顶沉降已经比较大。由于桩上部已经发生较大的沉降，表现为较大的桩土相对位移，因而引起侧阻的软化。

因此，在桩基设计时，特别是摩擦型桩基设计时，承载力的确定应考虑桩侧摩阻力软化带来的影响。大直径超长桩的侧阻软化会降低单桩的承载力，因此要采取措施加以解决，通常可以采用桩端（侧）后注浆的方法，有着较好的效果。

桩侧摩阻力软化的机理主要包括土体的材料软化、结构软化特征、荷载水平及加载过程中侧土体单元的应力状态、桩土界面摩擦性状以及桩身几何参数和压缩特性、桩顶荷载水平等几个方面的因素。

10）桩侧阻力的挤上效应

不同的成桩工艺会使桩周土体中应力、应变场发生不同变化，从而导致桩侧阻力的相应变化。这种变化又与土的类别、性质，特别是土的灵敏度、密实度、饱和度密切相关。图 1-14(a)、(b)、(c) 分别表示成桩前、挤土桩和非挤土桩桩周土的侧向前应力状态，以及侧向变形状态。

挤土桩（打入、振入、压入式预制桩、沉管灌注桩）成桩过程产生的挤土作用，使桩周土扰动重塑、侧向压应力增加。对于非饱和土，由于土受挤而增密，土愈松散，黏性愈低，其增加密幅度愈大。对于饱和黏性土，由于瞬时排水固结效应不显著，体积压缩变形小，引起超孔隙水压力，土体产生横向位移和竖向隆起或沉陷。

（1）砂土中侧阻力的挤土效应。

松散砂土中的挤土桩，成桩过程使桩周土因侧同挤压而趋于密实，导致桩侧阻力增高。对于桩群，特别是满堂布置的桩群，桩周土的挤密效应更为显著。密实砂土中，沉桩挤土效应使密砂松散、孔压膨胀、侧摩阻力降低。

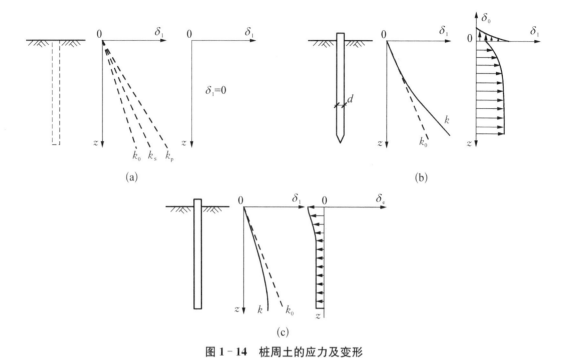

图 1-14　桩周土的应力及变形

(a) 静止土压力状态;(b) 挤土桩$k>k_0$;(c) 非挤土桩,$k<k_0$(k_0、k_s、k_p 分别为
静止、主动、被动土压力系数;δ、δ_2 为土的侧向、竖向位移)

（2）饱和黏性土中的成桩挤土效应。

饱和黏性土中的挤土桩,成桩过程使桩侧土受到挤压、扰动、重塑,产生超孔隙水压力。随后出现孔压消散、再固结和触变恢复,导致侧阻力产生显著时间效应,即随着时间的增加逐渐提高。

11）侧阻发挥的时间效应

桩侧摩阻力受桩身周围的有效应力条件控制。饱和黏性土中的挤土桩,在成桩过程中使桩侧土受到挤压、扰动和重塑,产生超孔隙水压力,故成桩时桩侧向有效应力减小,桩侧摩阻力明显降低。超孔隙水压力沿径向随时间逐渐消散,桩侧摩阻力则随时间逐渐增长。

1.4.4　桩端阻力性状

桩端阻力是指桩顶荷载通过桩身和桩侧土传递到桩端土所承受的力。

桩端阻力的计算公式为

$$Q_{pu} = \psi_p \pi \frac{D^2}{4} q_{pu} \qquad (1-47)$$

式中：ψ_p——端阻尺寸效应系数；

q_{pu}——桩端持力层单位端承力。

影响单桩桩端阻力的主要因素有：桩穿过土层持力层的特性、桩的成桩方法、入土浓度、进入持力层浓度、桩的尺寸、加荷速率、桩端距下卧软弱层的距离等。

1）桩端持力层的影响

桩端持力层的类别与性质直接影响桩端阻力的大小和沉降量。低压缩性、高强度的砂、砾、岩石是理想的具有高端阻力的持力层，特别是桩端进入砂、砾层中的挤土桩，可获得很高的端阻力。高压缩性、低强度的软土几乎不能提供桩端阻力，并导致桩发生突进型破坏，桩的沉降量和沉降的时间效应显著增加。

不同的土在桩端以下的破坏模式并不一样。对松砂或软黏土，出现刺入剪切破坏；对密实砂或硬黏土，出现整体或局部剪切破坏。

2）桩截面尺寸的影响

桩端阻力与桩端面积直接相关，但随着桩端截面积尺寸的增大，桩端阻力的发挥度变小，硬土层中桩端阻力具有尺寸效应。

Menzenbaeh（1961 年）根据 88 根压挤资料统计，得出桩端阻力尺寸效应系数 ϕ_{ps} 为

$$\phi_{\mathrm{ps}} = 1/[1 + 1 \times 10^{-6} (\bar{q}_{\mathrm{c}})^{1.3} \cdot A] \tag{1-48}$$

式中：$\bar{q}_{\mathrm{c}}$——桩尖以下，$1d \sim 3.75d$ 范围内的静力触探锥尖阻力 q_{c} 平均值（MPa）；

A——桩的截面积（cm²）。

Menzenbaeh 由统计结果得出了两点结论：

① 对于软土（$\bar{q}_{\mathrm{c}} \leqslant 1$ MPa），尺寸效应并不显著，在工程上可以不必考虑；

② 对于硬土层，如中密、密实砂土（$\bar{q}_{\mathrm{c}} \geqslant 10$ MPa），尺寸效应明显，值得注意。

3）成桩效应的影响

桩端阻力的成桩效应随土性、成桩工艺而异。

对于非挤土桩，成桩过程中桩端土不产生挤密，而是出现扰动、虚土或沉渣，因而使端阻力降低。

对于挤土桩，成桩过程中松散的桩端土受到挤密，使端阻力提高。对于黏性土与非黏性土、饱和与非饱和状态、松散与密实状态，其挤土效应差别较大，如松散的非黏性土挤密效果最佳；密实或饱和黏性土的挤密效果较小，有时可能起反作用。因此，不同土层端阻力的成桩效应相差也较大。

对于泥浆护壁钻孔灌注桩，由于成桩施工方法不当，易使桩底产生沉渣，当沉渣达到一定厚度时，会导致桩的端阻力大幅下降。

4）端阻力的临界深度

桩端阻力随桩入土深度按特定规律变化。当桩端进入均匀土层或穿过软土层进入持力层时，开始时桩端阻力随深度基本上呈线性增大；当达到一定深度后，桩端阻力基本恒定；深度继续增加，桩端阻力增大很小，如图 1-15 所示。图中恒定的桩端阻力称为桩端阻力稳值 q_{pl}，恒定桩端阻力的起点深度称为该桩端阻力的临界深度 h_{cp}。

根据模型和原型试验结果，端阻临界深度和端阻稳值具有如下特性：

（1）端阻临界深度 h_{cp} 和端阻隔稳值 q_{pl} 均随砂持力层相对实度 D_{t} 的增大而增大，所以，端阻临界深度随端阻稳值增大而增大。

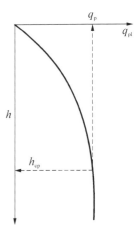

图 1-15　端阻临界深度示意

（2）端阻临界深度受覆盖压力区（包括持力层上覆土层自重和地面荷载）影响而随端阻稳值呈不同关系变化，如图 1-16 所示。从图中可以看出：

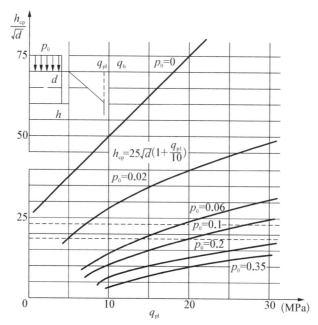

图 1-16 临界深度，端阻稳值及覆盖压力的关系（h_{cp}，d 的单位为 cm）

① 当 $p_0 = 0$ 时，h_{cp} 随 q_{pl} 的增大而线性增大；

② 当 $p_0 > 0$ 时，h_{cp} 与 q_{pl} 呈非线性关系，p_0 愈大，其增大率愈小；

③ 在 q_{pl} 一定的条件下，h_{cp} 随 p_0 增大而减小，即随上覆土层厚度增加而减小。

（3）端阻临界深度 h_{cp} 随柱径 d 的增大而增大。

（4）端阻稳值 q_{pl} 的大小仅与持力层砂的相对密实度 D_t 有关，而与桩的尺寸无关。由图 1-17 可以看出，同一相对密实度 D_t 砂土中，不同截面尺寸的桩，其端阻稳值 q_{pl} 基本相等。

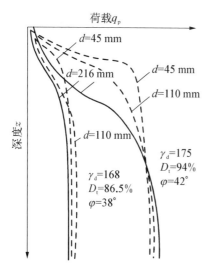

图 1-17 端阻稳值与砂土的相对密度和桩径的关系

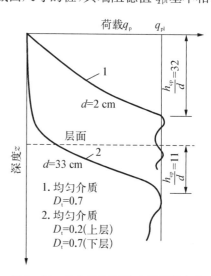

图 1-18 均匀与双层砂中端阻的变化

（5）端阻稳值与覆盖层厚度无关。图 1-18 为均匀砂和上松下密双层砂中的端阻曲线。均匀砂（$D_t=0.7$）中的贯入曲线 1 与双层砂（上层 $D_t=0.2$，下层 $D_t=0.7$）中的贯入曲线 2 相比，其线型大体相同，端阻稳值也大体相等。

端阻稳值的临界深度一般是在砂土层中得到的，也就是桩入砂土层的最大入土深度。达到该深度后，相同桩径下桩端阻力不随桩入持力层深度的增加而增大。补充端阻临界深度 h_{cp}。

5）端阻的临界厚度

当桩端下存在软弱卧层时，桩端离软弱下卧层的顶板必须要有一定的距离，这样才能保证单桩不产生刺入破坏，群桩不发生冲切破坏。我们定义能保证持力层桩端力正常发挥的桩端面与下部软土顶板面的最小距离为端阻的临界厚度 t_c，也就是说，设计的时候必须保证桩端面与软下卧层的顶板面的临界厚度，才能使持力层的端承力得到正常发挥，不至于发生刺入或冲切破坏。

图 1-19 表示软土中密砂夹层厚度变化及桩端进入夹层深度变化对端阻的影响。当桩端进入密砂夹层的深度及离软卧层距离足够大时，其端阻力可达到密砂中的端阻稳值 q_{pl}，这时要求夹层总厚度不小于 $h_{cp}+t_c$，如图 1-19 中的④所示。反之，当桩端进入夹层的深度 $h<h_{cp}$ 或距软层顶面距离 $t_p<t_c$ 时，其端阻值都将减小，如图 1-19 中的①，②，③所示。

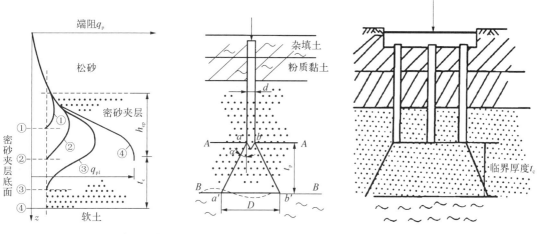

图 1-19　端阻随桩入密砂深度及离软卧层距离的变化　　　图 1-20　软卧层对端阻的影响

软下卧层对端阻产生影响的机理，是由于桩端应力沿扩散角 a（a 角是砂土相对密实度 D_r 的函数，受软卧层强度和压缩性的影响，其值范围为 $10°\sim20°$，对于砂层下有很软土层时，可取 $a=10°$）向下扩散至软卧层顶面，引起软卧层出现较大压缩变形，桩端连同扩散锥体一起向下位移，从而降低了端阻力，如图 1-20 所示。若桩端荷载超过该端阻极限值，软卧层将出现更大的压缩和挤出，导致冲剪破坏。

临界厚度 t_c 主要随砂的相对密实度 D_r 和桩径 d 的增大而加大。

对于松砂：$t_c\approx1.5d$；

密砂：$t_c = (5 \sim 10)d$；

砾砂：$t_c \approx 12d$；

硬黏性土：$h_{cp} \approx t_c \approx 7d$。

根据以上端阻的深度效应分析可见，当夹于软层中的硬层作桩端持力层时，为充分发挥端阻，要根据夹层厚度，综合考虑桩端进入持力层的深度和桩端下硬层的厚度，不可只顾一个方面而导致端阻力降低。

1.4.5　单桩承载力随时间增长的效应

1. 饱和软土中摩擦型挤土桩承载力的时间效应

1）挤土桩的挤土效应

饱和软土中的挤土桩，沉桩过程桩侧土受到挤压、扰动、重塑，产生超孔隙水压力。对于群桩而言，其挤土效应是各单桩的累积，因而导致中小桩距的群桩沉桩达到一定数量后，常出现土体隆起和侧移，基桩连同土体上涌，对于预制桩可能导致接头被拉断，甚至造成二节桩之间出现数十厘米的间隙；对于灌注桩则可能导致缩径、断桩等质量事故。因此，《建筑桩基技术规范》JGJ94—2008 关于挤土桩的设计施工有一系列严格的质量控制措施，包括限制最小桩距、沉桩间隔时间、降低超孔压等诸多措施。但这只能起到弱化挤土效应的作用，并不能改变沉桩挤土和消除挤土效应对基桩竖向承载力的影响。

为分析挤土效应对基桩承载力的影响及承载力随时间的变化等，有必要对挤土效应的机理进行概略分析。

将饱和软土中的挤土沉桩视为半无限土体中柱形小孔扩张课题，应用弹塑性理论求解其沉桩瞬时的应力和变形。假定：① 土是均匀各向同性的理想弹塑性材料；② 饱和软土是不可压缩的（无排水固结的瞬时挤土）；③ 土体符合库仑-莫尔强度理论。由图 1-21 所示，考虑到其轴向对称，$\tau_{r\theta} = \tau_{\theta r}$，其微元体平稳方程为

$$\frac{\mathrm{d}\sigma_r}{\mathrm{d}r} + \frac{\sigma_r - \sigma_\theta}{r} = 0 \tag{1-49}$$

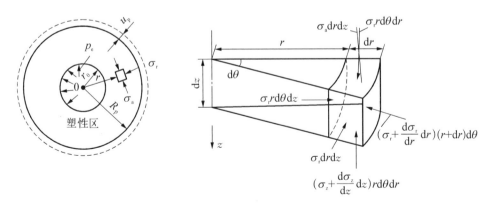

图 1-21　沉桩桩周土应力、变形状态

物理方程

$$\left.\begin{aligned}\varepsilon_r &= \frac{1}{E}(\sigma_r - \mu\sigma_0)\\\varepsilon_0 &= \frac{1}{E}(\sigma_r - \mu\sigma_0)\\\sigma_r - \mu\sigma_0 &= 2C_u\end{aligned}\right\}\qquad(1-50)$$

边界条件 $\qquad r = r_0,\ \sigma_r = p_u$

解式(1-49)、式(1-50)得塑性区(图1-22中Ⅱ区)半径

$$R_P = r_0\sqrt{\frac{E}{2(1+\mu)C_u}}\qquad(1-51)$$

$$u_p = -\frac{1+\mu}{E}C_u R_p\qquad(1-52)$$

塑性区的附加应力

$$\sigma_r = C_u\left[2\ln\left(\frac{R_p}{r}\right)+1\right] = p_u - 2C_u\ln\frac{r}{r_0}\qquad(1-53)$$

$$\sigma_\theta = C_u\left[2\ln\left(\frac{R_p}{r}\right)-1\right] = p_u - 2C_u\left(\ln\frac{r}{r_0}+1\right)\qquad(1-54)$$

$$\sigma_z = 2C_u\ln\left(\frac{R_p}{r}\right) = p_u - 2C_u\left(\ln\frac{r}{r_0}+\frac{1}{2}\right)\qquad(1-55)$$

图 1-22 桩周挤土分区塑性区边界径向位移

桩土界面的最大挤压应力

$$p_u = C_u + 2C_u\ln\left(\frac{R_p}{r}\right) = C_u\left[\ln\frac{E}{2(1+\mu)C_u}+1\right)\qquad(1-56)$$

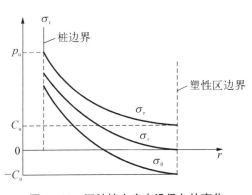

图 1-23 沉桩挤土应力沿径向的变化

式中：r_0——扩张孔(桩)的半径；

R_p——塑性区半径；

r——离圆柱形扩孔中心的距离；

C_u——分别为桩周饱和土的不排水抗剪强度；

E——土的弹性模量；

μ——土的泊松比。

由式(1-51)~(1-56)和图(1-23)可以看出,沉桩挤土效应有如下特性：

(1) 挤土塑性区半径 R_p 随土的弹模增大和不排水抗剪强度减小(泊松比 $\mu = 0.5$)而增大。以天津大港电厂场地土的参数为例说明塑性区半径 R_p 随土性参数的变化(见表1-24)。从中可以看出挤土塑性区半径 R_p 远大于常

规挤土桩桩距(4～4.5)d。这表明群桩挤土效应十分显著。对于常规桩距群桩而言,其挤土塑性区相互叠加成片。

表 1-24　大港电厂沉桩挤土塑性区半径 R_p 和最大挤压应力 P_u

土 层 名 称	E/MPa	C_u/kPa	R_p	p_u/kPa
杂填土	2～4	15～20	$7.0d$～$8.3d$	78～98
粉质黏土	4～6	35～50	$5.7d$～$7.0d$	170～225
淤泥质粉质黏土	3～4	15～20	$7.4d$～$8.7d$	80～100

注:泊松比取 $\mu=0.5$;d 为桩径。

(2)挤土应力的变化特征(见图 1-23)。径向应力 σ_r、环向应力 σ_θ 和竖向应力 σ_z 均沿径向递减,在塑性区外边界上,σ_r 与 σ_θ 的绝对值相等(C_u);σ_θ 由压应力逐渐转变为拉应力,当其接近于土的不排水抗剪强度值 C_u 时,便发生水力劈裂,导致超孔压降低。竖向压应力 σ_z 在塑性区外边界上递减至零。

(3)最大挤土压应力 p_u 与超孔隙水压力的关系。在沉桩过程桩表面出现最大挤压应力 p_u,伴随着最大超孔压 Δu 出现,且两者近似相等。当超孔压值超过土的有效压应力和土的抗拉强度时,便会发生裂缝而消散。沉桩过程超孔压一般稳定在土的有效自重范围内,瞬时偶尔可超过土有效自重的 20%～30%。沉桩停止后,孔压消散初期较快,以后变缓,近表层土和近砂、砾土层超孔压消散较快。因此,沉桩速率(日沉桩量)愈快,土体因超孔压产生的隆起量和侧移量愈大。

由于近桩表面土受挤压和扰动最大,即重塑区Ⅰ(见图 1-22),其外分别为塑性区Ⅱ和非扰动区Ⅲ。重塑区挤压应力和超孔压最大,土的剩余强度最低,桩表面形成阻力最小的水膜,一方面导致沉桩阻力降低(若沉桩中途停歇将使沉桩阻力增大),另一方面也是形成排水固结导致桩侧阻力随时间而变化的主要区域。

2)挤土桩承载力的时间效应

饱和软土中的打(压)入式预制桩,其承载力随沉桩后休止时间而变化的现象早在 20 世纪五、六十年代就被人们发现。半个多世纪以来许多学者对此进行了大量的观测、试验工作,所取得的成果和认识大体是一致的,即桩的竖向极限承载力随时间呈一定程度增长。其总的变化规律是初始增长速度快,随后逐渐变缓,一定时间后趋于某一稳定值。

我国软土地区积累了一些挤土桩承载力随时间增长的试验资料。如 1959 年,天津新港,45 cm×45 cm R.C 预制桩,入土深 10 m 者,210 天承载力比 14 天增长 42%,240 天比 42 天增长 37%。1960 年,上海张华浜,50 cm×50 cm R.C 预制桩,入土深 21 m 者,210 天比 14 天增长 93%;入土深 27 m 者,276 天承载力比 10 天增长 52%。

根据不同土质、不同桩、不同入土深度的桩承载力试验、观测结果,其最终单桩极限承载力比初始值增长约 40%～200%。

达到稳定值所需时间由几十天到数百天不等,而实际工程由开始沉桩到工程投入使用长达 1～3 年。因此,桩基设计中考虑承载力的时效,对合理利用桩的承载潜力、节约工程造价具有较大实际意义。

为从理论上认识和从应用上预估桩的承载力时效，我们有必要对挤土桩承载力时效的机理进行剖析。

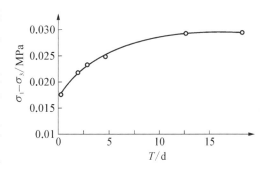

图 1-24　重塑淤泥质黏土不排水抗剪强度随时间的变化

（1）土的触变时效。桩周土经沉桩挤压扰动，强度降低，土的触变作用使损失的强度随时间逐渐恢复。图 1-24 为天津大港淤泥质黏土重塑后在饱和状态下静置不同时间进行三轴不固结不排水剪切试验结果。由于重塑土样的静置触变过程是处在无围压固结条件下（$\sigma_3 = 0$）进行的，其增长幅度约为 50%。这是由于其不存在围压固结增长效应，故其增幅比实际桩侧土要小。

（2）固结时效。沉桩挤土引起的超孔隙水压随时间而消散，桩侧土在自重应力和沉桩挤压应力共同作用下固结，超孔压逐渐消散，土的有效应力和密实度逐渐增大，强度逐渐恢复，甚至超过其原始强度。

（3）桩土界面黏结力时效。沉桩过程，桩土界面反复发生动力剪切，形成一层"水膜"，桩土间的黏结力完全消失，随着沉桩停歇时间延长，水膜消失，桩土间的黏结力逐渐恢复，并在桩表面逐渐形成一紧贴于其上的硬壳层。该厚度 2 mm 以上硬壳层的形成使得桩受载变形时的桩土间剪切面外移至硬壳层外侧，导致侧阻力提高。

3）挤土桩承载力随时间变化的估算

图 1-25 为在天津大港地区进行的 R.C 预制桩和钢管桩单桩极限承载力随时间的变化。对于其他尺寸软土中挤土桩承载力随时间的变化特征与此基本类似，不过其变化速率有所不同，即其增长率函数有所不同。不同地区不同土质中的增长率函数宜根据试验观测结果拟合。将任一时间的单桩极限承载力 Q_{ut} 表示如下关系：

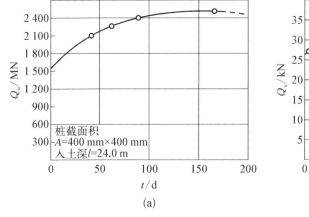

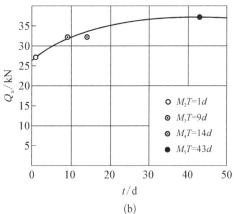

图 1-25　单桩极限承载力随时间的变化 Q_u-t

（a）R.C 预制桩（40 cm×40 cm×2 400 cm）；（b）钢管桩（d=10 cm，l=450 cm）

$$Q_{ut} = Q_{u0}(1 + \alpha_t) \tag{1-57}$$

$$\alpha_t = \frac{t}{at+b} \tag{1-58}$$

式中：Q_{u0}——单桩的初始($t=0$)极限承载力；

α_t——任一休止时 t 单桩极限承载力 Q_{ut} 相对于初始极限承载力的增长率，即

$$\alpha_t = \frac{Q_{ut} - Q_{u0}}{Q_{u0}} = \frac{t}{at+b}$$

其最大增长率为

$$\alpha_{max} = \lim_{t \to \infty} \frac{t}{at+b} = \lim_{t \to \infty} \frac{1}{a + \frac{b}{t}} = \frac{1}{a} \tag{1-59}$$

最终单桩极限承载力

$$\boldsymbol{Q_{max} = Q_{u0}(1 + \alpha_{max})} \tag{1-60}$$

其中 a、b 为与土质、桩径、桩长有关的经验参数。以图 1-25 试验结果为例，由不同休止时间 t 对应的 Q_{ut}，利用式(1-57)~(1-60)进行拟合回归确定 a、b 参数。

表 1-25   R. C. 预制桩和钢管桩极限承载力随时间变化关系式的相关参数

桩编号	桩径/mm	桩长/m	Q_{u0}/kN	a	b	α_{max}/%	Q_{max}/kN
R. C	400×400	24.0	1 500	0.97	64.0	102.6	3 040
S. P	ϕ100	4.4	26	2.09	15.2	47.8	38

2. 黏性土中钻孔桩承载力的时间效应

泥浆护壁钻孔灌注桩由于成桩过程不产生挤土效应，不引起超孔隙水压力，土的扰动范围较小，因此，桩承载力的时间效应相对于挤土桩要小很多。黏性土中非挤土钻孔灌注桩承载力随时间的变化，主要是由于成孔过程孔壁土受到扰动，由于土的触变作用，被损失的强度随时间逐步恢复。对于泥浆护壁成桩的情况下，附着于孔壁的泥浆也有触变硬化过程，但是其最终效果取决于泥皮厚度(与浇灌混凝土时的泥浆稠度有关)和性质，其变异性很大，泥皮为较厚的流塑状黏土是不可能通过触变恢复到原始强度的。同样，对于大厚度的黏性土沉渣也不可能随时间推移而提高其端阻力。

表 1-26 为上海饱和软土中泥浆护壁钻孔桩($d=600$ mm，$l=40.15$ m)不同休止期静载试验所得单桩极限承载力。经桩身不同截面轴力测试表明，桩侧阻力随时间而增长，但桩端阻力基本不随时间而变化。由表 1-26 可以看出，承载力增长主要出现在前期，108 天后基本趋于稳定，108 天相对于 39 天承载力增幅为 12%。这种变化主要是桩侧扰动土和泥浆的触变恢复所致。由于试桩的长径比较大($l/d=67$)，桩端阻力分担荷载比例较小，端阻力时效不明显，一般来说桩端阻力经复压后也有所增强。

表 1-26   泥浆护壁钻孔灌注桩承载力随时间的变化

休止期/d	39	56	108	171
极限承载力/kN	3 750	3 900	4 200	4 200
变化率/%	100	104	112	112

以上试验结果初步说明,对于非挤土灌注桩的承载力时效相对于挤土桩小得多,以通常休止 25～30 天的静载试验结果为初始值,单桩极限承载力增幅可达 10％左右。

1.4.6　考虑时间效应基桩承载力验算

1. 挤土预制桩

饱土软土中的挤土预制桩承载力时效与土性、沉桩速率、桩入土深度、桩距等因素有关。当土的灵敏度高、土的塑性指数高、桩身范围无高渗透性土夹层、沉桩速率快、桩入土深度大、桩距小时,承载力的时间效应明显,即单桩承载力随时间增长缓慢,趋于稳定值所需时间长,最终单桩承载力极限值相对于初始值的增幅大。对于工程设计而言,应视工程性质和规模,考虑时间效应影响的具体方法。当工程规模大而重要时,宜通过不同时间的单桩静载试验确定单桩极限承载力时效,并可按式(1-57)～(1-60)回归确定时效函数。对于无条件进行系统单桩试验的工程,其用于设计的单桩极限承载力可按休止期 30 天左右的试验值,根据上述影响时效的相关因素,将试验值乘以 1.2～1.5 系数确定。

在设计考虑基桩承载力时效时,应改变单桩承载力取值宁低勿高的观念。否则,常常造成桩数多、沉桩挤土效应严重,桩体上浮和水平移位,桩基沉降增大等后果。

对于非软土中挤土桩,其基桩承载力的时效明显弱于饱和软土中的桩,有关这方面的试验资料较少。但根据既有资料有两点可以确认,一是对于松散稍密状态砂土和粉土中的挤土桩,主要受挤土增强影响,孤立单桩静载试验结果和经验参数估算值均比群桩的基桩实际最终承载力低约 20％～30％;二是非软土黏性土中的挤土桩以 30 天左右休止期的静载试验结果为基准,最终单桩极限承载力具有不小于 10％的增幅。也就是说,前者的有利因素是沉桩挤土的增强效应,后者是挤土造成的时间效应。工程设计中,可根据建筑物对于不均匀沉降的适应能力作适当调整,对于上部结构刚度大的剪力墙结构、柔性结构、变刚度调平设计的框筒结构基桩刚度弱化区(外框架)、主裙连体结构的裙房区,宜考虑沉桩挤密效应或时间效应,将单桩极限承载力设计取值提高 20％～30％。这样处理,既是一种节约资源措施,更是一种技术优化措施。

2. 非挤土灌注桩

由于其承载力时效相对较弱,一般宜将最终单桩极限承载力约 10％的增幅作为安全储备。当进行布桩承载力验算时,若承载力不足额不超过单桩承载力特征值的 20％时,可不再另增加布桩数。

实例 2

大直径深长钻孔灌注桩现场静载荷试验研究

常州高架桥道路一期工程设计要求进行的常规静载荷试验共 13 组,分布在 5 个工区,所有试桩均属于大直径深长桩,其中大直径超长桩有 7 根,试验均采用锚桩反力法,其中 6 组试验属破坏性试验,7 组试验试桩未达到破坏状态。

目前国内外对大直径深长钻孔灌注桩的承载机理的研究也不少,但每个研究的定量结果区域性较强,为了初步研究常州高架所属地区的大直径深长钻孔灌注桩的变形特点及荷载传递性状,将对埋设有混凝土应变测试设备的 5-1# 试桩的试验结果进行分析。

1. 工程概况

常州高架桥道路一期工程北起沪宁高速,南至武宜路,全长约 29.55 km,该项目由常州市市政工程管理处筹建,上海市城市建设设计研究院、常州市市政工程设计研究院有限公司设计。全线采用高架道路形式,设计桥宽 25 m,采用 3 跨 30 m 连续梁,荷载等级:城—A级。根据《市政工程勘察规范》(CJJ56—94),拟建高架桥的类别属特大桥。桩基础采用钻孔灌注桩,总数 9 730 根,桩径包括 800、1 000、1 200、1 500、2 000 mm 等多种类型。

1) 5-1# 试桩区域地形、地貌

5-1# 试桩所在区域属于长江三角洲冲积平原,为松散沉积物组成的堆积平原地貌,地势较为平坦,拟建线路从西到东呈渐变变高,场地内自然地坪标高从 2.4 m 到 6.4 m 渐变,局部河道处较低。区内水系较为发达,河道纵横交错。

2) 5-1# 试桩工程地质状况

根据钻探资料,5-1# 试桩位置由地面至设计桩底标高的土层分布依次为(1) 填土、(3) 黏土、(4) 亚黏土夹砂土、$(5)_1$ 粉砂夹亚砂土、$(5)_2$ 粉砂、$(5)_3$ 粉砂夹亚黏土、$(9)_2$ 粉砂夹亚砂土、(11) 亚黏土。各土层参数如表 1 所示。

表 1 试桩 5-1# 各土层参数表

层 号	土层名称	层厚/m	重力密度 γ/kN/m³	天然湿度 W/%	孔隙比 e	容许承载力建议值/kPa	压缩模量 ES_{1-2}/MPa
(1)	填土	2.5					
(3)	黏土	4.4	20.2	23.4	0.676	350	10
(4)	亚黏土夹砂土	1.7	19.3	28.2	0.794	320	8
$(5)_1$	粉砂夹亚黏土	3.4	18.7	31.7	0.877	150	10.3
$(5)_2$	粉砂	8.5	19	30.5	0.826	200	13
$(5)_3$	粉砂夹亚黏土	4.6	18.8	31.6	0.860	150	9.5
$(9)_2$	粉砂夹亚黏土	13.3	18.9	30.9	0.841	200	10.3
(11)	亚黏土	9.8	19.2	29.4	0.818	200	6.4

2. 桩身质量检测结果

试桩静载试验前后,检测单位均对试桩进行了超声波测试(测试仪器:ZBL-U520 声测仪)和低应变测试(测试仪器:PIT-W 2003),结果均显示桩身完整,为一类桩。

3. 单桩竖向抗压静载荷试验

5-1# 试桩桩径 1 200 mm,桩长 48.2 m;主筋 20 根,为直径 22 mm 的 Ⅱ 级钢;桩身由钢筋笼和水下 C25 混凝土浇注而成。

1) 试验目的

(1) 试桩加载至破坏,得出其单桩竖向极限承载力。

(2) 通过实测桩身应变量测元件得出每级荷载下的轴力分布、桩侧各土层的侧阻力、桩端阻力、桩土相对位移及桩端位移等信息,通过分析得出单桩竖向受压时的荷载传递性状。

2) 反力装置

试桩所在承台为九桩承台,根据现场条件采用锚桩横梁反力加载装置,反力装置由主梁、次梁、钢帽、锚桩和焊接钢筋组成,4 根工程桩作为锚桩,经计算每根锚桩采用 34 根 $\phi28$ mm 的钢筋通长配置,两根钢梁平行紧排作为主梁,另两钢梁作为次梁,主梁和次梁沿长度方向中间部位一段进行了加强处理。

3) 加载装置

加载装置由油压千斤顶、油管、油泵和武汉岩海自动加载仪组成。现场试验加载前在自动加载仪中可设置加载级数、每级荷载值以及稳定判定标准和终止加载条件,试验过程中仪器可自动补载,尽可能保证在每级荷载下稳压。

4) 位移量测设备

本试验在试桩桩顶以下 30 cm 桩周的两个正交方向安装 4 只位移传感器来测读桩的沉降,在每个锚桩桩顶安装 4 只大量程百分表来测读锚桩的上拔量。

5) 加、卸载方式

本试验加载方式采用慢速维持荷载法。

慢速维持荷载法试验步骤应符合下列规定:

(1) 每级荷载施加后按第 5、15、30、45、60 min 测读桩顶沉降量,以后每隔 30 min 测读一次。

(2) 试桩沉降相对稳定标准:每一小时内的桩顶沉降量不超过 0.1 mm,并连续出现两次(从每级荷载施加后第 30 min 开始,由 3 次或 3 次以上每 30 min 的沉降观测值计算)。

(3) 当桩顶沉降速率达到相对稳定标准时,再施加下一级荷载。

(4) 卸载时,每级卸载为加载值的两倍,每级荷载维持 1 h,按第 5、15、30、60 min 测读桩顶沉降量;卸载至零后,应测读桩顶残余沉降量,维持时间为 3 h,测读时间为 5、15、30 min,以后每隔 30 min 测读一次。

6) 终止加载条件

(1) 某级荷载作用下,桩顶沉降大于前一级荷载作用下沉降量的 5 倍。

注:当桩顶沉降能稳定且总沉降量小于 40 mm 时,宜加载至桩顶总沉降量超过 40 mm。

(2) 某级荷载作用下,桩顶沉降量大于前一级荷载作用下沉降量的两倍,且经 24 h 尚未达到稳定标准。

(3) 已达加载反力装置的最大加载量。

(4) 已达到设计要求的最大加载量。

(5) 当工程桩作锚桩时,锚桩上拔量已达到允许值。

(6) 当荷载-沉降曲线呈缓变型时,可加载至桩顶总沉降量 60～80 mm;在特殊情况下,可根据具体要求加载至桩顶累计沉降量超过 80 mm。

7) 单桩竖向抗压极限承载力 Q_u 确定方法

(1) 根据沉降随荷载变化的特征确定。对于陡降型 $Q \sim s$ 曲线,取其发生明显陡降的起始点对应的荷载值。

(2) 根据沉降随时间变化的特征确定。取 $s - \lg t$ 曲线尾部出现明显向下弯曲的前一级荷载值。

(3) 对于缓变型 $Q \sim s$ 曲线可根据沉降量确定,宜取 $s = 40$ mm 对应的荷载值;当桩长大于 40 m 时,宜考虑桩身弹性压缩量;对直径大于或等于 800 mm 的桩,可取 $s = 0.05D$(D 为桩端直径)对应的荷载值。

注：当按上述 4 款判定桩的竖向抗压承载力未达到极限时,桩的竖向抗压极限承载力应取最大试验荷载值。

4. 桩身混凝土应变量测

1) 试验采用的量测设备简介

试验采用 YBJ50B 型振弦式应变计测试桩身混凝土应变。该型号应变计整体为钢结构,具有抗高压,抗径向力,二次密封,零点稳定,全不锈钢外壳等优点。其主要技术指标有：标定距离(100、150、250 mm)、测量范围(压缩：$0\sim1\,800\ \mu e$,拉伸：$0\sim1\,800\ \mu e$)、工作温度($-25℃\sim60℃$)、测温精度($\pm0.3℃$)、分辨力($\leqslant0.02\%F^*S$)、综合误差($\leqslant0.02\%F^*S$)。

JX 系列手动集线箱是测量振弦式仪器的手动集中测量设备,可供在室内外使用,接入方法简单易操作,拨动开关即可进行测量。

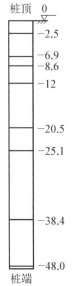

桩顶 0
−2.5
−6.9
−8.6
−12
−20.5
−25.1
−38.4
−48.0
桩端

图1 测试元件安放位置

406 型频率读数仪适用于国内外各种振弦式传感器的数据采集,并支持多种温度传感器的测量。它是一款多功能高智能型的仪器,通过设置能直接显示出每级荷载下各元件的频率值,通过换算即可得到应变值。

2) 测量元件的安装与测读

将元件埋设在相邻两个土层分界面处,每个分界面均匀埋设 3 个混凝土应变计,由试桩位置的钻孔柱状图以及每节钢筋笼长度和钢筋搭接长度来设置应变计在每节钢筋笼上的位置,遇到埋设点处于钢筋搭接长度范围内时,适当调整应变计的位置,以免损坏测试元件。最下面的一组元件埋设在离桩底设计标高 20 cm 左右处。测试元件安放位置示意图如图1所示。

为了保证元件的稳定性并便于安装于钢筋笼上,将元件和 C30 混凝土浇筑成直径为 5 cm,长 12 cm 的圆柱体,用尼龙扎带牢牢地绑扎在主筋上。

混凝土应变计测试线与 JX 系列手动集线箱连接,406 型频率测读仪与集线箱连接即可测读相应荷载下各元件的频率值,通过给定公式可求得相应的应变。

5. 现场试桩静载试验成果及分析

1) 静载试验成果

5-1# 试桩静载荷试验结果如表 2、图 2~4 所示。

表 2　试桩静载荷试验结果汇总

序　号	荷载/kN	历时/min		沉降/mm	
		本　级	累　计	本　级	累　计
0	0	0	0	0.00	0.00
1	2 120	150	150	0.76	0.76
2	3 180	120	270	0.66	1.42
3	4 240	120	390	0.80	2.22
4	5 300	150	540	1.00	3.22
5	6 360	150	690	1.07	4.29
6	7 420	180	870	1.41	5.70
7	8 480	270	1 140	2.59	8.29
8	9 540	330	1 470	6.38	14.67

（续表）

| 序　号 | 荷载/kN | 历时/min | | 沉降/mm | |
		本　级	累　计	本　级	累　计
9	10 600	180	1 650	95.39	110.06
10	8 480	240	1 890	−0.42	109.64
11	6 360	240	2 130	−1.27	108.37
12	4 240	240	2 370	−1.87	106.50
13	2 120	240	2 610	−2.34	104.16
14	0	960	3 570	−2.71	101.45

最大沉降量：110.06 mm　　最大回弹量：8.61 mm　　回弹率：7.82%

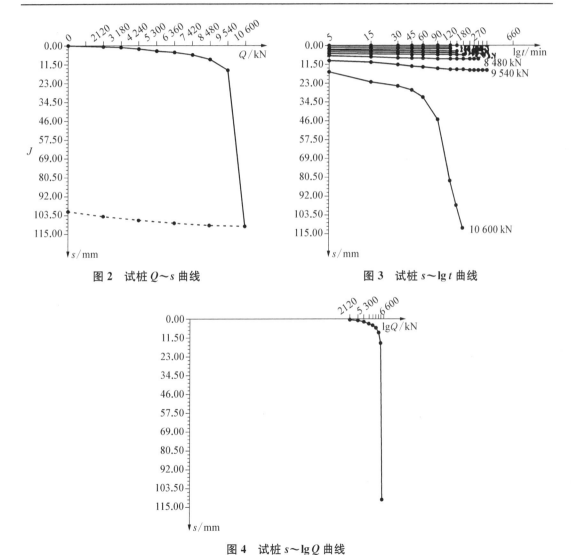

图 2　试桩 $Q \sim s$ 曲线　　　　图 3　试桩 $s \sim \lg t$ 曲线

图 4　试桩 $s \sim \lg Q$ 曲线

由图 2 可以看出，由于桩端虚土的存在，刚开始加载时，桩端阻力慢慢将虚土压实，但由于加载分级大小和虚土厚度的影响，曲线上未能看出明显的压实点，即突然沉降量比上一级加大许多,之后继续加载使桩端虚土得到压实。当加载至 9 540 kN 稳定后,桩顶沉降只有 14.67 mm,按桩顶沉降量控制桩身承载力的话,桩身承载力还有一定的发挥空间。但当继续加载至 10 600 kN,第 5、15、30、45、60、90、120、150、180 min 测读的桩顶沉降分别为 16.96、21.87、24.22、26.69、30.89、44.49、80.80、96.02、110.06 mm,加载终止前本级累计沉降 95.39 mm,由此可分析得出:当加载至 10 600 kN 时,前 90 min,荷载从桩顶通过桩周土一层层向下传递,传递的过程中,桩身慢慢受到压缩,并使其与桩侧土的相对位移逐渐增大,经过一段时间后,各土层的侧阻力均已达到极限,当再继续维持荷载后,桩端阻力超过极限承载能力,桩端土刺入破坏,桩端位移过大,导致桩顶急剧下沉。

在荷载 9 540 kN 及之前的荷载下,桩顶沉降比较稳定,9 540 kN 荷载下累计沉降只有 14.67 mm,当加载至 10 600 kN 时,桩顶急剧下沉,千斤顶油压无法维持,在终止加载前本级沉降已达 95.39 mm,为前一级荷载下沉降值的 15 倍,从图 2~4 可判断出,该级荷载为该桩的破坏荷载,其单桩竖向抗压极限承载力 Q_u 取前一级荷载,即 $Q_u = 9\,540$ kN。

2) 桩身轴力计算结果及分析

轴力计算方法基于以下的计算假定:

桩身等截面,将成孔测试得到的平均孔径作为计算桩径,桩身材料为线弹性。

现场采集的数据是频率 F,混凝土应变 $\varepsilon = k \cdot (F_0 - F_i) + B$,其中 k 值单位为 $\mu\varepsilon/F$,B 值单位为 $\mu\varepsilon$,每个应变计都有对应的常数 k、B 值。

每个测试截面的轴力值 Q_i 为该截面 3 个元件计算值的平均值,轴力为

$$Q_i = (E_s \cdot A_s + E_c \cdot A_c) \cdot \varepsilon_i \tag{1}$$

式中:E_s、E_c——分别为主筋、桩身混凝土的弹性模量;

A_s、A_c——分别为所有主筋、桩身混凝土在每个测试截面占有的面积。

各测试截面在各级荷载下的轴力如图 5 所示。

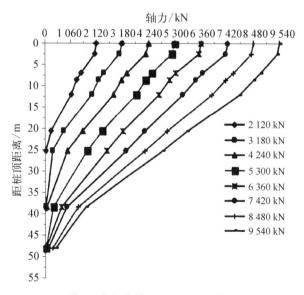

图 5 各级荷载下土层界面处轴力

桩端阻力值近似认为与离桩端最近的一个测试断面的轴力值相等,即 $Q_b = Q_n$,每级荷载下桩端阻力的发挥值如图 6 所示。

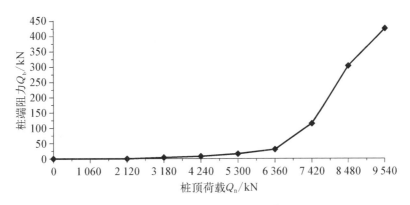

图 6　各级荷载下桩端土阻力变化

桩顶荷载依靠桩侧壁粗糙度及自身刚度将荷载分别传至桩侧土体和桩端以下的土体中,分析桩身轴力的分布对于研究桩身荷载的传递具有重要意义。

由图 5 和图 6 分析可知,在每级竖向荷载作用下,桩与桩周土体紧密接触,桩身钢筋混凝土材料的弹性压缩使桩对于土产生向下的位移时,土对桩产生向上的侧摩擦力,在桩顶竖向荷载向下传递的过程中,必须不断克服这种阻力,故桩身截面轴力随深度逐渐减小,在不同的土层以不同的速度递减,呈现非线性,这是由于在不同荷载下,每层土的侧阻力的发挥程度不一样,且侧阻力先于端阻力发挥出来。前三级荷载下,桩端阻力极小,即使在极限荷载下,其占桩顶荷载的比例也只有 4.5%,桩端阻力没有完全发挥,桩顶荷载绝大部分由桩侧阻力来承担,其承载特征为摩擦桩类型,按照传统的设计方法确定大直径深长桩的承载力是不精确的,因为在传统设计中总是假定其端阻力在极限荷载作用下得到了充分发挥,以此来确定桩的承载力。桩身轴力分布曲线某一段的陡缓程度反映了该段对应土层摩阻力的大小,曲线越陡,摩阻力就越小;曲线越缓,摩阻力越大。加载初期轴力分布曲线比较陡,说明桩侧摩阻力比较小;随着荷载的增加,曲线变缓,桩侧摩阻力逐渐得到发挥,桩端阻力也逐渐增大。随着竖向荷载的增加,各测试截面轴力逐渐增加,增加的幅度与桩侧各土层阻力的发挥值有关。同时,从图 6 还可看出,在工作荷载下桩端阻力很小,仅占桩顶荷载的 0.3%,桩端阻力发挥需要一定的桩土相对位移,该荷载下较小的桩端沉降使得桩端阻力发挥很少。

3)桩侧阻力计算结果及分析

不考虑桩身自重影响,根据静力平衡原理,相邻两个测试断面之间的轴力变化值等于这两个测试断面间的桩侧阻力的发挥值,由此可计算出该段桩侧平均侧摩阻力 q_{si}:

$$q_{si} = \frac{(Q_{i-1} - Q_i)}{U \cdot l_i} \tag{2}$$

式中:U——桩身周长;

$i-1$, i——土层的上、下界面处;

l_i——第 i 层土厚度;

Q_{i-1}，Q_i——分别表示第 i 个土层上、下分界面处的轴力。

不同荷载下不同土层的平均桩侧摩阻力分布如图 7 所示。

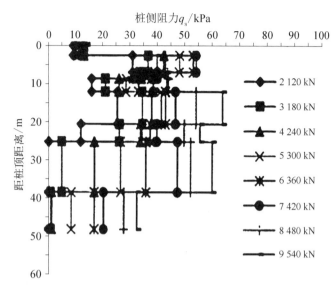

图 7 各级荷载下桩侧摩阻力随深度分布曲线

在通过静载荷试验判定的极限荷载 9 540 kN 下，各土层实测的侧摩阻力与勘察报告桩基设计参数表中取值的对比如表 3 所示。

表 3 极限荷载下实测的侧摩阻力与勘察报告推荐的极限值对比

桩身深度/m	土 层	实测值/kPa	勘察报告推荐值/kPa
0~2.5	(1)	9.3（残余侧阻力）	20
2.5~6.9	(3)	40（残余侧阻力）	80
6.9~8.6	(4)	43.5	60
8.6~12	(5)₁	43.5	50
12~20.5	(5)₂	63.6	60
20.5~25.1	(5)₃	55.5	50
25.1~38.4	(9)₁	60	55
38.4~48.2	(11)	32.7	40

由图 7 可以看出，桩顶荷载从上至下的传递过程中，上、下土层的发挥呈现异步的过程，上部土层的摩阻力先于下部发挥作用，随着荷载的增加，下部土层的侧摩阻力逐步激发出来，同时还可以看出各个土层侧摩阻力增加的速度不同。同时，由表 3 可以看出，达到极限荷载时，各土层桩侧摩阻力与勘察报告推荐值还是有一定差值的，尤其是上部土层的差值比较大，土层 (3) 实测值比勘察报告推荐值要小 40 kPa，主要是由于灌注桩成桩的影响因素比较多且复杂，有很多不定因素，比如上部土层的横向振动效应明显以及钻孔引起的桩侧土卸荷程度等等，使得实测侧摩阻力值与设计取值相差甚远。同时，表 2 结果表明，试桩在工作

荷载下桩顶沉降很小,只有 3 mm 左右,桩身各处桩土相对位移较小,桩侧总阻力远未达到极限阻力,相应荷载下的桩端荷载值也很小。

表 3 结果表明,下部土层(5)₂粉砂、(5)₃粉砂夹亚黏土、(9)₂粉砂夹亚砂土的实测极限摩阻力值比上部土层的要大,分析其原因,一方面是下部土层较上部土层坚硬密实,其相应的侧摩阻系数较大;另一方面,深层土对桩侧表面有较大的正压力,因此桩土间的摩阻力较大。《公路桥涵地基与基础设计规范》(JTJ024 - 85)中仅根据土层的物理力学特征确定钻孔桩桩周土极限摩阻力是不够的,至少要考虑相似物理力学性质土层不同埋深的影响,因为对于大直径深长桩,即使是物理力学性质相同的土,由于其所处的位置不同,其极限摩阻力也不同,比如(5)₁粉砂夹亚砂土和(9)₂粉砂夹亚砂土,单从室内试验的物理力学性质看,两层土土性相近,但实测的极限摩阻力(9)₂层土比(5)₂层土大 16.5 kPa。

4) 桩土相对位移及桩端位移计算及分析

桩土间产生相对位移是桩侧阻力发挥的前提,随着桩土相对位移的增加,桩侧摩阻力逐步发挥直至达到极限。桩侧摩阻力与桩土相对位移的关系是研究荷载传递规律的重要内容。桩侧阻力达到极限值 q_{su} 所需的桩土相对极限位移 s_u 与土的类别有关,从近年来大量试桩资料,特别是大直径灌注桩试验资料来看,发挥桩侧阻力所需的相对位移值并非定值,该值与桩径、施工工艺、土层性质及土层分布位置等因素有关。另外,桩侧阻力的发挥还与桩端阻力及土层的埋深有关。

在计算桩土相对位移时假定桩周土体不发生位移,桩土相对位移即为桩身位移。通过现场静载荷试验实测桩顶荷载和沉降以及桩身指定截面的应变,通过以下方法可近似地计算某一段桩土相对位移及桩端位移。

首先,计算第 $i(i \geqslant 1)$ 个桩身截面位移

$$s_i = s_0 - \sum_{j=1}^{i} \frac{l_j \cdot (\varepsilon_{j-1} + \varepsilon_j)}{2} \tag{3}$$

式中:l_j——第 j 段桩的长度;

　　　ε_j——第 j 个截面的应变量;

　　　s_0——桩顶位移量。

则第 i 段桩单元相对于土的位移为

$$S_i = \frac{(s_{i-1} + s_i)}{2} \tag{4}$$

桩端位移量近似等于最靠近桩端的测试截面的位移量,等于桩顶位移减去桩自身的弹性压缩:

$$s_b = s_n = s_0 - \sum_{j=1}^{n} \frac{l_j \cdot (\varepsilon_{j-1} + \varepsilon_j)}{2} \tag{5}$$

通过计算得到每级荷载下每个桩段的桩土相对位移以及桩端位移,结合图 6 和图 7 中每级荷载下桩端阻力和桩侧阻力,绘制了桩土相对位移大小与桩侧摩阻力发挥值关系曲线图,以及桩端位移与桩端阻力关系曲线图,如图 8 和图 9 所示。

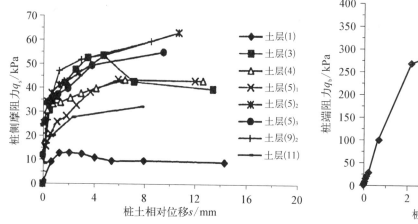 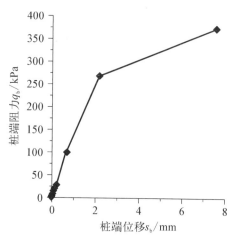

图8　各土层桩土相对位移与摩阻力关系曲线　　　图9　桩端位移大小与端阻力
　　　　　　　　　　　　　　　　　　　　　　　　　　　发挥值关系曲线

由图8可以看出,桩侧上部土层(1)和(3)的摩阻力分别在第三级和第六级竖向荷载作用下就已经达到极限值,相对应的桩土相对位移分别为2.07 mm和3.45 mm,在此之后,桩侧阻力开始有所减小,$q_s \sim S$曲线呈现加工软化型,土层(1)软化的程度比较小,土层(3)软化的程度大些;土层(4)和土层(5)$_1$的侧摩阻力在第七级荷载下达到极限,桩土相对位移分别为6.45 mm和5.90 mm,此后,桩侧阻力基本上不变;根据破坏荷载1 600 kN下测得的数据可知,在破坏荷载下的前90 min内,土层(5)$_2$、(5)$_3$和(9)$_2$的侧摩阻力已不再增加,土层(11)的侧阻力还在增加,可认为在极限荷载9 540 kN下,土层(5)$_2$、(5)$_3$和(9)$_2$的侧摩阻力已经达到极限摩阻力,而土层(11)的侧阻力并没有达到极限值,此时它们相对应的桩土相对位移分别为10.69、9.48、8.49、7.71 mm。

由图9可以看出,桩端阻力随桩端位移的增加表现为加工硬化的双折线模型。在加载的前七级荷载,桩端阻力与桩端位移基本上呈线性相关关系,可近似地认为前七级荷载下桩端土处于弹性变形阶段,第七级荷载下桩端位移为2.44 mm;第八级荷载下桩端土开始出现塑性,稳定时桩端位移为7.55 mm,但此时桩端土远未达到破坏,桩端土阻力还有很大的发挥空间。

5) 各级荷载下桩身压缩与桩端位移分配关系

随着桩顶荷载的增加,桩身逐渐压缩,桩土相对位移逐渐增大,荷载逐渐从上部土层逐渐传至下部土层,直至桩端,此后桩端位移也逐渐增大。在桩长较长或长径较大的情况下,单桩表现出来深长桩的特性,桩顶的沉降变形主要由桩身的压缩变形引起。每级荷载下的5-1#试桩桩身压缩量和桩端位移量如图10所示。

图10中两条曲线的关系体现了大直径深长桩的特点,在加载初期,随着桩顶荷载的增加,桩身压缩和桩端土位移逐渐增大,但在加载初期桩端位移量增加非常小,桩顶沉降绝大部分由桩身压缩量贡献,在前五级荷载,桩身压缩量均占桩顶沉降的94%以上,第六级荷载以后,桩端位移量增加的速率增加很快,在极限荷载下,桩端位移占桩顶沉降量的51.5%,这主要是由于桩身范围内的桩侧土阻力大部分都已达极限状态,增加的荷载很快传递到桩端,而且很大,导致桩端位移快速增加。

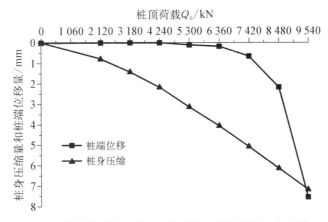

图 10　随着荷载增加桩身压缩量和桩端位移量变化曲线

6. 小结

通过对常州高架桥道路一期工程 5-1♯试桩现场静载试验实测资料的整理、分析、研究,对该地区大直径深长钻孔灌注桩单桩的承载性状进行了较系统的探讨,得到以下结论:

(1) 大直径深长钻孔灌注桩单桩的荷载传递特性一般为桩侧摩阻和桩端阻力的异步发挥,且相互影响。同时,各层土侧阻力的发挥也不是同步的,上部土层侧阻力先发挥到极限,下部土层发挥后达到极限。对于黏性土,侧摩阻力达到极限状态所需桩土位移为 2~8.5 mm,砂性土需要 5~11 mm,相似土性的土层,埋深越深侧摩阻力达到极限所需的桩土位移越大。

(2) 通过 5-1♯试桩的实测数据分析,一些土层实测的侧摩阻力与勘察报告推荐值有很大差别。

(3) 该地区大直径深长钻孔灌注桩在竖向极限荷载下,桩端阻力占总荷载的比例很小,桩侧阻力提供了绝大部分的承载力,工作荷载下桩端阻力基本不发挥作用,呈现纯摩擦桩的承载性状。

(4) 分析大直径深长钻孔灌注桩受竖向荷载时的桩顶沉降时,应考虑桩身混凝土的压缩变形,在加载的大部分阶段桩身压缩占桩顶沉降量的主要部分。

(5) 通过 5-1♯试桩的实测数据曲线显示,土层(1)和土层(3)荷载传递曲线属于加工软化型,土层(1)软化的程度比较小,土层(3)软化的程度大些;桩端荷载传递曲线属明显的双折线硬化模型。

1.5　本章例题

(1) 某混凝土预制桩,桩径 $d=0.5$ m,长 18 m,地基土性与单桥静力触探资料如图所示试按《建筑桩基技术规范》计算单桩竖向极限承载力标准值。(桩端阻力修正系数 α 取为 0.8)

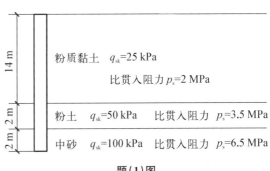

题(1)图

解:根据《建筑桩基技术规范》(JGJ94—2008)第5.3.3条

① $\quad p_{sk1} = \dfrac{3.5 + 6.5}{2} = 5.0\ \text{MPa}$, $\quad p_{sk2} = 6.5\ \text{MPa}$

$p_{sk2}/p_{sk1} = 6.5/5 = 1.3 < 5$,查表得 $\beta = 1$

$p_{sk1} < p_{sk2}$, $p_{sk} = \dfrac{1}{2}(p_{sk1} + \beta \cdot p_{sk2}) = \dfrac{1}{2} \times (5 + 6.5 \times 1) = 5.75\ \text{MPa}$

②
$$Q_{uk} = Q_{sk} + Q_{pk} = u\sum q_{sik}l_i + \alpha p_{sk}A_p$$
$$= 3.14 \times 0.5 \times (14 \times 25 + 2 \times 50 + 2 \times 100)$$
$$+ 0.8 \times 5.75 \times 10^3 \times 3.14 \times 0.5^2 \times \dfrac{1}{4}$$
$$= 1\,923.3\ \text{kN}$$

(2) 某工程双桥静探资料图标所示,拟采用 3 层粉砂做持力层,采用混凝土方桩,桩断面尺寸为 400×400 mm,桩长 $l = 13$ m,承台埋深为 2.0 m,桩端进入粉砂层 2.0 m,试按《建筑桩基技术规范》计算单桩竖向承载力标准值。

层　序	土　名	层底深度	探头平均侧阻力 f_{si}/kPa	探头阻力 q_c/kPa
1	填土	1.5		
2	淤泥质黏土	13	12	600
3	饱和粉砂	20	110	12 000

解:根据《建筑桩基技术规范》(JGJ94—2008)第5.3.4条

① 持力层为粉砂,α 取 1/2,$4d = 1.6$ m < 2.0 m,取 $q_c = 12\,000$ kPa

黏性土:$\beta_i = 10.04 f_{si}^{-0.55} = 10.04 \times 12^{-0.55} = 2.56$

粉砂:$\beta_i = 5.05 f_{si}^{-0.45} = 5.05 \times 110^{-0.45} = 0.61$

②
$$Q_{uk} = u\sum l_i b_i f_{si} + \alpha \cdot q_c \cdot A_p$$
$$= 4 \times 0.4 \times (11 \times 2.56 \times 12 + 2 \times 0.61 \times 110) + \dfrac{1}{2} \times 12\,000 \times 0.4^2$$
$$= 1\,715.4\ \text{kN}$$

(3) 某桩基础,承台埋深 2.5 m,桩型为 0.4 m×0.4 m 的混凝土预制桩,桩长 19 m,桩顶嵌入承台 0.5 m,其双桥静力触探结果如下表,试计算单桩承载力特征值。

土　名	层厚/m	层底深/m	f_{si}/kPa	q_c/kPa
① 填土	2.5	2.5	—	—
② 淤泥质黏土	10.0	12.5	15.8	—
③ 黏土	8.0	20.5	45.5	1 800
④ 细砂	9.0	29.5	90.5	5 500

解：根据《建筑桩基技术规范》(JGJ94—2008)第 5.3.4 条

① 淤泥质黏土：$\beta_i = 10.04 f_{si}^{-0.55} = 10.04 \times 15.8^{-0.55} = 2.20$

黏土：$\beta_i = 10.04 f_{si}^{-0.55} = 10.04 \times 45.5^{-0.55} = 1.23$

细砂：$\beta_i = 5.05 f_{si}^{-0.45} = 5.05 \times 90.5^{-0.45} = 0.67$

② 桩底埋深为：$19 + 2.5 - 0.5 = 21.0$ m

桩端平面以上 $4d = 1.6$ m 范围由③黏土和④细砂组成，

$$q_{c1} = \frac{\sum q_{ci} \cdot h_i}{4d} = \frac{5\,500 \times 0.5 + 1\,800 \times (1.6 - 0.5)}{1.6} = 2\,956.25 \text{ kPa}$$

桩端平面以下 $1d = 1.6$ m 范围为③细砂，$q_{c2} = 5\,500$ kPa

取两者平均值：$q_c = \dfrac{q_{c1} + q_{c2}}{2} = \dfrac{2\,956.25 + 5\,500}{2} = 4\,228.1$ kPa

③ 饱和砂土中，桩端阻力修正系数：$\alpha = 1/2$

$$\begin{aligned}
Q_{uk} &= u \sum l_i \beta_i f_{si} + \alpha \cdot q_c \cdot A_p \\
&= 4 \times 0.4 \times (10.0 \times 2.20 \times 15.8 + 8.0 \times 1.23 \times 45.5 \\
&\quad + 0.5 \times 0.67 \times 90.5) + \frac{1}{2} \times 4\,228.1 \times 0.4^2 \\
&= 1\,659.3 \text{ kN}
\end{aligned}$$

$$R_a = Q_{uk}/2 = 1\,659.3/2 = 829.7 \text{ kN}$$

(4) 某工程桩基的单桩极限承载力标准值要求达到 $Q_{uk} = 30\,000$ kN，桩直径 $d = 1.4$ m，桩的总极限侧阻力经尺寸效应修正后为 $Q_{sk} = 12\,000$ kN，桩端持力层为密实砂土，极限端阻力 $q_{pk} = 3\,000$ kPa，拟采用扩底，由于扩底导致总极限侧阻力损失 $\Delta Q_{sk} = 2\,000$ kN。为了要达到设计要求的单桩极限承载力，某扩底直径应为多少？

解：根据《建筑桩基技术规范》(JGJ94—2008)第 5.3.6 条：

① 扩底后要求达到的端阻力：$Q_{pk} = Q_{uk} - (Q_{sk} - \Delta Q_{sk})$
$$= 30\,000 - (12\,000 - 2\,000) = 20\,000 \text{ kN}$$

② $Q_{pk} = \psi_p \cdot q_{pk} A_p$，即 $20\,000 = \left(\dfrac{0.8}{D}\right)^{\frac{1}{3}} \times 3\,000 \times \dfrac{3.14 \times D^2}{4}$

解得：$D = 3.77$ m

(5) 某钻孔灌注桩，桩身直径 $d = 1.0$ m，扩底直径 $D = 1.4$ m，扩底高度 1.0 m，桩长 12.5 m，土层分布：0～6 m 为黏土，$q_{sik} = 40$ kPa；6～10.7 m 为粉土，$q_{sik} = 44$ kPa；10.7 m 以下为中砂层；$q_{sik} = 55$ kPa，$q_{pk} = 5\,500$ kPa。试计算单桩承载能力特征值。

解：根据《建筑桩基技术规范》(JGJ94—2008)第 5.3.6 条：

① $d = 1.8$ m > 0.8 m，属于大直径桩

扩底桩变截面以上 $2d = 2.0$ m 范围内不计侧阻力，扩底高度为 1.0 m，

总计 $2.0 + 1.0 = 3.0$ m 不计侧阻力，计 $12.5 - 3.0 = 9.5$ m 侧阻力

② 桩侧为黏土、粉土层：$\psi_{si} = (0.8/d)^{1/5} = (0.8/1.0)^{1/5} = 0.956$

桩底为砂土层：$\psi_p = (0.8/D)^{1/3} = (0.8/1.4)^{1/3} = 0.830$

③

$$Q_{uk} = u \sum \psi_{si} q_{sik} l_i + \psi_p q_{pk} A_p$$
$$= 3.14 \times 1.0 \times (0.956 \times 6 \times 40 + 0.956 \times 3.5 \times 44)$$
$$+ 0.830 \times 5\,500 \times 3.14 \times 0.7^2$$
$$= 8\,206.4 \text{ kN}$$

$$R_a = Q_{uk}/2 = 8\,206.4/2 = 4\,103.2 \text{ kN}$$

（6）某人工挖孔灌注桩，桩径 $d = 1.0$ m，扩底直径 $D = 1.6$ m，扩底高度 1.2 m，桩长 10.5 m，桩端入砂卵石持力层 0.5 m，地下水位在地面下 0.5 m。土层分布：0～2.3 m 为填土，$q_{sik} = 20$ kPa；2.3～6.3 m 为黏土，$q_{sik} = 50$；6.3～8.6 m 为粉质黏土，$q_{sik} = 40$ kPa；8.6～9.7 m 为黏土，$q_{sik} = 50$ kPa；9.7～10 m 为细砂，$q_{sik} = 60$ kPa；10 m 以下为砂卵石，$q_{pk} = 5\,000$ kPa。试计算单桩极限承载力。

解：根据《建筑桩基技术规范》(JGJ94—2008)第 5.3.6 条：

① $d = 1.0$ m > 0.8 m，属于大直径桩；

扩底桩变截面以上 $2d = 2.0$ m 范围内不计侧阻力，扩底高度 1.2 m，总计 2.0 + 1.0 = 3.2 m 不计侧阻力，计 10.5 - 3.2 = 7.3 m 侧阻力；

② 桩侧为黏土、粉质黏土层：$\psi_{si} = (0.8/d)^{1/5} = (0.8/1.0)^{1/5} = 0.956$

桩底为砂卵层：$\psi_p = (0.8/D)^{1/3} = (0.8/1.6)^{1/3} = 0.749$

③

$$Q_{uk} = u \sum \psi_{si} q_{sik} l_i + \psi_p q_{pk} A_p$$
$$= 3.14 \times 1.0 \times (0.956 \times 20 \times 2.3 + 0.956 \times 50 \times 4.0$$
$$+ 0.956 \times 40 \times 1.0) + 0.794 \times 5000 \times 3.14 \times 0.8^2$$
$$= 8\,836.6 \text{ kN}$$

（7）某工程场地，地表以下深度 2～12 m 为黏性土，桩的极限侧阻力标准值 $q_{s1k} = 50$ kPa；12～20 m 为粉土层，$q_{s2k} = 60$ kPa；20～30 m 为中砂，$q_{s3k} = 80$ kPa；极限端阻力 $q_{pk} = 7\,000$ kPa。采用 $\phi800$，$L = 21$ m 的钢管桩，桩顶入土 2 m，端桩入土 23 m，试按《建筑桩基技术规范》计算敞口钢管桩桩端加设"＋"字形隔板的单桩竖向极限承载力标准值 Q_{uk}。

解：根据《建筑桩基技术规范》(JGJ94—2008)第 5.3.7 条：

① $d_e = \dfrac{d}{\sqrt{n}} = \dfrac{0.8}{\sqrt{4}} = 0.4$ m，$\dfrac{h_b}{d_e} = \dfrac{3}{0.4} = 7.5 > 5$，取 $\lambda_p = 0.8$

② $Q_{uk} = u \sum q_{sik} l_i + \lambda_p q_{pk} A_p$

$$= 3.14 \times 0.8 \times (10 \times 50 + 8 \times 60 + 3 \times 80) + 0.8 \times 7\,000 \times \frac{3.14 \times 0.8^2}{4}$$
$$= 5\,878.1 \text{ kN}$$

（8）某工程钢管桩外径 $d_s = 0.8$ m，桩端进入中砂层 2 m，桩端闭口时其单桩竖向极限承载力标准值，$Q_{uk} = 7\,000$ kN，其中总极限侧阻力 $Q_{sk} = 5\,000$ kN，总极限端阻力 $Q_{pk} = 2\,000$ kN。由于沉桩困难，改为敞口，加一隔板（如图所示）。按《建筑桩基技术规范》规定，改变后该桩竖向极限承载力标准值为多少。

解：根据《建筑桩基技术规范》（JGJ94—2008）第 5.3.7 条：

① 闭口时：侧阻力 $Q_{sk} = Q_{uk} - Q_{pk} = 7\,000 - 2\,000 = 5\,000$ kN

　　　　　端阻力 $Q_{pk1} = q_{pk} A_p = 2\,000$ kN

② 敞口时：$d_e = \dfrac{d}{\sqrt{2}} = 0.566$ m，$\dfrac{h_b}{d_e} = \dfrac{2}{0.566} = 3.53 < 5$

　　　　取 $\lambda_p = 0.16 h_b/d_e = 0.16 \times 3.53 = 0.565$

端阻力：$Q_{pk2} = \lambda_p \cdot q_{pk} A_p = 0.565 \times 2\,000 = 1\,130$ kN

单桩竖向极限承载力：$Q_{uk} = Q_{sk} + Q_{pk2} = 5\,000 + 1\,130 = 6\,130$ kN

（9）某钢管桩外径为 0.99 m，壁厚 20 mm，桩端进入密实中砂持力层 2.5 m，桩端开口时单桩竖向承载力标准值为 $Q_{uk} = 8\,000$ kN（其中桩端总极限阻力占 30%），如为进一步发挥端桩承载力，在桩端加设十字型钢板，试按《建筑桩基技术规范》计算其桩端改变后的单桩竖向极限承载力标准值。

解：根据《建筑桩基技术规范》（JGJ94—2008）第 5.3.7 条：

① 开口时：$Q_{sk} = (1 - 0.3) \times 8\,000 = 5\,600$ kN

　　　　　$Q_{pk} = 0.3 \times 8\,000 = 2\,400$ kN

即：$Q_{pk} = \lambda_p \cdot q_{pk} A_p = 0.16 \times \dfrac{2.5}{0.9} q_{pk} A_p = 2\,400$，解得：$q_{pk} A_p = 5\,400$ kN

② 设十字钢板时：$d_e = \dfrac{d}{\sqrt{n}} = \dfrac{0.9}{\sqrt{4}} = 0.45$ m

$$\frac{h_b}{d_e} = \frac{2.5}{0.45} = 5.56 > 5，取 \lambda_p = 0.8$$

$$Q_{uk} = Q_{sk} + Q_{pk} = u \sum q_{sik} l_i + \lambda_p q_{pk} A_p$$

$$= 5\,600 + 0.8 \times 5\,400 = 9\,920 \text{ kN}$$

（10）某场地采用预应力混凝土空心桩，空心桩外径 $d = 800$ mm、厚壁 80 mm，桩长 12 m，桩顶在地面下 1.0 m，地下水位在地面下 2.0 m。桩周土层分布为：0～2.5 m 为素填土，$q_{sik} = 20$ kPa；2.5～8 m 黏土，$q_{sik} = 55$ kPa；8～11 m 为粉细砂，$q_{sik} = 60$ kPa；11～20 m 为粗砂，$q_{sik} = 100$ kPa，$q_{pk} = 8\,000$ kPa。试计算单桩竖向极限承载力标准值。

解：① 空心桩内径：$d_1 = 0.8 - 2 \times 0.08 = 0.64$ m

　　　　桩端进入持力层深度：$h_b = (12 + 1.0) - 11 = 2.0$ m

$$\frac{h_b}{d_1} = \frac{2.0}{0.64} = 3.1 < 5，取 \lambda_p = 0.16 \frac{h_b}{d_1} = 0.16 \times \frac{2.0}{0.64} = 0.50$$

② 空心桩净面积：$A_j = \dfrac{\pi}{4}(d^2 - d_1^2) = \dfrac{3.14}{4} \times (0.8^2 - 0.64^2) = 0.181 \text{ m}^2$

空心桩敞口面积：$A_{p1} = \pi d_1^2/4 = 3.14 \times 0.64^2/4 = 0.322 \ \text{m}^2$

③ $\qquad Q_{uk} = u\sum q_{sik}l_i + q_{pk}(A_j + \lambda_p A_{p1})$

$\qquad = 3.14 \times 0.8 \times (20 \times 1.5 + 55 \times 5.5 + 60 \times 3.0$
$\qquad + 100 \times 2.0) + 8\,000 \times (0.181 + 0.50 \times 0.322)$
$\qquad = 4\,525.8 \ \text{kN}$

(11) 某嵌岩桩，采用泥浆护壁成桩后注浆。桩长 17.5 m，桩径 600 mm，进入较完整的中风化花岗岩 1.2 m。桩周岩土层分布为：粉质黏土厚度 6.03 m，$q_{sik} = 60$ kPa；残积土厚度 2.8 m，$q_{sik} = 80$ kPa；全风化花岗岩厚度 0.9 m，$q_{sik} = 90$ kPa；强风化花岗岩厚度 6.57 m，$q_{sik} = 170$ kPa，$q_{pk} = 2\,100$ kPa；中风化花岗岩 1.2 m，$q_{sik} = 200$ kPa，$q_{pk} = 10\,800$ kPa。试计算嵌岩桩单桩竖向承载力特征值 R_a。

解：① $h_r/d = 1.2/0.6 = 2.0$，$f_{rk} = 10\,800 = 10.8$ MPa < 15 MPa，属于软岩，查表$\zeta_r = 1.18$ 泥浆护壁成桩后注浆，取 $\zeta_r = 1.2 \times 1.18 = 1.416$

② $\qquad Q_{uk} = Q_{sk} + Q_{rk} = u\sum q_{sik}l_i + \zeta_r f_{rk}A_p$

$\qquad = 3.14 \times 0.6 \times (6.03 \times 60 + 2.8 \times 80 + 0.9 \times 90 + 6.57$
$\qquad \times 170) + 1.416 \times 10\,800 \times \dfrac{3.14}{4} \times 0.6^2$
$\qquad = 7\,682.24 \ \text{kN}$

③ $R_a = \dfrac{1}{K}Q_{uk} = \dfrac{1}{2} \times 7\,682.24 = 3\,841.12 \ \text{kN}$

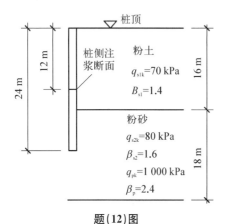

題(12)图

(12) 某泥浆护壁灌注桩，桩径为 800 mm，桩长 24 m，采用桩端桩侧联合后注浆，桩侧注浆断面位于桩顶下 12 m，桩周土性及后注浆桩侧阻力与桩端阻力增强系数如图所示。试按《建筑桩基技术规范》估算单桩极限承载力。

解：根据《建筑桩基技术规范》(JGJ94—2008) 第 5.3.10 条：

桩端桩侧联合后注浆，增强段为全长 24 m

$$Q_{uk} = Q_{sk} + Q_{gsk} + Q_{gpk} + u\sum q_{sik}l_i + u\sum \beta_{si}q_{sik}l_{gi} + \beta_p q_{pk}A_p$$

$$= 0 + 3.14 \times 0.8 \times (1.4 \times 70 \times 16 + 1.6 \times 80 \times 8)$$

$$+ 2.4 \times 1\,000 \times \dfrac{3.14 \times 0.8^2}{4}$$

$$= 7\,716.9 \ \text{kN}$$

第 2 章
单桩水平承载力

高层建筑和高耸结构承受风荷载或地震荷载时,传给基础很大的水平力和力矩,依靠桩基的水平承载力来平衡。桩在水平力作用下的工作机理不同于竖向力作用下的工作机理,在竖向力作用下,桩一般受压,而桩身材料的抗压强度比较高,因为桩的作用是将荷载传给桩侧土和桩端土,竖向的承载力一般由土的破坏条件控制。但在水平力和力矩作用下,桩为受弯构件,桩身产生水平变位和弯曲应力。外力的一部分由桩身承担,另一部分通过桩传给桩侧土体。随着水平力和力矩增加,桩的水平变位和弯矩也继续增大。当桩顶或地面变位过大时,将引起上部结构的损坏;弯矩过大则将使桩身断裂。对于桩侧土,随着水平力和力矩的增大,土体由地面向下逐渐产生塑形变形,在一定范围内产生塑形破坏;而下部的土仍处于弹性状态。因此在选取水平承载力时,应同时满足桩的水平变位小于上部结构所容许的水平变位,桩的最大弯矩小于桩身材料所容许的弯矩。研究桩基的水平承载力,必须从单桩在水平荷载下的桩侧上的共同作用形状分析开始,研究单桩在水平荷载下的性状主要从试验和理论分析着手。

2.1 确定单桩水平承载力的方法

2.1.1 单桩水平静荷载试验

1) 一般要求

桩的水平静载试验一般以桩顶自由的单桩为对象,其主要目的是确定桩的水平承载力、桩侧地基土的侧向地基系数、土的反力模量 E_s 和 p-y 曲线。

试桩的位置应根据地质、地形、设计要求和地区经验等因素综合考虑,选择有代表性的地点,一般应位于可能存在最不利条件的地方。在实际工程中,当桩受到的水平荷载大大超过常用的经验数值,或当桩基受到循环荷载时,一般应进行水平静载试验。试桩数量应根据设计要求及工程地质条件确定,一般不少于两根。

试验前,在离试桩边 3~10 m 范围内必须有工程地质钻孔;在 $16d$(d 为桩的直径或边长)深度范围内,每隔 1 m 取样,进行常规物理力学试验和三轴试验,有条件时尚宜进行现场十字板、静力触探、标准贯入和旁压仪试验。

打入桩在沉桩后到进行试桩的间隔时间,对于砂性土不应少于 3 天;对于黏性土不应少于两周。钻孔灌注桩从浇注混凝土到试桩时的间隔时间一般不少于 4 周。

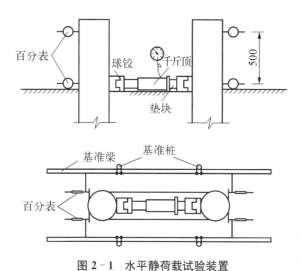

图 2-1   水平静荷载试验装置

2）仪器设备及安装

试验装置与仪器设备见图 2-1 所示。

（1）加载与反力装置。

水平推力记载装置宜采用油压千斤顶（卧式），加载能力不得小于最大试验荷载的 1.2 倍。采用荷重传感器直接测定荷载大小，或用并联油路的油压表或油压传感器测量油压，根据千斤顶率定曲线换算荷载。

水平力作用点宜与实际工程的桩基承台底面标高一致，如果高于承台底标高，试验时在相对承台底面处会产生附加弯矩，会影响测试效果，也不利于将试验成果根据桩顶的约束予以修正。千斤顶与试桩接触处需安置一球形支座，使水平作用力方向始终水平和通过桩身轴线，不随桩的倾斜和扭转而改变，同时可以保证千斤顶对试桩的施力点位置在试验过程中保持不变。

试验时，为防止力作用点受局部挤压破坏，千斤顶与试桩的接触点宜适当补强。

反力装置应根据现场具体条件选用，最常见的方法是利用相邻桩提供反力，即两根试桩对顶，如图 2-1 所示；也可利用周围现有的结构物作为反力装置或专门设置反力结构，但其承载能力和作用方向上刚度应大于试验桩的 1.2 倍。

（2）测量装置。

桩的水平位移测量宜采用大量程位移计。在水平力作用平面的受检桩两侧应对称安装两个位移计，以测量地面处的桩水平位移；当需测量桩顶转角时，还应在水平力作用平面以上 50 cm 的受检桩两侧对称安装两个位移计。

固定位移计的基准点宜设置在试验影响范围之外（影响区见图 2-2），与作用力方向垂直且与位移方向反向的试桩侧面，基准点与试桩净距不小于一倍桩径。在陆上试桩可用如图 1.5 m 的钢钎或型钢作为基准点，在港口码头工程设置基准点时，因水深较大，可采用专门设置的桩作为基准点，同组试桩的基准点一般不少于两个。搁置在基准点上的基准梁要有一定的刚度，以减小晃动，整个基准装置系统应保持相对独立。为减少温度对测量的影响，基准梁应采取简支的形式，顶上有篷布遮阳。

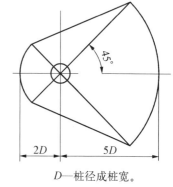

D—桩径成桩宽。

图 2-2   试桩影响区

当对关注桩或预制桩测量桩身应力或应变时，各测试断面的测量传感器应沿受力方向对称布置在远离中性轴的受拉和受压主筋上，埋设传感器的纵坡面与受力方向之间的夹角不得大于 $10°$，以保证各测试断面的应力最大值及相应弯矩的量测精度（桩身力矩并不能直接测到，只能通过桩身应变值进行推算）。对承受水平荷载的桩，桩的破坏是由于桩身弯矩引起的结构破坏；对中长桩，浅层上对限制桩的变形起到重要作用，而弯矩在此范围内变化也最大，为找出最大弯矩及其位置，应加密测试断面。

3）试验方法

（1）单向多循环加卸载法。

单向多循环加卸载试验用于模拟地震荷载、风载、制动力等循环荷载。其试验装置见图 2-3 所示。试验加载分级，一般取预估水平极限荷载的 1/12～1/10 作为每级荷载的加载增量。根据桩径大小并适当考虑上部土层软硬程度，对于直径 300～1 000 mm 的桩，每级荷载增量可取 2～20 kN。每级荷载施加后，恒载 4 min 测度水平位移，然后卸载至零，停 2 min 测读残余水平位移，至此完成 5 个加卸载循环。5 次循环后，开始加下一级荷载。当桩身折断或水平位移超过 30～40 mm（软土取 40 mm）时，终止试验。

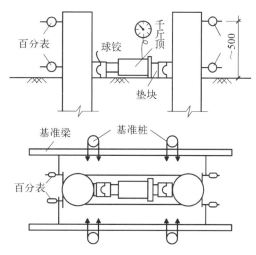

图 2-3　水平静荷载试验装置示意图

根据试验数据可绘制出荷载-时间-位移（$H_0 - T - x_0$）曲线（见图 2-4）和位移梯度-荷载（$\dfrac{\Delta x_0}{\Delta H_0} - H_0$，其中 x_0 取最末一次循环荷载下的位移）曲线（见图 2-5）。据此，综合确定水平临界荷载 H_{cr} 和水平极限荷载 H_u。当桩身设有应力测试元件时，可绘制桩身最大弯矩点钢筋应力-荷载（$\sigma_g - H_0$）曲线（见图 2-6），据此可确定水平临界荷载 H_{cr} 和极限荷载 H_u。

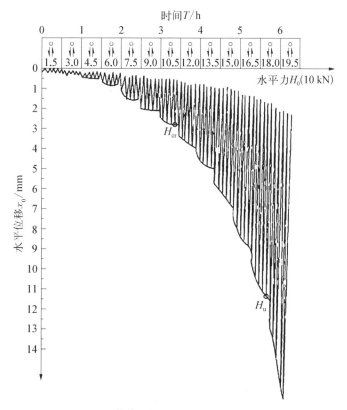

图 2-4　荷载-时间-位移（$H_0 - T - x_0$）曲线

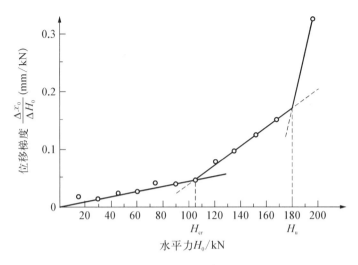

图 2-5　位移梯度-荷载 $\left(\dfrac{\Delta x_0}{\Delta H_0} - H_0\right)$ 曲线

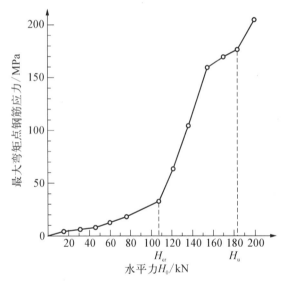

图 2-6　最大弯矩点钢筋应力-荷载 $(\sigma_g - H_0)$ 曲线

水平临界荷载系指桩身受拉区混凝土开裂退出工作前的荷载。由于受拉区混凝土开裂导致桩身截面抵抗矩明显降低,从而使桩的水平位移和受拉区钢筋应力增大,$H_0 - T - x_0$、$\dfrac{\Delta x_0}{\Delta H_0} - H_0$ 和 $\sigma_g - H_0$ 曲线出现突变。

对于高配筋率灌注桩,受拉区混凝土开裂时对桩身截面抵抗矩影响不明显,故桩的水平临界荷载在试验曲线上反映也不明显,因此一般不确定 H_{cr} 值,而以位移控制水平承载力特征值。对钢筋自然不存在水平临界荷载问题。

（2）维持荷载法。

维持荷载法用于确定长期水平荷载下基桩水平承载力和地基水平反力系数。每级荷载施加后维持其恒定值,并按 5、10、15、30 min……测读位移值,直至每小时位移小于 0.1 mm,开始加下一级荷载。当加载至桩身折断或位移超过 30~40 mm 时便终止加载,按加载量的两倍逐级卸载,每 30 min 卸载一级,并于每次卸载前测读位移。

根据试验数据绘制 $H_0 - x_0$（见图 2-7）、$\dfrac{\Delta x_0}{\Delta H_0} - H_0$ 曲线（见图 2-5）。

4）水平荷载下桩的破坏特征

影响单桩水平承载力和位移的因素包括桩身截面抗弯刚度、材料强度、桩侧土质条件、桩的入土深度、桩顶约束条件。如对于低配筋率的灌注桩,通常是桩身先出现裂缝,随后断裂破坏；此时，单桩水平承载力由桩身强度控制。对于抗弯性能强的桩，如高配筋率的混凝土预制桩和钢桩，桩身虽未断裂，但由于桩侧土体塑性隆起而失效，或桩顶水平位移大大超过使用允许值 6 mm 或 10 mm，也认为桩的水平承载力达到极限状态，此时单桩水平承载力由位移控制。

5）临界荷载、极限荷载、地基土水平反力系数

根据试验所得 $H_0 - x_0$ 曲线，取拟线性段某荷载 H_0（通常取临界荷载 H_{cr}）与 H_0 荷载第五次循环的位移 x_0 确定地基土水平反力系数。

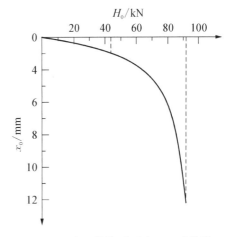

图 2-7　水平荷载-位移（$H_0 - x_0$）曲线

（1）张氏法——地基土水平反力系数沿深度呈矩形分布：

$$k = \frac{\left(\dfrac{H_0}{x_0} \bar{A}_{0x}\right)}{d\,(4EI)^{1/3}} (\text{kN/m}^3) \tag{2-1}$$

（2）C 法——地基土水平反力系数在深度 $4.0/a$ 以上为凸形抛物线分布 $[c(x) = cx^{0.5}]$：

$$c = \frac{\left(\dfrac{H_0}{x_0} \bar{X}_{0H}\right)^{3/2}}{d\,(EI)^{1/3}} (\text{kN/m}^{3.5}) \tag{2-2}$$

（3）m 法——地基土水平抗力系数沿深度呈三角形分布：

$$m = \frac{\left(\dfrac{H_0}{x_0} A_{0x}\right)^{5/3}}{b_0\,(EI)^{2/3}} (\text{kN/m}^4) \tag{2-3}$$

式中：$\bar{A}_{0x}$、$\bar{X}_{0H}$、A_{0x}——相应于各计算法中桩顶自由条件下地面处受水平力作用的地面处位移系数；

H_0、X_0——桩地面处的水平力和水平位移；

EI——桩身抗弯刚度；

b_0——桩身计算宽度；

d——桩直径。

上述水平荷载试验是在短期内完成的，土体变形的时效未能得到充分反映，因而由此得到的地基土水平反力系数应用于长期或经常出现的水平荷载条件下，应予以折减，一般乘以 0.4。

实例 1

1. 工程地质概况

试验场地均位于上海地区。上海地处长江三角洲东南前缘，全程地面标高多在 3.0～

4.5 m间(吴淞高程)。上海地基土除少数低丘陵地区有岩石外,其余均为巨厚的第四纪沉积物,主要由黏性土、粉性土和砂土组成。本次 4 个试验场地均属滨海平原地貌类型,其中典型场地 T3－DW 地基土各层序主要物理力学指标如表 1 所示,其他场地可参照表 1数据。

表 1　典型场地 T3－DW 土层主要物理力学参数表

土　层	土　层　名	厚度/m	E_s0.1－0.2/MPa	直剪固快	
				c/kPa	ϕ/(°)
②$_1$	粉质黏土	2.3	4.69	20	19.5
③	淤泥质粉质黏土	1.6	2.97	13	15.5
③夹	黏质粉土	1.9	8.77	10	28.5
	淤泥质粉质				
③	黏土	3.7	2.97	13	15.5
④	淤泥质黏土	6.8	2.22	11	9.0
⑤$_1$	黏土	4.1	3.18	17	16.0
⑤$_3$	粉质黏土	10	3.96	19	20.5

2. 现场试验概况

本次试验在 4 个场地共进行 15 根预应力管桩单桩水平静载荷试验,其中采用 PHC500AB 型 6 根,PHC400AB 型 4 根,PHC400B 型 5 根,试验所在土层均为②层黏性土。

试验桩顶为自由状态,采用顶推法加荷。试验加载方法根据上海工程建设规范《建筑基桩检测技术规程》中采用单向单循环恒速水平加载法进行试验。本次试验现场布置及试验总体情况见表 2 所示。

表 2　试验现场情况

工程编号	工程地点	桩　　型	试验桩数	试验所在土层
S5－JS	金山	PHC500AB	6	②粉质黏土
		PHC400AB	3	
T2－SL	张扬北路	PHC400B	3	②粉质黏土
T3－DW	康桥	PHC400B	2	②粉质黏土
S6－DB	嘉定	PHC400AB	1	②$_1$黏土

试验的终止条件是加载到桩的水平位移急剧增加,变形速率明显加快且力点位移超过 60 mm 后再终止加载。首先是施加水平力的一侧桩土发生分离,在中心法向上受拉与受压土体脱离,泥面处出现较深的裂缝;随后,受力侧的土体发生破坏,出现沿法向的呈放射状的裂缝。随着荷载的逐级施加,裂缝宽度进一步开展加深,水平位移进一步增大,直到桩周土破坏,现场试验破坏情况如图 1 所示。

图 1　现场试验加载到土体破坏的情况

3. 现场试验成果

根据各试桩的工况及试验成果曲线,取 H-$\triangle y/\triangle H$ 或 $\lg H$-$\lg y$ 曲线第二拐点对应的水平荷载为极限承载力;取 H-$\triangle y/\triangle H$ 或 $\lg H$-$\lg y$ 曲线第一拐点对应的水平荷载为临界荷载,各试桩水平静载荷试验结果见表3,H-y 曲线如图2所示,试验曲线形态基本为缓变形。

表 3　水平载荷试验结果汇总表

工程编号	桩　型	最大水平加载/kN	桩顶最大水平位移/mm	水平临界荷载值 H_{cr}/kN	水平承载力极限值 H_u/kN	水平位移 10 mm 对应的 H_{10} 荷载/kN
S5 - JS	PHC5 00AB	144	39.5	84	120	121
		132	38.6	72	108	81
		156	39.5	84	120	111
		132	44.6	72	108	95
		144	40.0	72	108	96
		132	43.9	72	108	88
T2 - SL	PHC4 00AB	80	40.6	40	60	55
		90	41	50	70	65
		90	38.6	50	70	70
	PHC4 00B	85	45.1	45	60	37
		95	73.8	45	65	42
		95	91.3	55	65	37
T3 - DW	PHC4 00B	145	65.9	80	120	73
		140	69.1	80	115	69
S6 - DB	PHC4 00AB	72	15.1	40	68	57

从表3及图2中可以看出,水平承载力在同一场地中相对比较稳定。相同桩型在不

同场地其水平承载力还是有一定差异的。这主要是因为单桩水平承载力不仅取决于桩的截面、刚度、入土深度等因素,还与场地土质条件、现场试验条件、天气以及降水等密切相关。

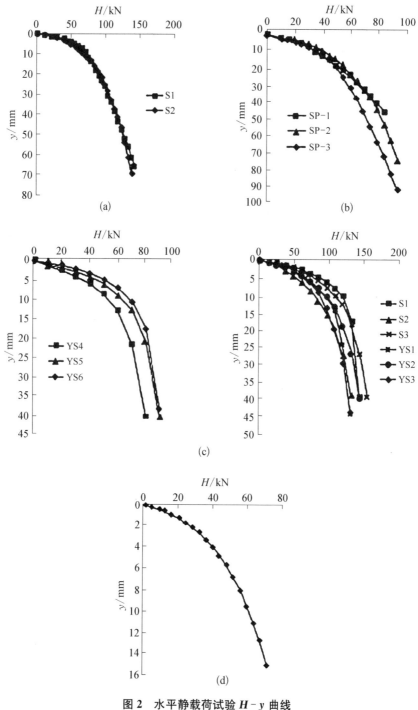

图2 水平静载荷试验 H-y 曲线

(a) T3-DW;(b) T2-SL;(c) S5-JS;(d) S6-DB

4. 试验判定标准的探讨

从 H - y 曲线上得到 15 根试验桩临界荷载对应的水平位移值,如图 3 所示。可以看出对于 AB 型预应力管桩水平荷载达到临界荷载时,其水平位移绝大部分均小于 10 mm,对于 B 型预应力管桩,其临界荷载对应的位移均大于 10 mm。当不区分桩的型号,统一取 10 mm 水平位移对应的荷载作为设计取用值时,是不尽合理的,对于配筋率较低的 A 型和 AB 型,其桩身可能已出现裂缝。

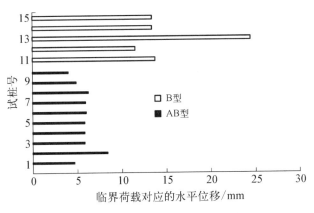

图 3　临界荷载对应的水平位移

预应力管桩在使用中桩身是不允许出现裂缝的。对比 H_{cr} 和 H_{10},如图 4 所示。可以看出对于预应力桩中 AB 型桩,H_{10} 要明显大于水平 H_{cr};对于预应力桩中的 B 型桩,由于其配筋率及承载性能相对较高,H_{cr} 数值提高,从而试验中 H_{cr} 要大于水平 H_{10},即当荷载达到 H_{cr} 时对应于桩顶水平位移均大于 10 mm。

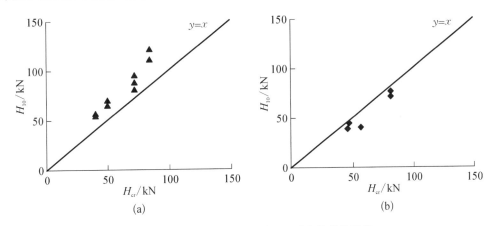

图 4　预应力管桩 H_{cr} 与位移 H_{10} 对应荷载的比较

(a) AB 型;(b) B 型

因此,结合预应力管桩的使用要求及在水平荷载下的受力特点,对普遍使用的 AB 型预应力桩,采用临界荷载,即不允许出现裂缝,控制更为严格和合理;对于承载性能较好的 B 型预应力桩,采用临界荷载控制时应注意其桩顶水平位移是否达到允许变形值,当桩顶水平位移超过允许变形值时,应采用水平允许变形值对应的荷载控制。

相比于预应力管桩,从笔者目前掌握的灌注桩试验资中可以得到 H_{10} 与 H_{cr} 数值基本相当,H_{10} 略大于 H_{cr},如图 5 所示。灌注桩试验桩的配筋率均大于 0.65%,且入土深度较深。灌注桩在使用过程中是允许出现裂缝的,应根据裂缝控制等级满足相应最大裂缝宽度限值的要求。因此,按目前规范中取桩顶水平位移 10 mm 的荷载 H_{10} 控制是符合其在水平荷载作用下的受力特性的,是合理的。

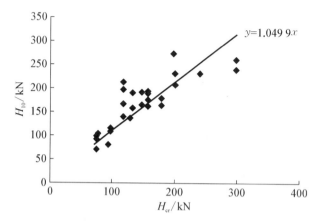

图 5　灌注桩 H_{cr} 与位移 H_{10} 对应荷载的比较

总体而言,对配筋率较高的灌注桩,按现行规范,按桩顶水平位移 10 mm,进行荷载控制,对于配筋率较低且不允许出现裂缝的预应力管桩应结合静载荷试验临界荷载和水平允许变形值10 mm 对应荷载综合确定,建议取小值。

5. 结论

根据上海软土地区 4 个场地 15 根预应力管桩单桩水平静载荷试验成果,及一批灌注桩水平静载荷试验资料分析可以得到以下 3 点结论。

(1) 对配筋率较高的灌注桩,按现行规范,按桩顶水平位移 10 mm 进行荷载控制,对于配筋率较低且不允许出现裂缝的预应力管桩,应结合静载荷试验临界荷载和水平允许变形值 10 mm 对应荷载综合确定。

(2) 对普遍使用的 AB 型预应力桩,采用临界荷载,即不允许出现裂缝控制更为严格和合理。

(3) 对于承载性能较好的 B、C 型预应力桩,采用临界荷载控制时应注意其桩顶水平位移是否达到允许变形值,当桩顶水平位移超过允许变形值时,应采用水平允许变形值对应的荷载控制。

2.1.2　按试验结果确定单桩水平承载力

单桩的水平临界荷载可按下列方法综合确定:

① 取单向多循环加载法时的 H-t-Y_0 曲线或慢速维持荷载法时的 H-Y_0 曲线出现拐点的前一级水平荷载值。

② 取 H-$\Delta Y_0/\Delta H$ 曲线或 lg H-lg Y_0 曲线上第一拐点对应的水平荷载值。

③ 取 H-σ_s 曲线第一拐点对应的水平荷载值。

单桩的水平极限承载力可根据下列方法综合确定:

① 取单向多循环加载法时的 $H\text{-}t\text{-}Y_0$ 曲线或慢速维持荷载法时的 $H\text{-}Y_0$ 曲线产生明显陡降的起始点对应的水平荷载值。

② 取慢速维持荷载法时的 $Y_0\text{-}\lg t$ 曲线尾部出现明显弯曲的前一级水平荷载值。

③ 取 $H\text{-}\Delta Y_0/\Delta H$ 曲线或 $\lg H\text{-}\lg Y_0$ 曲线上第二拐点对应的水平荷载值。

④ 取桩身折断或受拉钢筋屈服时的前一级水平荷载值。

单位工程同一条件下的单桩水平承载力特征值的确定应符合下列规定：

① 当水平极限承载力能确定时，应按单桩水平极限承载力统计值的一半取值，并与水平临界荷载相比较取小值。

② 当按设计要求的水平允许位移控制且水平极限承载力不能确定时，取设计要求的水平允许位移所对应的水平荷载，并与水平临界荷载相比较取小值。

当水平承载力按设计要求的水平允许位移控制时，可取设计要求的水平允许位移对应的水平荷载作为单桩水平承载力特征值，但应满足有关规范抗裂设计的要求。

单桩水平承载力试验检测报告应包括：

① 受检桩桩位对应的地质柱状图。

② 受检桩的截面尺寸及配筋情况。

③ 加卸载方法，荷载分级。

④ 绘制曲线及对应的数据表。

⑤ 承载力判定依据。

⑥ 当进行钢筋应力测试并由此计算桩身弯矩时，应有传感器类型、安装位置、内力计算方法并绘制曲线及其对应的数据表。

2.1.3　按桩顶容许水平位移估算单桩水平承载力的方法

估算的方法适用于预制桩、钢桩的桩身配筋率不小于 0.65％ 的灌注桩。估算公式为

$$R_{\mathrm{h}} = \frac{\alpha^3 EI}{v_x} x_{0\alpha} \tag{2-4}$$

式中：EI——桩身抗弯刚度，对于钢筋混凝土桩。$EI = 0.85 E_0 I_0$，I_0 为桩身换算截面惯性矩，圆形截面 $I_0 = W_0 d/2$；

$x_{0\alpha}$——桩顶容许水平位移（mm），通常取为 10 mm；

v_x——桩顶水平位移系数，按表 2-1 取值。

表 2-1　桩顶（身）最大弯矩系数 v_{m} 和桩顶水平位移系数 v_x

桩顶约束情况	桩的换算埋深（ah）	v_x	v_{m}
铰接、自由	4.0	0.768	2.441
	3.5	0.750	2.502
	3.0	0.703	2.727
	2.8	0.675	2.905
	2.6	0.639	3.163
	2.4	0.601	3.526

（续表）

桩顶约束情况	桩的换算埋深(ah)	v_x	v_m
	4.0	0.926	0.940
	3.5	0.934	0.970
固接	3.0	0.967	1.028
（为桩顶的最大弯矩系数）	2.8	0.990	1.055
	2.6	1.018	1.079
	2.4	1.045	1.095

2.1.4　按临界荷载估算单桩水平承载力的方法

当缺少单桩水平载荷试验资料时，对于桩身配筋率小于 0.65% 的灌注桩，单桩水平承载力可估算为

$$R_h = \frac{\alpha \gamma_m f_t W_0}{v_m}(1.25 + 22\rho_g)\left(1 \pm \frac{\zeta_N N}{\gamma_m f_t A_n}\right) \qquad (2-5)$$

式中：± 号固结桩顶竖向力性质确定，压力取"+"，拉力取"−"；

$\quad\quad\alpha$——桩的水平变形系数（m^{-1}）；

$\quad\quad R_h$——单桩水平承载力设计值（kN）；

$\quad\quad\gamma_m$——桩截面模量塑性系数，圆形截面取 2.0，矩形截面取 1.75；

$\quad\quad f_t$——桩身混凝土抗拉强度设计值（kN）；

$\quad\quad W_0$——桩身换算截面受拉力边缘的截面模量（m^3）；圆形截面为：

$$W_0 = \frac{\pi d}{32}\left[d^2 + 2(\alpha_E - 1)\rho_g d_0^2\right] \qquad (2-6)$$

式中：d_0——扣除保护层的桩径；

$\quad\quad\alpha_E$——钢筋弹性模量与混凝土弹性模量之比；

$\quad\quad v_m$——桩身最大弯矩系数，按表 2-1 取值，单桩基础和单排桩基纵向轴线与水平力方向相垂直的情况，按桩顶铰接考虑；

$\quad\quad\rho_g$——桩身配筋率；

$\quad\quad A_n$——桩身换算截面积（m^2）；圆形截面为：

$$A_n = \frac{\pi d^2}{4}\left[1 + (\alpha_E - 1)\rho_g\right] \qquad (2-7)$$

$\quad\quad\zeta_N$——桩顶竖向力影响系数，紧身压力取 0.5，紧身拉力取 1.0。

2.1.5　单桩在水平荷载下的受力机理

1）水平荷载下单桩荷载-位移关系

从前面静载试验实测结果分析，单桩从承担水平荷载开始到破坏，水平力 H 与不平位移 Y 曲线一般可以认为是 3 个阶段：

（1）第一阶段为直线变形阶段。桩在一定的水平荷载范围内，经受一级水平荷载的反复作用时，桩身变位逐渐趋于某一移定值；卸荷后，变形大部分可以恢复，桩土处于弹性状态。对应于该阶段终点的荷载称为临界荷载 H_{cr}。

（2）第二阶段为弹塑性变形阶段。当水平荷载超过临界荷载 H_{cr} 后，在相同的增量荷载条件下，桩的水平位移增量比前一级明显增大；而且在同一级荷载下，桩的水平位移随着加荷循环次数的增加而逐渐增大，而每次循环引起的位移增量仍呈减小的趋势。对应于该阶段终点的荷载为极限荷载 H_u。

（3）第三阶段为破坏阶段。当水平荷载大于极限荷载后，桩的水平位移和位移曲线曲率突然增大，连续加荷情况或同一级荷载的每次循环都使位移增量加大。同时桩周土出现裂缝，明显破坏。这从水平力 H 与位移梯度 $\Delta Y_0/\Delta H$ 曲线中更易确定。

实际上，由于土的非线性，即使在水平荷载较小、水平位移不大的情况下，第一阶段也不完全是直线。对水平承载力分别由桩身强度控制的桩和由地基强度控制的桩，桩的荷载-位移曲线也存在差别。前者达极限荷载后，桩顶水平位移很快增大，在荷载-位移曲线上有明显拐点。后者由于土体受桩的挤压逐步进入塑性状态，在出现被动破裂面之前，塑性区是逐步发展的，因此荷载-位移曲线上拐点一般不明显。

2）入土深度、桩身和地基刚度对水平桩受力性状的影响

入土深度、桩身和地基刚度不同，桩在水平力作用下的工作性状也不相同，通常分为下列两种情况：

（1）桩径较大、桩的入土深度较小、土质较差时，桩的抗弯刚度大大超过地基刚度，桩的相对刚度较大。在水平力的作用下，桩身如刚体一样围绕桩轴上某点转动，如图 2-8(a)所示；若桩顶嵌固，桩与桩台将呈刚体平移如图 2-9(a)所示。此时可将桩视为刚性桩，其水平承载力一般由桩侧土的强度控制。当桩径大时，同时要考虑桩底土偏心受压时的承载力。

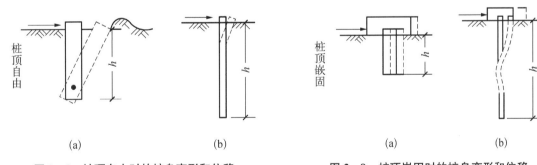

图 2-8　桩顶自由时的桩身变形和位移　　　　图 2-9　桩顶嵌固时的桩身变形和位移

（2）桩径较小、桩的入土深度较大、地基较密实时，桩的抗弯刚度与地基刚度相比，一般柔性较大，桩的相对刚度较小，桩犹如竖放在地基中的弹性地基梁一样工作。在水平荷载及两侧土压力的作用下，桩的变形呈波状曲线，并沿着桩长向深处逐渐消失，如图 2-8(b)所示；若桩顶嵌固，位移情况与桩顶自由时类似，但桩顶端部轴线保持竖直，桩与承台也呈刚性平移，如图 2-9(b)所示。此时将桩视为弹性桩，其水平承载力由桩身材料的抗弯强度和侧向土抗力所控制。根据桩底边界条件的不同，弹性桩又有中长桩和长桩之分。中长桩的计算与桩底的支承情况有密切关系；长桩有足够的入土深度，桩底均按固定端考虑，其计算与

桩底的支承情况无关。

　　3）桩的相对刚度的影响

　　桩的相对刚度直接反映桩的刚性特征与土的刚性特征之间的相对关系，它又间接地反映着土弹性模量 E 随深度变化的性质。桩的相对刚度的引入给桩的计算带来很大方便。以我国工程部门普遍采用的 m 法为例，水平地基系数随深度线性增加，桩的相对刚度系数 T 为

$$T = \sqrt[5]{\frac{EI}{mb_0}} \tag{2-8}$$

式中：m——水平地基系数随深度增长的比例系数（N/cm^4）；

　　　　E——桩的弹性模量（N/cm^2）；

　　　　I——截面惯性矩（cm^4）；

　　　　b_0——考虑桩周土空间受力的计算宽度（cm）。

　　刚性桩还是弹性桩，可以根据桩的相对刚度系数 T 与入土深度 L_t 的关系来划分，各个国家和各个部门的划分方法不尽相同。表 2-2 是我国《港口工程桩基规范》（JGJ254-98）的规定。我国铁路和公路部门规定，自地面或冲刷线算起的实际埋置深度 $h \leqslant 2.5T$ 时为刚性桩，$h > 2.5T$ 时为弹性桩。

表 2-2　弹性长桩、中长桩和刚性桩划分标准

桩类 计算方法	弹性长桩	弹性桩（中长桩）	刚 性 桩
m 法	$L_t \geqslant 4T$	$4T > L_t \geqslant 2.5T$	$L_t < 2.5T$

注：表中 L_t 为桩的入土深度。

2.2　水平荷载作用下单桩变形的理论计算

　　20 世纪 60 年代初期，管桩和大直径钻孔桩开始应用，这些桩多为竖直，不但长度较长，而且具有较大的抗弯刚度，所以考虑桩的水平承载力势在必行，不少学者研究发展了水平承载桩的作用机理和分析计算的多种方法，并积累了一些水平静载试桩的资料。当时铁路和公路桥梁设计首先采用了 m 法、c 法。港工桩基规范也采用了 m 法和张有龄法。

　　目前，水平承载桩的计算方法根据地基的不同状态，主要可分为：极限地基反力法、极限平衡法、弹性地基反力法（m 法）、p-y 曲线法以及数值计算方法等。各种方法的特点及适用范围见表 2-3 所示。

表 2-3　单桩水平承载桩的计算方法特点及适用范围

计 算 方 法	特　　　点
极限地基反力法	该方法是按照土的极限静力平衡来求桩的水平承载力，假定桩为刚性，不考虑桩身变形，根据土体的性质预先设定一种地基反力形式，仅为深度的函数。作用于桩的外力同土的极限平衡可有多种地基反力分布假定，如抛物线形、三角形等。该方法在求解极限阻力的同时可求得桩中的最大变矩

计 算 方 法	特 点
弹性地基反力法（m 法）	假定桩埋置于各向同性的半无限弹性体中，各向土为弹性体，用梁的弯曲理论来求桩的水平抗力。弹性理论法的不足是不能通过计算得出桩在地面以下的位移、转角、弯矩，土压力等值的确定也比较困难
p-y 曲线法	基本思想就是沿桩深度方向将桩周土应力应变关系用一组曲线来表示，即 p-y 曲线。在某深度 z 处，桩的横向位移 y 与单位桩长土反力合力之间存在一定的对应关系。从理论上讲，p-y 曲线法是一种比较理想的方法，配合数值解法，可以计算桩内力及位移，当桩身变形较大时，这种方法与地基反力系数法相比有更大的优越性

2.2.1 极限地基反力法（极限平衡法）

极限地基反力法适合研究刚性短桩。埋在土体中的桩，当桩长相对较长时，在桩顶的水平荷载作用下，桩身上部位移较大，而桩身下部位移和内力都很小，可以忽略不计；而当桩长相对较短时，沿桩全长的位移和内力都不可以忽略不计。前者称为长桩或柔性长桩，后者称为短桩或刚性短桩。如图 2－10 所示。

极限地基反力法，就是假定桩为刚性，不考虑桩身变形，根据土体的性质预先设定一种地基反力形式，仅为深度的函数，如图 2－11 所示。

这些深度函数与桩的位移无关，根据力、力矩平衡，可直接求解桩身剪力、弯矩以及土体反力分布形式。图中 p 为桩侧土压力，L 为桩长，z 为深度，γ 为土的重度，c_u 为黏性土不排水抗剪强度，B 为计算桩宽。

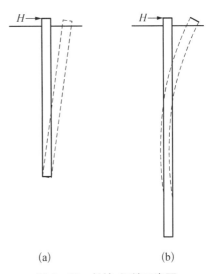

图 2－10 长桩、短桩示意图
（a）短桩；（b）长桩

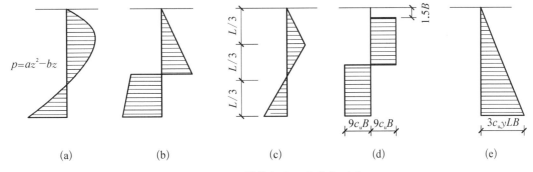

图 2－11 短桩横向土压力分布形式

Broms（1964 年）对于黏性土中的短桩，提出如图 2－11(d)所示的反力分布形式，以黏土不排水剪强度 c_u 的 9 倍作为极限承载力。对于无黏性土中的短桩。Broms（1964 年）提出如图 2－11(e)所示的反力分布形式，取朗肯被动土压力的 3 倍作为极限承载力。

极限反力法不考虑桩土变形特性,适用于刚性桩即短桩,不适用于其他情况下的桩结构物的研究。因此,这里只介绍 Broms 法。

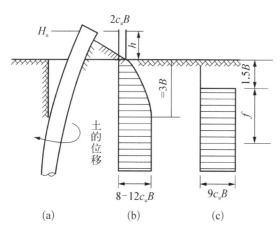

图 2 - 12　黏性土中桩的水平地基反力分布

(a) 桩的位移;(b) 水平地基反力分布;
(c) 设计用的水平地基反力分布

1) 黏性土地基的情况

对黏性土中的桩顶加水平荷载时,桩身产生水平位移,如图 2 - 12(a)所示。由于地面附近的土体受桩的挤压而破坏,地基土向四周隆起,使水平地基反力减小。水平地基反力的分布如图 2 - 12(b)所示。为简化问题,忽略地面以下 1.5B(B 为桩宽)深度内土的作用,在 1.5B 深度以下假定水平地基反力为常数,其值为 9c_uB,其中 c_u 为不排水抗剪强度,如图 2 - 12(c)所示。

设土中产生最大弯矩的深度为 1.5B + f,根据弯矩与剪力之间的微分关系,此深度出现剪力为零,即 $Q = -H_u - 9c_uBf = 0$,由此得

$$f = \frac{H_u}{9c_uB} \tag{2-9}$$

式中: H_u——极限水平承载力。

(1) 桩头自由的短桩。

如图 2 - 13 所示,假定在桩的全长范围内水平地基反力均为常数(转动点上下的水平地基反力方向相反)。由水平力的平衡条件得

$$H_u - 9c_uB(l - 1.5B) + 2 \times 9c_uBx = 0$$

$$x = \frac{1}{2}(l - 1.5B) - \frac{H_u}{18c_uB} \tag{2-10}$$

对桩底求矩,由水平力的平衡条件得

$$H_u(l + h) - \frac{1}{2}(9c_uB)(l - 1.5B)^2 + (9c_uB)x^2 = 0 \tag{2-11}$$

将式(2 - 10)代入式(2 - 11),解得:

$$H_u = 9c_uB^2\left\{\sqrt{4\left(\frac{h}{B}\right)^2 + 2\left(\frac{l}{B}\right)^2 + 4\left(\frac{h}{B}\right) \times \left(\frac{l}{B}\right) + 4.5} - \left[2\left(\frac{h}{B}\right) + \left(\frac{l}{B}\right) + 1.5\right]\right\} \tag{2-12}$$

最大弯矩 M_{max} 为

$$M_{max} = H_u(h + 1.5B + f) - \frac{1}{2}(9c_uB)f^2 = H_u(h + 1.5B + 0.5f) \tag{2-13}$$

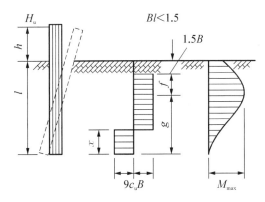

图 2 - 13　黏性土地基中桩头自由的情况

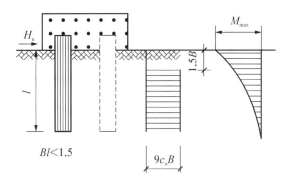

图 2 - 14　黏性土地基中桩头转动受到约束的短桩

（2）桩头转动受到约束的短桩。

如图 2 - 14 所示,假定桩发生平行移动,并在桩全长范围内产生相同的水平地基反力 $9c_uB$,桩头产生最大弯矩 M_{max}。由水平力的平衡条件得

$$H_u - 9c_uB(l - 1.5B) = 0$$

$$H_u = 9c_uB(l - 1.5B) = 9c_uB^2\left(\frac{l}{B} - 1.5\right) \qquad (2-14)$$

对桩底求矩,由力矩的平衡条件得

$$M_{max} - H_u l + \frac{1}{2}(9c_uB)(l - 1.5B)^2 = 0$$

$$M_{max} = H_u\left(\frac{1}{2} + \frac{3}{4}B\right) = 4.59c_uB^2\left[\left(\frac{l}{B}\right)^2 - 2.25\right] \qquad (2-15)$$

实际计算时可采用图解方法。图 2 - 15 为式 (2 - 12)和式(2 - 14)中 $H_u/c_uB^2 - l/B$ 的关系图,根据该图可很方便地求得 H_u。

2) 砂土地基的情况

对砂土中的桩顶施加水平力,试验表明,从地表面开始向下,水平地基反力由零呈线性增大,其值相当于朗肯土压力 K_p 的 3 倍,故地表面以下深度为 x 处的水平地基反力 P 为

$$\left.\begin{array}{l} P = 3K_p\gamma x \\ K_\varphi = \dfrac{1 + \sin\varphi}{1 - \sin\varphi} = \tan^2\left(45° + \dfrac{\varphi}{2}\right) \end{array}\right\}$$

$$(2-16)$$

式中：φ——土的内摩擦角；
　　　γ——土的重度。

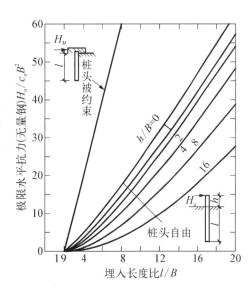

图 2 - 15　黏性土地基中短桩的水平抗力

设土中最大弯矩处的深度为 f，该处的剪力为零，即 $Q = H_u - \dfrac{1}{2} \cdot 3K_p\gamma Bf^2 = 0$，由此得

$$f = \sqrt{\frac{2H_u}{3K_p\gamma B}} \tag{2-17}$$

（1）桩头自由的短桩。

如图 2-16 所示，假定桩全长范围内的地基都屈服，桩尖的水平位移和桩头水平位移方向相反。将桩尖附近的水平地基反力用集中力 P_B 代替，并对桩底求矩，根据力矩的平衡条件得

$$H_u(h + l) = \frac{1}{2} \cdot \frac{1}{3} \cdot 3K_p\gamma Bl^3 \tag{2-18}$$

故：

$$H_u = \frac{K_p\gamma Bl^3}{2\left(1 + \dfrac{h}{l}\right)} \tag{2-19}$$

将式（2-19）代入式（2-17），得

$$f = \frac{l}{\sqrt{3\left(1 + \dfrac{h}{l}\right)}} \tag{2-20}$$

桩身最大弯矩 M_{max} 为

$$M_{max} = H_u(h + f) - \frac{1}{3}H_u f \tag{2-21}$$

将式（2-20）代入（2-21），得

$$M_{max} = H_u\left(h + \frac{0.385l}{\sqrt{1 + h/l}}\right) \tag{2-22}$$

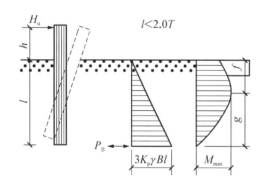

图 2-16　砂土地基中桩头自由的情况

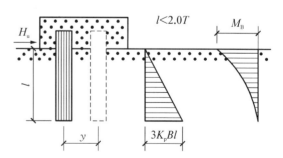

图 2-17　砂土地基中桩头转动受到约束的短桩

（2）桩头转动受到约束的短桩。

如图 2-17 所示，假定桩平行移动，地基在桩全长范围内均屈服，在桩头产生最大弯矩。根据水平力的平衡条件，得

$$H_u - \frac{1}{2} \cdot 3K_p \gamma B l^2 = 0$$

$$H_u = \frac{3}{2} K_p \gamma B l^2 \qquad (2-23)$$

根据桩底的力矩平衡条件,得

$$M_{max} + \frac{1}{2} \cdot \frac{1}{3} \cdot 3K_p \gamma B l^3 - H_u l = 0$$

$$M_{max} = K_p \gamma B l^3 \qquad (2-24)$$

实际计算时可利用图解法。图 2-18 为
式(2-19)和式(2-23)中的 $H_u/K_p \gamma B l^2 -$
l/B 的关系图,根据该图可求得砂质土中刚
性短桩的极限水平 H_u。

当水平荷载小于上述极限抗力的 1/2
时,无论是桩还是地基(包括黏性土地基和
砂性土地基),都不会产生局部屈服,此时地
表面的水平位移 y_0 可由表 2-4 中的公式
求得。

砂性土地基

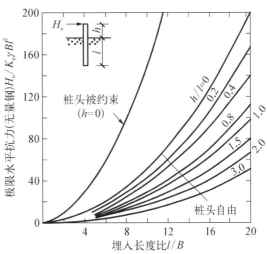

图 2-18 砂性土地基中短桩的水平抗力

表 2-4 荷载小于极限水平抗力一半时的地面水平位移

土 性	桩 头	地面有水平位移 y_0
黏性土	自由($Bl<1.5$) 转动受约束($Bl<0.5$)	$\frac{4H}{k_h B l}\left(1+1.5\frac{h}{l}\right)$ $\frac{4H}{k_h B l}$
砂 土	自由($l<2T$) 转动受约束($l<2T$)	$\frac{18H}{2mB l^2}\left(1+\frac{4}{3}\cdot\frac{h}{l}\right)$ $\frac{H}{mB l^2}(h=0)$

注:表中 k_h 为随深度不变的水平地基系数,m 为水平地基系数随深度线增加的比例系数。

2.2.2 弹性地基反力法

弹性地基反力法(m 法),假定土为弹性体,用梁的弯曲理论来求桩的水平抗力。假定竖
直桩全部埋入土中,在断面主平面内,地表面桩顶处作用垂直桩轴线的水平力 H_0 和 M_0 的正
方向,如图 2-19(a)所示,在桩上取微段 dx,规定图示方向为弯矩 M 和剪力 V 的正方向,如
图 2-19(b)所示。通过分析,导得弯曲微分方程为

$$\left.\begin{array}{l} EI\dfrac{d^4y}{dx^4} + BP(x,y) = 0 \\ P(x,y) = (a+mx^4)y^n = k(x)y^n \end{array}\right\} \qquad (2-25)$$

式中：$P(x, y)$——单位面积上的桩侧土抗力；

　　　y——水平方向；

　　　x——地面以下深度；

　　　B——桩的宽度或桩径；

　　　a、m、n——待定常数或指数。

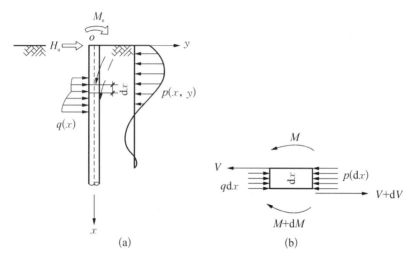

图 2 - 19　土中部分桩的坐标系与力的正方向

n 的取值与桩身侧向位移的大小有关。根据 n 的取值可将弹性地基反力法分为线弹性地基反力法（$n=1$）和非线弹性地基反力法（$n \neq 1$）。

目前国内外一般规定桩在地面的允许水平位移为 $0.6 \sim 1.0$ cm。在这样的水平位移值时，桩身任一点的土抗力与桩身侧向位移之间可近似视为线性关系，取 $n=1$，此时为线弹性地基反力法。为简化计算，一般指定 $k(x)$ 中的两个参数，成为单一参数。由于指定的参数不同，也就有了常用的张有龄（常数法）、m 法、c 法、k 法（见表 2 - 5）。

表 2 - 5　弹性地基反力法分类

地基反力分布	方　法	图　形
线弹性地基反力法		
$P = k_h y$　　常数法		
$P = mxy$　　m 法		

（续表）

地基反力分布	方　　法	图　　形
线弹性 地基反力法　　　$P = cx^{1/2}y$	c 值法	
$P = (x)y = mx^{0.5}y$	k 法	
综合刚度原理 和双参数法		
非线弹性 地基反力法　　　$P = k_s xy^{0.5}$	久保法	
$P = k_c y^{0.5}$	林一宫岛法	

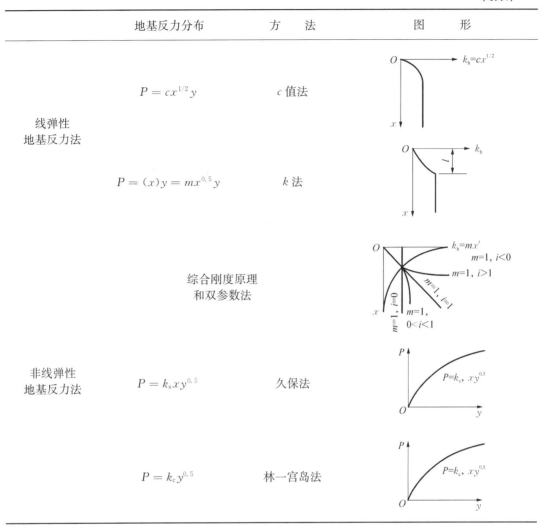

　　（1）张有龄法（$m=0$）。这种方法假设 k_h 为与深度无关的一个常数。将此关系式带入式（2-25），则桩的基本微分方程有其理论解。适当地确定 k_h 值后，它的数学处理比较简单，故其应用较广。日本、美国及我国台湾地区应用广泛。

　　（2）m 法（$m=1$）。这种方法 $k(x) = k_h z$，其中 k_h 一般写成 m，表示是与地基性质有关的系数。该方法的基本微分方程的精确求解有困难，故往往采用一些数学近似的手段求解，并作出便利的计算图标查用。m 法在我国、欧美、前苏联应用较广。

　　（3）c 法（$m \neq 0, 1$）。对基地反力系数沿深度 z 变化规律还有其他不同的描述，如在上段取 $m=1/2$，下段取 $m=0$，这便是人们熟悉的 c 法，该方法在我国公路部门应用广泛。

　　这里主要介绍 m 法。

　　（1）基本假定。线性地基反力法假设地基为服从虎克定律的弹性体，在处理时不考虑土的连续性，简单的数学关系很难正确表达出土的复杂性。因此，此法有很大的近似性，仅在小荷载和小位移时候比较适合应用。

（2）计算公式。通常采用罗威（Rowe）的幂级数解法。将 $P(x, y) = mxy$ 代入式（2-25），得

$$EI\frac{\mathrm{d}^4 y}{\mathrm{d}x^4} + Bmxy = 0 \qquad (2-26)$$

已知
$$[y]_{x=0} = y_0, \quad \left[\frac{\mathrm{d}y}{\mathrm{d}x}\right]_{x=0} = \varphi_0$$

$$\left[EI\frac{\mathrm{d}^2 y}{\mathrm{d}x^2}\right]_{x=0} = M_0, \quad \left[EI\frac{\mathrm{d}^2 y}{\mathrm{d}x^2}\right]_{x=0} = Q_0$$

并设式（2-26）的解为一幂级数：

$$y = \sum_{i=0}^{\infty} a_i x^i \qquad (2-27)$$

式中 a_i 为待定常数。对式（2-24）求 1 至 4 阶导数，并代入式（2-23），经推导得

$$\left.\begin{aligned}
y &= y_0 A_1(ax) + \frac{\varphi_0}{a}B_1(ax) + \frac{M_0}{a^2 EI}C_1(ax) + \frac{Q_0}{a^3 EI}D_1(ax) \\
\frac{\varphi}{a} &= y_0 A_2(ax) + \frac{\varphi_0}{a}B_2(ax) + \frac{M_0}{a^2 EI}C_2(ax) + \frac{Q_0}{a^3 EI}D_2(ax) \\
\frac{M}{a^2 EI} &= y_0 A_3(ax) + \frac{\varphi_0}{a}B_3(ax) + \frac{M_0}{a^2 EI}C_3(ax) + \frac{Q_0}{a^3 EI}D_3(ax) \\
\frac{Q}{a^3 EI} &= y_0 A_4(ax) + \frac{\varphi_0}{a}B_4(ax) + \frac{M_0}{a^2 EI}C_4(ax) + \frac{Q_0}{a^3 EI}D_4(ax)
\end{aligned}\right\} \qquad (2-28)$$

并可导得桩顶仅作用单位水平力 $H_0 = 1$ 时，地面处桩的水平位移 δ_{QQ} 和转角 δ_{MQ}，桩顶作用单位力矩 $M_0 = 1$ 时桩身地面处的水下位移 δ_{QM} 和转角 δ_{MM}，如图 2-20 所示。

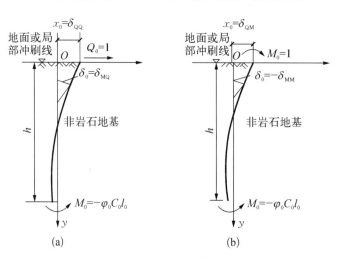

图 2-20　δ_{QQ}、δ_{MQ}、δ_{QM}、δ_{MM}

对于桩埋置于非岩石地基中的情况：

$$\left.\begin{aligned}
\delta_{QQ} &= \frac{1}{a^3 EI} \frac{(B_3 D_4 - B_4 D_3) + K_h (B_2 D_4 - B_4 D_2)}{(A_3 B_4 - A_4 B_3) + K_h (A_2 B_4 - A_4 B_2)} \\
\delta_{MQ} &= \frac{1}{a^2 EI} \frac{(A_3 B_4 - A_4 B_3) + K_h (A_2 B_4 - A_4 B_2)}{(A_3 B_4 - A_4 B_3) + K_h (A_2 B_4 - A_4 B_2)} \\
\delta_{QM} &= \frac{1}{a^2 EI} \frac{(B_3 C_4 - B_4 C_3) + K_h (B_2 C_4 - B_4 C_2)}{(A_3 B_4 - A_4 B_3) + K_h (A_2 B_4 - A_4 B_2)} \\
\delta_{MM} &= \frac{1}{a EI} \frac{(A_3 B_4 - A_4 C_3) + K_h (A_2 C_4 - A_4 C_2)}{(A_3 B_4 - A_4 B_3) + K_h (A_2 B_4 - A_4 B_2)}
\end{aligned}\right\} \tag{2-29}$$

对于嵌固于岩石的桩：

$$\left.\begin{aligned}
\delta_{QQ} &= \frac{1}{a^3 EI} \cdot \frac{B_2 D_1 - B_1 D_2}{A_2 B_1 - A_1 B_2} \\
\delta_{MQ} &= \frac{1}{a^2 EI} \cdot \frac{A_2 D_1 - A_1 D_2}{A_2 B_1 - A_1 B_2} \\
\delta_{QM} &= \frac{1}{a^2 EI} \cdot \frac{B_2 C_1 - B_1 C_2}{A_2 B_1 - A_1 B_2} \\
\delta_{MM} &= \frac{1}{a EI} \cdot \frac{A_2 C_1 - A_1 C_2}{A_2 B_1 - A_1 B_2}
\end{aligned}\right\} \tag{2-30}$$

式中：A_1、B_1、C_1、D_1、A_2、B_2、$\cdots$、C_4、D_4 等系数，以及 $B_3 D_4 - B_4 D_3$、$B_2 D_4 - B_4 D_2$、$\cdots$、$A_3 B_4 - A_4 B_3$、$A_2 B_4 - A_4 B_2$ 等值均可查胡人礼编《桥梁桩基础的分析和设计》(中国铁道出版社，1987 年)；$K_h = C_0 / \alpha E \cdot I_0 / I$，其中 C_0 为桩底土的竖向地基系数，I_0 为桩底全面积对截面重心的惯性矩，I 为桩的平均截面惯性矩，$\alpha = \dfrac{1}{T} = \sqrt[5]{mb_0 / EI}$，式中 b_0 为桩底侧土抗力的计算宽度，当桩的直径 D 或宽度 B 大于 1 m 时，矩形桩 $b_0 = B + 1$，圆形桩的 $b_0 = 0.9 \times (D+1)$；当桩的直径 D 或宽度 B 小于 1 m 时，矩形桩 $b_0 = 1.5B + 0.5$，圆形桩的 $b_0 = 0.9 \times (1.5D + 0.5)$；其他符号意义同前。

当 H_0、M_0 已知时，即可求得地面处的水平位移 y_0 和转角 φ_0：

$$\left.\begin{aligned}
y_0 &= H_0 \delta_{QQ} + M_0 \delta_{QM} \\
\varphi_0 &= -(H_0 \delta_{MQ} + M_0 \delta_{MM})
\end{aligned}\right\} \tag{2-31}$$

然后根据式(2-25)求得地面下任意深度 x 处桩身的侧向位移 y、转角 φ、桩身截面上的弯矩 M 和剪力 Q。

(3) 无量纲计算法。对于弹性长桩，桩底的边界条件是弯矩为零，剪力为零，而桩顶或泥面的边界条件可分为下列 3 种情况。

① 桩顶可自由转动(见图 2-21)。在水平力 H_0 和力矩 $M_0 = H_0 h$ 作用下，桩身水平位移和弯矩为

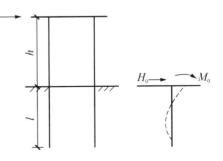

图 2-21　桩顶可自由转动情况

$$
\left.
\begin{array}{l}
y = \dfrac{H_0 T^3}{E1} A_y + \dfrac{M_0 T^3}{E1} B_y \\[3mm]
M = H_0 T A_m + M_0 B_m
\end{array}
\right\}
\tag{2-32}
$$

桩身最大弯矩的位移 x_m、最大弯矩 M_{max} 分别为

$$
\left.
\begin{array}{l}
x_m = \bar{h} T \\[2mm]
M_{max} = M_0 C_2 \text{ 或 } M_{max} = H_0 T D_2
\end{array}
\right\}
\tag{2-33}
$$

式中：A_y、B_y、A_m、B_m——分别为位移和弯矩的无量纲系数（见表 2-6）；

$\bar{h}$——换算深度，根据 $C_1 = \dfrac{M_0}{H_0 T}$ 或 $D_1 = \dfrac{H_0 T}{M_0}$ 等，由表 2-6 中可查得；

C_2、D_2——无量纲系数，根据最大弯矩位置 x_m 的换算深度 $\bar{h} = x_m / T$，由表 2-6 中可查得。

表 2-6　m 法计算用无量纲系数表

换算深度 $\bar{h}(Z/T)$	A_y	B_y	A_m	B_m	A_φ	B_φ	C_1	D_1	C_2	D_2
0.0	2.44	1.621	0	1	−1.521	−1.751	0.0	0	1	0.0
0.1	2.279	1.451	0.100	1	−1.616	−1.651	131.252	0.008	1.001	131.318
0.2	2.118	1.291	0.197	0.998	−1.501	−1.551	34.186	0.029	1.004	34.317
0.3	1.959	1.141	0.290	0.994	−1.577	−1.451	15.544	0.064	1.012	15.738
0.4	1.803	1.001	0.377	0.986	−1.543	−1.352	8.781	0.114	1.029	9.037
0.5	1.650	0.870	0.458	0.975	−1.502	−1.254	5.539	0.181	1.057	5.856
0.6	1.503	0.750	0.529	0.959	−1.452	−1.157	3.710	0.270	1.101	4.138
0.7	1.360	0.639	0.592	0.938	−1.396	−1.062	2.566	0.390	1.169	2.999
0.8	1.224	0.537	0.646	0.931	−1.334	−0.970	1.791	0.558	1.274	2.282
0.9	1.094	0.445	0.689	0.884	−1.267	−0.880	1.238	0.808	1.441	1.784
1.0	0.970	0.361	0.723	0.851	−1.196	−0.793	0.824	1.213	1.728	1.424
1.1	0.854	0.286	0.747	0.841	−1.123	−0.710	0.503	1.988	2.299	1.157
1.2	0.746	0.219	0.752	0.774	−1.047	−0.630	−0.246	4.071	3.876	0.952
1.3	0.645	0.160	0.768	0.732	−0.971	−0.555	0.034	29.58	23.438	0.792
1.4	0.552	0.108	0.765	0.687	−0.894	0.484	−0.145	−6.906	−4.596	0.666
1.6	0.388	0.024	0.737	0.594	−0.743	−0.356	−0.434	−2.305	1.129	0.480
1.8	0.254	−0.036	0.685	0.499	−0.501	−0.247	−0.685	−1.503	−0.530	0.353
2.0	0.147	−0.076	0.614	0.407	−0.471	−0.156	−0.885	−1.156	−0.304	0.263
3.0	−0.087	−0.095	0.193	0.076	0.070	0.063	−1.893	−0.528	−0.025	0.049
4.0	−0.108	−0.015	0	0	−0.003	0.085	−0.045	−22.500	0.011	0

注：① 本表适用于桩尖置于非岩石土中或置于岩石面上；

② 本表仅适用于弹性长桩。

② 桩顶固定而不能转动(见图 2-22)。

当桩顶固定时,桩顶转角为零 $\left(\text{即 } \varphi = \dfrac{\mathrm{d}y}{\mathrm{d}x} = 0\right)$:

$$\varphi = A_{\varphi}\frac{H_0 T^2}{EI} + B_{\varphi}\frac{M_0 T}{EI} = 0$$

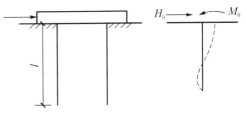

图 2-22　桩顶固定而不能转动情况

则 $\dfrac{M_0}{H_0 T} = \dfrac{A_{\varphi}}{B_{\varphi}} = -0.93$, 式(2-32)可改为

$$\left.\begin{array}{l} y = (A_y - 0.93 B_y)\dfrac{H_0 T^2}{EI} \\[2mm] M = (A_m - 0.93 B_m)H_0 T \end{array}\right\} \qquad (2-34)$$

式中:A_{φ}、B_{φ}——转角的无量纲系数。

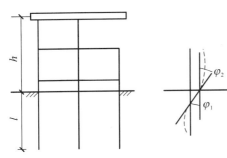

图 2-23　桩顶受约束而不能
完全自由转动情况

③ 桩顶受约束而不能完全自由转动(见图 2-23)。在水平力 H_0 作用下考虑上部结构与地基的协调作用:

$$\varphi_2 = \varphi_1 \qquad (2-35)$$

式中:φ_2——上部结构在泥面处的转角;

φ_1——桩在泥面处的转角。

根据式(2-32)通过反复迭代,可推求出桩身水平位移和弯矩。

(4) m 值的确定。m 值随着桩在地面处的水平变位增大而减小,一般通过水平荷载试验确定。

图 2-24(a)是两根钢筋混凝土桩的荷载结果,由图可以看到 m 值随着桩在地面处水平位移 y_0 增大时的变化情况,其曲线类似双曲线。

图 2-24(b)为代表性曲线,可分为 Ⅰ (弹性)、Ⅱ (弹塑性)和Ⅲ(弹塑性)3 个区段。

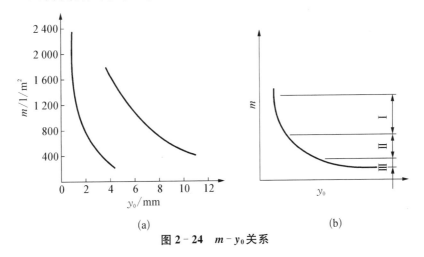

(a)　　　　　　　　　　(b)

图 2-24　m-y_0 关系

由图 2-24(a)可推论,在 $y_0 = 6$ mm 左右时桩-土体系已进入塑性区段。大直径钢筋混凝土试桩一般均表现在这一限位范围,因此通常把 6 mm 作为常用配筋率下的钢筋混凝土桩的水平位移限值。如果桩的配筋率比较高,测得的 $m-y_0$ 曲线将有所不同,其水平位移限值可比规定的稍高些。参照国内外已有的经验,配筋率较高的钢筋混凝土桩的水平位移限值大致为 6~10 mm。由横向荷载试验测定 m 值时,必须使桩在最大横向荷载作用下满足下列两个条件:① 桩周土不致因桩的水平位移过大而丧失其对桩的固着作用,亦即在横向荷载下,桩长范围内的土大部分仍处于弹性工作状态;② 在此横向荷载下,容许桩截面开裂,但裂缝宽度不应超出钢筋混凝土结构容许的开裂限度,且卸载后裂缝能闭合。

无试验资料时,m 值可按表 2-7 选用。

表 2-7　土 的 m 值

序号	地 基 土 类 别	预制桩、钢柱		灌 注 桩	
		m /(MN/m²)	相应单桩在地面处水平位移/mm	m /(MN/m²)	相应单桩在地面处水平位移/mm
1	淤泥、淤泥质土、饱和湿陷性黄土	2~4.5	10	2.5~6.0	6~12
2	液塑($I_t>1.0$),软塑($0.75<I_t\le1.0$)状黏性土,$r>0.9$,粉土,松散粉组砂,松散,稍密填土	4.5~6.0	10	6~14	4~8
3	可塑($0.25<I_t\le0.75$)状黏性土,$r=0.7\sim0.9$ 粉土,湿陷性黄土,中密填土,稍密细砂	6.0~10.0	10	14~35	3~6
4	可塑($0<I_t<0.25$),坚硬($I_t\le0$)状黏性土湿陷性黄土 $r<0.7$,粉土,中密中粗砂,密实老填土	10~22	10	35~100	2~5
5	中密,密实的砾砂,碎石类土			100~300	1.5~3.0

注:当水平位移大于上表数值或灌注桩配筋率较高(>0.65%)时,m 值适当降低。

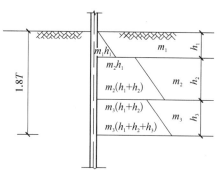

图 2-25　成层土 m 值的计算图

当地基土成层时,值采用地面以下 $1.8T$ 深度范围内各土层的 m 加权平均值。如地基土为 3 层时(见图 2-25),则

$$m = \frac{m_1 h_1^2 + m_2(2h_1 + h_2)h_2 + m_3(2h_1 + 2h_2 + h_3)h_3}{(1.8T)^2}$$

$$(2-36)$$

2.2.3　p-y 曲线法

1) 概述

p-y 曲线法,也称为复合地基反力系数法,该方法的基本思想就是沿桩深度方向将桩周土应力应变关系用一组曲线来表示,即 p-y 曲线,如图 2-26(a)所示。在某深度 z 处。桩的横向位移 y 与单位桩长土反力合力之间存在一定的对应关系,如图 2-26(b)所示。

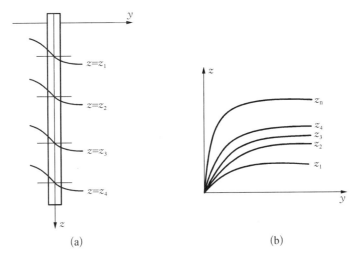

图 2 - 26 p - y 曲线

从理论上讲，p - y 曲线法是一种比较理想的方法，配合数值解法，可以计算桩内力及位移，当桩身变形较大时，这种方法与地基反力系数法相比有更大的优越性。

p - y 曲线法的关键在于确定土的应力应变关系，即确定一组 p - y 曲线，Matlock，Reese，Kooper 等根据原位试验和室内试验，提出了 p - y 曲线制作的一些方法，美国石油协会制定的"固定式海上采油站台设计施工技术规范"（API - RP2A）中采用了这些结果。

2）p - y 曲线的确定

（1）软黏土地基。

① Matlock 根据现场试验资料提出，由室内试验取得土体不排水抗剪强度 c_u 沿深度分布规律，土体极限反力 p_u 按下面两式计算，并取其中小值：

$$p_u = 9c_u \tag{2-37}$$

$$p_u = \left(3 + \frac{\gamma z}{c_u} + \frac{Jz}{b}\right)c_u \tag{2-38}$$

式中：z——计算点深度；

γ——由地面到计算深度 z 处的土加权平均重度；

c_u——土的排水抗剪强度；

b——桩的边宽或直径；

J——试验系数，对软黏土 $J = 0.5$。

② 计算土达到极限反力一半时的相应变形：

$$y_{50} = \rho \varepsilon_{50} d \tag{2-39}$$

式中：y_{50}——桩周土达极限水平土抗力一半时相应桩的侧向水平变形（mm）；

ρ——相关系数，一般取 2.5；

ε_{50}——三轴试验中最大主应力差一半时的应变值，对饱和度较大的软黏土也可取无侧限抗压强度一半时的应变值，当无试验资料时，ε_{50} 可按表 2 - 8 采用；

d——桩径或桩宽。

表 2-8　ε_{50}　值

c_u/kPa	ε_{50}	c_u(kPa)	ε_{50}
12～24	0.02	48～96	0.07
24～48	0.01		

③ 确定 $p\text{-}y$ 曲线由图 2-27 确定 $p\text{-}y$ 关系式：

$$\frac{p}{p_u} = 0.5\left(\frac{y}{y_{50}}\right)^{1/3} \tag{2-40}$$

（2）硬黏土地基。

① 按试验取得土的不排水抗剪强度值和重度沿深度的分布规律以及 ε_{50} 值。

② 用式（2-37）、式（2-38）给出的较小值作为极限反力 p_u，式（2-38）中 J 取 0.25。

③ 计算反力达到极限反力一半时的位移：

$$y_{s0} = \rho\varepsilon_{50}b \tag{3-41}$$

④ $p\text{-}y$ 曲线方程。

当 $y \geqslant 16y_{50}$ 时，$\qquad p = p_u$；

当 $y < 16y_{50}$ 时，$\qquad \dfrac{p}{p_u} = 0.5\left(\dfrac{y}{y_{50}}\right)^{1/4}$

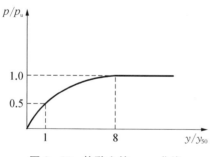

图 2-27　软黏土的 $p\text{-}y$ 曲线

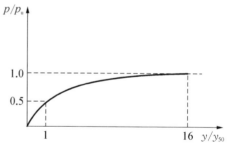

图 2-28　硬黏土的 $p\text{-}y$ 曲线

硬黏土地基 $p\text{-}y$ 曲线如图 2-28 所示。

3）桩的内力和变形计算

由于土的水平抗力 p 与桩的挠曲变形 y 一般为非线性关系，用解析法来求解桩的弯曲微分方程是困难的，可用下述的迭代法求得。

4）$p\text{-}y$ 曲线法的计算参数对桩的弯矩和变形的影响

图 2-29 为 c_u 变化对 M_{max} 和 y_0 的影响，图 2-30 为砂土的 φ 角变化对 M_{max} 和 y_0 的影响。

可以看到，用 $p\text{-}y$ 曲线计算桩的弯矩和挠度时，对 y_0 和 M_{max} 的影响最大的是土的力学指标。用 $p\text{-}y$ 曲线法的计算结果能否与试桩实测值较好吻合，关键在于对黏性土不排水抗剪 c_u、极限主应力一半时的应变值 ε_{50}、砂性土的内摩擦角 φ 和相对密实度 D_t 等取值是否符

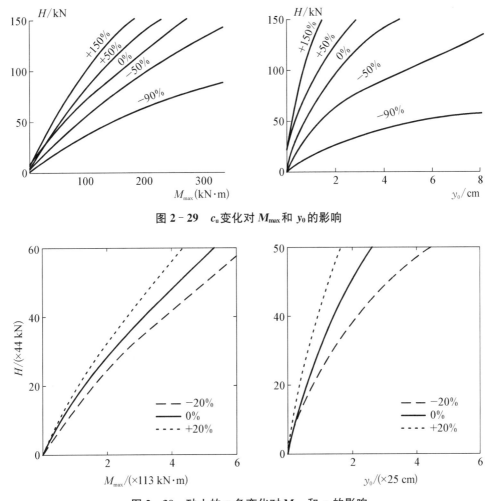

图 2 - 29 c_u 变化对 M_{max} 和 y_0 的影响

图 2 - 30 砂土的 φ 角变化对 M_{max} 和 y_0 的影响

合实际情况。因此在桩基工程中必须重视上述土工指标的勘探和试验工作,从而提高 p - y 曲线法的设计精度。

2.3 水平荷载作用下单桩性状分析的若干问题

2.3.1 桩侧土水平抗力系数的比例系数 m 值

我国工程界普遍采用 m 法计算桩在水平荷载作用下的性状,计算参数 m 值是一个重要的设计参数,m 值并不是土的特征参数,而是桩与土共同作用性状的特征参数,其值不仅与桩侧上的工程性质有关,还与桩的刚度有关,当桩的容许位移不同时,其值也不相同。

桩侧土的水平抗力系数的比例系数 m 值宜通过桩的水平载荷试验确定。但由于试验费用和时间等原因,也可按规范给出的经验值取用。

如有单桩水平载荷试验的结果,m 值为

$$m = \frac{\left(\dfrac{H_{cr}}{x_{cr}} v_x\right)^{5/3}}{b_0 (EI)^{2/3}} \qquad (2-42)$$

式中：m——地基水平抗力系数的比例系数（MN/m⁴），该数值为地面以下 $2(d+1)$m 深度内各土层的综合值；

　　　H_{cr}——单桩水平临界荷载（kPa）；

　　　v_x——桩顶位移系数；

　　　x_{cr}——单桩水平临界荷载对应的位移（mm）；

　　　b_0——桩身计算宽度（m）。

当缺少单桩水平静载试验资料时，可按下列公式估算桩身配筋率小于 0.65% 的灌注桩的单桩水平承载力特征值：

$$R_{ha} = \frac{0.75 \alpha \gamma_m f_t W_0}{V_M} (1.25 + 22\rho_g) \left(1 \pm \frac{\zeta_N \cdot N}{\gamma_m f_t A_n}\right) \qquad (2-43)$$

式中：α——桩的水平变形系数；

　　　R_{ha}——单桩水平承载力特征值，$\pm$ 号根据桩顶竖向力性质确定，压力取"+"，拉力取"−"；

　　　γ_m——桩截面模量塑性系数，圆形截面 $\gamma_m=2$，矩形截面 $\gamma_m=1.75$；

　　　f_t——桩身混凝土抗拉强度设计值；

　　　W_0——桩身换算截面受拉边缘的截面模量，圆形截面为：$W_0 = \dfrac{\pi d}{32}[d^2 + 2(\alpha_E - 1)\rho_g d_0^2]$，方形截面为：$W_0 = \dfrac{b}{6}[b^2 + 2(\alpha_E - 1)\rho_g b_0^2]$，其中 d 为桩直径，d_0 为扣除保护层厚度的桩直径；b 为方形截面边长，b_0 为扣除保护层厚度的桩截面宽度；α_E 为钢筋弹性模量与混凝土弹性模量的比值；

　　　V_M——桩身最大弯矩系数，按表 2−9 取值，当单桩基础和单排桩基纵向轴线与水平力方向相垂直时，按桩顶铰接考虑；

　　　ρ_g——桩身配筋率；

　　　A_n——桩身换算截面积，圆形截面为：$A_n = \dfrac{\pi d^2}{4}[1 + (\alpha_E - 1)\rho_g]$；

　　　　　方形截面为：$A_n = b^2[1 + (\alpha_E - 1)\rho_g]$；

　　　ζ_N——桩顶竖向力影响系数，竖向压力取 0.5；竖向拉力取 1.0；

　　　N——在荷载效应标准组合下桩顶的竖向力（kN）。

表 2−9　桩顶（身）最大弯矩系数 V_M 和桩顶水平位移系数 V_x

桩顶约束情况	桩的换算埋深（αh）	v_M	v_x
铰接、自由	4.0	0.768	2.441
	3.5	0.750	2.502
	3.0	0.703	2.727
	2.8	0.675	2.905
	2.6	0.639	3.163
	2.4	0.601	3.526

（续表）

桩顶约束情况	桩的换算埋深（αh）	V_M	V_x
固接	4.0	0.926	0.940
	3.5	0.934	0.970
	3.0	0.967	1.028
	2.8	0.990	1.055
	2.6	1.018	1.079
	2.4	1.045	1.095

注：① 铰接（自由）的 V_M 系桩身的最大弯矩系数，固接的 V_M 系桩顶的最大弯矩系数；
　　② 当 αh>4 时，取 αh=4.0。

2.3.2 关于地基水平抗力系数的一些试验资料

我国曾经进行过几次大规模的现场桩的水平载荷试验，得到了非常宝贵的资料，有助于认识桩的水平承载性能，了解土的水平抗力系数的规律。

用同一个桩的水平载荷试验资料，取用地基水平抗力系数颁布的不同假定进行分析，采用实测的地面位移按不同的分布假定计算桩身的最大弯矩、最大弯矩深度及弯矩零点的深度，并按实测的钢筋应力计算桩身的最大弯矩，计算的结果见表 2-10。最大弯矩点的深度及弯矩零点深度如表 2-11 所示。

表 2-10 计算最大弯矩的比较

编 号	桩径/cm	桩长/m	实 测 数 据				计 算 结 果	
			水平力/kN	地面位移/mm	地面转角/S	最大弯矩（按实测钢筋应力计算）/(kN·m)	方法	桩身最大弯矩/(kN·m)
2 号桩 10φ16	60	9.0	60	5.980	594	41.7	张氏法	5
							K 法	85.8
							m 法	78.4
							C 值法	67.9
			70	7.529	813	18.4（按开裂算）	张氏法	66.2
							K 法	101.2
							m 法	93.0
							C 值法	80.9
3 号桩 14φ22 2φ16	60	12.0	60	3.585	618	64.6	张氏法	47.8
							K 法	72.2
							m 法	67.1
							C 值法	58.6
			70	4.450	1 121	75.6	张氏法	56.9
							K 法	85.8
							m 法	79.7
							C 值法	69.9

（续表）

编　号	桩径/cm	桩长/m	实　测　数　据				计　算　结　果	
			水平力/kN	地面位移/mm	地面转角/S	最大弯矩（按实测钢筋应力计算）/(kN·m)	方法	桩身最大弯矩/(kN·m)
6 号桩 8φ16	60	6.0	50	4.830	446	44.8	张氏法	45.8
							K 法	70.8
							m 法	63.3
							C 值法	54.0
			60	6.693	764	35.3（按开裂计）	张氏法	57.3
							K 法	87.0
							m 法	79.0
							C 值法	63.5

表 2‑11　最大弯矩深度及弯矩零点深度

桩号	水平荷载/kN	最大弯矩点的深度 L_{oms}/m					第一弯矩零点深度 Z_3/m				
		张氏法	K 法	m 法	C 值法	实测	张氏法	K 法	m 法	C 值法	实测
6	50	2.28	2.42	2.21	2.17	3.00	9.13	6.40	5.95	32	
	60	2.39	2.32	2.32	2.27	3.00	9.58	6.72	6.24	5.68	
3	60	1.94	2.02	1.90	87	2.00	7.78	5.35	5.84	7.78	7.20
	70	1.99	2.06	1.94	1.91	2.00	7.94	5.46	5.96	7.94	7.50
2	60	31	2.44	2.25	2.21	2.50	22	6.47	6.92	7.37	8.00
	70	2.37	2.51	2.31	2.27		9.46	6.64	7.10	7.56	8.00

从表 2‑10 和表 2‑11 可以看出，用实测位移反算变形系数所求得的理论弯矩以 K 法为最大、m 法、C 值法及张氏法则依次减小；最大弯矩的深度的理论计算值比实测值小，其中 K 法计算的结果比较接近于实测值。

2.3.3　地基土水平抗力系数的非线性特性

模型的与现场的试验研究均证明，地基上的水平抗力系数 K_h 或水平向变形模量 E_h 均随着水平位移的增大而呈非线性衰减。如图 2‑31 所示。该图以无量纲指标表示，以桩顶位移 $x=0.005d$ 时的 $K_h(z)$ 值 $K_{moxs}(Z)$ 为基准，则 K_h、K_{moxs} 与桩顶相对位移 x/d 之间呈明显的非线性关系。例如当桩的位移 x/d 由 0.005 增大到 0.04 时，地基土的水平抗力系数 K_h 由 $1.00K_{moxs}$ 下降为 $0.25K_{moxs}$。地基抗力的这一特性说明，在分析桩的大位移时，必须谨慎选用土抗力系数值。

根据实测数据可以用回归分析方法求得综合反映地基土水平抗力非线性的经验公式，但其表达式往往比较复杂，无法得到解析解，只能用于数值分析。

前面讨论的现行计算方法都是单一参数法，用单一参数法计算单桩在水平荷载下的性状都有一个共同的缺点，即桩在地面处的挠度、转角、桩身最大弯矩及其所在位置等，不能同时很好地符合实测值，满足了一些指标，则其他指标就符合得不那么好。其原因是待定参数的数目不够，或选择得不够恰当。但是，桩顶的挠度、转角、桩身最大弯矩及其所在位置是否符合实际对桩基设计是至关重要的，是需要认真解决的问题。解决问题的途径之一是增加待定参数，并且要求参数选择恰当。吴恒立提出综合刚度和双参数法为解决这方面的问题提供了一条途径。其基本思路是将式(2-44)中的系数作为待定系数，通过调整系数使计算结果同时符合几个实测值。

$$k_h(Z) = c(z_0 + z)^n \qquad (2-44)$$

在通常的方法中，将 z_0 和 n 作为确定的值(包括假定为零)，只改变 c 值。

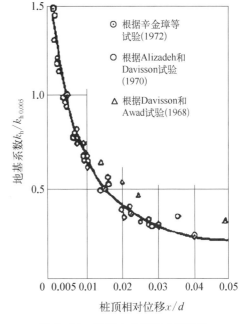

图 2-31　地基土水平抗力系数的
非线性曲线

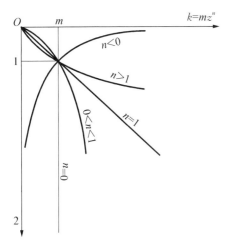

图 2-32　土抗力与深度的关系曲线

在双参数法中，令 $z_0=0$，如 $c=m$ 为已知，则当 n 为不同数值时，土的抗力系数 $k_h(Z)$ 随深度变化的图形如图 2-32 所示。

从式(2-44)可以得到

$$EI \frac{d^4 x}{dz^4} = -kb_1 x = -mb_1 z^n x \qquad (2-45)$$

用幂级数法求解上式可得到桩的位移、转角、弯矩、剪力和土抗力的一般表达式

$$x = x_0 A(\alpha z) + \frac{\varphi_0}{\alpha} B(\alpha z) + \frac{M_0}{\alpha^2 EI} c(\alpha z) + \frac{Q_0}{\alpha^3 EI} D(\alpha z) \qquad (2-46)$$

$$\frac{\varphi}{\alpha} = x_0 A_\varphi(\alpha z) + \frac{\varphi_0}{\alpha} B_\varphi(\alpha z) + \frac{M_0}{\alpha^2 EI} C_\varphi(\alpha z) + \frac{Q_0}{\alpha^3 EI} D_\varphi(\alpha z) \qquad (2-47)$$

$$\frac{M}{\alpha^2 EI} = x_0 A_M(\alpha z) + \frac{\varphi_0}{\alpha} B_M(\alpha z) + \frac{M_0}{\alpha^2 EI} C_M(\alpha z) + \frac{Q_0}{\alpha^3 EI} D_M(\alpha z) \qquad (2-48)$$

$$\frac{Q}{\alpha^3 EI} = x_0 A_Q(\alpha z) + \frac{\varphi_0}{\alpha} B_Q(\alpha z) + \frac{M_0}{\alpha^2 EI} C_Q(\alpha z) + \frac{Q_0}{\alpha^3 EI} D_Q(\alpha z) \qquad (2-49)$$

$$\frac{p}{\alpha^4 EI} = x_0 A_p(\alpha z) + \frac{\varphi_0}{\alpha} B_p(\alpha z) + \frac{M_0}{\alpha^2 EI} C_p(\alpha z) + \frac{Q_0}{\alpha^3 EI} D_p(\alpha z) \qquad (2-50)$$

式中：x_0、φ_0、M_0 和 Q_0 是初参数，即桩在地面处的位移、转角、弯矩和 D 剪力。

这些公式中的函数 $A(\alpha z)$、$B(\alpha z)$、$C(\alpha z)$ 和 $D(\alpha z)$ 都已制成相应的系数表可以查用，或者编成程序由计算机计算。

对于不同的土抗力系数 K 分布的假定，函数 $A(\alpha z)$、$B(\alpha z)$、$C(\alpha z)$ 和 $D(\alpha z)$ 的表达式不同，变形系数 α 的表达式也不相同。

在单一参数法中调整 m 值，只能改变比值 x_0/φ_0。在 x_0、φ_0、$M_{\max}$ 3 个实测值中如选择一个反算 m 值，除偶然巧合外，其他两个计算值通常不能与实测值符合。

在考虑刚度 EI 时，不仅考虑桩身截面的刚度，还考虑桩和土的共同作用，采用综合刚度的概念，综合刚度是一个待定参数，在计算过程中即时调整。

对于桩径 $D=1.62\text{ m}$，桩长 $h=18.8\text{ m}$ 的钻孔灌注桩，试桩时在地面实测的位移和转角如表 2-12 所示，桩身实测弯矩见表 2-13。

表 2-12　试桩实测位移和转角

荷载分级/kN	100	200	300	400	500	600
位移 $m/10^{-3}$	0.51	0.79	1.12	1.84	3.16	4.04
转角 $nd/10^{-3}$	−0.0	−0.12	−0.22	−0.37	−0.71	−1.05

表 2-13　试桩实测弯矩 $M/(\text{kN}\cdot\text{m})$

Q_0/kN ╲ z/m	2.4	3.6	4.8	6.0	7.2	8.2	9.2
300	285.0	314.5	289.3	117.7	104.5	64.7	51.0
400	458.4	496.8	444.1	265.8	191.7	114.5	74.0
500	746.1	886.1	747.1	445.5	400.3	213.2	117.7
600	1 034.1	1 130.0	1 031.5	687.8	581.6	338.1	211.5

由表 2-13 可以看出，在各级水平荷载作用下，桩身的最大弯矩均发生在 $z=3.6\text{ m}$ 左右。

取地面水平力 $Q_0=600\text{ kN}$ 时的位移与转角进行计算，桩在地面处的弯矩和水平力之比为 0.25，则弯矩 $M_0=150\text{ kN}\cdot\text{m}$，采用计算宽度等于桩的直径。

对式(2-42)中的待定系数 n 取为 1 和 0.5，分别计算得到的变形系数、综合刚度、m 值等如表 2-14 所示，求得的有关截面的弯矩示于表 2-15 中。

表 2-14　待定系数计算结果

	α/m^{-1}	$EI\times10^4/(\text{kN}\cdot\text{m}^2)$	$m/(\text{kN/m}^4)$
$n=1$	0.376 5	719.932 2	33 493.748
$n=0.5$	0.367 0	614.024 1	43 477.266

表 2-15 计算弯矩与相应深度

αz		0.9	4(n=1) 1.3(n=0.5)	1.8
$n=1$	z/m	2.392	3.721	4.784
	$m/kN \cdot m$	1 233.8	1 330	1 181
$n=0.5$	z/m	2.452	3.524	4.905
	$m/kN \cdot m$	1 093.2	1 135.5	977.4

从表 2-13 和表 2-15 可以看出,在深度为 3.6 m 处时,计算弯矩值与实测值拟合良好,故可选用 $n=0.5$ 的方法计算。如果最大弯矩截面的弯矩计算值大于实测值,说明地面附近的土抗力太小,需要用 $n<0.5$ 的方法试算;反之,采用 $n>0.5$ 的方法试算,直至满足计算值与实测值拟合要求为止。

采用 $n=0.5$ 的方法,各个桩身截面的计算弯矩与实测值的比较如图 2-33 所示。

2.3.4 桩顶竖向荷载对水平承载力的影响

大多数工程的桩顶除了水平荷载外,还同时承受竖向荷载,研究竖向荷载对水平承载力的影响具有工程实用的意义。但这方面的研究还不是非常充分,我国曾经进行过试验研究,在表 2-16 给出了一些工程试桩的结果。

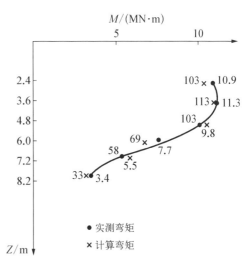

图 2-33 桩身弯矩计算值与实测值的比较

表 2-16 一些工程试桩的结果

桩 型		不同竖向荷载下的水平承载力			
灌注桩	Q/kN	0	480	720	
桩径 620 mm	H_6/kN	82	105	116	
桩长 20.4 m	H_{10}/kN	101	157	185	
预制桩	Q/kN	0	450		
350 mm×350 mm	H_6/kN	40	52		
桩长 15 m	H_{10}/kN	51	75		
预制桩	Q/kN	0	800		
350 mm×350 mm	H_6/kN	41	80		
桩长 15 m	H_{10}/kN	53	125		
预制桩	Q/kN	0	400	800	
350 mm×350 mm	H_6/kN	42	56	68	
桩长 15 m	H_{10}/kN	58	77	103	
预制桩	Q/kN	0	300	600	900
450 mm×450 mm	H_6/kN	33.9	77.1	84.7	101
桩长 11.8 m	H_{10}/kN	43.1	110.6	118.6	135.7

（续表）

桩　型		不同竖向荷载下的水平承载力			
预制桩	Q/kN	0	300	600	900
450 mm×450 mm	H_6/kN	55	92	119	128
桩长 14 m	H_{10}/kN	75	127	153	171
预制桩	Q/kN	0	300		
450 mm×450 mm	H_6/kN	78.6	96		
桩长 14 m	H_{10}/kN	91.7	129.4		
预制桩	Q/kN	0	300		
400 mm×400 mm	H_6/kN	37	55.4		
桩长 15 m	H_{10}/kN	53	78		

注：H_6 为桩顶水平位移取 6 mm 时的水平承载力；H_{10} 为桩顶水平位移取 10 mm 时的水平承载力。

上述试验结果表明，竖向荷载确实可以有效地提高桩的水平承载能力，这些试验取自 3 个地方，4 个不同的工程，有一定的代表性与重现性，可以作为继续研究的基础。但这些试验中，没有量测钢筋应力，尚无法研究对桩身弯矩的影响。

实例 2

1. 工程概况

中国石油庆阳石化 270 万吨/年炼油改扩建工程项目位于甘肃省庆阳市西峰区董志镇的朱庄与新庄两村之间，东临 S202 省道，场区地貌单元为黄土塬，即我国最大的塬——董志塬，地形平坦开阔，起伏较小。试桩采用机械洛阳铲成孔灌注桩，桩长 28 m，直径 800 mm，桩身混凝土等级为 C30，钢筋保护层厚度为 50 mm，试桩主筋为 12Φ18。根据岩土工程详细勘察报告试桩区的工程地质剖面图，混凝土灌注桩以第⑩层粉质黏土（古土壤 4 段 Q_2）为持力层。桩的设计水平承载力特征值为 120 kN。

2. 工程地质条件

场地所在的庆阳市西峰区属半干旱内陆性季风气候区。场地位于我国最大的黄土塬——董志塬，原地形平坦、开阔，起伏不大。地下水埋深一般在 29.5～33.5 m。钻孔最大揭示深度 40 m，揭示地层 13 层，第①层为 Q_4 粉质黏土（黑垆土）；第②～④层为 Q_3 粉质黏土（马兰黄土）；第⑤～⑬层为 Q_2 粉质黏土（离石黄土上段）。勘探场区，湿陷性黄土的湿陷程度由上向下逐渐减弱，一直渐变为非湿陷性黄土。湿陷性黄土的底界埋深 16 m 左右，包含的地层为②、③、④、⑤粉质黏土，也就是说场地内湿陷性黄土 Q_3 的马兰黄土和 Q_2 顶部的离石黄土。场地黄土的湿陷等级为Ⅱ级，自重湿陷性黄土。

3. 试验目的

通过单桩水平静载试验，确定单桩水平承载力是否满足设计要求。

4. 试验方法

根据规范要求，采用单向多循环加卸载法进行试桩。试验在设计标高处进行，采用 2～3 根支承桩提供反力。

考虑到试验桩是工程桩,加荷未达到桩的极限荷载,以桩的水平位移达到一定值和桩侧土的明显开裂和隆起而认为达到破坏状态,终止试验。试验预估最大加荷量值取 300 kN,分 10 级等量加荷,每次荷载施加后恒载 4 min,测读水平位移,然后卸载至零,停 2 min 测读残余水平位移,循环 5 次完成一级荷载的试验观测。试验中途没有停歇。

5. 试验设备

试验设备主要有油压千斤顶、主梁、百分表等。

6. 试验条件

(1) 试桩满足规范要求的 28 天桩身养护期。

(2) 试验进行期间,试桩区域附近有 15 000 kN·m 及 12 000 kN·m 强夯施工,对桩基试验有一定影响。

7. 水平静载试验结果

Φ800 试桩单桩水平静载试验结果见表 1～6,相应的 H-t-Y_0、H-$\triangle Y_0/\triangle H$ 曲线如图 1～6 所示。

表 1　S7 试桩水平静载试验基本情况表

序　号	试验点号	最大加载量	最大水平位移量	试验时间
7	S7	300 kN	3.71 mm	2008.07.15

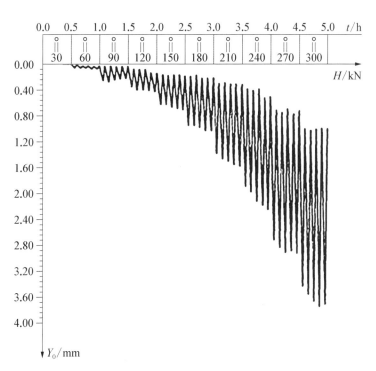

图 1　S7 浸水试桩水平静载试验 H-t-Y_0 曲线

表 2　S7 浸水试桩水平静载试验加卸荷载位移

荷载 /kN	循环 次数	水平位移/mm		荷载 /kN	循环 次数	水平位移/mm		荷载 /kN	循环 次数	水平位移/mm	
		4 min	2 min			4 min	2 min			4 min	2 min
30	1	0.01	0.01	150	1	0.63	0.16	270	1	2.72	0.71
	2	0.01	0.01		2	0.63	0.18		2	2.84	0.75
	3	0.01	0.01		3	0.67	0.17		3	2.91	0.69
	4	0.01	0.01		4	0.69	0.17		4	2.89	0.77
	5	0.01	0.01		5	0.71	0.19		5	2.93	0.73
60	1	0.07	0.02	180	1	0.95	0.19	300	1	3.43	0.99
	2	0.07	0.04		2	0.95	0.17		2	3.56	1.02
	3	0.07	0.04		3	0.98	0.22		3	3.67	1
	4	0.08	0.05		4	1.03	0.22		4	3.75	0.99
	5	0.08	0.04		5	1.03	0.22		5	3.71	1
90	1	0.27	0.04	210	1	1.37	0.3				
	2	0.28	0.04		2	1.45	0.29				
	3	0.25	0.05		3	1.5	0.31				
	4	0.24	0.05		4	1.55	0.31				
	5	0.23	0.05		5	1.57	0.32				
120	1	0.36	0.08	240	1	1.88	0.38				
	2	0.4	0.09		2	1.97	0.41				
	3	0.4	0.09		3	2.12	0.39				
	4	0.42	0.14		4	2.18	0.53				
	5	0.43	0.15		5	2.25	0.51				

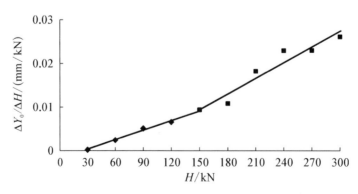

图 2　S7 浸水试桩水平静载试验 H - $\Delta Y_0 / \Delta H$ 曲线

表 3　S2 试桩水平静载试验基本情况

序　号	试验点号	最大加载量/kN	最大水平位移量/mm	试验时间
8	S2	300	5.88	2008.7.14

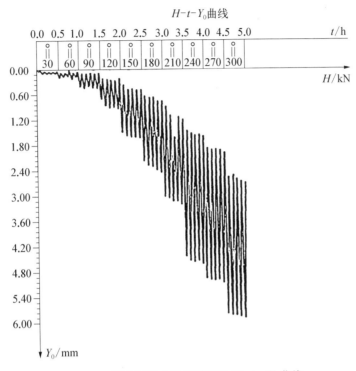

图 3　S2 浸水试桩水平静载试验 H-t-Y_0 曲线

表 4　S2 试桩水平静载试验加卸荷载位移

荷载 /kN	循环 次数	水平位移/mm		荷载 /kN	循环 次数	水平位移/mm		荷载 /kN	循环 次数	水平位移/mm	
		4 min	2 min			4 min	2 min			4 min	2 min
30	1	0.05	0.03	90	1	0.41	0.10	150	1	1.48	0.36
	2	0.10	0.05		2	0.45	0.10		2	1.57	0.48
	3	0.10	0.07		3	0.40	0.09		3	1.59	0.47
	4	0.10	0.07		4	0.44	0.10		4	1.59	0.49
	5	0.10	0.05		5	0.46	0.08		5	1.62	0.49
60	1	0.20	0.08	120	1	0.71	0.22	180	1	2.18	0.63
	2	0.17	0.08		2	0.86	0.24		2	2.26	0.65
	3	0.16	0.03		3	0.91	0.25		3	2.30	0.66
	4	0.23	0.08		4	0.90	0.26		4	2.37	0.76
	5	0.18	0.07		5	0.93	0.21		5	2.44	0.76

（续表）

荷载/kN	循环次数	水平位移/mm 4 min	水平位移/mm 2 min	荷载/kN	循环次数	水平位移/mm 4 min	水平位移/mm 2 min	荷载/kN	循环次数	水平位移/mm 4 min	水平位移/mm 2 min
210	1	3.00	0.87	270	1	4.94	1.87				
	2	3.03	1.08		2	4.98	1.91				
	3	3.12	1.61		3	4.99	1.90				
	4	3.12	1.12		4	4.96	1.91				
	5	3.18	1.17		5	4.98	1.97				
240	1	3.98	1.44	300	1	5.78	2.54				
	2	4.01	1.51		2	5.81	2.50				
	3	4.02	1.55		3	5.81	2.59				
	4	4.03	1.53		4	5.85	2.64				
	5	4.05	1.58		5	5.88	2.68				

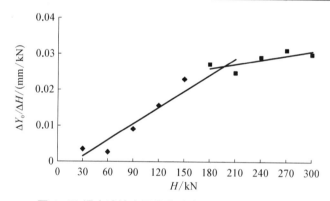

图 4 S2 浸水试桩水平静载试验 H - $\triangle Y_0$/$\triangle H$ 曲线

表 5 S3 试桩水平静载试验基本情况

序 号	试验点号	最大加载量/kN	最大水平位移量/mm	试验时间
9	S3	300	2.78	2008.07.12

表 6 S3 试桩水平静载试验加卸荷载位移

荷载/kN	循环次数	水平位移/mm 4 min	水平位移/mm 2 min	荷载/kN	循环次数	水平位移/mm 4 min	水平位移/mm 2 min	荷载/kN	循环次数	水平位移/mm 4 min	水平位移/mm 2 min
30	1	0.02	0	60	1	0.16	0.09	90	1	0.26	0.12
	2	0.03	0.04		2	0.17	0.13		2	0.28	0.12
	3	0.08	0.02		3	0.2	0.08		3	0.27	0.1
	4	0.08	0.01		4	0.17	0.08		4	0.27	0.13
	5	0.08	0.05		5	0.18	0.09		5	0.29	0.13

（续表）

荷载 /kN	循环次数	水平位移/mm		荷载 /kN	循环次数	水平位移/mm		荷载 /kN	循环次数	水平位移/mm	
		4 min	2 min			4 min	2 min			4 min	2 min
120	1	0.42	0.16	210	1	0.94	0.14	300	1	2.02	0.57
	2	0.43	0.16		2	0.95	0.15		2	2.13	0.59
	3	0.44	0.19		3	1.01	0.19		3	2.35	0.59
	4	0.46	0.16		4	1.01	0.22		4	2.51	0.65
	5	0.44	0.17		5	1.02	0.3		5	2.78	0.61
150	1	0.6	0.2	240	1	1.21	0.3				
	2	0.57	0.2		2	1.27	0.35				
	3	0.56	0.13		3	1.34	0.35				
	4	0.55	0.14		4	1.39	0.43				
	5	0.57	0.15		5	1.41	0.38				
180	1	0.63	0.14	270	1	1.57	0.53				
	2	0.73	0.24		2	1.63	0.52				
	3	0.7	0.15		3	1.67	0.51				
	4	0.77	0.16		4	1.67	0.51				
	5	0.71	0.13		5	1.78	0.53				

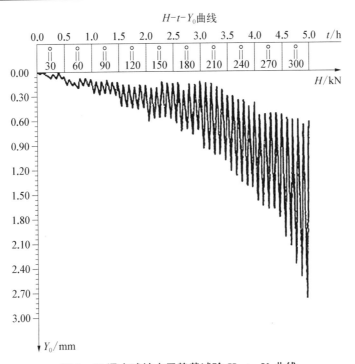

图 5　S3 浸水试桩水平静载试验 H-t-Y_0 曲线

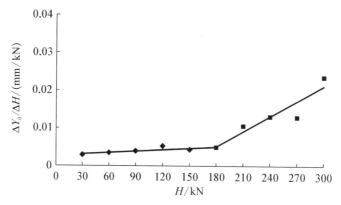

图 6　S3 浸水试桩水平静载试验 H‑$\Delta Y_0/\Delta H$ 曲线

8. 实验结果分析

根据 H‑t‑Y_0 曲线发生突变(同样的荷载增量下位移增量明显大于前一级荷载增量下的位移增量)的前一级荷载和 H‑$\Delta Y_0/\Delta H$ 曲线第一直线的终点的对应荷载综合确定水平临界荷载。

根据 H‑t‑Y_0 曲线产生明显陡降的前一级荷载和 H‑$\Delta Y_0/\Delta H$ 曲线第二直线段的终点对应的荷载综合确定水平极限承载力。

本次 3 根试桩的水平极限承载力和水平临界承载力结果如表 7 所示。

表 7　试桩水平静载试验结果统计

序　号	试验点号	最大加载量/kN	最大水平位移/mm	极限承载力 H_u/kN	水平临界承载力 H_a/kN
1	S7	300	3.71	300	150
2	S2	300	5.88	300	185
3	S3	300	2.78	300	180

对 3 个试桩的水平临界荷载进行对比分析可以看出 S7 浸水试桩的水平临界荷载明显小于未浸水的 S2 与 S3 试桩。分析其原因主要是由于水平受荷桩桩周湿陷性黄土浸水后土中的可溶性胶结物溶解,造成土的结构性被破坏,抗剪强度降低,这势必造成桩周土体水平抗力的减小进而造成水平受荷桩的临界荷载减小。

9. m 值的计算

按规范计算桩侧地基土水平抗力系数的比例系数 m 值。本次试桩桩顶自由且水平作用位置位于地面处,m 值为

$$m = \frac{(v_y \cdot H)^{\frac{5}{3}}}{b_0 Y_0^{\frac{5}{3}} (EI)^{\frac{2}{3}}} \tag{1}$$

$$a = \left(\frac{mb_0}{EI}\right)^{\frac{1}{5}} \tag{2}$$

式中:m——地基土水平抗力系数的比例系数(kN/m^4);

a——桩的水平变形系数(m^{-1})；

v_y——桩的水平位移系数，由(2)试算 a，当 $ah \geqslant 4.0$ 时(h 为桩的入土深度)，$v_y = 2.441$；

H——作用于地面的水平力(kN)；

Y_0——水平力作用点的水平位移(m)；

EI——桩身抗弯刚度($\mathrm{kN \cdot m^2}$)；其中 E 为桩身材料弹性模量，I 为桩身换算截面惯性矩。

b_0——桩身计算宽度(m)；本次为圆形桩，桩径 $D \leqslant 1\ \mathrm{m}$，$b_0 = 0.9(1.5D + 0.5)$。

根据实验数据计算地基土水平抗力系数的比例系数 m 值见表8～表10，绘制 $H_0 - m$ 和 $Y_0 - m$ 曲线如图7～图9所示。

表 8　S7 试桩水平抗力系数计算

水平荷载 H/kN	桩身计算宽度 b_0/m	水平位移 Y_0/m	EI/($\mathrm{kN \cdot m^2}$)	桩顶水平位移系数 v_y	地基土的水平抗力系数 m/($\mathrm{kN/m^4}$)
30	1.53	1.00×10^{-5}	6.03×10^5	2.441	2.53×10^4
60	1.53	8.00×10^{-5}	6.03×10^5	2.441	2.51×10^3
90	1.53	2.30×10^{-4}	6.03×10^5	2.441	8.48×10^2
120	1.53	4.30×10^{-4}	6.03×10^5	2.441	4.83×10^2
150	1.53	7.10×10^{-4}	6.03×10^5	2.441	3.04×10^2
180	1.53	1.03×10^{-3}	6.03×10^5	2.441	2.21×10^2
210	1.53	1.57×10^{-3}	6.03×10^5	2.441	1.42×10^2
240	1.53	2.25×10^{-3}	6.03×10^5	2.441	9.72×10
270	1.53	2.93×10^{-3}	6.03×10^5	2.441	7.62×10
300	1.53	3.71×10^{-3}	6.03×10^5	2.441	6.13×10

表 9　S2 试桩水平抗力系数计算

水平荷载 H/kN	桩身计算宽度 b_0/m	水平位移 Y_0/m	EI/($\mathrm{kN \cdot m^2}$)	桩顶水平位移系数 v_y	地基土的水平抗力系数 m/($\mathrm{kN/m^4}$)
30	1.53	1.00×10^{-4}	6.03×10^5	2.441	544.70
60	1.53	1.80×10^{-4}	6.03×10^5	2.441	649.26
90	1.53	4.60×10^{-4}	6.03×10^5	2.441	267.15
120	1.53	9.30×10^{-4}	6.03×10^5	2.441	133.49
150	1.53	1.62×10^{-3}	6.03×10^5	2.441	76.78
180	1.53	2.44×10^{-3}	6.03×10^5	2.441	52.57
210	1.53	3.18×10^{-3}	6.03×10^5	2.441	43.71
240	1.53	4.59×10^{-3}	6.03×10^5	2.441	29.62
270	1.53	5.04×10^{-3}	6.03×10^5	2.441	30.84
300	1.53	5.88×10^{-3}	6.03×10^5	2.441	28.44

表 10　S3 试桩水平抗力系数计算

水平荷载 H/kN	桩身计算宽度 b_0/m	水平位移 Y_0/m	EI/(kN·m^2)	桩顶水平位移系数 v_y	地基土的水平抗力系数 m/(kN/m^4)
30	1.53	0.80×10^{-4}	6.03×10^5	2.441	790.08
60	1.53	1.80×10^{-4}	6.03×10^5	2.441	649.26
90	1.53	2.90×10^{-4}	6.03×10^5	2.441	576.36
120	1.53	4.40×10^{-4}	6.03×10^5	2.441	464.70
150	1.53	5.70×10^{-4}	6.03×10^5	2.441	437.84
180	1.53	7.10×10^{-4}	6.03×10^5	2.441	411.44
210	1.53	1.08×10^{-3}	6.03×10^5	2.441	264.41
240	1.53	1.41×10^{-3}	6.03×10^5	2.441	211.81
270	1.53	1.73×10^{-3}	6.03×10^5	2.441	183.29
300	1.53	2.07×10^{-3}	6.03×10^5	2.441	162.01

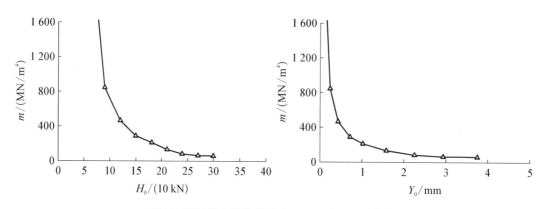

图 7　S7 试桩水平静载试验 $H_0 - m$ 和 $Y_0 - m$ 曲线

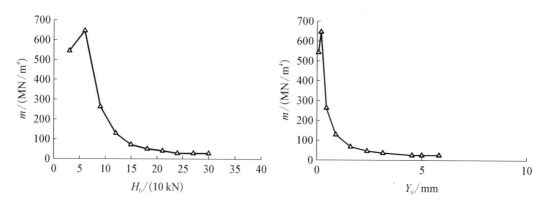

图 8　S2 试桩水平静载试验 $H_0 - m$ 和 $Y_0 - m$ 曲线

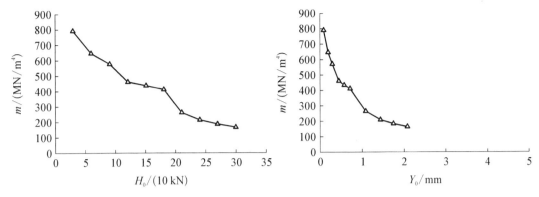

图 9　S3 试桩水平静载试验 H_0-m 和 Y_0-m 曲线

由图可知,m 值随荷载或位移的增大而减小,又考虑到水平位移与荷载关系的非线性,在工程应用中确定的 m 值一定要与桩的荷载相适应。由于灌注桩的配筋多是构造配筋,故其配筋率一般较低,灌注桩受拉侧混凝土很容易退出工作,并导致受拉侧钢筋拉断,故其水平承载力多由桩身强度来控制。一般取临界荷载作为桩的水平承载力设计值。而 m 值也应当取对应于桩的水平承载力设计值的那个值。故 S7 桩的 m 值为 304 kN/m⁴,S2 桩的 m 值为 52.57 kN/m⁴,S3 试桩的 m 值为 411.44 kN/m⁴。对于产生 S2 桩 30 kN 时对应的 m 值小于 60 kN 时对应的 m 值的现象的原因,由其计算式(1)可知,必然是与 60 kN 时位移增量过大有关。在式(1)中除去荷载 H_0 与水平位移 Y_0,其他参数均为常数,在加载过程中虽然 H_0 增大了但是位移 Y_0 也增大了,倘若位移增量引起的 m 值的减小大于荷载增量引起的 m 值的增加就将出现这种现象,这说明试桩数据存在异常。对比 S7 浸水试桩与 S3 桩的 m 值可以看到在前述分析临界荷载差异时的原因的正确性。

10. 结论

根据水平临界荷载、极限承载力的确定方法确定试桩的水平临界荷载与极限承载力,并对比分析浸水试桩与非浸水试桩的临界荷载。浸水试桩 S7 的临界水平荷载为 150 kN 而未浸水的试桩 S2 与 S3 的水平临界荷载分别为 185 kN 与 180 kN,显然浸水试桩的水平临界承载力低于非浸水试桩。根据规范法的 m 法确定各试桩的水平抗力系数并对其进行对比分析,浸水试桩 S7 的 m 值为 304 kN/m⁴,而非浸水试桩 S3 的 m 值为 411.44 kN/m⁴,表明浸水试桩的 m 值也小于非浸水试桩。分析其原因主要是由于水平受荷桩桩周湿陷性黄土浸水后土中的可溶性胶结物溶解造成土的结构性被破坏,抗剪强度降低,这势必造成桩周土体水平抗力的减小即 m 值的减小,进而造成水平受荷桩的临界荷载(水平承载力)减小。

2.4　本章例题

(1) 一高填土挡土墙基础下,设置单排打入式钢筋混凝土阻滑桩,桩横截面 400 mm×400 mm,桩长 5.5 m,桩距 1.2 m,地基土水平抗力系数的比例系数 m 为 10^4 kN/m⁴,桩顶约束条件按自由端考虑,试按《建筑桩基技术规范》(JGJ94—2008)计算当控制桩顶水平位移

$x_{0a} = 10$ mm 时，每根阻滑桩能对每延米挡土墙提供的水平阻滑力。

（桩身抗弯刚度 $EI = 5.08 \times 10^4$ kN/m²）

解：根据《建筑桩基技术规范》(JGJ94—2008)第 5.7.2 条：

① $b_0 = 1.5b + 0.5 = 1.5 \times 0.4 + 0.5 = 1.1$ m

$$\alpha = \sqrt[5]{\frac{mb_0}{EI}} = \sqrt[5]{\frac{10^4 \times 1.1}{5.08 \times 10^4}} = 0.736$$

$\alpha h = 0.736 \times 5.5 = 4.0 > 4.0$，查表 $v_x = 2.441$

② $R_{ha} = \dfrac{0.75\alpha^3 EI}{v_x}\chi_{0a} = \dfrac{0.75 \times 0.736^3 \times 5.08 \times 10^4}{2.441} \times 0.01 = 62.2$ kN

③ 每米挡土墙阻滑力为：$F = \dfrac{R_{ha}}{1.2} = \dfrac{62.2}{1.2} = 51.8$ kN/m

（2）某桩基工程采用直径为 2.0 m 的灌注桩，桩身配筋率为 0.68%，桩长 25 m，桩顶铰接，桩顶允许水平位移 0.005 m，桩侧土水平抗力系数的比例系数 $m = 25$ MN/m⁴，试按《建筑桩基技术规范》计算单桩水平承载力。（已知桩身 $EI = 2.149 \times 10^7$ kN·m²）

解：根据《建筑桩基技术规范》(JGJ94—2008)第 5.7.2 条：

① $b_0 = 0.9(d+1) = 0.9 \times (2+1) = 2.7$ m

$$\alpha = \sqrt[5]{\frac{mb_0}{EI}} = \sqrt[5]{\frac{25 \times 10^3 \times 2.7}{2.149 \times 10^7}} = 0.316$$

$\alpha h = 0.316 \times 25 = 7.9 > 4.0$，查表 $v_x = 2.441$

② $R_{ha} = \dfrac{0.75\alpha^3 EI}{v_x}\chi_{0a} = \dfrac{0.75 \times 0.316^3 \times 2.149 \times 10^7}{2.441} \times 0.005 = 1\,041.7$ kN

（3）某受压灌注桩桩径为 1.2 m，端桩入土深度 20 m，桩身配筋率 0.6%，桩顶铰接，桩顶竖向压力设计值 $N = 5\,000$ kN，桩的水平变形系数 $\alpha = 0.301$ m⁻¹。桩身换算截面积 $A_n = 1.2$ m²，换算截面受拉边缘的界面模量 $W_0 = 0.2$ m²，桩身混凝土抗拉强度设计值 $f_t = 1.5$ N/mm²，试按《建筑桩基技术规范》计算单桩水平承载力特征值。

解：根据《建筑桩基技术规范》(JGJ94—2008)第 5.7.2 条：

① $\alpha h = 0.301 \times 20 = 6.02 > 4.0$，查表得 $v_M = 0.768$

② $R_{ha} = \dfrac{0.75\alpha\gamma_m f_t W_0}{v_M}(1.25 + 22\rho_g)\left(1 + \dfrac{\xi_N N_K}{\gamma_m f_t A_n}\right)$

$\quad = \dfrac{0.75 \times 0.301 \times 2 \times 1.5 \times 10^3 \times 0.2}{0.768} \times (1.25 + 22 \times 0.006)$

$\quad \times \left(1 + \dfrac{0.5 \times 5\,000}{2 \times 1.5 \times 10^3 \times 1.2}\right) = 413$ kN

（4）某承受水平力的灌注桩，直径为 800 mm，保护层厚度为 50 mm，配筋率为 0.65%，桩长 30 m，桩的水平变形系数为 0.360(1/m)，桩身抗弯刚度为 6.75×10^{11} kN·mm²，桩顶固接且容许水平位移为 4 mm，试按《建筑桩基技术规范》估算，由水平位移控制的单桩水平承载力特征值。

解：根据《建筑桩基技术规范》(JGJ94—2008)第 5.7.2 条：

① $\alpha h = 0.36 \times 30 = 10.8$，查表得 $v_x = 0.94$

② 水平承载力：$R_{ha} = 0.75 \dfrac{\alpha^3 EI}{v_x} \chi_{0a} = 0.75 \times \dfrac{0.36^3 \times 6.75 \times 10^{11} \times 10^{-6}}{0.94} \times 4 \times 10^{-3}$

$$= 100.5 \text{ kN}$$

（5）某灌注桩，桩径 1.0 m，桩长 12 m，桩身配筋率为 0.67%，对该桩进行水平力试验，得 $R_{ha} = 150$ kN，相应水平位移 $\chi_{0a} = 6$ mm，$EI = 5.5 \times 10^4$ kN/m²，试计算地基土水平系数的比例系数。（取 $v_x = 2.441$）

解：根据《建筑桩基技术规范》(JGJ94—2008)第 5.7.2 条：

对于桩身配筋率不小于 0.65% 的灌注桩，可根据静载试验结果，取地面处水平位移为 10 mm，（对于水平位移敏感的建筑物取水平位移 6 mm）所对应的荷载的 75% 为单桩水平承载力特征值 R_{ha}；

$$b_0 = 0.9 \times (1.5d + 0.5) = 0.9 \times (1.5 \times 1.0 + 0.5) = 1.8 \text{ m}$$

由公式 $R_{ha} = 0.75 \dfrac{\alpha^3 EI}{v_x} \chi_{0a}$ 和 $\alpha = \sqrt[5]{\dfrac{mb_0}{EI}}$，可得

$$m = \frac{(R_{ha} \cdot v_x)^{5/3}}{b_0 \cdot (EI)^{2/3}(0.75\chi_{0a})^{5/3}} = \frac{(150 \times 2.441)^{5/3}}{1.8 \times (5.5 \times 10^4)^{2/3} \times (0.75 \times 0.006)^{5/3}}$$

$$= 58.7 \text{ MN/m}^4$$

第 3 章
群桩竖向承载力

3.1 群桩的基本概念

群桩基础——由基桩和连接于桩顶的承台共同组成。若桩身全部埋于土中,承台底面与土体接触,则称为低承台桩基;若桩身上部露出地面而承台底位于地面以上,则称为高承台桩基。建筑桩基通常为低承台桩基础。

群桩效应——群桩基础受竖向荷载后,由于承台、桩、土的相互作用使其桩侧阻力、桩端阻力、沉降等性状发生变化而与单桩明显不同,承载力往往不等于各单桩承载力之和,称其为群桩效应。群桩效应受土性、桩距、桩数、桩的长径比、桩长与承台宽度比、成桩方法等多因素的影响而变化。

群桩效应系数——用以度量构成群桩承载力的各个分量因群桩效应而降低或提高的幅度指标,如侧阻、端阻、承台底土阻力的群桩效应系数。

桩侧阻力群桩效应系数——群桩中的基桩平均极限侧阻与单桩平均极限侧阻之比。

桩端阻力群桩效应系数——群桩中的基桩平均极限端阻与单桩平均极限端阻之比。

桩侧阻端阻综合群桩效应系数——群桩中的基桩平均极限承载力与单桩极限承载力之比。

承台底土阻力群桩效应系数——群桩承台底平均极限土阻力与承台底地基土极限阻力之比。

负摩阻力——桩周土由于自重固结、湿陷、地面荷载作用等原因而产生大于基桩的沉降所引起的对桩表面的向下摩阻力。

3.1.1 群桩的荷载传递特性

1) 荷载传递两类基本模式

从群桩效应的角度,群桩按荷载传递模式主要分两类:端承桩和摩擦桩。

由端承桩组成的群桩,其持力层大多刚硬,承载力比较高,通过承台传递的上部结构荷载大部分或全部由桩身直接传递到桩端土层,桩的贯入度小,因而承台下基底反力较小,桩间土负担荷载的作用很小。另一方面,由于桩身沉降小,桩侧摩阻力不能充分发挥,通过桩侧传至桩周土层中的应力就很小,因此群桩中各桩的相互影响很小,可以认为端承型群桩中各桩的工作状态与独立单桩近似,因而群桩的承载力可近似取为各单桩承载力之和。

由摩擦桩组成的群桩,在竖向荷载作用下,群桩的工作机理较端承型群桩更为复杂,承台底面土、桩侧土、桩端土以及桩本身和承台都在承担荷载,并且相互影响、共同作用。由承台传给桩顶的荷载主要通过桩侧摩阻力传给桩周土和桩端土层,在常用桩距的情况下将产生应力重叠。承台土反力也传递到承台以下一定范围内的土层中,从而使桩侧阻力和端桩阻力受到干扰。因此,只有摩擦桩群效应问题,才需要考虑群桩问题。

摩阻力的发挥程度与桩土相对位移有关,通常将它们之间的关系称作传递函数。各国研究人员通过对实测曲线的拟合提出了许多种荷载传递函数的表达式,如表 3-1 所示。

表 3-1　荷载传递函数的表达式

作　者	荷载传递函数	注
Vijayvergive. V. N (1977 年)	$\tau(z) = r_{max}(2\sqrt{s/s_u} - s/s_u)$	s_u——桩土临界相对位移
Kraft, L. M. tec. (1981 年)	$\tau(z) = G_{0\delta}/r_0 / \ln[(r_m/r_0 - \varphi)/(1-\varphi)]$ $\varphi = \tau(z)R_f/r_{max}$	G_0——土初始剪切模量; r_0——桩半径; r_m——桩沉降影响区半径; R_f——拟合参数
Desai, C. S., etc. (1987 年)	$\tau(z) = \dfrac{(K_0-K_f)s}{\left(1+\left\|\dfrac{(K_0-K_f)s}{P_f}\right\|^m\right)^{1/m}} + K_fS$	K_0——初始弹簧刚度; K_f——最终弹簧刚度; P_f——屈服荷载; m——曲线指数
Williams 和 Colman (1965 年)	$\tau(z) = \dfrac{2E_s}{K \cdot d}$	E_s——土的杨氏模量; K——常数,1.75~5; d——桩身直径
Woosward 等(1972 年)	$\tau(z) = \dfrac{R_f s}{\dfrac{1}{E_i} + \dfrac{s}{r_u}}$	E_i——传递函数曲线的初始切线模量
Holloway, Clough 和 Visic (1975 年)	$\tau(z) = K\gamma_w\left(\dfrac{\sigma_3}{P_a}\right)^x\left[1 - \dfrac{\tau R_f}{r_u}\right]$	K、n、R_f——双曲线方程的参数; P_a——大气压力; σ_3——侧向围压

2) 群桩地基的应力状态

群桩地基包括桩间土、桩群外承台土体以及桩端以下土体 3 部分;群桩地基中的应力包含自重应力、附加应力和施工应力三部分。

(1) 自重应力。

群桩承台外在地下水位以上的自重应力实质上等于 γ_h,地下水位以下的为 γ_h。

(2) 附加应力。

附加应力来自承台底面的接触压力和桩侧摩阻力以及桩底压力。在一般桩距((3~4)d)下应力互相叠加,使群桩桩周土与桩底土中的应力都大大超过单桩,且影响深度和压缩层厚度均成倍增加,从而使群桩的承载力低于单桩承载力之和。群桩的沉降与单桩沉降相比,不仅数值增大,而且机理也不相同。

(3) 施工应力。

施工应力是指挤土桩沉桩过程中对土体产生的挤压应力和超静孔隙水压力。在施工结束以后,挤压应力将随着土体的压密而逐步松弛消失;超静水压力也会随着固结排水而逐渐消散。因此施工应力是暂时的,但它对群桩的工作性状有一定影响;土体压密和孔压消散使有效应力增大,使土的强度随之增长,从而使桩的承载力提高,但桩间土固结下沉对桩会产生负摩阻力,并可能使承台底面而脱空。

（4）应力的影响范围。

群桩应力的影响深度和宽度大大超过单桩,桩群的平面尺寸越大,影响深度亦越大,且应力随着深度而收敛得越慢,这是群桩沉降大大超过单桩的根本原因。

（5）桩身摩阻力与桩端阻力的分配。

由于应力的叠加,群桩桩端平面处的竖向应力比单桩明显增大,因此,群桩中每根桩的单位端阻力也较单桩有所增大。此外,桩间土体由于受到承台底面的压力而产生一定沉降,使桩侧摩阻力有所削减,也使得群桩中的桩端阻力占桩顶总荷载的比例亦高于单桩。桩越短,这种情况越显著。群桩荷载传递的这一特性,为采用实体深基础模式计算群桩的承载力和沉降提供了一定的理论依据。

3.1.2　群桩的破坏模式

群桩的极限承载力是根据群桩破坏模式来确定其计算模式的,破坏模式的判断失误,往往引起计算结果出入很大。分析群桩的破坏模式主要涉及到两个方面,即群桩的侧阻破坏和端阻的破坏。

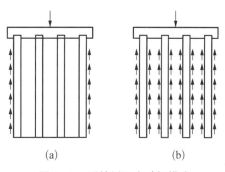

图 3-1　群桩侧阻力破坏模式
（a）整体破坏;（b）非整体破坏

1）群桩侧阻的破坏

群桩的破坏模式一般划分为桩土整体破坏和非整体破坏。整体破坏是指桩、土形成整体,如同实体基础那样承载和变形,桩侧阻力的破坏面发生于群桩外围如图 3-1(a)所示;非整体性破坏是指各桩的桩、土产生相对位移,各桩的侧阻力剪切破坏发生于各桩桩周土体或桩土界面,如图 3-1(b)所示,这种破坏模式的划分实际上就是桩侧阻力破坏模式的划分。

影响群桩侧阻破坏模式的因素主要有土性、桩距、承台设置方式和成桩工艺。对于砂土、粉土、非饱和松散黏性土中的挤土型(打入、压入桩)群桩,在较小桩距($S_a \leqslant 3d$)条件下群桩侧阻一般呈整体破坏;对于无挤土效应的钻孔群桩,一般呈非整体破坏。对于低承台群桩,由于承台限制了桩土之间的相对位移,因此在其他条件相同的情况下,低承台群桩较高承台群桩更容易形成桩土的整体破坏。

2）群桩端阻的破坏

群桩端阻的破坏分为整体剪切、局部剪切和刺入破坏 3 种模式。但是,群桩端阻的破坏与侧阻的破坏模式有关。

当侧阻呈桩土整体破坏时,桩端演变成底面积与桩群面积相等的单独实体墩基,如图 3-1(a)所示,此时,由于基底面积大、埋深大,一般不发生整体剪切破坏。只有当桩很短且持力层为密实土层时才可能出现整体剪切破坏,如图 3-1(b)所示。当存在软弱下卧层时,有可能由于软弱下卧层产生剪切破坏或侧向挤出而引起群桩整体失稳。

当群桩呈单独破坏时,各桩端阻的破坏与单桩相似,但因桩侧剪应力的重叠效应、相邻桩桩端土逆向变形的制约和承台的增强效应而使破坏承载力提高,如图3-2(b)所示。

《港口工程桩基规范》把桩距小于等于 $3d$ 的桩基成封闭式的群桩按整体破坏模式计算其承载力;而对于桩距大于 $3d$ 且等于 $6d$ 的高桩承台的群桩则按群桩效率计算其承载力;对于桩距大于 $6d$ 的群桩可按单桩承载力计算群桩的承载力。

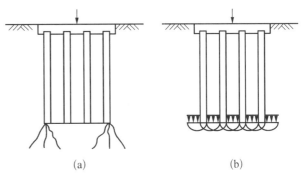

(a)　　　　(b)

图 3 - 2　群桩端阻力的破坏模式

3.1.3　群桩效应的桩顶荷载分布

由于承台、桩群、土相互作用效应会导致群桩基础各桩的桩顶荷载分布不均。一般说来,角桩的荷载最大,边桩次之,中心桩最小。图3-3为某工程钢管桩的静载荷试桩成果,桩长 75 m,桩径 $\phi750$ mm,管桩壁厚 14 mm。

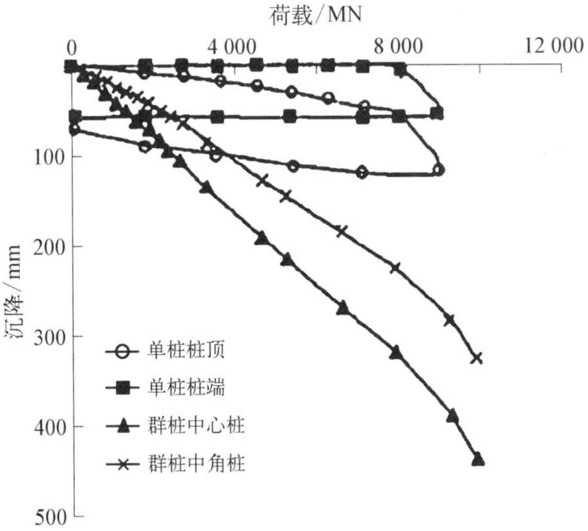

荷载分布的不均匀度随承台刚度的增大、桩距的减小、可压缩性土层厚度的增大、土的新聚力的提高而增大。桩顶荷载的分布在一定程度上还受成桩工艺的影响,对于挤土桩。由于沉桩过程中土的均匀性受到破坏,已沉入桩被后沉桩挤动和抬起,因而沉桩顺序对桩顶荷载分布有一定影响。如由外向里沉桩,其荷载分布的不均匀度可适当减小,但沉桩挤土效应显著,沉桩难度更大。

图 3 - 3 为粉土中桩径 $d=250$ mm、桩长 $L=18d$、桩数 $n=3\times3$、桩距 $S_a/d=3$ 和 6 的柱下独立钻孔群桩基础实测

图 3 - 3　单桩和群桩的 P-s 曲线

各桩桩顶荷载比 $Q/\bar{Q}(\bar{Q}=(P-P_c)/9$,$P$ 为总荷载,P_c 为承台分担的荷载)随桩顶平均荷载 $\bar{Q}$ 的变化情况,并给出了采用 Poulos 和 Davis(1980 年)基于线弹性理论导出的解的计算结果。从中可以看出:

(1)桩距为 $3d$ 时,无论高、低承台,实测各桩荷载相差不大,总趋势是中心桩略小,角、边桩略大。而按弹性理论分析结果,高、低承台中心桩只分别承受平均桩顶荷载的 21%、18%;角桩则承受平均桩顶荷载的 138%、148%。由于在界限桩距为 $3d$ 条件下的中心桩的侧阻力因桩群、土相互作用出现"沉降硬化"现象的提高量大于角、边桩,补偿了一部分由于相邻影响而降低的承载力,从而使桩顶荷载分布差异值减小。

（2）桩距为 $6d$ 时，实测各桩桩顶荷载差异较大。高承台中心桩只承受平均桩顶荷载的 $50\%\sim65\%$，低承台只承受 $40\%\sim55\%$，与弹性理论分析结果大体相近，但角、边桩实测值的差异较理论值小。说明在大桩距条件下基本不显示桩群、土相互作用对侧阻的增强效应，因而其桩顶荷载分布与弹性理论解接近；承台贴地（低承台）使各桩的荷载差异增大，这与弹性理论分析结果是一致的。

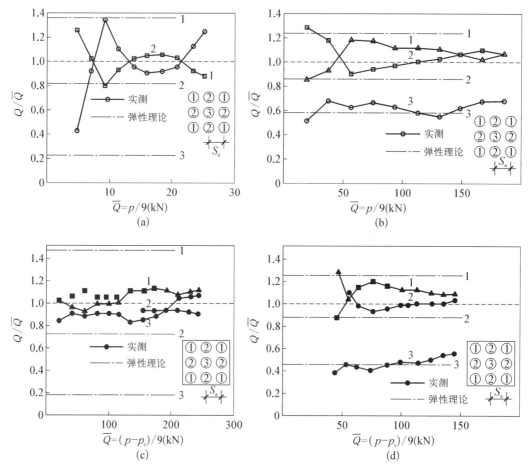

图 3-4 群桩桩顶荷载分配比 $Q/\bar{Q}$ 随桩距、荷载的变化及其与弹性理论解比较

(a) $S_a/d=3$ 高桩台；(b) $S_a/d=3$ 低桩台；(c) $S_a/d=6$ 高桩台；(d) $S_a/d=6$ 低桩台

（3）群桩在较小荷载下和达到极限荷载后，出现桩顶荷载的重分布。在达到极限荷载后，无论桩距大小和高、低承台，中心桩荷载都趋于增大，说明不同位置的基桩其侧阻力的发挥不是同步的，角桩由于桩、土间（桩与外围土）的相对位移比中心桩大，侧阻的发挥先于中心桩。因而出现随着荷载增大，中心桩分担的荷载增大，而角桩分担的荷载相对减小的现象。对于桩距为 $3d$ 的群桩则由于桩群、土相互作用的增强效应，最终出现中心桩荷载超过角、边桩的现象。

由上述试验结果可知，对于非密实的具有加工硬化特性的非密实粉土、砂土中的柱下独立群桩基础，在验算基桩承载力时，计算承台抗冲切、抗剪切、抗弯承载力时，可忽略桩顶荷载分布的不均，按传统的线性分布假定考虑。

3.1.4 群桩的桩顶反力分布特征

群桩侧阻力、端阻力和沉降因群桩效应而产生的变化综合反映于桩顶荷载的分配。刚性承台群桩的桩顶荷载分配的规律一般是中心桩最小,角桩最大,边桩次之,这同弹性理论法分析结果的总趋势是一致的,与实测及理论分析结果相符。以下因素会影响桩顶荷载的分配特性:

(1) 桩距的影响。当桩距超过常用桩距后,桩顶荷载分配差异随桩距增大而减小。

(2) 桩数的影响。桩数愈多,桩顶荷载差异愈大。

(3) 承台与上部结构综合刚度的影响。对于大面积桩筏、桩箱基础,桩顶荷载的差异随承台与上部结构综合刚度的增大而增大;对于绝对柔性的承台,桩顶荷载趋于均匀分配。

(4) 土性的影响。对于加工硬化型土,在常用桩距条件下,桩侧摩阻力在沉降过程中因桩土相互作用而提高,而中间桩桩侧摩阻力的增量大于角、边桩,因而可出现桩顶荷载分配趋向均匀的现象。

(5) 荷载水平。各桩反力与平均荷载的比值 P_{av} 并不是一成不变的,它随荷载的增大而发生变化。总体规律是荷载增大,各桩荷载趋于均匀分部。表现为边桩 P_e/P_{av} 基本不随沉降变化,而角桩和中心桩向边桩靠拢,即 P_c/P_{av} 逐渐减小,而 P_i/P_{av} 则不断增大。

3.1.5 群桩效应的评价

群桩承载力问题上的群桩效应可用群桩效应系数 η 表示,其群桩效率系数 η 可能小于 1 也可能大于 1,其表达式为

$$\eta = \frac{P_u}{n \cdot Q_u} \tag{3-1}$$

式中:P_u、Q_u——群桩和单桩的极限承载力;

n——群桩中的桩数。

η 值的变化与土性、桩距、桩长、承台和桩型有关,现在已有一些基于群桩中各桩侧阻力的叠加效应建立的群桩效率系数公式,但这些公式不能真正反映群桩效应问题,工程应用较少。

(1) 摩擦型桩的群桩效应系数。由摩擦桩组成的群桩,在竖向荷载作用下,其桩顶荷载的大部分通过桩侧阻力传递到桩侧和桩端土层中,其余部分由桩端承受。由于桩端的贯入变形和桩身的弹性压缩,对于低承台群桩,承台底也产生一定土反力,分担一部分荷载,因而使得承台底面土、桩间土、端阻土都参与工作,形成承台、桩、土相互影响共同作用,群桩的工作性状趋于复杂。桩群中任一基桩的工作性状明显不同于独立单桩,群桩承载力将不等于各单桩承载力之和,其群桩效应系数 η 可能小于 1 也可能大于 1,群桩沉降也明显地超过单桩。这些现象就是承台、桩、土相互作用的群桩效应所致。

(2) 端承型桩的群桩效应系数。端承桩为持力层很硬的短桩。由端承桩组成的群桩基础,通过承台分配于各桩桩顶的竖向荷载,大部分由桩身直接传递到桩端。由于桩侧阻力分

担的荷载份额较小,因此桩侧剪应力的相互影响和传递到桩端平面的应力重叠效应较小。加之,桩端持力层比较刚硬,桩的单独贯入变形较小,承台底土反力较小,承台底地基土分担荷载的作用可忽略不计。因此,端承桩群桩中基桩的性状与独立单桩相近,群桩相当于单桩的简单集合,桩与桩的相互作用、承台与土的相互作用,都小到可忽略不计。端承桩群桩的承载力可近似取为各单桩承载力值之和,即群桩效应系数 η 可近似取为 1。

$$\eta = \frac{P_u}{n \cdot Q_u} \approx 1$$

由于端承型群桩的桩端持力层刚度大,因此其沉降也不敢因桩端应力的重叠效应而显著增大,一般无需计算沉降。

当桩端硬持力层下存在软下卧层时,则需附加验算以下内容:单桩对软下卧层的冲剪;群桩对软下卧层的整体冲剪;群桩的沉降。

群桩效应沉降比 ζ 是指在每根桩承担相同荷载条件下,群桩沉降量 S_n 与单桩沉降量 S 之比,即

$$\zeta = \frac{S_n}{S} \tag{3-2}$$

群桩效应系数 η 和沉降比 ζ 的定量评价是一个复杂的问题,受到多种因素的影响。模型试验表明,它们主要取决于桩距和桩数,其次与土质和土层构造、桩径、桩的类型及排列方式等因素有关。就一般情况而言,在常规桩距($(3\sim4)d$)下,黏性土中群桩(桩数 $n \leqslant 9$)的群桩效应系数 η 和沉降比 ζ 并不是很大;但大群桩(桩数 $n > 9$)则不同,群桩效率随着桩数的增加而明显下降,且 $\eta < 1$,同时沉降比迅速增大,ζ 可以从 2 增大到 10 以上;砂土中的挤土群桩,有可能 $\eta > 1$;而沉降比则除了端承桩 $\zeta = 1$ 外,均为 $\zeta > 1$。

综上可知,在设计中,对于常规桩距下的小群桩,可不考虑群桩效应;但对于大群桩则不可忽视群桩效应问题,在满足承载力要求的同时,还必须验算群桩的沉降。

3.2   群桩的承载力计算

3.2.1   群桩竖向承载力计算

考虑群桩、土和承台的相互作用效应的桩基称为复合桩基,以区别于不考虑承台作用的桩基础;复合桩基竖向承载力标准值可表达为

$$Q_k = \eta_s Q_{sk} + \eta_p Q_{pk} + \eta_c Q_c \tag{3-3}$$

当单桩极限承载力标准值根据静载试验确定时,其复合桩基的竖向承载力标准值表达式则简化为

$$Q_k = \eta_{sp} Q_{uk} + \eta_c Q_{ck} \tag{3-4}$$

$$Q_{ck} = \frac{q_{ck}A_c}{n} \tag{3-5}$$

如不考虑承台底土阻力的作用,则桩基的竖向承载力标准值表达式为

$$Q_k = \eta_s Q_{sk} + \eta_p Q_{pk} \tag{3-6}$$

同理,由静载试验确定的单桩承载力标准值时,桩基的竖向承载力标准值表达式为

$$Q_k = \eta_{sp} Q_{uk} \tag{3-7}$$

式中：Q_{sk}、Q_{pk}——分别为单桩总极限侧阻力和总极限端阻力标准值(kN);

Q_{ck}——承台底地基土总极限阻力标准值(kN);

q_{ck}——承台底 1/2 承台宽度的深度范围($\leqslant 5$)内地基土极限阻力标准值(kPa);

A_c——承台底面扣除桩的面积以后的净面积(m^2);

Q_{uk}——单桩竖向极限承载力标准值(kN);

η_s——桩侧阻群桩效应系数;

η_p——桩端阻群桩效应系数;

η_{sp}——桩侧阻端阻综合群桩效应系数;

η_c——承台底土阻力群桩效应系数。

对于桩距不超过 $6d$ 的群桩基础,桩端持力层下存在承载力低于桩端持力层承载力 1/3 的软弱下卧层时,可按下列公式验算软弱下卧层的承载力：

$$\sigma_z + \gamma_m z \leqslant f_{az}$$

$$\sigma_z = \frac{(F_k + G_k) - 3/2(A_0 + B_0) \cdot \sum q_{sik} l_i}{(A_0 + 2t \cdot \mathrm{tg}\,\theta)(B_0 + 2t \cdot \mathrm{tg}\,\theta)} \tag{3-8}$$

式中：σ_z——作用于软弱下卧层顶面的附加应力;

γ_m——软弱层顶面以上各土层重度(地下水位以下取浮重度)的厚度加权平均值;

t——硬持力层厚度;

f_{az}——软弱下卧层经深度 z 修正的地基承载力特征值;

A_0、B_0——桩群外缘矩形底面的长、短边边长;

q_{sik}——桩周第 i 层土的极限侧阻力标准值,无当地经验时,可根据成桩工艺按本规范取值;

θ——桩端硬持力层压力扩散角,按表 3-2 取值。

表 3-2　桩端硬持力层压力扩散角 θ

E_{s1}/E_{s2}	$t = 0.25B_0$	$t \geqslant 0.50B_0$
1	4°	12°
3	6°	23°
5	10°	25°
10	20°	30°

注：① E_{s1}、E_{s2} 为硬持力层、软弱下卧层的压缩模量;

② 当 $t < 0.25B_0$ 时,取 $\theta = 0°$,必要时,可通过试验确定;当 $0.25B_0 < t < 0.50B_0$ 时,可内插取值。

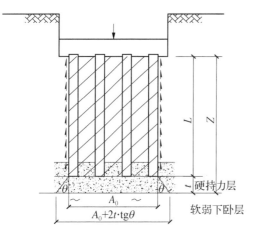

图 3-5　软弱下卧层承载力验算

3.2.2　竖向承载力特征值

（1）对于符合下列条件之一的摩擦型桩基，宜考虑承台效应确定其复合基桩的竖向承载力特征值：

①上部结构整体刚度较好、体型简单的建（构）筑物；

②对差异沉降适应性较强的排架结构和柔性构筑物；

③按变刚度调平原则设计的桩基刚度相对弱化区；

④软土地基的减沉复合疏桩基础。

（2）考虑承台效应的复合基桩竖向承载力特征值可按下列公式确定：

不考虑地震作用时：
$$R = R_a + \eta_c f_{ak} A_c \tag{3-9}$$

考虑地震作用时：
$$R = R_a + \frac{\xi_a}{1.25} \eta_c f_{ak} A_c \tag{3-10}$$

$$A_c = (A - n A_{ps})/n \tag{3-11}$$

式中：η_c——承台效应系数，可按表 3-3 取值；

f_{ak}——承台下 1/2 承台宽度且不超过 5 m 深度范围内各层土的地基承载力特征值，按厚度加权的平均值；

A_c——计算基桩所对应的承台底净面积；

A_{ps}——为桩身截面面积；

A——为承台计算域面积。对于柱下独立桩基，A 为承台总面积；对于桩筏基础，A 为柱、墙筏板的 1/2 跨距和悬臂边 2.5 倍筏板厚度所围成的面积；桩集中布置于单片墙下的桩筏基础，取墙两边各 1/2 跨距围成的面积，按条基计算 η_c；

ζ_a——地基抗震承载力调整系数，应按现行国家标准《建筑抗震设计规范》（GB50011）采用。

表 3-3　承台效应系数 η_c

B_c/l ＼ s_a/d	3	4	5	6	＞6
≤0.4	0.06～0.08	0.14～0.17	0.22～0.26	0.32～0.38	
0.4～0.8	0.08～0.10	0.17～0.20	0.26～0.30	0.38～0.44	0.50～0.80
＞0.8	0.10～0.12	0.20～0.22	0.30～0.34	0.44～0.50	
单排桩条形承台	0.15～0.18	0.25～0.30	0.38～0.45	0.50～0.60	

注：①表中 s_a/d 为桩中心距与桩径之比；B_c/l 为承台宽度与桩长之比。当计算基桩为非正方形排列时，$s_a = \sqrt{A/n}$，A 为承台计算域面积，n 为总桩数；

②对于桩布置于墙下的箱、筏承台，η_c 可按单排桩条基取值；

③对于单排桩条形承台，当承台宽度小于 1.5d 时，η_c 按非条形承台取值；

④对于采用后注浆灌注桩的承台，η_c 宜取低值；

⑤对于饱和黏性土中的挤土桩基、软土地基上的桩基承台，η_c 宜取低值的 0.8 倍。

当承台底为可液化土、湿陷性土、高灵敏度软土、欠固结土、新填土时,沉桩引起超孔隙水压力和土体隆起时,不考虑承台效应,取 $\eta_c = 0$。

（3）承台效应系数。承台的荷载分担比及桩顶反力的分布,理论上可根据承台下桩土的位移协调条件,通过承台-桩群-土的共同作用分析得到。但由于影响因素众多,计算分析复杂,且仍有局限性。目前关于承台效应的考虑,主要采用根据实测结果总结的经验法。

实测结果表明,承台外土反力受桩基拖带影响较小,受承台刚度影响较大、外区应力集中现象较明显,外区承台效应系数明显比内区大。《建筑桩基技术规范》(JGJ94—2008)因此推荐,实际承台效应系数可根据内外区面积加权平均确定,即

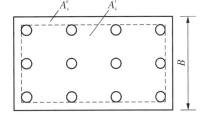

图 3-6　承台内、外区的净面积

$$\eta_c = \eta_c^i \frac{A_c^i}{A_c} + \eta_c^e \frac{A_c^e}{A_c} \qquad (3-12)$$

式中：A_c^i、A_c^e——承台内（外围桩边包络区）、外区的净面积,如图 3-6 所示。

A_c——承台总面积；

η_c^i、η_c^e——承台内、外区土阻力群桩效应系数,如表 3-4 所示。

表 3-4　承台内、外区土阻力群桩效应系数

B_c/l ＼ S_a/d	η_c^i				η_c^e			
	3	4	5	6	3	4	5	6
≤0.20	0.11	0.14	0.18	0.21				
0.40	0.15	0.20	0.25	0.30				
0.60	0.19	0.25	0.31	0.37	0.63	0.75	0.88	1.00
0.80	0.21	0.29	0.36	0.43				
≥1.00	0.24	0.32	0.40	0.48				

3.2.3　群桩效应中的桩土承台的共同作用

群桩基础受竖向荷载后,承台、桩群、土形成一个相互作用、共同工作的体系,其变形和承载力,均受相互作用的影响和制约。

1）承台底土阻力发挥的条件

在端承桩的条件下,由于桩和桩端土层的刚度远大于桩间土的刚度,不可能发挥承台底土的承载作用；对于摩擦桩,一般情况下可以考虑承台底上的作用,但如桩间土是软土、回填土、湿陷性黄土、液化土等,则桩间土可能固结下沉而使承台与土之间脱开,就不能传递荷载。此外,由于降低地下水位、动力荷载作用、挤土桩施工引起土面的抬高等因素也都会使桩基施工以后桩间土压缩固结,承台底面和土体脱开,不能传递荷载,因而在设计时不能考虑承台底的土阻力。

承台底土阻力的发挥值与桩距、桩长、承台宽度、桩的排列、承台内外区面积比等因素有关,承台底土阻力群桩效应系数可按下式计算：

$$\eta_c = \eta_c^i \frac{A_c^i}{A_c} + \eta_c^e \frac{A_c^e}{A_c} \qquad (3-13)$$

2）承台土反力的分布特征

图 3-7 为非饱和粉土中柱下独立桩基不同桩距承台土反力分布图。从中可以看出：

（1）承台土反力分布的总体图式特征是承台外缘大、桩群内部小，呈马鞍形或抛物线形。

（2）土反力分布图式不随荷载增加而明显变化，桩群内部（内区）土反力总的来说比较均匀。

（3）承台内土反力随桩距增大而增大，外区土反力受桩距影响相对较小；承台内、外区土反力的差异随桩距增大而增大。由表 3-5 看出，当桩距由 $2d$ 增至 $6d$ 时，外、内区平均土反力比 $\bar{\sigma}_c^e / \bar{\sigma}_c^i$ 在 1/2 极限荷载下由 9.8 降至 1.7；在极限荷载下由 8.1 降至 1.5。承台外、内区分担荷载比 p_c^e / p_c^i 随桩距增大而明显减小，在 1/2 极限荷载下由 13.5 降至 0.60。这是由于 $\bar{\sigma}_c^e / \bar{\sigma}_c^i$、$A_c^e / A_c^i$ 均随桩距增大而减小所致。

表 3-5　不同桩距群桩（$L=18d$，$n=3 \times 3$）承台外、内区土反力

桩距 S_a	2d		3d		4d		6d	
荷载 p / kN	$p_c/2$	p_d	$p_u/2$	p_u	$p_a/2$	p_u	$p_u/2$	p_u
	1 010	2 020	1 280	2 560	1 245	2 490	1 875	3 750
外区 $\bar{\sigma}_c^{ex}$ MPa	0.148	0.298	0.082	0.173	0.088	0.182	0.111	0.225
内区 $\bar{\sigma}_c^{in}$ MPa	0.015	0.037	0.011	0.037	0.019	0.055	0.064	0.147
$\bar{\sigma}_c^{ex} / \bar{\sigma}_c^{in}$	9.8	8.1	7.5	4.7	4.6	3.3	1.7	1.5
A_c^{ex} / A_c^{in}	1.34		0.76		0.54		0.35	
p_c^{ex} / p_c^{in}	13.5	11.2	5.93	3.71	2.03	1.78	0.60	0.53

3.2.4　复合桩基应用

（1）应保持桩间土能始终与承台协同工作，不因外界条件的变化出现与承台脱空现象，故按复合桩基设计应排除以下特殊情况：液化土、湿陷性土、高灵敏度软土、欠固结土、非密实新填土、沉桩引起超孔隙水压力出现土体隆起等情况。

（2）桩与承台共同分担荷载是一种客观现象，按复合桩基进行设计，将承台效应计入复合基桩承载力中，势必导致基桩分担的荷载水平高于按常规不计承台效应的设计，相应的沉降有所加大。因此，对复合桩基的应用范围作出如下规定：

① 上部结构整体刚度较好、体型简单的建筑物，如剪力墙结构、筒仓、烟囱、水塔等。这类建筑不仅整体性强而且刚度很好，上部结构与桩基协同工作能力强，能够确保建筑物正常使用功能。

② 对差异沉降适应性较强的排架结构和柔性构筑物，如单层排架厂房、钢制油罐等。这类建筑由于差异沉降引起的次内力比高次超静定的混凝土框架结构要小，适应能力较强。

③ 对于框—筒、框牛剪结构，按变刚度调平原则设计，对于荷载集度较小的外框架区，

为弱化其支承刚度增沉以实现减小差异沉降的目标,采用复合桩基是一种优化措施。

④ 对于软土地基减沉复合疏桩基础。软土地基多层建筑在承载力满足要求的情况下,设置疏桩利用承台与桩共同分担荷载以减小建筑物沉降。这种复合桩基较不计承台效应的常规桩基沉降要大,但较天然地基沉降要小得多,基桩荷载水平虽然比常规桩基中基桩高,但就桩基的整体承载力安全度而言要高于天然地基。

从上述应用复合桩基的 4 种情况可以看出,前两种情况主要着眼于节约资源、降低造价,后两种情况,主要着眼于优化设计,改善建筑物的正常使用功能,并可收到节约资源的辅助效益。

3.3　群桩效应系数法

3.3.1　群桩效应系数

由离心模型试验结果分析群桩的效应系数有以下几个特点:

(1) 不同桩距低承台群桩的荷载—沉降曲线线型相近,且无明显破坏特征点,$Q\text{-}s$ 表现为渐进破坏模式。这主要是由于随着沉降的增加,承台底分担的荷载比例越来越大,加之承台-桩群-土的相互作用导致侧阻、端阻的发挥滞后所致。

(2) 群桩极限承载力随桩距的增大而增大,不过加载前期承载力增大效果并不明显。这主要是因为桩基在加荷初期,荷载主要由桩的上部侧阻所承担,桩与桩之间的侧阻相互影响较小。随着荷载的增加,桩侧阻不断往 F 发展,侧阻所引起的应力叠加会越来越明显,其中桩距越小的群桩,应力叠加越严重,桩周土体变形越大,其相应的极限承载力也就越小。

(3) 由于群桩没有明显的陡降点,故按规范取桩顶沉降为 60 mm 时的荷载为极限荷载。根据上述方法确定的群桩极限承载力及对应的沉降列于表 3-6。

表 3-6　4 桩承台中不同桩距群桩极限承载力

群桩桩距	2 倍桩径	3 倍桩径	4 倍桩径	5 倍桩径
桩径/mm	1 400	1 400	1 400	1 400
桩长/m	70	70	70	70
群桩桩距	2 倍桩径	3 倍桩径	4 倍桩径	5 倍桩径
极限承载力/MN	26.1	27.7	28.6	30.8
沉降/mm	60	60	60	60

群桩极限承载力随桩距的增大而增大,群桩效应系数也随着桩距的增加而增大。

(4) 由于试验时单桩试验和群桩试验的地基土一致,故可取与群桩相同桩径、桩长的有泥皮单桩与之相比较,则各桩基的群桩效应如表 3-7 所示。

表 3 - 7　4桩承台中不同桩距群桩效应系数

群 桩 类 型	桩间距 2D 的群桩	桩间距 3D 的群桩	桩间距 4D 的群桩	桩间距 5D 的群桩
群桩极限承载力/MN	26.1	27.7	28.6	30.8
单桩极限承载力/MN	7.446	7.446	7.446	7.446
群桩效应系数 η	0.88	0.93	0.96	1.03

由表 3 - 7 可知,对于处于软土地基中的低承台钻孔群桩,桩间距为 2D 时的群桩效应系数 η 为 0.88,桩间距为 3D 时的群桩效应系数 η 为 0.93,桩间距为 4D 时的群桩效应系数 η 为 0.96,桩间距为 5D 时的群桩效应系数 η 为 1.03。

试验表明,摩擦型桩群桩效应系数为 0.88～1.03,与刘金踢(1991 年)试验结果基本一致。同时随着桩间距的增大,群桩效应系数不断增大,因此在实际设计过程中,适当地增大桩间距能使得群桩的承载力得以充分的发挥。

3.3.2　以单桩极限承载力为参数的群桩效应系数法

以单桩极限承载力为已知参数,根据群桩效应系数计算群桩极限承载力,是一种沿用很久的传统简单方法。

《建筑地基基础设计规范》(GB50007—2002)中规定,单桩竖向承载力特征值 R_a 为

$$R_a = \frac{1}{k} Q_{uk} \qquad (3-14)$$

式中：Q_{uk}——单桩竖向极限承载力标准值；

k——安全系数,取 $k=2$。

对于端承桩基、柱数少于 4 根的摩擦型桩基和由于地层土性、使用条件等因素不宜考虑承台效应时,基桩竖向承载力特征值取单桩竖向承载力特征值,$R = R_a$。

对于符合下列条件之一的摩擦型桩基,宜考虑承台效应确定其复合基桩的竖向承载力特征值。

(1) 上部结构整体刚度较好、体型简单的建(构)筑物(如独立剪力墙结构、钢筋混凝土筒仓等)。

(2) 差异变形适应性较强的排架结构和柔性构筑物。

(3) 按变刚度调平原则设计的桩基刚度相对弱化区。

(4) 软土地区的减沉复合疏桩基础。

考虑承台效应的复合基桩竖向承载力特征值为

$$R = R_a + \eta_c f_{ak} A_c \qquad (3-15)$$

式中：η_c——承台效应系数,可按表 3 - 8 取值;当计算基桩为非正方形排列时,$S_a = \sqrt{\dfrac{A}{n}}$,

A 为计算域承台面积,n 为总桩数；

f_{ak}——基底地基承载力特征值(1/2 承台宽度且不超过 5 m 深度范围内的加权平均值)；

A_c——计算基桩所对应的承台底净面积，$A_c = (A - nA_p)/n$，A 为承台计算域面积；A_p 为桩截面面积；对于柱下独立桩基，A 为全承台面积；对于桩筏基础，A 为柱、墙筏板的 1/2 跨距和悬臂边 2.5 倍筏板厚度所围成的面积；桩集中布置于墙下的桩筏基础，取墙两边各 1/2 跨距围成的面积，按条基计算 η_c。

当承台底为可液化土、湿陷性土、高灵敏度软土、欠固结土、新填土时，沉桩引起超孔隙水压力和土体隆起时，不考虑承台效应，取 $\eta_c = 0$。

表 3-8　承台效应系数 η_c

B_c/l ＼ S_a/d	3	4	5	6	>6
≤0.4	0.12～0.14	0.18～0.21	0.25～0.29	0.32～0.38	
0.4～0.8	0.14～0.16	0.21～0.24	0.29～0.33	0.38～0.44	0.60～0.80
>0.8	0.16～0.18	0.24～0.26	0.33～0.37	0.44～0.50	
单排桩条基	0.40	0.50	0.60	0.70	0.80

注：表中 S_a/d 为桩中心距与桩径之比；B_c/l 为承台宽度与有效桩长之比。对于桩布置于墙下的箱、筏承台，η_c 可按单排桩条基取值。

3.3.3　不同条件下群桩承载力的群桩效应

1）软土中群桩效应

图 3-7 为软土钻孔群桩试验的荷载-沉降关系，按 $S = 25$ mm 确定的群桩极限承载力如表 3-9 所示。

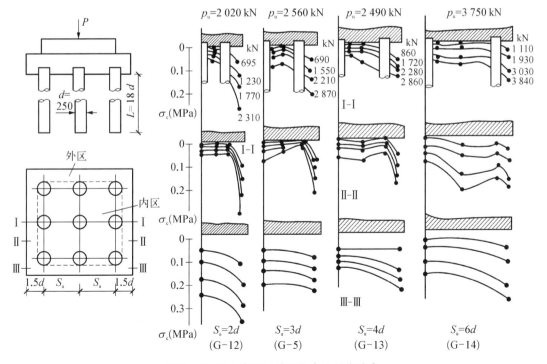

图 3-7　粉土中不同桩距承台土反力分布

表 3-9 软土中群桩效应

编　号	距径比 S_a/d	桩数 n	承台设置方式	荷载偏心距 c	极限承载力 $P_u/Q_u/\text{kN}$	群桩效率 η
G-1	3	4×4	低	0	410/26.5	0.97
G-2	4	4×4	低	0	509/29.4	1.08
G-4	6	4×4	低	0	641/25.4	1.36
G-6	6	3×3	低	0	447/32.4	1.54
G-17	4	4×4	低	$B_c/12$	526/29.4	1.12
G-9	4	4×4	低	0	533/29.4	1.13
G-2B	4	4×4	低	$B_c/6$	440/29.4	0.94
G-9B	4	4×4	高	0	490/29.4	1.04
G-10S	3	2×4	低	0	225/29.4	0.96
G-10N	3	2×4	低	0	235/29.4	1.0

注：表中 B_c 为承台宽度；Q_u、P_u 为单、群桩极限承载力。

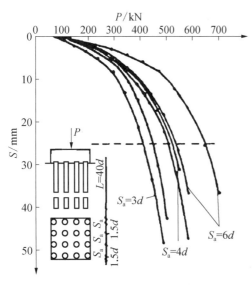

图 3-8　软土中不同桩距低承台群桩荷载与沉降关系

由表可见，软土中桩距(3～4)d钻孔群桩的效应 η 接近或略大于 1，高低承台差别不大，说明承台分担荷载很小；其次对于荷载偏心不大的群桩，其 η 值和沉降与中心荷载接近。对于 $6d$ 的群桩，其 η 值比常规桩距高 35%～50%。这说明对于软土地基，只有在桩距不小于 $6d$ 条件下才有考虑承台分担荷载的实际意义。

2）粉土中的群桩效应

图 3-8 为粉土中 $d=250$ mm，桩距 $3d$ 桩长 $18d$ 的钻孔群桩效应与桩数的关系。其群桩极限承载力按沉降量 30 mm 确定。可以看出，η 随桩数增加而有所减小，这主要是沉降随桩数增多而增大所致。方形排列高于矩形排列。

表 3-10 所示为桩侧为粉质黏土($f_k=1\,600$ kPa)、桩端为砂砾层(厚 0.65 m)粉土层中 $d=150$ mm、$L=1.65$ m，承台尺寸相同(2.55 m×2.55 m)的不同桩距模型试验的群桩效应 η，其中分常规钻孔桩和桩端后注浆两类。

表 3-10　黏性土—砂砾层中的群桩效应

类　型	编　号	桩　数	距径比 S_a/d	单桩 Q_u/kN	群桩 P_u/S_u /(kN/mm)	群桩效应 η
常规钻孔桩	G6	6×6	3	60	2 350/40	1.09
	G5	5×5	3.75	60	2 250/40	1.50
	G4	4×4	5	60	1 850/40	1.92

（续表）

类　型	编　号	桩　数	距径比 S_a/d	单桩 Q_u/kN	群桩 P_u/S_u /(kN/mm)	群桩效应 η
桩端后注浆	G5	5×5	3.75	100	3 000/40	1.20
	G4	4×4	5	120	2 800/40	1.46
	G3	3×3	7.5	120	1 650/40	1.53
	G′3	3×3	7.5	80	950/40	1.32

注：G3~G6 桩端持力层为 0.65 m 厚砂砾层，G′3 为粉土。

表 3-10 表明，η 随桩距增大迅速提高，说明在桩间土承载力较高、桩距较大条件下承台荷载分担比较高。对于桩端后注浆由于单桩承载力显著增大，且承台土反力因桩土整体性增强而降低，η 值相应减小。此外，桩持力层为粉土的 η 值低于砂砾层的，这是由于其端阻的群桩增强效应相对于砂砾低。

3）粗粒土中的挤土群桩

图 3-9 为 Vesic(1969 年)给出的粗粒土中打入式群桩效应与桩距的关系。从中可以看出，由于挤土效应和桩土相互作用的增强效应，侧阻效应高达 1.75~3.2。而端阻效应则由于挤土上涌而降至 1 左右，总群桩效率为 1.2~1.75，峰值出现于常规桩距(3~4)d。

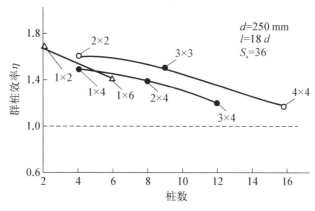

图 3-9　粉土中群桩效应与桩数的关系

3.3.4　关于群桩效应的研究

1）扩底抗拔桩桩端阻力的群桩效应研究

通过颗粒流数值模拟，从桩端阻力随上拔位移的发展与桩端周围土体颗粒位移表现等角度，研究了扩底抗拔桩端阻力的群桩效应问题，比较了单桩(墩)与群桩(墩)的抗拔性状以及不同墩距下中心墩与边墩阻力随上拔位移发展的情况(见图 3-10)。研究表明，在归一化上拔量 $s/D<0.1$ 时，单桩(墩)与群桩(墩)的上拔特性无明显差别；此后，随着上拔位移的发展，单桩(墩)的上拔端阻力要大于群桩中的桩(墩)的端阻力，桩(墩)周围土体颗粒的相互影响开始显现。在归一化上拔量 $s/D<0.5$ 的情况下，群桩(墩)中心桩(墩)的端阻力要略大于边桩(墩)。在归一化上拔量 $s/D>0.5$ 的情况下，群桩中边桩的桩端阻力较中心桩的大，而群墩中边墩的墩端阻力较中心墩的小，体现了桩身侧限对抗拔桩群中端阻力发挥的影响。

随着墩距的增大,在较大的位移量后群墩才与单墩的受力有显著差别。

2) 超长大直径钻孔灌注桩群桩效应系数研究

超长大直径钻孔灌注桩群桩效应系数在同一地基条件下桩距 S_a 的改变对应不同桩长、桩数和桩径时求出的群桩效应系数如图 3-11 所示。

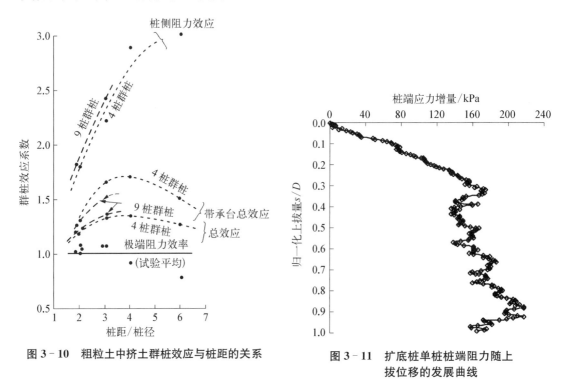

图 3-10 粗粒土中挤土群桩效应与桩距的关系

图 3-11 扩底桩单桩桩端阻力随上拔位移的发展曲线

（1）随着桩距的增加,无论桩的长短、桩数的多少、桩径的大小,群桩效应系数都是增加的,只不过增加的快慢不同而已。

（2）如图 3-11 所示,对于基桩桩径 $d=2.5$ m 的群桩基础,当桩长 $L=30.0$ m 时,桩距约为 $5.0d=10$ m 时,群桩效应系数达到 1.0,即桩距约为 $5.0d$ 可以不考虑群桩效应;而 $L=75.0$ m 时,桩距约为 $10.0d=25.0$ m 时,群桩效应系数才达到 1.0,说明超桩长桩要在桩径大于 $10.0d$ 才能不计群桩效应。

（3）如图 3-12 所示,对于大直径桩而言,在桩长相同时,随着桩距的增加,桩数对群桩效应系数的增量影响不敏感;换言之,在保持桩距不变时（即在同一横坐标下）,桩长相等的大直径群桩,桩数的变化基本不引起群桩效应系数的变化。

（4）无论桩的长短,对于小直径 $d=0.6$ m 的群桩基础而言,随着桩距的增加,在 $6.0d$ 的

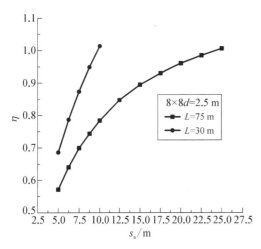

图 3-12 桩距对不同桩长群桩效应系数的影响

范围内,即桩距 $S_a=0\sim3.0$ m 群桩效应系数增长速度最快;而对于大直径 $d=2.5$ m 的群桩基础而言,随着桩距的增加,群桩效应系数增长速度相对而言比较均匀。

（5）在桩长相同时,无论桩径的大小,群桩效应系数达到 1.0 时的桩距几乎相等。

（6）对于大直径群桩基础而言,桩长越短,群桩效应系数达到 1.0 时所需要的桩距就越小。

3）超长钻孔灌注桩群桩效应系数研究

桩数的增加、桩间距的减小、桩长的增加以及桩径的增大都使得群桩效应系数减小,但它们各自影响的程度不一样,当桩数超过 10×10 后,桩数的变化对群桩效应系数的影响非常微小;对于超长桩,一般要求桩间距达到 $10d$ 左右可不计群桩效应的影响;桩长 $L<50d$ 时,衰减较快,当桩长 $L>50d$ 时,衰减较慢。

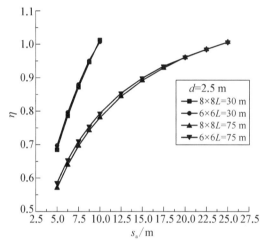

图 3‑13　桩距对不同桩数群桩效应系数的影响

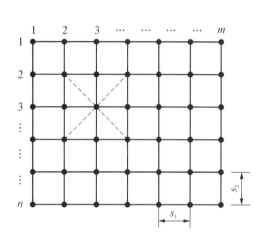

图 3‑14　m×n 群桩

由图 3‑14 可以看出,随着桩长的增加,工况所列各组群桩的群桩效应系数逐渐减小,当桩长 $L<50d$ 时,衰减较快;当桩长 $L>50d$ 时,衰减非常缓慢。

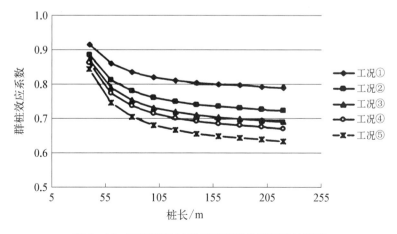

图 3‑15　不同桩数时桩长对群桩效应系数的影响

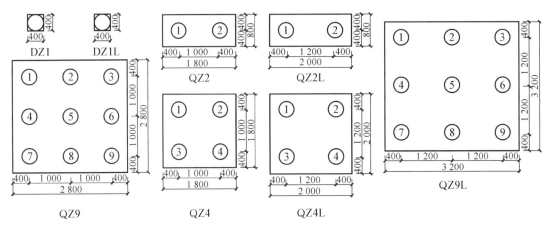

图 3 - 16　试验单桩、群桩平面布置图

表 3 - 11　试验群桩实测与理论群桩效应系数比较

群桩编号	QZ2	QZ4	QZ9	QZ2L	QZ4L	QZ9L
实测群桩效应系数	1.022 3	0.741 1	0.707 6	0.974 0	0.818 2	0.727 3
理论群桩效应系数	0.904 2	0.781 9	0.713 4	0.921 1	0.816 7	0.755 9
误　　差	−11.56%	5.5%	0.82%	−5.43%	−0.18%	3.94%

4）静压 PHC 管桩群桩效应的数值模拟分析

利用现场试验所得数据与 ABAQUS 数值模拟数据进行比较，验证网格尺寸和网格类型等参数，建立不同几何参数的 PHC 桩（预应力高强度混凝土管桩）群桩模型并计算分析。结果发现，在一定范围内，群桩效应比较明显，随着桩间距的增大，群桩承载力逐渐提高，但增长幅度不断变小，超过临界桩间距后群桩效应表现微弱；而对于不同桩长条件下，群桩承载力也是随着桩长的增加而非线性地增大，最终也趋于定值。

表 3 - 12　试验场地工程地质条件

层　　名	h/m	$w/(\%)$	$\gamma/(kN/m^3)$	e	$\varphi/(°)$	c/kPa	q_{s2}/kPa	q_{pa}/kPa
①层耕植土	0.5~1.2	—	—	—	—	—	—	—
②层粉质黏土	0.7~4.0	25.5	18.8	0.817	14.9	15.8	31.0	—
③层有机质土	1.1~4.8	36.5	16.9	1.301	7.5	27.4	13.5	—
④层粉质黏土	2.0~11.1	29.3	18.7	0.877	10.0	16.6	20.0	—
⑤层粉质黏土	1.2~9.0	25.5	19.0	0.792	13.0	15.2	31.0	1 100
⑥层中粗砂	1.2~6.8	—	—	—	32.2	—	33.4	3 800
⑥-1层中粗砂	局部	—	—	—	29.8	—	32.5	3 800
⑦层粉质黏土	未穿透	23.1	19.6	0.706	14.9	16.7	—	1 300

表 3 - 13　试验管桩参数

试验桩号	外径/mm	壁厚/mm	桩身混凝土强度等级	入土桩长/m	配桩方式（上节+下节）	施工终压力/kN	试验的间歇时间/d
试桩1	400	95	C80	17.8	8+10	3 000	15

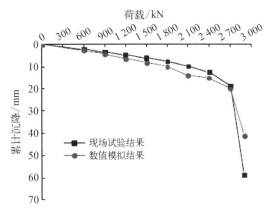

图 3-17 ABAQUS 模拟与现场试验 Q-s 曲线

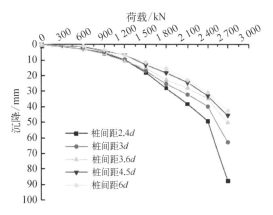

图 3-18 不同桩间距条件下群桩 Q-s 曲线

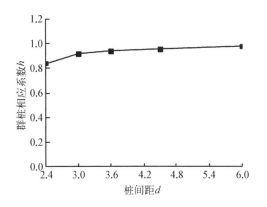

图 3-19 群桩效应系数随桩间距变化曲线

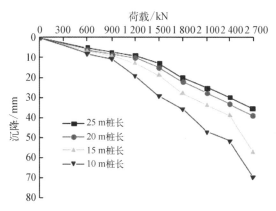

图 3-20 不同桩长条件下群桩 Q-s 曲线

结论：

（1）与单桩的刺入性破坏不同,群桩基础呈现缓变形的整体破坏,但相同荷载下,群桩的沉降大于单桩且不同桩间距群桩在相同荷载下沉降差别在加载中后期比较明显。

（2）随着桩间距的增大,群桩极限承载力和群桩效应系数不断增大,但是增长的趋势逐渐变小,最后承载力趋近单桩承载力极限值,群桩效应系数趋近于 1。

（3）通过对本次建立模型的计算,$4.5d$ 可以认为是临界桩间距值,即超过 $4.5d$ 之后,群桩效应表现微弱,对于沉降控制不敏感的建筑可以忽略不计。

（4）群桩承载力随桩长的增加有增大的趋势,但是增长的幅度越来越缓,可以发现,PHC 桩群桩中也存在着有效桩长这一现象。

3.4 群桩效应的基桩下拉荷载对桩基承载力影响

3.4.1 下拉荷载的计算

考虑群桩效应的基桩下拉荷载为

$$Q_g^n = \eta_n \cdot u \sum_{i=1}^{n} q_{si}^n l_i \qquad (3-16)$$

$$\eta_n = s_{ar} \cdot s_{ay} / \left[\pi d \left(\frac{q_s^n}{\gamma_m} + \frac{d}{4} \right) \right] \qquad (3-17)$$

式中：n——中性点以上土层数；

l_i——中性点以上第 i 土层的厚度；

η_n——负摩阻力群桩效应系数；

s_{ar}、s_{ay}——分别为纵横向桩的中心距；

q_s^n——中性点以上桩周土层厚度加权平均负摩阻力标准值；

γ_m——中性点以上桩周土层厚度加权平均重度（地下水位以下取浮重度）。

对于单桩基础或按式（4-1）计算的群桩效应系数 $\eta_n > 1$ 时，取 $\eta_n = 1$。

中性点深度 l_n 应按桩周土层沉降与桩沉降相等的条件计算确定，可参照表 3-14 确定。

表 3-14　中性点深度 l_n

持力层性质	黏性土、粉土	中密以上砂	砾石、卵石	基　岩
中性点深度比 l_n/l_0	0.5～0.6	0.7～0.8	0.9	1.0

注：① l_n、l_0——分别为自桩顶算起的中性点深度和桩周软弱土层下限深度；

② 桩穿过自重湿陷性黄土层时，l_n 可按表列值增大 10%（持力层为基岩除外）；

③ 当桩周土层固结与桩基固结沉降同时完成时，取 $l_n = 0$；

④ 当桩周土层计算沉降量小于 20 mm 时，l_n 应按表列值乘以 0.4～0.8 折减。

3.4.2　消减下拉荷载的措施

当求得作用于桩的下拉荷载过大，不能满足实际要求时，可选用下列消减下拉荷载的措施。

（1）电渗法。在相邻两根桩中，以一根为阴极，以另一根为阳极，通以直流电，使土中水流向阴极的桩，从而降低该桩的负摩阻力。但此法只适用于钢桩，且费用比较贵。

（2）扩大端桩以减少桩身摩阻力。但此法将正、负摩阻力都降低，只适用于端承桩。

（3）套管法。在桩的中性点以上部分涂以薄层涂料，以降低负摩阻力，常用沥青涂层，价格便宜，效果比较好。

影响沥青涂层降低负摩阻力功效的因素有：

（1）桩型、桩长、桩截面和埋设方法。

（2）所用沥青的种类、涂敷方法及涂层厚度。

（3）地基上的性质、地下水位、地湿条件。

为了保证涂层的质量，对于预制桩涂层的沥青应具有如下性能：

（1）涂抹时，沥青要在高温下成为一种稀薄的便于涂敷的流体。

（2）存放时，沥青在现场温度下成为一种流动很慢的黏性体。

（3）打桩时，沥青在现场温度下，受短暂荷载作用下，其性能近似于弹性体。

（4）桩埋入地下后，在地湿和长期荷载作用下，具有低黏滞性。

实例

下拉荷载 $F_n(t)$ 与时间 t 呈双曲线关系，如图 1(a)所示。

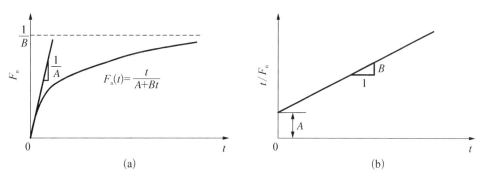

图 1　下拉荷载与时间的关系

现假定中性点的位置不变，将下拉荷载 F_n 与时间 t 的关系表示为双曲线形式：

$$F_n(t) = \frac{t}{A + Bt}$$

式中：A、B——待定参数；

t——时间。

实例中的下拉荷载随时间的变化曲线，可分为两阶段。第一阶段为下拉荷载快速增长阶段，在该阶段内负摩擦力随相对位移增长而增长，因此，下拉荷载的增长速度较快；第二阶段的桩-土相对位移已使负摩擦力达极限状态，相对位移继续增长已不起作用，桩周土体的固结作用会使负摩擦力进一步提高，但这一过程较为缓慢，因此，在第二阶段下拉荷载随时间的增长缓慢，且呈递减趋势。

利用表 1 所示的关系式求到的计算曲线与实测曲线进行对比如图 2 所示。

表 1　下拉荷载与时间的关系汇总表

资 料 来 源	负摩擦力诱因	时间/ 下拉荷载	$F_n(t) = \dfrac{t}{A + Bt}$	备 注
文献[4] Endo, Minou, Kawasaki, Shibata (1969 年,日本)	下层抽水引起黏土层的固结沉降	月/kN	$F_n(t) = \dfrac{t}{0.000\,9 + 0.000\,3t}$	
文献[6] Bozozuk M. (1972 年,加拿大)	高填筑引起孔隙水压力自上而下消散	年/kN	$F_n(t) = \dfrac{t}{0.000\,4 + 0.000\,7t}$	
文献[9] Phanvan P. Buensuceso B. R. 等 (1990 年,泰国)	打桩引起的超孔隙水压力消散及填土超载引起负摩擦力	天/kN	$F_n(t) = \dfrac{t}{0.147\,3 + 0.002\,8t}$ $F_n(t) = \dfrac{t}{0.248\,7 + 0.007\,5t}$	T1 普通桩 T2 沥青涂层桩

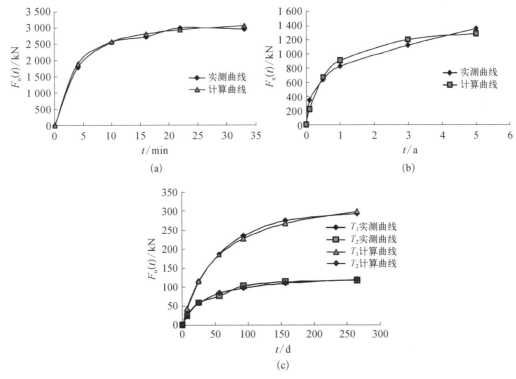

(a)　　　　　　　　　　　　　(b)

(c)

图 2　$F_n(t)$-t 关系计算曲线与实测曲线的对比

(a) 日本实例；(b) 加拿大实例；(c) 泰国实例

结论：① 桩上负摩擦力的发展可分为两个阶段，在第一阶段，负摩擦力受桩土相对位移控制，负摩擦力发展较快，中性点很快达到相对稳定；第二个阶段，负摩擦力的发展主要受土体固结强度增长的影响，发展较慢；② 下拉荷载与时间的关系与土体的固结曲线相似，可采用双曲线进行拟合，并以此研究下拉荷载随时间的变化规律。

3.5　本章例题

（1）某 7 桩群桩基础，如图所示，承台 3 m×2.52 m，埋深 2.0 m，桩径 0.3 m，桩长 12 m，地下水位在地面下 1.5 m，作用于基础的竖向荷载效应标准组合 $F_k = 3\,409$ kN，弯矩 $M_k = 500$ kN·m，试求各桩竖向力设计值。

解：根据《建筑桩基技术规范》第 5.1.1 条：

设计值：$N_i = 1.35 N_{ik}$；标准值：$N_{ik} = \dfrac{F_k + G_k}{n} \pm$

$\dfrac{M_{yk} x_i}{\sum x_i^2}$

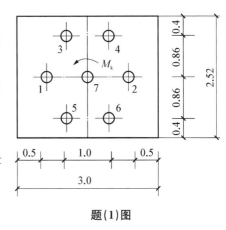

题(1)图

$$G_k = 3.0 \times 2.5^2 \times (1.5 \times 20 + 0.5 \times 10) = 264.6 \text{ kN}$$

1 号桩：　　$N_1 = 1.35 \times \left(\dfrac{3\,409 + 264.4}{7} + \dfrac{500 \times 1.0}{2 \times 1.0^2 + 4 \times 0.5^2} \right)$

　　　　　　$= 1.35 \times (524.8 + 166.7) = 933.5 \text{ kN}$

2 号桩：$N_2 = 1.35 \times (524.8 - 166.7) = 483.4 \text{ kN}$

3 号桩和 5 号桩：$N_3 = N_5 = 1.35 \times \left(\dfrac{3\,409 + 264.6}{7} + \dfrac{500 \times 0.5}{2 \times 1.0^2 + 4 \times 0.5^2} \right)$

　　　　　　　　　　$= 1.35 \times (524.8 + 83.3) = 820.9 \text{ kN}$

4 号桩和 6 号桩：$N_4 = N_6 = 1.35 \times (524.8 - 83.3) = 590.6 \text{ kN}$

7 号桩：$N_7 = 1.35 \times 524.8 = 708.5 \text{ kN}$

（2）如图所示，某等边三桩承载基础，桩径 0.8 m，桩间距 2.4 m，承台面积 2.6 m²，承台埋深 2.0 m，作用竖向荷载 $F_k = 2\,000$ kN，弯矩 $M_{xk} = 50$ kN·m（作用方向指向 1 号桩侧），试计算每根桩的竖向力。

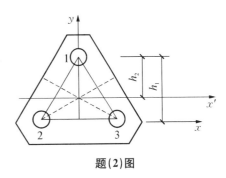

题(2)图

解：根据《建筑桩基技术规范》第 5.1.1 条：

$$N_{ik} = \frac{F_k + G_k}{n} \pm \frac{M_{xk} y_i}{\sum y_i^2};$$

$$G_k = 2.6 \times 20 \times 2.0 = 104.0 \text{ kN}$$

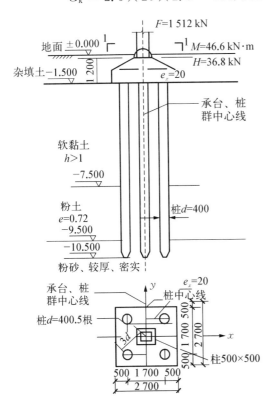

题(3)图

M_{xk} 指绕 x 轴弯矩，指向 1 号桩侧，可知计算 1 号桩竖向力用"＋"号，计算 2 号和 3 号竖向力用"－"号；

1 号桩到 x 轴的距离：$y_i = \dfrac{1.2}{\cos 30°} = 1.368 \text{ m}$

2 号桩和 3 号桩到 y 轴的距离：

$$y_i = \frac{1.368}{2} = 0.693 \text{ m}$$

1 号桩：$N_i = \dfrac{2\,000 + 104}{3} + \dfrac{50 \times 1.386}{1.386^2 + 2 \times 0.693^2} = 701.3 + 24.1 = 725.4 \text{ kN}$

2 号桩和 3 号桩：$N_2 = N_3 = 701.3 - 24.1 = 677.2 \text{ kN}$

（3）某多层建筑物，柱下采用桩基础，桩的分布、承台尺寸及埋深、地层剖面等资料如图所示，地下水埋深为 3 m。荷载效应基本组合下，上部结构荷重通过柱传至承台顶面处的设计荷载轴力 $F=1\,512$ kN,弯矩 $M=46.6$ kN·m,水平力 $H=36.8$ kN,荷载作用位置及方向如图所示,设承台填土平局重度为 20 kN/m³,试按《建筑桩基技术规范》计算基桩桩顶最大竖向力设计值 N_{max}。

解：根据《建筑桩基技术规范》(JGJ94—2008)第 5.1.1 条：

① $M_y = 46.6 + 36.8 \times 1.2 - 1\,512 \times 0.02 = 60.52$ kN·m

$G = 2.7^2 \times 1.5 \times 20 \times 1.35 = 295.2$ kN

② $N_{max} = \dfrac{F+G}{n} + \dfrac{M_y x_i}{\sum x_i^2} = \dfrac{1\,512+295.2}{5} + \dfrac{60.25 \times \frac{1.7}{2}}{4 \times \left(\frac{1.7}{2}\right)^2} = 379.2$ kN

(4) 某柱下桩基,采用 5 根相同的基桩,桩径 $d=800$ mm,柱作用在承台顶面处的竖向轴力 $F_k=1\,000$ kN,弯矩 $M_{yk}=480$ kN·m,承台与土自重 $G_k=500$ kN,试按《建筑桩基技术规范》计算桩基承载力特征值至少要达到多少？（不考虑地震作用）

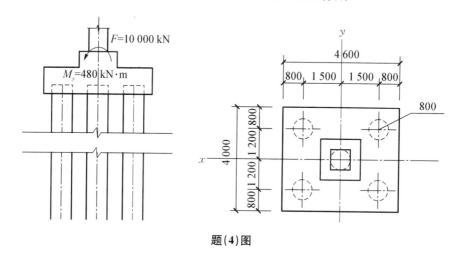

题(4)图

解：根据《建筑桩基技术规范》(JGJ94—2008)第 5.1.1、5.1.2 条：

① $N_{kmax} = \dfrac{F_k+G_k}{n} + \dfrac{M_y x_i}{\sum x_j^2} = \dfrac{10\,000+500}{5} + \dfrac{480 \times 1.5}{4 \times 1.5^2} = 2\,180$ kN

$N_k = \dfrac{F_k+G_k}{n} = \dfrac{10\,000+500}{5} = 2\,100$ kN

② $N_{kmax} \leqslant 1.2R$,即: $R \geqslant \dfrac{2\,180}{1.2} = 1\,816.7$ kN

$N_{kmax} \leqslant R$,即: $R \geqslant 2\,100$ kN

取大值, $R \geqslant 2\,100$ kN

(5) 某柱下桩基础如图所示,采用 5 根相同的基桩,桩径 $d=800$ mm,地震作用效应和荷载效应标准组合下,柱作用在承台顶面处的竖向力 $F_k=10\,000$ kN,弯矩设计值 $M_y=480$ kN·m,承台与土自重标准值 $G_k=500$ kN,试按《建筑桩基技术规范》计算,基桩竖向承载力特征值至少要达到多少,该柱下桩基才能满足承载力要求。

解:根据《建筑桩基技术规范》(JGJ94—2008)第
5.1.1、5.1.2 条:

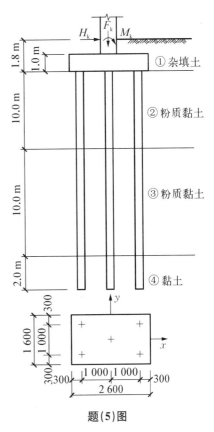

① $N_{Ekmax} = \dfrac{F_k + G_k}{n} + \dfrac{M_y x_i}{\sum x_j^2} = \dfrac{10\,000 + 500}{5} +$

$\dfrac{480 \times 1.5}{4 \times 1.5^2} = 2\,180 \text{ kN}$

$N_{Ek} = \dfrac{F_k + G_k}{n} = \dfrac{10\,000 + 500}{5} = 2\,100 \text{ kN}$

② $N_{Ekmax} \leqslant 1.25R$,得 $R \geqslant \dfrac{N_{Ek}}{1.25} = \dfrac{2\,100}{1.25} =$

$1\,680 \text{ kN}$

$N_{Ekmax} \leqslant 1.5R$,得 $R \geqslant \dfrac{N_{Ekmax}}{1.5} = \dfrac{2\,180}{1.5} = 1\,453 \text{ kN}$

取大值,即 $R = 1\,680 \text{ kN}$

(6) 假设某工程中上部结构传至承台顶面处相应
于荷载效应标准组合下的竖向力 $F_k = 10\,000$ kN、弯矩
$M_k = 500$ kN·m,水平力 $H_k = 100$ kN,设计承台尺寸
为 $1.6 \text{ m} \times 2.6 \text{ m}$,厚度为 1.0 m,承台及其上土平均重
度为 20 kN/m³,桩数为 5 根。根据《建筑桩基技术规
范》,单桩竖向极限承载力标准值最小为多少。

题(5)图

解:根据《建筑桩基技术规范》(JGJ94—2008)第 5.1.1、5.1.2 条:

① $G_k = 20 \times 1.6 \times 2.6 \times 1.8 = 150 \text{ kN}$

② 轴向竖向力:$N_k = \dfrac{F_k + G_k}{n} = \dfrac{10\,000 + 150}{5} = 2\,030 \text{ kN}$

③ 偏心最大竖向力:

$$N_{kmax} = \dfrac{F_k + G_k}{n} + \dfrac{M_{yk} x_i}{\sum x_j^2} = 2\,030 + \dfrac{(500 + 100 \times 1.8) \times 1.0}{4 \times 1.0^2} = 2\,200 \text{ kN}$$

④ $N_k \leqslant R$,得 $R \geqslant 2\,030 \text{ kN}$

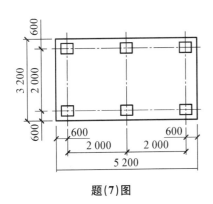

题(7)图

$N_{kmax} \leqslant 1.2R$,得 $R \geqslant \dfrac{2\,200}{1.2} = 1\,833.3 \text{ kN}$

取最小值 $R = 2\,030 \text{ kN}$

⑤ $Q_{uk} = 2R = 2 \times 2\,030 = 4\,060 \text{ kN}$

(7) 某建筑桩基安全等级为二级的建筑物,柱下基
础,采用 6 根钢筋混凝土预制桩,边长为 400 mm,桩长为
22 m,桩顶入土深度为 2 m,桩端入土深度 24 m。假定由
经验法估算得到单桩的总极限侧阻力标准值为 1\,500 kN,
总极限端阻力标准值为 700 kN,承台底部为厚层粉土,其

极限承载力标准值为 180 kPa。考虑桩群、土、承台相互效应,试按《建筑桩基技术规范》计算非端承桩复合地基竖向承载力特征值 R。

解:根据《建筑桩基技术规范》(JGJ94—2008)第 5.2.5 条:

① $\dfrac{S_a}{d}=\dfrac{2.0}{0.4}=5$,$\dfrac{B_c}{l}=\dfrac{3.2}{22}=0.145$ 查表,取 $\eta_c=0.22$(取小值)

$$A_c=\frac{A-nA_{ps}}{n}=\frac{3.2\times5.2-6\times0.4^2}{6}=2.61 \text{ m}^2$$

② $Q_{uk}=Q_{sk}+Q_{pk}=1\,500+700=2\,200 \text{ kN}$

$$R_a=\frac{Q_{uk}}{2}=\frac{2\,200}{2}=1\,100 \text{ kN}$$

③ $R=R_a+\eta_c f_{ak}A_c=1\,100+0.22\times180\times2.61=1\,203.4 \text{ kN}$

(8) 某桩基工程的桩型平面布置、剖面和地层分布如图所示,土层及桩基设计参数见图中注,承台地面以下存在高灵敏度淤泥质黏土,$f_{ak}=70$ kPa,按《建筑桩基技术规范》计算复合基桩竖向承载力特征值。

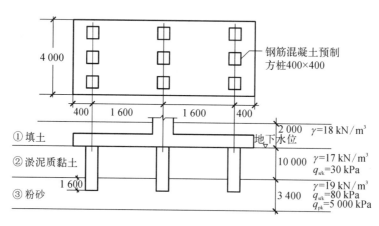

题(8)图

解:根据《建筑桩基技术规范》(JGJ94—2008)第 5.2.5、5.3.5 条:

① $Q_{uk}=u\sum q_{sik}l_i+q_{pk}A_p=4\times0.4\times(10\times30+1.6\times80)+0.4^2\times5\,000=1\,484.8 \text{ kN}$

② $R_a=\dfrac{Q_a}{2}=\dfrac{1\,484.8}{2}=742.4$

③ 承台底存在高灵敏度淤泥质黏土,取 $\eta_c=0$

$$R=R_a+\eta_c f_{ak}A_c=742.4+0=742.2 \text{ kN}$$

(9) 某 9 桩承台基础(分 3 排对称布置),承台尺寸 2.6 m×2.6 m,埋深 2 m,采用预制方桩,桩截面 0.3 m×0.3 m,桩长 15 m,桩间距 1.0 m。承台底层土层为黏土,$f_{ak}=254$ kPa,单桩承载力特征值 $R_a=538$ kN。承台顶作用竖向力标准组合值 $F_k=4\,000$ kN,弯矩 $M_{yk}=400$ kN·m,试验算复合桩基竖向承载力。(承台效应系数 η_c 取表中小值)。

解:① 计算复合基桩竖向承载力特征值

计算等效距径比,将方桩换算成等效面积圆形桩,

$$d = 1.129b = 1.129 \times 0.3 = 0.34 \text{ m}$$

$s_d/d = 1.0/0.34 = 2.94$，$B_c/l = 2.6/1.5 = 0.17$，查表取小值 $\eta_c = 0.06$

$$A_c = (A - nA_{ps})/n = (2.6^2 - 9 \times 0.3^2)/9 = 0.66 \text{ m}^2$$

$$R = R_a + \eta_c f_{ak} A_c = 538 + 0.06 \times 254 \times 0.66 = 548.1 \text{ kN}$$

② 验算复合基桩竖向承载力

轴心竖向力：$N_k = \dfrac{F_k + G_k}{n} = \dfrac{4\,000 + 2.6^2 \times 20 \times 2}{9} = 474.5 \text{ kN} < R = 548.1 \text{ kN}$，

满足要求。

偏心竖向力：$N_{k\max} = \dfrac{F_k + G_k}{n} + \dfrac{M_{yk} x_i}{\sum x_j^2} = 474.5 + \dfrac{400 \times 1.0}{6 \times 1.0^2} = 541.2 \text{ kN} < 1.2R =$

657.7 kN，

满足要求。

（10）某柱下 6 根独立基础，承台埋深 3.0 m，承台面积 2.4 m×4 m，采用直径 0.4 m 灌注桩，桩长 12 m，桩距 $s_a/d = 4$，桩顶以下土层参数如下，根据《建筑桩基技术规范》，考虑承台效应（取承台效应系数 $\eta_c = 0.14$），试确定考虑地震作用时，复合基桩竖向承载力特征值与单桩承载力特征值之比值。（注：取地基抗震承载力调整系数 $\xi_a = 1.5$；②层粉质黏土的基承载力特征值为 $f_{ak} = 300 \text{ kPa}$）

层　序	土　名	层底埋深	q_{sk}/kPa	q_{pk}/kPa
①	填土	3	—	—
②	粉质黏土	13	25	—
③	粉砂	17	100	6 000
④	粉土	25	45	800

解：根据《建筑桩基技术规范》(JGJ94—2008)第 5.2.2、5.2.5、5.3.5 条：

① 单桩竖向极限承载力标准值：

$$Q_{uk} = u \sum q_{sik} l_i + q_{pk} A_p = 3.14 \times 0.4 \times (10 \times 25$$
$$+ 100 \times 2) + 6\,000 \times 3.14 \times 0.2^2 = 1\,318.8 \text{ kN}$$

② 单桩竖向承载力特征值：$R_a = \dfrac{1}{2} Q_{uk} = \dfrac{1\,318.8}{2} = 659.4 \text{ kN}$

③ 考虑地震作用时复合基桩竖向承载力 R：

$$R = R_a + \dfrac{\zeta_a}{1.25} \eta_c f_{ak} A_c = 659.4 + \dfrac{1.5}{1.25} \times 0.14 \times 300$$
$$\times \dfrac{(2.4 \times 4 - 6 \times 3.14 \times 0.2^2)}{6} = 733.7 \text{ kN}$$

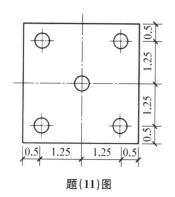

题(11)图

$$④ \frac{R}{R_a} = \frac{733.7}{659.4} = 1.11$$

（11）如图所示，某 5 桩承台桩基，桩径 0.5 m，采用混凝土预制桩，桩长 1.2 m，土层分布：0～3 m 新填土，$q_{sik} = 24$ kPa，$f_{ak} = 100$ kPa；3～7 m 可塑黏土，$q_{sik} = 66$ kPa；7 m 以下为中砂，$q_{sik} = 64$ kPa，$q_{pk} = 5\,700$ kPa。作用于承台顶轴心竖向荷载标准组合值 $F_k = 5\,400$ kN，$M_k = 1\,200$ kN·m，试验算复合基桩竖向承载力。

解：① 计算复合基桩竖向承载力特征值

$$Q_{uk} = u \sum q_{sik} l_i + q_{pk} A_p$$
$$= 3.14 \times 0.5 \times (24 \times 1.8 + 66 \times 4 + 64 \times 6.2)$$
$$+ 5\,700 \times 3.14 \times 0.25^2 = 2\,223.9 \text{ kN}$$

$$R_a = Q_{uk}/2 = 2\,223.9/2 = 1\,111.95 \text{ kN}$$

承台底为新填土，不考虑承台效应，取 $R = R_a = 1\,111.95$ kN

② 验算复合基桩竖向承载力

轴心竖向力：$N_k = \dfrac{F_k + G_k}{n} = \dfrac{5\,400 + 3.5^2 \times 1.2 \times 20}{5}$

$$= 1\,138.8 \text{ kN} > R = 1\,111.95 \text{ kN，不满足要求；}$$

偏心竖向力：$N_{kmax} = \dfrac{F_k + G_k}{n} + \dfrac{M_{yk} x_i}{\sum x_j^2}$

$$= 1\,138.8 + \frac{1\,200 \times 1.25}{4 \times 1.25^2} = 1\,378.8 \text{ kN} > 1.2R$$

$$= 1\,334.3 \text{ kN，不满足要求。}$$

（12）某构筑物柱下桩基础采用 16 根钢筋混凝土预制桩，桩径 $d = 0.5$ m，桩长 20 m，承台埋深 5 m，某平面布置、剖面、地层如图所示。荷载效应标准组合下，作用于承台顶面的竖

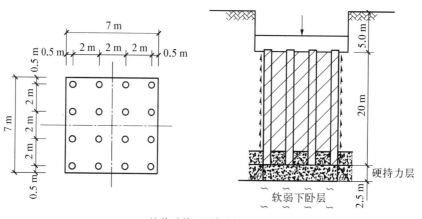

桩基础的平面与剖面

题(12)图

向荷载 $F_k = 27\,000$ kN,承台及其上土重 $G_k = 1\,000$ kN,桩端以上各土层的 $q_{sik} = 60$ kPa,软弱层顶面以上土的重度 $\gamma_m = 18$ kN/m³,按《建筑桩基技术规范》验算,软弱下卧层承载力特征值至少应为多少才能满足要求。(取 $\eta_d = 1.0$, $\theta = 15°$)

解:根据《建筑桩基技术规范》(JGJ94—2008)第5.4.1条:

① $A_0 = B_0 = (2 \times 3 + 0.5) = 6.5$ m, $t = 2.5$ m

② $\sigma_z = \dfrac{(F_k + G_k) - \dfrac{3}{2}(A_0 + B_0) \cdot \sum q_{sik}l_i}{(A_0 + 2t\tan\theta)(B_0 + 2t\tan\theta)} = \dfrac{\begin{array}{c}(27\,000 + 1\,000) - 1.5 \\ \times (6.5 + 6.5) \times 60 \times 20\end{array}}{(6.5 + 2 \times 2.5 \times \tan 15°)^2} =$

74.8 kPa

$$\gamma_m z = 18 \times (20 + 2.5) = 405 \text{ kPa}$$

$$\sigma_z + \gamma_m z = 74.8 + 405 = 479.8 \text{ kPa}$$

③ $f_{az} \geqslant \sigma_z + \gamma_m z$,即: $f_{ak} + \eta \cdot \gamma_m (d - 0.5) = f_{ak} + 1 \times 18 \times (22.5 - 0.5) = 396 + f_{ak} \geqslant 479.8$

得: $f_{ak} \geqslant 83.8$ kPa

(13)某减沉复合疏桩基础,荷载效应标准组合下,作用于承台顶面的竖向力为 1 200 kN,承台及其上土的自重标准值为400 kN,承台底地基承载力特征值为80 kPa,承台面积控制系数为0.60,承台下均匀布置3根摩擦型桩,基桩承台效应系数为0.40,试按《建筑桩基技术规范》计算单竖向承载力特征值。

解:根据《建筑桩基技术规范》(JGJ94—2008)第5.6.1条:

① $A_c = \xi \dfrac{F_k + G_k}{f_{ak}} = 0.6 \times \dfrac{1\,200 + 400}{80} = 12$ m²

② $n \geqslant \dfrac{F_k + G_k - \eta_c f_{ak} A_c}{R_a}$

$$R_a \geqslant \dfrac{1\,200 + 400 - 0.4 \times 80 \times 12}{3} = 405.3 \text{ kN}$$

第4章
群桩水平承载力

群桩与单桩在水平荷载作用下的性状有很大的不同,在讨论单桩水平承载力时已经可以发现水平承载力问题比竖向承载力复杂得多;当群桩承受水平荷载时,不仅单桩之间有相互影响,而且承台对于桩基的水平承载性能有非常重要的作用。因而从本质上说,群桩的水平承载性能是承台、桩和土共同作用的结果,是十分复杂的荷载传递和分配的过程,在适当简化的条件下可以进行比较严密的理论计算,但计算仍然比较复杂。在工程设计时,通常采用两种方法计算,一种是以线弹性反力系数假定为基础考虑承台、群桩和土的相互作用的计算方法,可以求得桩身各部分的位移和内力,但计算比较繁;另一类是将单桩水平承载力之和乘以群桩效应系数求得,计算比较简单,但只适用于弯矩荷载不大的情况,而且只能计算群桩的水平承载力,不能计算桩身的位移和内力。

4.1 水平荷载作用下群桩的工作状态与破坏机理

由于工作条件不同,群桩与单桩相比,荷载-位移关系也因各种因素的影响而变得复杂。影响群桩性状的因素很多,但主要可归结为两类,群桩效应是这两类作用综合的结果。

4.1.1 桩与桩之间的相互作用

由于桩土的共同作用,群桩中桩与桩之间相互影响,引起群桩效应,它使群桩的水平位移增大,水平承载力降低。国内外的大量试验表明,桩距、桩径、桩数和土质是影响群桩性状的主要因素。

1) 桩距与桩数的影响

不论砂土还是黏性土,当桩承受的水平力较小、桩间土体尚未达到塑性状态时,土中应力传播后重叠的影响随桩距的增大而减小;当桩所受荷载较大(或受波浪等循环荷载作用)、桩间土体达到塑性状态时,由于前后桩之间土体塑性区的重叠,桩间土体受到扰动而松动,其影响也随桩距的加大而减小,如图4-1所示。

桩数的增多(尤其是水平荷载作用方向上桩数的增多)会使群桩的抗弯刚度有

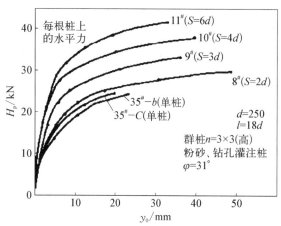

图4-1 群桩桩距对水平承载力的影响

所提高。但桩数越多,除相邻的桩之间的相互影响外,不相邻的桩也相互影响,土中应力重叠作用加剧,一般也使群桩的水平承载力有所降低。

2) 泥面下深度的影响

土的反力是由桩的变形引起的。群桩中各桩的土反力差距较大的情况主要发生在桩入土的浅层。这是因为桩的变形和群桩间土体塑性区的交叉重叠主要发生在桩入土的上部。

作者的试验研究表明,群桩土面下应力应变的影响一般约在桩入土深度为 10 倍桩径的范围内。

3) 土质与桩的排列方式的影响

群桩中应力重叠的程度还与土质有关。不同土质具有不同的应力扩散角,而且它与土的内摩擦角有一定关系。一般说来,土的内摩擦角较小时,土中应力扩散角相应也较小。此时土中应力在纵向上的重叠加剧,而在横向上的影响则减弱,因此桩的排列方式也就直接影响群桩效应。

4) 群桩中各桩受力的不均匀性

工程中一般假定水平力按桩的刚度分配给每根桩。但实际情况并非如此,波洛斯(Poulos)对群桩的弹性分析指出,在水平力作用上,群桩中外缘桩分配到的水平力最大,中间桩分配到的水平力最小,如图 4-2 所示。实际上土是弹塑性体,在一定的荷载作用下,桩前土体会产生塑性变形,随着荷载的增大,塑性区也逐渐扩展。因此弹性分析的结果在一般情况下不一定适用。

黄河河务局的现场试验表明,离推力最远的前排桩受到的土抗力最大,分配到最大的水平力;靠近推力的后排桩受到的土抗力最小,分配到的水平力最小。

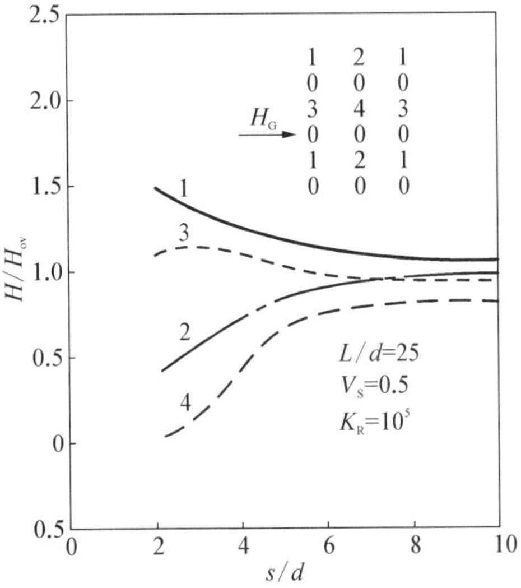

图 4-2　水平力分配系数

H-每根桩上分配到的水平力;H_{ov}-每根桩上平均水平力

4.1.2　承台、加荷方式等对群桩的影响

群桩除了桩土共同作用引起桩之间的相互影响外,承台和加载方式对水平力作用下的群桩性状也有较大的影响。

1) 桩顶固嵌的影响

单桩桩顶一般是自由的;群桩桩顶可以是铰接的,也可以是嵌固的。但桩顶埋入钢筋混凝土承台的群桩一般是桩顶固嵌的,其抗弯刚度大大提高,桩顶弯矩加大,桩身弯矩减小,桩身最大弯矩的位置和位移零点位置下移,土的塑性区向深处发展,能更充分发挥土的抗力,从而提高水平承载力,减小了水平位移。综合的结果,群桩中平均每根桩的水平承载力仍高于单桩。

2) 受荷方式的影响

与静荷载相比,群桩在循环荷载作用下水平承载力降低,其中双向循环荷载下水平承载力的降低比单项循环荷载作用时更多。

3）承台着地的影响

桩顶自由的单桩，即使承台着地，如无特殊装置，当水平力增大时，桩顶会发生侧倾，桩被逐渐向上拔起。但群桩的承台着地时，对荷载-位移关系影响较大。其影响又可分为两种情况来考虑：① 伏地承台，由于承台底面与地基土的摩擦力作用，群桩水平承载力提高，水平位移减小；② 入土承台，除承台底摩擦作用外，承台的侧向土抗力作用也使水平承载力随水平位移的增大而增大。

4.2 群桩水平受荷计算

4.2.1 群桩效率法

目前，水平荷载作用下群桩的计算分析方法主要有群桩效率法和群桩的 $p-y$ 曲线法。此外，也可利用有限元法分析桩距、桩长、桩径、桩数、土质、荷载等对群桩效应的影响。

1）群桩水平承载力和单桩水平承载力与桩数之积的比值称为群桩效率。实际工程中，进行了单桩的试验后，就可根据实测单桩水平承载力和群桩效率很方便地计算群桩水平承载力 H_g

$$H_g = mn H_0 \eta_{sg} \tag{4-1}$$

式中：H_g、H_0 分别为群桩与单桩水平承载力；m、n 分别为群桩纵向（荷载作用方向）和横向桩数；η_{sg} 为单桩与群桩关系的群桩效率。

群桩效率法的关键是要得到反映单群关系的群桩效率，可按表 4-1 取值。

表 4-1 群桩效应折减系数

桩数 桩距/桩径	2×1	3×1	2×2	3×3
2	0.77	0.52	0.42	0.31
3	0.90	0.65	0.51	0.43
5	0.92	0.81	0.744	0.66
8	0.95	0.87	0.83	0.78
10	0.96	0.92	0.89	0.84
14	0.98	0.96	0.92	0.88

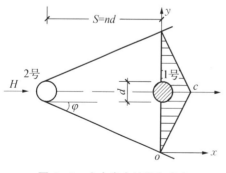

图 4-3 土中应力扩散和分布

另外，群桩效率的确定还可以由试验导出经验公式，或根据弹性理论导出计算式，我国杨克已在土体极限平衡状态下导出了如下的群桩效率计算式。其假定土中应力按土的内摩擦角 φ 扩散，传到垂直于荷载平面的应力一般近似为抛物线分布，现简化为三角形分布，如图 4-3 所示。在考虑应力重叠的影响时，假定群桩中的水平力均匀分配，且每根桩具有相同的水平承载力。

2) 反映单桩与群桩关系的群桩效应 η_{sg}

$$\eta_{sg} = K_1 K_2 K_3 K_6 + K_4 + K_5 \qquad (4-2)$$

式中：K_1——桩之间相互作用影响系数；

　　　K_2——不均匀分配系数；

　　　K_3——桩顶嵌固增长系数；

　　　K_4——摩擦作用增长系数；

　　　K_5——桩侧土抗力增长系数；

　　　K_6——竖向荷载作用增长系数。

3) $K_1 \sim K_6$ 取值方法

(1) 桩之间相互作用影响系数 K_1。

$$K_1 = \frac{1}{1 + q^m + a + b} \qquad (4-3)$$

式中：q, a, b 取值参见图 4-4～图 4-6。圈中 S 为桩距。D 为桩径，φ 为土的内摩擦角。

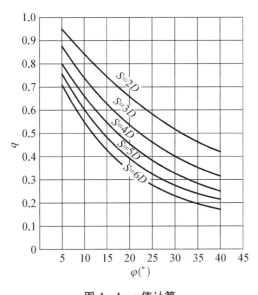

图 4-4　q 值计算

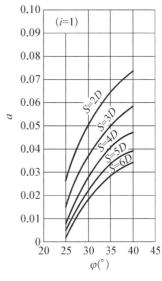

图 4-5　a 值计算

(2) 不均匀分配系数 K_2。

根据不同的水平地基系数分布规律、不同的桩数和 s/D，制备了 K_2 的计算图，如图 4-7。

(3) 桩顶嵌固增长系数 K_3。

K_3 为桩顶嵌固时的单桩水平承载力与桩顶自由时的单桩水平承载力之比。为便于分析，仅考虑自由长度为零的行列式竖直群桩，并在地面位移相等的条件下求得 K_3（见表 4-2）。

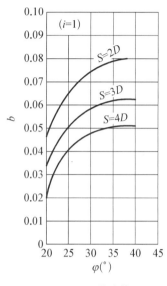

图 4-6 b 值计算

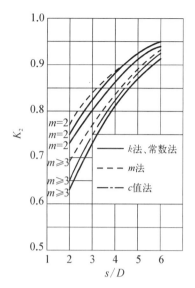

图 4-7 K_2 值计算

表 4-2 不同方法中 K_3 的取值

计算方法	常数法	m 法	k 法	c 值法
K_3	2.0	2.6	1.56	2.32

（4）摩擦作用增长系数 K_4。

入土承台的底面和侧面与土壤之间有切向力作用,使群桩水平承载力提高 $\Delta H_g'$,故

$$K_4 = \frac{\Delta H_g'}{mnH_0} \tag{4-4}$$

对较软的土,剪切面一般发生在邻近承台表面的土内,此时切向力就是土的抗剪强度。对较硬的土质剪切面可能发生在承台与土的接触面上,此时切向力就是承台表面与土的摩擦力。为安全起见,可按上两种情况分别考虑,取较小值计算。

桩尖土层较好或基底下土体可能产生自重固结沉降、湿陷、震陷时,承台与土之间会脱空,不应再考虑承台底与土的摩擦力作用。

（5）桩侧土抗力作用增长系数 K_5。

入土承台的侧土抗力使群桩水平承载力提高 $\Delta H_g''$,故

$$K_5 = \frac{\Delta H_g''}{mnH_0} \tag{4-5}$$

桩顶的容许水平位移一般较小,被动土压力不能得到充分发挥,故采用静止土压力计算,并略去主动土压力作用,得

$$\Delta H_g'' = \frac{1}{2} K_0 \gamma B (z_1^2 - z_2^2) \tag{4-6}$$

式中：K_0——静止土压力系数；

　　　γ——土的重度；

　　　B——承台宽度；

　　　Z_1、Z_2——分别为承台底面和顶面埋深。

（6）竖向荷载作用增长系数 K_6。

竖向荷载的作用使桩基水平承载力提高，提高的原因与桩的破坏机理有关。

水平承载力由桩身强度控制时，竖向荷载产生的压应力可抵消一部分桩身受弯时产生的拉应力，混凝土不易开裂，从而提高桩基水平承载力。北京桩基研究小组提出，用 $\dfrac{N}{rR_fA}$（其中 r 为截面抵抗矩的塑性系数；R_f 为混凝土抗裂设计强度；A 为桩的截面积；N 为计算有竖向荷载时水平承载力提高的百分比）考虑土体可能分担部分竖向荷载，故

$$K_6 = 1 + \frac{N(1-\lambda)}{rR_fA} \tag{4-7}$$

式中：λ——竖向荷载作用下，桩土共同作用时土体的分担系数。

桩身具有足够强度时，竖向荷载提高桩的水平承载能力有限，一般将它作为安全储备。

该计算方法在使用时受到下列条件的限制：① 适用于自由长度近似为零的等间距行列式群桩；② 当桩距较小时，群桩可能发生整体破坏，此时对计算式应慎重使用。

4）计算式的适用条件

上述计算式基本是在土体达极限平衡状态时导得的。但对于由桩顶水平位移控制的桩基来说，同样可以适用。其原因是：① 桩顶水平位移达容许值时，土体一般早已进入塑性状态；② 无论水平承载力由哪种条件控制，单桩和群桩的水平承载力都是在相同的标准下确定的，因此其比值不会有显著的差别。

但由推导过程可知，计算式在使用时受到下列条件的限制：① 本计算式适用于自由长度近似为零的等间距行列式群桩；② 当桩距较小时，群桩可能发生整体破坏，此时对计算式应慎重选择。

4.2.2　群桩的 p-y 曲线法

由上述分析群桩在水平力作用下的工作性状得知，群桩完全不同于单桩，一般在受荷方向桩排中的中后桩，在同等桩身变位条件下，所受到的土反力较前桩为小。一方面，其差值随桩距的加大而减少，如图 4-8 所示，当 $s/d \geqslant 8$ 时，前、后桩的 p-y 曲线基本相近；另一方面，其差值又随泥面下深度的加大而减少，如图 4-9 所示，桩在泥面下的深度 $x \geqslant 10d$（d 为桩径）时，前后桩的 p-y 曲线也基本相近。这也由在砂土中原型桩试验所证实。

前桩所受到的土抗力，一般略等于或大于单桩，这是由于受荷方向桩排中的前桩水平位移与单桩相近，土抗力能充分发挥所致。设计时，群桩中的前桩若按单桩设计，工程上是偏于安全的。

我国港工桩基规范中提出了下述考虑方法：在水平力作用下，群桩中桩的中心距小于 8 倍桩径，桩的入土深度在小于 10 倍桩径以内的桩段，应考虑群桩效应。在非循环荷载作用下，距荷载作用点最远的桩按单桩计算，其余各桩应考虑群桩效应。其 p-y 曲线中的土抗力 p 在无试验资料时，对于黏性土可按下式计算土抗力的折减系数：

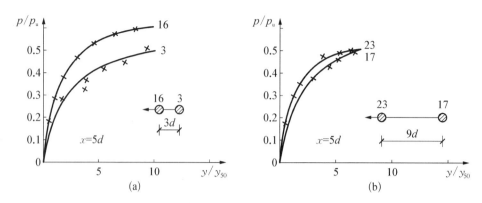

图4-8　前桩对后桩的影响随桩距增加的变化

（a）$p-y$ 曲线（$s=3d$）；（b）$p-y$ 曲线（$s=9d$）

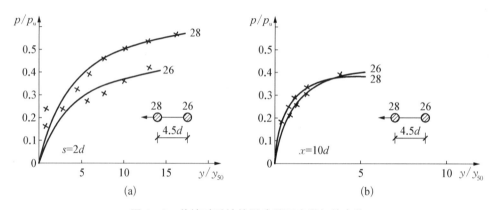

图4-9　前桩对后桩的影响随深度增加的变化

（a）$p-y$ 曲线（$x=2d$）；（b）$p-y$ 曲线（$x=10d$）

$$\lambda_{\mathrm{h}} = \left(\dfrac{\dfrac{s}{d}-1}{7} \right)^{0.043\left(10-\frac{z}{d}\right)} \qquad (4-8)$$

式中：λ_{h}——土抗力的折减系数；

　　　s——桩距；

　　　d——桩径；

　　　z——泥面下桩的任一深度。

通过上式，土抗力折减系数修正后的 $p-y$ 曲线计算的桩顶水平力阻位移与现场试验实测的桩顶水平力和位移比较接近。

总之，群桩在水平荷载下的横向变形最好也能通过群桩承台水平静载试验确定。

4.2.3　桩的水平承载力确定

1）低承台群桩基础

群桩基础（不含水平力垂直于单排桩基纵向轴线和力矩较大的情况）的基桩水平承载力特征值应考虑由承台、桩群、土相互作用产生的群桩效应，可按下列公式确定：

$$R_h = \eta_h R_{ha} \tag{4-9}$$

考虑地震作用且 $s_a/d \leqslant 6$ 时，$\eta_h = \eta_i \eta_r + \eta_l$ $\tag{4-10}$

$$\eta_i = \frac{\left(\dfrac{s_a}{d}\right)^{0.015n_2+0.45}}{0.15n_1 + 0.10n_2 + 1.9} \tag{4-11}$$

$$\eta_l = \frac{m \cdot x_{0a} \cdot B'_c \cdot h_c^2}{2 \cdot n_1 \cdot n_2 \cdot R_{ha}} \tag{4-12}$$

$$x_{0a} = \frac{R_{ha} \cdot V_x}{\alpha^3 \cdot EI} \tag{4-13}$$

其他情况（$s_a/d \geqslant 6$ 的复合桩）：$\eta_h = \eta_i \eta_r + \eta_l + \eta_b$ $\tag{4-14}$

$$\eta_b = \frac{\mu \cdot P_c}{n_1 \cdot n_2 \cdot R_h} \tag{4-15}$$

$$B'_c = B_c + 1(m) \tag{4-16}$$

$$P_c = \eta_c f_{ak}(A - nA_{ps}) \tag{4-17}$$

式中：η_h——群桩效应综合系数；

$\quad\quad \eta_i$——桩的相互影响效应系数；

$\quad\quad \eta_r$——桩顶约束效应系数（桩顶嵌入承台长度 50～100 mm 时），按表 4-3 取值；

$\quad\quad \eta_l$——承台侧向土抗力效应系数（承台侧面回填土为松散状态时取 $\eta_l = 0$）；

$\quad\quad \eta_b$——承台底摩阻效应系数；

$\quad\quad s_a/d$——沿水平荷载方向的距径比；

$\quad\quad n_1$，n_2——分别为沿水平荷载方向与垂直水平荷载方向每排桩中的桩数；

$\quad\quad m$——承台侧面土水平抗力系数的比例系数，当无试验资料时可按《建筑桩基技术规范》表 5.7.5 取值；

$\quad\quad x_{0a}$——桩顶（承台）的水平位移允许值，当以位移控制时，可取 $x_{0a} = 10$ mm（对水平位移敏感的结构物取 $x_{0a} = 6$ mm）；当以桩身强度控制（低配筋率灌注桩）时，可近似按式（4-13）确定；

$\quad\quad v_x$——桩顶水平位移系数；

$\quad\quad B'_c$——承台受侧向土抗力一边的计算宽度；

$\quad\quad B_c$——承台宽度；

$\quad\quad h_c$——承台高度（m）；

$\quad\quad \mu$——承台底与基土间的摩擦系数，可按表 4-4 取值；

$\quad\quad P_c$——承台底地基土分担的竖向总荷载标准值；

$\quad\quad \eta_c$——按《建筑桩基技术规范》第 5.2.5 条确定，此条规定当承台底为可液化土、湿陷性土、高灵敏度软土、欠固结土、新填土时，沉桩引起超孔隙水压力和土体隆起时，不考虑承台效应，取 $\eta_c = 0$。此条中关于承台效应系数的取法见表 4-5；

A——承台总面积；

A_{ps}——桩身截面面积。

表 4-3　桩顶约束效应系数 η_r

换算深度 ah	2.4	2.6	2.8	3.0	3.5	≥4.0
位移控制	2.58	2.34	2.20	2.13	2.07	2.05
强度控制	1.44	1.57	1.71	1.82	2.00	2.07

注：$\alpha = \sqrt[5]{\dfrac{mb_0}{EI}}$，$h$ 为桩的入土长度。

表 4-4　承台底与基土间的摩擦系数 μ

土 的 类 别		摩擦系数 μ
黏性土	可塑	0.25～0.30
	硬塑	0.30～0.35
	坚硬	0.35～0.45
粉 土	密实、中密(稍湿)	0.30～0.40
中砂、粗砂、砾砂		0.40～0.50
碎石土		0.40～0.60
软岩、软质岩		0.40～0.60
表面粗糙的较硬岩、坚硬岩		0.65～0.75

表 4-5　承台效应系数 η_c

B_c/l ＼ s_a/d	3	4	5	6	＞6
≤0.4	0.06～0.08	0.14～0.17	0.22～0.26	0.32～0.38	
0.4～0.8	0.08～0.10	0.17～0.20	0.26～0.30	0.38～0.44	0.50～0.80
＞0.8	0.10～0.12	0.20～0.22	0.30～0.34	0.44～0.50	
单排桩条形承台	0.15～0.18	0.25～0.30	0.38～0.45	0.50～0.60	

注：① 表中 s_a/d 为桩中心距与桩径之比；B_c/l 为承台宽度与桩长之比。当计算基桩为非正方形排列时，$s_a = \sqrt{A/n}$，A 为承台计算域面积，n 为总桩数。
② 对于桩布置于墙下的箱、筏承台，η_c 可按单排桩基取值。
③ 对于单排桩条形承台，当承台宽度小于 $1.5d$ 时，η_c 按非条形承台取值。
④ 对于采用后注浆灌注桩的承台，η_c 宜取低值。
⑤ 对于饱和黏性土中的挤土桩基、软土地基上的桩基承台，η_c 宜取低值的 0.8 倍。

2）高承台群桩基础

《建筑桩基技术规范》中高承台桩计算模式图，如图 4-10 所示。

（1）确定基本参数。所确定的基本参数包括承台埋深范围地基土水平抗力系数的比例系数 m、桩底固地基土竖向抗力系数的比例系数 m_0、桩身抗弯刚度 EI、α、桩身轴向压力传布系数 ξ_N、桩底面地基土竖向抗力系数 C_0。

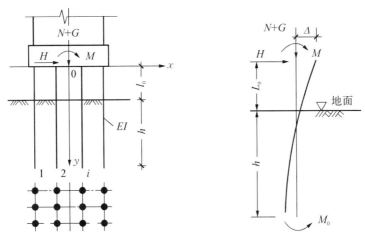

图 4-10 高承台桩计算模式

（2）求单位力作用于桩身地面处，桩身在该处产生的变位（见表 4-6）。

表 4-6

$H_0 = 1$ 作用时	水平位移 $(F^{-1} \times L)$	$h \leqslant \dfrac{2.5}{\alpha}$	$\delta_{\text{HH}} = \dfrac{1}{\alpha^3 EI} \times \dfrac{(B_3 D_4 - B_4 D_3) + K_h (B_2 D_4 - B_4 D_2)}{(A_3 B_4 - A_4 B_3) + K_h (A_2 B_4 - A_4 B_2)}$
		$h > \dfrac{2.5}{\alpha}$	$\delta_{\text{HH}} = \dfrac{1}{\alpha^3 EI} \times A_1$
	转角 (F^{-1})	$h \leqslant \dfrac{2.5}{\alpha}$	$\delta_{\text{MH}} = \dfrac{1}{\alpha^2 EI} \times \dfrac{(A_3 D_4 - A_4 D_3) + K_h (A_2 D_4 - A_4 D_2)}{(A_3 B_4 - A_4 B_3) + K_h (A_2 B_4 - A_4 B_2)}$
		$h > \dfrac{2.5}{\alpha}$	$\delta_{\text{MH}} = \dfrac{1}{\alpha^2 EI} \times B_1$
$M_0 = 1$ 作用时	水平位移 (F^{-1})	$h \leqslant \dfrac{2.5}{\alpha}$	$\delta_{\text{HM}} = \delta_{\text{MH}}$
		$h > \dfrac{2.5}{\alpha}$	$\delta_{\text{HM}} = \delta_{\text{MH}}$
	转角 $(F^{-1} \times L^{-1})$	$h \leqslant \dfrac{2.5}{\alpha}$	$\delta_{\text{MM}} = \dfrac{1}{\alpha EI} \times \dfrac{(A_3 C_4 - A_4 C_3) + K_h (A_2 C_4 - A_4 C_2)}{(A_3 B_4 - A_4 B_3) + K_h (A_2 B_4 - A_4 B_2)}$
		$h > \dfrac{2.5}{\alpha}$	$\delta_{\text{MM}} = \dfrac{1}{\alpha EI} \times C_1$

（3）求单位力作用于桩顶时，桩顶产生的变位（见表 4-7）。

表 4-7

$H_i = 1$ 作用时	水平位移 $(F^{-1} \times L)$	$\delta'_{\text{HH}} = \dfrac{l_0^3}{3EI} + \delta_{\text{MM}} l_0^2 + 2\delta_{\text{MH}} l_0 + \delta_{\text{HH}}$
	转角 (F^{-1})	$\delta'_{\text{MH}} = \dfrac{l_0^2}{2EI} + \delta_{\text{MM}} l_0 + \delta_{\text{MH}}$
$M_i = 1$ 作用时	水平位移 (F^{-1})	$\delta'_{\text{HM}} = \delta'_{\text{MH}}$
	转角 $(F^{-1} \times L^{-1})$	$\delta'_{\text{MM}} = \dfrac{l_0}{EI} + \delta_{\text{MM}}$

（4）求桩顶发生单位变位时，桩顶引起的内力（见表4-8）。

表 4-8

发生竖直位移时	竖向反力 $(F \times L^{-1})$	$\rho_{NH} = \dfrac{1}{\dfrac{l_0 + \xi_N h}{EA} + \dfrac{1}{C_0 A_0}}$
发生水平位移时	水平反力 $(F \times L^{-1})$	$\rho_{HH} = \dfrac{\delta'_{MM}}{\delta'_{HH} \delta'_{MM} - \delta'^2_{MH}}$
	反弯矩 (F)	$\rho_{MH} = \dfrac{\delta'_{MH}}{\delta'_{HH} \delta'_{MM} - \delta'^2_{MH}}$
发生单位转角时	水平反力 (F)	$\rho_{HM} = \rho_{MH}$
	反弯矩 $(F \times L)$	$\rho_{MM} = \dfrac{\delta'_{HH}}{\delta'_{HH} \delta'_{MM} - \delta'^2_{MH}}$

（5）求承台发生单位变位时，所有桩顶引起的反力和（见表4-9）。

表 4-9

单位竖直位移时	竖向反力 $(F \times L^{-1})$	$\gamma_{VV} = n \rho_{NN}$	
单位水平位移时	水平反力 $(F \times L^{-1})$	$\gamma_{UU} = n \rho_{HH}$	n——基桩数
	反弯矩 (F)	$\gamma_{\beta U} = -n \rho_{MH}$	x_i——坐标原点至各桩的距离
单位转角时	水平反力 (F)	$\gamma_{U\beta} = \gamma_{\beta U}$	K_i——第 i 排桩的根数
	反弯矩 $(F \times L)$	$\gamma_{\beta\beta} = n \rho_{MM} + \rho_{HH} \sum K_i x_i^2$	

（6）求承台变位（见表4-10）。

表 4-10

竖直位移 (L)	$V = \dfrac{N+G}{\gamma_{VV}}$
水平位移 (L)	$U = \dfrac{\gamma_{\beta\beta} H - \gamma_{U\beta} M}{\gamma_{UU} \gamma_{\beta\beta} - \gamma_{U\beta}^2}$
转角（弧度）	$\beta = \dfrac{\gamma_{UU} M - \gamma_{U\beta} H}{\gamma_{UU} \gamma_{\beta\beta} - \gamma_{U\beta}^2}$

（7）求任一基桩桩顶内力（见表4-11）。

表 4-11

竖向力 (F)	$N_t = (V + \beta x_i) \rho_{NN}$
水平力 (F)	$H_t = U \rho_{HH} - \beta \rho_{HM} = \dfrac{H}{n}$
弯矩 $(F \times L)$	$M_t = \beta \rho_{MM} - U \rho_{MH}$

（8）求地面处桩身截面上的内力（见表 4-12）。

表 4-12

水平力（F）	$H_0 = H_t$
弯矩（$F \times L$）	$M_0 = M_t + H_t l_0$

（9）求地面处桩身的变位（见表 4-13）。

表 4-13

水平位移（L）	$x_0 = H_0 \delta_{HH} + M_0 \delta_{HM}$
弯矩（$F \times L$）	$\varphi_0 = -(H_0 \delta_{MH} + M_0 \delta_{MM})$

（10）求地面下任一深度桩身截面内力（见表 4-14）。

表 4-14

弯矩（$F \times L$）	$M_\gamma = \alpha^2 EI \left(x_0 A_3 + \dfrac{\varphi_0}{\alpha} B_5 + \dfrac{M_0}{\alpha^2 EI} C_3 + \dfrac{H_0}{\alpha^3 EI} D_3 \right)$
水平力（F）	$H_\gamma = \alpha^3 EI \left(x_0 A_4 + \dfrac{\varphi_0}{\alpha} B_4 + \dfrac{M_0}{\alpha^2 EI} C_4 + \dfrac{H_0}{\alpha^3 EI} D_4 \right)$

（11）求桩身最大弯矩及其位置（见表 4-15）。

表 4-15

最大弯矩位置（L）	由 $\dfrac{\alpha M_0}{H_0} = C_1$ 查表（建筑桩基技术规范）c.0.3-5 得相应的 αy，$y M_{max} = \dfrac{\alpha y}{\alpha}$
最大弯矩（$F \times L$）	$M_{max} = M_0 C_1$

4.2.4 桩的相互影响效应

群桩中单个桩之间存在相互影响，这种相互影响导致地基上的水平抗力性能的弱化，使水平抗力系数降低，并使各个桩的荷载分配不均匀。这种相互影响的作用随桩距和桩数而变化，当桩距减小时，相互影响增强；桩数增多时，影响也增强。这种影响具有方向性，沿水平荷载作用方向的影响远大于垂直水平荷载的方向，因此要定量地描述这种影响是十分困难的。

桩的相互影响的机理是在水平荷载作用下，土中应力的重叠，造成一种群桩的效应；应力重叠随桩距的减小与桩数的增加而增强，由于应力重叠的方向性，使桩（排）沿水平荷载作用方向上的相互影响远大于垂直于水平荷载方向的相互影响，当这两个方向上的桩距分别小于 8d 和 2.5d 时，土抗力系数应考虑折减。

群桩的模型试验和现场观测均证明，在荷载作用方向上的前排桩分配到的水平力最大，末排桩受到的水平力最小。这是因为前排桩前方的土体处于半无限状态，土抗力能充分发挥,前排桩所受到的土抗力一般约等于或大于单桩,亦即前排桩的水平承载力约等于或大于单桩,中间桩与末排桩则存在群桩效应,因此,在设计时,前排桩取单桩承载力是偏于安全的,其他桩则应予以折减。为了提高桩基水平承载力,亦可对前排桩(当水平力多变时则是外围桩)采取加大桩径或加强配筋的做法。

4.2.5 桩顶作用效应

对于一般建筑物和受水平荷载(包括力矩和水平剪力)较小的高大建筑物且桩径相同的群桩基础,群桩中单桩桩顶的水平力设计值为

$$H_1 = \frac{H}{n} \qquad (4-18)$$

式中：H_1——单桩基础或群桩中的单桩桩顶处的水平力设计值(kN);

H——作用于桩基承台底面的水平力设计值(kN);

n——桩基中的桩数。

4.2.6 桩顶约束效应

桩顶和承台的连接极大地影响群桩中各个桩的荷载分配,由于各个行业的技术要求不同,对于桩的嵌入承台的长度不同,因而承台的约束影响也不相同。建筑桩基方面规定桩的嵌入承台的长度比较短(50~100 mm),承台混凝土为二次浇注,桩的主筋锚入承台为 $30d$ (d 为钢筋直径),这种连接比较弱。因此在比较小的水平荷载作用下桩顶周边混凝土可能出现塑性变形,形成传递剪力和部分弯矩的非完全嵌间状态。这对桩顶约束是一种既非完全自由状态,也非完全嵌固状态的中间状态,在一定程度上能减小桩顶位移(相对于完全自由状态而言),又能降低桩顶约束弯矩(相对于完全嵌固状态)。

桩顶由铰接变为刚性连接(嵌固)后,抗弯刚度将大大提高,桩顶嵌固产生的负弯矩将抵消一部分水平力引起的正弯矩,使最大弯矩和位移零点的位置下移,从而使土的塑性区向深部发展,使深层土的抗力得以发挥,这就意味着群桩的承载力提高,水平位移减小。

与完全嵌固状态相比,试验结果表明,由于桩顶的非完全刚性连接导致桩顶弯矩降低完全嵌固理论值的 40% 左右,桩顶位移增大约 25%。

为确定桩顶有限约束效应对群桩水平承载力的影响,引入桩顶位移比和最大弯矩比两个基准值进行比较,分别确定不同控制条件时的桩顶约束效应系数。

4.3 群桩在水平荷载下的内力计算的简化解析法

前一节讨论的分项综合效应系数法只能计算群桩的水平承载力,不能计算群桩的内力,也不能据以对桩身和承台进行配筋。为了求得群桩在水平荷载作用下的内力,必须采用考虑桩、承台和土相互作用的分析方法。群桩与土和承台在水平荷载下的相互作用分析,是比较复杂的,在一般情况下可以采用数值法求解。

水平荷载作用下群桩的破坏特征为：桩与桩间土产生相对位移，桩上部出现裂缝，最终于距承台底一定深度处折断，位移方向一侧的土元明显挤出现象，见图 4-11 所示。

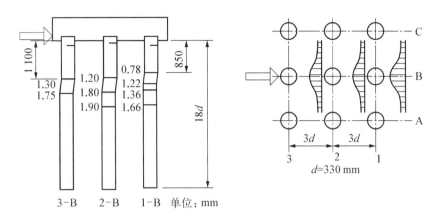

图 4-11　水平荷载作用下群桩的破坏特征

水平荷载由承台（地下室外墙）侧面土抗力、承台底地基土摩擦力、基桩共同分担，因此对于受水平荷载较大时的群桩基础应按考虑承台-桩-土的共同作用计算基桩、承台与地下室外墙水平抗力及位移。对于无地下室且作用于承台顶面的弯矩较小的情况可用群桩效应综合系数法。

群桩效应综合系数法是以单桩水平承载力特征值 R_{ha} 为基础，考虑桩的相互影响效应、桩顶约束效应、承台侧抗效应、承台底摩阻效应，求得群桩综合效应系数 η_h；单桩水平承载力特征值 R_{ha} 乘以 η_h 即得群桩中基桩的水平承载力特征值 R_h。

（1）桩的相互影响效应系数 η_i。

桩的相互影响随桩距减小、桩数增加而增大，沿荷载方向的影响远大于垂直于荷载作用方向，根据 23 组双桩、25 组群桩的水平荷载试验结果的统计分析，得到相互影响系数

$$\eta_i = \frac{\left(\dfrac{s_a}{d}\right)^{0.015n_2+0.45}}{0.15n_1 + 0.10n_2 + 1.9} \tag{4-19}$$

（2）桩顶约束效应 η_t。

建筑桩基桩顶嵌入承台的深度较浅，为 5~10 cm，实际约束状态介于铰接与固接之间。这种有限约束连接相对于桩顶自由而言，减小了桩顶水平位移，相对于桩顶固接而言降低了桩顶约束弯矩的同时增加了桩身弯矩。

根据试验结果统计分析表明，由于桩顶的非完全嵌固导致桩顶弯矩降低至完全嵌固理论值的 40% 左右（见图 4-12），桩顶位移较完全嵌固增大约 25%。

为确定桩顶约束效应对群桩水平承载力的影响，以桩顶自由单桩与桩顶固接单桩的桩顶位移比 R_x 最大弯矩比 R_M 为基准进行比较，确定其桩顶约束效应系数 η_t 为：

当以位移控制时：

$$\eta_t = \frac{1}{1.25}R_x \tag{4-20}$$

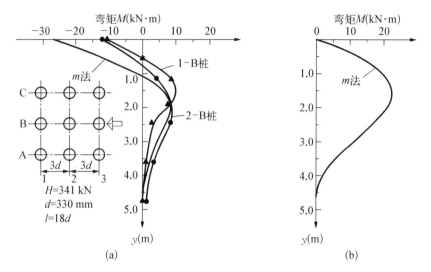

图 4‑12 实测弯矩与理论值比较

(a) 桩顶嵌固群桩；(b) 桩顶自由

$$R_x = \frac{\chi_0^0}{\chi_0^r} \qquad (4-21)$$

当以强度控制时：

$$\eta_r = \frac{1}{0.4} R_M \qquad (4-22)$$

$$R_M = \frac{M_{max}^0}{M_{max}^r} \qquad (4-23)$$

式中：χ_0^0、χ_0^r——分别为单位水平力作用下桩顶自由、桩顶固接的桩顶水平位移；

M_{max}^0、M_{max}^r——分别为单位水平力作用下桩顶自由的桩，其桩身最大弯矩；桩顶固接时，桩顶最大弯矩。

将 m 法对应的桩顶有限约束效应系数 η_r 列于表 4‑16 中

表 4‑16 桩顶约束效应系数 η_r

换算深度 ah	2.4	2.6	2.8	3.0	3.5	$\geqslant 4.0$
位移控制	2.58	2.34	2.20	2.13	2.07	2.05
强度控制	1.44	1.57	1.71	1.82	2.00	2.07

注：$a = \sqrt[5]{\dfrac{mb_0}{EI}}$，$h$ 为桩的入土长度。

（3）承台侧抗效应系数 η_l。

当桩基发生水平位移时，面向位移的承台侧面将受到土的弹性抗力。由于承台位移一般较小，不足以使其发挥至被动土压力，因此承台侧向土抗力应采用与桩相同的办法——线弹性地基反力系数法计算。该弹性总土抗力为：

$$\Delta R_{h1} = \chi_{0a} B'_c \int_0^{h_c} k_h(y) \mathrm{d}y \tag{4-24}$$

按 m 法，$k_h(y) = my$，则

$$\Delta R_{h1} = \frac{1}{2} m \chi_{0a} B'_c h_c^2 \tag{4-25}$$

由此得：

$$\eta_1 = \frac{m \cdot \chi_{0a} B'_c h_c^2}{2 \cdot n_1 \cdot n_2 \cdot R_{ha}} \tag{4-26}$$

（4）考虑由承台（含地下室侧墙）、群桩、土相互作用协同工作的群桩（$s_a/d \leqslant 6$）的基础中任一基桩的水平承载力特征值可按下式简化计算。

$$R_h = \eta_h R_{ha} \tag{4-27}$$

$$\eta_h = \eta_i \eta_r + \eta_l + \eta_b \tag{4-28}$$

$$\eta_b = \frac{\mu \cdot P_c}{n_1 \cdot n_2 \cdot R_h} \tag{4-29}$$

$$B'_c = B_c + 1(m) \tag{4-30}$$

$$P_c = \eta_c f_{ak}(A - n A_{ps}) \tag{4-31}$$

$$x_{0a} = \frac{R_{ha} \cdot V_x}{\alpha^3 \cdot EI} \tag{4-32}$$

式中：η_h——群桩效应综合系数；

$\quad\quad \eta_i$——桩的相互影响效应系数；

$\quad\quad \eta_r$——桩顶约束效应系数（桩顶嵌入承台长度 $50 \sim 100$ mm 时），按表 4-3 取值；

$\quad\quad \eta_l$——承台侧向土抗力效应系数（承台侧面回填土为松散状态时取 $\eta_l = 0$）；

$\quad\quad \eta_b$——承台底摩阻效应系数；

$\quad\quad s_a/d$——沿水平荷载方向的距径比；

$\quad\quad n_1 \text{、} n_2$——分别为沿水平荷载方向与垂直水平荷载方向每排桩中的桩数；

$\quad\quad m$——承台侧面土水平抗力系数的比例系数，当无试验资料时可按表 4-17 取值；

$\quad\quad x_{0a}$——桩顶（承台）的水平位移允许值，当以位移控制时，可取 $x_{0a} = 10$ mm（对水平位移敏感的结构物取 $x_{0a} = 6$ mm）；当以桩身强度控制（低配筋率灌注桩）时，可近似按式（4-32）确定；

$\quad\quad B'_c$——承台受侧向土抗力一边的计算宽度；

$\quad\quad B_c$——承台宽度；

$\quad\quad h_c$——承台高度（m）；

$\quad\quad \mu$——承台底与基土间的摩擦系数，可按表 4-18 取值；

$\quad\quad P_c$——承台底地基土分担的竖向总荷载标准值；

$\quad\quad \eta_c$——按表 4-5 确定；

A——承台总面积；

A_{ps}——桩身截面面积。

表 4-17　地基土水平抗力系数的比例系数 m 值

序号	地 基 土 类 别	预制桩、钢桩		灌 注 桩	
		m （MN/m⁴）	相应单桩在 地面处水平位移 （mm）	m （MN/m⁴）	相应单桩在 地面处水平位移 （mm）
1	淤泥；淤泥质土；饱和湿陷性黄土	2～4.5	10	2.5～6	6～12
2	流塑($I_L>1$)、软塑($0.75<I_L≤1$)状黏性土；$e>0.9$ 粉土；松散粉细砂；松散、稍密填土	4.5～6.0	10	6～14	4～8
3	可塑($0.25<I_L≤0.75$)状黏性土、湿陷性黄土；$e=0.75～0.9$ 粉土；中密填土；精密细砂	6.0～10	10	14～35	3～6
4	硬塑($0<I_L≤0.25$)、坚硬($I_L≤0$)状黏性土、湿陷性黄土；$e<0.75$ 粉尘；中密的中粗砂；密实老填土	10～22	10	35～100	2～5
5	中密、密实的砾砂、碎石类土	—		100～300	1.5～3

表 4-18　承台底与基土间的摩擦系数 μ

土 的 类 别		摩擦系数 μ
黏性土	可塑	0.25～0.30
	硬塑	0.30～0.35
	坚硬	0.35～0.45
粉 土	密实、中密(稍湿)	0.30～0.40
	中砂、粗砂、砾砂	0.40～0.50
	碎石土	0.40～0.60
	软岩、软质岩	0.40～0.60
	表面粗糙的软硬岩、坚硬岩	0.65～0.75

4.4　考虑群桩作用的计算方法

本章 4.2 节介绍的方法是属于考虑群桩作用的计算方法，采用几个效应系数的组合反映各种群桩因素的影响，也是一种比较方便的方法。

4.4.1　群桩的分桩效率系数法

设荷载方向上任一第 m 根桩在考虑群桩效应作用后的水平承载力 R_m 为该桩的单桩水平承载力 R_h 与桩的效率系数 η_m 之乘积，则该桩的总水平承载力可由下式计算：

$$\sum_{m=1}^{n} R_m = \sum_{m=1}^{n} R_h \eta_m = R_h \sum_{m=1}^{n} \eta_m \qquad (4-33)$$

式中：n 为纵向桩排中的总桩数，η_m 可按下式计算：

$$\eta_m = m \bar{\eta}_m - (m-1) \bar{\eta}_{m-1} \qquad (4-34)$$

式中：$\bar{\eta}_m$ 和 $\bar{\eta}_{m-1}$ 分别为第 m 根桩和第 $m-1$ 根桩前面的各桩平均效应系数，计算平均效率系数时应将本桩包括在内；经试验表明可以按日本玉置公式计算：

$$\bar{\eta}_m = 1 - 5 \left[1 - (0.6 - 0.25k) \left(\frac{s}{d} \right)^{(0.3+0.2k)} \right] (1 - m^{-0.22}) \qquad (4-35)$$

式中：k 为桩顶固定度，刚接时取 $k=1$，铰接时取 $k=0$；s 为桩距；d 为桩径。

对 $\bar{\eta}_{m-1}$ 只需将上式中的 m 换算成 $m-1$。当 $m=1$ 时，桩的效率系数大于 1，当 m 大于 1 时，桩的效率系数小于 1。

当扣除了承台端部和侧面的土压力后，由纵向桩排承担的水平力为 H，则分配到各桩的桩顶水平力 H_i 可按分桩效率系数估算如下：

$$H_i = \frac{H E_i}{\sum_{m=1}^{n} \eta_m} \qquad (4-36)$$

式中：$\bar{\eta}_m$ 和 $\bar{\eta}_i$ 分别为第 m 根桩和第 i 根桩的效率系数。

4.4.2 群桩的综合效率系数法

对于纵向和横向的桩数分别为 m 和 n 的行列式布桩的群桩，当承台平面内无扭矩作用时，可简化为 m 个纵向桩排分析。也可按综合效率系数法直接估算群桩的水平承载力。

综合效率系数法是试验和理论分析相结合的一种方法。它首先要进行现场的单桩水平荷载试验和桩顶嵌固的双桩水平荷载试验，得到单桩水平承载力为 H，双桩水平承载力为 H_b。然后根据土体达到极限平衡状态的假定和水平位移控制的条件得出的综合效率系数估算群桩的水平承载力。

（1）根据单桩试桩的结果群桩基础的水平承载力 H_g 可由系数估算：

$$H_g = mn H \xi_{sg} \qquad (4-37)$$

式中：ξ_{sg}——由单桩试验结果计算的综合效率系数，可按下式计算：

$$\xi_{sg} = K_1 K_2 K_3 + K_4 K_5 \qquad (4-38)$$

式中的各系数 $K_1 \sim K_5$ 由下面的公式分别确定：

$$K_1 = \frac{1-q}{1-q^m+a+b} \qquad (4-39)$$

式中的 q、a、b 由下式计算：

$$q = \frac{\zeta \operatorname{tg} \varphi + 0.25}{(\zeta \operatorname{tg} \varphi + 0.5)^2} \tag{4-40}$$

$$a = \frac{i}{2} \frac{2(2\operatorname{tg} \varphi - 1)\zeta + 1}{(3\zeta \operatorname{tg} \varphi + 0.5)^2} \left(\frac{\zeta \operatorname{tg} \varphi}{\zeta \operatorname{tg} \varphi + 0.5}\right)^2 \tag{4-41}$$

$$b = \frac{i}{2} \frac{2(3\operatorname{tg} \varphi - 1)\zeta + 1}{(3\zeta \operatorname{tg} \varphi + 0.5)^2} \left(\frac{\zeta \operatorname{tg} \varphi}{\zeta \operatorname{tg} \varphi + 0.5}\right)^2 \tag{4-42}$$

上面三式中的 ζ 为桩距与桩径之比

$$\zeta = \frac{s}{d} \tag{4-43}$$

上述公式中的 i 是识别符号,当 $n > 3$ 时,$i = 2$;$n = 2$ 时,$i = 1$;$n = 1$ 时,$i = 0$。

$$K_2 = a \lg \zeta + \beta \tag{4-44}$$

式中:K_2——与桩距、桩数和土质有关的系数。

K_3——反映桩顶嵌固程度的系数,按地基土水平抗力系数分布的不同假定取值;

张有龄法,取 2.0;m 法取 2.6;K 法取 1.56;C 值法取 2.32。

$$K_4 = \frac{\Delta H'_g}{mnH} \tag{4-45}$$

$$\Delta H'_g = \min(N\eta \operatorname{tg} \varphi + cAfN\eta) \tag{4-46}$$

式中:N——结构自重(kN);

η——在竖向荷载作用下,桩上共同作用时土体分担的荷载比;

c——土的黏聚力(kPa);

A——承台底与土接触的面积(m^2);

f——承台与地基土之间的摩擦系数。

$$K_5 = \frac{K_0 \gamma B(Z_2^2 - Z_1^2)}{2mnH} \tag{4-47}$$

式中:K_0——土的静止土压力系数;

γ——土的重度(kN/m^3);

B——承台的宽度(m);

Z_1、Z_2——分别为承台的顶面和底面的入土深度(m);当承台顶面高于地面时,取 $Z_1 = 0$。

(2) 根据双桩水平荷载试验结果估算群桩基础水平承载力由下式估算:

$$H_g = \frac{1}{2} mnH_b \xi_{bg} \tag{4-48}$$

$$\xi_{bg} = K_1 K_2 K_3 + K_4 K_5 \tag{4-49}$$

式中的各系数 $K_1 \sim K_5$ 与单桩试验的结果略有不同,下面分别给出有差别的公式,而不重复相同的公式和系数。

$$K_1 = \frac{1-q^2}{1-q^m+a+b} \tag{4-50}$$

对于双桩试验的结果不管土质条件如何均取 $K_2=1$ 和 $K_3=1$。

$$K_4 = \frac{\Delta H'g - mn\,\Delta H'_b}{mnH_b} \tag{4-51}$$

式中的 $\Delta H'_b$ 为双桩承台底面摩擦力所提高的水平承载力。

$$K_5 = \frac{K_0\gamma B(Z_2^2 - Z_1^2)}{mnH_b} \tag{4-52}$$

上述方法只适用于低承台群桩；当桩距较小时，群桩基础有可能发生整体破坏，应进行整体验算。

4.4.3　考虑桩与土共同作用的方法

1）基本假定

(1) 将土体视为弹性变形介质，其水平抵抗力系数随深度线性增加，地面处为零。对于低承台，考虑到承台底面一般是原地基土与回填土的交界面，为简化计算，假定桩顶标高处的水平抗力系数为零并随深度增长；

(2) 在水平力和竖向压力作用下，基桩表面和承台、地下墙体表面上任一点的接触应力（即法向弹性抗力）与该点的法向位移成正比。

(3) 忽略桩身、承台、地下墙体侧面与土之间的黏着力和摩擦力对抵抗力的作用。

(4) 承台与地基土之间的摩阻力同法向压力成正比，同承台水平位移无关。

(5) 桩顶与承台刚性连接，承台的刚度视为无穷大。因此，只有当承台的刚度较大，或由于上部结构与承台的共同作用使承台的刚度得到增强的情况下，才适合于用这一方法计算群桩基础的水平承载力。

2）基本计算参数

(1) 地基土水平抗力系数的比例系数 m。当桩的侧面为层状土时，应求得主要影响深度范围内的 $\bar{m}$ 值作为计算值，主要影响深度范围由下式计算：

$$h_m = 2(d+1) \tag{4-53}$$

当影响深度范围内存在两层不同的土层时：

$$\bar{m} = \frac{m_1 h_1^2 + m_2(2h_1+h_2)h^2}{h_m^2} \tag{4-54}$$

当影响深度范围内存在 3 层不同土层时：

$$\bar{m} = \frac{m_1 h_1^2 + m_2(2h_1+h_2)h_2 + m_3(2h_1+2h_2+h_3)h_3}{h_m^2} \tag{4-55}$$

（2）承台侧面地基土水平抗力系数 C_n。

$$C_n = mh_n \qquad (4-56)$$

式中：m——承台埋深范围内地基土的水平抗力系数的比例系数（MN/m⁴）；

　　　h_n——承台埋深（m）。

（3）地基土竖向抗力系数 C_0、C_b 和地基土竖向抗力系数的比例系数 m。

① 桩底面地基土竖向抗力系数 C_0

$$C_0 = m_0 h \qquad (4-57)$$

式中：m_0——桩底面地基土竖向抗力系数的比例系数（MN/m⁴）；

　　　h——桩的入土深度（m）；当小于 10 m 时按 10 m 计算。

② 承台底地基土竖向抗力系数 C_b

$$C_b = m_0 h_n \qquad (4-58)$$

式中：h_n——承台埋深（m）；当小于 1 m 时按 1 m 计算。

③ 岩石地基的竖向抗力系数 C_R，不随岩层埋深而增长，其值按表 4-19 采用。

表 4-19　岩石地基竖向抗力系数 C_R

单轴极限抗压强度/kPa	C_R/(kN/m³)
1 000	3×10^5
≥25 000	15×10^6

4.5　提高桩基抗水平力的技术措施

桩的水平承载力和其水平变形密切相关。在一般情况下，桩的水平变形制约了桩-土体系的抗力，只有当桩或桩基础的变形为桩基结构所允许时，桩-土体系的抗力才可作为设计采用的承载力，也就是说设计承载力应保证桩基结构的变形处于允许范围之内。因此要提高桩的水平承载力，必须保证桩-土体系有相应的刚度和强度。

1）提高桩的刚度和强度

为减少桩或桩基础的变形，可从构造上采取下列几种措施以提高桩的刚度和强度：

（1）采用刚度较大的承台座板。

承台座板采用较大的厚度可有效地提高桩基础的刚度。整体浇筑的大刚度承台座板能使群桩中某根桩的缺陷引起的后果分摊到相邻各桩中去，能保证群桩的整体刚度。承台座板或帽梁底部正对桩头处应设必要的钢筋网。

（2）各桩顶用联系梁或地梁相联结。

地梁一般在桩顶的互相垂直的两个方向设置，且应设置在桩顶，不应设置于桩的侧面。其主筋应同桩头主筋相联结。在两桩之间设置横系梁，横系梁钢筋伸入桩内并浇筑在一起，使双桩能共同变形。

如果地梁或帽梁周围的土不会坍塌,其侧向土抗力可作为桩的横向抗力的一个组成部分,可分担桩的一部分横向荷载。

（3）将桩顶联结到底层地板。

桩头及其外露的钢筋应伸入地板中并由混凝土浇筑在一起。桩和底层地板可以共同承担桩基结构的横向荷载。

（4）自由长度较大的桩以群桩为依靠。

码头前方的防撞击桩的顶部可支靠于码头面板,从而受到群桩的支持,限制桩的横向位移的发展。桩顶同码头面板之间设置减震块。

（5）用套管增强。

桩外面设置钢套管,在桩同套管之间用压浆法将两者胶结在一起。钢套管长度一般为桩直径的四倍。钻孔灌注桩用护筒护壁施工时,亦可不拔除护筒,在浇灌混凝土时让它同桩头胶结在一起,可增强桩的刚度。

（6）设置斜桩。

群桩可设置正向斜桩或反向斜桩或正、反向斜桩对称布置以及叉桩来提高群桩刚度。当群桩在左右和前后两个方向都有水平力,可在这两个方向分别设置斜桩。

（7）保证桩接头刚度。

打入桩接头应采用可靠的刚性构造。钢管焊接接长时,焊接头应当可靠。

2）提高桩周土抗力

当工程设计确定了桩基础场地并通过论证确定了桩型和桩的尺度并采取提高桩或桩基础刚度和强度的措施后,还可通过地基改良以提高桩周土的抗力。桩周土愈密实,桩-土体系的承载力将愈高,变形将减小。

由于影响水平承载桩承载力以及变形的主要是底面以下 3～4 倍桩径范围内的土,因此改良加固的土不必达到桩的底部,仅加固到达地面以下 0～6 m 的范围即可。

据经验,桩的打入对桩周砂土的挤密影响范围在横向可达到 3～4 倍桩径处,对黏性土可达到 1 倍桩径处。故加固改良土的径向范围应大于此值。

4.6　群桩效应水平承载力的研究

4.6.1　水平荷载作用下 PCC 桩群桩效应数值分析

采用三维弹塑性有限元方法,研究了 PCC 桩群桩在水平荷载作用下的工作性状。比较了 PCC 桩群桩和等截面实心圆形桩群桩的水平承载力和群桩效率,得到了 PCC 桩纵、横向群桩效应的临界桩距;分析了桩距、桩数、桩顶约束条件对 PCC 桩群桩效率的影响。研究表明,PCC 单桩和群桩的水平承载力都较等截面实心圆桩大;PCC 桩纵、横向群桩效应的临界桩距分别约为外径的 7.4 倍和 2.8 倍;桩距愈小、桩数愈多,PCC 桩群桩效率愈小,当设计桩距小于临界桩距时,应考虑群桩效应;PCC 桩桩顶固接或铰接时,弯矩分布和承载力差异较大,设计中可以通过改变桩顶的约束条件来协调桩身受力性状。如表4-20所示。

表4-20   PCC桩和等截面实心圆桩单、群(3×3群桩)水平承载力对比

	计 算 项 目	桩 顶 固 接	桩 顶 铰 接
PCC桩	单桩承载力/kN	249.2	131.4
	群桩承载力/kN	806.4	459
	群桩效率	0.36	0.39
等截面面积 实心圆桩	单桩承载力/kN	163.6	85.9
	群桩承载力/kN	613.8	359.1
	群桩效率	0.42	0.46

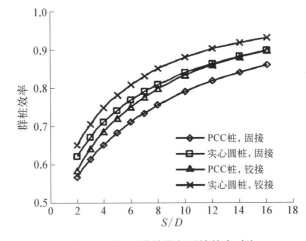

图4-13   3×1排桩纵向群桩效应对比

由图4-13可以看出,对于3×1排桩,桩顶固接时,实心圆桩S/D为8的群桩效率为0.81,此效率值对应的PCC桩的S/D为11.4。桩顶铰接时,实心圆桩S/D为8的群桩效率为0.85,此效率值对应的PCC桩的S/D为11.3。

对应于实心圆桩纵向群桩效应临界桩距8D的群桩效率值,PCC桩的纵向群桩效应临界桩距平均为11.4D。以下式换算成用PCC桩外径d表示(本文模型$d=1.0$ m):

$$11.4D/d = 11.4 \times 0.651.0 \approx 7.4$$

即PCC桩纵向群桩效应临界桩距约为其外径的7.4倍。

由图4-14可以看出,对于3×1排桩,桩顶固接时,实心圆桩S/D为3的群桩效率为0.75,此效率值对应的PCC桩的S/D为4.2;桩顶铰接时,实心圆桩S/D为3的群桩效率为0.78,此效率值对应的PCC桩的S/D为4.2。

对应于实心圆桩横向群桩效应临界桩距3D的群桩效率值,PCC桩的横向群桩效应临界桩距平均为4.25D。以下式换算成用PCC桩外径d表示(本文模型$d=1.0$ m),即

$$4.25D/d = 4.25 \times 0.651.0 \approx 2.8$$

即PCC桩横向群桩效应临界桩距约为其外径的2.8倍。

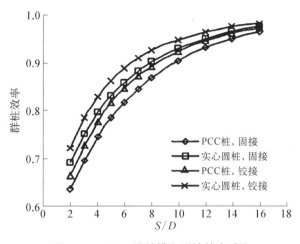

图 4 - 14　3×1 排桩横向群桩效应对比

由此得出结论：

（1）PCC 单桩和群桩的水平承载力都较等截面实心圆桩大，PCC 桩较实心圆桩经济。相同桩距下，两种桩型的群桩效率有一定差异，需要区别对待。

（2）PCC 桩纵向群桩效应临界桩距约为 PCC 桩外径的 7.4 倍，PCC 桩横向群桩效应临界桩距约为 PCC 桩外径的 2.8 倍。

（3）桩距和桩数对 PCC 桩的群桩效率影响较大，桩距愈小，桩数尤其是荷载作用方向上的桩数愈多，PCC 桩群桩效率降低愈多，群桩效应愈明显。在 PCC 桩群桩设计时，应选择合理的桩距和桩数，当桩距小于临界桩距时，应考虑群桩效应，群桩承载力或土抗力应进行相应的折减。

（4）桩顶固接和铰接时的桩身弯矩分布和承载力差异较大，桩顶铰接时的群桩效率比固接时稍大。工程设计时，可以通过改变桩顶嵌入承台的长度来调节桩顶的约束条件，协调桩顶负弯矩、桩身最大正弯矩、桩身位移和桩的水平承载力。

4.6.2　水平承载桩的群桩效应研究

沿水平力方向上的桩距对群桩承载力的影响范围大于垂直方向上的桩距的影响。双桩-Ⅰ与双桩-Ⅱ对比、三桩-Ⅰ与三桩-Ⅱ对比、六桩-Ⅰ与六桩-Ⅱ对比，在其他所有条件均一致的情况下，每个桩数的Ⅱ型布置的承载力均大于Ⅰ型。即纵向（沿受力方向）临界桩距为（6～8）d，横向（垂直于受力方向）临界桩距为（2.5～3）d。

现将 9 种桩数与布桩类型的群桩基础受水平荷载作用下 10 mm 和 40 mm 时的群桩效率系数按不同受力方向上桩数的不同分类，并将计算的群桩效率系数分类顺序分别编排到表 4 - 18 和表 4 - 19。分析表 4 - 18 和表 4 - 19 可以得到以下规律：

① 有承台的群桩效率随着桩数的增多整体呈下降趋势，但不必然。如 2×2 排列的群桩基础效率在模拟计算中效率最低。但不可否认，随着桩数的增加承载力的绝对值也随之增加。

② 沿力方向上桩数的增多使得群桩效率下降更加明显。可以观察到表 4 - 18 和

表 4 - 19 中横向上效率系数的下降幅度比竖向要大,这符合已有经验结论：沿水平力方向上的临界桩距大于垂直于水平力方向的临界桩距。

③ 40 mm 时的效率系数普遍比 10 mm 时的效率系数要高。主要是考虑承台的作用影响的提高,使得承载能力提升,从而效率系数增大。

表 4 - 21　各群桩基础在桩顶(承台)10 mm 时的群桩效率

垂直力方向桩数 \ 沿力方向桩数	1	2	3
1	(1.00)	0.87	0.80
2	0.93	0.58	0.62
3	0.90	0.74	0.61

表 4 - 22　各群桩基础在桩顶(承台)40 mm 时的群桩效率

垂直力方向桩数 \ 沿力方向桩数	1	2	3
1	(1.00)	0.85	0.79
2	1.00	0.63	0.62
3	1.03	0.79	0.67

总结如下：

(1) 在条件允许的情况下,为提高水平承载群桩的效率,可考虑尽量将桩垂直于受力方向排列。

(2) 承台的存在可以提高群桩的水平承载效率,且低承台较高承台对于效率的提高更加有效。

(3) 各种水平承载的群桩基础中的土体基本上都从承压区的上下两端开始发展,加固此类桩基础可以从此着手考虑,如向易发生塑性变化的区域注浆加固等。

(4) 虽然水平受力群桩的效率整体上随桩数的增加呈下降趋势,但绝对承载力却是呈提高趋势。所以增加桩数不失为增加承载力的一种直接手段,但要注意的是如何增加桩的布置使得承载力的增加效率更高。

4.7　本章例题

(1) 群桩基础,桩径 $d=0.6$ m,桩的换算埋深 $ah \geqslant 4.0$,单桩水平承载力特征值 $R_h=50$ kN,按位移控制,沿水平承载方向布桩排数为 $n_1=3$,每排桩数为 $n_2=4$,距径比 $s_a/d=3$,承台底位于地面上 50 mm,计算群桩中复合基桩水平承载力特征值。

解：按《建筑桩基技术规范》第 5.7.3 条计算如下：

$ah \geqslant 4.0$，位移控制，查《建筑桩基技术规范》表 5.7.3-1 得，桩顶约束效应 $\eta_r = 2.05$，桩的相互影响系数 η_i 为

$$\eta_i = \frac{\left(\dfrac{s_a}{d}\right)^{0.015n_2+0.45}}{0.15n_1 + 0.10n_2 + 1.9} = \frac{(3)^{0.015 \times 4+0.45}}{0.15 \times 3 + 0.10 \times 4 + 1.9} = 0.6368$$

承台底位于地面上，$P_c = 0$，所以承台底摩阻效应系数 $\eta_b = 0$ 且 $\eta_l = 0$。

群桩效应综合系数　$\eta_h = \eta_i \eta_r + \eta_l + \eta_b = 0.6368 \times 2.05 + 0 + 0 = 1.30544$

复合基桩水平承载力特征值 R_{hl} 为

$$R_{hl} = \eta_h \cdot R_h = 1.30544 \times 50 = 65.272 \text{ kN}$$

（2）某预制桩群桩基础，土层分布如图所示，承台尺寸 2.8 m×2.8 m，埋深 2.5 m，承台下 9 根桩，桩截面尺寸 0.4 m×0.4 m；承台高 1.5 m，桩间距 1.0 m，桩长 18 m，C30 混凝土，承台基底以上为填土，基底以下为软塑黏土，水平抗力系数的比例系数 $m = 5.0 \text{ MN/m}^4$，试求复合基桩的水平承载力特征值。

解：① 求单桩水平承载力特征值

桩身计算宽度 b_0 为：

$$b_0 = 1.5b + 0.5 = 1.5 \times 0.4 + 0.5 = 1.1 \text{ m}$$

桩截面惯性矩：$I_0 = \dfrac{bh^3}{12} = \dfrac{0.4 \times 0.4^3}{12} = 2.13 \times 10^{-3} \text{ m}^4$

$$EI = 0.85E_c I_0 = 0.85 \times 3.0 \times 10^7 \times 2.13 \times 10^{-3} = 54400 \text{ kN} \cdot \text{m}^2$$

$$\alpha = \sqrt[5]{\frac{mb_0}{EI}} = \sqrt[5]{\frac{5000 \times 1.1}{54400}} = 0.632 \text{ m}^{-1}$$

$\alpha h = 0.632 \times 15 = 11.376 > 4$，查《建筑桩基技术规范》，当桩顶约束为铰接时得 $V_x = 2.441$。

取桩顶允许水平位移，取 $X_{oa} = 10 \text{ mm}$。

所以单桩水平承载力设计值为：

$$R_h = \frac{\alpha^3 EI}{V_x} x_{0a} = \frac{0.632^3 \times 54400}{2.441} \times 10 \times 10^{-3} = 56.3 \text{ kN}$$

② 求复合基桩水平承载力设计值

复合基桩水平承载力设计值应考虑承台、群桩、土相互作用的群桩效应：

图部分：

F

M

H

填土 $\gamma = 18 \text{ kN/m}^3$

1.5 m　2 m

黏土　$\gamma = 18.9 \text{ kN/m}^3$
$I_c = 1.0$
$e = 0.85$
$f_{ck} = 100 \text{ kPa}$

13.5 m

粉土　$\gamma = 18 \text{ kN/m}^3$
$e = 0.75$

1.5 m

题（2）图

$$R_{h1} = \eta_h R_h$$

$$\eta_h = \eta_i \eta_r + \eta_l + \eta_b$$

$$\eta_i = \frac{\left(\dfrac{s_a}{d}\right)^{0.015n_2+0.45}}{0.15n_1 + 0.10n_2 + 1.9}$$

$$\eta_l = \frac{m \cdot x_{0a} \cdot B_c' \cdot h_c^2}{2 \cdot n_1 \cdot n_2 \cdot R_{ha}}$$

$$\eta_b = \frac{\mu \cdot P_c}{n_1 \cdot n_2 \cdot R_h}$$

式中：η_h——群桩效应综合系数；

η_i——桩的相互影响效应系数；

η_r——桩顶约束效应系数 $ah=11.376 \geqslant 4$，位移控制承载力，取 2.05；

η_l——承台侧向土抗力效应系数（承台侧面回填土为松散状态时，取 $\eta_l=0$）；

η_b——承台底摩阻效应系数；

s_a/d——沿水平荷载方向的距径比，$s_a/d=1.0/0.451=2.22$；

n_1, n_2——分别为沿水平荷载方向与垂直水平荷载方向每排桩中的桩数，取 $n_1=n_2=3$；

B_c'——承台受侧向土抗力一边的计算宽度，$B_c' = B_c + 1 = 2.8 + 1 = 3.8 \text{ m}$；

B_c——承台宽度；

h_c——承台高度（m），取 1.5 m；

μ——承台底与基土间的摩擦系数，查《建筑桩基技术规范》。可塑黏性土 $\mu=0.25$；

P_c——承台底地基土分担的竖向总荷载标准值。

$$P_c = \eta_c q_{ck} A_c / \gamma_c, \gamma_c = 1.7$$

$$\eta_c = \eta_c^i \frac{A_c^i}{A_c} + \eta_c^e \frac{A_c^e}{A_c}$$

$$A_c^i = 2.4 \times 2.4 - 0.4^2 \times 9 = 4.32 \text{ m}^2$$

$$A_c^e = 0.4 \times 2.8 + 0.4 \times 2.4 = 2.08 \text{ m}^2$$

$$A_c = A_c^i + A_c^e = 2.08 + 4.32 = 6.4 \text{ m}^2$$

据 $s_a/d=2.22$，$B_c/l=2.8/18=0.16$，查《建筑桩基技术规范》得：

$$\eta_c^i = 0.11, \eta_c^e = 0.63, \eta_c = 0.11 \times \frac{4.32}{6.4} + 0.63 \times \frac{2.08}{6.4} = 0.074\,25 + 0.204\,75 = 0.27$$

$$P_c = 0.27 \times 254 \times 6.4 / 1.7 = 266.8 \text{ kN}$$

$$\eta_i = \frac{2.22^{0.015 \times 3 + 0.45}}{0.15 \times 3 + 0.10 \times 3 + 1.9} = \frac{1.48}{2.65} = 0.56$$

$$\eta_l = \frac{5\,000 \times 10 \times 10^{-3} \times 3.8 \times 1.5^2}{2 \times 3 \times 3 \times 56.3} = 0.422$$

$$\eta_b = \frac{0.25 \times 266.8}{3 \times 3 \times 56.3} = 0.132$$

$$\eta_h = \eta_i \eta_r + \eta_l + \eta_b = 0.560 \times 2.05 + 0.422 + 0.132 = 1.702$$

所以考虑承台、桩群、土相互作用后，复合基桩的水平承载力特征值为：

$$R_{h1} = \eta_h R_h = 1.702 \times 56.3 = 95.8 \text{ kN}$$

（3）如图所示桩基，桩侧土水平抗力系数的比例系数 $m = 20$ MN/m⁴，承台侧面土水平抗力系数的比例系数 $m = 10$ MN/m⁴，承台底与地基土间的摩擦系数 $\mu = 0.3$，承台保护层 50 mm，承台底地基土分担竖向荷载 $p_c = 1\,364$ kN，单桩 $\alpha h > 4.0$，其水平承载力特征值 $R_h = 150$ kN，承台容许水平位移 $\chi_{0a} = 6$ mm。试按《建筑桩基技术规范》计算复合基桩水平承载力特征值。

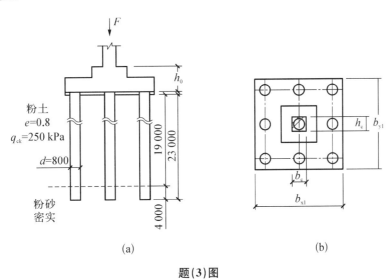

题(3)图

解：根据《建筑桩基技术规范》(JGJ94—2008)第 5.7.3 条：

① $\alpha h > 4.0$，按位移控制，$\eta_r = 2.05$

$$\eta_i = \frac{(s_a/d)^{0.015n_2+0.45}}{0.15n_1 + 0.10n_2 + 1.9} = \frac{3^{(0.015 \times 3 + 0.45)}}{0.15 \times 3 + 0.10 \times 3 + 1.9} = 0.65$$

$$\eta_l = \frac{m \chi_{0a} \cdot B'_c h_c^2}{2n_1 n_2 R_{ha}} = \frac{10 \times 10^3 \times 0.006 \times (6.4+1) \times (1.6+0.05)^2}{2 \times 3 \times 3 \times 150} = 0.447\,7$$

$$\eta_b = \frac{\mu p_c}{n_1 n_2 R_{ha}} = \frac{0.3 \times 1\,364}{3 \times 3 \times 150} = 0.303$$

② $\eta_h = \eta_i \eta_r + \eta_l + \eta_b = 0.65 \times 2.05 + 0.447\,7 + 0.303 = 2.08$

③ $R_h = \eta_h R_{ha} = 2.08 \times 150 = 312$ kN

（4）群桩基础，桩径 $d=0.6$ m，桩的换算埋深 $\alpha h \geqslant 4.0$，单桩水平承载力特征值 $R_h=50$ kN（位移控制）沿水平荷载方向布桩排数 $n_1=3$ 排，每排桩数 $n_2=4$ 根，距径比 $s_a/d=3$，承台底位于地面上 50 mm，试按《建筑桩基技术规范》计算，群桩中复合基桩水平承载力特征值。

解：根据《建筑桩基技术规范》（JGJ94—2008）第 5.7.3 条：

① 承台底位于地面上，取 $\eta_l=0$，$\eta_b=0$，

$\alpha h \geqslant 4.0$，位移控制，查表 $\eta_r=2.05$

$$\eta_i = \frac{(s_a/d)^{0.015n_2+0.45}}{0.15n_1+0.10n_2+1.9} = \frac{3^{(0.015\times4+0.45)}}{0.15\times3+0.10\times4+1.9} = 0.637$$

$$\eta_h = \eta_i\eta_r + \eta_l + \eta_b = 0.637\times2.05+0+0 = 1.305$$

② $R_h = \eta_h \cdot R_{ha} = 1.305\times50 = 65.3$ kN

（5）某桩基工程桩型平面布置、剖面及地层如下图所示，已知单桩水平承载力特征值为 100 kN，试按《建筑桩基技术规范》计算水平向群桩基础的复合基桩水平承载力特征值。（$\eta_r=2.05$；$\eta_l=0.3$；$\eta_b=0.2$）

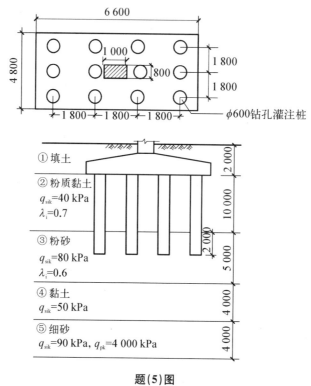

题（5）图

解：根据《建筑桩基技术规范》（JGJ94—2008）第 5.7.3 条：

① $\eta_i = \frac{(s_a/d)^{0.015n_2+0.45}}{0.15n_1+0.10n_2+1.9} = \frac{(1.8/0.6)^{(0.015\times4+0.45)}}{0.15\times4+0.10\times3+1.9} = 0.615$

② $\eta_h = \eta_i\eta_r + \eta_l + \eta_b = 0.615\times2.05+0.3+0.2 = 1.761$

③ $R_h = \eta_h \cdot R_{ha} = 1.761\times100 = 176.1$ kN

（6）群桩基础中的某灌注桩基桩，桩身直径 700 mm，入土深度 25 m，配筋率为 0.60%，桩身抗弯刚度 EI 为 2.83×10^5 kN·m^2，桩侧土水平抗力系数的比例系数 m 为 2.5 MN/m^4，桩顶为铰接。当桩顶水平荷载为 50 kN 时，试按《建筑桩基技术规范》计算其水平位移。

解：根据《建筑桩基技术规范》（JGJ94—2008）第 5.7.3 条：

① 圆形桩，$d < 1$ m，$b_0 = 0.9 \times (1.5d + 0.5) = 0.9 \times (1.5 \times 0.7 + 0.5) = 1.395$ m

$$\alpha = \sqrt[5]{\frac{mb_0}{EI}} = \sqrt[5]{\frac{2.5 \times 10^3 \times 1.395}{2.83 \times 10^5}} = 0.415$$

$\alpha h = 0.415 \times 25 = 10.4 > 4$，查表知 $v_x = 2.441$

② 低配筋率，按下式计算：$\chi_{0a} = \dfrac{R_{ha} v_x}{\alpha^3 EI} = \dfrac{50 \times 2.441}{0.415^3 \times 2.83 \times 10^5} = 6.03$ mm

（7）某钻孔灌注桩群桩基础，桩径为 0.8 m，单桩水平承载力特征值为 $R_{ha} = 100$ kN（位移控制），沿水平荷载方向布桩排数 $n_1 = 3$，垂直水平荷载方向每排桩数 $n_2 = 4$，距径比 $s_a/d = 4$，承台位于松散填土中，埋深 0.5 m，桩的换算深度 $\alpha h = 3.0$ m，考虑地震作用，试按《建筑桩基技术规范》计算群桩中复合基桩水平承载力特征值。

解：根据《建筑桩基技术规范》（JGJ94—2008）第 5.7.3 条：

① 考虑地震作用：$s_a/d = 4 < 6$，$\eta_h = \eta_i \eta_r + \eta$

$$\eta_i = \frac{(s_a/d)^{0.015n_2 + 0.45}}{0.15n_1 + 0.10n_2 + 1.9} = \frac{4^{(0.015 \times 4 + 0.45)}}{0.15 \times 3 + 0.10 \times 4 + 1.9} = 0.737$$

$\alpha h = 3.0$ m，查表得 $\eta_r = 2.13$，

承台位于松散填土中，$\eta_l = 0$，所以 $\eta_h = 0.737 \times 2.13 + 0 = 1.57$

② $R_h = \eta_h \cdot R_{ha} = 1.57 \times 100 = 157$ kN

第 5 章
桩基沉降

5.1 概述

　　建筑桩基设计应符合承载能力极限状态和正常使用极限状态的要求。对于正常使用极限状态包含两层含义,一是桩基的沉降变形应限制在建筑物允许值范围之内;二是桩基结构的抗裂及裂缝宽度应符合相应环境要求的裂缝控制等级。对于沉降变形,不仅受制于地基土性状,也受桩基与上部结构的共同作用的影响,可以说是桩基计算中最为重要、最为复杂的课题之一。对于桩基结构的抗裂和裂缝宽度的验算,主要属于混凝土结构学的问题,此处不重点论述。说沉降计算重要,是因为所设计的桩基其最终的沉降变形能否控制在允许范围之内,能否按计算分析结果进行调整优化以实现变形控制设计,完全取决于沉降计算结果。说沉降计算复杂,是因为有以下 3 方面的原因:一是线弹性连续介质理论与地基土实际性状之间存在差异;二是影响沉降计算的因素甚多,计算中不得不对制约沉降变形的诸多因素作适当简化;三是地基土变形参数的测定和地层分布的勘察等还存在诸多不真实性。这使得计算结果与实际之间不可避免地存在差异。由此可见,探讨适用于不同桩基几何特征、土性特征的桩基沉降计算方法,提高沉降计算的工程可操作性和可靠性,是一项极具工程应用价值的工作。

5.2 单桩沉降计算理论

　　近些年来,由于高层建筑的迅速发展以及桩基施工的进步,在工程建设实践中采用一柱一桩的单桩结构的情况日趋增长。同时,由于单桩沉降计算理论是建立群桩沉降理论的基础。另外在进行群桩基础内力分析时,需提供单桩轴向刚度数据,而单桩的沉降计算就成为设计必要的一项工序。

　　1) 单桩在工作荷载下,其沉降由以下 3 部分组成

　　(1) 由桩身弹性压缩引起的沉降。

　　(2) 由桩侧剪应力传递于桩端平面以下引起土层压缩产生的沉降。

　　(3) 由桩端阻力对桩端土层的压缩和塑性刺入引起的沉降。

　　这 3 部分沉降所占比例随桩的长径比、桩侧和桩端土层的性质、成桩工艺等诸多因素的变化而变化。对于短桩,桩身压缩量小到可忽略不计,以桩端阻力对持力层的压缩引起的沉降为主,桩端沉渣或虚土对沉降的影响趋于明显,甚至引发桩端土的塑性挤出,产生桩端刺

入变形。对于中长桩,桩身压缩、桩侧阻力、桩端持力层刚度及沉渣、虚土或挤土沉桩上涌等都会明显影响桩的沉降。对于长桩和超长桩独立单桩,桩身压缩沉降可占到50%~80%,对于桩侧土层较坚硬的情况,可占到100%。

2) 单桩沉降的计算方法

已有的单桩沉降计算方法主要有以下几种:

(1) 荷载传递法(analysis method of load transfer)。

(2) 剪切位移法(shear displacement method)。

(3) 弹性理论法(elastic theory method)。

(4) 分层总和法(layerwise summation method)(建筑桩基技术规范方法)。

(5) 简化方法(simplified method)(我国路桥规范简化计算法)。

(6) 数值分析法(finite element method)。

其中(1)、(2)、(3)为理论方法,(4)、(5)为规范经验法,(6)为数值建模方法。

5.3　荷载传递法

5.3.1　荷载传递法基本原理

荷载传递法是目前应用最为广泛的简化方法,该方法的基本思想是把桩划分为许多弹性单元,每一单元与土体之间用非线性弹簧联系,以模拟桩-土间的荷载传递关系,如图5-1所示。

桩端处土也用非线性弹簧与桩端联系,这些非线性弹簧的应力应变关系,即表示桩侧摩阻力 r(或桩端抗力 σ)与剪切位移 s 间的关系,这一关系一般就称作为传递函数。荷载传递法的关键在于建立一种真实反映桩土界面侧摩阻力和剪切位移的传递函数(即 $\tau(z)-s(z)$ 函数)。传递函数的建立一般有两种途径:① 通过现场测量拟合;② 根据一定的经验及机理分析,探求具有广泛适用性的理论传递函数。目前主要应用后者来确定荷载传递函数。

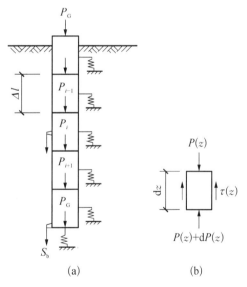

图 5-1　桩的计算模式

5.3.2　荷载传递法的研究

Kezdi(1957 年)以指数函数作为传递函数对刚性桩进行了分析,对柔性桩,采用了级数法求解;佐腾情(1965 年)提出了线弹性全塑性传递函数,并在公式中考虑了多层地基和桩出露地面的情况;Vijayvergiya(1977 年)采用抛物线为传递函数;考虑到桩周土体在受荷过程中的非线性,Gardner(1975 年)、Kraft(1981 年)分别提出了两种表达形式不同的双曲线形式的传递函数;潘时声(1993 年)根据实际工程地质勘测报告提供的桩侧土极限摩阻力和桩端土极限阻力,也提出了一种双曲线函数来模拟传递函数;陈龙珠(1994 年)采用双折线硬化模型,分析了桩周和桩底土特性参数对荷载-沉降曲线形状的影响;王旭东(1994 年)对 Kraft 的函数进行了修正,引入了一个控制性状的参数 M_f;陈明中(2000 年)用三折线模型作为传递函数,考虑了土体强度随深度增长的特性,推导单桩荷载沉降关系的近似解析解;Guo(2001 年)提出了一种弹脆塑性模型,以考虑桩周土体的软化性状,这也是三折线模型中的一种;辛公锋、喻君、张忠苗等(2003 年)也提出了一个考虑桩侧土软化的三折线模型;刘杰(2003 年,2004 年)则针对侧阻软化情况,用矩阵传递法推导了单桩在均质土和成层土中荷载沉降关系的解析解;赵明华等人(2005 年)提出了一个侧阻统一二折线模型,能够考虑侧阻的非线性弹塑性,理想弹塑性以及侧阻软化情况,并用于单桩承载力研究。

5.3.3　荷载传递法的假设条件

荷载传递法把桩沿桩长方向离散成若干单元,假定桩体中任意一点的位移只与该点的桩侧摩阻力有关,用独立的线性或非线性弹簧来模拟土体与桩体单元之间的相互作用。该方法是由 Seed(1957 年)提出的。

为了推导传递函数法的基本微分方程,首先根据桩上任一单元体的静力平衡条件得到

$$\frac{\mathrm{d}P(z)}{\mathrm{d}z} = -U_\tau(z) \tag{5-1}$$

式中:U——桩截面周长。

桩单元体产生的弹性压缩 $\mathrm{d}s$ 为

$$\mathrm{d}s = -\frac{P(z)\mathrm{d}z}{A_p E_p} \tag{5-2}$$

或

$$\mathrm{d}s = -\frac{P(z)\mathrm{d}z}{A_p E_p} \tag{5-3}$$

式中:A_p、E_p——桩的截面积及弹性模量。

将式(5-2)求导,并将式(5-1)代入得:

$$\frac{\mathrm{d}^2 s}{\mathrm{d}z^2} = \frac{U}{A_p E_p}\tau(z) \tag{5-4}$$

式(5-4)是传递函数法的基本微分方程,它的求解取决于传递函数 $\tau(z)-s$ 的形式。当传递函数 $\tau(z)-s$ 形式不是太复杂时,可直接代入上述方程求得解析解。由此可得到桩顶荷载与沉降曲线(Q_0-s)、桩轴力传递曲线($Q-z$)以及侧阻力沿桩身分布曲线($\tau-z$)等。

常见的荷载传递函数形式如图 5-2 所示。

目前荷载传递法的求解有 3 种方法:解析法(analytical method),变形协调法(deformation compatibility method)和矩阵位移法(matrix displacement method)。

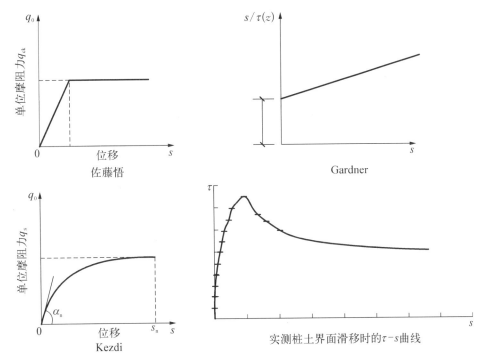

图 5-2 传递函数的几种形式

解析法由 Kezdi(1957 年)、佐滕悟(1965 年)等提出,把传递函数简化假定为某种曲线方程,然后直接求解。Coyle(1966 年)提出了迭代求解的位移协调法,曹汉志(1986 年)提出了桩尖位移等值法,这两种变形协调方法可以很方便地考虑土体的分层性和非线性,因此应用比较广泛。矩阵位移法(费勤发,1983 年)实质上是杆件系统的有限单元法。

5.3.4　荷载传递法的局限性

荷载传递分析法是一种比较实用、效果较好的方法,利用标准化的地区性桩荷载试验资料和现有的计算机专用程序,其分析工作也十分简单。但是,该法也有一定的缺点和局限性。荷载传递分析法最明显的特点是将桩周土当作文克尔地基来处理,因此任何一点的位移只跟该点土体的剪应力有关,而与其他点无关,也就未能考虑各单元间的相互影响,忽略了桩周土的应力场效应,以纯粹模拟桩土接触面的变化过程,这反映了人们早期对桩荷载传递的认识。然而此法不能指出一点的应力如何去影响周围土体,无法计算桩与桩之间的相互作用,即群桩效应,因此不便于推广到群桩分析中去,也无法反映软弱下卧层的影响,更无法反映桩端阻力的大小对于桩侧阻力的发挥和分布规律的影响。另外,运用该法比较困难的一点是,目前的传递函数相应的桩侧、桩端摩阻力临界位移值很不统一,不同的传递函数其对应的临界位移值甚至相差很大。

5.3.5　荷载传递法的改进实例

单桩桩顶在受到轴向受压荷载时,其桩顶沉降量由下述 3 部分组成:

(1)桩本身的弹性压缩量。

（2）由于桩侧摩阻力向下传递，引起桩端下土体压缩所产生的桩端沉降。

（3）由于桩端荷载引起桩端下土体压缩所产生的桩端沉降。

目前，利用荷载传递法计算单桩桩顶沉降，由于受方法的限制，上述第二项沉降量没有考虑，但这不足可通过改进桩顶沉降计算来弥补。

很多人认为，既然桩土间用非线性弹簧联系，该法是一种纯粹地考虑桩-土相对滑移的计算方法。这种认识是错误的。桩土间用非线性弹簧联系起来，只能说明桩土界面的应力-应变关系为非线性，而不能说成是桩土间已发生滑移。桩土间是否发生了滑移有两种判断方法：一是极限摩阻力，若桩侧摩阻力大于或等于其极限摩阻力，则认为桩土间已发生相对滑移；二是临界位移，若桩体某单元的位移量大于或等于临界位移量，则认为该部位桩土间已发生相对滑移。若只考虑单桩桩顶沉降计算，则没有必要考虑桩土滑移问题。因为桩土滑移与否，并不影响单桩计算的精度，只有在需要计算桩侧土体的位移时，才有必要考虑桩土滑移问题。桩端沉降计算目前，桩端沉降计算主要有以下两种方法：

（1）

$$\tau_{u} = \frac{as_{b}}{b + s_{b}} \tag{5-5}$$

式中：τ_{u}——桩端阻力（kPa）；

　　　s_{b}——桩端位移（mm）；

　　　a, b——土体参数。

（2）分层沉降总和法。

$$s_{b} = \sum_{i=1}^{n} \frac{\sigma_{n}}{E_{i}} H_{i} \tag{5-6}$$

式中：σ_{n}——桩端竖向应力（kPa）；

　　　E_{i}——桩端下第 i 土层的压缩模量（kPa）；

　　　H_{i}——桩端下附加应力是土体自重应力的 0.1 倍范围内第 i 层压缩土层的厚度（mm）。

式（5-5）中，s_{b} 只是桩端荷载引起的位移，不包括桩侧摩阻力引起的桩端位移。在式（5-6）中，若只是由桩端阻力引起的竖向应力，则计算出来的桩顶沉降仍未考虑桩侧土体摩阻力对桩端沉降的贡献。式（5-5）和式（5-6）中的桩端土体位移均可考虑桩侧土体摩阻力对其贡献，也即可通过迭代的方法来考虑桩侧土体摩阻力在桩端所引起的桩端沉降。具体计算步骤是：

（1）首先不考虑桩侧摩阻力对桩端沉降的贡献，按荷载传递法计算出桩顶位移、桩顶荷载。

（2）根据计算所得到的桩顶荷载与实际的桩顶荷载差值调整桩端的位移、阻力，直到它们近似相等为止。

（3）根据计算所得到的桩侧摩阻力用 Geddes 解求桩侧摩阻力在桩端所引起的沉降。

（4）将第（3）步计算的桩侧摩阻力引起的桩端沉降加到第（2）步所计算的桩端沉降中去，再求桩顶荷载。

（5）根据假定的桩顶荷载不断调整由桩端自身荷载所引起的桩端沉降，重复（1）—（4）步计算，直到计算所得到的荷载与假定的桩顶荷载近似相等为止。这样，则可弥补现有荷载传递法未考虑桩侧摩阻力对桩端沉降的贡献之不足,不管用式(5-5)或式(5-6)来计算桩端沉降。这是对现有荷载传递法的改进。

5.4　剪切位移法

5.4.1　剪切位移法的基本原理

剪切位移法是假定受荷桩身周围土体以承受剪切变形为主,桩土之间没有相对位移,将桩土视为理想的同心圆柱体,剪应力传递引起周围土体沉降,由此得到桩土体系的受力和变形的一种方法。

Cooke(1974年)通过在摩擦桩周用水平测斜计量测桩周土体的竖向位移,发现在一定的半径范围内土体的竖向位移分布呈漏斗状的曲线。当桩顶荷载小于30%极限荷载时,大部分桩侧摩阻力由桩周土以剪应力沿径向向外传递,传到桩尖的力很小,桩尖以下土的固结变形是很小的,故桩端沉降 s_b 是不大的。据此 Cooke 认为评定单独摩擦桩的沉降时,可以假设沉降只与桩侧土的剪切变形有关。

图5-3为单桩周围土体剪切变形的模式,在桩土体系中任一高程平面,分析沿桩侧的环形单元 ABCD。桩受荷前 ABCD 位于水平面位置,桩受荷发生沉降后,单元 ABCD 随之发生位移,并发生剪切变形,成为 $A'B'C'D'$,并将剪应力传递给邻近单元 $B'E'C'P'$。这个传递过程连续地沿径向往外传递,传递到 x 点距桩中心轴为 $r_m = nr_0$ 处,在 x 点处剪应变已很小可忽略不计。假设所发生的剪应变为弹性性质,即剪应力与剪应变成正比关系。

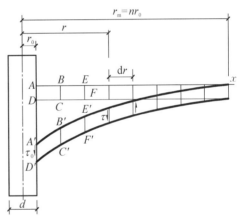

图5-3　剪切变形传递法桩身荷载传递模型

5.4.2　剪切位移法的研究

Rondolph(1978年)进一步发展了该方法,使之可以考虑可压缩性桩,并且可以考虑桩长范围内轴向位移和荷载分布情况,并将单桩解析解推广至群桩。

Kraít(1981年)考虑了土体的非线性性状,将 Rondolph 的单桩解推广至土体非线性情况。

Chow(1986年)将 Kraft 的解推广至群桩分析。

王启铜(1991年)将 Rondolph 的单桩解从均质地基推广到成层地基,并考虑了桩端扩大的情况。

宰金珉(1993年,1996年)将剪切位移法推广到塑性阶段,从而得到桩周土非线性位移场解析解表达式。在该基础上,与层状介质的有限层法和结构的有限元法联合运用,给出群桩与土和承台非线性共同作用分析的半解析半数值方法。

剪切位移法可以给出桩周土体的位移变化场,因此通过叠加方法可以考虑群桩的共同作用,这较有限元法和弹性理论法简单。但假定桩土之间没有相对位移,桩侧土体上下层之间没有相互作用,这些与实际工程桩工作特性并不相符。

5.4.3   剪切位移法的假设条件与本构关系的建立及求解

1) 剪切位移法的假设条件

假定桩本身的压缩很小可忽略不计,受荷桩身周围土体以承受剪切变形为主,桩土之间没有相对位移,将桩土视为理想的同心圆柱体的剪应力传递引起周围土体沉降。

2) 剪切位移法本构关系的建立与求解

根据基本原理中阐述的切应力传递概念,可求得距桩轴 r 处土单元的剪切变为 $\gamma = \dfrac{\mathrm{d}s}{\mathrm{d}r}$,其剪应力 τ 为

$$\tau = G_s \gamma = G_s \frac{\mathrm{d}s}{\mathrm{d}r} \tag{5-7}$$

式中: G_s——土的剪变模量。

根据平衡条件知
$$\tau = \tau_0 \frac{r_0}{r} \tag{5-8}$$

由式(5-7)得
$$\mathrm{d}s = \frac{\tau}{G_s}\mathrm{d}r = \frac{\tau_0 r_0}{G_s}\frac{\mathrm{d}r}{r} \tag{5-9}$$

若土的切变模量 G_s 为常数,则由式(5-9)可得桩侧沉降 s_s 的计算公式为

$$s_s = \frac{\tau_0 r_0}{G_s}\int_{r_0}^{r_m}\frac{\mathrm{d}r}{r} = \frac{\tau_0 r_0}{G_s}\ln\left(\frac{r_m}{r_0}\right) \tag{5-10}$$

若假设桩侧摩阻力沿桩身为均匀分布,则桩顶荷载 $P_0 = 2\pi r_0 L\tau_0$,土的弹性模量 $E_s = 2G_s(1+v_s)$。当取土的泊松比 $v_s = 0.5$ 时,则 $E_s = 3G_s$,代入式(5-10)得桩顶沉降量 s_0 的计算公式:

$$s_0 = \frac{3}{2\pi}\frac{P_0}{LE_s}\ln\left(\frac{r_m}{r_0}\right) = \frac{P_0}{LE_s}I \tag{5-11}$$

其中:
$$I = \frac{3}{2\pi}\ln\left(\frac{r_m}{r_0}\right) \tag{5-12}$$

Cooke 通过实验认为,一般当 $r_m = nr_0 > 20r_0$ 后,土的剪应变已很小可略去不计,因此,可将桩的影响半径 r_m 定为 $20r_0$。

Randolph 和 Wroth(1978 年)提出桩的影响半径 $r_m = 2.5L\rho(1-v_s)$,其中 ρ 为不均匀系数,表示桩入土深度 1/2 处和桩端处土的剪变模量的比值,即 $\rho = \dfrac{G_s(l/2)}{G_s(l)}$。因此,对均匀土,$\rho = 1$,对 Gibson 土,$\rho = 0.5$。在上述确定影响半径的两种经验方法中,Cooke 提出 r_m 只

与桩径有关,比较简单,而 Randolph 等提出 r_m 与桩长及土层性质有关,比较合理。

　　上述 Cooke 提出的单桩沉降计算公式(5-10)和式(5-11),由于忽略了桩端处的荷载传递作用,因此对端桩误差较大。Randolph 等提出将桩端作为刚性墩,按弹性力学方法计算桩端沉降量 s_b,即

$$s_b = \frac{P_b(1-\gamma_s)}{4r_0 G_s}\eta \tag{5-13}$$

式中:η——桩入土深度影响系数,一般取 $\eta = 0.85 \sim 1.0$。

　　对于刚性桩,则根据 $P_0 = P_s + P_b$ 及 $s_0 = s_s + s_b$ 的条件,由式(5-10)和式(5-13)可得

$$P_0 = P_s + P_b = \frac{2\pi L G_s}{\ln\left(\dfrac{r_m}{r_0}\right)}s_s + \frac{4r_0 G_s}{(1-\gamma_s)\eta}s_b \tag{5-14}$$

$$s_0 = s_s + s_b = \frac{P_0}{G_s r_0\left[\dfrac{2\pi L}{r_0 \ln\left(\dfrac{r_m}{r_0}\right)} + \dfrac{4}{(1-\gamma_s)\eta}\right]} \tag{5-15}$$

5.4.4　剪切位移法的局限性

　　由上述可见,剪切变形传递法计算简单,但忽略的影响因素太多,例如地基的三向应力状态、地基的成层性、土参数随深度的变化以及桩端沉降等。因此在桩基础设计中该法应用相对较少。杨荣昌、宰金珉在《广义剪切位移法分析桩-土-承台非线性共同作用原理》将剪切位移法推广到分析承台基地压力作用下桩周土的非线性变性原理,建立起分析桩-土—承台非线性共同作用的数值方法。

5.5　弹性理论法

5.5.1　弹性理论法简介

　　1)简化假定

　　将土视为均质、各向同性的弹性半空间,具有变形模量 E_0、泊松比 v_s,桩长 l、桩径 d、桩侧剪应力 τ 和桩端竖向应力 σ_b 均匀分布;桩身侧表面是完全粗糙的,桩土之间不产生相对位移;仅考虑桩土之间的竖向位移协调,忽略上下土单元之间的竖向位移协调,如图 5-4 所示。

　　2)土的位移方程

　　将桩划分为 n 个单元,例如取 $n=10$,建立包括考虑各单元应力相互影响的柔度系数 δ_0、δ_{ib} 和桩侧剪应力 τ_j、桩端应力 σ_b、桩径 d、土变形模量 E_0 的位移方程,其中土的柔度系数采用 Mindlin 方程求得。

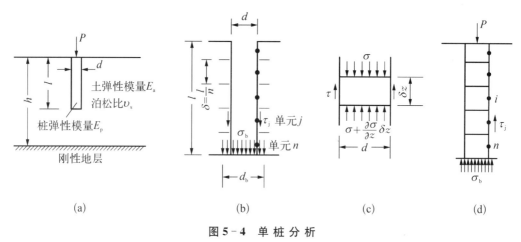

图 5 - 4　单 桩 分 析

(a) 问题；(b) 桩周土的应力；(c) 桩单元；(d) 桩中应力

3）桩的位移方程

假定桩身桩料的弹性模量为 E_p，考虑轴向力的压缩作用可建立桩的位移方程。

4）位移协调

根据桩土界面不发生滑动的位移协调条件，即桩、土位移相等，求得桩侧阻力、端阻力和位移分布。

5.5.2　弹性理论法的局限性

近些年来，采用弹性理论法计算单桩沉降的可靠性已得到广大工程技术界的重视，弹性理论法计算单桩沉降的分析今已发展成为一种能实际应用的、较完整的理论体系，并被列入波兰和前苏联等国家的桩基设计规范中。弹性理论法还具有便于参数研究，通过简单的扩充便可进行群桩分析的特点。然而，弹性理论法依然存在其不足之处，该法把土体看成线弹性体，并假定通过弹性模量 E_s 和泊松比 v_s 两个变形指标来描述土对荷载的效应，实际上大多数土对于荷载沉降呈现着应力、应力历史以及时间的效应。另外，弹性理论法也没有考虑桩设置后的加筋效应对土参数的影响。该法采用的两个土的变形指标即弹性模量 E_s 和泊松比 v_s，泊松比 v_s 的大小对分析结果影响不大，弹性模量 E_s 则是关键的指标，但该指标却很难从室内土工试验精确测定，一般需要从单桩的静载试验结果求其值，这使得弹性理论法在桩基设计中受到了一定的限制。

5.5.3　弹性理论法的应用与研究进展

正是由于国内外岩土工程研究者的不懈努力，才使得弹性理论法计算单桩沉降发展成为一种可用于工程实践的、较为完整的理论体系。该法已经得到较多的应用，例如上海的《地基基础新规范》就用弹性理论法来调整分层总和法的修正系数，波兰和前苏联已将该法分析单桩沉降列入了桩基设计规范。一直以来，都有大量的学者从事于弹性理论法的改进和发展工作。刘金砺通过黏性和软土中的原型和模型桩的单、双、群桩在竖向荷载下的变形试验研究，对弹性理论法的相互影响系数和沉降比法的理论值提出了修正方案。杨永静、谢乐才的《软土地区高层建筑逆作法施工理论分析与实测比较》以弹性理论法为基础，对地下连续墙和中间支承柱的沉降进行计算,其解答能比较接近地反映结构物实际的位移状况。宋和平、张克绪的《考虑桩-土接触面及桩底土非线性的单桩 Q-s 曲线分析》中假定桩土之间有一层无限薄的非线性接触面,以传递桩土之间的剪力,并认为接触面的剪力和剪切位移之间的关系是非线性的。高洪波、王述超的《简化弹性理论法求解单桩沉降》中利用位移协调法结合柔性桩弹性压缩,求得桩端及桩侧荷载分担系数,根据常规桩几何条件,将其局部按照初等函数幂级数展开,简化计算位移影响系数及单桩沉降,可分别用于天然地基和桩基础的变形计算。

5.6　路桥桩基简化方法

根据当地的特定地质条件和桩长、桩型、荷载等,经过对工程实测资料的统计分析可得出估算单桩沉降的经验公式。由于受具体工程条件限制,经验公式虽然具有局限性,不能普遍采用,但经验法在当地很有用处,可以比较准确地估计单桩沉降,并对其他地区亦可做比较与参考。

将桩视为承受压力的杆件,其桩顶沉降 s_0 由桩端沉降 s_b 与桩身压缩量 s_s 组成,且侧阻与端阻对 s_b、s_s 均有影响。根据简化方法的不同和考虑角度的不同,有不同的单桩沉降计算方法。下式是我国《铁路桥涵设计规范》(TBJ2—85)和《公路桥涵地基与基础设计规范》(JTJ 024—85)中计算单桩沉降 s_0 的公式:

$$s_0 = s_s + s_b = \Delta \frac{PL}{E_p A_p} + \frac{P}{C_0 A_0} \tag{5-16}$$

式中: P——桩顶竖向荷载;

L——桩长;

E_p、A_p——分别为桩弹性模量和桩截面面积;

A_0——自地面(或桩顶)以 $\phi/4$ 角扩散至桩端平面处的扩散面积;

Δ——桩侧摩阻力分布系数,对打入式或者振动式沉桩的摩擦桩,$\Delta=2/3$,对钻(挖)孔灌注摩擦桩,$\Delta=1/2$;

C_0——桩端处土的竖向地基系数,当桩长 $L \leqslant 10$ m 时,取 $C_0=10 m_0$;当 $L>10$ m 时,取 $C_0=L m_0$,其中 m_0 为随深度变化的比例系数,根据桩端土的类型从表 5-1 查取。

表 5-1　土的 m_0 值

土 的 名 称	土的 m_0 值(kN/m⁴)
流塑黏性土,$I_L>1$,淤泥	$1\,000\sim2\,000$
软塑黏性土,$1>I_L>0.5$,粉砂	$2\,000\sim4\,000$
硬塑黏性土,$0.5>I_L>0$,细砂,中砂	$4\,000\sim6\,000$
半干硬性的黏性土,粗砂	$6\,000\sim10\,000$
砾砂,角砾土,碎石土,卵石土	$10\,000\sim20\,000$

5.7　单桩沉降计算的分层总和法

5.7.1　分层总和法简介

单桩沉降分层总和法计算公式为

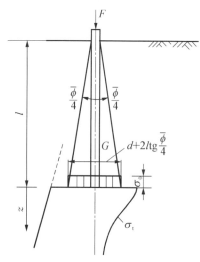

图 5-5　单桩沉降的分层总和法简图

$$s = \sum_{i=1}^{n} \frac{\sigma_{zi} \cdot \Delta Z_i}{E_{si}} \qquad (5-17)$$

假设单桩的沉降主要由桩端以下土层的压缩组成。桩侧摩阻力以 $\bar{\phi}/4$ 扩散角向下扩散。扩散到桩端平面处用一等代的扩展基础代替,扩展基础的计算面积为 A_e,如图 5-5 所示。

$$A_e = \frac{\pi}{4} \left(d + 2l \tan\frac{\bar{\phi}}{4} \right)^2 \qquad (5-18)$$

式中:$\bar{\phi}$——桩侧各层土内摩擦角的加权平均值。

在扩展基础底面的附加压力 σ_0 为

$$\sigma_0 = \frac{F+G}{A_e} - \bar{\gamma} \cdot l \qquad (5-19)$$

式中:F——桩顶设计荷载;

　　　G——桩自重;

　　　$\bar{\gamma}$——桩底平面以上各层土有效重度的加权平均值;

　　　l——桩的入土深度。

在扩展基础底面以下土中的附加应力 σ_z 分布可以根据基础底面附加应力 σ_0,并用 Boussinesq 解查规范附加应力系数表确定,也可按 Mindlin 解确定。压缩层计算深度可按附加应力为 20% 自重应力确定(对软土可按 10% 确定)。

5.7.2　分层总和法的局限性

分层总和法物理意义简单明确,易于接受,因而在工程实践中得到广泛应用,但在实际应用中发现,这种方法往往误差较大。造成较大误差的原因,一方面与所采用的计算模型有关,另一方面与土工参数选取的可靠度有关。准确反映实际的土工参数目前无法取得,只能通过精心操作,重复测试减少误差而不能消除误差,分层总和法所作的一些计算假定不符合实际工程。从介绍分层总和法的内容可知,分层总和法是通过分别计算基础中心点下地基各个土层土的压缩变形模量 ΔS_i,认为桩基础的沉降量 S 为 ΔS_i 的总和。在计算 ΔS_i 时,假定土层发生竖向压缩变形而无侧向变形。这种方法对基底中点下地基中的附加应力时根据 Boussinesq 解,在荷载作用区域划分计算单元,在中心点处迭加求得,中心点的附加应力大于其他点处,以中心点的附加应力为计算依据,沉降比实际情况偏大。另外,假定基底下土体处于完全侧限状态,不发生侧向变形,只有竖向压缩,采用 E_s 值,这又使计算沉降比实际情况偏小。分层总和法假定基础是柔性的,也是柔性加载,实际上桩基刚度常常很大,对沉降有明显的调节作用。

5.7.3　分层总和法的应用与研究进展

目前,国内外均从理论上提出用总荷载作为地基沉降计算压力的建议,这对高层建筑箱形基础和筏式基础是较为适用的,并可以解决深埋基础(或桩基础)计算中的复杂问题。也有学者尝试对分层总和法改进。如尚昭然、吴洪涛的《分层总和法计算沉降的改进》中提出采用阿尔克玛方法代替人工查表方法求孔隙比,用高斯积分法代替以往的分层法。王铁行、赵树德的《计算地基沉降分层总和法缺陷的分析与改进》中则针对分层总和法本身存在的缺陷,根据误差分析并通过大量的有限元计算,查明了误差大小及分布规律,得出了适合于均质地基及一般层状地基的修正方法。此外,对于多支盘钻孔灌注桩的沉降计算,吴永红、郑刚的《多支盘钻孔灌注桩基础沉降计算理论与方法》中应用分层总和法计算概念,提出了一种计算多支盘灌注桩基础沉降的理论方法,具有一定的使用价值。

5.8　单桩的数值分析方法

5.8.1　单桩数值分析方法简介

目前应用较为广泛和成熟的数值分析方法主要包括有限元法、边界元法和有限条分法。

1) 单桩的有限元法

有限元法从理论上可以通过在计算中引入一系列土体本构模型,同时考虑影响桩承载变形性能的诸多因素,如土的非均质性、非线性、固结时间效应、动力效应以及桩的后续加载过程等。采用有限元还可以方便地分析桩-土-基础的共同作用性状,因此在桩基分析中得到了一定的应用。用有限元法分析桩基础(包括单桩和群桩)的工作机理。并以它作为原则指导实际工程以及探索和校核工程中的实用计算简化方法,有着重要的意义。随着有限元理论的成熟和计算机硬件的发展,开发了众多的商业通用有限元软件,如 ABAQUS、ANSYS、MARC、ADINA、PLAXIS 等。

2) 边界元法

边界元法亦称积分方程法。即把区域问题转化为边界问题求解的一种离散方法。即将筏板地基中的桩进行离散化分析。Banerjee(1969 年,1976 年,1978 年)、Butterfield(1970年,1971 年)、Wolf(1983 年)先后用边界元法对单桩和群桩进行了分析。

单纯的边界元法假设桩土界面位移协调,没有考虑桩土界面土的屈服滑移,与实际工程有一定差距。Sinha(1996 年)提出了一种完整的边界元法,把桩离散用边界元法分析,用薄板有限元法分析筏板,土被假定为均质弹性体,引入了土的滑移现象,以分析土体的膨胀或固结效应。目前边界元法由于计算难度大,应用不广。

3）有限条分法

有限条分法首先用于分析上部结构，并取得成功。Cheung(1976年)首先提出将有限条分法用于单桩分析，以分析层状地基中单桩的特性。随后 Guo(1987年)将有限条分法发展成为无限层法，分析了层状地基中的桩基础，能更有效地求解层状地基中桩与土体的相互作用。王文、顾晓鲁(1998年)进一步以三维非线性棱柱单元模拟土体，将桩土地基分割成一系列横截面为封闭或单边敞开的有界和无界棱柱单元，利用分块迭代法求解桩-土-筏体系。目前有限条分法在工程应用不广。

4）差分法

差分法在桩基工程中的应用主要集中在 FLAC2D 和 FLAC3D 软件的使用，该软件利用连续介质中的快速拉格朗日显式差值算法，收敛能力强。Poulos(2001年)运用 FLAC2D 和 FLAC3D 对桩筏基础进行了二维和三维分析，认为分析时存在两个困难，一个是接触面单元刚度的确定，另一个是计算的时间问题，特别是对于大规模群桩基础。

5.8.2　单桩数值分析方法的局限性

有限元方法本身物理概念分析明确。该法最初是在宇航工程和结构工程中发展起来的，之后应用于求解岩土工程问题。然而，岩土材料的性质十分复杂，存在节理、不连续性等，与结构工程所有的材料有很大不同。对岩土进行逼真计算需要把材料作为非连续介质，但增加了难度和计算工作量。因此，对于像边坡、基坑开挖、路基填土等受到均与体积力作用的情况，把材料看成连续体而得到近似解的结果令人满意。而对于桩的分析，由于桩顶所受的集中力是由桩周土的支承力来平衡的，而桩土两种材料的性质相差悬殊，桩土之间又存在界面，以及土的应力应变关系复杂等，使计算结果往往不能令人满意。目前国内外学者还在致力于单桩及桩基有限元分析的研究工作。

5.9　群桩沉降计算

5.9.1　群桩沉降概论

由摩擦桩与承台组成的群桩，在竖向荷载作用下，其沉降的变形性状是桩、承台、地基土之间相互影响的综合结果。

在高承台群桩基础下，群桩中各桩顶荷载通过侧摩阻力与端部阻力传递给地基土和临近桩，由此产生了应力重叠且改变了土和桩的受力状态，这状态反过来又影响群桩侧摩阻力和端部阻力的大小与发展过程，使之与单桩的情况不同，然而高承台群桩侧摩阻力的荷载传递过程仍与单桩相近，即遵循随着荷载增大侧摩阻力从桩顶开始逐步向下发挥。

在低承台群桩条件下，除了群桩产生的应力重叠会影响侧摩阻力和端部阻力外，由于承台与其下地基土的接触与接触应力的存在，使得桩、承台、地基土之间相互作用趋于复杂。承台不仅限制了桩上部的桩土相对位移，从而使桩上部侧摩阻力减小，而且还改变了荷载传递的过程，即随着外荷载的增大，侧摩阻力从桩中、下部开始逐步向上和向下发挥。同时，承台底面接触应力也改变地基土和桩的受力状态,进而影响侧摩阻力和端部阻力。因此,低承台群桩效应改变了单桩侧摩阻力从桩上部逐步向下发挥的荷载传递过程,也改变了侧摩阻力的大小、分布、发展过程以及端部阻力的大小、发展过程,同时,还使地基土受力状态发生变化。

　　群桩的上述作用,不仅使得群桩承载力不能简单地看作孤立单桩承载力的总和,而且使得群桩沉降及其性状同孤立单桩有明显不同。因此,与群桩的其他问题一样,群桩沉降性状也是一个非常复杂的问题,它涉及众多因素,一般地说来,可能包括群桩几何尺寸(如桩间距、桩长、桩数、桩基础宽度与桩长的比值等),成桩工艺,桩基施工与流程,土的类别与性质,土层剖面的变化,荷载的大小,荷载的持续时间以及承台设置方式等。但是,对于其中的不少因素,人们尚未展开试验。基于现有的一些群桩试验实测资料,本章着重从桩土间压缩变形以及桩端以下地基土压缩变形占群桩沉降的比率来讨论群桩沉降性状(实质上只能说反映群桩的某种性状)问题,分析两种变形比率同桩、土、承台等因素的变化规律,以便设计人员按照工程实际情况选择群桩沉降计算图式。

　　传统沉降计算理论在桩基沉降计算时通常采用等代墩基法,即将桩基视作一种实体基础,再按浅基础的计算法计算桩基沉降,采用单向压缩分层总和法计算沉降值,将桩基沉降看成是等代墩基底面的下卧层的压缩量引起的,然后通过相关的系数修正沉降量,将桩基沉降看成是等代墩基底面的下卧层的压缩量引起的,然后通过相关的系数修正沉降量。此法的关键是等代墩基底面的位置如何取,是否考虑侧摩阻力的扩散作用及扩散角的取法,等代墩基面下的土的附加应力计算方法。

　　《建筑地基技术设计规范》(GB50007—2002)采用的就是传统桩基理论,在计算沉降时,等代墩基底面取在桩端平面,同时考虑群桩外围侧面的扩散作用。地基内的应力分布采用 Boussinesq 解。Peck 等考虑到桩间土也存在着压缩变形,建议将假象墩基底面置于桩端平面以上 L_s 高度,根据桩周围土体的性质不同,L_s 取不同的值。刘金砺也提出应根据桩端持力层、桩径和桩长径比的不同,等代墩基底面应该取不同的位置。浙江大学张忠苗提出了考虑等代墩基自身压缩变形的群桩沉降计算公式,并提出了根据不同的承台桩边距离来选取应力扩散位置的方法。

　　在我国通常采用群桩桩顶外围按 $\varphi/4$ 向下扩散,Tomlison(1977 年)则对群桩外侧面的扩散作用提出一简化方法,即以群桩桩顶外围按水平与竖向 1：4 向下扩散,由此得到的假想实体基础底面积通常比按 $\varphi/4$ 角度扩散要大些。

　　近年来,上海地区积累的长桩基础沉降观测资料证实,Boussinesq 解给出了偏大的土中附加应力计算值,并随着桩长的增加而趋于增大,Mindlin 解相对合理。姚笑青对上述两种方法对比分析指出,Boussinesq 解计算简单,但对深基础而言理论上不严密,计算值大于实际值;Mindlin 解对深基础而言理论上比较严密,但计算复杂,实际桩端荷载比不易确定,且对小桩群的计算精度小于大桩群。《建筑桩基技术规范》将 Mindlin 解和 Boussinesq 解建立联系,用两者比值来修正沉降量。

　　等代墩基法适用于桩距不大于 6 倍桩径的群桩。该法计算简单,但是存在最大的问题是高估墩基底面的应力,这样造成了压缩层的深度增加,虽然用沉降修正系数或等效作用系数进行修正,但是计算值仍保守,较实测值大。

　　由于群桩沉降涉及的因素很多,至今还没有一种既能反映土的非线性、固结和流变性质,又能在漫长的沉降过程中反映出桩与土的界面上相互作用力不断变化性状的计算模式。

当前群桩沉降计算方法主要有:等代墩基法、明德林盖-盖德斯法、建筑地基基础设计规范法、浙江大学考虑桩身压缩的群桩沉降计算方法、群桩桩基技术规范方法、沉降比法等。

表 5‐2　群桩沉降计算方法模型比较

群桩沉降 计算方法	假 定 条 件	优 点	缺 点
等代墩基法	① 不考虑桩间土压缩变形对桩基沉降的影响,即假想实体基础底面在桩端平面处; ② 如果考虑侧面摩阻力的扩散作用,则按 $\varphi/4$ 角度向下扩散; ③ 桩端以下地基土的附加应力按 Boussinesq 解确定	计算方法简便	没有考虑桩间土的压缩变形,计算桩端以下地基土中的附加应力时,采用 Boussinesq 解,这与工程中桩基基础埋深较大的实际情况不甚符合
明德林- 盖得斯法	① 假定承台是柔性的; ② 桩群中各桩承受的荷载相等; ③ 桩端平面以下土中的附加应力按明德林-盖得斯解分布; ④ 各层土的压缩量按分层总和法计算	由于盖得斯应力解比布西奈斯克解更符合桩基础的实际,因此按明德林—盖得斯法计算桩基沉降较为合理	计算过程较为复杂,需计算机程序进行
建筑地基基础设计规范法	① 实体基础底面在桩端平面处,只计算桩端以下地基土的压缩变形,不考虑桩间土对桩基沉降的影响; ② 桩端以下地基土中的附加应力采用 Boussinesq 解; ③ 考虑侧向摩阻力的扩散作用;通过沉降经验系数修正	考虑应力扩散作用,计算简单明了	未考虑桩间土的压缩变形,不能反映桩距、桩数等因素的变化对桩端平平面以下地基土中的附加应力的计算,计算厚度较大,计算结果有可能偏大
浙江大学修正地基基础设计规范法	① 考虑桩身压缩,用弹性理论计算压缩量 s_s; ② 实体基础底面在桩端平面处,只计算桩端以下地基土的压缩变形 s_b; ③ 根据端承桩、摩擦桩和桩端平面下有软下卧层 3 种情况分别考虑不同的应力扩散方法和计算压缩层深度	考虑了桩身压缩量,根据端承桩、摩擦桩和桩端平面下有下卧层 3 种情况分别考虑不同的应力扩散方法和计算压缩层深度,明确了承台计算面积范围,计算实际操作性强,方法合理	计算桩端以下地基土中的附加应力时,采用 Boussinesq 解,没有采用 Mindlin 解,需要数值方法进一步研究
建筑桩基规范法	① 不考虑桩基侧面应力的扩散作用; ② 将承台视作直接作用在桩端平面,即实体基础的尺寸等同于承台尺寸,且作用在实体基础底面的附加应力也取为承台底的附加应力; ③ 引入了等效沉降系数来修正附加应力	在计算附加应力时考虑了桩距、桩径、桩长等因素,能够综合反映桩基工作性能;引入了等效沉降系数来修正附加应力,使得附加应力更加趋于 Mindlin 解;计算简单方便	没有考虑桩间土的压缩变形,直接将承台底部的附加应力当作桩端附加应力,导致压缩层厚度取值变大,最终计算结果有可能偏大

5.9.2　土中应力计算的 Boussinesq 解与 Mindlin 解

1. 在地表时应力计算的 Boussinesq 解

在均匀的、各向同性的半无限弹性体表面（如地基表面）作用一竖向集中力 Q（见图 5-6），计算半无限体内任意点 M 的应力（不考虑弹性体积的体积力），在弹性理论中由布西奈斯克 Boussinesq（1885 年）解的，其应力及位移的表达式分别为：

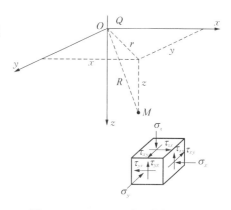

图 5-6　Boussinesq 解（直角坐标）

正应力：
$$\sigma_z = \frac{3Qz^3}{2\pi R^5} \qquad (5-20)$$

$$\sigma_x = \frac{3Q}{2\pi}\left\{\frac{zx^2}{R^5} + \frac{1-2v}{3}\left[\frac{R^2-Rz-z^2}{R^3(R+z)} - \frac{x^2(2R+z)}{R^3(R+z)^2}\right]\right\} \qquad (5-21)$$

$$\sigma_y = \frac{3Q}{2\pi}\left\{\frac{zy^2}{R^5} + \frac{1-2v}{3}\left[\frac{R^2-Rz-z^2}{R^3(R+z)} - \frac{y^2(2R+z)}{R^3(R+z)^2}\right]\right\} \qquad (5-22)$$

剪应力：
$$\tau_{xy} = \tau_{yx} = \frac{3Q}{2\pi}\left[\frac{xyz}{R^5} - \frac{1-2v}{3}\frac{xy(2R+z)}{R^3(R+z)^2}\right] \qquad (5-23)$$

$$\tau_{yz} = \tau_{zy} = \frac{3Q}{2\pi}\frac{yz^2}{R^5} \qquad (5-24)$$

$$\tau_{zx} = \tau_{xz} = \frac{3Q}{2\pi}\frac{xz^2}{R^5}$$

x、y、z 轴方向的位移分别为：

$$u = \frac{Q(1+v)}{2\pi E}\left[\frac{xz}{R^3} - (1-2v)\frac{x}{R(R+z)}\right] \qquad (5-25)$$

$$v = \frac{Q(1+v)}{2\pi E}\left[\frac{yz}{R^3} - (1-2v)\frac{y}{R(R+z)}\right] \qquad (5-26)$$

$$w = \frac{Q(1+v)}{2\pi E}\left[\frac{z^3}{R^3} + (1-2v)\frac{1}{R}\right] \qquad (5-27)$$

式中：x、y、z——M 点的坐标，$R = \sqrt{x^2+y^2+z^2}$；

E、v——弹性模量及泊松比。

当 M 点应力用极坐标表示时（见图 5-7）：

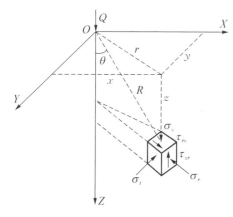

图 5-7　Boussinesq 解（极坐标）

$$\sigma_z = \frac{3Q}{2\pi z^2} \cos^5\theta \qquad (5-28)$$

$$\sigma_r = \frac{Q}{2\pi z^2}\left[3\sin^2\theta\cos^2\theta - \frac{(1-2v)\cos^2\theta}{1+\cos\theta}\right] \qquad (5-29)$$

$$\sigma_t = -\frac{Q}{2\pi z^2}\left[\cos^2\theta - \frac{\cos^2\theta}{1+\cos^2\theta}\right] \qquad (5-30)$$

$$\tau_{rz} = \frac{3Q}{2\pi z^2}(\sin\theta\cos^4\theta) \qquad (5-31)$$

$$\tau_{tr} = \tau_{tz} = 0 \qquad (5-32)$$

上述的应力及位移分量计算公式,在集中力作用点处是不适用的,因为当 $R \to 0$ 时,当应力及位移均趋于无穷大,事实上这是不可能的,因为集中力是不存在的,总有作用面积。而且此刻土已发生塑性变形,按弹性理论解已不适合用了。

上述应力及位移分量中,应用最多的是竖向正应力 σ_z 及竖向位移 w,因此着重讨论 σ_z 的计算。为了应用方便,式(5-20)改写成如下形式:

$$\sigma_z = \frac{3Q}{2\pi}\frac{z^3}{R^5} = \frac{3Q}{2\pi z^2}\frac{1}{\left[1+\left(\frac{r}{z}\right)^2\right]^{5/2}} = \alpha\frac{Q}{z^2} \qquad (5-33)$$

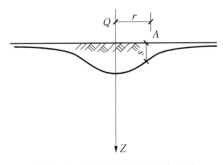

图 5-8 集中力作用在地表时的地面竖向位移

式中集中应力系数 $\alpha = \dfrac{3}{2\pi\left[1+\left(\dfrac{r}{z}\right)^2\right]^{5/2}}$,$\alpha$ 是 $\left(\dfrac{r}{z}\right)$ 的函数,可制成表 5-3,供查用。

在工程实践中最长碰到的问题是地面竖向位移(即沉降)问题。计算地面某点 A(其坐标 $z=0$,$R=r$)的沉降 s 可由式(5-27)求得(见图 5-8),即

$$s = w = \frac{Q(1-v^2)}{\pi Er} \qquad (5-34)$$

式中:E——土的弹性模量(MPa)。

表 5-3 集中力作用于半无限表面时竖向附加应力系数 α

r/z	α	r/z	α	r/z	α	r/z	α	r/z	α
0.00	0.477 5	0.20	0.432 9	0.40	0.329 4	0.60	0.221 4	0.80	0.138 6
0.05	0.474 5	0.25	0.410 3	0.45	0.301 1	0.65	0.197 8	0.85	0.122 6
0.10	0.465 7	0.30	0.384 9	0.50	0.273 3	0.70	0.176 2	0.90	0.108 3
0.15	0.451 6	0.35	0.357 7	0.55	0.246 6	0.75	0.156 5	0.95	0.095 6

r/z	α	r/z	α	r/z	α	r/z	α	r/z	α
1.00	0.084 4	1.30	0.040 2	1.60	0.020 0	1.90	0.010 5	2.80	0.002 1
1.05	0.074 4	1.35	0.035 7	1.65	0.017 9	1.95	0.009 5	3.00	0.001 5
1.10	0.065 8	1.40	0.031 7	1.70	0.016 0	2.00	0.008 5	3.50	0.000 7
1.15	0.058 1	1.45	0.028 2	1.75	0.014 4	2.20	0.005 8	4.00	0.000 4
1.20	0.051 3	1.50	0.025 1	1.80	0.012 9	2.40	0.004 0	4.50	0.000 2
1.25	0.045 4	1.55	0.022 4	1.85	0.011 6	2.60	0.002 9	5.00	0.000

2. 在土体内时应力计算的 Mindlin 解

地下空间的利用以及使用桩基础,基础的埋置深度不是在地表面,而是在较深的深度,这时利用集中力作用在地表面的应力计算公式和实际情况就不一致了。此时利用集中力作用在土体内的应力计算公式就比较合理。集中力作用在土体内深度 c 处,土体内任一点 M 处(见图 5-9)的应力和位移解由 Mindlin 求得。

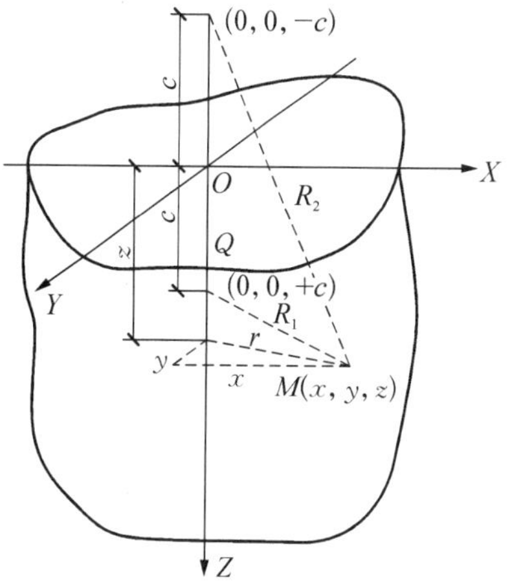

图 5-9　竖向集中力作用在弹性半无限体内引起的内力

6 个应力解:

$$\sigma_x = \frac{Q}{8\pi(1-v)}\left\{ -\frac{(1-2v)(z-c)}{R_1^3} + \frac{3x^2(z-c)}{R_1^5} - \frac{(1-2v)[3(z-c)-4v(z+c)]}{R_2^3} + \right.$$

$$\frac{3(3-4v)x^2(z-c)-6c(z+c)[(1-2v)z-2vc]}{R_2^5} +$$

$$\left. \frac{30cx^2z(z+c)}{R_2^7} + \frac{4(1-v)(1-2v)}{R_2(R_2+z+c)}\left(1-\frac{x^2}{R_2(R_2+z+c)}-\frac{x^2}{R_2^2}\right)\right\} \tag{5-35}$$

$$\sigma_y = \frac{Q}{8\pi(1-v)}\left\{ -\frac{(1-2v)(z-c)}{R_1^3} + \frac{3y^2(z-c)}{R_1^5} - \frac{(1-2v)[3(z-c)-4v(z+c)]}{R_2^3} + \right.$$

$$\frac{3(3-4v)y^2(z-c)-6c(z+c)[(1-2v)z-2vc]}{R_2^5} + \frac{30cy^2z(z+c)}{R_2^7} +$$

$$\left. \frac{4(1-v)(1-2v)}{R_2(R_2+z+c)}\left(1-\frac{y^2}{R_2(R_2+z+c)}-\frac{y^2}{R_2^2}\right)\right\} \tag{5-36}$$

$$\sigma_z = \frac{Q}{8\pi(1-v)}\left\{ \frac{(1-2v)(z-c)}{R_1^3} - \frac{(1-2v)(z+c)}{R_2^3} + \frac{3(z-c)^3}{R_1^5} + \right.$$

$$\left. \frac{3(3-4v)z(z+c)^2-3c(z+c)(5z-c)}{R_2^5} + \frac{30cz(z+c)^3}{R_2^7}\right\} \tag{5-37}$$

$$\tau_{yz} = \frac{Qy}{8\pi(1-v)}\left\{ \frac{(1-2v)(z-c)}{R_1^3} - \frac{1-2v}{R_2^3} + \frac{3(z-c)^3}{R_1^5} + \right.$$

$$\frac{3(3-4v)z(z+c)-3c(3z+c)}{R_2^5}+\frac{30cz\,(z+c)^2}{R_2^7}\Bigg\} \tag{5-38}$$

$$\tau_{xz}=\frac{Qx}{8\pi(1-v)}\Bigg\{\frac{(1-2v)}{R_1^3}-\frac{1-2v}{R_2^3}+\frac{3\,(z-c)^2}{R_1^5}+$$

$$\frac{3(3-4v)z(z+c)-3c(3z+c)}{R_2^5}+\frac{30cz\,(z+c)^2}{R_2^7}\Bigg\} \tag{5-39}$$

$$\tau_{xy}=\frac{Qxy}{8\pi(1-v)}\Bigg\{\frac{3(z-c)}{R_1^5}-\frac{3(3-4v)(z-c)}{R_2^5}-\frac{4\,(1-v)(1-2v)^2}{R_2^2(R_2+z+c)}\times$$

$$\Big(\frac{1}{R_2+z+c}+\frac{1}{R_2}\Big)+\frac{30cz\,(z+c)}{R_2^7}\Bigg\} \tag{5-40}$$

式中：$R_1=\sqrt{x^2+y^2+(z-c)^2}$；

$R_2=\sqrt{x^2+y^2+(z+c)^2}$；

c——集中力作用点的深度（m）；

v——土的泊松比。

竖向位移解：

$$w=\frac{Q(1+v)}{8\pi E(1-v)}\Bigg[\frac{3-4v}{R_1}+\frac{8\,(1-v)^2-(3-4v)}{R_2}+\frac{(z-c)^2}{R_1^3}$$

$$+\frac{(3-4v)\,(z+c)^2-2cz}{R_2^3}+\frac{6cz\,(z+c)^2}{R_2^5}\Bigg] \tag{5-41}$$

式中：E——土的模量（MPa）。

　　当集中力作用点移至地表面，且求解集中力作用点外地表面任一的沉降，只要令 $c=0$，$z=0$，则有与式（4-34）完全相同的公式。因此 Boussinesq 解是 Mindlin 解的特例。由于桩基置于土体中，常用 Mindlin 解来计算。Mindlin 解的优点是可以考虑桩与桩之间桩土相互作用的影响。

5.10　等代墩基方法

5.10.1　等代墩基方法简介

　　限于桩基础沉降变形性状的研究水平，人们目前在研究能考虑众多复杂因素的桩基础沉降计算方法。等代墩基（实体深基础）模式计算桩基础沉降是在工程实践中最广泛应用的近似方法。该模式假定桩基础如同天然地基上的实体深基础一样，在计算沉降时，等代墩基面取在桩端平面，同时考虑群桩外围侧面的扩散作用。按浅基础沉降计算方法（分层总和法）进行估计，地基内的应力分布采用 Boussinesq 解。图 5-10 为我国工程中常用两种等代墩基法的计算图式。这两种图式假想实体基础底面都与桩端齐平，其差别在于不考虑或考虑群桩外围侧面剪应力的扩散作用,但两者的共同特点是都不考虑桩间土压缩变形对沉降的影响。

在我国通常采用群桩桩顶外围 $\varphi/4$ 向下扩散与假想实体基础底平面相交的面积作为实体基础的底面积 F,以考虑群桩外围侧面剪应力的扩散作用。对于矩形桩基础,这时 F 可表示为

$$F = A \times B = \left(a + 2L\tan\frac{\varphi}{4}\right)\left(b + 2L\tan\frac{\varphi}{4}\right) \tag{5-42}$$

式中：a、b——群桩桩顶外围矩形面积的长度和宽度;

　　　A、B——假想实体基础底面的长度和宽度;

　　　L——桩长;

　　　φ——群桩侧面土层内摩擦角的加权平均值。

对于如图 5-10 所示的两种形式,桩基沉降量 S_G 为

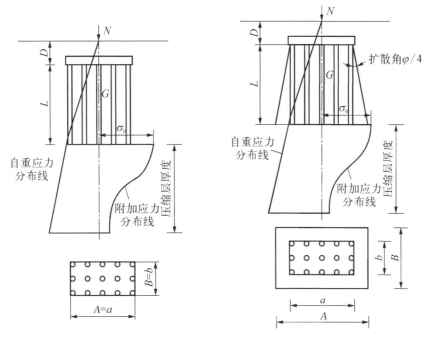

图 5-10　等代墩基法的计算

$$S_G = \psi_s B \sigma_0 \sum_{i=1}^{n} \frac{\delta_i - \delta_{i-1}}{E_{ci}} \tag{5-43}$$

式中：ψ_s——经验系数,应根据各地区的经验选择;

　　　B——假想实体基础底面的宽度,如不计侧面剪应力扩散作用,取 $B=b$;

　　　n——基底以下压缩层范围内的分层总数目,按地质剖面图将每一种土层分成若干分层,每一分层厚度不大于 $0.4B$;压缩层的厚度计算到附加应力等于自重应力的 20%处,附加应力中应考虑相邻基础的影响;

　　　δ_i——按 Boussinesq 解计算地基土附加应力时的沉降系数;

E_{ci}——各图层的压缩模量,应取用自重应力变化到总应力时的模量值;

σ_0——假想实体基础底面处的附加应力,及 $\sigma_0 = \dfrac{N+G}{F} - \sigma_{c0}$;

N——作用在桩基础上的上部结构竖直荷载;

G——实体结构自重,包括承台自重和承台上土重以及承台底面至实体基础底面范围内的土重与桩重;

σ_{c0}——假想实体基底处的土自重应力。

$$S_G = \psi_s \sum_{i=1}^{n} \frac{\sigma_{zi}}{E_{ci}} H_i \qquad (5-44)$$

式中:H_i 为第 i 分层的厚度,σ_{zi} 为基础底面传递给第 i 分层中心处的附加应力,其余符号同上。

5.10.2 等代墩基法的改进

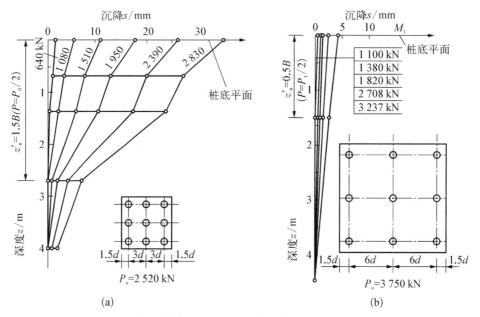

图 5‑11   粉土中群桩桩端平面以下地基土整形压缩变形及压缩层深度

(a) 小桩距;(b) 大桩距

传统的等代墩基沉降计算法,其等代墩基基底承载面与桩底相平,基底以上视桩土为不产生相对位移的实体墩,压缩层深度(沉降计算深度)以桩底为起始点向下延伸至附加应力 σ_z 等于 0.2 倍自重应力 σ_c 处即 $\sigma_z = 0.2\sigma_c$。这种计算模型,对于有坚硬桩端持力层的桩基是基本相符的,对于桩端桩侧土层相同,尤其是软土层中的桩则出入较大。

因此,应用等代墩基法计算桩基沉降存在两个问题:一是这种计算模型的适用条件,桩距不超过 $6d$,桩基沉降主要由桩间土压缩变形引起时不适用,如软土中桩间 $s_a > 4.5d$ 桩基;二是等代墩基承载面的设定,对于桩端无较硬或硬持力层时,墩底面应上移至桩端以上一定高度,这样才能使计算模型更接近于实际。等代墩基底面设计建议如表 5‑4 所示。

表 5‑4　等代墩基底面设定

桩端持力层	桩　　距	桩长径比 l/d	等代墩基底面至桩端距离 l_e
无相对硬持力层	$3d \sim 4.5d$	$\leqslant 30$	$l/3$
		> 30	$l/4$
	$4.5d \sim 6d$(非软土)	$\leqslant 30$	$l/2$
		> 30	$l/3$
有相对硬持力层 $(E_{sb}/E_{si} > 2, E_{sb} \geqslant 15\ \text{MPa})$	$3d \sim 6d$	任意	0

注：E_{sb}、E_{si} 分别为桩端持力层和桩间土的压缩模量；l 为桩长。

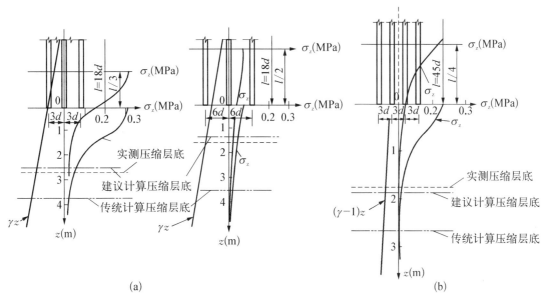

(a)　　　　　　　　　　　　　　　　　(b)

图 5‑12　等代墩基沉降计算方法墩底设定和压缩层

(a) 粉土；(b) 软土

　　桩基设计通常应选择相对硬土层为桩端持力层,在这种情况下桩端贯入变形小,其整个桩长范围桩土相对位移较小,可视全桩长为等代墩基,即墩基底面设定于桩端平面进行沉降计算是符合实际的。

5.11　明德林‑盖得斯法

　　Geddes 根据 Mindlin 提出的作用于半无限弹性体内任一点的集中力产生的应力解析解进行积分,导出了在单桩荷载作用下土体中所产生的应力公式。黄绍铭等则依据上述 Geddes 导出的单桩荷载作用下土体中竖向应力公式,采用我国工程界广泛采用的地基沉降分层总和法原理以及对桩身压缩量的计算,提出了单桩沉降简化计算方法,经过简化分析处

理,单桩沉降量 s 可按下式计算:

$$s = s_s + s_b = \frac{\Delta QL}{E_p A_p} + \frac{Q}{E_s L}$$ (5 - 45)

式中: Δ——与桩侧阻力分布形式有关的系数,一般情况下 $\Delta = 1/2$;

E_s——桩端下地基土的压缩模量。

Geddes 在推导单桩荷载应力公式时,假定桩顶竖向荷载 Q 可在土中形成 3 种如图 5 - 13 所示的单桩荷载形式:以集中力形式表示的桩端阻力的荷载 $Q_b = \alpha Q$;沿深度均匀分布形式表示的桩侧阻力的荷载 $Q_u = \beta Q$ 和沿深度线性增长分布形式表示的桩侧阻力荷载 $Q_v = (1 - \alpha - \beta)Q$,$\alpha$ 和 β 分别为桩端阻力和桩侧均匀分布阻力分担桩顶竖向荷载的比例系数。在上述 3 种单桩荷载作用下,土体中任一点(r, z)的竖向应力 σ_z 可按下式求解:

$$\sigma_z = \sigma_{zb} + \sigma_{zu} + \sigma_{zv} = (Q/L^2) \cdot I_b + (Q/L^2) \cdot I_u + (Q/L^2) \cdot I_v$$

式中: I_b、I_u 和 I_v 分别为桩端阻力、桩侧均匀分布阻力和桩侧线性增长分布阻力荷载作用下在土体中任一点的竖向应力系数。

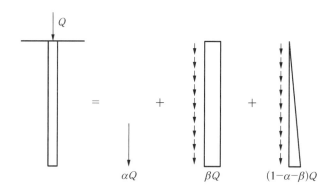

图 5 - 13　单桩荷载组成示意图

$$I_b = \frac{1}{8\pi(1-\mu)} \left\{ -\frac{(1-2\mu)(m-1)}{A^3} + \frac{(1-2\mu)(m-1)}{B^3} - \frac{3(m-1)^3}{A^5} - \right.$$
$$\left. \frac{3(3-4\mu)m(m+1)^2 - 3(m+1)(5m-1)}{B^5} - \frac{30m(m+1)^3}{B^7} \right\}$$ (5 - 46)

$$I_u = \frac{1}{8\pi(1-\mu)} \left\{ \frac{2(2-\mu)}{A} + \frac{2(2-\mu) + 2(1-\mu)\frac{m}{n}\left(\frac{m}{n} + \frac{1}{n}\right)}{B} - \frac{2(1-\mu)\left(\frac{m}{n}\right)^2}{F} + \right.$$

$$\frac{n^2}{A^3} + \frac{4m^2 - 4(1+\mu)\left(\frac{m}{n}\right)^2 m^2}{F^3} + \frac{4m(1+\mu)(m+1)\left(\frac{m}{n} + \frac{1}{n}\right)^2 - (4m^2 + n^2)}{B^3} +$$

$$\left. \frac{6m^2\left(\frac{m^4 - n^4}{n^2}\right)}{F^5} + \frac{6m\left[mn^2 - \frac{1}{n^2}(m+1)^5\right]}{B^5} \right\}$$ (5 - 47)

$$I_v = \frac{1}{4\pi(1-\mu)} \left\{ -\frac{2(1-\mu)}{A} + \frac{2(2-\mu)(4m+1)-2(1-2\mu)\left(\frac{m}{n}\right)^2(m+1)}{B} - \right.$$

$$\frac{2(1-2\mu)\frac{m^3}{n^2}-8(2-\mu)m}{F} + \frac{mn^2+(m-1)^3}{A^3} + \frac{4\mu n^2 m+4m^3-15n^2 m}{B^3} -$$

$$\frac{2(5+2\mu)\left(\frac{m}{n}\right)^2(m+1)^3+(m+1)^3}{B^3} + \frac{2(7-2\mu)nm^2-6m^3+2(5+2\mu)\left(\frac{m}{n}\right)^2 m^3}{F^3} +$$

$$\frac{6mn^2(n^2-m^2)+12\left(\frac{m}{n}\right)(m+1)^5}{B^5} - \frac{12\left(\frac{m}{n}\right)^2 m^5+6mn^2(n^2-m^2)}{F^5} -$$

$$\left. 2(2-\mu)\ln\left(\frac{A+m+1}{F+m} \times \frac{B+m+1}{F+m}\right) \right\} \tag{5-48}$$

式中：$n = r/l$；$m = z/l$；$F = m^2 + n^2$；$A^2 = n^2 + (m-1)^2$；$B^2 = n^2 + (m+1)^2$。L、z 和 r 如图 5-14 所示几何尺寸，μ 为土的泊松比。

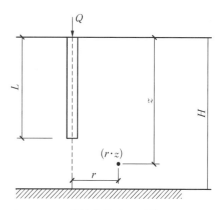

图 5-14　单桩荷载应力计算几何尺寸

在计算群桩沉降时，将各根单桩在某点所产生的附加应力进行叠加，进而计算群桩产生的沉降。采用 Mindlin-Geddes 法计算桩基沉降一般需要用计算机计算，在计算机已经普及的今天，计算的难度已经不是一个主要的问题，普及明德林-盖得斯法计算桩基沉降已具备了客观条件。由于盖得斯应力解比布西奈斯克解更符合桩基础的实际，因此按明德林-盖得斯法计算桩基沉降较为合理。图 5-15 给出了 69 个工程分别

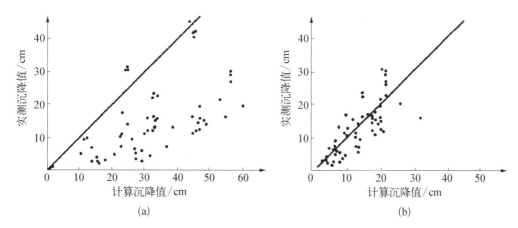

图 5-15　计算沉降量与实际沉降量的比较

（a）实体深基础法；（b）明德林-盖得斯法

按实体深基础法和明德林-盖得斯法计算的沉降与实测沉降的比较,图中纵坐标是实测沉降量,横坐标是计算沉降量,明德林-盖得斯法计算的结果分布于45°线的两侧,表明从总体上两者是吻合的;而实体基础法的计算结果均偏离于45°线,说明计算值普遍偏大。

5.12　建筑地基基础设计规范法

1）地基规范计算方法的思路

地基基础设计规范采用的是传统桩基理论,在计算沉降时,假定实体深基础底面取在桩端平面处,只计算桩端以下地基土的压缩变形,不考虑桩间土对桩基沉降的影响。桩基础最终沉降量的计算采用单向压缩分层总和法。桩端以下地基土中的附加应力采用 Boussinesq 解,考虑侧向摩阻力的扩散作用,通过沉降经验系数修正。

2）地基基础设计规范的计算公式

《建筑地基基础设计规范》(GB50007—2002)中桩基础最终沉降量的计算采用单向压缩分层总和法理论公式:

$$s = \psi_{\mathrm{p}} \sum_{j=1}^{m} \sum_{i=1}^{n_j} \frac{\sigma_{j,i} \Delta h_{j,i}}{E_{\mathrm{s}j,i}} \tag{5-49}$$

式中：s——桩基最终计算沉降量(mm);

　　　m——桩端平面以下压缩层范围内土层总数;

　　　$E_{\mathrm{s}j,i}$——桩端平面下第 j 层土第 i 个分层在自重应力至自重应力加附加应力作用段的压缩模量(MPa);

　　　n_j——桩端平面下第 j 层土的计算分层数;

　　　$\Delta h_{j,i}$——桩端平面下第 j 层土的第 i 个分层厚度(m);

　　　$\sigma_{j,i}$——桩端平面下第 j 层土第 i 个分层的竖向附加应力(kPa);

　　　ψ_{p}——桩基沉降计算经验系数,各地区应根据当地的工程实测资料统计对比确定,不具备条件时也可按表 5-5 选用。

表 5-5　等代墩基法计算桩基沉降经验系数 ψ_{p}

$\bar{E}_{\mathrm{s}}$/MPa	$\bar{E}_{\mathrm{s}} < 15$	$15 \leqslant \bar{E}_{\mathrm{s}} < 30$	$30 \leqslant \bar{E}_{\mathrm{s}} < 40$
ψ_{p}	0.5	0.4	0.3

实际计算中,按照实体深基础计算桩基础最终沉降量所用单向压缩分层总和法计算公式为

$$s = \psi_{\mathrm{p}} \sum_{i=1}^{n} \frac{p_0}{E_{\mathrm{s}i}} (z_i \bar{\alpha}_i - z_{i-1} \bar{\alpha}_{i-1}) \tag{5-50}$$

式中：z_i、z_{i-1}——桩端平面至第 i 层土、第 $i-1$ 层土底面的距离(m);

　　　$\bar{\alpha}_i$、$\bar{\alpha}_{i-1}$——基础底面计算点按 Boussinesq 解至第 i 层土、第 $i-1$ 层土底面范围内平均附加应力系数,可按《建筑地基基础设计规范》(GB50007—2002)附录 K 采用;

E_{si}——基础底面下第 i 层土的压缩模量(MPa);

p_0——桩底平面处的附加压力(kPa),实体基础的支承面积可按图 5-16 计算。

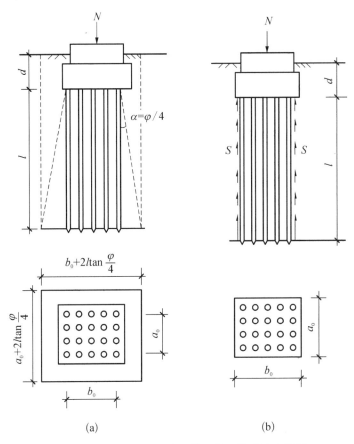

图 5-16　地基基础设计规范实体深基础的底面积

3) 地基基础设计规范中的平均附加应力系数计算

对于桩端平面以下附加应力的计算,一般由 Boussinesq 解和 Mindlin 解两种,式 5-50 是按 Boussinesq 解得到的沉降公式,注意 Boussinesq 解是集中力作用在桩端平面处的附加应力分布。

《建筑地基基础设计规范》(GB50007—2002)附录 R 中也给出了桩端平面以下附加应力采用 Mindlin 解的分层总和法沉降计算公式,而 Mindlin 解是集中应力作用在桩端平面以下土体内部的附加应力分布。

将各根桩在某点产生的附加应力,逐根叠加按下式计算:

$$\sigma_{j,\,i} = \sum_{k=1}^{n}(\sigma_{zp,\,k} + \sigma_{zs,\,k}) \tag{5-51}$$

设 Q 为单桩在竖向荷载的准永久组合作用下的附加荷载,由桩端阻力 Q_p 和桩侧阻力 Q_s 共同承担,且 $Q_p = \alpha Q$,α 是桩端阻力比。桩的端阻力假定为集中力,桩侧摩阻力可假定为沿桩身均匀分布和沿桩身线性增长分布两种形式组成,其值分别为 βQ 和 $(1-\alpha-\beta)Q$,如

图 5-13 所示。

第 k 根桩的端阻力在深度 z 处产生的应力

$$\sigma_{zp,k} = \frac{\alpha Q}{l^2} I_{p,k} \tag{5-52}$$

第 k 根桩的侧摩阻力在深度 z 处产生的应力

$$\sigma_{zs,k} = \frac{Q}{l^2}\left[\beta I_{s1,k} + (1-\alpha-\beta)I_{s2,k}\right] \tag{5-53}$$

对于一般摩擦型桩,可假定桩侧摩阻力全部是沿桩身线性增长的(即 $\beta=0$),则上式可简化为

$$\sigma_{zs,k} = \frac{Q}{l^2}(1-\alpha)I_{s2,k} \tag{5-54}$$

式中:l——桩长(m);

I_p、I_{s1}、I_{s2}——应力影响系数,这 3 个应力影响系数是 Geddes 根据 Mindlin 解推导得到的,亦即式(5-51)~(5-54)代入式(5-49),得到单向压缩分层总和法按 Mindlin 解得到的桩基沉降计算公式:

$$s = \psi_p \frac{Q}{l^2}\sum_{j=1}^{m}\sum_{i=1}^{n_j}\frac{\Delta h_{j,i}}{E_{sj,i}}\sum_{k=1}^{n}\left[\alpha I_{p,k} + (1-\alpha)I_{s2,k}\right] \tag{5-55}$$

采用 Mindlin 公式计算桩基础最终沉降量时,竖向荷载准永久组合作用下附加荷载的桩端阻力比 α 和桩基沉降计算经验系数 ψ_p 应根据当地工程的实测资料统计确定。

在实际桩基础设计计算中,由于 Mindlin 解计算非常复杂,为了简化计算,《建筑地基基础设计规范》(GB50007—2002)实际采用 Boussinesq 解,查附录 K 平均附加应力系数表来确定基础底面计算点至第 i 层土底面范围内平均附加应力系数 $\overline{\alpha}_i$,并用公式来计算群桩沉降。

附录 K 中矩形面积上均布荷载作用下角点的平均附加应加系数 $\overline{\alpha}$ 部分值如表 5-6 所示。

表 5-6 矩形面积上均布荷载作用下角点的平均附加应力系数 $\overline{\alpha}$

z/b \ l/b	1.0	1.2	1.4	1.6	1.8	2.0	2.6	2.8	3.2	3.6	4.0	5.0	10.0
0.0	0.2500	0.2500	0.2500	0.2500	0.2500	0.2500	0.2500	0.2500	0.2500	0.2500	0.2500	0.2500	0.2500
0.2	0.2496	0.2497	0.2497	0.2498	0.2498	0.2498	0.2498	0.2498	0.2498	0.2498	0.2498	0.2498	0.2498
0.4	0.2474	0.2479	0.2481	0.2483	0.2483	0.2484	0.2485	0.2485	0.2485	0.2485	0.2485	0.2485	0.2485
0.6	0.2423	0.2437	0.2444	0.2448	0.2451	0.2452	0.2454	0.2455	0.2455	0.2455	0.2455	0.2455	0.2456
0.8	0.2346	0.2372	0.2387	0.2395	0.2400	0.2403	0.2407	0.2408	0.2409	0.2409	0.2410	0.2410	0.2410
1.0	0.2252	0.2291	0.2313	0.2326	0.2335	0.2340	0.2346	0.2349	0.2351	0.2352	0.2352	0.2353	0.2353
1.2	0.2149	0.2199	0.2229	0.2248	0.2260	0.2268	0.2278	0.2282	0.2285	0.2286	0.2287	0.2288	0.2289
1.4	0.2043	0.2102	0.2140	0.2164	0.2180	0.2191	0.2204	0.211	0.2215	0.2217	0.2218	0.2220	0.2221
1.6	0.1939	0.2006	0.2049	0.2079	0.2099	0.2113	0.2130	0.2138	0.2143	0.2146	0.2148	0.2150	0.2152
1.8	0.1840	0.1912	0.1960	0.1994	0.2018	0.2034	0.2055	0.2066	0.2073	0.2077	0.2079	0.2082	0.2084

4）建筑地基基础规范法的特点

地基基础设计规范实体深基础法计算桩基沉降有3大特点：

（1）假想实体基础底面在桩端平面处，只计算桩端以下地基土的压缩变形，不考虑桩间土对桩基沉降的影响。

（2）实体深基础法在计算桩端以下地基土中的附加应力时，和浅基础一样，采用Boussinesq解，这与工程中桩基基础埋深较大的实际情况不甚符合。Boussinesq解是竖向荷载作用在弹性半元限体表面时的理论解，用于计算桩端以下土体中的附加应力显然有点勉强；地基规范是通过沉降经验系数 ψ_p 对深度进行修正；虽然附录R中也给出了Mindlin解计算方法，但没有给出设计人员统一直接使用的计算表。

（3）考虑墩基侧向摩阻力的扩散作用，按 $\varphi/4$ 角度向下扩散。

（4）地基规范沉降计算通过按实体深基础计算桩基沉降经验系数查表来修正计算结果。该方法把桩长部分看作是一个没有变形的整体（等代墩基是刚性的），没有考虑桩身压缩的影响，无法考虑桩距、桩数等因素对桩间土压缩的影响，也不能考虑桩距、桩数等因素的变化对桩端平面以下地基土中的附加应力的影响，也就是说群桩基础中的桩数的变化丝毫不影响沉降计算的结果，因此该方法不适用于按变形控制桩基础的设计。

总之，由于荷载的不均匀性和地基土的不均匀性等原因，理论沉降计算值与实际沉降计算值尚有一定误差，要结合地区经验作出修正。

5.13 浙江大学考虑桩身压缩的群桩沉降计算方法

规范的等代墩基法只计算桩端以下地基土的压缩变形，并未考虑桩身混凝土本身的压缩变形，浙江大学张忠苗课题组（2003年）提出了一种考虑群桩桩身压缩量的群桩沉降计算方法。

群桩基础桩顶最终沉降量 s 为

$$s = s_s + s_b = \frac{P_1 l}{EA} + \psi_p \sum_{j=1}^{m} \sum_{i=1}^{n_j} \frac{\sigma_{j,i} \Delta h_{j,i}}{E_{sj,i}} \tag{5-56}$$

式中：s_s——群桩桩身弹性压缩变形量；

s_b——群桩桩端沉降量；

P_1——分配到单根的设计单桩竖向承载力特征值；

l——桩长；

E——桩体的弹性模量值；

A——桩截面积；

ψ_p——沉降经验系数，参考地基规范并用地区经验校正。

实际计算中，按照实体深基础计算桩基础最终沉降量所用单向压缩分层总和法计算公式如下：

$$s = \frac{P_1 l}{EA} + \psi_p \sum_{i=1}^{n} \frac{P_0}{E_{si}}(z_i \overline{\alpha_i} - z_{i-1} \overline{\alpha_{i-1}}) \tag{5-57}$$

桩身弹性压缩变形量 s_s 的计算按弹性理论计算,现举例计算如下:

取单桩桩径 $d=1\,000$ mm,设计单桩竖向承载力特征值 $N = P_1 = 5\,000$ kN,则根据公式 $s_s = \frac{P_1 l}{EA}$ 可得不同混凝土强度、不同桩长的桩的弹性压缩变形量,见表 5-7。

表 5-7 桩身混凝土弹性压缩量 s_s 的计算列表

桩身混凝土强度等级	桩长/m						
	10	20	30	40	50	60	70
C20	2.50	5.00	7.49	9.99	12.99	14.99	17.48
C25	2.27	4.55	6.82	9.10	11.37	13.65	15.92
C30	2.12	4.25	6.37	8.49	10.62	12.74	14.86
C35	2.02	4.04	6.07	8.09	10.11	12.13	14.15
C40	1.96	3.92	5.88	7.84	9.80	11.76	13.72

群桩基础底面附加应力也采用等代墩基法计算,但具体沉降计算中作了如下处理:

1) 计算模式

(1) 当群桩为嵌入硬质岩成为完全端承且桩端下无软下卧层时,可不计算桩端平面以下的压缩,群桩基础沉降只计算桩身压缩;

(2) 当群桩为端承型桩时,可按图 5-17(a)模式计算,即不考虑应力扩散角,计算面积为承台面积;

(3) 群桩当为摩擦型群桩和桩端下有软弱下卧层时,可按图 5-17(b)模式计算,即考虑承台应力扩散作用,按 $\varphi/4$ 向下扩散。

2) 等代墩基面积计算

(1) 桩顶承台面积规定如下:当边桩外缘与承台边缘的距离小于 1 m 时,取两者之间的实际距离计算承台面积,即如果桩外缘与承台边缘距离为 0.5 m,则取 0.5 m;当边桩外缘与承台边缘的距离大于 1 m 时,取两者间距为 1 m 计算承台面积,即如果桩外缘与承台边缘距离为 1.5 m,则取 1 m。

(2) 等代墩基面积计算是否进行应力扩散计算按第(1)点规定执行。

3) 压缩层计算深度

桩基础的最终沉降计算深度 z_n,按应力比法确定。

(1) 端承型群桩由于桩端压缩小,所以 $\sigma_z = 0.3\sigma_c$。

(2) 摩擦型群桩由于桩端压缩较大,所以 $\sigma_z = 0.2\sigma_c$。

(3) 当桩端存在软弱下卧层时,由于桩端压缩大,所以 $\sigma_z = 0.1\sigma_c$;σ_z 为计算深度 z_n 处的附加应力;σ_z 为土的自重应力。

这样处理的特点是概念明确,计算参数明确,易于操作,但桩基沉降经验系数有待于进一步积累。

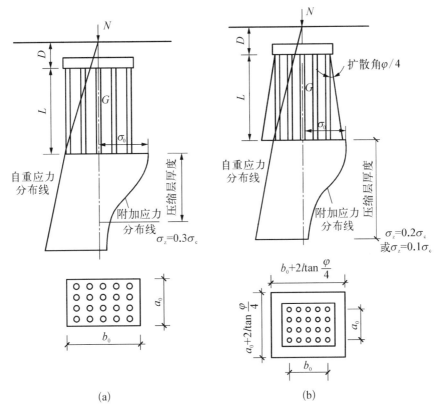

图 5‑17　考虑桩身压缩的群桩沉降计算模式

(a) 端承型桩；(b) 摩擦型桩

5.14　建筑桩基技术规范方法

1) 建筑桩基技术规范计算思路

刘金砺、黄强等桩基规范法是以 Mindlin 位移公式为基础的方法，该法通过均质土中群桩沉降的 Mindlin 解与均布荷载下矩形基础沉降的 Boussinesq 解的比值（等效沉降系数 ψ_e）来修正实体基础的基底附加应力，然后利用分层总和法计算桩端以下土体的沉降。该法适用于桩距小于或等于 6 倍桩径的桩基。

2) 建筑桩基技术规范计算公式

《建筑桩基技术规范》中规定，对于桩中心距小于或等于 6 倍桩径的桩基，其最终沉降量计算可采用等效作用分层总和法。等效作用面位于桩端平面，等效作用面积为桩承台投影面积，等效作用附加应力近似取承台底平均附加压力。等效作用面以下的应力分布采用各向同性均质直线变形体理论。计算模式如图 5‑18 所示，桩基最终沉降量可用角点法按下式计算：

$$s = \psi \cdot \psi_e \cdot s' = \psi \cdot \psi_e \cdot \sum_{j=1}^{m} P_{0j} \sum_{i=1}^{n} \frac{z_{ij}\,\bar{\alpha}_{ij} - z_{(i-1)j}\,\bar{\alpha}_{(i-1)j}}{E_{si}} \tag{5-58}$$

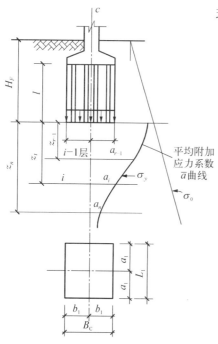

图 5‑18 桩基沉降计算示意图

式中：s——桩基最终沉降量；

s'——按实体深基础分层总和法计算出的桩基沉降量（mm）；

ψ——桩基沉降经验系数，当无当地可靠经验时可按表 5‑8 确定；

ψ_e——桩基等效沉降系数；按式(5‑59)确定；

m——角点法计算点对应的矩形荷载分块数；

P_{0j}——第 j 块矩形底面在荷载效应准永久组合下的附加压力(kPa)；

n——桩基沉降计算深度范围内所划分的土层数；

E_{si}——等效作用面以下第 j 层土的压缩模量（MPa），采用地基土在自重压力至自重压力加附加压力作用时的压缩模量；

z_{ij}、$z_{(i-1)j}$——桩端平面第 j 块荷载作用面至第 i 层土、第 $i-1$ 层土底面的距离(m)；

$\bar{\alpha}_{ij}$、$\bar{\alpha}_{(i-1)j}$——桩端平面第 j 块荷载计算点至第 i 层土、第 $i-1$ 层土底面深度范围内平均附加应力系数，可按《建筑桩基技术规范》附录 D 采用。

桩基沉降计算深度 z_n，按应力比法确定，即 z_n 处的附加应力 σ_z 与土的自重应力 σ_c 应符合下式要求：

$$\sigma_z \leqslant 0.2\sigma_c \tag{5-59}$$

$$\sigma_z = \sum_{j=1}^{m} \alpha_j P_{0j} \tag{5-60}$$

式中：附加应力系数 α_j 根据角点法划分的矩形长宽比及深宽比查附录 D。

桩基等效沉降系数 ψ_e 按下式简化计算：

$$\psi_e = C_0 + \frac{n_b - 1}{C_1(n_b - 1) + C_2} \tag{5-61}$$

$$n_b = \sqrt{n \cdot B_c / L_c} \tag{5-62}$$

式中：n_b——矩形布桩时的短边布桩数，当布桩不规则时可按式(5‑62)近似计算，$n_b > 1$；当 $n_b < 1$ 时，取 $n_b = 1$；

C_0、C_1、C_2——根据群桩距径比 s_a/d、长径比 l/d 及基础长宽比 L_c/B_c，由《建筑桩基技术规范》附录 E 确定；

L_c、B_c、n——分别为矩形承台的长、宽及总桩数。

当布桩不规则时，等效距径比可按下式近似计算：

圆形桩：

$$S_a/d = \sqrt{A}/(\sqrt{n} \cdot d) \tag{5-63}$$

方形桩：
$$S_a/d = 0.886\sqrt{A}/(\sqrt{n} \cdot b) \qquad (5-64)$$

式中：A——桩基承台总面积；

　　　b——方形桩截面边长。

当无当地经验时，桩基沉降计算经验系数 ψ 可按表 5-8 选用。

表 5-8　桩基沉降计算经验系数 ψ

$\bar{E}_s/\text{MPa}$	$\leqslant 10$	15	20	35	$\geqslant 50$
ψ	1.2	0.9	0.65	0.5	0.4

注：① $\bar{E}_s$ 为沉降计算深度范围内压缩模量的当量值，可按下式计算：$\bar{E}_s = \dfrac{\sum A_i}{\sum \dfrac{A_i}{E_{si}}}$，式中 A_i 为第 i 层土附加压力系数

　　沿土层厚度的积分值，可近似按分块面积计算。

　　② ψ 可根据 $\bar{E}_s$ 内插取值。

对于采用后注浆施工工艺的灌注桩，桩基沉降经验系数应根据桩端持力土层类别，乘以 0.7（砂、砾、卵石）～0.8（黏性土、粉土）折减系数；饱和土中预制桩（不含复打、复压、引孔沉桩），应根据桩距、土质、沉桩速率和打桩顺序等因素乘以 1.3～1.8 的挤土效应系数，土的渗透性低，桩距小，桩数多，沉降速率快时取大值。

计算桩基沉降时，应考虑相邻基础的影响，采用叠加原理计算；桩基等效沉降系数可按独立基础计算。

当桩基形状不规则时，可采用等代矩形面积计算桩基等效沉降系数，等效矩形的长宽比可根据承台实际尺寸形状确定。

规范中桩基沉降经验系数 ψ 是收集了软土地区上海、天津、一般第四纪土地区北京、沈阳、黄土地区西安共计 150 份已建桩基工程的沉降观测资料，实测沉降与计算沉降之比 ψ 与沉降计算深度范围内压缩模量当量值 $\bar{E}_s$ 的关系如图 5-19 所示。根据该结果给出表 5-8 桩基沉降计算经验系数。

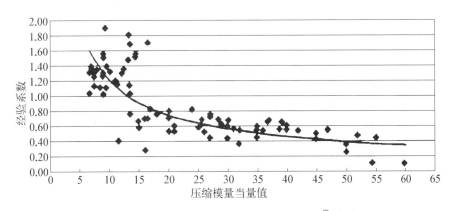

图 5-19　沉降经验系数 ψ 与压缩模量当量值 $\bar{E}_s$ 的关系

3）桩基规范等效沉降系数 ψ_e 的由来

运用弹性半无限体内作用力的 Mindlin 位移解，基于桩、土位移协调条件，略去桩身弹

性压缩,给出匀质土中不同距径比、长径比、桩数、基础长宽比条件下刚性承台群桩的沉降数值解:

$$w_M = \frac{\bar{Q}}{E_s d} \bar{w}_M \qquad (5-65)$$

式中: $\bar{Q}$ ——群桩中各桩的平均荷载;

E_s ——均质土的压缩模量;

d ——桩径;

$\bar{w}_M$ ——Mindlin 解群桩沉降系数,随群桩的距径比、长径比、桩数、基础长宽比而变。

运用弹性半无限体表面均布荷载下的 Boussinesq 解,不计实体深基础侧阻力和应力扩散,求得实体深基础的沉降:

$$w_B = \frac{P}{a E_s} \bar{w}_B \qquad (5-66)$$

式中: $\bar{w}_B = \dfrac{1}{4\pi}\left[\ln\dfrac{\sqrt{1+m^2}+m}{\sqrt{1+m^2}-m} + m\ln\dfrac{\sqrt{1+m^2}+1}{\sqrt{1+m^2}-1}\right] \qquad (5-67)$

m ——矩形基础上的长宽比, $m = a/b$;

P ——矩形基础上的均布荷载之和。

由于数据过多,为便于分析应用,当 $m \leqslant 15$ 时,式(5-67)经统计分析后简化为

$$\bar{w}_B = (m+0.633\,6)/(1.951m+4.627\,5) \qquad (5-68)$$

由此引起的误差在 2.1% 以内。

相同基础平面尺寸条件下,对于按不同几何参数刚性承台群桩 Mindlin 位移解沉降计算值 w_M 与不考虑群桩侧面剪应力和应力不扩散实体深基础 Boussinesq 解沉降计算值 w_B 二者之比为等效系数 ψ_e。按实体深基础 Boussinesq 解计算沉降 w_B,乘以等效系数 ψ_e,实质上纳入了按 Mindlin 位移解计算桩基础沉降时,附加应力及桩群几何参数的影响。

等效沉降系数: $\psi_e = \dfrac{w_M}{w_B} = \dfrac{\dfrac{\bar{Q}}{E_s d}\bar{w}_M}{\dfrac{n_a n_b P \bar{w}_B}{a E_s}} = \dfrac{\bar{w}_M}{\bar{w}_B} \cdot \dfrac{a}{n_a n_b d} \qquad (5-69)$

式中: n_a、n_b ——分别为矩形桩基础长边布桩数和短边布桩数。

为应用方便,将按不同距径比 $s_a/d = 2、3、4、5、6$,长径比 $L/d = 5、10、15、\cdots、100$,总桩数 $n = 4、\cdots、600$,各桩布桩形式($n_a/n_b = 1、2、\cdots、100$),桩基承台长宽比 L_c/B_c,对式(4-67)计算出的 ψ_e 进行回归分析,得到 ψ_e 的表达式为:

$$\psi_e = C_0 + \frac{n_b - 1}{C_1(n_b - 1) + C_2} \qquad (5-70)$$

式中 $n_b = \sqrt{n \cdot B_c/L_c}$; C_0、C_1、C_2 为随群桩距径比 s_a/d、长径比 L/d 及基础长宽比 L_c/B_c,由《建筑桩基技术规范》附录 E 确定。

4) 建筑桩基技术规范中单桩、单排桩沉降计算分层总和法的应用

对于单桩、单排桩、桩中心距大于 6 倍桩径的疏桩基础的沉降计算应符合下列规定：

（1）承台底地基土不分担荷载的桩基。桩端平面以下地基中由基桩引起的附加应力，按考虑桩径影响的明德林解附录 F 计算确定。将沉降计算点水平面影响范围内各基桩对应力计算点产生的附加应力叠加，采用单向压缩分层总和法计算土层的沉降，并计入桩身压缩 s_e。桩基的最终沉降量可按下列公式计算：

$$s = \psi \sum_{i=1}^{n} \frac{\sigma_{zi}}{E_{si}} \Delta z_i + s_e \tag{5-71}$$

$$\sigma_{zi} = \sum_{j=1}^{m} \frac{Q_j}{l_j^2} \left[\alpha_j I_{p,ij} + (1 - \alpha_j) I_{s,ij} \right] \tag{5-72}$$

$$s_e = \xi_e \frac{Q_j l_j}{E_c A_{ps}} \tag{5-73}$$

（2）承台底地基土分担荷载的复合桩基。将承台底土压力对地基中某点产生的附加应力按布辛奈斯克解（附录 D）计算，与基桩产生的附加应力叠加，采用与本条第一款相同方法计算沉降。其最终沉降量可按下列公式计算：

$$s = \psi \sum_{i=1}^{n} \frac{\sigma_{zi} + \sigma_{zci}}{E_{si}} \Delta z_i + s_e \tag{5-74}$$

$$\sigma_{zci} = \sum_{k=1}^{u} \alpha_{ki} \cdot p_{ck} \tag{5-75}$$

式中：m——以沉降计算点为圆心，0.6 倍桩长为半径的水平面影响范围内的基桩数；

n——沉降计算深度范围内土层的计算分层数；分层数应结合土层性质，分层厚度不应超过计算深度的 0.3 倍；

σ_{zi}——水平面影响范围内各基桩对应力计算点桩端平面以下第 i 层土 1/2 厚度处产生的附加竖向应力之和；应力计算点应取与沉降计算点最近的桩中心点。

σ_{zci}——承台压力对应力计算点桩端平面以下第 i 计算土层 1/2 厚度处产生的应力；可将承台板划分为 u 个矩形块，可按本规范附录 D 采用角点法计算；

Δz_i——第 i 计算土层厚度（m）；

E_{si}——第 i 计算土层的压缩模量（MPa），采用土的自重压力至土的自重压力加附加压力作用时的压缩模量；

Q_j——第 j 桩在荷载效应准永久组合作用下，桩顶的附加荷载（kN）；当地下室埋深超过 5 m 时，取荷载效应准永久组合作用下的总荷载为考虑回弹再压缩的等代附加荷载；

l_j——第 j 桩桩长（m）；

A_{ps}——桩身截面面积；

α_j——第 j 桩总桩端阻力与桩顶荷载之比，近似取极限总端阻力与单桩极限承载力之比；

$I_{p,ij}$，$I_{s,ij}$——分别为第 j 桩的桩端阻力和桩侧阻力对计算轴线第 i 计算土层 1/2 厚度处的应力影响系数,可按本规范附录 F 确定;

E_c——桩身混凝土的弹性模量;

$p_{c,k}$——第 k 块承台底均布压力,可按 $p_{c,k} = \eta_{c,k} \cdot f_{ak}$ 取值,其中 $\eta_{c,k}$ 为第 k 块承台底板的承台效应系数,按《建筑桩基设计规范》表 5.2.5 确定;f_{ak} 为承台底地基承载力特征值;

α_{ki}——第 k 块承台底角点处,桩端平面以下第 i 计算土层 1/2 厚度处的附加应力系数,可按本规范附录 D 确定;

s_e——计算桩身压缩;

ξ_e——桩身压缩系数。端承型桩,取 $\xi_e = 1.0$;摩擦型桩,当 $l/d \leqslant 30$ 时,取 $\xi_e = 2/3$;$l/d \geqslant 50$ 时,取 $\xi_e = 1/2$;介于两者之间可线性插值;

ψ——沉降计算经验系数,无当地经验时,可取 1.0。

(3) 对于单桩、单排桩、疏桩复合桩基础的最终沉降计算深度 z_n,可按应力比法确定,即 z_n 处由桩引起的附加应力 σ_z、由承台土压力引起的附加应力 σ_{zc} 与土的自重应力 σ_c 应符合下式要求:

$$\sigma_z + \sigma_{zc} = 0.2\sigma_c \tag{5-76}$$

5) 桩基规范法计算沉降的特点

桩基规范法计算沉降具有以下特点:

(1) 假想实体基础底面在桩端平面处,只计算桩端以下地基土的压缩变形,不考虑桩间土对桩基沉降的影响,实体深基础法计算桩端以下地基土中的附加应力按 Boussinesq 解。将承台视作直接作用在桩端平面,即实体基础的尺寸等同于承台尺寸,且作用在实体基础底面的附加应力也取为承台底的附加应力,不考虑桩间土对桩基沉降的影响。

(2) 不同于地基规范的是,它引入了等效沉降系数 ψ_e(通过均质土中群桩沉降的 Mindlin 解 w_M 与均布荷载下矩形基础沉降的 Boussinesq 解 w_B 的比值)来修正附加应力,使得附加应力更加趋于 Mindlin 解,该系数反映了桩长径比、距径比、布桩方式及桩数等因素对地基中附加应力的影响。

(3) 桩基规范法原理简单,计算方便,是工程实践中应用最为广泛的一种近似计算方法。这是一种半经验的计算方法,在计算沉降时,还必须用一个经验系数 ψ 来修正。这个沉降经验系数是基础沉降实测值和计算值的统计比值,它随实测值数量的增加而逐步趋于合理。尽管桩基规范法采用了沉降计算经验系数,相对来说较合理。但由于荷载的不均匀性和地基土的不均匀性,所以,计算预估沉降与现场实测沉降的精度仍有待于积累与提高。

6) 桩基规范关于减沉复合疏桩基础的沉降的计算

当软土地基上多层建筑,地基承载力基本满足要求(以底层平面面积计算)时,可设置穿过软土层进入相对较好土层的疏布摩擦型桩,由桩和桩间土共同分担荷载。该种减沉复合疏桩基础,可按下列公式确定承台面积和桩数:

$$A_c = \xi \frac{F_k + G_k}{f_{ak}} \tag{5-77}$$

$$n \geqslant \frac{F_k + G_k - \eta_c f_{ak} A_c}{R_a} \qquad (5-78)$$

式中：A_c——桩基承台总净面积；

　　　f_{ak}——承台底地基承载力特征值；

　　　ξ——承台面积控制系数，$\xi \geqslant 0.60$；

　　　n——基桩数；

　　　η_c——桩基承台效应系数，可按《建筑桩基技术规范》表 5.2.5 取值。

减沉复合疏桩基础中点沉降可按下列公式计算：

$$s = \psi(s_s + s_{sp}) \qquad (5-79)$$

$$s_s = 4p_0 \sum_{i=1}^{m} \frac{z_i \bar{\alpha}_i - z_{(i-1)} \bar{\alpha}_{(i-1)}}{E_{si}} \qquad (5-80)$$

$$s_{sp} = 280 \frac{\overline{q_{su}}}{\overline{E}_s} \cdot \frac{d}{(s_a/d)^2} \qquad (5-81)$$

$$p_o = \eta_p \frac{F - nR_a}{A_c} \qquad (5-82)$$

式中：s——桩基中心点沉降量；

　　　s_s——由承台底地基土附加压力作用下产生的中点沉降（图 5-20）；

　　　s_{sp}——由桩土相互作用产生的沉降；

　　　p_o——按荷载效应准永久值组合计算的假想天然地基平均附加压力（kPa）；

　　　E_{si}——承台底以下第 i 层土的压缩模量，应取自重压力至自重压力与附加压力段的模量值；

　　　m——地基沉降计算深度范围的土层数；沉降计算深度按 $\sigma_z = 0.1\sigma_c$ 确定，σ_z 可按《建筑桩基设计规范》第 5.5.8 条确定；

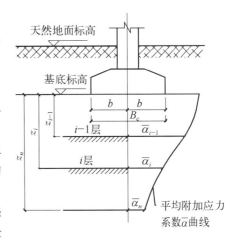

图 5-20　复合疏桩基础沉降计算的分层

　　　$\overline{q_{su}}$、$\overline{E}_s$——桩身范围内按厚度加权的平均桩侧极限摩阻力、平均压缩模量；

　　　d——桩身直径，当为方形桩时，$d = 1.27b$（b 为方形桩截面边长）；

　　　s_a/d——等效距径比，可按《建筑桩基设计规范》第 5.5.10 条执行；

　　　z_i、z_{i-1}——承台底至第 i 层、第 $i-1$ 层土底面的距离；

　　　$\bar{\alpha}_i$、$\bar{\alpha}_{i-1}$——承台底至第 i 层、第 $i-1$ 层土层底范围内的角点平均附加应力系数；根据承台等效面积的计算分块矩形长宽比 a/b 及深宽比 $z_i/b = 2z_i/B_c$，由本规范附录 D 确定；其中承台等效宽度 $B_c = B\sqrt{A_c}/L$；B、L 为建筑物基础外缘平面的宽度和长度；

F——荷载效应准永久值组合下,作用于承台底的总附加荷载(kN);

η_p——基桩刺入变形影响系数;按桩端持力层土质确定,砂土为 1.0,粉土为 1.15,黏性土为 1.30;

ψ——沉降计算经验系数,无当地经验时,可取 1.0。

5.15　群桩沉降计算的沉降比法

众所周知,群桩沉降 s_G 一般要大于在相同荷载作用下的单桩的沉降 s,通常将这两者沉降的比值称为群桩沉降比 R_s。在工程实践中,有时利用群桩沉降比 R_s 的经验值和单桩沉降 s 来估算群桩沉降 s_G,即

$$s_G = R_s \cdot s \tag{5-83}$$

s 通常可从现场单桩试验得到的荷载-沉降曲线求得。目前估计 R_s 的方法有两类,即经验法和弹性理论法。本节讨论基于砂土中桩基原型观测或室内模型试验而得到的估计 R_s 的经验方法。

根据一些桩基原型观测资料,Skempton(1953 年)建议按群桩基础宽度的大小来估计 R_s,即

$$R_s = \frac{\bar{S}_a(5 - \bar{S}_a/3)}{(1 + 1/r)^2} \tag{5-84}$$

式中:$\bar{S}_a$——桩间距与桩径的比值;

　　　r——方形群桩的行数。

根据中-密砂土中模型群桩的试验资料,Vesic(1967 年)建议按下式估计 R_s:

$$R_s \approx \sqrt{\frac{\bar{B}}{d}} \tag{5-85}$$

式中:$\bar{B}$——桩间距与桩径的比值;

　　　d——方形群桩的行数。

通过密实细砂中方形群桩与单桩试验结果的对比,BepeqaHyea(1961 年)发现,在桩间距为 $(3\sim6)d$ 条件下,群桩沉降的大小与群桩假想支承面积的边长成线性增长,而不受群桩桩数或桩间距的影响。因此,群桩沉降比等于边长比:

$$R_s = \frac{B}{B_1} = \sqrt{\frac{A}{A_1}} \tag{5-86}$$

式中:A——群桩假想支承面积,$A = B^2$;

　　　B——群桩假想面积的边长,根据图 5-21 确定;

　　　A_1——单桩假想支承面积,$A_1 = B_1^2$;

　　　B_1——单桩假想面积的边长,根据图 5-21 确定。

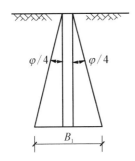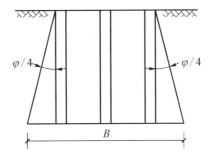

图 5‑21　单桩与群桩假想支承面积图示

5.16　桩筏(箱)基础沉降计算

桩筏、桩箱基础以明显的优点被广泛用作高层建筑的基础结构。

桩箱基础由于其箱基具有较大的结构刚度,一般可按墙下板受桩的冲切承载力计算确定板厚,按构造要求配筋即可满足设计要求。但对于桩筏基础(pile raft foundation),由于其底板和地下结构刚度有限,其在上部结构荷载作用下的整体和局部弯曲所产生的内力,特别是弯矩的影响不可忽视。

作为高层建筑桩筏基础设计的控制要求之一,沉降计算的合理性尤为重要,目前桩筏(箱)基础沉降计算方法主要包括简易理论法、半经验半理论法和有限元法。这里介绍一下董建国、赵锡宏等的简易理论法和半经验半理论法。

1. 简易理论法

董建国、赵锡宏等的简易理论法视桩与桩间土为整体,如同复合地基,故称复合地基模式。此法未计及桩径及桩的平面分布对基础沉降的影响,同时对桩端下地基最终沉降计算仍然有赖于实际经验。

1) 计算模型的建立

图 5‑22 所示为一桩箱基础,在外力 P 作用下,桩箱基础的受力机理。设桩箱基础沿长、宽周边深度方向土体的剪应力为 τ_z,则总抗力 T 为:

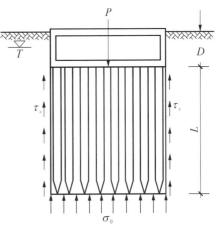

图 5‑22　桩箱基础受力机理

$$T = U\int_0^l \tau_z \mathrm{d}z \qquad (5\text{-}87)$$

式中:U——箱基平面的周长。

根据外荷 P 与总抗力 T 的大小,沉降计算有不同的模式。

(1) $P > T$ 实体深基础模型的沉降计算。当外荷 P 大于总抗力 T 时,桩箱基础四周将产生剪切变形,使桩长范围内、外土体的整体性受到破坏,这时可忽略群桩周围土体的作用,采用等代实体深基础模式计算桩箱(筏)基础的最终沉降(见图 5‑23),具体

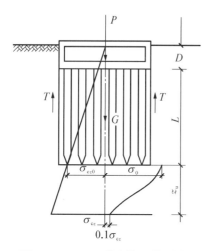

图 5-23 $P>T$ 的实体深基础模式

步骤如下：

① 从底面起算确定自重应力。

② 从桩尖平面起算确定附加应力 σ_0。

$$\sigma_0 = \frac{P+G-T}{A} - \sigma_{cz0} \qquad (5-88)$$

式中：G——包括桩间土在内的群桩实体的重量；

σ_{cz0}——桩尖平面处的土自重应力；

A——箱基底面积。

③ 采用分层总和法计算桩尖平面下土层的压缩层。

$$s_s = \sum_{j=1}^{m} \frac{\bar{\sigma}_{zj}}{E_{sj}} \cdot h_j \qquad (5-89)$$

式中：m——平面下一倍箱基宽度内土的分层数；

E_{sj}——第 j 层土的压缩模量,采用自重应力至自重应力与附加应力之和时对应的值；

h_j——第 j 层土的厚度；

$\bar{\sigma}_{zj}$——第 j 层土中的平均附加应力,应考虑相邻荷载影响,可采用布辛奈斯克解计算。

（2）$P \leqslant T$ 复合地基模型的沉降计算。当外荷 P 小于等于总抗力 T 时(见图 5-24),群桩桩长范围外的周围土体同样具备抵抗外荷的能力,使桩箱基础的沉降受到约束。这时可认为桩的设置是对桩长范围内土体的加固,与箱(筏)基础下的土体一起形成复合地基。由于桩的弹性模量远远大于土的弹性模量,故桩的设置将使桩长范围内的土体变形大大减小,根据共同作用的原理,桩长范围内土体的压缩量可用桩的弹性变形等代替。

所以,在 $P \leqslant T$ 的情况,桩箱(筏)基础的最终沉降 s 由桩的压缩量 s_p 和桩尖平面下土的压缩量 s_s 两部分组成：

$$s = s_p + s_s \qquad (5-90)$$

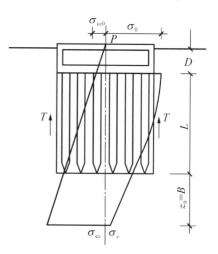

图 5-24 $P \leqslant T$ 的复合地基模型

式中：s_s 按式(5-89)确定；s_p 按下述公式确定：

沿桩长的压应力为三角形分布时(见图 5-25(a))：

$$s_p = \frac{P_p L}{2 A_p E_p} \qquad (5-91)$$

沿桩长的压应力为矩形分布时(见图 5-25(b))：

$$s_p = \frac{P_p L}{A_p E_p} \qquad (5-92)$$

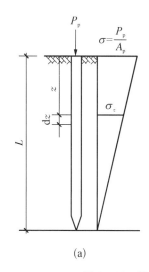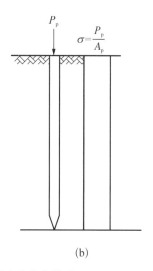

图 5 - 25　沿桩长的压应力分布模式

式中：P_p——单桩设计荷载；

　　　A_p——桩的截面积；

　　　L——桩长；

　　　E_p——桩的弹性模量。

沿桩长压应力的分布一般是按经验确定：当桩所承受的荷载为设计荷载时，采用三角分布；当荷载等于极限荷载时，采用矩形分布。

2）总抗力 T 的确定

对于上述两种沉降计算模式的正确选用的关键是总抗力 T 的确定。

根据土的抗剪强度理论 $\tau = \sigma \cdot \tan \varphi + c$ 和由图 5 - 26 所示的抗剪强度与自重应力的关系，可得

$$\tau_z = \sigma_{cx} \cdot \tan \varphi + c = \sigma_{cy} \cdot \tan \varphi + c$$

（5 - 93）

式中：σ_{cx}、σ_{cy}——分别为 x、y 方向的自重应力。

假定土的侧压力系数 $K_0 = 1$，有 $\sigma_{cx} = \sigma_{cy} = \sigma_{cz}$，则式（5 - 93）可改写成

$$\tau_z = \sigma_{cz} \cdot \tan \varphi + c \qquad （5 - 94）$$

图 5 - 26　抗剪强度与自重应力关系

所以，总抗力 T 为

$$T = U \sum_{i=1}^{n} \int_{0}^{h_1} (\sigma_{czi} \cdot \tan \varphi_i + c_i) \mathrm{d}z = U \sum_{i-1}^{n} (\bar{\sigma}_{czi} \cdot \tan \varphi_i + c_i) \cdot h_i \qquad （5 - 95）$$

式中：U——箱（筏）基础平面周长；

　　　$\bar{\sigma}_{czi}$——箱（筏）基础底面到桩尖范围内第 i 层土的平均自重应力；

　　　h_i——第 i 层土的厚度。

2. 半经验半理论法

半经验半理论法是基于建筑物总荷载由群桩与筏底地基土共同承担;桩筏基础视为刚性;刚性群桩沉降由 Poulos 和 Davis 公式确定;桩筏基础沉降与群桩沉降相同;建筑物基础竣工时的沉降可根据地区经验的修正系数对计算沉降 s 修正获得。据此可得半经验半理论公式。但此公式不能反映桩长、桩的平面布置方式对基础沉降的影响。

1) 筏底(箱底)承担荷载值

在计算桩箱基础沉降时,由于其纵向弯曲不大,基础可作为刚性体考虑。此时,基础沉降 s 可用下式近似表示:

$$s = pB_e \frac{1-\mu_s^2}{E_0} \tag{5-96}$$

则作用在基础上的总荷载(压力)p 为

$$p = \frac{sE_0}{B_e(1-\mu_s^2)} \tag{5-97}$$

式中:B_e——基础的等效宽度,取 $B_e = \sqrt{A}$,A 为基础面积;

E_0、μ_s——分别为桩土共同作用的弹性模量和泊松比。

2) 群桩承担荷载值

Poulos 和 Davis 曾给出刚性基础下群桩基础沉降 s_g 的计算公式:

$$s_g = \frac{P_g R_s I}{n E_o d} \tag{5-98}$$

则群桩承担的荷载 P_g 为

$$P_g = \frac{s_g \cdot E_0 n d}{R_s I} \tag{5-99}$$

式中:n、d——分别为桩数和桩径;

I——单桩的沉降系数,根据长径比 L/d 由图 5-27 确定;

R_s——群桩的沉降影响系数,根据长径比 L/d 和距径比 s_a/d 由图 5-28 根据下式确定:

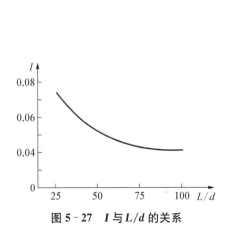

图 5-27　I 与 L/d 的关系

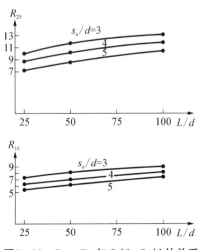

图5-28　R_{16}、R_{25} 与 L/d、S_a/d 的关系

$$R_s = (R_{25} - R_{16})(\sqrt{n} - 5) + R_{25} \tag{5-100}$$

式中：R_{16}、R_{25} 分别为 16 根桩和 25 根桩时沉降影响系数。

3）桩箱（筏）基础的沉降

建筑物的总荷载 P 由群桩和基地土共同承担，即

$$P = P_g + P_s = P_g + p A_e \tag{5-101}$$

式中：A_e——基础底面积减去群桩有效受荷面积，即

$$A_e = A - n \frac{\pi (K_{pd})^2}{4} \tag{5-102}$$

式中符号意义见图 5-29。
将式（5-97）和式（5-99）代入式
（5-101），得

$$P = \frac{s_g \cdot E_0 n d}{R_s I} + \frac{s E_0}{B_e (1 - \mu_s^2)} A_e \tag{5-103}$$

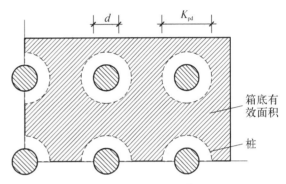

图 5-29　群桩有效受荷面积

根据变形协调原理，箱（筏）基础的沉降
等于群桩沉降：$s_g = s$，则上式可改写成

$$P = s E_0 \left[\frac{n d}{R_s I} + \frac{A_e}{B_e (1 - \mu_s^2)} \right] \tag{5-104}$$

由此得到桩箱（筏）基础沉降计算的理论公式为

$$s = \frac{P B_e (1 - \mu_s^2)}{E_0} \cdot \frac{R_s I}{A_e R_s I + n d B_e (1 - \mu_s^2)} \tag{5-105}$$

将上式根据地区经验乘以桩基沉降的经验修正系数 ψ_s，则可得到计算建筑物竣工时沉降的
半经验半理论的实用公式：

$$s = \psi_s \frac{P B_e (1 - \mu_s^2)}{E_0} \cdot \frac{R_s I}{A_e R_s I + n d B_e (1 - \mu_s^2)} \tag{5-106}$$

式中：ψ_s——桩基沉降的经验系数，按表 5-9 确定。

表 5-9　ψ_s 取 值

类　　别	桩入土深度/m	ψ_s
I	20～30	0.70～1.00
II	30～45	0.35～0.45
III	>45	0.20～0.25

式(5-106)右端项分作两部分；第一部分反映桩箱、桩筏基础沉降计算的弹性理论公式特性；第二部分反映各种因素对沉降的影响，包括箱(筏)基尺寸、地基土特性、桩基布置和尺寸等。

半经验法计算桩箱(筏)基础沉降的精确程度取决于式中各参数的取值，需根据地区经验确定。

5.17　本章例题

(1) 某高层为框架－核心筒结构，基础埋深 26 m(7 层地下室)，核心筒采用桩筏基础。外围框架采用复合桩基，基桩直径 1.0 m，桩长 15 m，混凝土强度等级 C25，桩端持力层为卵石层，单桩承载力特征值为 $R_a = 5\,200$ kN，其中端承力特征值为 2 080 kN，梁板式筏形承台，筏板厚度 $h_b = 1.2$ m，梁宽 $b_1 = 2.0$ m，梁高 $h_1 = 2.2$ m(包括筏板厚度)，承台地基土承载力特征值 $f_{ak} = 360$ kPa，土层分布：0～26 m 土层平均重度 $\gamma = 18$ kN/m³；26～27.93 m 为中沙 ⑦₁，$\gamma = 16.9$ kN/m³；27.93～32.33 m 为卵石⑦层，$\gamma = 19.8$ kN/m³，$E_s = 150$ MPa；32.33～38.73 m 为黏土⑧层，$\gamma = 18.5$ kN/m³，$E_s = 18$ MPa；38.73～40.53 m 为细砂⑨₁层，$\gamma = 16.5$ kN/m³，$E_s = 75$ MPa；40.53～45.43 m 为卵石⑨层，$\gamma = 20$ kN/m³，$E_s = 150$ MPa；45.43～48.03 m 为粉质黏土⑩层，$\gamma = 18$ kN/m³，$E_s = 18$ MPa；48.03～53.13 m 为细中砂(13)层，$\gamma = 16.5$ kN/m³，$E_s = 75$ MPa；

桩平面位置如题 1 图，单柱荷载效应标准值 $F_k = 19\,300$ kN，准永久值 $F = 17\,400$ kN。试计算 $0^{±1}$ 桩的最终沉降量。

解：① 按《建筑桩基技术规范》JGJ94－2007 第 5.2.5 条计算基桩所对应的承台底净面积 A_c：

$$A_c = (A - nA_{ps})/n$$

A 为 1/2 柱间距和悬臂边(2.5 倍筏板厚度)所围成的承台计算域面积(见题(1)图)，

$$A = 9.0\,\text{m} \times 7.5\,\text{m} = 67.5\,\text{m}^2,$$

在此承台计算域 A 内的桩数 $n = 3$，桩身截面积 $A_{ps} = 0.785$ m²，所以基桩所对应的承台底净面积 A_c 为

$$A_c = (67.5 - 3 \times 0.785)/3 = 65.14/3 = 21.7\,\text{m}^2$$

② 按已知的梁板式筏形承台尺寸计算单桩分担的承台自重 G_K：

$$\begin{aligned}G_K &= (67.5 \times 1.2 + 9 \times 2 \times 1.0 + (3.5 + 2) \times 2 \times 1.0) \times 24.5/3 \\ &= 106 \times 24.5/3 = 866\,\text{kN}\end{aligned}$$

③ 计算复合基桩的承载力特征值 R，验算单桩竖向承载力：

$$R = R_a + \eta_c f_{ak} A_c$$

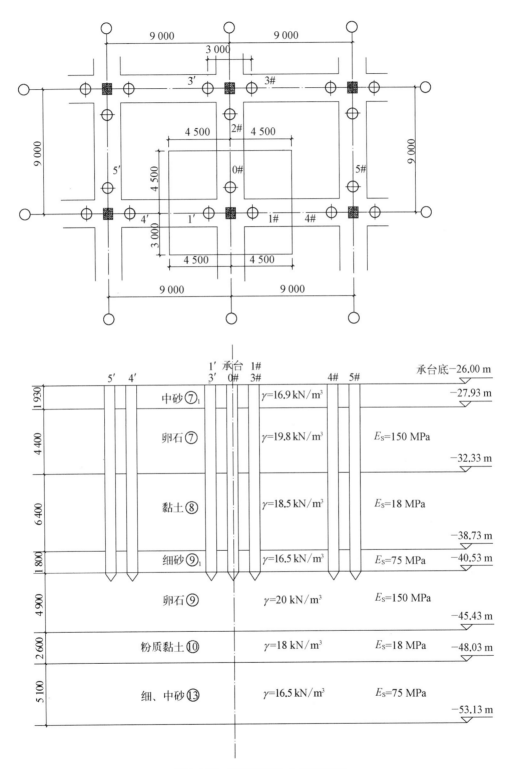

题(1)图 基础平面和土层剖面图

为从《建筑桩基技术规范》JGJ94—2007 表 5.2.5 查承台效应系数 η_c,需要 s_a/d 和 B_c/l,
先计算桩距:$S_a=\sqrt{A/n}=\sqrt{67.5/3}=4.74$ m,

桩距/桩径:$S_a/d=4.74/1.0=4.74$

承台计算宽度:$B_c=B\sqrt{A}/L=7.5\sqrt{67.5}/9=6.85$ m

$$B_c/l=6.85/15=0.46$$

按《建筑桩基技术规范》JGJ94—2007 表 5.2.5 内插得:$\eta_c=0.27$

考虑承台效应的复合基桩竖向承载力特征值 R 及荷载应标准组合轴心竖向力作用下,
复合基桩的平均竖向力 N_k:

$$R=R_a+\eta_c f_{ak}A_c=5\,200+0.27\times360\times21.7=5\,200+2\,109=7\,309 \text{ kN}$$

$$N_k=F_k/3+G_k=19\,300/3+866=7\,299 \text{ kN}<R=7\,309 \text{ kN}$$

$N_k\leqslant R$ 满足要求

④ 沉降计算,采用荷载效应准永久值组合。

$$N=F/3+G_k=17\,400/3+866=6\,666 \text{ kN}$$

承台底土压力 $P_{ck}=(6\,666-5\,200)/21.7=67.6$ kPa

若根据《建筑桩基技术规范》(JGJ94—2007)第 5.5.14 条 P_{ck} 按 $\eta_{ck}\cdot f_{ak}$ 取值

$$P_{ck}=0.27\times360=97.2 \text{ kPa}$$

(应该说这两种方法取值都不尽合理,此处用 67.6 kPa)。

⑤ 0# 桩的沉降 S 按《建筑桩基技术规范》JGJ94—2007 中的公式(5.5.14 - 2、3、4、5)
计算:

$$s=\psi\sum_{i=1}^{n}\frac{\sigma_{zi}+\sigma_{zci}}{E_{si}}\Delta z_i+s_e$$

$$\sigma_{zi}=\sum_{j=1}^{m}\frac{Q_j}{l_j^2}[\alpha_j I_{p,ij}+(1-\alpha_j)I_{s,ij}]$$

$$\sigma_{zci}=\sum_{k=1}^{u}\alpha_{ki}p_{ck}$$

$$s_e=\xi_e\frac{Q_j l_j}{E_c A_{ps}}$$

在荷载效应准永久组合作用下,桩顶的附加荷载:

$$Q_j=6\,666 \text{ kN}$$

第 j 桩总桩端阻力与桩顶荷载之比:

$$\alpha_j = \frac{2\,080}{5\,200} = 0.4$$

$$\frac{Q_j}{l_j^2} = \frac{6\,666}{15^2} = 29.6 \text{ kPa}$$

以 $0^\#$ 桩为圆心、以 $0.6l = 0.6 \times 15 = 9.0$ m 为半径的范围内有 9 根桩对 $0^\#$ 桩的沉降有影响,分别为 $1^\#$ 和 $1'$ 桩($n_1 = 0.2$);$2^\#$ 桩($n_2 = 0.25$);$3^\#$、$3'$ 桩($n_3 = 0.44$);$4^\#$、$4'$ 桩($n_4 = 0.41$)和 $5^\#$、$5'$ 桩($n_5 = 0.6$)。括号中的 n_1,n_2,n_3,n_4,n_5 分别为 1~5 号桩至 $0^\#$ 桩的水平距离 ρ 与桩长 l 之比,即 $n_{1\sim5} = \rho/l$。

⑥ 设侧阻沿桩均布,根据 l/d,$n = \rho/l$,$m = z/l$ 可由《建筑桩基技术规范》JGJ94—2007 附录 F 表 F.0.2-1、F.0.2-2 查得考虑桩径影响的桩端竖向应力影响系数 I_p 和均布侧阻力竖向应力影响系数 I_{sr}。

⑦ $0^\#$ 基桩沉降计算如表 1 所示:

表 1　$0^\#$ 桩沉降计算

z/m	分层厚度 z_i/m	σ_{zci}/kPa	σ_{zi}/kPa	$\sigma_{zci} + \sigma_{zi}/kPa$	附加应力平均/kPa	E_s/MPa	$\Delta s_i/mm$	$\sum \Delta s_i/mm$
15.06	0.06	7.84	1 797.7	1 805.5				
17.06	2.06	6.08	243.8	249.9	1 027.7	150	14.1	14.1
19.43	2.37	4.85	139.9	144.8	197.4	150	3.12	17.2
22.03	2.6	3.98	85.1	89.0	116.9	18	16.9	34.1
24.58	2.55	3.11	81.5	84.6	86.8	75	2.95	37.1

⑧ 在满足应力比 $\sigma_{zi} = 0.2\sigma_{ci}$ 条件下,计算深度 z_n 从桩端平面起算为 $z_n = 9.58$ m;从承台底面起算为 24.58 m;在自然地面以下为 50.58 m。

⑨ 由桩径影响产生的附加应力和承台引起的附加应力叠加后产生的 $0^\#$ 桩沉降 $S = 37.1$ mm。

⑩ 桩身弹性压缩量 S_e:

$$s_e = \xi_e \frac{Q_j l_j}{E_c A_{pc}} \quad \text{端承型桩的桩身压缩系数 } \xi_e = 1.0,$$

$$s_e = 1.0 \times \frac{5\,200 \times 15}{2.8 \times 10^4 \times 0.785} = 3.55 \text{ mm}$$

⑪ $0^\#$ 桩的总沉降:$s = 37.1 + 3.55 = 40.6$ mm

(2) 建筑物,场地地层土性如表所示。柱下桩基础,采用 9 根钢筋混凝土预制桩,边长为 400 mm,桩长为 22 m,桩顶入土深度 2 m,桩端入土深度 24 m,地下水位离地表为 0.5 m。假定传至承台底面长期效应组合的附加压力为 400 kPa,压缩层厚度为 9.6 m,桩基沉降计算经验系数 $\psi = 1.5$,试按《建筑桩基技术规范》等效作用分层总和法计算桩基最终沉降量。

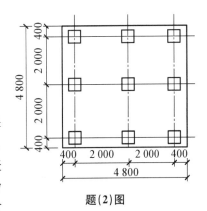

题(2)图

层序	土层名称	层底深度/m	层厚/m	含水量 ω_0	天然重度 $\gamma_0/(kN/m^3)$	孔隙比 e_0	塑性指数 I_p	黏聚力 c/kPa	内摩擦角(固快) ϕ	压缩模量 E_s/MPa	桩极限侧阻力标准值 q_{sik}/kPa
①	填土	1.20	1.20		18						
②	粉质黏土	2.00	0.80	31.70%	18.80	0.92	18.3	23.0	17.0°		
④	淤泥质黏土	12.00	10.00	46.6%	17.0	1.34	20.3	13.0	8.5°		28
⑤-1	黏土	22.70	10.70	38%	18.0	1.08	19.7	18.0	14.0°	4.50	55
⑤-2	粉砂	28.80	6.10	30%	19.0	0.78		5.0	29.0°	15.00	100
⑤-3	粉质黏土	35.30	6.50	34.0%	18.5	0.95	16.2	15.0	22.0°	6.00	
⑦-2	粉砂	40.00	4.70	27%	20.0	0.70		2.0	2.0°	30.00	

解:根据《建筑桩基技术规范》(JGJ94—2008)第5.5.7、5.5.9条:

① $\dfrac{s_a}{d}=\dfrac{2}{0.4}=5<6$,桩中心距不大于6倍桩径

② $L_c/B_c=4.8/4.8=1$,$l/d=22/0.4=55$

查表得:$C_0=0.033\,5$,$C_1=1.605\,5$,$C_2=8.613$

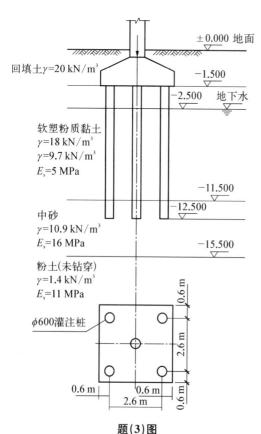

回填土 $\gamma=20\ kN/m^3$
±0.000 地面
−1.500
−2.500 地下水
软塑粉质黏土 $\gamma=18\ kN/m^3$ $\gamma=9.7\ kN/m^3$ $E_s=5\ MPa$
−11.500
−12.500
中砂 $\gamma=10.9\ kN/m^3$ $E_s=16\ MPa$
−15.500
粉土(未钻穿) $\gamma=1.4\ kN/m^3$ $E_s=11\ MPa$
$\phi600$灌注桩
0.6 m 0.6 m 0.6 m
0.6 m 2.6 m 0.6 m
2.6 m

题(3)图

③ $\psi_e=C_0+\dfrac{n_b-1}{C_1(n_b-1)+C_2}=0.033\,5+$
$\dfrac{3-1}{1.605\,5\times(3-1)+8.613}=0.202\,6$

④ $s=4\cdot\psi\cdot\psi_e\cdot p_0\sum\limits_{i=1}^{n}\dfrac{z_i\bar{\alpha}_i-z_{i-1}\bar{\alpha}_{i-1}}{E_{si}}=$
$1.5\times0.020\,26\times400\times\left(\dfrac{3.352\,3}{15}+\dfrac{0.925\,5}{6}\right)=$
$45.9\ mm$

(3)非软土地区一个框架柱采用钻孔灌注桩基础,承台底面所受荷载的长期效应组合的平均附加力 $p_0=173$ kPa。承台平面尺寸 $3.8\ m\times3.8\ m$,承台下5根 $\phi600$ mm 灌注桩,布置如图所示。承台埋深 1.5 m,位于厚度 1.5 m 的回填土层内,地下水位于地面以下 2.5 m,桩身穿过厚 10 m 的软塑粉质黏土层,桩端进入密实中砂 1 m,有效桩长 $l=11$ m,中砂层厚 4.0 m,该层以下为粉土,较厚未钻穿。各土层的天然重度 γ,浮重度 γ' 及压缩模量 E_s 等,已列于剖面图上。已知等效沉降系数 $\psi_e=0.229$,$\sigma_z=0.2\sigma_c$ 条件的沉降计算深度为桩端

以下 5 m,试按《建筑桩基技术规范》计算,该桩基础中心点沉降。

解:根据《建筑桩基技术规范》(JGJ94—2008)第 5.5.7、5.5.11 条:

① $s_a/d = \dfrac{2.6/2}{0.6} 2.2 < 6$

z	a/b	z/b	$\bar{\alpha}_i$	$4z_i\bar{\alpha}_i$	$4(z_i\bar{\alpha}_i - z_{i-1}\bar{\alpha}_{i-1})$	E_{si}
0				0		
3	1	1.58	0.194 9	2.338 8	2.338 8	16
5	1	2.63	0.149 3	2.986 0	0.647 2	11

$$\bar{E}_s = \frac{\sum A_i}{\sum \dfrac{A_i}{E_{si}}} = \frac{2.986\ 0}{\dfrac{2.338\ 8}{16} + \dfrac{0.647\ 2}{11}} = 14.57\ \text{MPa},查表\ \psi = 0.925\ 8$$

② $s = 4 \cdot \psi \cdot \psi_e \cdot p_0 \displaystyle\sum_{i=1}^{n} \frac{z_i\bar{\alpha}_i - z_{i-1}\bar{\alpha}_{i-1}}{E_{si}} = 0.925\ 8 \times 0.229 \times 173 \times \left(\dfrac{2.338\ 8}{16} + \right.$

$\left.\dfrac{0.647\ 2}{11}\right) = 7.52\ \text{mm}$

(4) 某群桩基础的平面、剖面如图所示,已知作用于桩端平面处长期效应组合的附加压力为 300 kPa,沉降计算经验系数 $\psi = 0.7$,其他系数见附表,按《建筑桩基技术规范》估算群桩基础的沉降量(桩端平面下平均附加应力系数 $\bar{\alpha}$ $(a = b = 2.0\ \text{m})$ 如下表所示)。

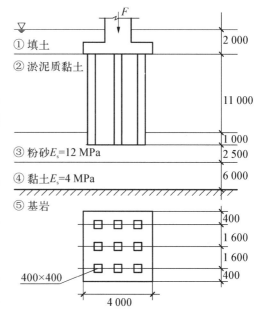

z_i/m	a/b	z_i/b	$\bar{\alpha}_i$	$4\bar{\alpha}_i$	$4z_i\bar{\alpha}_i$	$4(z_i\bar{\alpha}_i - z_{i-1}\bar{\alpha}_{i-1})$
0	1	0	0.25	1.0	0	
2.5	1	1.25	0.214 8	0.859 2	2.148 0	2.148 0
8.5	1	4.25	0.107 2	0.428 8	3.644 8	1.496 8

解:根据《建筑桩基技术规范》(JGJ94—2008)第 5.5.7、5.5.9 条:

题(4)图

① $s_a/d = \dfrac{1.6}{0.4} = 4 < 6,\ l/d = \dfrac{11+1}{0.4} = 30,\ L_c/B_c = 1$

查表 $C_0 = 0.055,\ C_1 = 1.477,\ C_2 = 6.843$

$$\psi_e = C_0 + \frac{n_b - 1}{C_1(n_b - 1) + C_2} = 0.055 + \frac{3-1}{1.477 \times (3-1) + 6.843} = 0.259$$

② $s = 4 \cdot \psi \cdot \psi_e \cdot p_0 \displaystyle\sum_{i=1}^{n} \frac{z_i\bar{\alpha}_i - z_{i-1}\bar{\alpha}_{i-1}}{E_{si}} = 0.7 \times 0.259 \times 300 \times \left(\dfrac{2.148\ 0}{12} + \dfrac{1.496\ 8}{4}\right) =$

30.1 mm $= 3.01$ cm

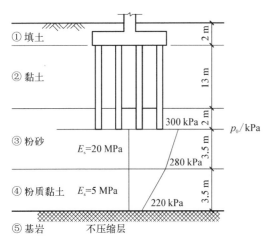

① 填土

② 黏土

13 m

300 kPa   2 m p_0/kPa

③ 粉砂 $E_s=20$ MPa

3.5 m

280 kPa

④ 粉质黏土 $E_s=5$ MPa

3.5 m

220 kPa

⑤ 基岩   不压缩层

题(5)图

（5）某构筑物安全等级为二级，柱下桩基础采用 16 根钢筋混凝土预制桩，桩径 $d=0.5$ m，桩长 15 m，其承台平面布置、剖面、地层以及桩端下的有效附加应力（假定按直线分布）如图所示，试按《建筑桩基技术规范》估算桩基沉降量。（沉降经验系数取 1.0）

解：根据《建筑桩基技术规范》（JGJ94—2008)第 5.5.7、5.5.9 条：

① $\dfrac{s_a}{d}=\dfrac{2}{0.5}=4$, $\dfrac{l}{d}=\dfrac{15}{0.5}=30$,

$$\frac{L_c}{B_c}=1$$

查表：$c_0=0.055$, $c_1=1.477$, $c_2=6.843$

$$\psi_e=c_0+\frac{n_b-1}{c_1(n_b-1)+c_2}=0.055+\frac{4-1}{1.427\times(4-1)+6.843}=0.321$$

② $s_a/d=4<6$，按桩中心距不大于 6 倍桩径计算：

$$s=4\cdot\psi\cdot\psi_e\cdot p_0\sum_{i=1}^{n}\frac{z_i\bar{\alpha}_i-z_{i-1}\bar{\alpha}_{i-1}}{E_{si}}$$

$$=1\times0.321\times\left(\frac{300+280}{2\times20}\times3.5+\frac{280+220}{2\times5}\times3.5\right)=72.5\ \text{mm}=7.25\ \text{cm}$$

（6）某柱下单桩独立基础采用混凝土灌注桩，桩径 800 mm，桩长 30 m，在荷载效应永久组合作用下，作用在桩顶的附加荷载 $Q=6\,000$ kN，桩身混凝土弹性模量 $E_c=3.15\times10^4$ N/mm^2，在该桩桩端以下的附加压力假定按分段线性分布，土层压缩模量如图所示，不考虑承台分担荷载作用，依据《建筑桩基技术规范》计算该单桩最终沉降量（取沉降计算经验系数 $\psi=1.0$，桩身压缩系数 $\xi_e=0.6$）。

解：根据《建筑桩基技术规范》（JGJ94—2008）第 5.5.14 条：

① 桩身沉降：

$$s_e=\xi_e\frac{Q_jl_j}{E_cA_{ps}}=0.6\times\frac{6\,000\times30}{3.15\times10^4\times3.14\times0.4^2}=6.8\ \text{mm}$$

② 土层沉降：

$$s'=\psi\sum_{i=1}^{n}\frac{\sigma_{zi}}{E_{si}}\Delta z_i=1.0\times\left(\frac{120+80}{2\times10}\times4+\frac{80+20}{2\times10}\times4\right)=60\ \text{mm}$$

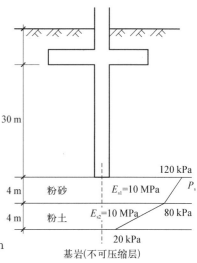

30 m

120 kPa

4 m   粉砂 $E_{s1}=10$ MPa P_s

4 m   粉土 $E_{s2}=10$ MPa   80 kPa

20 kPa

基岩（不可压缩层）

题(6)图

③ 最终沉降量：$s = s_e + s' = 6.8 + 60 = 66.8$ mm

（7）钻孔灌注桩单桩基础，桩长 24 m，桩径 $d = 600$ mm，桩顶以下 30 m 范围内均为粉质黏土，在荷载效应准永久组合作用下，桩顶的附加荷载为 1 200 kN，桩身混凝土的弹性模量为 3.0×10^4 MPa，试按《建筑桩基技术规范》计算桩身压缩变形。

解：根据《建筑桩基技术规范》(JGJ94—2008) 第 5.5.14 条：

① 摩擦桩：$\dfrac{l}{d} = \dfrac{2.4}{0.6} = 40$，$\xi_e$ 差值为 0.583 3，$A_{ps} = \dfrac{3.14 \times 0.6^2}{4} = 0.282\ 6\ \text{m}^2$

② $s_e = \xi_e \dfrac{Q_j l_j}{E_c A_{ps}} = 0.583\ 3 \times \dfrac{1\ 200 \times 24}{3.0 \times 10^4 \times 0.282\ 6} = 1.98$ mm

（8）某软土地基上多层建筑，采用减沉复合疏桩基础，筏板平面尺寸为 35 m × 10 m，承台底设置钢筋混凝土预制方桩共计 102 根，桩截面尺寸 200 m × 200 m，间距 2 m，桩长 15 m，正三角形布置，地层分布及土层参数如图所示，试按《建筑桩基技术规范》计算基础中心点由桩土相互作用产生的沉降 s_{sp}。

解：根据《建筑桩基技术规范》(JGJ94—2008) 第 5.6.2 条：

① 方形状，不规则布桩：

$s_a / d = 0.886\sqrt{A}/(\sqrt{n} \cdot b) = 0.886 \times \sqrt{35 \times 10}/(\sqrt{102} \times 0.2) = 8.21$

② $d = 1.27b = 1.27 \times 0.2 = 0.254$ m

$\bar{q}_{su} = \dfrac{40 \times 10 + 5 \times 55}{15} = 45$ kPa

$\bar{E}_s = \dfrac{1 \times 10 + 7 \times 5}{15} = 3$ MPa

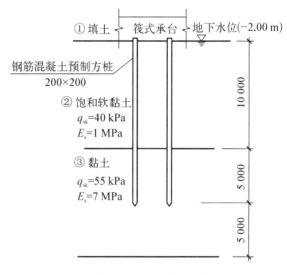

① 填土　筏式承台　地下水位(-2.00 m)

钢筋混凝土预制方桩
200×200

② 饱和软黏土
q_{sk}=40 kPa
E_s=1 MPa

③ 黏土
q_{sk}=55 kPa
E_s=7 MPa

10 000

5 000

5 000

注：图中未注明尺寸以 mm 计

题(8)图

③ $s_{sp} = 280 \dfrac{\bar{q}_{su}}{E_s} \cdot \dfrac{d}{(s_a/d)^2} = 280 \times \dfrac{45}{3} \times \dfrac{0.254}{8.21^2} = 15.8$ mm

（9）某多层住宅框架结构，采用独立基础，荷载效应准永久值组合下作用于承台底的总的附加荷载 $F_k = 360$ kN，基础埋深 1 m，方形承台，边长 2 m，土层分布如图。为减少基础沉降，基础下疏布 4 根摩擦桩，钢筋混凝土预制方桩 0.2 m × 0.2 m，桩长 10 m，试按《建筑桩基技术规范》计算桩土相互作用产生的基础中心点沉降量 s_{sp}。

解：根据《建筑桩基技术规范》(JGJ94—2008) 第 5.5.10、5.6.2 条：

解法 1：

① $\bar{q}_{su} = \dfrac{20 \times 8.8 + 40 \times 1.2}{8.8 + 1.2} = 22.4$ kPa

$\bar{E}_s = \dfrac{8.8 \times 1.5 + 1.2 \times 4}{8.8 + 1.2} = 1.8$ MPa

$s_a / d = \dfrac{1.2}{1.27 \times 0.2} = 4.72$

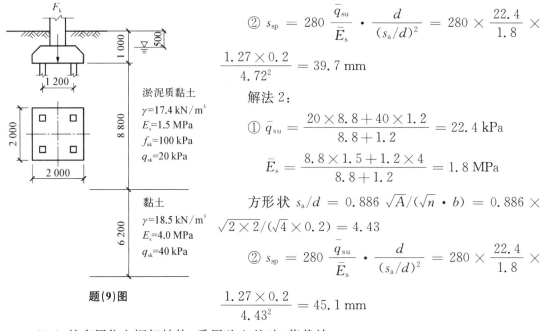

$$② \quad s_{sp} = 280 \frac{\bar{q}_{su}}{\bar{E}_s} \cdot \frac{d}{(s_a/d)^2} = 280 \times \frac{22.4}{1.8} \times$$

$$\frac{1.27 \times 0.2}{4.72^2} = 39.7 \text{ mm}$$

解法 2:

$$① \quad \bar{q}_{su} = \frac{20 \times 8.8 + 40 \times 1.2}{8.8 + 1.2} = 22.4 \text{ kPa}$$

$$\bar{E}_s = \frac{8.8 \times 1.5 + 1.2 \times 4}{8.8 + 1.2} = 1.8 \text{ MPa}$$

$$方形状 \quad s_a/d = 0.886 \sqrt{A}/(\sqrt{n} \cdot b) = 0.886 \times$$

$$\sqrt{2 \times 2}/(\sqrt{4} \times 0.2) = 4.43$$

$$② \quad s_{sp} = 280 \frac{\bar{q}_{su}}{\bar{E}_s} \cdot \frac{d}{(s_a/d)^2} = 280 \times \frac{22.4}{1.8} \times$$

$$\frac{1.27 \times 0.2}{4.43^2} = 45.1 \text{ mm}$$

题(9)图

(10) 某多层住宅框架结构,采用独立基础,荷载效应准永久值组合下作用于承台底的总附加荷载 $F_k = 360$ kN,基础埋深 1 m,方形承台,边长 2 m,土层分布如图所示。为减少基础沉降,基础下疏布 4 根摩擦桩,钢筋混凝土预制方桩为 0.2 m$\times 0.2$ m,桩长 10 m,单桩承载力特征值 $R_a = 80$ kN,地下水位在地面下 0.5 m,试按《建筑桩基技术规范》计算,由承台底地基土附加压力作用下产生的承台中点沉降量。(沉降计算深度取承台地面下 3.0 m)

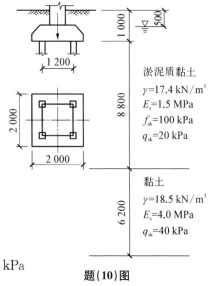

题(10)图

解:根据《建筑桩基技术规范》(JGJ94—2008)第 $5.6.2$ 条:

① 附加压力:

$$p_0 = \eta_p \frac{F - nR_a}{A_c} = 1.3 \times \frac{360 - 4 \times 80}{2^2 - 4 \times 0.2^2} = 13.54 \text{ kPa}$$

②

z_i	a/b	z_i/b	$\bar{\alpha}_i$	$z_i\bar{\alpha}_i$	$z_i\bar{\alpha}_i - z_{i-1}\bar{\alpha}_{i-1}$	E_{si}	Δs_i
0	1	0	0.25	0			
3	1	3	0.136 9	0.410 7	0.410 7	1.5	14.83

$$③ \quad s_s = 4p_0 \cdot \sum_{i=1}^{n} \frac{z_i\bar{\alpha}_i - z_{i-1}\bar{\alpha}_{i-1}}{E_{si}} = \frac{4 \times 0.410 7 \times 13.4}{1.5} = 14.83 \text{ mm}$$

第6章
抗拔桩

6.1 概述

承受竖向抗拔力的桩称为抗拔桩。抗拔桩广泛应用于大型地下室抗浮、高耸建(构)筑物抗拔、海上码头平台抗拔、悬索桥和斜拉桥的锚桩基础、大型船坞底板的桩基础和静荷载试桩中的锚桩基础等。由于抗拔桩的应用日益广泛，因此对抗拔桩受力性状的研究也十分重要。

本章从单桩竖向抗拔静荷载试验入手，主要介绍了抗拔桩的受力机理、抗拔桩与抗压桩的异同、抗拔桩的设计方法等方面的内容。

本章应掌握以下内容：

(1) 单桩竖向抗拔静荷载试验的内容。

(2) 抗拔桩的受力机理。

(3) 抗拔桩与抗压桩的异同分析。

(4) 抗拔桩的设计方法。

学习中应注意以下问题：

(1) 单桩竖向抗拔静荷载试验的目的和意义是什么？试验装置包括哪些？试验方法怎么样？试验成果有哪些？试验成果如何应用？

(2) 等截面抗拔桩的破坏形态有哪些？扩底抗拔桩与等截面抗拔桩在受力机理上有哪些差异？抗拔承载力上有哪些差异？

(3) 抗拔桩与抗压桩受力性状上有哪些差异？导致受力性状差异的机理是什么？

(4) 桩的抗拔承载力主要受哪两方面因素的制约？抗拔桩如何进行设计？

6.2 单桩竖向抗拔静荷载试验

单桩竖向抗拔静荷载试验，就是采用接近于竖向抗拔桩实际工作条件的试验方法，确定单桩竖向抗拔极限承载力。因为大型地下工程抗浮作用的荷载是随着地下水位慢慢升高而逐渐增大的，所以抗拔静荷载试验也采用分级加载。试验时抗拔荷载逐级作用于桩顶，桩顶上拔量慢慢增大，最终可得到单根试桩荷载-上拔量曲线($U-\delta$ 曲线)。

6.2.1 试验的目的与适用范围

《建筑基桩检测技术规范》(JGJ106-2003)中规定，对于承受抗拔力和水平力较大的桩基,应进行单桩竖向抗拔承载力检测。检测数量不应少于总桩数的 1%,且不应少于 3 根。

单桩竖向抗拔静荷载试验主要的目的包括以下 3 个方面:

(1) 确定单桩竖向抗拔极限承载力及单桩竖向承载力特征值。

(2) 判定竖向抗拔承载力是否满足设计要求。

(3) 当埋设有桩身应力、应变测量原件时,可测定桩周各土层的抗拔摩阻力。

单桩竖向抗拔静荷载试验主要的适用范围是能达到实验目的的钢筋混凝土桩、钢桩等。

6.2.2　试验装置

单桩竖向抗拔静荷载试验的试验装置主要包括反力系统、加荷系统和上拔变形量测系统,如图 6-1 所示。

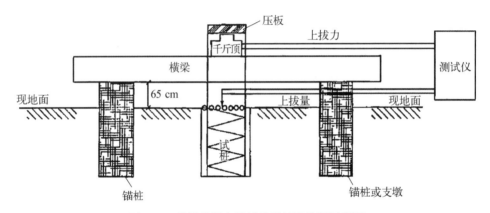

图 6-1　锚桩法竖向抗拔静载试验装置示意图

1) 反力系统

试验反力装置宜采用反力桩(或者工程桩)提供支座反力,也可根据现场情况采用天然地基提供支座反力。反力架系统应具有 1.2 倍的安全系数并符合下列规定:

(1) 采用反力桩(或工程桩)提供支座反力时,反力桩顶面应平整并具有一定的强度。

(2) 采用天然地基提供反力时,施加于地基的压应力不宜超过地基承载力特征值的 1.5 倍;反力梁的支点重心应与支座中心重合。

2) 加荷系统

(1) 加荷系统一般由千斤顶、油泵、压力表、压力传感器、高压油管、多通、逆止阀等组成。压力表和压力传感器必须按计量部门的要求,定期率定方可使用。实验前,需检查压力系统是否有漏油现象,若有,必须排除。必须保证测量压力的准确与稳定。

(2) 千斤顶平放于主梁上,当采用两个或两个以上千斤顶加载时,应将千斤顶并联合同步工作,并使千斤顶的上拔合力通过试桩中心。千斤顶上放置厚铁压板,同时将试桩钢筋焊接在压板上。

3) 上拔变形测量系统

(1) 上拔变形量测系统主要包括沉降的量测仪表(百分表、电子位移计、或自动采集仪等)、百分表夹具、基准桩(墩)和基准梁。

（2）上拔变形的量测仪表必须按计量部门的要求，定期率定方可使用。对于大直径桩应在其两个正交直径方向对称安置 4 个位移测量仪表，中等和小直径桩径可安置 2 个或 3 个位移测量仪表。

（3）上拔变形测定平面离桩顶距离不应小于 0.5 倍的桩径。

（4）固定或支承百分表的夹具和基准梁在构造上应确保不受气温、振动及其他外界因素影响而发生竖向变位。

（5）基准桩与试桩、支座桩（或支墩）之间的最小中心距应符合表 6-1 的规定。

表 6-1　试桩、锚桩（或支墩）和基准桩之间的最小中心距

反 力 系 统	试桩至支座桩	基准桩至试桩和支座桩
支座桩（支墩）横梁反力架	$4d$，且不少于 2 m	$4d$，且不少于 2 m

6.2.3　试验方法

一般采用慢速维持荷载法，有时结合实际工程桩的荷载特性，也可采用多循环加卸载法。此外，还有等时间间隔加载法，等速率上拔量加载法以及快速加载法等。

下面主要介绍规范规定的慢速维持荷载法：

1）最大试验荷载要求

为设计提供依据的试验桩应加载至桩侧土破坏或桩身材料达到设计强度；对工程桩抽样检测时，可按设计要求确定最大加载量。

工程桩试验最大荷载取单桩竖向抗拔承载力特征值的两倍。

2）加载和卸载方法

（1）加载分级。每级加载值为预估单桩竖向极限承载力的 $1/10 \sim 1/12$，每级加载等值，第一级可按 2 倍每级加载值加载。

（2）卸载分级。卸载亦应分级等量进行，每级卸载值一般取加载值的两倍。

（3）预计需要时，试桩的加载和卸载可采取多次循环方法。

（4）加、卸载时应使荷载传递均匀、连续、无冲击，每级荷载在维持过程中的变化幅度不得超过分级荷载的 $\pm 10\%$。

3）上拔变形观测方法

（1）每级荷载施加后按第 5、15、30、45、60 min 测读桩顶上拔变形量（桩身应力值），以后每隔 30 min 测读一次。

（2）试桩上拔变形相对稳定标准。每 1 h 内的桩顶上拔增量不超过 0.1 mm，并连续出现两次（从分级荷载施加后第 30 min 开始，按 1.5 h 连续 3 次每 30 min 的沉降观测值计算）。

（3）当桩顶上拔变形速率达到相对稳定标准时，再施加下一级荷载。

（4）卸载时，每级荷载维持 1 h，按第 15、30、60 min 测读桩顶上拔变形量（桩身应力值）后，即可卸载下一级荷载。卸载至零后，应测读桩顶残余上拔变形量（桩身残余应力值），维持时间为 3 h，测读时间为第 15、30 min，以后每隔 30 min 测读一次。

4）终止加载条件

《建筑基桩检测技术规范》(JGJ106－2003)对终止加载条件均作了规定，当出现下列情况之一时，可终止加载：

（1）在某级荷载作用下，桩顶上拔量大于前一级上拔荷载作用下上拔量的 5 倍。

（2）按桩顶上拔量控制，累计桩顶上拔量超过 100 mm 或达到设计要求的上拔量。

（3）按钢筋抗拉强度控制，桩顶上拔荷载达到钢筋强度标准值的 0.9。

（4）对于验收抽样检测的工程桩，达到设计要求的最大上拔荷载值。

5）成桩到开始试验的间歇时间

《建筑基桩检测技术规范》(JGJ106－2003)对成桩到开始试验的间歇时间作了如下规定：

（1）试桩应在桩身混凝土达到设计强度后开始加载。

（2）对于预制类桩，对砂类土休止期不得少于 7 天；对粉土或黏性土不得少于 15 天；对淤泥或软黏土不得少于 25 天。对于现场灌注类桩，一般要达到 28 天。

6.2.4 试按成果整理

单桩竖向抗拔静载试验成果，为了便于应用与统计，宜整理成表格形式，并绘制有关试验成果曲线。除表格外还应对成桩和试验过程中出现的异常现象作补充说明。主要的成果资料包括以下几个方面：

（1）单桩竖向抗拔静载试验变形汇总表。

（2）单桩竖向抗拔静载试验荷载-变形($U-\delta$)曲线图。

（3）单桩竖向抗拔静载试验变形-时间($\delta-\lg t$)曲线图。

（4）当进行桩身应力、应变测试时，应整理出有关数据的记录表及绘制桩身应力变化、桩侧阻力与荷载—变形等关系曲线。

6.2.5 单桩轴向抗拔极限承载力的确定

《建筑基桩检测技术规范》(JGJ106－2003)对确定单桩竖向抗拔极限承载力方法作了如下规定：

（1）根据上拔量随荷载变化的特征确定。对陡变型$U-\delta$曲线，取陡升起始点对应的荷载值。

（2）根据上拔量随时间变化的特征确定。取$\delta-\lg t$曲线斜率明显变陡或曲线尾部明显弯曲的前一级荷载值。

（3）当在某级荷载下抗拔钢筋断裂时，取其前一级荷载值。

另外，当作为验收抽样检测的受检桩在最大上拔荷载作用下，未出现上述第三条的情况时，可按设计要求判定。

单位工程同一条件下的单桩竖向抗拔承载力特征值应按单桩竖向抗拔极限承载力统计值的一半取值。

当工程桩不允许带裂工作时，取桩身开裂的前一级荷载作为单桩竖向抗拔承载力特征值，并与按极限荷载一半取值确定的承载力特征值相比取小值。

6.2.6 单桩竖向抗拔静荷载试验实例分析

1. 桩基工程概况

浙江某金融中心主楼为 55、37 层,地下室为 3 层,落地面积为 17 289 m²,建筑面积为 209 180 m²,主体采用框剪结构。基础设计采用钻孔灌注桩,抗拔桩长约为 43 m(桩径 φ700 mm),桩身采用 C30。设计要求单桩竖向抗拔承载力极限值为 2 800 kN(桩径 φ700 mm)。为了评价其实际抗拔承载力,设计要求对本工程做一根检验性抗拔试验桩,试验桩的施工记录见表 6-2。

表 6-2 浙江某金融中心抗拔桩试桩施工记录简表

桩 号	桩长/m	桩径/mm	打桩日期	试验日期	混凝土标号	充盈系数	配 筋
P4#	43.28	700	7.29	9.10	C30	1.14	18φ28

2. 工程地质情况

根据工程地质报告,场地土层分层及主要物理力学指标如表 6-3 所示。

表 6-3 浙江某金融中心土工参数简表

层次	岩土名称	天然水量/%	重度/(kN/m³)	I_p	I_L	c/kPa	φ/(°)	E_s/MPa	f_k/kPa	q_{sk}/kPa	q_{pk}/kPa
2-1	砂质粉土	30.3	2.70			6.0	29.1	12.37	160	20	
2-2	砂质粉土夹粉层	28.6	2.69			4.7	28.2	8.62	120	17	
2-3	粉砂	25.3	2.69			1.6	32.1	10.73	160	16	
2-4	粉质粉土	29.8	2.70			5.0	27.9	8.97	110	13	
5	淤泥质粉质黏土	45.7	2.73	16.3	1.25	17.0	12.6	3.24	75	10	
6-1	粉质黏土	25.2	2.72	13.4	0.41	35.7	13.6	6.78	160	25	
6-2	粉质黏土	25.8	2.72	11.3	0.51	45.2	18.2	6.32	200	35	
6-3	粉质黏土	24.7	2.71	10.2	0.64	19.0	18.6	6.50	140	20	
8-1	中砂	22.0	2.68			0.8	33.0	10.62	120	18	
8-1a	粉细砂	20.9	2.69			1.0	33.5	11.02	190	28	
8-3	含泥圆砾		2.66						350	45	1 500
8-夹1	砾砂		2.67						260	40	1 200
8-夹2	含砾中砂	27.0	2.67				34.55	10.50	220	30	未压浆1 000 压浆后1 200
8-3	含泥圆砾								500	60	未压浆2 200 压浆后2 900
10-1	全风化泥质粉砂岩								250	35	800
10-2	强风化泥质粉砂岩								350	45	2 000
10-3-1	中风化强风化含砾砂岩								800	65	2 800
10-3-2	中等风化泥质粉砂岩、含砾砂岩								1 000	75	3 300

3. 试验方法检测设备与执行标准

单桩竖向静荷载试验执行标准为《浙江省建筑地基基础设计规范》(DB33/1001—2003)和中华人民共和国行业标准《建筑基桩检测技术规范》(JGJ106—2003)。本工程试桩抗拔试验采用支墩-反力架装置,并采用千斤顶反力加载-百分表测读桩顶上拔量的试验方法。加载方法采用千斤顶反力加载,并采用分级观测及上拔量观测。试验采用维持荷载法,终止加载条件按《建筑基桩检测技术规范》和设计要求综合确定。卸载方式按规定进行。

4. 静荷载试验结果分析

经对浙江财富金融中心一根试桩按维持荷载法的抗拔静载试验,得到了荷载与上拔数据简表6-4。

表6-4　浙江某金融中心 P4♯试桩静载试验荷载与上拔数据

荷重/kN			桩顶上拔量/mm			变形 $\Delta s/\Delta P$ /(mm/kN)	桩端上拔量		
加荷	卸荷	累计	本次上拔	本次回弹	累计上拔		本次上拔	本次回弹	累计上拔
560		560	1.14		1.14	0.002 04	0		0
280		840	0.29		1.43	0.001 04	0		0
280		1 120	0.95		2.38	0.003 39	0.08		0.08
280		1 400	0.95		3.33	0.003 39	0.27		0.35
280		1 680	1.09		4.42	0.003 89	0.62		0.97
280		1 960	1.39		5.81	0.004 96	0.70		1.67
280		2 240	1.91		7.72	0.006 82	0.93		2.60
280		2 520	3.21		10.93	0.011 46	0.82		3.42
280		2 800	3.33		14.26	0.011 89	1.05		4.47
	560	2 240		0.20	14.06			0.09	4.38
	560	1 680		0.91	13.15			0.37	4.01
	560	1 120		1.97	11.18			0.82	3.19
	560	560		1.99	9.19			1.15	2.04
	560	0		1.82	7.37			1.08	0.96

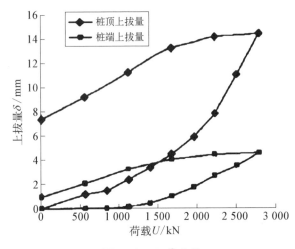

图6-2　U-δ 曲线

将上述抗拔数据绘制成 U-δ 曲线和 δ-$\lg t$ 曲线如图6-2、图6-3所示。

由图可看出,对于 P4♯ 试桩(桩径 $\phi700$ mm,43.28 m);按规定荷载级别加载到一级荷载 560 kN 时,桩顶累计上拔量为 1.14 mm,桩端累计上拔为零;加载到第三级荷载 1 120 kN 时,桩顶累计上拔量为 2.38 mm,桩端刚开始有上拔量为 0.08 mm;继续加载到第九级荷载 2 800 kN 时,桩顶累计上拔量为 14.26 mm,桩端累计上拔为 4.47 mm。卸载后测得桩顶回弹量为 6.89 mm,桩顶残余上拔量

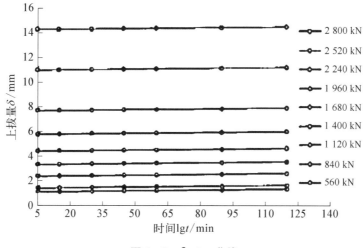

图 6-3　δ-lg t 曲线

为 7.37 mm,桩端回弹量为 3.51 mm,桩端残余上拔量为 0.96 mm。

按照试桩规范结合实测资料综合分析得出试桩静载结果如表 6-5 所示,钢筋应力计测试结果如图 6-4～图 6-6 所示。

表 6-5　浙江某金融中心桩抗拔静载试验成果

桩　号	桩长/m	桩径/mm	龄期/d	静载所得单桩竖向抗拔极限承载力/kN	极限荷载对应的桩顶上拔量/mm
P4#	43.28	700	43	≥2 800	14.26

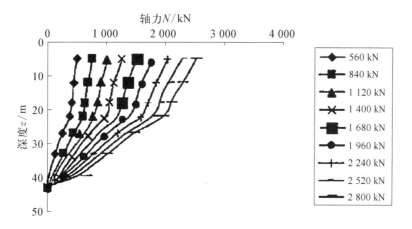

图 6-4　P4#(抗拔)桩桩身轴力分布曲线

5. 单桩竖向抗拔静载试验结果的几点规律

(1)从桩的 U-δ 曲线可以看出,当荷载较小时,桩顶即产生上拔量,且基本为线性变化。随着荷载的增大,桩端可开始出现上拔量,而桩顶的 U-δ 曲线斜率也逐渐增大。

(2)从桩身轴力曲线可以看出,在荷载作用下,桩身轴力上大下小,轴力随荷载的增加而增大,抗拔桩桩身端部轴力为零,表现为纯摩擦桩。

(3)从桩侧平均摩阻力沿桩身分布曲线可以看出,抗拔桩侧阻是从上到下逐渐发挥的,

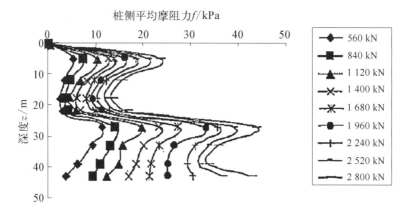

图 6-5　P4♯(抗拔)桩桩侧平均摩阻力沿桩身分布曲线图

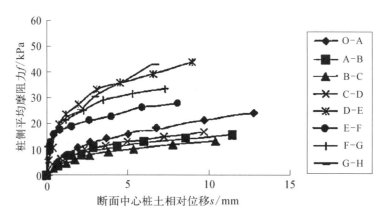

图 6-6　P4♯桩桩侧平均摩阻力与断面中心桩土相对位移曲线图

上部土层侧阻容易达到极限值,下部则较难发挥完全。

（4）从平均桩侧摩阻力与桩土相对位移曲线可以看出,当桩土位移较小时,上部下部桩侧平均摩阻力均随着桩土位移的增大而增大,随着荷载增大,上部土层达到极限侧阻,增大量很小,而下部土层侧阻仍然增大。

6.3　抗拔桩的受力机理

6.3.1　抗拔桩的受力机理

　　由单桩抗拔静载试验的 $U-\delta$ 曲线（见图6-7）可以看出,当对桩顶施加向上的竖向上拔荷载时,桩身混凝土受到上拔荷载拉伸产生相对于土的向上位移,从而形成桩侧土抵抗桩侧表面向上位移的向下摩阻力。此时桩顶上拔荷载通过桩侧

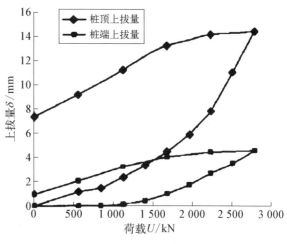

图 6-7　$U-\delta$ 曲线

表面的桩侧摩阻力传递到周土层中去,致使桩身轴力和桩身拉伸变形随深度递减。当桩顶荷载较小时,桩身混凝土的拉伸也在桩的上部,桩侧上部土的向下摩阻力得到逐步发挥,此时在桩身中下部桩土相对位移很小处,其桩摩阻力尚未开始发挥作用而等于零。

随着桩顶上荷载增加,桩身混凝土拉伸量和桩土相对位移量逐步增大,桩侧中下部土层的摩阻力随之逐步发挥出来;由于黏性土极限位移只有 $6 \sim 12$ mm,砂性土为 $8 \sim 15$ mm,所以当长桩桩土界面相对位移大于桩土极限位移后,桩身上部土的侧阻力已发挥到最大值并出现滑移(此时上部桩侧土的抗剪强度由峰值强度跌落为残余强度),此时桩身下部土的侧阻进一步得到发挥。随着上拔荷载进一步增大,整根桩桩土界面滑移,桩顶上拔量突然增大,桩顶上拔力反而减少并稳定在残余强度,此时整根桩由于桩土界面滑移拔出而破坏(一般桩顶累计上拔量大于 50 mm)。另外一种破坏情况是桩身混凝土或抗拉钢筋被拉断而破坏,此时桩顶上拔力残余值往往很小。

可见,桩侧土层的摩阻力是随着桩顶上拔荷载的增大自上而下逐步发挥的。当桩顶上拔量突然增大很快且压力下跌时,抗拔桩已处于破坏状态,定义单桩上拔破坏时的最大荷载为单桩的抗拔破坏承载力。而破坏之前的前一级荷载(亦即桩顶能稳定承受的上拔荷载)称之为单桩竖向抗拔极限承载力。也就是说,单桩竖向抗拔极限承载力是静载试验时单桩桩顶所能稳定承受的最大上拔试验荷载。从以上的描述可以看出桩顶在竖向荷载作用下的传递规律是:

(1) 抗拔桩的侧阻发挥度与桩顶荷载水平及桩的自重有关。

(2) 桩侧摩阻力是自上而下逐渐发挥的,而且不同深度土层的桩侧摩阻力是异步发挥的。

(3) 当桩土相对位移大于土体的极限位移后,桩土之间要产生滑移,滑移后其抗剪强度将由峰值强度跌落为残余强度,亦即滑移部分的桩侧土抗拔摩阻力产生软化。

(4) 抗拔桩是纯摩擦桩,即只考虑摩阻力作用,但桩自重对抗拔力有影响。

(5) 单桩抗拔破坏有两种方式:一是整根桩桩土界面滑移破坏而被拔出(桩土界面的粗糙度影响极限阻力);二是桩身混凝土(特别是上部混凝土)由于拉应力过大被拉断破坏。

(6) 单桩竖向抗拔极限承载力是指抗拔静载试验时单桩桩顶所能稳定承受的最大抗拔试验荷载。

抗拔桩包括等截面抗拔桩和扩底抗拔桩,它们有着不同的受力特性和受力机理。

6.3.2 抗拔桩的破坏形态

抗拔桩的破坏形态与许多因素有关。

对于等截面抗拔桩,破坏形态可以分为 3 个基本类型:

(1) 沿桩-土侧壁界面剪破。如图 6 - 8(a)所示,这种破坏形态在工程实际中比较常见。

(2) 与桩长等高的倒锥台剪破。如图 6 - 8(b)所示,软岩中的粗短灌注桩可能出现完整通长的倒锥破坏,倒锥体的斜侧面也可呈现为曲面。

(3) 复合剪切面剪破。即下部沿桩-土侧壁面剪破,上部为倒锥台剪破,如图 6 - 8(c)所示;或者为在桩底与桩身相切,沿一定曲面的破坏,如图 6 - 8(d)所示。复合剪切面常在硬黏

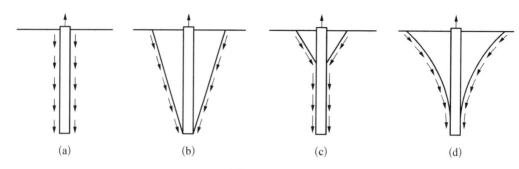

(a)   (b)   (c)   (d)

图 6-8　等截面抗拔桩的破坏形态

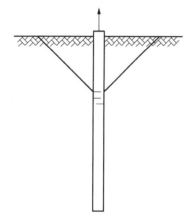

图 6-9　桩身被拉断现象

土中的钻孔灌注桩中出现,而且往往桩的侧面不平滑,凹凸不平。黏土与桩黏结得很好。当倒锥体土重不足以破坏该界面上桩-土的黏着力时即可形成这种滑面。

当土质较好,桩-土界面上黏结又牢,而桩身配筋不足或非通长配筋时,也可能出现桩身被拉断的破坏现象,如图 6-9 所示。

沿着桩-土侧壁界面上发生土的圆柱形剪切破坏形式,在一定条件下也可能转化为混合剪切面滑动形式。

当刚施加上拔荷载时,沿着满足摩尔-库仑破坏条件的区域在土中出现间条状剪切面,如图 6-10(a)所示。每一剪切面空间上又呈倒锥形斜面。此时还没有较大的基础滑移运动。随着上拔力的增加,界面外土中出现一组略与界面平行的滑裂面,沿着基础产生较大滑移如图 6-10(b)所示。这种滑移剪切最终发展成为桩基的连续滑移如图 6-10(c)所示。即沿圆柱形的滑移面破坏。但某些情况下,在连续滑移剪切破坏发生前,间条状剪切面也会直接导致基础破坏。这将产生混合式破坏面,即在靠近地面处呈一个锥形面,而下部为一个完整的圆柱形剪切面。

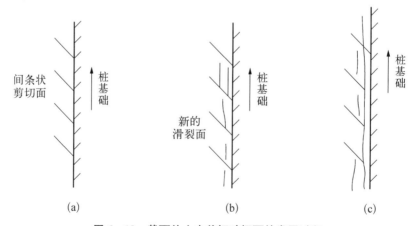

(a)   (b)   (c)

图 6-10　截面外土中剪切破坏面的发展过程

扩底抗拔桩最大的优点是可以用增加不多的材料来获取显著增加桩基抗拔承载力的效果。随着扩孔技术的不断发展,扩底桩的应用愈来愈广泛,设计理论也随之发展。

扩底抗拔桩的破坏形态有以下 4 种形态：

1）基本破坏形态

扩底桩破坏与等截面桩不同,其扩大头的上移使地基土内产生各种形状的复合剪切破坏面。这种基础的地基破坏形态相当复杂,并随施工方法、基础埋深以及各土层土的特性而变,基本的破坏形式如图 6-11 所示。

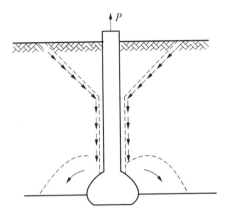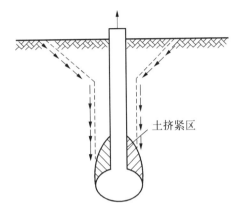

图 6-11　扩底桩上拔破坏形式　　　　图 6-12　圆柱形冲剪式剪切面

2）圆柱形冲剪式破坏

当桩基础埋深不很大时,虽然桩杆侧面滑移出现得较早,但是当扩大头上移导致地基剪切破坏后,原来的桩杆圆柱形剪切面不一定保持如图 6-11 中中段那种规则的形状,尤其是靠近扩大头的部位变得更加复杂,也可能演化成图 6-12 中的"圆柱形冲剪式剪切面",最后可能在地面附近出现倒锥形剪切面,其后的变形发展过程就与等截面桩中的相似。

只有在硬黏土中,前述间条状剪切面才可能发展成为倒锥形的破坏面。如果扩大头埋深不大,桩杆较短,则可能仅出现圆柱形冲剪式剪切面或仅出现倒锥形剪切破坏面,也可能出现一个介于圆柱形和倒锥形之间的曲线滑动面(状如喇叭)。在计算抗拔承载力时,宜多设几种可能的破坏面,择其抗力最小者作为最危险滑动面。

3）有上覆软土层时上拔力破坏形态

土层埋藏条件对桩基上拔破坏形态影响极大。例如浅层有一定厚度的软土层,而扩大头又埋入下卧的硬土层(或砂土层)内一定深度处。这种设计的目的是保证扩底桩能具有较高的抗拔承载力。虽然如此,这种承载力只可能主要由下卧硬土层(或砂土层)的强度来发挥,而上覆的软土层至多只能起到压重作用。所以完整的滑动面就基本上限于下卧硬土层内展开,而上面的软土层内不出现清晰的滑动面,呈大变形位移,如图 6-13 所示。

4）软土中扩底桩上拔破坏形态

均匀软黏土地基中的扩底桩在上拔力作用下,软土介质内部不易出现明显的滑动面。扩大头的底部软土将与扩大头地面粘在一起向上运动,所留下的空间会由真空吸力作用将扩大头四周的软土吸引过来,填补可能产生的空隙(见图 6-14)。与此同时,由于相当大的范围内土体在不同程度上被牵动而一起运动,较短的扩底桩周围地面会呈现一个浅平的凹陷圈,而在软土内部则始终不会出现空隙,一直到桩头快被拔出地面时才看到扩大头与底下的土脱开。

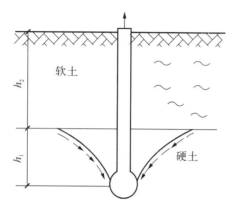

图 6-13　有上覆土层时上拔破坏形态

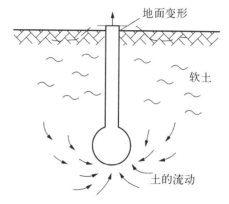

图 6-14　软土中扩底上拔破坏形态

6.3.3　抗拔桩承载力的确定

1) 抗拔桩承载力的确定

(1) 当无抗拔桩的试桩资料时,打入桩单桩抗拔承载力标准值可按地质报告中抗拔极限侧摩阻力标准值乘以折减系数来确定,扣除单桩自身有效重量后:

$$U_{uk} = \sum \lambda_i q_{sik} u_i L_i \qquad (6-1)$$

式中：U_{uk}——基桩抗拔极限承载力标准值；

$\quad$ u_i——破坏表面周长,对于等直径桩取 $u = \pi d$；

$\quad$ q_{sik}——桩侧表面第 i 层土的抗压极限侧阻力标准值；

$\quad$ λ_i——抗拔系数,一般取 0.5~0.8,与土性有关。

(2) 对于钻孔灌注桩,单桩抗拔承载力可采用原水利电力部制定的《送电线路基础设计技术规定》(SDGJ62—84)中有关规定,单桩轴向上拔力 T_d 按下式计算:

$$K_1 T_d \leqslant \alpha_b U L \tau_p + Q_f \qquad (6-2)$$

式中：K_1——与土抗力有关的基础上拔稳定设计安全系数,因杆塔类型及其功能而异；

$\quad$ α_b——桩土之间极限侧摩阻力的上拔折减系数,当无试桩资料且入土深度不小于

$\qquad$ 6.0 m 时,$\alpha_b = 0.6 \sim 0.8$；当桩长 $L \leqslant 6$ m 时,$\alpha_b = 0.6$；$L \geqslant 20$ m 时,$L = 0.8$；

$\quad$ U——桩设计周长(m)；

$\quad$ L——自设计地面算起的桩入土深度(m)；

$\quad$ τ_p——桩周土与桩之间极限摩阻力的加权平均值；

$\quad$ Q_f——桩身有效重力。

(3) 我国《公路桥涵设计规范》所提出的抗拔承载力公式是建立在经验及相关统计的基础之上的,对灌注桩所建议的公式为

$$[P_1] = 0.3 U L \tau_p + W \qquad (6-3)$$

式中：$[P_1]$——抗拔桩容许上拔荷载；

$\quad$ U、L——分别为桩周长及如图深度(m)；

$\quad$ W——桩自重；

τ_p——桩侧壁上的平均极限摩阻力。

2）扩底抗拔桩极限承载力的确定

破坏形状与机理决定了计算方法的选择,不存在一种统一的、可以普遍适用的扩底桩抗拔承载力的计算公式。另外,构成桩上拔承载力的各部分的发挥具有不同步性。因此,下面主要针对最常见的一种上拔破坏模式展开讨论。

（1）基本计算公式。扩底桩的极限抗拔承载力 P_u 可视为由桩杆侧摩阻力 Q_s、扩底部分抗拔承载力 Q_B 也和桩与倒锥形土体的有效自重 W_c 3 部分所组成。

$$P_u = Q_s + Q_B + W_c \qquad (6-4)$$

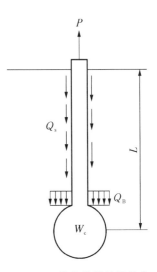

计算模式简图见图 6-15。应注意桩长是从地面算到扩大头中部（若其最大断面不在中部,则算到最大断面处）。而 Q_s 的计算长度为从地面算到扩大头的顶面的深度。如属于硬裂隙土,则还应扣除桩杆靠近地面的 1.0 m 范围内的侧壁摩阻力。

桩扩底部分的抗拔承载力可分两大不同性质的土类（黏性土和砂性土）分别求得

① 黏性土（按不排水状态考虑）：

$$Q_B = \frac{\pi}{4}(d_B^2 - d_S^2) N_c \cdot \omega \cdot C_u \qquad (6-5)$$

② 砂性土（按排水状态考虑）：

$$Q_B = \frac{\pi}{4}(d_B^2 - d_S^2) \bar{\sigma}_v \cdot N_q \qquad (6-6)$$

图 6-15 扩底抗拔桩承载力计算基本模式

式中：d_B——扩大头直径；

d_S——桩杆直径；

ω——扩底扰动引起的抗剪强度折减系数；

N_c、N_q——均为承载力因素,按地基规范确定；

C_u——不排水抗剪强度；

$\bar{\sigma}_v$——有效上覆压力。

（2）摩擦圆柱法。该法的理论基础是：假定在桩上拔达破坏时,在桩底扩大头以上将出现一个直径等于扩大头最大直径的竖直圆柱形破坏土体。根据这种理论的桩的极限抗拔承载力计算公式为：

① 黏性土（不排水状态下）：

$$P_u = \pi d_B \sum_0^L C_u \Delta l + W_S + W_C \qquad (6-7)$$

② 砂性土（排水状态下）：

$$P_u = \pi d_B \sum_0^L K \bar{\sigma}_v \mathrm{tg}\, \bar{\varphi} \Delta l + W_S + W_C \qquad (6-8)$$

式中：W_S——包含在圆柱形滑动体内土的重量；

　　　$\bar{\varphi}$——土的有效内摩擦角；

　　　C_u——黏性土的不排水强度；

　　　K——土的侧压力系数；

　　　$\bar{\sigma}_v$——有效上覆压力。

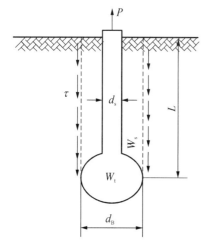

图 6 - 16　圆柱滑动面积法计算模式

其他符号见计算模式如图 6 - 16 所示。应注意，桩长应从地面算至扩大头水平投影面积最大的部位高程。

6.3.4　等截面桩与扩底桩荷载传递规律的差异

等截面桩与扩底桩在荷载传递规律上存在着差异：

（1）等截面桩受上拔荷载时，桩身拉应力开始产生在桩的顶部。随着桩顶向上位移的增加，桩身拉应力逐渐向下部扩展。当桩顶部位的桩-土相对滑移量达到某一定值（通常小于 6～10 mm）时，该界面摩阻力已发挥出其极限值；但桩下部的侧摩阻力还没有充分发挥，随着荷载的增加，发生侧摩阻力峰值的桩土界面不断往下移动；当达到一定荷载水平时，桩下部侧摩阻力得到发挥引起抗拔力增加的速度等于桩上部由于过大位移而产生的总侧摩阻力的降低速度时，整个桩身侧壁总摩阻力也已经达到了峰值，其后桩的抗拔总阻力就将逐渐下降。桩土间表现为摩擦阻力，土与土间表现为剪切应力。

（2）扩底桩与等截面桩不同。在基础上拔过程中。扩大头上移挤压土体。土对其反作用力（即上拔端阻力）一般也是随着上拔位移的增加而增大的。并且，即使当桩侧摩阻力已达到其峰值后，扩大头的抗拔阻力还要继续增长，直到桩上拔位移量达到相当大时（有时可达数百毫米），才可能因土体整体拉裂破坏或向上滑移而失去稳定。因此，扩大头抗拔阻力所担负的总上拔荷载中的百分比也是随着上拔位移量增大而逐渐增加的。桩接近破坏荷载时，扩大头阻力往往是决定因素。

（3）等截面桩荷载-位移曲线有明显的转折点，甚至有峰后强度降低的现象。与之相反，扩底桩的荷载-位移曲线，在相当大的上拔位移变幅内，上拔力可不断上升，除非桩周土体彻底滑移破坏。两种桩的上拔荷载-上拔位移量曲线形状区别见图 6 - 17。图中 4 号、5 号桩为等截面桩，1 号、2 号和 3 号桩为扩底桩。

（4）对于扩底桩，在扩大头顶部以上一段桩杆侧壁上，因扩大头的顶住而不能发挥出桩-土相对位移，从而使该段上侧摩阻力的发挥受到限

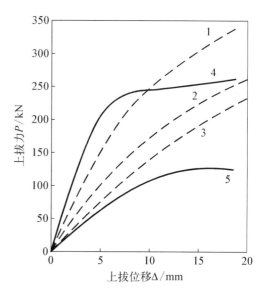

图 6 - 17　上拔荷载-位移曲线

制。设计中通常忽略该段上的侧摩阻力。在一定的桩型条件下,扩大头的上移还带动相当大的范围内土体一起运动,促使地表面较早地出现一条或多条环向裂缝和浅部的桩土脱开现象。设计中通常也不考虑桩杆侧面地表下 1.0 m 范围内的桩-土界面摩阻力。

6.4　抗拔桩与抗压桩的异同

抗压桩和抗拔桩由于荷载作用机理的不同,在受力性状上有着一定的差异。

6.4.1　抗拔桩与抗压桩受力性状差异性

抗拔桩与抗压桩受力性状的差异主要包括以下几个方面:

(1) 抗拔桩的摩阻力受力方向向下,抗压桩摩阻力受力方向向上。

(2) 抗拔桩和抗压桩的受力特性与桩顶荷载水平有关,在小荷载情况下,$U\text{-}\delta$ 曲线和 $Q\text{-}s$ 曲线均表现为缓变型,即位移随荷载的增加变化不大。不过在接近极限荷载时,抗压桩曲线变化明显;而抗拔桩变化较缓。确定其极限承载力,应考虑抗拔桩的 $\delta\text{-lg}\,t$ 曲线和 $U\text{-}\delta$ 曲线,并结合桩顶上拔量进行分析。

(3) 在荷载较小时,抗拔桩和抗压桩的轴力变化均集中在桩身的上部,同时,轴力沿深度的变化也十分相似。但随着荷载的增加,抗压桩端部轴力逐渐变大,在极限荷载条件下,抗压桩常表现为端承摩擦桩或摩擦端承桩;而抗拔桩桩身下部轴力的变化明显大于抗压桩,端部轴力为零,表现为纯摩擦桩。

(4) 抗拔桩和抗压桩的侧阻的发挥均为异步的过程,即侧阻都是从上到下逐渐发挥的,但抗压桩上部侧阻普遍比下部土层小,而抗拔桩桩身中部侧阻大,两端侧阻小;同时,抗压桩端部侧阻随相对位移的增大,增加很快,而抗拔桩端部侧阻在达到一定值后,只出现很小的增幅。

(5) 抗拔桩与抗压桩的配筋不同。抗拔桩桩身轴力主要是靠桩内配置的钢筋承担。混凝土裂缝宽度起控制作用,因而配筋量比较大,桩自身的变形占总的上拔量的份额较小。而抗压桩轴力主要靠桩的混凝土承担,桩身压缩量较大。

(6) 抗拔桩桩身自重起到抗拔作用。抗压桩桩身自重起到压力作用。

(7) 抗拔桩的极限侧阻约为抗压桩极限侧阻的 0.5~0.8 倍,与土性密切相关。

6.4.2　受力性状差异性的机理

抗拔桩没有端阻,其承载特性完全由侧阻所决定,因而分析抗拔桩、抗压桩侧阻的发挥机理是揭示它们受力性状差异性的关键。

1) 桩侧土应力状态对侧阻的影响

图 6-18 是桩周土体在桩基受荷时的应力状态示意图。无论是抗拔桩还是抗压桩,土体单元在受到剪切后,水平有

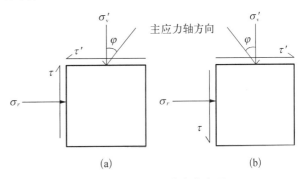

图 6-18　桩周土应力状态图

(a) 抗拔桩;(b) 抗压桩

效应力都不再是主应力,主应力的方向发生了旋转。剪应力越大,旋转角就越大。

水平有效应力 σ_r' 的变化取决于土的应力应变性能。室内三轴试验表明,一定密度的砂土,围压越小,剪切越明显。当围压渐增到一定值时,砂土则表现为常体积;当围压再增大时,则表现为剪缩。对于一定密度的正常固结黏土,三轴剪切试验中都表现为剪缩,且围压越大,剪缩越明显。不过,无论是抗压桩还是抗拔桩,如果土体剪缩,水平有效应力将减小;反之,水平有效应力将增大。总之,桩周土体呈现何种体积变化性能,与土的密度、围压等有关,与桩基的受荷方向没有简单的对应关系,认为抗压桩桩周土受力与三轴压缩类似、抗拔桩桩周土受力与三轴拉伸类似的说法是不恰当的。竖向有效应力 σ_v' 的变化与荷载的作用方向有关系,上拔荷载使竖向有效应力减小,下压荷载使竖向有效应力增加。这导致了抗压桩与抗拔桩桩周土体受力性状的差异。同时,抗拔试验时桩端土几乎没有抗拉性能,而抗压试验时桩端土具有良好的抗压性能阻止桩土界面滑移,这也是两者性状差异之一。

2) 桩端阻对侧阻的影响

传统观念认为,桩侧阻力与桩端阻力是各自独立、互不影响的,然而,大量模型试验和原位试验资料表明,桩端阻力与桩侧阻力之间具有相互作用。也就是说,存在某种程度的耦合。抗拔桩桩端土层由于没有端阻的影响,其应力状态必然与抗压桩有很大的区别。

在桩开始受荷时,抗拔桩与抗压桩沿桩身的侧摩阻力分布曲线相似,桩侧阻都是从桩上部开始发挥并逐渐往下传递的。随着荷载的不断增大,抗拔桩桩身上部和端部的侧阻几乎没有变化,而桩身中部侧阻变化较大;抗压桩除桩上部侧阻达到极限外,中下部侧阻均快速增长。这说明,桩端阻力的发挥会对桩侧阻力产生影响,桩侧阻随着端阻的增大而有所提高,即端阻对侧阻存在增强效应。

对于端阻的增强效应,前人已做了大量的工作。试验资料表明,桩端土层强度越高,对桩侧阻力的增强效果就越明显。同时,Vesic 试验表明,在其他条件相同的情况节,桩越长,桩侧阻力的强化效应越明显。这说明,桩端阻对侧阻的强化作用还受到桩长的影响。

综合上面的论述,可以对端阻影响侧阻的机理作以下的分析:

(1) 抗压桩。抗压桩端土体的变形和应力的变化如图 6-19 所示。在荷载作用下,桩逐步向下移动,在桩端周围形成了两个性质不同的区域-塑变区和成拱区。由于成拱作用的原因,形成了桩端和桩端以上变形图形的不一致。成拱的形成加速了端部以上一段距离(0～5倍桩径)内桩土相对位移的发展,同时由于上覆土的约束,使得成拱影响区内的土体水平应力增加。但端部成拱作用是桩端阻发挥后出现的,因而在荷载较小时,抗压桩端部侧阻较小,而在桩受荷接近承载力时,桩端部侧阻较桩上部侧阻明显增大了,并且桩端的成拱效应受土体强

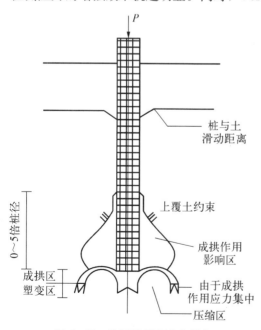

图 6-19　抗压桩端部应力状态

度的影响。在相同桩端位移的条件下,土体强度越高,成拱影响区内的应力水平就越高,从而增强效应就越明显。同时,一般来说,土体的强度随深度的增加而增加,因而桩侧阻的强化效应表现为随桩长的增加而增加。

　　(2)抗拔桩。抗拔桩桩周土体的应变与应力变化如图6-20所示。图6-21为抗拔桩土颗粒模式试验图。在荷载作用下,桩周土有向上滑动的趋势,桩端部由于桩身的上抬形成空穴。空穴的出现使端部的土体应力发生了松弛。同时,端部以上一段距离内的土体由于有向上移动的趋势,再加上空穴的应力松弛的影响,其水平应力大幅度下降,从而使侧阻比上部土层的侧阻还要小。当然,由于空穴的形成是在抗拔力较大的时候出现的(即端部出现滑移时),因而加载初期,其侧阻沿桩身的分布图与抗压桩的相似,而在桩接近破坏时,抗拔桩端阻与抗压桩相差很大。

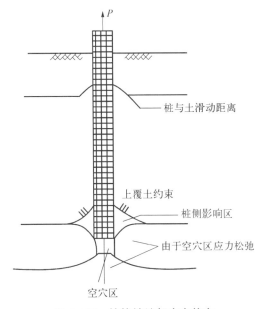

图6-20　抗拔桩端部应力状态

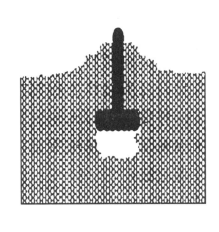

图6-21　抗拔桩土颗粒模拟试验

　　综合上述分析,对抗拔抗压桩受力性状的差异性归纳如表6-6所示。

表6-6　抗压桩与抗拔桩的异同

相同点	① 抗拔桩和抗压桩的U-δ曲线和Q-s曲线均表现小荷载下弹性,中荷载下弹塑性 ② 轴力变化集中在桩身上部,其沿深度的变化相似 ③ 侧阻的发挥均为异步的过程
不同点	在大荷载作用下: ① 抗压桩的Q-s曲线变化比抗拔桩的U-δ曲线明显,抗压桩的极限承载力远大于抗拔桩 ② 抗拔桩桩身下部轴力的变化比抗压桩的大很多。同时抗压桩端部轴力较大,常表现为端承摩擦桩,而抗拔桩为纯摩擦桩 ③ 抗压桩与抗拔桩桩侧阻力作用力相反。抗压桩侧阻沿深度逐渐变大(软弱土层除外),而抗拔桩侧阻表现为"两头小、中间大",还有抗压桩端部侧阻增加很快,而抗拔桩侧阻在达到一定值后,只出现很小增幅 ④ 抗拔桩与抗压桩的侧阻极限值不同,其比值η在0.5~0.8之间变化(桩端除外),具体设计时η值应按实测统计得出

6.5　抗拔桩的设计方法

6.5.1　需要验算抗拔桩承载力的工程

在一些特殊的工程条件下,需设置抗拔桩,或需要验算桩的抗拔承载力,一般有如下几个类型:

(1) 高层建筑附带的裙楼及地下室的桩基础。

(2) 高耸铁塔、电视塔、输电线路、海洋石油平台下的桩基础。

(3) 码头桥台,挡土墙,斜桩。

(4) 特殊桩基,抗震桩,抗液化桩,膨胀土、冻胀土桩。

(5) 桩的静荷载试验中的锚桩等。

桩基承受上拔力的情况有两类,设计的要求不完全一样。一类是恒定的上拔力,如地下水的浮托力。为了平衡浮托力,避免地下室的上浮,需要设置抗拔桩,完全按抗拔桩的要求验算抗拔承载力、配置通长的钢筋、设置能抗拉的接头等;另一类是在某一方向水平荷载作用下才会使某些桩承受上拔力,但在荷载方向改变时这些桩可能又承受压力,设计时应同时满足抗压和抗拔两方面的要求,或按抗压桩设计并验算抗拔承载力。

6.5.2　基础抗浮设防水位及抗拔桩荷载要求

验算基础抗浮稳定性时,地下水位是确定浮力的主要设计参数,地下水位一般由勘察报告提供。在地下水位变化幅度不大的地区,抗浮设计所依据的地下水位比较容易确定;但在地下水位变化幅度比较大的地区,抗浮设防水位的确定至关重要。要求工程勘察能够在勘察报告中给出场地的抗浮设防水位。

抗浮设防水位高低直接关系到地下室基础抗拔总荷载,亦即影响到抗拔桩数量和桩基规格等设计参数的确定。无依据时,设计通常取抗浮水位为周边道路标高,也有的取±0.000标高。

建筑物重量(不包括活荷载)/水浮力≥1.0。

6.5.3　抗浮桩的布置方案

抗浮桩的平面布置有集中布置和分散布置两种方案:

(1) 集中布置是指将桩布置在结构柱下。布置在柱下的抗浮桩数量可以比较少,但对单桩抗浮承载力的要求比较高,桩长就可能比较长,但可以和抗压桩相结合,布置比较方便。

(2) 分散布置是指将桩布置在基础底板下。沿基础梁布置最合理。布置在板下的抗浮桩数量较多而桩长可以比较短,抗浮力的分布比较均匀,板的受力情况比较好。抗浮桩可以采用小钻孔桩或锚杆桩。

选择方案时,根据浮力的大小,地质条件以及抗压和抗浮的要求来确定。一般情况下,采用分散布置的方案比较合适。

6.5.4　普通抗拔桩承载力验算

桩的抗拔承载力取决于桩身材料强度(包括桩在承台中的嵌固、桩的街头等)和桩与土之间的抗拔侧摩阻力,由两者中的较小值控制抗拔承载力。桩的抗拔摩阻力与抗压桩的摩阻力并不相同,通常小于抗压桩的摩阻力。

在计算抗拔桩承载力时,除了抗拔侧摩阻力外,尚需计入桩身的重力。上拔时在桩端形成的真空吸力所占的比例不大,且不稳定,因此不予考虑。桩身和承台在地下水位以下的部分应扣除地下水的浮托力,即采用浮重度计算重力。

根据《建筑桩基技术规范》规定,承受拔力的桩基,应按下列公式同时验算群桩基础及其基础的抗拔承载力,并按现行《混凝土结构设计规范》(GB50010—2002)验算基桩材料的受拉承载力。

$$N_k \leqslant T_{gk}/2 + G_{gp} \tag{6-9}$$

$$N_k \leqslant T_{uk}/2 + G_p \tag{6-10}$$

式中：N_k——按荷载效应标准组合计算的基桩拔力;

　　　T_{gk}——群桩呈整体破坏时基桩的抗拔极限承载力标准值,可按《建筑桩基技术规范》
　　　　　　第5.4.6条确定;

　　　T_{uk}——群桩呈非整体破坏时基桩的抗拔极限承载力标准值,可按《建筑桩基技术规范》第5.4.6条确定;

　　　G_{gp}——群桩基础所包围体积的桩土总自重除以总桩数,地下水位以下取浮重度;

　　　G_P——基桩自重,地下水位以下取浮重度,对于扩底桩应按《建筑桩基技术规范》表5.4.6-1确定桩、土柱体周长,计算桩、土自重。

最终抗拔桩承载力要通过单桩抗拔静载试验确定。

6.5.5　群桩基础及其基桩的抗拔极限承载力的确定

群桩基础及其基桩的抗拔极限承载力的确定应符合下列规定：

(1)对于设计等级为甲级和乙级建筑桩基,基桩的抗拔极限承载力应通过现场单桩上拔静载荷试验确定。单桩上拔静载试验及抗拔极限承载力标准值取值可按现行行业标准《建筑基桩检测技术规范》(JGJ106)进行。

(2)如无当地经验时,群桩基础及设计等级为丙级建筑桩基,基桩的抗拔极限载力取值可按下列规定计算：

① 群桩呈非整体破坏时,基桩的抗拔极限承载力标准值可按下式计算：

$$T_{uk} = \sum \lambda_i q_{sik} u_i l_i \tag{6-11}$$

式中：T_{uk}——基桩抗拔极限承载力标准值;

　　　u_i——桩身周长,对于等直径桩取 $u = \pi d$;对于扩底桩按表6-7取值;

q_{sik}——桩侧表面第 i 层土的抗压极限侧阻力标准值,可按《建筑基桩检测技术规范》
中的表 5.3.5-1 取值;

λ_i——抗拔系数,可按表 6-8 取值。

表 6-7 扩底桩破坏表面周长 u_i

自桩底起算的长度 l_i	$\leqslant (4 \sim 10)d$	$> (4 \sim 10)d$
u_i	πD	πd

注:l_i 对于软土取低值,对于卵石、砾石取高值;l_i 取值按内摩擦角增大而增加。

表 6-8 抗 拔 系 数 λ

土 类	λ 值
砂土	0.50~0.70
黏性土、粉土	0.70~0.80

注:桩长 l 与桩径 d 之比小于 20 时,λ 取小值。

② 群桩呈整体破坏时,基桩的抗拔极限承载力标准值可按下式计算:

$$T_{gk} = \frac{1}{n} u_1 \sum \lambda_i q_{sik} l_i \tag{6-12}$$

式中:u_1——桩群外围周长。

6.5.6 季节性冻土中桩抗冻拔承载力验算

季节性冻土地区的轻型建筑物,当采用桩基础时,由于建筑物结构荷载较小,桩的入土深度较浅,常因地基土冻胀而使基础逐年上拔,造成上部建筑物的破坏。因此,对于季节性冻土地区的桩基,不仅需满足地基冻融时桩基竖向抗压承载力的要求,尚需验算由于冻深线以上地基土冻胀对桩产生的冻切力作用下基础的抗拔承载力。

《建筑桩基技术规范》中,季节性冻土上轻型建筑的短桩基础,应按下式验算其抗冻拔稳定性:

$$\eta_f q_f u z_0 \leqslant T_{gk}/2 + N_G + G_{gP} \tag{6-13}$$

$$\eta_f q_f u z_0 \leqslant T_{uk}/2 + N_G + G_P \tag{6-14}$$

式中:η_f——冻深影响系数,按表 6-9 采用;

q_f——切向冻胀力,按表 6-10 采用;z_0——季节性冻土的标准冻深;

T_{gk}——标准冻深线以下群桩呈整体破坏时基桩抗拔极限承载力标准值,可按《建筑桩基技术规范》第 5.4.6 条确定;

T_{uk}——标准冻深线以下单桩抗拔极限承载力标准值,可按《建筑桩基技术规范》第 5.4.6 条确定;

N_G——基桩承受的桩承台底面以上建筑物自重、承台及其上土重标准值。

表 6 - 9 η_f 值

标准冻深(m)	$z_0 \leqslant 2.0$	$2.0 < z_0 \leqslant 3.0$	$z_0 > 3.0$
η_f	1.0	0.9	0.8

表 6 - 10 $q_f(kPa)$值

土 类 ＼ 冻胀性分类	弱冻胀	冻 胀	强冻胀	特强冻胀
黏性土、粉土	30～60	60～80	80～120	120～150
砂土、砾(碎)石(黏、粉粒含量＞15％)	＜10	20～30	40～80	90～200

注：① 表面粗糙的灌注桩,表中数值应乘以系数 1.1～1.3;
　　② 本表不适用于含盐量大于 0.5% 的冻土。

6.5.7 膨胀土中桩基抗拔承载力的验算

膨胀土具有湿胀、干缩的可逆性变形特性,其变形量与组成土的矿物成分和土的湿度变化等因素有关。

在膨胀土的大气影响的急剧层内,地基土的湿度、地温及变性变化幅度较大,因此,基础设置于急剧层内易引起房屋的破坏。在急剧层下的稳定层内,地基土的湿度、温度和变形变化幅度很小,桩侧土的侧阻力也保持稳定,从而对桩起锚固作用。

大气影响急剧层内土体膨胀时,对桩侧表面产生向上的胀切力 q_e,胀切力使桩产生的胀拔力为 $u\sum q_{ei}l_{ei}$,q_{ei} 值由现场浸水试验确定。

稳定土层内桩的抗拔力由桩表面抗拔侧阻力、桩顶竖向荷载和桩自重 3 部分组成。如抗拔极限侧阻力设计值按抗拔桩的规定确定。

根据《建筑桩基技术规范》,膨胀土上轻型建筑的短桩基础,应按下列公式验算群桩基础呈整体破坏和非整体破坏的抗拔稳定性:

$$u\sum q_{ei}l_{ei} \leqslant T_{gk}/2 + N_G + G_{gP} \qquad (6-15)$$

$$u\sum q_{ei}l_{ei} \leqslant T_{uk}/2 + N_G + G_P \qquad (6-16)$$

式中：T_{gk}——群桩呈整体破坏时,大气影响急剧层下稳定土层中基桩的抗拔极限承载力标准值,可按《建筑桩基技术规范》第 5.4.6 条计算;

T_{uk}——群桩呈非整体破坏时,大气影响急剧层下稳定土层中基桩的抗拔极限承载力标准值,可按《建筑桩基技术规范》第 5.4.6 条计算;

q_{ei}——大气影响急剧层中第 i 层土的极限胀切力,由现场浸水试验确定;

l_{ei}——大气影响急剧层中第 i 层土的厚度。

6.5.8 岩石锚桩基础

岩石锚桩基础适用于直接建在基岩上的柱基,以及承受拉力或水平力较大的建筑物基础。锚桩基础应与基岩连成整体,并应符合下列要求:

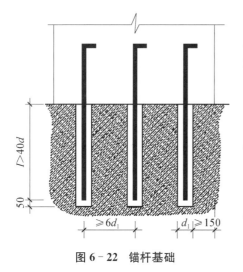

图 6 - 22 锚杆基础

（1）锚桩孔直径,宜取锚桩直径的 3 倍,但不应小于一倍锚桩直径加 500 mm;锚桩基础的构造要求,可按图 6 - 22 采用;

（2）锚杆插入上部结构的长度,应符合钢筋的锚固长度要求;

（3）锚桩宜采用热轧带肋螺纹钢筋,直径一般为 $\phi 20 \sim \phi 40$,水泥砂浆强度不宜低于 30 MPa,细石混凝土强度不宜低于 C30。灌浆前,应将锚杆孔清理干净;

（4）锚杆基础中单根锚杆所承受的拔力,应按下列公式验算:

$$N_{ti} = \frac{F_k + G_k}{n} - \frac{M_{xk} y_i}{\sum y_i^2} - \frac{M_{yk} x_i}{\sum x_i^2}$$

$$(6 - 17)$$

$$N_{t\max} \leqslant R_t \tag{6 - 18}$$

式中：F_k——相应于荷载效应标准组合作用在基础顶面上的竖向力;

G_k——基础自重及其上的土自重;

M_{xk}、M_{yk}——按荷载效应标准组合计算作用在基础底面形心的力矩值;

x_i、y_i——第 i 根锚桩至基础底面形心的 y、x 轴线的距离;

N_{ti}——按荷载效应标准组合下,第 i 根锚杆所承受的拔力值;

R_t——单根锚杆抗拔承载力特征值。

对设计等级为甲级的建筑物,单根锚杆抗拔承载力特征值 R_t 应通过现场试验确定;对于其他建筑物可按下式计算:

$$R_t \leqslant 0.8 \pi d_1 l f \tag{6 - 19}$$

式中：f——砂浆与岩石间的黏结强度特征值（MPa）。

6.5.9 抗拔桩承载力验算例题

（1）已知某建筑桩基安全等级为二级的建筑物地下室采用一柱一桩,基桩上拔力设计值为 800 kN,拟采用桩型为钢筋混凝土的方桩,边长为 400 mm,桩长为 22 m,桩顶入土深度为 6 m,桩端入土深度为 28 m,场区地层条件参见下表。试按《建筑桩基技术规范》计算基桩抗拔极限承载力标准值（注：抗拔系数 λ 按规范取高值）。

层 序	土层名称	层底深度/m	厚度/m	q_{sik}/kPa
①	填土	1.20	1.20	
②	粉质黏土	2.00	0.80	
③	淤泥质黏土	12.00	10.00	28
④	黏土	22.70	10.70	55
⑤	粉砂	28.80	6.10	100

解：根据《建筑桩基技术规范》(JGJ94—2008)第 5.4.6 条：

$$T_{uk} = \sum \lambda_i q_{sik} u_i l_i = 4 \times 0.4 \times (0.8 \times 28 \times 6 + 0.8$$
$$\times 55 \times 10.7 + 0.7 \times 100 \times 5.3) = 1\,561.9\ kN$$

（2）某地下车库（按二级基桩考虑）为抗浮设置抗拔桩，桩型采用 300 mm×300 mm 钢筋混凝土方桩，桩长为 12 m，桩中心距为 2.0 m，桩群外围周长为 4×30 m=120 m，桩数 $n=14\times14=196$ 根，单一基桩上拔力设计值 $N=330$ kN。已知各土层极限侧阻力标准值如图所示。取抗拔系数 λ_i 对黏土取 0.7，粉砂取 0.6。钢筋混凝土桩体重度 25 kN/m³，桩群范围内桩土平均重度取为 20 kN/m³。试按《建筑桩基技术规范》，验算群桩基础及其基桩抗拔承载力。

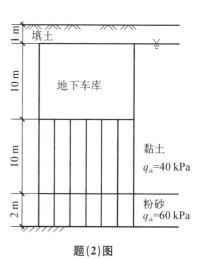

题(2)图

解：根据《建筑桩基技术规范》（JGJ94—2008）第 5.4.5 条：

① 群桩呈整体破坏时：

$$T_{gk} = \frac{1}{n} u_l \sum \lambda_i q_{sik} u_i l_i = \frac{1}{196} \times 120 \times (0.7 \times 40 \times 10 + 0.6 \times 60 \times 2) = 215.5\ kN$$

$$G_{gp} = \frac{1}{196} \times 30 \times 30 \times 12 \times (20 - 10) = 551.0\ kN,$$

$$\frac{T_{gk}}{2} + G_{gp} = \frac{215.5}{2} + 551.0 = 658.75\ kN > 330\ kN，满足。$$

② 基桩呈非整体破坏时：

$$T_{uk} = \sum \lambda_i q_{sik} u_i l_i = 0.3 \times 4 \times (0.7 \times 40 \times 10 + 0.6 \times 60 \times 2) = 422.4\ kN$$
$$G_p = 0.3 \times 0.3 \times 12 \times (25 - 10) = 16.2\ kN$$

$$\frac{T_{uk}}{2} + G_p = \frac{422.4}{2} + 16.2 = 227.4\ kN > 330\ kN，不满足。$$

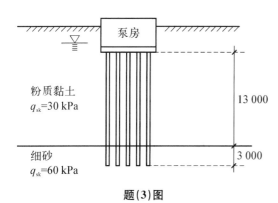

题(3)图

（3）如图 6-24 所示，某泵房按二级基桩考虑，为抗浮设置抗拔桩，上拔力设计值为 600 kN，桩型采用钻孔灌注桩，桩径 $d=550$ mm，桩长 $l=16$ m，桩群边缘尺寸为 20 m×10 m，桩数为 50 根，试按《建筑桩基技术规范》计算群桩基础及其基桩抗拔承载力。（抗拔系数 λ_i；对黏土取 0.7，对砂土取 0.6，桩身材料重度 $\gamma=25$ kN/m³；群桩基础平均重度 $\gamma=20$ kN/m³）

解：根据《建筑桩基技术规范》（JGJ94—

2008)第 5.4.5 条:

① 群桩基础呈整体破坏时:

$$T_{gk} = \frac{1}{n}u_1\sum\lambda_iq_{sik}u_il_i = \frac{1}{50}\times2\times(20+10)\times(0.7\times30\times13+0.6\times60\times3) = 457.2\ kN$$

$$G_p = \frac{1}{50}\times20\times10\times16\times(20-10) = 640\ kN$$

抗拔力: $\dfrac{T_{gk}}{2}+G_{gp} = \dfrac{457.2}{2}+640 = 868.6\ kN > N = 600\ kN$,满足要求;

② 基桩呈非整体破坏时:

$$T_{uk} = \sum\lambda_iq_{sik}u_il_i = 3.14\times0.55\times(0.7\times30\times13+0.6\times60\times3) = 658.0\ kN$$

$$G_p = \frac{3.14\times0.55^2}{4}\times16\times(25-10) = 57.0\ kN$$

抗拔力: $\dfrac{T_{uk}}{2}+G_p = \dfrac{658.0}{2}+57.0 = 386\ kN < N = 600\ kN$,不满足要求。

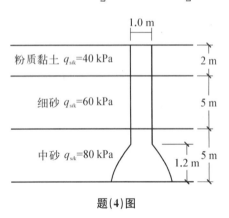

题(4)图

（4）某二级建筑物扩底抗拔灌注桩桩径 $d = 1.0\ m$,桩长 12 m,扩底直径 $D = 1.8\ m$,扩地段高度 $h_c = 1.2\ m$,桩周土性参数如图所示,受扩底影响的破坏柱体长度 $l_i = 5d$。试按《建筑桩基技术规范》计算基桩的抗拔极限承载力标准值。(抗拔系数:粉质黏土 $\lambda = 0.7$;砂土 $\lambda = 0.5$。)

解:根据《建筑桩基技术规范》(JGJ94—2008)第 5.4.6 条:

① 已知扩底桩破坏段长度: $l_i = 5d = 5\times1.0 = 5.0\ m$

② $T_{uk} = \sum\lambda_iq_{sik}u_il_i = 3.14\times1\times(0.7\times2\times40+0.5\times5\times60)+3.14\times1.8\times0.5\times5\times80 = 1\ 777.2\ kN$

（5）某地下车库作用有 141 MN 的浮力,基础上部结构和土重为 108 MN,拟设置直径 600 mm,长 10 m 的抗浮桩,桩身重度为 25 kN/m³,水重度为 10 kN/m³,基础底面以下 10 m 内为粉质黏土,其桩侧极限摩阻力为 36 kPa,车库结构侧面与土的摩擦力忽略不计,按《建筑桩基技术规范》,按群桩呈非整体破坏估算,需要设置抗拔桩的数量至少应为多少根。

解:根据《建筑桩基技术规范》(JGJ94—2008)第 5.4.5、5.4.6 条:

① $l/d = 10/0.6 = 16.7 < 20$,粉质黏土,λ 取小值为 0.70;

② 群桩呈非整体破坏时: $T_{uk} = \sum\lambda_iq_{sik}u_il_i = 3.14\times0.6\times0.7\times10\times36 = 474.8\ kN$

③ 桩身自重: $G_p = \gamma_G \cdot V = (25-10)\times\dfrac{3.14\times0.6^2}{4}\times10 = 42.39\ kN$

④ 基桩抗拔承载力：$\dfrac{T_{uk}}{2} + G_p = \dfrac{474.8}{2} + 42.39 = 279.8 \text{ kN}$

⑤ 桩数：$n = \dfrac{F_{浮} - G}{\dfrac{T_{uk}}{2} + G_p} = \dfrac{(141 - 108) \times 10^3}{279.8} = 118$ 根

（6）某抗拔基桩桩顶拔力为 800 kN，地基土为单一的黏土，桩侧土的抗压极限侧阻力标准值为 50 kPa，抗拔系数 λ 取为 0.8，桩身直径为 0.5 m，桩顶位于地下水位以下，桩身混凝土重度为 25 kN/m^3，按《建筑桩基技术规范》，群桩基础呈非整体破坏的情况下，基桩桩长至少为多少？

解：根据《建筑桩基技术规范》（JGJ94—2008）第 5.4.5 条：

① 基桩抗拔极限承载力特征值：$T_{uk} = \sum \lambda_i q_{sik} u_i l_i = 0.8 \times 50 \times 3.14 \times 0.5l = 62.8l$

② 基桩自重：$G_p = \gamma' A_{ps} l = (25 - 10) \times \dfrac{3.14 \times 0.5^2}{4} \times l = 2.94l$

③ $N_k \leqslant \dfrac{T_{uk}}{2} + G_p$，即 $800 \leqslant 62.8l/2 + 2.94l$，解得：$l \geqslant 23.3 \text{ m}$

（7）某柱下桩基承台，桩长 7.5 m，桩径 400 mm，桩基承台及土层分布如图所示，地下水位埋深 1.00 m，标准冻深 3.00 mm。已知承台底粉土为强冻胀土，查规范表时取高值，承台及混凝土桩身重度 25 kN/m^3。试验算该桩基础呈非整体破坏时，基桩的抗冻拔稳定性。

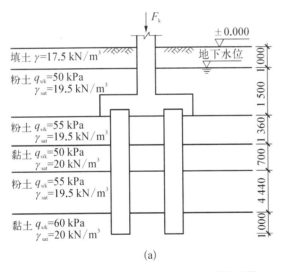
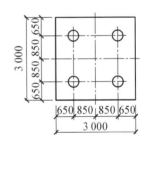

题(7)图

解：根据《建筑桩基技术规范》（JGJ94—2008）第 5.4.7 条：

① $l/d = 7.5/0.4 = 18.75 < 20$，查表 λ 取小值，粉土：$\lambda = 0.70$；黏土：$\lambda = 0.70$；

$T_{uk} = \sum \lambda_i q_{sik} u_i l_i = 3.14 \times 0.4 \times [0.70 \times 55 \times (1 + 1.5 + 1.36 - 3) + 0.70 \times 50 \times$

$\quad 0.7 + 0.70 \times 55 \times 4.44 + 0.70 \times 60 \times 1.0] = 339.81 \text{ kN}$

② $G_p = A_p \cdot l \cdot \gamma = \dfrac{3.14}{4} \times 0.4^2 \times [0.5 \times 25 + 7.0 \times (25 - 10)] = 147.6 \text{ kN}$

③ $N_G = 3 \times 3 \times [0.5 \times 25 + 1.0 \times 17.5 + (1.5 - 0.5) \times 19.5] \times \dfrac{1}{4} + 800 \times \dfrac{1}{4} = 311.38$ kN

④ $\dfrac{T_{uk}}{2} + N_G + G_p = \dfrac{339.81}{2} + 311.38 + 14.76 = 496.05$ kN

⑤ $z_0 = 3.0$ m,查表 $\eta_f = 0.9$,强冻胀粉土,查表取高值 $q_f = 120$ kPa

冻拔力:$T = \eta_f q_f u z_0 = 0.9 \times 120 \times 3.14 \times 0.4 \times 3.0 = 406.94$ kN $< \dfrac{T_{uk}}{2} + N_G + G_p = 496.05$ kN 满足要求。

(8) 某膨胀土上的轻型建筑采用直径 400 mm,长 6 m 的桩基础,该地大气影响急剧层厚 3.5 m,承台埋深 2 m,桩侧土的极限胀切力标准值 55 kPa,作用于单桩上的上拔力为多少?

解:上拔力,$T = u \sum q_{ei} l_{ei} = 3.14 \times 0.4 \times 55 \times (3.5 - 2) = 103.62$ kN

6.6　抗拔桩的数值分析实例

6.6.1　基于 ABAQUS 有限元软件的分析实例

随着城市建设的发展,地铁、地下停车场、地下商场等地下建筑更加普遍,且呈现多样化、复杂化、深入化的发展趋势,使得地下结构物的抗浮稳定性逐渐突显,其中设置抗拔桩是结构抗浮的主要工程措施之一。本节分析了抗拔单桩与群桩的地基破坏模式并揭示抗拔桩的工作机理,应用 ABAQUS 大型有限元软件对抗拔单桩模型以及群桩模型分别进行了数值模拟,从桩身应力、桩周土体、桩侧阻力等多个角度分析抗拔承载力的影响因素以及群桩效应,结合工程实例分析抗拔群桩距径比(λ)对抗拔承载力及地基变形的影响。

1. 抗拔桩单桩承载特征分析

1) 计算模型及参数选取

为了分析抗拔桩单桩极限承载力,采用 ABAQUS 大型有限元计算软件建立抗拔桩单桩有限元模型。其中抗拔桩为混凝土管桩,直径 600 mm,长 17 m,$l/d >$ 20。摩擦系数与土的特性密切相关,其大小随着土强度的增大而增大。计算中将刚度较大的抗拔桩表面作为主动面,土体表面作为被动面,摩擦系数为 0.4。土体采用摩尔-库伦本构模型,影响范围取直径的 10 倍 6 m,深度取 20 m 的圆柱形地基土区域,有限元计算模型如图 6-23 所示。土层参数取自天津滨海国际机场东侧工程勘察数据(见表 6-11)。

图 6-23　单桩有限元模型

(a) 整体模型;(b) 抗拔桩;(c) 桩内钢筋

表 6-11   地基土物理力学参数

编 号	土层名称	土层厚度/m	容重/(kN·m⁻³)	内摩擦角/(°)	黏聚力/kPa
1	黏土	0.74	19	18.4	8.14
2	黏土	1.56	18.5	14.1	5.21
3	淤泥质黏土	4.81	17.1	7.69	2.02
4	粉质黏土	4.28	19	14.9	5.36
5	粉土	0.46	19.6	27	10.0
6	黏土	0.19	17.7	5	18.9
7	粉质黏土	1.56	17.7	15.5	5.48
8	粉质黏土	1.72	20.4	21.7	10.09
9	粉土	1.68	20.2	28.7	15.86

2）单桩有限元计算结果

在抗拔桩顶部施加竖直向上荷载。在数值模拟过程中,首先进行了地应力的平衡过程,经地应力平衡后地基土对抗拔桩侧壁产生了挤压力,从而使得桩土间产生侧摩阻力,从而抵抗上拔力。图 6-24 给出了上拔过程中地基土体的变形情况。由图可知,在上拔荷载施加初期（见图 6-24(a)）桩周地表面变形很小;在加荷中期（见图 6-24(b)）桩周地表变形逐步发展;当加载达到极限荷载时（见图 6-24(c)）,地表面变形增加,桩周土出现向上的位移。但没有形成倒锥形滑动面,滑裂面呈现为圆柱形,与 6.3.2 节所述破坏形态吻合。由单桩侧阻力随桩身位移的发挥过程曲线图（见图 6-25）可知,抗拔桩侧摩阻力的发挥是一个异步过程,上部土层的摩阻力先于下部土层的摩阻力而发挥。桩身下部尽管法向应力较大,但桩土的相对滑动较小,桩侧摩阻力不能得到充分发挥。随着上拔位移的增加,下部土层的摩阻力才逐渐发挥作用。

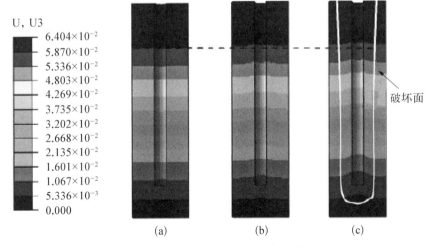

图 6-24   单桩竖向位移荷载下的土体位移

(a) 加载初期;(b) 加载中期;(c) 加载结束

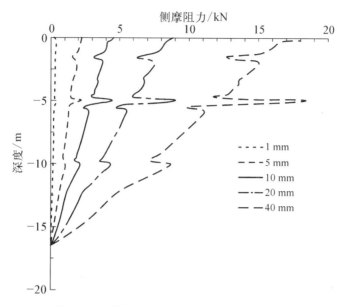

图 6 - 25　单桩不同上拔位移时桩侧摩擦阻力

　　图 6 - 26 给出了随着单桩位移的增加桩身应力变化曲线。由图可见,抗拔力通过桩身逐渐向桩底传递,桩顶轴力最大,桩底轴力接近零。当上拔位移较小时基本呈线性分布,随着上拔位移的增大,二分之一桩身以下轴力增长较快,而以上部分增长较慢。当桩的向上位移为 20 mm 或 40 mm 时,曲线呈外凸型,是由于此时抗拔力基本由侧摩阻力承担,当上拔位移较大时刻,桩身的轴力亦传递较快。图 6 - 27 给出了单桩抗拔承载力与桩的向上位移 $(Q\text{-}s)$ 关系曲线。由图可知,加载前期随着荷载的增大位移基本呈线性增加,直到 $Q=$ 3 897.55 kN 处出现拐点,位移增加速度明显加大,拐点处对应的荷载为抗拔桩的极限承载力。

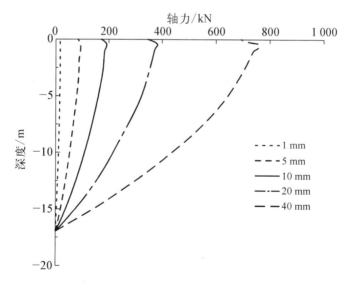

图 6 - 26　单桩不同上拔位移时桩身轴力

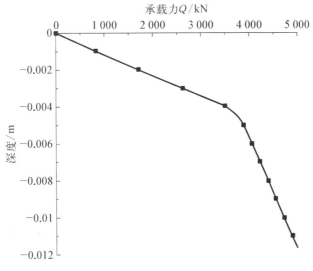

图 6 - 27　单桩 Q - s 曲线

2. 抗拔桩群桩承载特性分析

1) 群桩模型及参数

为了契合工程实际,对抗拔桩群桩承载力进行模拟。为了研究群桩效应的规律性,分别选取单桩直径 d = 600 mm,桩间距 L = $3d$、L = $4d$、L = $5d$、L = $6d$,4 种模型开展分析。以 L = $3d$ 的模型为例(见图 6 - 28),其中 9 根相同的桩分布于 13.2 m(长)×13.2 m(宽)× 20 m(深)的地基土。设计参数如表 6 - 11 所示。

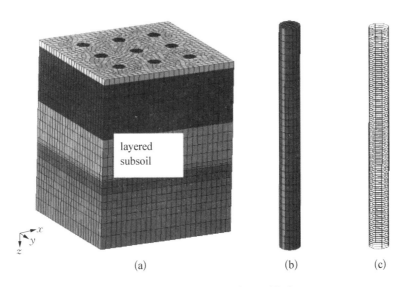

图 6 - 28　桩间距 L = $3d$ 有限元模型

2) 群桩有限元计算结果

图 6 - 29 为不同桩距径比情况下地基中位移变化云图。

由图 6 - 29 可知,与单桩明显不同,群桩受荷时,基桩对桩间土的变形影响显著。当桩

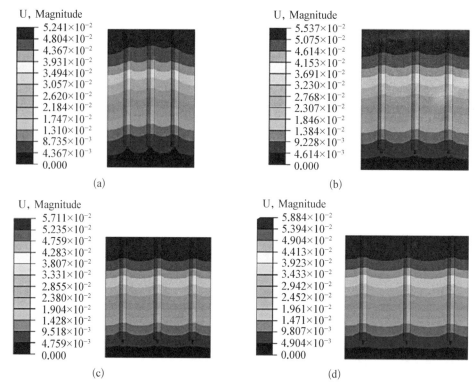

图 6-29　不同距径比群桩模型的土体位移云图(单位: m)

(a) $L=3d$; (b) $L=4d$; (c) $L=5d$; (d) $L=6d$

间距较小如图 6-29(a)所示,桩间土体整体向上移动,由于桩-土摩擦作用,桩间土与桩易形成整体而发生整破坏;随着桩间距的增大,这种整体效应越来越不明显,如图 6-29(d)中,此时桩间土的变形与单桩情况下土体的变形云图比较接近。

图 6-30 为 $L=3d$ 情况下,中心桩轴力分布与数值向上位移 s 的关系曲线。图 6-31 为

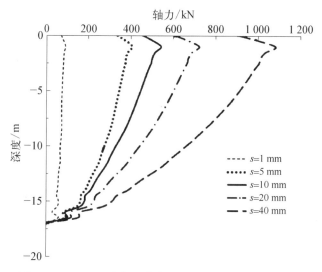

图 6-30　$L=3d$ 时中心桩桩身应力与竖向位移 s 的关系

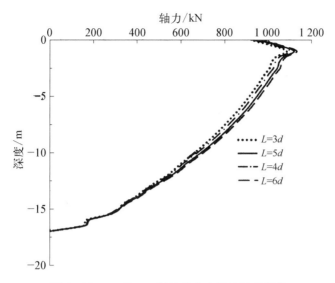

图 6-31　$s=40\text{ mm}$ 时桩身应力随 L/d 的变化

$s=40\text{ mm}$ 时,不同 L/d 情况下桩身应力分布。这两个图分别反映了群桩模型中竖向位移 s 以及 L/d 对桩身应力的影响,由图可知,桩身应力随着竖直向位移 s 和 L/d 的增大而增加。

　　图 6-32 为不同距径比(L/d)情况下的群桩荷载-位移($Q\text{-}s$)曲线。由曲线可知,加载到约 4 000 kN 时曲线出现拐点,开始陡降,抗拔桩开始逐渐出现滑动现象;通过不同模型曲线的比较可知,当 L/d 逐渐增大,相同荷载作用下的位移逐渐减小,有利于结构抗浮,但随着 L/d 的增大,抗拔桩根数将减小,总承载力也会下降,所以应根据实际情况最终确定合理的 L/d。图 6-33 为不同距径比 L/d 情况下的桩身应力分布。

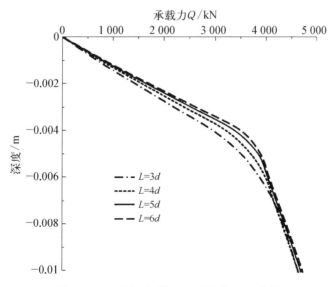

图 6-32　不同 L/d 情况下群桩的 $Q\text{-}s$ 曲线

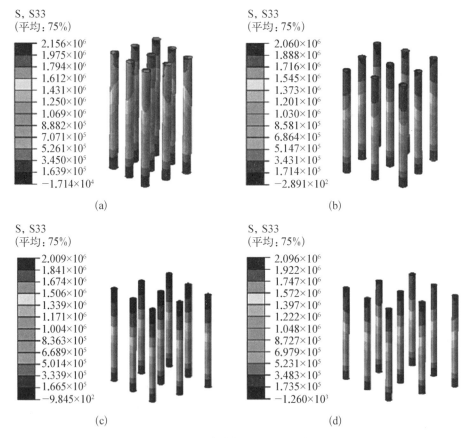

图 6‑33　不同 L/d 的桩身竖向应力分布(单位：Pa)

(a) $L=3d$；(b) $L=4d$；(c) $L=5d$；(d) $L=6d$

由图 6‑33 可见，当 $L=3d$ 时群桩效应显著，表现为基桩的桩身上部等应力面有倾斜角；而当 $L=6d$ 时群桩中基桩的桩身应力分布与前述的单桩非常接近。因此随着桩间距的增大，桩身应力分别逐步接近单桩应力分布形势；而随着桩间距的减小，桩身应力也随之减小，部分应力由桩间土体承担，这也说明了随着桩间距的减小群桩破坏形势有整体破坏的趋势。按竖向位移达 $0.01d$ 时对应的荷载值确定竖向承载力设计值。对于不同桩间距 L 模型，定义桩的距径比 $\lambda = L/d$，图 6‑34 是 λ 与群桩极限承载力(Q)关系曲线。

图 6‑34 中的实线为不考虑群桩效应时的基桩承载力总和。由图可知，当基桩的数量不变时，随着 λ 的增大，群桩承载力增大。但 $\lambda=3$ 至 $\lambda=4$ 阶段的曲线，比 $\lambda=4$ 至 $\lambda=6$ 阶段的曲线更陡峭，说明 λ 的增大有利于承载力的提升，但是达到某一值以后通过增大 λ 来提升承载力效果不明显，而且因为结构尺寸有限，λ 的增大同时制约着抗拔桩的根数。

3）单桩与群桩结论分析

（1）由抗拔桩单桩的分析结果可知，在上拔力作用下，单桩中的应力分布集中于轴心，沿半径向外递减；桩侧摩阻力自上而下逐渐减小，但随着向上位移的增大而增大；荷载沿着桩身传递至底端，逐步被桩侧摩阻力分担，因此单桩轴力沿深度逐渐减小。

（2）不同距径比群桩模型的计算结果表明，当 $\lambda \leqslant 3$ 时群桩效应明显，表现为破坏模式的

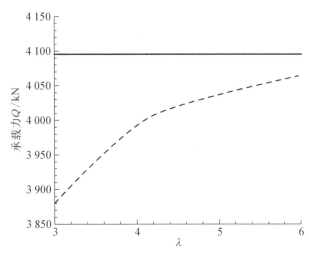

图 6-34 距径比 λ 与 Q 关系曲线

改变,桩与桩间土之间的摩擦力作用导致群桩基础出现整体上拔趋势,同时承载力折减明显;当 $3<\lambda\leqslant6$ 时,破坏模式的改变不明显,桩-土之间出现相对滑动,承载力折减率减小;当 $\lambda>6$ 时,群桩效应几乎消失,桩与桩间土之间出现明显滑动,承载力折减系数接近 1。

6.6.2　FLAC 有限元软件的分析实例

1. 计算模型

计算模拟桩型为灌注桩,采用线弹性模型,混凝土强度等级为 C30,混凝土弹性模量取为($E_p=3\times10^{10}$ Pa)泊松比取为 $v_p=0.2$,混凝土密度 $\rho=2.5\times10^3$ kg/m³,直径 $d=0.7$ m,桩长 $l=30$ m。土体采用摩尔库仑模型,弹性模量 $E=3\times10^7$ Pa,泊松比 $v_s=0.35$,黏聚力 $c=2\times10^4$ Pa,内摩擦角 $\varphi=20°$。对于接触面模型参数,法向刚度 $k_n=1\times10^8$ Pa/m,剪切刚度 $k_s=1\times10^8$ Pa/m,根据陈育民编《FLAC/FLAC3D 基础与工程实例》(中国水利水电出版社 2009 年出版),现场浇筑的灌注桩,桩土界面比较粗糙,接触面上的摩擦特性较好,接触面上的 c、φ 值可以取相邻土层 c、φ 值得 0.8 倍左右,故接触面黏聚力 $c=1.6\times10^4$ Pa,接触面摩擦角 $\varphi=16°$。FLAC 计算时需要输入的参数是体积模量和剪切模量,它们根弹性模量及泊松比存在如下关系,进行计算时,需转换:

$$K=\frac{E}{3(1-2v)} \tag{6-20}$$

$$G=\frac{E}{2(1+v)} \tag{6-21}$$

上述参数值是该次计算的基本值,下文的参数研究中心以这些值为基础,研究某一参数变化时(其他参数为此基本值)对模型变形特性的影响。

单桩桩土相互作用为轴对称模式,本次计算选用平面模型,计算范围水平向取桩长的 0.5 倍,由于不考虑桩端桩底的吸力,桩端以下土体对模型影响微弱,故计算深度取在桩端以下 10 m 土层。在单元网格的划分上,为保证计算的速度与精度,桩-土附近加密网

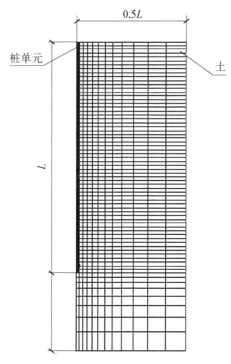

图 6-35　桩-土网格划分

格,在边界附近,单元可适量放大,采用映射法划分网格,如图 6-35 所示。计算的边界条件为:下边界设为限制竖向位移,上边界(地表)为自由面,模型两侧边界取竖向滑移支座,限制水平方向的变形。

2. FLAC 计算及结果

FLAC 分析单桩上拔的过程为:第一步,分析桩在施工前,整个模型的初试应力场和位移场(将桩土参数设为土的参数);第二步,设定桩的参数,分析桩处于土中后的情况;第三步,将上一步所得位移归零,在桩顶施加荷载进行计算。利用前述计算参数及计算过程对单桩上拔进行模拟,即可得出节点的位移、应力、应变值。在给出计算结果前,先说明一下模型达到平衡状态的判断标准。

在 FLAC 中,运用最大不平衡力来描述计算模型是否达到收敛。所用的四边形差分网格,对于其中的每个节点其周围至多有 4 个网格向其施加力的作用,这些力的合力称为不平衡力。系统平衡时,这些力的代数和几乎为零。在运行时步时,程序自动寻找整个网格的最大不平衡力并保存下来。不平衡力对于估计模型的状态很重要,但是它的量级必须与作用在网格内的典型内力进行比较,典型的内部网格点可以通过应力乘以垂直力的区域长度进行计算得出,要使用网格中重要区域的典型值。最大不平衡力与典型内力的比值 R 绝不会降为零,R 的大小取决于计算的精度要求。在计算中需要得出最终应力或位移分布时就要使 $R=0.001$(本次计算 R 值取用 0.001)。当平衡比值 R 下降到 0.001 以下时,默认为命令 solve 可以使运算停止。图 6-36 表示为在桩顶上拔荷载为 1 344 kN 时,运用 History 命令检测模型记录下来的最大不平衡力曲线图,由图可以看出,随着时步的增加,最大不平衡力逐渐下降趋近为零。

然而,力平衡状态表示的所用网格的合力为"零",并非表明体系处于真实的物理平衡状态,因为在力平衡状态下,体系也有可能正在发生稳定的塑性流动。这就需要观察网格节点速度来进一步评估模型所处的状态。网格节点速度可以通过绘出完整的速度场图或在网格中选择一定的关键点并用历史记录追踪它们的速度来估计出。图 6-37 表示为桩顶上拔荷载为 1 344 kN 时,运用 History 命令监测模型记录下来的桩顶网格点的速度历史曲线,由图可以看出,随着时步的增加,该点的速度逐渐趋向于零,这就出现平衡状态。

计算完成后,就可以通过 FLAC 的后处理工具及相关数据处理工具对计算结果进行整理。图 6-38 表示桩顶荷载与桩顶上拔位移量的关系($P-s$ 关系),图 6-39、6-40 表示不同受荷时桩身轴力沿桩长的分布。

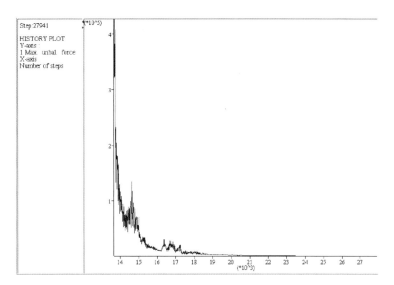

图 6 - 36 最大不平衡力曲线

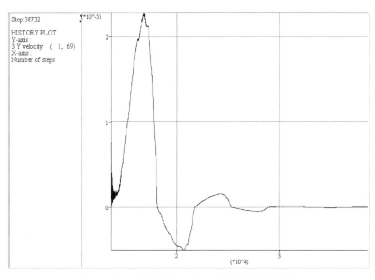

图 6 - 37 桩顶网格点 (1, 69) 速度历时曲线

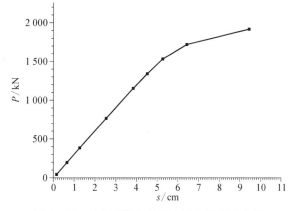

图 6 - 38 桩顶荷载与桩顶上拔位移关系曲线

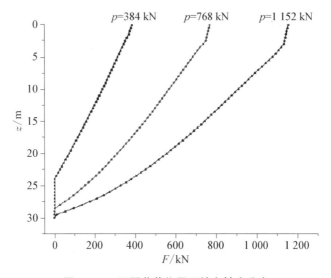

图 6-39　不同荷载作用下桩身轴力分布

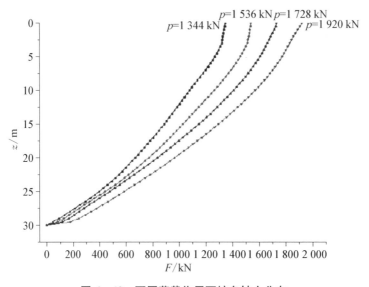

图 6-40　不同荷载作用下桩身轴力分布

　　从图 6-38 看出,桩顶荷载在 1 728 kN 前,P 与 s 基本呈现线弹性增加的趋势,此时土体基本处于弹性阶段;1 728 kN 以后上拔位移增加的速度陡增,土体进入塑形变形状态,土的极限摩阻力逐渐充分发挥,符合抗拔桩摩擦桩荷载传递的特征。图 6-39、图 6-40 反映了不同荷载作用下桩身轴力的分布,可以看出,桩身轴力由桩顶到桩底均逐渐减小。

第 7 章
桩负摩阻力

随着科学技术在建筑行业的快速发展,桩基础在建筑工程中得到了广泛的应用,而负摩阻力在工程实践中特别是在桩基工程中日益受到重视。

7.1 负摩阻力的概念、产生条件及其形成机理

1. 负摩阻力的概念

一般情况下,因受轴向荷载作用,桩相对于桩侧土体做向下位移或向下位移趋势,使土对桩产生向上作用的摩阻力,称正摩阻力。但是,当桩周土体因某种原因发生下沉,其沉降速率大于桩的下沉时,则桩侧土相对于桩做向下位移,土对桩产生向下作用的摩阻力,称为负摩阻力。另外,《建筑桩基技术规范(JGJ94—2008)》(以下简称《桩基规范》)对负摩阻力的定义是桩周土由于自重固结、湿陷、地面荷载作用等原因而产生大于基桩的沉降所引起的对桩表面的向下摩阻力。

2. 负摩阻力的产生条件

由定义知道,当桩周土层产生的沉降超过基桩的沉降时,将产生负摩阻力,大体分为以下 3 种情况:① 当桩穿越较厚松散填土、自重湿陷性黄土、欠固结土、液化土层进入相对较硬土层时,将产生负摩阻力;② 桩周存在软弱土层,邻近桩侧地面承受局部较大的长期荷载,或地面大面积堆载(包括填土)时,产生负摩阻力;③ 由于降低地下水位,使桩周土有效应力增大,并产生显著压缩沉降时,产生负摩阻力。

规范要求:符合下列条件之一的桩基,当桩周土层产生的沉降超过基桩的沉降时,在计算基桩承载力时应计入桩侧负摩阻力。

(1) 桩穿越较厚松散填土、自重湿陷性黄土、欠固结土、液化土层进入相对较硬土层时。

(2) 桩周存在软弱土层,邻近桩侧地面承受局部较大的长期荷载,或地面大面积堆载(包括填土)时。

(3) 由于降低地下水位,使桩周土有效应力增大,并产生显著压缩沉降时。

3. 负摩阻力的形成机理

影响桩侧负摩阻力的因素很多,如桩-土相对位移、基桩的支承条件、土的类别、时间效应、桩周土体沉降发展过程以及桩的施工工艺等。其中,桩-土间的相对位移是引起桩侧阻力的直接原因。现对几种主要因素讨论如下:① 桩-土相对位移。大量研究表明,桩侧阻力的发挥程度取决于桩-土相对位移量的大小,并随桩-土相对位移的增加而增大,直至极限值

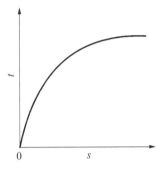

图 7-1 典型的 t-s 曲线

（见图 7-1）。桩侧负摩阻力的产生和发展伴随着桩侧正摩阻力的减小而消失；② 基桩的支承条件。基桩的支承条件对桩侧负摩阻力的分布影响较大。在坚硬持力层上，桩端支承沉降量较小，中性点位置下移，桩侧总的负摩阻力往往很大。而对于摩擦桩，在负摩阻力作用下，桩端沉降量大，中性点位置较浅，作用于桩侧的总负摩阻力相对较小；③ 时间效应。土体的压缩沉降是一个随时间增长的过程。桩侧负摩阻力值也随时间增长而增大，最终收敛于某一定值。

桩侧土体的下沉量取决于桩侧土的压缩特性及其引起其下沉的外界因素，并随深度逐渐减小；而桩在荷载的作用下，桩底的下沉在桩身各截面都是定值；桩身压缩随深度逐渐变小。因此桩侧土体的下沉量有可能在某一深度处与桩身的位移量相等。在此深度以上桩侧土的下沉大于桩的位移，桩身受到向下作用的负摩阻力；在此深度以下桩侧土的下沉小于桩的位移，桩身受到向上作用的正摩阻力。正、负摩阻力变换处的位置即为中性点。

桩的负摩阻力能否产生，主要看桩与桩周土的相对位移发展情况。当桩的沉降大于桩周地基土的沉降时，土层与桩侧表面之间就会产生向上作用的摩阻力，即正摩阻力，可提高桩的承载力；反之，当桩的沉降小于桩周地基土的沉降时，土层与桩侧表面之间就会产生向下作用的摩阻力，即负摩阻力，降低桩的承载力。桩的负摩阻力产生的原因有：

（1）在桩基础附近大面积堆载，引起地面沉降，对桩产生负摩阻力，对于桥头路堤高填土的桥台桩基础，地坪大面积堆放重物的车间、仓库建筑桩基础，均要特别注意负摩阻力问题。

（2）土层中抽取地下水或其他原因，地下水位下降使土层产生自重固结下沉。

（3）桩穿越欠固结土层（如填土、软土）进入硬持力层，土层产生自重固结下沉。

（4）桩数很多的密集群桩打桩时，使桩周土产生很大的超孔隙水压力，打桩停止后桩周土的再固结作用引起下沉。

（5）黄土、冻土中的桩、因黄土湿陷、冻土融化产生地面下沉。

4. 负摩阻力的实质

从能量转换的角度来看，桩周土体在其沉降过程中损失的重力势能，是产生负摩阻力所需能量的来源。单就重力势能来讲，在数值上它是重力和位移的内积，与之相对应，沉降桩周土体损失的重力势能，也可看作是某一深度土体的有效沉降量与该深度以上土体的有效质量之内积。负摩阻力通常发生在桩与相邻土体的接触面上，根据牛顿第三定律，桩对相邻土体的力的作用与负摩阻力大小相等、方向相反，为求简便，将其称之为反负摩阻力（记为 f，应该强调，它具有与负摩阻力对等的地位）。负摩阻力依托于桩周沉降土体损失的重力势能和土体的抗剪强度，而反负摩阻力则依托于桩身残余的正摩阻力和桩端的承载力（这些都是桩基设计时所必须考虑的，不然桩基础及其上部建筑物就有可能遭到破坏）。

综上所述，真正能够对负摩阻力起决定作用的是桩周沉降土体在沉降过程中损失的重力势能和桩周土体的抗剪强度。土体沉降为何发生、怎样发生等有关土体沉降机制的问题不可能构成影响负摩阻力的关键因素。例如由黄土湿陷，液化和震陷等 3 种情形导致的桩的负摩阻力,其间不应也不会存在本质差别。如果负摩阻力的计算方法中考虑了上述负摩阻力的本质成因,则可将该方法应用于黄土地基湿陷、液化和震陷时桩的负摩阻力的估算。

5. 桩基负摩擦力理论研究概述

传统的桩基计算方法有石弹性理论法、荷载传递法和剪切位移法,当进行改进后,可形成桩基负摩擦力计算的弹性理论法、荷载传递法和剪切位移法。最早利用弹性理论法对桩基负,摩擦力进行研究的是 Poulos 和 Davis,首先将桩离散成若干个单元,桩的位移$\{W_p\}$是由桩顶荷载 Q 和桩土界面处的剪力 f(负摩擦力)引起的,计算公式如下:

$$\{\omega_p\} = \frac{1}{E_p R_A}[D]\{f\} + \frac{Q}{A_p E_p}\{h\} \tag{7-1}$$

式中:E_p——桩的模量;

　　　A_p——桩的截面积;

　　　R_A——面积比,$R_A = \dfrac{A_p}{\pi d^4/4}$,即桩的截面积与桩外围周长围成的面积之比,对于实

　　　　　心桩,$R_A = 1$;

　　　$[D]$——$n*n$ 阶桩的位移系数矩阵;

　　　$\{f\}$——桩侧剪应力列向量;

　　　$\{h\}$——i 单元中心与桩端见距离 h_i 的列阵。

土的位移 ω_s 是由土体固结引起的位移 ω_c 和桩土界面处剪力引起的位移 ω_f 两部分组成,计算如下:

$$\omega_s = \omega_c + \omega_f = \omega_c - \left(\frac{d}{E_s}\right)[I-I']\{f\} \tag{7-2}$$

式中:d——桩的直径;

　　　E_s——土的弹性模量;

　　　$[I-I']$——位移影响因素矩阵(包括以下镜像单元的影响,可根据弹性无限空间点荷
　　　　　　载作用的 Mindlin 解积分得到)。

根据界面处桩土的位移相等,即 $\omega_p = \omega_s$,可得

$$\frac{1}{E_p R_A}[D]\{f\} + \frac{Q}{A_p E_p}\{h\} = \omega_c - \left(\frac{d}{E_s}\right)[I-I']\{f\}$$

即　　　　$$\left[\frac{D}{Kd} + I - I'\right]\{f\} = \frac{E_s}{d}\{\omega_c\} - \left(\frac{P_a}{kd}\right)(R_A)[h]$$

式中:K——桩的刚度因子,$K = \left(\dfrac{E_p}{E_s}\right)(R_A)$;

　　　P_a——所施加在桩上的应力,$P_a = \dfrac{Q}{A_p}$。

若已知土体的固结沉降,利用公式可求桩侧负摩擦力值,进而可求桩上的最大下拉荷载值。同时,根据固结沉降 ω_c 随时间的变化规律,也可进一步研究下拉荷载随时间的变化情

况。对于桩土界面产生滑移的情况,可将弹性理论求出的剪应力 f 同桩土之间的等效剪切强度进行对比;若 f 大于 τ,则令 f 等于 τ,此时,仅在弹性单元区考虑位移相容条件,这样,可求得新的解,重复计算直到所有的计算剪应力值小于或等于 τ。在 t 时刻的 τ 值可以用库仑定律估计:

$$\tau_u = c_a' + \sigma_n' \tan \varphi_s' \tag{7-3}$$

式中:c_a'、φ_s'——桩土间的有效内聚力和有效内摩擦角;

　　　σ_n'——t 时刻的有效法向应力值。

如果桩上的下拉荷载值足够大,有可能达到桩本身材料的抗压强度值。此时,桩身中的破坏部分不能承担剪应力,荷载保持为常数(假定桩材料为理想的弹塑性体,桩的其余部分会产生荷载的重新分布)。将压屈段的剪应力为零条件代替位移相容条件,同时,令压屈部分的顶端轴力等于桩的抗压强度,更新求解计算,直到所有点的轴力值不超过桩的抗压强度值。对于群桩时的情况,可通过下拉荷载相互影响因子考虑群桩效应。弹性理论法是一种比较完善的桩基理论计算方法,可用于参数研究,且能用于群桩时的负摩擦力分析。应予以注意的是,该理论假定土为理想的均质弹性体,其适用范围仅限于端承桩。

当然还有荷载传递法,剪切位移法等等,在这里就不作介绍。计算规范:

(1)对于摩擦型基桩可取桩身计算中性点以上侧阻力为零,并可按下式验算基桩承载力:

$$N_k \leqslant R_a \tag{7-4}$$

(2)对于端承型基桩除应满足上式要求外,尚应考虑负摩阻力引起基桩的下拉荷载 Q_g^n,并可按下式验算基桩承载力:

$$N_k + Q_g^n \leqslant R_a \tag{7-5}$$

(3)当土层不均匀或建筑物对不均匀沉降较敏感时,尚应将负摩阻力引起的下拉荷载计入附加荷载验算桩基沉降。

注:式(7-5)中基桩的竖向承载力特征值 R_a 只计中性点以下部分侧阻值及端阻值。

7.2　负摩擦力的分布及中性点

1. 概述

中性点即桩土相对位移为零的点,此点以上为正摩擦力,以下为负摩擦力,所以中性点的位置直接影响桩基的承载力。中性点的深度与桩周土的压缩性和变形条件、桩和持力层的刚度等因素有关,同时在桩、土变形稳定之前,中性点的位置是变动的。目前确定中性点唯一可靠的方法就是现场实测,而由于资金等原因,桩基设计时不可能得到中性点位置。即使在桩基施工的过程中,也只有极少数工程通过实测来进行学术上的研究。目前对于中性点的确定方法大多是经验性的。下拉荷载值即作用在桩身上负摩擦力的总和,通过将负摩擦力沿中性点以上的部分积分而得到。利用下拉荷载值,可对桩身材料进行校核和对地基承载力进行验算。若用计算法来确定中性点和下拉荷载值,可采用试算法,通过迭代来确定中性点的位置,同时用有效应力法来确定下拉荷载值。当桩打入可压缩的土层时,桩台上部结构的荷载由桩侧摩擦力和桩尖阻力承受,此时产生桩对土向下的位移,土对桩侧表面产生向上的摩擦力即为正摩擦力。当桩侧土的固结沉降速率大于桩的下沉速率时,土对桩表面产生向下的摩擦力,此称为负摩擦力,它作为外荷载加在桩身上。桩与土相对位移为零的点叫中性点。故桩的轴向力随着深度的增大而增大,至中性点处桩受的下拉荷载值最大,如图7-2所示。负摩擦可导致桩基沉降过量甚至造成桩台变形过大而遭破坏。通常认为土对桩的沉降速率能产生位移差时就应计算负摩擦力。港口工程桩基规范规定宜考虑负摩擦力的情况为:① 桩穿过新近沉积的土层(包括自然沉积和人工填筑),该土层在自重作用下仍未固结稳定者;② 桩台附近地面有大面积堆载时;③ 存在有其他会引起桩入土范围内的土层产生压缩的因素时,如:在正常固结软土区,水位大面积下降,增大了土的有效应力引起土层沉降者;高灵敏黏土因振动压密引起土层沉降者;群桩施工时隆起土体的后期下沉等。

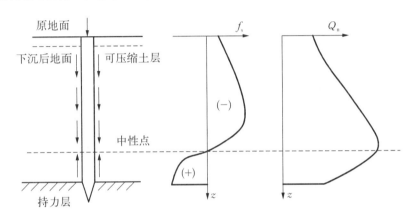

图 7-2 侧摩擦力及轴力沿桩长的分布

2. 中性点的确定

当基桩穿过可压缩性土层桩端设置在较坚硬的持力层时,在桩身的某一深度处桩的沉降与土的沉降的相对位移为零,既没有正摩阻力,又没有负摩阻力,则该处便成为正、负摩阻力的分界点,这个点便被称为中性点。一般来说,中性点的位置在初期多少是有变化的,它随着基桩沉降的增加而向上移动,当沉降趋于稳定时,中性点也将稳定在某一固定的深度处。中性点的深度原则上应按桩侧土的沉降与桩的沉降相等的原则确定,但在实际应用时,由于准确计算桩与土的相对沉降比较困难,因此,一般根据有关经验公式进行计算。

中性点深度 l_n 应按桩周土层沉降与桩沉降相等的条件计算确定,也可参照表7-1确定。

表 7-1 中性点深度 l_n

持力层性质	黏性土、粉土	中密以上砂	砾石、卵石	基 岩
中性点深度比 l_n/l_0	0.5~0.6	0.7~0.8	0.9	1.0

注:① l_n、l_0——分别为自桩顶算起的中性点深度和桩周软弱土层下限深度;
② 桩穿过自重湿陷性黄土层时,l_n 可按表列值增大 10%(持力层为基岩除外);
③ 当桩周土层固结与桩基固结沉降同时完成时,取 $l_n = 0$;
④ 当桩周土层计算沉降量小于 20 mm 时,l_n 应按表列值乘以 0.4~0.8 折减。

影响中性点深度的因素较多,主要有:

(1) 桩底持力层的刚度,持力层越硬,中性点越深。

(2) 桩侧土的变形性质和历史,土的压缩性越高,中性点越深。

(3) 堆载强度和面积越大,地下水降低的幅度和面积越大,中性点越深。

(4) 桩的长径比越小,截面刚度越大,中性点越深。

为了确定负摩擦力的影响长度,计算考虑负摩擦力影响的桩基极限承载力、桩基沉降以及验算桩身材料的强度时,必须知道中性点的位置。中性点是指桩与土之间的相对位移为零处,该处的桩侧摩擦力等于零,也就是桩侧负摩擦力和正摩擦力变换的分界点。

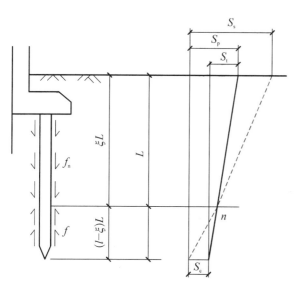

图 7-3   确定中件点位置

根据中性点的定义,可按下列步骤确定中件点位置,如图 7-3 所示。

(1) 采用分层总和法计算桩周天然土体的沉降量 S_s,并作出桩长范围内桩周天然土体的竖直位移(沉降)曲线,如图虚线所示。对于桩周天然土体竖直位移的零点,可近似地取压缩层的下限,它可能在桩尖标高处,或在桩尖标高以上某一高度处,如果在桩尖标高以下,这表明要加长桩的长度。

(2) 根据经验,假定一个中性点以及负摩擦力 F_n 和该段长度以下相应土层的正摩擦力 F_p,确定桩尖土的抗力。

(3) 采用杆件受压公式和分层总和法分别计算桩身的弹性压缩量 S_t 与桩尖的刺入量 S_c,作出桩的竖有位移曲线,如图中的实线所示。如果桩身的弹性压缩量 S_t 很小,可以忽略不计。

(4) 桩周天然土体的竖直位移曲线 S_s 和桩的竖向位移曲线 S_p 的相交点 n,即为第二次中性点的计算值。如果第一、二次中性点的计算值相差较大时,可在两个中性点之间再选择一个中性点,重复步骤(2)、(3),直至假定的中性点值与由计算及作图求得的中性点位置基本吻合或满足实际要求之后,方可认为该点即为实际的中性点的位置。

该方法是基于桩基沉降与地面沉降的稳定历时和沉降速率相等的条件求得的。实际上,中性点的位置随时间的变化而变化,故这个方法只能是近似的方法。但是,它不失为一种实用方法。

3. 负摩阻力的计算

精确计算负摩阻力是复杂而困难的。迄今国内外学者提出的计算方法与公式都是近似和经验型的。多数学者认为桩侧负摩阻力的大小与桩侧土的有效应力有关,不同负摩阻力计算公式中也多反映有效应力因素。根据大量试验与工程实测结果表明,以有效应力法较接近于实际。其计算方法如下:

$$q_{si}^n = k \mathrm{tg}\, \phi' \sigma_i' = \xi \sigma_i' \qquad (7-6)$$

式中：q_{si}^n——桩侧第 i 层土对桩产生的负摩擦力标准值；

　　　k——桩侧土的侧压力系数；

　　　φ'——桩侧土的有效内摩擦角；

　　　σ_i'——桩侧第 i 层土的平均竖向有效应力；

　　　ξ_i——桩侧土的负摩阻力系数。

4. 工程算例

某工程采用 $400\,\text{mm} \times 400\,\text{mm}$ 预钻孔打入式钢筋混凝土预制桩，承台埋深 $4.00\,\text{m}$，地下水埋深 $3.00\,\text{m}$，桩长 $14.00\,\text{m}$，桩的纵横向中心距均为 $2.00\,\text{m}$，桩端持力层为中密的粗砂。桩群内部某一基桩的桩身自承台底至持力层顶面均处于欠固结的饱和软土中，其分层厚度分别为：① 层厚 $2.00\,\text{m}$，浮重度 $9.00\,\text{kN/m}^3$；② 层厚 $3.00\,\text{m}$，浮重度 $8.00\,\text{kN/m}^3$；③ 层厚 $3.00\,\text{m}$，浮重度 $10.00\,\text{kN/m}^3$；④ 层厚 $4.00\,\text{m}$，浮重度 $9.00\,\text{kN/m}^3$。要求计算考虑群桩效应的基桩下拉荷载。

计算内容及步骤如下：

(1) 依据《建筑桩基技术规范》（JGJ942008）表第 5.4.4 条公式（5.4.4-1）和（5.4.4-2）计算中性点以上的单桩桩侧第 i 层土的负摩阻力标准值 q_s^n。

① 按《建筑桩基技术规范》（JGJ942008）表（5.4.4-1），并根据桩侧土的性质确定第 i 层土的负摩阻力系数 ξ_i本例中，因对桩产生负摩阻力的桩侧土均为饱和软土，所以 $\xi_i = 0.20$。

② 确定中性点的深度比 $l_n/10$，计算中性点的深度 l_n/b。本例中，由于桩端持力层为中密的粗砂，因此，中性点的深度比 $l_n/b = 0.7$，中性点的深度 $l_n = 0.7 \times (2.00 + 3.00 + 3.00 + 4.00) = 8.40\,\text{m}$。

③ 计算中性点以上的单桩桩侧第 i 层土的负摩阻力标准值 q_s^n：

$q_{s1}^n = 0.2 \times (9.00 \times 200/2) = 1.80\,\text{kPa}$

$q_{s2}^n = 0.20 \times (9.00 \times 200 + 8.00 \times 3.00/2) = 6.00\,\text{kPa}$

$q_{s3}^n = 0.20 \times (9.00 \times 2.00 + 8.00 \times 3.00 + 10.00 \times 3.00/2) = 11.40\,\text{kPa}$

$q_{s4}^n = 0.20 \times (9.00 \times 2.00 + 8.00 \times 3.00 + 10.00 \times 3.00 + 9.00 \times 4.00/2) = 18.00\,\text{kPa}$

(2) 依据《建筑桩基技术规范》（JGJ942008）表第 5.4.4 条公式（5.4.4-3）和（5.4.4-4）计算考虑群桩效应的基桩下拉荷载 Q_g^n：

(3) ① 计算中性点以上的桩侧土层厚度的加权平均负摩阻力标准值 q_s^n：

$$q_s^n = (1.80 \times 2.00 + 6.00 \times 3.00 + 11.40 \times 3.00 + 18.00 \times 0.40)$$
$$/(2.00 + 3.00 + 3.00 + 0.40) = 7.50\,\text{kPa}$$

② 计算中性点以上的桩侧土层厚度的加权平均重度 γ_m：

$$\nu_m = (9.00 \times 2.00 + 8.00 \times 3.00 + 10.00 \times 3.00 + 9.00 \times 0.40)$$
$$/(2.00 + 3.00 + 3.00 + 0.40) = 9.00\,\text{kN/m}^3$$

③ 计算负摩阻力群桩效应系数 η_n：

$$\eta_n = 2.00 \times 2.00 / [3.14 \times 0.40 \times (7.50/9.00 + 0.40/4)] = 3.31 (取 \ \eta_n = 1.00)$$

④ 计算考虑群桩效应的基桩下拉荷载 Q_g^n:

$$Q_g^n = 1.00 \times (4 \times 0.40) \times (1.80 \times 2.00 + 6.00 \times 3.00 + 11.40 \times 3.00 + 18.00 \times 0.40)$$

5. 负摩阻力计算时应注意的问题

(1) 在桩表面引起负摩阻力的条件是桩侧土的沉降要大于桩的沉降,否则,可不考虑负摩阻力。

(2) 桩的竖向位移与桩侧土的竖向位移相等之处,即为中性点的位置。若地面沉降为一定值,则当桩的底端沉降及桩身弹性压缩减小时,中性点就向下移,负摩阻力增大;反之,中性点就向上移,负摩阻力减小。因此,当按变形控制设计桩基时,应根据建筑物的要求,合理确定桩基的容许沉降值,这对控制负摩阻力的大小、充分发挥桩的承载力有着重要意义。

(3) 软弱地基的下沉速度是影响负摩阻力大小的一个因素,下沉速度快时,负摩阻力也大。

(4) 负摩阻力需要经过一定时间后,才能到达最大值,一般在初期增长较快,随后逐渐趋向稳定。桩所穿过的软弱土层的厚度越大,则达到负摩阻力最大值所需的时间越长,反之,则越短。

6. 高桩码头桩基负摩擦力现场试验研究——上海洋山深水港工程现场试验

1) 前言

当建筑结构物采用桩基础时,通常由桩侧阻力和桩端阻力共同承受上部荷载。当由于某种原因地基土的沉降大于桩本身的沉降时,在部分桩段或全部桩长范围内将产生向下的摩阻力,称为负摩阻力。负摩擦力的存在对桩基础的安全稳定产生不利的影响,主要表现在两个方面:① 端承型桩可能造成桩端地基的屈服破坏或桩身材料的破坏;② 摩擦型桩可能产生过大沉降或不均匀沉降。对于负摩擦力常常通过经验公式、现场实测、理论分析以及数值模拟进行研究、分析和对比,探讨其规律性以指导设计和施工。任何一种研究方法,必须通过和现场实测数据进行对比才能判定其可靠性。因此,现场实测无疑是研究负摩擦力最有效的手段之一。

对于港口高桩码头来说,其接岸结构在成桩后要抛石回填,以减小桩自由段的长度避免产生过大水平变位。即使下部地基土进行加固,抛石段本身以及下部部分桩段也会产生负摩阻力,这可能降低基桩的承载力以及导致桩基础的不均匀沉降。因此,对于码头桩基础负摩擦力的现场实测研究具有非常重要的意义。

2) 现场试验概况

试验是世界最大的深水港——上海洋山深水港工程的一部分。港口高桩码头的接岸结构由近海侧的斜顶桩、中部的挡土板墙桩以及近岸侧的支撑桩组成。为了便于分析对比,在近岸侧接岸结构的后方另设一根自由单桩。若不计桩本身的重量,自由单桩上的轴力全部由负摩擦力产生。抛石的范围在板桩墙后方近岸处,故测试的重点是两根支撑桩及一根自由单桩上负摩擦力的分布情况。全部桩均采用大直径钢管桩,桩端为开口型。各桩的详细情况及成桩方式如表 7-2 所示。

表 7 - 2　各试桩的基本数据

桩型	桩径 Φ/mm	桩长 L/m	壁厚 δ/mm	桩顶标高/m	锤型	锤击数	最后 10 击平均贯入度/mm	桩端标高/m
Z_f	1 200	66	14	+5.5				
Z_1	1 500	67＝35＋32	22.18	+4.8	D160	1 035	16.0	−62.2
Z_2	1 500	67＝35＋32	22.18	+4.8	D160	1 172	13.2	−62.2

注：表中 Z_f 为自由单桩；Z_1，Z_2 为支撑桩，上下两节组成，两种壁厚。

Z_f 及 Z_1，Z_2 上分别设置 24 个测试断面。测试点沿桩长的分布情况如图 7 - 4 所示。在每个测试断面上对称地布置两只 SM—2W 型弦式应变计。当测出断面每侧某一时刻的读数后，通过换算求得该侧的应力，再由两侧的应力求平均值，最后，计算轴力。计算方法如下：

应变计算：

$$\varepsilon = 0.391\,1 \times 10^9 \times \left(\frac{1}{R_i^2 - R_0^2} \right) \times 10^{-6}$$

式中：$0.391\,1 \times 10^9$ 为换算系数；R_i 为 i 断面应变计的读数；R_0 为 i 断面应变计的初始读数。

应力计算：$\sigma = E\varepsilon$　　ε 为计算点的应变值。

平均轴力计算：$N_i = 10A\left(\dfrac{\sigma_a + \sigma_b}{2} \right)$

式中：σ 为断面某侧的应力值；E 为钢材的弹性模量，取 0.21×10^6 MPa，ε 为计算点的应变值。

平均轴力计算：$N_i = 10A\left(\dfrac{\sigma_a + \sigma_b}{2} \right)$

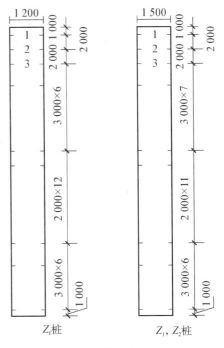

图 7 - 4　钢管桩上应变计布置图

式中：N_i 为 i 断面的轴力值；σ_a，σ_b 为断面 i 的 a 侧与 b 侧的应力值；A 为桩的计算断面 i 的面积。

分阶段进行轴力测试，即按设计规定的每级加载前后和抛填结束时分别进行测试，特殊情况下增加测试次数。在抛填结束后再继续观测，延续时间为两年。取自抛填开始（2004 年 11 月 18 日）至结束时（2005 年 8 月 18 日）。需要说明，由于抛填的工况受多方面因素的影响，而且抛石是在水下，无法详细确定其每次抛填的时间和厚度。只能根据测试数据的突变来推测每次抛石的大致时间。为了配合桩的内力测试，对桩周土体沉降、桩端沉降和桩顶沉降进行测量。遗憾的是仪器失灵，无法得到桩端沉降和桩顶沉降数据，桩周土体的沉降也只有 2005 年 2 月 3 日至 2005 年 4 月 13 日的部分数据。

3）现场测试成果

（1）Z_f 桩轴力及负摩擦力分析　Z_f 桩为自由桩，桩顶无承台荷载作用，如果不计桩本身的重力作用,桩的轴力完全由侧摩阻力引起(见图 7 - 5)。从轴力曲线可见,随着时间的延续,上部的分层抛石不断进行,轴力逐渐增大。最大轴力约在桩下 34 m 左右。自抛石开始至抛石结束,最大轴力点的位置大致保持不变。当抛石完全结束后,最大轴力可达 8 000 kN。负摩擦力主要发生在桩下 0～34 m 范围内,正摩擦力主要发生在桩下 50 m 至桩端的范围内。在 0～20 m 段,由于单侧抛石,且抛石的厚度难以精确控制等多方面的原因,测试点的数值比较乱,但从分析可见,轴力分布曲线有向上向右移动的趋势,说明抛石的确引起负摩擦力。在 20～34 m 段,轴力增长的幅度较大,意味着在这一段负摩擦力随着抛石的进行增长速度较快。究其原因,该段原地层为灰黄色淤泥及灰黄～灰色淤泥段,虽然进行砂桩加固,但在进行分阶段抛石时,每一次抛石相当于增加一次附加应力增量,加上砂桩可作为良好的排水通道,使该段进一步排水固结而产生沉降,从而会使得负摩擦力不断增加。增加的负摩擦力只能由桩下段的正摩擦力和桩端阻力来承受。在 50 m 至桩的底端,正摩擦力抵抗上部几乎全部的负摩擦力,桩端阻力趋近于 0。

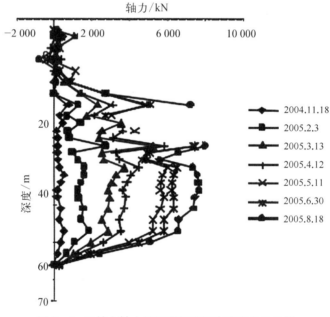

图 7 - 5　Z_f 桩上轴力随深度和抛石高度变化的曲线

(2) Z_1 桩轴力及负摩擦力分析。Z_1 桩在抛石过程中,上部承台同时也在施工,承台荷载不断增长。由图 7 - 6 可见,在 8 m 以上段,轴力随着时间急剧增加,而在大部分测试时间内这一段桩侧没有抛石,只有在抛石的后期抛石才有可能达到该高度。说明这部分不断增长的轴力只能来自承台荷载。10～50 m 范围内,轴力基本不变,说明几乎无负摩擦力产生。50 m 以下,轴力急剧减小,最大桩端阻力约 1 200 kN。从侧面可说明对于超长桩来说,桩的承载力主要由桩的侧摩擦力提供;随着桩长的增大,桩端阻力与总阻力之比在逐渐减小。至 8 月 18 日第一阶段测试结束时,最大轴力约为 9 000 kN。事实上,对于 Z_1 桩也可以把 10～50 m 范围视作一个中性区,中性区内几乎无负摩擦力。分析原因,Z_1 桩的位置距抛石远,故每次抛石引起的附加应力增量较小,抛石层的沉降可认为瞬间完成,泥面以下桩周土的沉降量 S_g 较自由桩 Z_f 小;又因承台同时也在施工,基桩本身的压缩 S_t 和桩的刺入变形 S_p 也在不断增加。

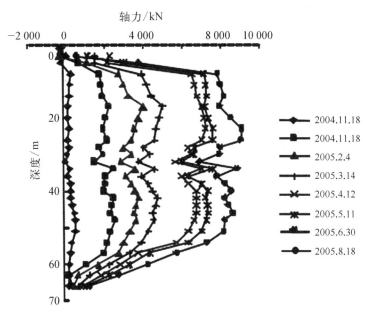

图 7 - 6 Z_1 桩上轴力随深度和抛石高度变化

桩土同步沉降范围内几乎无负摩擦力产生。在桩的下段,桩的刺入变形 S_p 不变,桩本身的压缩 S_t 很小,地基土的压缩变形 S_g 较小,桩身上受正摩擦力作用(见图 7 - 7)。该桩轴力的另一特点是在 25～40 m 的范围内测试轴力沿深度的变化具有波动现象,初步分析认为,该层段地层已进行砂井加固,地基土层情况较为复杂所致。承台荷载使得 Z_1 桩端阻力较 Z_f 桩也有所增加。

(3) Z_2 桩轴力及负摩擦力分析。Z_2 桩的轴力分布如图 7 - 8 所示。Z_2 桩顶的轴力随时间的延续,轴力增长相对稳定,与同期 Z_1 桩测试轴力相比要小。在 20 m 以上任一测试时刻的轴力基本无变化,说明基本无负摩擦力作用。在 20～34 m 之间

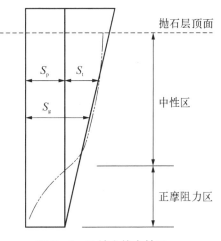

图 7 - 7 Z_1 桩上的中性区

负摩擦力不断增长,因而轴力不断增大。在 30～51 m 之间,出现轴力减小的内凹段,51 m 以下由于正摩擦力的作用轴力急剧减小。测试过程中最大桩端阻力仅几百千牛。至 8 月 18 日第一测试阶段结束时,沿桩身上有两个轴力的极值点,一是在桩下 34 m 处,约为 11 100 kN,另一极值在桩下 51 m 处,其值约为 11 600 kN。Z_1 与 Z_2 为平行于岸的两根相似的桩,轴力图呈现出明显的不同,经分析可能由以下几个方面的原因造成:① 对于同期观测数据,Z_1 较 Z_2 承台施工进度快,由最后贯入锤击数判断两桩桩端土的软硬度也不相同,这是造成两平行桩上上段轴力和下部桩端阻力差异的主要原因;② 由于抛石的范围和每次抛石的厚度难以控制,与同期 Z_1 桩相比,Z_2 桩周抛石厚度小,距最大抛石厚度远,这会使得桩周上部附加应力小于下部的附加应力。承台荷载与附加应力两种因素共同作用,使得 Z_2 负摩擦力主要出现在砂桩加固段的

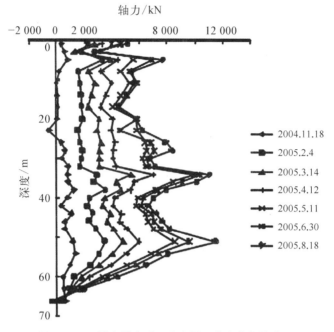

图 7-8 Z_2 桩上轴力随深度和抛石高度变化的曲线

范围内。轴力上出现的内凹段与坚实地层的分布有关。在该深度处有一约 1.5 m 厚的粉细砂层,标准贯入锤击数约为上下地层的两倍。说明软弱层中较为坚实的土层的存在对桩上的侧摩阻力有着重要的影响。实测数据中也出现砂层中实测轴力减小现象,这是因为在钻孔灌注桩施工的过程中,砂层发生坍孔,使实际桩径大于设计桩径,造成计算轴力偏小。砂层坍孔是一种推测还是一种实际观察到的现象,对该类问题的研究尚需积累更多数据。

有效应力法计算自由桩上的总负摩擦力负摩擦力的计算方法有土工参数法、有效应力法、理论公式和有限元法。从测试桩轴力数据与计算数据的对比表明,有效应力法是最为简单最接近于实际的方法。本节仅对工况相对简单的自由桩进行计算。

桩顶以下 6.3 m 处作为抛石层的顶面;灰~灰黄色粉细砂层是较为坚实的地层,结合地区的经验,取粉细砂层顶面作为中性点的位置,即桩顶以下约 44.8 m 处,负摩擦力的作用高度 $h = 44.8 - 6.3 = 38.5$ m。

采用层状土计算总负摩擦力的公式:$F_n = \sum_{i=1}^{n} F_{ni}$。式中,$F_{ni} = \pi D h_i \alpha \sigma'_{vi}$,$\alpha$ 为经验系数,取 0.30。这样,计算中性点以上各层的负摩擦力结果见表 7-3。

表 7-3 中性点以上各层的负摩擦力

h_i/m	$\bar{\sigma}_{vi}$/kPa	$F_{ni} = \pi D h_i \alpha \bar{\sigma}_{vi}$ /kN	F_n/kN
15.0	75.0	1 271.2	
16.9	226.1	4 319.4	8 589.8
6.6	402.0	2 999.2	

注:$D = 1.2$ m,抛石层取 $\gamma' = 10$ kN/m³,其他层取 $\gamma' = 9.0$ kN/m³,中性点的深度系数 $\beta = 0.63$,总负摩擦力 $F_n = \sum_{i=1}^{n} F_{ni} = 8\,589.8$ kN。

实测轴力的中性点不十分明显,约在桩下 25～50 m 间。抛石结束时的最大实测轴力约为 8 000 kN;该自由桩无桩顶荷载,随着固结程度的增长,该值将缓慢上升。有效应力法计算的下拉荷载值,也即负摩擦力的最大总和为 8 589.8 kN,计算结果与实测值(约 8 000 kN)较为接近。随着时间的推移,负摩擦力继续发展,预计两者将更为接近。

(4) 规律探讨。3 根桩的轴力分布形状各不相同,表明各桩上负摩擦力的分布情况不同。通过仔细对比分析,可得以下一些规律:

① 高桩码头的负摩擦力主要是由抛石引起,在抛石段和抛石段以下相当深的一段土层内都会产生负摩擦力。每根桩上负摩擦力的分布范围与数值大小受到抛石的范围及上部承台施工等因素控制。它与陆地填土所引起的桩上负摩擦力相比,水下抛石所造成的负摩擦力的分布更为复杂。

② 抛石过程中,自由桩 Z_f 中性点的位置相对稳定,在桩下 34 m 左右;对于支撑桩(也是工作桩)Z_1 与 Z_2,由于受承台施工、水下单面抛石、地层突变等因素影响,出现"中性区"或"非单一中性点"的现象。3 根桩不同深度的桩段上,都存"0 侧摩阻力区"。

③ 自由桩上的总负摩擦力最大,可达 8 000 kN;Z_1 桩上的总负摩擦力 1 000 kN 左右,约为自由桩的 1/8;Z_2 桩上的总负摩擦力 5 000～6 000 kN,约为自由桩的 5/8～6/8。负摩擦力悬殊在很大程度上是由于负摩擦力发展过程中承台荷载的不同造成的,水下单面抛石施工的不规律性和土层的差异性也有一定的影响。

④ 对于超长超大直径钢管桩,即使支承在较好的持力层上,桩端所提供的承载力也只是很少的一部分,桩呈现出摩擦桩的性质。该工程桩为开口钢管桩,近桩端处内外侧阻力共同起作用,正摩擦力呈现出桩端增强的效应。

⑤ 采用有效应力法计算自由桩上的负摩擦力,与实测结果较为接近。承台荷载对桩上负摩擦力的影响十分明显,有效应力法计算工作桩上的负摩擦力时,可采用合适的折减系数。

7.3　负摩阻力及下拉荷载的确定

通常人们将作用于中性点以上的负摩擦力的总和称为下拉荷载。对于桩基负摩擦力的计算,已有有效应力法、总应力法、土工参数法及理论方法,这些方法计算的是最终的负摩擦力,当对其沿桩周面积进行积分,可得最终的下拉荷载。对于下拉荷载与时间的关系,研究甚少。然而,桩基上的下拉荷载对于桩基沉降验算及桩基结构材料强度验算具有重要的意义,因此有必要研究下拉荷载与时间的关系,以便判断下拉荷载何时达到最大值,桩基何时处于最不利状态。早在 20 世纪 80 年代初期,Poulos 结合弹性理论法与太沙基一维固结理论,利用计算机程序分析下拉荷载随时间的变化。在 90 年代,周国林根据传递函数法及太沙基一维固结理论,建立单桩负摩擦力随时间发展的计算模型,但该模型只能采用数值解法。已有的两种方法在理论上相对完善,但在具体计算时参数选取困难,而且,计算过程较为复杂。本文从现场实测结果出发,研究下拉荷载与时间的关系,提出实用的方法,获得了有效的结果。

桩侧负摩阻力及其引起的下拉荷载,当无实测资料时可按下列规定计算:

中性点以上单桩桩周第 i 层土负摩阻力标准值为:

$$q_{si}^{n} = \xi_{ni}\sigma_{i}' \tag{7-7}$$

当填土、自重湿陷性黄土湿陷、欠固结土层产生固结和地下水降低时:

$$\sigma_{i}' = {}_{\gamma i}'$$

当地面分布大面积荷载时:

$$\sigma_{i}' = p + \sigma_{\gamma i}'$$

$$\sigma_{\gamma i}' = \sum_{m=1}^{i-1} \gamma_{m}\Delta z_{m} + \frac{1}{2}\gamma_{i}\Delta z_{i} \tag{7-8}$$

式中：q_{si}^{n}——第 i 层土桩侧负摩阻力标准值；当式(7-9)计算值大于正摩阻力标准值时,取正摩阻力标准值进行设计；

ξ_{ni}——桩周第 i 层土负摩阻力系数,可按表7-4取值；

$\sigma_{\gamma i}'$——由土自重引起的桩周第 i 层土平均竖向有效应力；桩群外围桩自地面算起,桩群内部桩自承台底算起；

σ_{i}'——桩周第 i 层土平均竖向有效应力；

γ_{i}、γ_{m}——分别为第 i 计算土层和其上第 m 土层的重度,地下水位以下取浮重度；

Δz_{i}、Δz_{m}——第 i 层土、第 m 层土的厚度；

p——地面均布荷载。

表 7-4　负摩阻力系数 ξ_{n}

土　　类	ξ_{n}
饱和软土	0.15～0.25
黏性土、粉土	0.25～0.40
砂土	0.35～0.50
自重湿陷性黄土	0.20～0.35

注：① 在同一类土中,对于挤土桩,取表中较大值,对于非挤土桩,取表中较小值;② 填土按其组成取表中同类土的较大值。

7.4　负摩擦力随时间的发展过程

由桩-土界面摩擦试验得到的剪力传递函数可知,界面剪力可表示为 $\tau = \dfrac{s\sigma_{n}}{c+ds}$,即在剪切的过程中,界面剪应力在试验开始时主要受相对位移 s 的控制,随着相对位移的增大而增大;当相对位移增大到一定程度时,在一定的正应力 σ_{n} 下,剪应力的值也基本达到一定值。当足够的相对位移使界面剪应力达到极限状态时,正应力越大,极限剪应力也越大。将试验结论联系到桩-土界面处的负摩擦力的发展情况,负摩擦力的发展过程可描述为:桩被打入土中之后,在某种负摩擦力诱因的作用下,土体产生相对于桩的向下位移,随之负摩擦力产生并不断增大,这一过程相对较短,桩基工程的经验表明,1～5 mm 的相对位移可以调动桩侧全部的负摩擦力值。随后,在绝大部分负摩擦力区,桩土相对位移的大小将基本不再对负摩擦力的大小起作用,只有中性点附近桩-土相对位移的大小可能还在发挥作用。此时,桩-土界面的负摩擦力可表示为 $f_n = S = K_0 \sigma'_v \tan\varphi' + c'$ 该值将随着桩周土体的固结继续增大。随着固结的进行,桩中土体中的有效应力增加,土体的强度增长,从而抗剪指标也相应地提高,因此,负摩擦力将继续增大,增长的速率逐渐变小,直到桩周土体的固结基本完成。下拉荷载为负摩擦力在负摩擦力区沿桩长的面积积分,将随着时间的变化而变化。

单桩的负摩擦阻力存在明显的时间效应,主要表现在以下几个方面:

(1) 负摩擦阻力的产生和发展取决于桩周土固结完成所需时间,固结土层愈厚,渗透性愈低,负摩擦阻力达到其峰值所需时间愈长。

(2) 负摩擦阻力的产生和发展与桩身沉降完成的时间有关。当桩的沉降先于固结土层固结完成的时间,则负摩擦阻力达峰值后就稳定不变,如端承桩;当桩的沉降迟于桩周土沉降的完成,则负摩擦阻力达峰值后又会有所降低,如有的摩擦桩桩端土层蠕变性较强者,就会呈现这种特征,不过较为少见。

(3) 中性点位置也存在着时间效应。一般来说,中性点的位置大多是逐步降低的,即中性点的深度是逐步增加的。无论桩的轴向压力还是下拉荷载都是随着桩周土固结过程不断增加的,例如实测资料说明,自重湿陷性黄土的湿陷过程中以砂卵石为持力层的桩负摩擦阻力值及中性点的深度都逐步增长。即使是摩擦桩,上述特征仍然明显。

根据现场实测情况,对实例中下拉荷载与时间的关系进行研究,可以发现,中性点在测试刚开始时可能位置较高,但很快达到某一位置后基本保持稳定。下拉荷载 F_n 与时间 t 呈双曲线关系,如图 7-10(a)所示。现假定中性点的位置不变,将下拉荷载 F_n 与时间 t 的关系表示为双曲线形式:

$$F_n(t) = \frac{t}{A + Bt} \tag{7-9}$$

式中:A、B——待定参数;

    t——时间。

若以 t/F_n 为纵坐标,以 t 为横坐标,将实测数据点绘入 t/F_n-t 坐标系中,数据点近似线性分布。根据这些点作一条回归线,则 A 为直线的截距,B 为直线的斜率,如图 7-9(b)所示。将 A、B 回代入式(7-11),可得到具体的下拉荷载与时间的关系式。必须指出,利用实测资料推算建筑桩基下拉荷载与时间的关系的关键问题是:必须有足够长时间的观测资料,才能得到比较可靠的 $F_n(t)$-t 关系式。利用该关系式可以解决下列问题:① 根据负摩擦力的前期实测情况,可预测未来下拉荷载与时间的关系。在利用前期实测数据推算 $F_n(t)$-t 关系式时,时间必须足够长,第二阶段曲线趋于水平或增幅递减率减小到某一定值时,才能得到较为可靠的 A、B 参数;② 利用关系式推算最终下拉荷载:$F_n(\infty) = 1/B$;③ 若利用有效应力法、总应力法或理论方法已得到最大下拉荷载,那么,利用该式可预估达到最大下拉荷载所需要的时间。

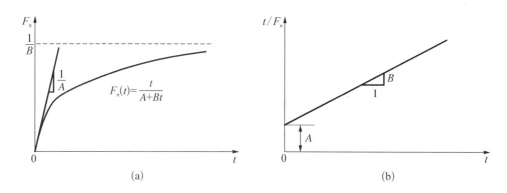

图 7 - 9　下拉荷载与时间的关系

案例分析 1

根据以上提出的方法,选取实例进行研究,在 3 个不同国家不同负摩擦力诱因下,得到下拉荷载与时间的关系式。各实例的详细情况见有关文献,各实例的研究总结见表 7 - 5。由于各国的实际工程情况千差万别,且所采用的单位不同,故 $F_n(t) - t$ 关系式中的参数肯定不同。

本节旨在说明提出方法的普遍适用性。若在一个地区相似工程情况进行针对性研究,可获得参数的规律性。利用表 7 - 5 所示的关系式求到的计算曲线与实测曲线进行对比如图 7 - 10 所示。

表 7 - 5　下拉荷载与时间的关系汇总表

负摩擦力诱因	时间/下拉荷载		备　注
下层抽水引起黏土层固结沉降	月/kN	$F_n(t) = \dfrac{t}{0.000\ 9 + 0.000\ 3t}$	
高填筑引起孔隙水压力自上而下消散	年/kN	$F_n(t) = \dfrac{t}{0.000\ 4 + 0.000\ 7t}$	T_1普通桩 T_2沥青涂层桩
打桩引起的超孔隙水压力消散及填土超载引起的负摩擦力	天/kN	$F_n(t) = \dfrac{t}{0.147\ 3 + 0.002\ 8t}$	

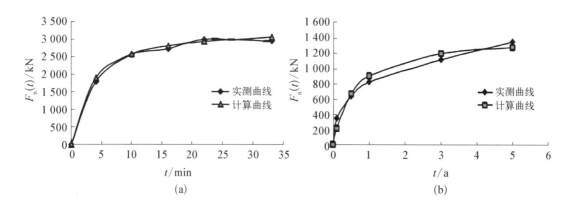

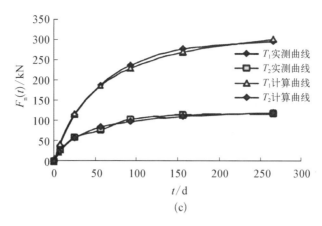

(c)

图 7‑10　$F_n(t)$‑t 关系计算曲线与实测曲线的对比

（a）日本实例（Endo M 等,1969 年）；（b）加拿大实例（Bozozuk M,1972 年）；（c）泰国实例（Pham van P 等,1990 年）

由图可见,计算曲线与实测曲线能很好地吻合,说明提出方法的可行性。

案例分析 2

图 7‑11 表示了桩顶竖向荷载 $Q=1\,000\,\mathrm{kN}$ 时,桩身轴力、摩阻力随着地基土固结的变化。从图 7‑11(a)可以看出,对任一时刻,桩身轴力随着深度增加逐渐增大,达到一定深度后,桩身轴力随深度增加则逐渐减小,这一深度即为桩身中性点位置。当地基土固结到第 60 d 时,中性点约在 2.0 m 深度处,当地基土固结完成时,中性点约在 10 m 深度处,即随着地基土固结进行,桩身中性点位置逐渐向下移动,最终趋于稳定值。由图 7‑11(b)也可以看到桩身中性点位置随时间逐渐下移的过程。

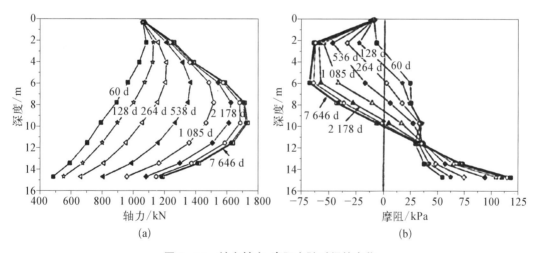

（a）　　　　　　　　　　　　　　　　　（b）

图 7‑11　桩身轴力、摩阻力随时间的变化

（a）桩身轴力的变化；（b）桩身摩阻力的变化

图 7‑12 表示了在不同大小的桩顶竖向荷载下、地基土固结完成时桩身轴力沿深度的分布。当桩顶竖向荷载 $Q=500$、$1\,000$、$1\,500\,\mathrm{kN}$ 时,对应的中性点深度分别约为10.5、10.0、8.0 m,而桩承受的下拽力分别约为800、700、600 kN。即桩顶荷载越大,桩身中性点

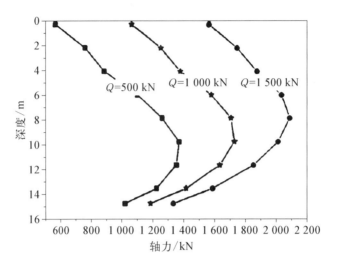

图 7‑12　桩顶荷载大小对中性点位置的影响

位置越浅,桩承受的下拽力越小。当桩顶竖向荷载较大时,桩沉降也较大,桩土相对位移较小,桩侧负摩阻力不但较小,而且负摩阻力分布的区段也较短,因而桩中性点深度较浅,桩承受的下拽力较小。

图 7‑13 表示了地基土达到不同固结度条件下再打桩时的无量纲桩身最大下拽力及无量纲桩顶最终沉降量(无量纲量指地基达到一定固结度时再打桩与地基未经固结就打桩两种情况下,地基固结完成时相应物理量的比值)。可以看出,等地基土固结一段时间后再打桩确实能减小桩身承受的下拽力和桩顶最终沉降量,当地基达到的固结度较小时,减小的程度有限,而当地基土的固结度大于 60% 时再打桩减小的程度才比较大。

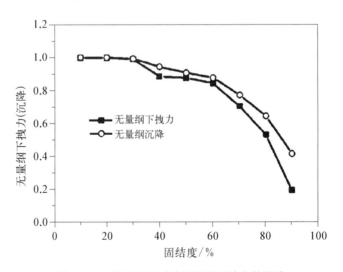

图 7‑13　打桩时间对桩沉降及下拽力的影响

可以得出,随着地基土固结,桩身负摩阻力和中性点位置处于一个变化过程中,桩顶作用的荷载大小不同,桩身负摩阻力的大小和中性点位置不同。桩顶作用的荷载越大,中性点位置深度越浅,桩承受的下拽力越小。

7.5　群桩的负摩擦阻力

1. 群桩负摩擦阻力的影响因素

影响群桩负摩擦阻力的因素很多,主要包括承台底土层的欠固结程度、欠固结土层的厚度、地下水位、群桩承台的高低以及群桩中桩的间距等。

1) 承台底土层的欠固结程度和厚度

底土层的欠固结程度越高,土层本身的沉降量就越大,群桩负摩擦力就越显著。欠固结土层的厚度越大,土层本身的沉降量就越大,群桩负摩擦阻力就越大。

2) 地下水位下降和地面堆载

承台底的地下水位因附近抽水等原因下降越多,一般土层本身的沉降量也越大,群桩的负摩擦阻力也越明显。堆面堆载越大,群桩负摩擦阻力越大。

3) 群桩承台的高低

当桩基承台与地面不接触时,高桩的负摩擦阻力单纯是由各桩与土的相对沉降关系决定的。当桩基础承台与地面接触甚至承台底深入地面以下时,低桩的负摩擦阻力的发挥受承台底面与土间的压力所制约。刚性承台强迫所有基桩同步下沉,一旦作用有负摩擦阻力时,群桩中每根基桩上的负摩擦阻力发挥程度就不相同。

4) 群桩中桩间距

群桩中桩的间距十分关键。如果桩间距较大,群桩中各桩的表面所分担的影响面积(即负载面积)也较大,由此各桩侧表面单位面积所分担的土体重量大于单桩的负摩擦阻力极限值,不发生群桩效应。如果桩间距较小,则各桩侧表面单位面积所分担的土体重量可能小于单桩的负摩擦阻力极限值,则会导致群桩的负摩擦阻力降低。桩数越多,桩间距愈小,群桩效应愈明显。

2. 影响群桩负摩擦阻力的其他因素

影响群桩负摩擦阻力的其他因素还有很多,例如砂土液化、冻土融化、软黏土触变软化等条件,对群桩内外的各个基桩都会起作用,只是作用大小有些差别。若产生的条件是属于群桩外围堆载引起的负摩擦阻力,则除了周边的桩外侧真正产生经典意义上的负摩擦阻力以外,群桩中间部位的基桩会因周边桩的遮拦作用而难以发挥负摩擦阻力。群桩的桩数愈多,桩间距愈小,这种遮拦作用就愈明显。最终导致群桩的负摩擦阻力总和大幅度降低,群桩效应更为明显。

3. 群桩负摩擦阻力的计算

在工程实际中,很少遇到使用单桩做基础的情况,如何确定群桩的下拉荷载,就成为工程实践中需要解决的问题,但是基于以上的诸多因素的影响,所以到目前群桩的效应问题,还只是经过一定的简化处理而得出一些实用的解答。常用的有下列 3 种方法。

1) 太沙基与佩克的方法

设一端承桩基的剖面如图 7 - 14 所示,作用于群桩中一根桩桩尖处的轴向荷载 Q 为

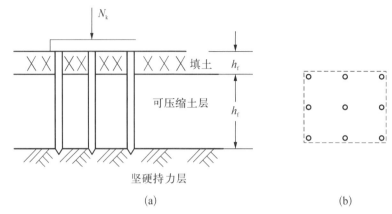

图 7 - 14 端承桩基的剖面图

$$Q = N_k + F'_n + Q_n \tag{7-10}$$

式中：N_k——作用于一根桩的结构荷载；

F'_n——作用于一根桩的填土重力；

Q_n——可压缩土层给予一根桩的最大下拉荷载。

$$Q_n = \frac{A}{n} \gamma h_f \tag{7-11}$$

式中：A——桩群的截面积，见图 7 - 15(b)阴影面积；

n——群桩中的桩数；

γ——填土的容重；

h_f——填土的厚度。

图 7 - 14 是打至不可压缩的坚硬持力层的桩群,其中性点可假设位于持力层顶面,故不考虑各桩下端受到正摩擦力作用。这一方法把群桩当作是一个整体基础,且假设桩群中每根桩所受下拉荷载是相同的(为桩群所受的总下拉荷载除以桩数),这不符合事实。但此法简单,已被许多国家所采用,如日本港建筑物设计标准就采用此法。

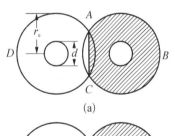

(a)

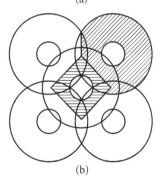

(b)

图 7 - 15 单位长度上作用于桩
的下拉荷载换算图

2) 远藤方法

日本土质工学会远藤提出下列考虑群桩效应的方法,其法是假定群桩中各桩单位面积上受到相同的负表面摩擦力 f_n 作用,而且在桩身上 f_n 沿深度是均匀分布的,于是单位长度上作用于桩的下拉荷载按下式(7 - 14)换算成图 7 - 15(a)绘有阴影线的圆筒所代表的土重力,即

$$\pi \gamma \left[r_e^2 - \left(\frac{d}{2} \right)^2 \right] = \pi d f_n \tag{7-12}$$

式中：γ——地面至中性点深度内土的平均有效容重；

r_e——等效半径；

d——桩径。

解之,得等效半径 r_e 为

$$r_e = \sqrt{\frac{df_n}{\gamma} + \frac{d^2}{4}} \qquad (7-13)$$

群桩折减系数 η 来对群桩效应作定量的说明,则 η 值可按下法(为简明计,以由两根桩组成的群桩加以说明)

以 r_e 为半径,以群桩中各中心为圆心,绘出 $7-15$(a)两大圆叠交的面积由相邻两桩分担,其中一根桩单位长度所承担的下拉荷载为面积 ABC 乘以土的有效容重,群桩的折减系数 η 为:

$$\eta = \frac{\text{外包线 } ABCD \text{ 所包围的面积}}{n\pi r_e^2} \qquad (7-14)$$

这个方法可用来确定群桩中每根桩所承担的下拉荷载。从上述可知,群桩效应问题只出现在各桩中心距小于 r_e 的情况。从图 $7-15$(b)可以看出不同位置的桩(如中心桩与边桩)所承担的下拉荷载是不一样的。日本经验指出,在工程中可能遇到两根桩的群桩时,η 值为 $0.55 \sim 0.7$;五根桩呈梅花式排列的群桩中,中心桩的 $\eta = 0.3$,而各边桩的 $\eta = 0.4 \sim 0.6$。

式($7-16$)的推导过程中,并未对桩台、桩型及埋桩方法等因素的影响加以考虑,而假设群桩中各桩都受到相同的负表面摩擦力作用,这是值得研究的。

3)理论方法中的负摩擦阻力群桩效应

在理论方法中,群桩中单桩总负摩擦力的计算公式为

$$F_n = \int_0^z US\mathrm{d}z = \frac{1}{n'}\left[p_0 + \gamma'z - \frac{\gamma^*}{m}(1-e^{-mz}) - p_0 e^{-mz} \right] = \frac{1}{n'}(p_{0z} - p_{vz}) \qquad (7-15)$$

式中,n' 为单位面积内的桩数,实际上已经考虑桩的布置对单桩上总负摩擦力的影响。桩排列越紧密,n' 越大,负摩擦力值越小;桩排列越稀疏,n' 超小,负摩擦力值越大。这与群桩效应的概念是一致的。若利用该公式考察群桩效应系数,先要定义在何种桩距和何种布置时,群桩中每一根桩的作用相当于单桩的作用。室内试验结果表明,当桩距为($2 \sim 3$)D(D 为桩直径)时,群桩效应最强;当桩距大于 $3D$ 时,随桩距的增加群桩效应减弱;当桩距为($5 \sim 6$)D 时,群桩效应可以忽略。在具体工程中,结合工程经验,可取桩距为($2.0 \sim 4.5$)D,利用公式进行群桩效应分析,即假定群桩中桩距为 $4.5D$ 时,公式计算的单桩上的总负摩擦力不受其他桩干扰,相当于桩单独起作用;当桩间距为 $2.0D$ 时,群桩效应最强。此时,工程师可综合考虑确定。

4)其他方法

对于群桩的负摩擦阻力的计算,《建筑桩基技术规范》规定:群桩中任一基桩的下拉荷载标准值可按下式计算:

$$Q_g^n = \eta_n \cdot u \sum_{i=1}^{n} q_{si}^n l_i \qquad (7-16)$$

式中：n——中性点以上土层数；

l_i——中性点以上各土层的厚度；

η_n——负摩擦阻力群桩效应系数，按下式确定：

$$\eta_n = S_{ax} \cdot S_{ay} / \left[\pi d \left(\frac{q_s^n}{\gamma_m} + \frac{d}{4} \right) \right] \qquad (7-17)$$

式中：S_{ax}、S_{ay}——分别为纵向横向桩的中心距；

q_s^n——中性点以上桩的平均负摩擦阻力标准值；

γ_m'——中性点以上桩周平均有效重度。

注：对于单桩基础或按上式计算群桩基础的 $\eta_n > 1$ 时，取 $\eta_n = 1$。

从上述群桩效应系数的表达式可见，规范中也是以桩的负摩擦力影响范围不超过基桩布桩的面积作为控制标准的。当布桩紧密或负摩擦力影响范围较大时，计算出的负摩擦力群桩效应系数才会小于1，这样，对每根桩的总负摩擦力进行折减。其他学者对群桩负摩擦力也进行一些研究，汇总如表7-6所示。

表 7-6　群桩的负摩擦阻力的研究对比

桩的位置	Briaud *et al.* (1991 年)	Broms(1976 年)	Combarieu(1974 年)
角桩	$\frac{3}{4} \times F_n(\infty)$	$S \times L \times S_u + q\left(S \times \frac{L}{4} + \frac{L^2}{16}\right)$	$\frac{7}{12} \times F_n(s) + \frac{5}{12} \times F_n(\infty)$
边桩	$\frac{1}{2} \times F_n(\infty)$	$S \times L \times S_u + q \times S \times \frac{L}{4}$	$\frac{5}{6} \times F_n(s) + \frac{1}{6} \times F_n(\infty)$
内桩	$q \times S^2$	$q \times S^2$	$F_n(s)$

注：S 为桩距；L 为中性点深度；q 为土层中竖向有效应力的增量，S_u 为土体的不排水剪强度；$Fn(\infty)$ 为单桩上的总负摩擦力，$F_n(s)$ 为桩距为 S 时的桩上的总负摩擦力（需要独立分析）。

在前述的诸多方法中，对每根桩的总负摩擦力进行统一的折减，没有考虑群桩中每根桩上的负摩擦力差异，计算的是群桩的总负摩擦力值。表7-6反映群桩中不同位置桩上的总负摩擦力的差异。一般来说，中心桩的负摩擦力最小，边桩次之，角桩最大。在具体的不同位置桩 L，总负摩擦力的计算方法又各有不同。

最后，对群桩效应总结如下：对于群桩，其下拉荷载（总负摩擦力）要小于每根桩单独作用时桩身上的下拉荷载。群桩效应的强弱，也即负摩擦力的折减程度主要取决于桩的布置，尤其是桩距的影响。在一般的桩距范围内（$2.0D \sim 4.5D$）各种方法计算出的群桩效应系数为 $0.60 \sim 1.0$。

对于群桩内部每一根桩，受群桩效应的影响程度也是不同的，中心桩受群桩效应影响最强，边桩次之，角桩最弱，表现为中心桩的下拉荷载最小，边桩下拉荷载居中，角桩的下拉荷载最大。

桩基负摩擦力对桩基础设计的影响，主要表现在承载力的选取、沉降计算和桩基本身材料强度的校核，因此，群桩负摩擦力的研究要考察负摩擦力外，还要考察群桩中性点同单桩相比有无变化,这直接影响桩基沉降计算压缩层顶面的选取;再者就是群桩中最大总负摩擦力的桩是否能满足材料强度的要求。

群桩由于受到桩帽的约束,其中性点的位置可以按单桩中性点位置考虑,最大负摩擦力桩可取角桩进行材料强度的验算。

7.6 消减负摩擦力的措施

1. 桩侧负摩擦力较大

当桩侧负摩擦力较大,设计存在困难时,可结合工程实际条件,选用以下措施:

(1)在群桩基础外围设置保护桩。这种保护桩也称隔离桩,适用于主要由外部填土或堆载所引起的负摩擦力情况,见图 7-16。

这种隔离式的保护桩只能隔离新填土自重所产生的周边桩上的负摩擦力,使外围的下层软黏土固结下沉所引起的下拉荷载全部由周边保护桩来负担。但应注意新填土或堆载还会引起保护桩桩身上产生巨大侧压力,设计中应考虑加强这种保护桩的抗弯能力和刚度。保护桩的桩顶应紧贴群桩承台的边缘或建筑物基础底板外轮廓边缘。武汉某工厂仓库地基内淤泥很深厚,原采用碎石地基加固措施,但由于施工质量问题造成厂房桩列偏斜、屋架变形、行车轨道移位等事故,虽然采取了多项纠正和加固措施,但未来库内还将堆放 4 000 t 钢板,这些堆载必然会通过桩负摩擦力等形式继续对厂房排架立柱基础产生不利影响。后采取了小直径钻孔灌柱桩作为保护桩,解决了下拉荷载的难题。

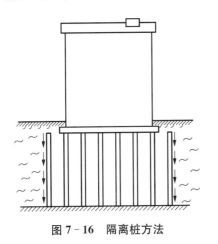

图 7-16 隔离桩方法

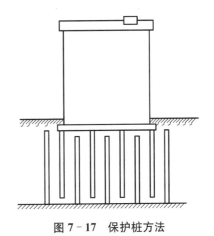

图 7-17 保护桩方法

(2)在群桩基础内部设置保护桩。这是布罗姆斯(Broms)提出来的一种措施,其构思见图 7-17,除了外围设存隔离式的保护桩外,在建筑物基底轮廓内部也设有相当数量的保护桩。埋设桩时,这种保护桩的桩顶暂时先不与基础底板接触,而其端部则深入持力层。另一方面,工程桩的打入深度也要控制暂时先不进入持力层过深,留有余地。这样,将来由于各种因素引起下拉荷载时,依靠工程桩与保护桩之间的相对位移所产生的剪切阻力来平衡下拉荷载,既能保护工程桩不会因下拉荷载过大而折断或桩端土破坏,又能靠保护桩尽量减少建筑物(包括桩基)产生不利的沉降和不均匀沉降。

(3) 改换合适的建筑场地,或对可压缩地基在打桩前采取加固措施,以消除下拉荷载。

(4) 用套管保护桩法。即在中性点以上桩段的外面罩上一段尺寸较桩身大的套管,使这段桩身不致受到土的负摩擦力作用。该法能显著减低下拉荷载,但会增加施工工作量,多用钢材。

(5) 桩身表面涂层法。即在中性点以上的桩侧表面涂上涂料,一般用特种的沥青。当土与桩发生相对位移出现负摩擦力时,涂层便会产生剪应变而降低作用于桩表面的负摩擦力,这是目前被认为减低负摩擦力最有效的方法。

(6) 允许桩基增加少许沉降量而重新选择持力层。

2. 桩基负摩擦力引起的港口工程问题

高桩码头是软土地基最广为应用的码头结构型式,比其他型式的码头具有投资省、建设速度快、构件受力明确、被浪反射小、泊稳条件好和能适应软土地基变形的技术要求等优点。然而,高桩码头一般均建在水陆接壤的滩涂或岸坡边,即惯称的连片(满堂、引桥)式结构。为了满足停靠船舶的吃水深度要求,码头前沿通常需要挖深,为了与陆域相衔接,码头后方却往往又必须填高,如此的前挖和后方大量的回填并堆载,使码头岸坡高差加大,破坏土体原有的平衡状态,容易导致岸坡变形,使结构产生或多或少的横向水平位移,威胁码头的安全。同时,由于后方大面积回填,接岸结构桩基在抛石层和回填土层的共同作用下,容易对柱基产生负摩擦力,由此引起码头的不均匀沉降使得部分桩顶产生破坏。

港口桩基负摩擦力问题已经成为影响港口码头安全使用和使用寿命的一个重要因素。自 20 世纪 80 年代以来,该问题已经引起工程技术人员的注意。近年来,一些部门又进行室内试验及现场实测,对该问题做进一步研究。

3. 港口桩基负摩擦力的特点

港口桩基负摩擦力产生的条件是,接岸结构处大厚度水下抛石和码头后方大面积吹填作用。对于港口桩基的负摩擦力研究,至今为止测试数据极为有限。下面首先阐述湛江港一区南二期工程的试验研究,结合详山深水港桩基负摩擦力实测结果,分析港口桩基负摩擦力的特点。

为配合湛江港一区南二期工程,河海大学王云球、谢耀峰等进行"小结构"模型试验。试验原型为排架结构高桩码头,如图 7-18 所示。试验时,开始测试桩的桩底安设有支撑板。测试分为 4 个阶段:① 在岸坡加抛石超载,抛石层的厚度约为 11 cm;② 后场加载,超载 $q_1 = 4.8$ kPa;③ 继续后场加载,$q_2 = 5.6$ kPa;④ 撤除后场所有的超载,抽掉 1# 桩的支承板,3# 桩未能抽掉支撑板,重新浸水固结一段时间,仪器调零后加载 $q = 10$ kPa。测试每个阶段桩上负摩擦力的发展情况,获得 1# 桩及 3# 桩不同阶段下拉荷载的分布图,如图 7-19 所示。

由该模型试验结果可见:

(1) 抛石及码头后方吹填均会引起桩上负摩擦力,抛石或吹填时的超载越大,桩基负摩擦力越大。

(2) 超载引起的负摩擦力在泥面线以下 $L/5$ 范围内最大,再往下负摩擦力很小或接近于零。

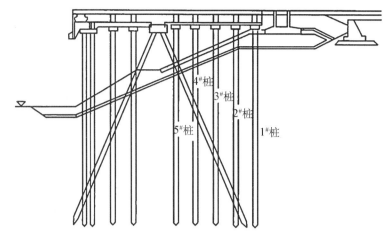

图 7‐18　湛江港一区南二期工程高桩码头的剖面

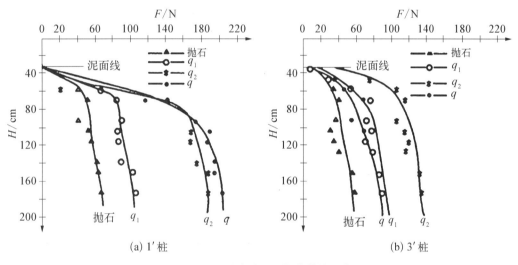

图 7‐19　测试桩上下拉荷载的分布

（3）桩基负摩擦力的大小受到距超载距离的控制，如相同条件下 1[#] 桩上的负摩擦力大于 3[#] 桩上的负摩擦力。

（4）排架中各桩受到平台的约束作用而相互影响，由于近岸 1[#] 桩的负摩擦力发展快、数值大，由此产生不均匀沉降而导致 1[#] 桩顶受拉，3[#] 桩顶受压，因此，在第 4 个测试阶段 3[#] 桩上的负摩擦力产生松弛现象。这与负摩擦力数值模拟得出的结论相一致。

上海洋山深水港桩基负摩擦力现场实测研究，是国内首次对港口桩基负摩擦力进行的现场实测，其接岸结构为斜顶板桩承台结构设计。对三根桩上的负摩擦力进行测试，从测试结果可见，对 Z_f 桩和 Z_2 桩，在 20 m 以上的抛石段也有负摩擦力产生，但由于单面抛石，且施厂时抛石的面积及厚度难以精确控制，放这一段实测曲线变化比较复杂。在 20～34 m 段是主要负摩擦力区，约占泥面线以下桩长的 1/3.5。

综合室内试验与现场实测研究，港口桩基负摩擦力具有以下特点：

（1）由于码头桩基接岸结构处抛填的厚度大，一方面，抛填层是下部土层的超载而引起下部土层的固结沉降,从而对桩基产生负摩擦力;另一方面,抛填层本身对桩基也会产生负摩擦力。

(2)抛填荷载和码头后方的吹填荷载共同作用于桩基泥面线以下的相对软弱土层,使得该段成为主要的负摩擦力区,如在洋山港接岸结构中,泥面线以下淤泥层进行砂桩加固,该段依然是主要的负摩擦力区。该区段在泥面线以下占泥面线以下桩长的 $1/5\sim1/3.5$,同时,还需根据超载、桩长及土质条件变化进行相应的修正。

(3)港口桩基负摩擦力影响因素更为复杂,水平位移和竖向沉降两种作用共同作用于桩基;由于结构物本身及地基条件的不对称性,不均匀沉降不可避免,只有采取措施才能使不均匀沉降尽可能减小,或增加结构物对不均匀沉降的承受能力。

(4)港口桩基上负摩擦力的计算,可采用有效应力法进行计算。计算时需要注意两点:一是中性点的位置较高,在泥面以下 $(1/5\sim1/3.5)L$ 处;二是需要叠加上抛填层的负摩擦力值,抛填层的负摩擦力用有效应力法计算时,其系数值与抛填层的性质有关。

4. 港口桩基负摩擦力的削减措施

由于港口桩基负摩擦力的复杂性,可采取多种措施相互配合,减少桩基负摩擦力以及由此造成的危害。

当软土地基较厚或填土厚度较大时,宜先期填土、置换软土或进行软基处理。天津新港和上海等地区工程实践证明,这些措施有明显效果,但费用较贵,应通过技术比较确定。

1)地基加固措施

当软土地基较厚或填土厚度较大时,宜先期填土、置换软土或进行软基处理。天津新港和上海等地区工程实践证明,这些措施有明显效果,但费用较贵,应通过技术比较确定。

2)结构措施

码头桩基既承受竖向力作用又承受水平力的作用,接岸结构中的桩基作为被动桩承受较大的水平力作用。近岸斜桩在侧向土压力及负摩擦力作用下最容易产生破坏,因此,当地质条件差时,斜桩宜陡不易缓;当软土层较厚且码头后方填土高度较大时,宜将斜桩改为直桩。若负摩擦力较大,桩又受较大的水平推力作用,此时需加强桩本身的强度。例如,采用高强钢筋混凝土预应力管桩或在钢管桩中灌注混凝土。在各桩顶之间尽可能铺设柔性路面。直接削减桩身上的负摩擦力,可以来用外套管、NF 专利桩或涂层的方法。在具体实施时应确保外套管准确就位、涂层不致剥落。

3)施工措施

码头桩基水平位移及负摩擦力的产生有很大一部分产生在施工阶段,采用合理的施工措施尤其重要。从地基加固、抛填、吹填的工序安排及时间间隔,到地基加固的速度、每一层抛填或吹填的厚度及时间间隔均需合理安排。

另外,码头桩基桩尽可能打入硬土层或同一持力层,也是减少码头沉降和不均匀沉降的重要措施

7.7 本章例题

(1)已知钢筋混凝土预制方桩边长为 300 mm,桩长 22 m,桩顶入土深度为 2 m,桩端入

土深度为 24 m，场地地层条件见下表，当地下水由 0.5 m 下降至 5 m，试按《建筑桩基技术规范》计算单桩基础基桩由于负摩阻力引起的下拉荷载。(注：中性点深度比 l_n/l_0；黏性土为 0.5，中密砂土 0.7。负摩阻力系数 ξ_n；饱和软土为 0.2，黏性土为 0.3，砂土为 0.4。)

层序	土层名称	层底深度/m	厚度/m	含水量 ω_0	天然重度 γ_0 /(kN/m³)	孔隙比 e_0	塑性指数 I_p	黏聚力、内摩擦角(固快) c /kPa	ϕ	压缩模量 E_s /MPa	桩极限侧阻力标准值 q_{sik} /kPa
①	填土	1.20	1.20		18						
②	粉质黏土	2.00	0.80	31.7%	18.0	0.92	18.3	23.0	17°		
④	淤泥质黏土	12.00	10.00	46.6%	17.0	1.34	20.3	13.0	8.5°		28
⑤-1	软黏土	22.70	10.70	38%	18.0	1.08	19.7	18.0	14.0°	4.50	55
⑤-2	粉砂	28.80	6.10	30%	19.0	0.78		5.0	29.0°	15.00	100

解：根据《建筑桩基技术规范》(JGJ94—2008)第 5.4.4 条：

① l_0 计算至⑤-2 粉砂层顶

$$l_0 = 22.7 - 2 = 20.7 \text{ m}, \quad l_n = 0.7 l_0 = 0.7 \times 20.7 = 14.5 \text{ m}$$

② $\sigma'_i = p + \sum_{e=1}^{i-1} \gamma_e \cdot \Delta z_e + \frac{1}{2} \gamma_i \Delta z_i$

$-2 \sim -5$ m 段：$\sigma'_1 = 1.2 \times 18 + 0.8 \times 18 + \frac{1}{2} \times 3 \times 17 = 61.5 \text{ kPa}$

$q_{s1}^n = \xi_{n1} \sigma'_1 = 0.2 \times 61.5 = 12.3 \text{ kPa} < q_{sik} = 28 \text{ kPa}$，取 $q_{s1}^n = 12.3 \text{ kPa}$

$-5 \sim -12$ m 段：$\sigma'_2 = 2 \times 18 + 3 \times 17 + \frac{1}{2} \times 7 \times 7 = 111.5 \text{ kPa}$

$q_{s2}^n = \xi_{n2} \sigma'_2 = 0.2 \times 111.5 = 22.3 \text{ kPa} < q_{sik} = 28 \text{ kPa}$，取 $q_{s1}^n = 22.3 \text{ kPa}$

$-12 \sim -16.5$ m 段：$\sigma'_3 = 2 \times 18 + 3 \times 17 + 7 \times 7 + \frac{1}{2} \times 4.5 \times 8 = 154 \text{ kPa}$

$q_{s3}^n = \xi_{n3} \sigma'_3 = 0.3 \times 154 = 46.2 \text{ kPa} < q_{sik} = 55 \text{ kPa}$，取 $q_{s3}^n = 46.2 \text{ kPa}$

③ $Q_g^n = \eta_n \cdot u \sum_{i=1}^{n} q_{si}^n l_i = 1 \times 4 \times 0.3 \times (12.3 \times 3 + 22.3 \times 7 + 46.2 \times 4.5) = 481.08 \text{ kN}$

(2) 一钻孔灌注桩，桩径 $d = 0.8$ m，长 $l_0 = 10$ m，穿过软土层，桩端持力层为砾石。如图所示，地下水位在

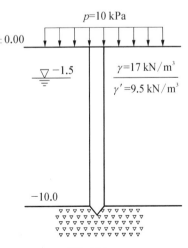

题(2)图

地面下 1.5 m,地下水位以上软黏土的天然重度 $\gamma = 17.1$ kN/m³,地下水位以下的浮重度 $\gamma' = 9.4$ kN/m³。现在桩顶四周地面大面积填土,填土荷重 $p = 10$ kN/m²,试按《建筑桩基技术规范》计算因填土对该单桩造成的负摩擦下拉还在标准值。(计算中负摩阻力系数 ξ_n 取 0.2)

解:根据《建筑桩基技术规范》(JGJ94—2008)第 5.4.4 条:

① 桩端为砾石:$\dfrac{l_n}{l_0} = 0.9$,$l_n = 0.9 l_0 = 0.9 \times 10 = 9.0$ m

② 0~1.5 m 段:$\sigma'_1 = p + \sum\limits_{e=1}^{i-1} \gamma_e \cdot \Delta z_e + \dfrac{1}{2} \gamma_i \Delta z_i = 10 + \dfrac{1}{2} \times 17.7 \times 1.5 = 22.83$ kPa

$$q^n_{s1} = \xi_{n1} \sigma'_1 = 0.2 \times 22.83 = 4.75 \text{ kPa}$$

1.5~9.0 m 段:$\sigma'_2 = 10 + 17.1 \times 1.5 + \dfrac{1}{2} \times 7.5 \times 9.5 = 71.28$ kPa

$$q^n_{s2} = 0.2 \times 71.28 = 14.26 \text{ kPa}$$

③ $Q^n_g = \eta_n \cdot u \sum\limits_{i=1}^{n} q^n_{si} l_i = 1 \times 3.14 \times 0.8 \times (4.57 \times 1.5 + 14.26 \times 7.5) = 285.9$ kN

(3) 某正方形承台下布端承型灌注桩 9 根,桩身直径为 700 mm,纵、横桩间距均为 2.5 m,地下水位埋深为 0 m,端桩持力层为卵石,桩周土 0~5 m 为均匀的新填土,以下为正常固结土层,假定填土重度为 18.5 kN/m³,桩侧极限负摩阻力标准值为 30 kPa,试按《建筑桩基技术规范》考虑群桩效应时,计算基桩下拉荷载。

解:根据《建筑桩基技术规范》(JGJ94—2008)第 5.4.4 条:

① 端桩持力层为卵石,查表知 $\dfrac{l_n}{l_0} = 0.9$,$l_n = 0.9 \times 5 = 4.5$ m

② $\eta_n = \dfrac{S_{ax} \cdot S_{ay}}{\left[\pi d \left(\dfrac{q^n_s}{\gamma_m} + \dfrac{d}{4} \right) \right]} = \dfrac{2.5 \times 2.5}{3.14 \times 0.7 \times \left(\dfrac{30}{8.5} + \dfrac{0.7}{4} \right)} = 0.768$

③ $Q_g = \eta_n \cdot u \sum\limits_{i=1}^{n} q^n_{si} l_i = 0.768 \times 3.14 \times 0.7 \times 30 \times 4.5 = 227.9$ kN

(4) 在一自重湿陷性黄土场地上,采用人工挖孔端承型桩基础。考虑黄土浸水后产生自重湿陷,对桩身会产生负摩阻力,已知桩顶位于地下 3.0 m,计算中性点位于桩顶下 3.0 m,黄土的天然重度为 15.5 kN/m³,含水量 12.5%,孔隙比 1.06,在没有实测资料时,试按《建筑桩基技术规范》估算黄土对桩的负摩阻力标准值。

解:根据《建筑桩基技术规范》(JGJ94—2008)第 5.4.4 条:

① $G_s = \dfrac{\gamma(1+e)}{\gamma_w (1 + 0.01w)} = \dfrac{15.5 \times (1 + 1.06)}{10 \times (1 + 0.125)} = 2.84$

饱和黄土的饱和度 S_r 取 85%:

$$\gamma_{sat} = \dfrac{(G_s + 0.01 e S_r) \gamma_w}{1 + e} = \dfrac{(2.84 + 0.85 \times 1.06) \times 10}{1 + 1.06} = 18.16 \text{ kN/m}^3$$

② $\sigma'_i = p + \sum\limits_{e=1}^{i-1} \gamma_e \cdot \Delta z_e + \dfrac{1}{2} \gamma_i \Delta z_i = 18.16 \times 3 + 18.16 \times \dfrac{1}{2} \times 3 = 81.72$ kPa

$$q_{si}^n = 0.2 \times 81.72 = 16.34 \text{ kPa}$$

（5）某一柱一桩（二级桩基、摩擦型桩）为钻孔灌注桩。桩径 $d = 850$ mm，桩长 $l = 22$ m，如图所示，由于大面积堆载引起负摩阻力，试按《建筑桩基技术规范》计算下拉荷载标准值。（已知中性点为 $l_n/l_0 = 0.8$，淤泥质土负摩阻系数 $\zeta_n = 0.2$，负摩阻力群桩效应系数 $\eta_n = 1.0$）

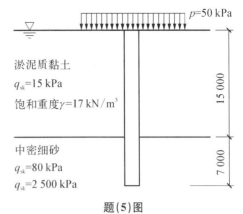

题（5）图

解：根据《建筑桩基技术规范》（JGJ94—2008）第 5.4.4 条：

① $l_n = 0.8 l_0 = 0.8 \times 15 = 12$ m

② $\sigma_i' = p + \sum\limits_{e=1}^{i-1} \gamma_e \Delta z_e + \frac{1}{2} \gamma_i \Delta z_i = 50 + \frac{1}{2} \times (17-10) \times 15 = 102.5$ kPa

$q_{si}^n = 102.5 \times 0.2 = 20.5$ kPa > 15 kPa，取 $q_{si}^n = 15$ kPa

③ $Q_g^n = \eta_n \cdot u \sum\limits_{i=1}^{n} q_{si}^n l_i = 1 \times 3.14 \times 0.85 \times 15 \times 12 = 480.4$ kN

（6）由桩径 $d = 0.8$ m 的灌注桩组成群桩，群桩纵向、横向桩距均为 $3d$，桩周 $0 \sim 5$ m 为新填土，以下为正常固结土，水位平地面，持力层为卵石，新填土层负摩阻力标准值的计算值 $q_s = 20$ kPa，极限侧阻力标准值 $q_{sk} = 15$ kPa；持力层极限侧阻力标准值 $q_{sk} = 140$ kPa，极限端阻力标准值 $q_{pk} = 3500$ kPa，填土重度 20 kN/m³，计算考虑群桩效应基桩下拉荷载为多少？

解：根据《建筑桩基技术规范》（JGJ94—2008）第 5.4.4 条：

① 负摩阻力标准值 $q_s = 20$ kPa $>$ 正摩阻力标准值 $q_{sk} = 15$ kPa，取正摩阻力标准值 15 kPa；

② 负摩阻力群桩效应系数：$\eta_n = \dfrac{S_{ar} \cdot S_{ay}}{\left[\pi d \left(\dfrac{q_s^n}{\gamma_m} + \dfrac{d}{4}\right)\right]} = \dfrac{(3 \times 0.8)^2}{3.14 \times 0.8 \times \left(\dfrac{15}{20-10} + \dfrac{0.8}{4}\right)} =$

$1.35 > 1$，取 1；

③ 桩端持力层为卵石，中性点深度比：$l_n/l_0 = 0.9$，取 $l_n = 0.9 \times 5 = 4.5$ m；

④ 基桩下拉荷载：$Q_g^n = \eta_n \cdot u \sum\limits_{i=1}^{n} q_{si}^n l_i = 1.0 \times 3.14 \times 0.8 \times (15 \times 4.5) = 169.6$ kN

（7）某端承型单桩基础，桩入土深度 12 m，桩径 $d = 0.8$ m，桩顶荷载 $Q_0 = 500$ kN，由于地表进行大面积堆载而产生了负摩阻力，负摩阻力平均值为 $q_s^n = 20$ kPa，中性点位于桩顶下 6 m，求桩身最大轴力。

解：根据《建筑桩基技术规范》（JGJ94—2008）第 5.4.4 条：

① $Q_g^n = \eta_n \cdot u \sum\limits_{i=1}^{n} q_{si}^n l_i = 1.0 \times 3.14 \times 0.8 \times 20 \times 6 = 301.4$ kN

② 轴力最大点位于中性点处：$Q = Q_0 + Q_g^n = 500 + 301.4 = 801.4$ kN

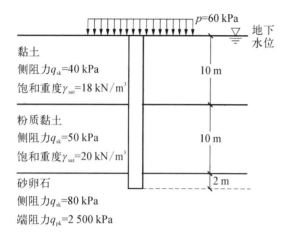

题(8)图

(8) 某端承灌注桩桩径 1.0 m,桩长 22 m,桩周土性参数如图所示,地面大面积堆载 $p = 6$ kPa,桩周沉降变形土层下限深度 20 m,试按《建筑桩基技术规范》计算下拉荷载标准值。(已知中性点深度 $l_n/l_0 = 0.8$,黏土负摩阻力系数 $\zeta_n = 0.3$,粉质黏土负摩阻力系数 $\zeta_n = 0.4$,负摩阻力群桩效应系数 $\eta_n = 1.0$。)

解:根据《建筑桩基技术规范》(JGJ94—2008)第 5.4.4 条:

① $l_n = 0.8 l_0 = 0.8 \times 20 = 16$ m

② 0 m~−10 m 段:

$$\sigma'_1 = p + \sum_{e=1}^{i-1} \gamma_e \Delta z_e + \frac{1}{2} \times \gamma_i \Delta z_i = 60 + \frac{1}{2} \times (18 - 10) \times 10 = 100 \text{ kPa}$$

$$q_{s1}^n = \zeta_{n1} \sigma'_1 = 0.3 \times 100 = 30 \text{ kPa} < q_{sk} = 40 \text{ kPa}, \text{ 取 } q_{s1}^n = 30 \text{ kPa}$$

−10 m~−16 m 段:

$$\sigma'_2 = p + \sum_{e=1}^{i-1} \gamma_e \Delta z_e + \frac{1}{2} \times \gamma_i \Delta z_i = 60 + (18 - 10) \times 10 + \frac{1}{2} \times (20 - 10) \times 6 = 170 \text{ kPa}$$

$$q_{s2}^n = \zeta_{n2} \sigma'_2 = 0.4 \times 170 = 68 \text{ kPa} > q_{sk} = 50 \text{ kPa}, \text{ 取 } q_{s2}^n = 50 \text{ kPa}$$

③ $Q_g^n = \eta_n \cdot u \sum_{i=1}^{n} q_{si}^n l_i = 1.0 \times 3.14 \times 1 \times (10 \times 30 + 6 \times 50) = 1\,884$ kN

第8章
桩基承台

8.1 概述

　　承台在结构设计中是连接上部结构与桩的重要构件,往往起到承上启下的作用,即对上承受上部结构(柱、剪力墙等)的根部内力(轴力、弯矩、剪力),同时给上部柱、墙提供必要的约束及嵌固作用,对下则将上部荷载有效地通过桩传递给地基。

　　承台在基础设计中的受力状况较为复杂,一般而言有上部结构传递来的轴力、弯矩、剪力,以及桩对承台向上的反力和土对承台的反力。其中桩对承台向上的反力除与桩的平面布置有关外,还与承台刚度及单桩的压缩刚度有关(桩身混凝土的自身压缩和桩土间出现相对位移)。

　　承台的形式根据上部荷载形式、大小,单桩承载力和结构类型可分为:柱下独立承台、(墙下或柱下)条形及交叉条形承台、筏式或箱形承台。

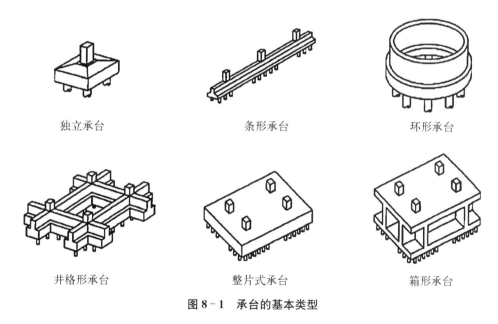

独立承台　　　　　　　　条形承台　　　　　　　　环形承台

井格形承台　　　　　　　整片式承台　　　　　　　箱形承台

图 8 - 1　承台的基本类型

1. 承台的型式

1) 独立承台

独立承台宜采用等厚板,也可采用变厚度的锥形或台阶形;其平面形式可为方形、矩形、等腰三角形、圆形、正多边形等。独立承台多用于柱下。当柱间有自承重墙时,可在两个相邻的独立承台之间设置基础梁。

对于一个独立柱下桩基板式承台的设计计算应包括以下 5 个内容：

（1）局部承压强度。

（2）单桩对承台板的冲切。这里的"单桩"，主要是指角桩。有时也需要验算边桩对承台板的冲切是否满足混凝土的强度要求。

（3）柱对承台板的冲切。

（4）承台板的斜面抗剪强度。

（5）承台板的正截面抗弯强度。

以上 5 个方面，其中最容易疏忽的，为柱对承台板的局部承压强度验算。现浇柱下的柱基承台，当承台的混凝土强度等级低于柱的混凝土等级时，应按规范验算桩基承台顶面与柱接触面处的局部承压强度。对于墙下条形桩基承台梁，应验算桩顶处承台梁的局部承压强度。

2）筏式或箱形承台

当采用条形承台或交叉条形承台，承台之间的净距较小或沉降较大时，宜采用筏式承台。筏式承台可分为平板式、梁板式两种：① 对于筒体结构，框筒结构和柱网均匀、柱距较小的框架结构，可采用平板式；② 对于柱距较大的框架结构，可采用梁板式。当上部结构荷载较大对沉降控制要求较高或必须设置地下室时，可选用箱形承台应该注意，在整个结构中不宜采用两种类型的承台，否则应用沉降缝将整个结构进行分隔，在整个结构中也不宜采用部分桩基、部分天然地基支承的形式。

3）条形承台或交叉条形承台

承重墙下一般都选用条形或井字形承对于柱下独立承台，若承台之间的净距较小或不均匀沉降较大时，可将两个或多个承台沿一个方向连接起来形成条形承台，或在两个方向连接起来形成交叉条形承台。

桩基承台的受力十分复杂，它作为上部结构墙、柱和下部转群之间的力的转换结构，可能承受弯矩作用而破坏，亦可能承受冲切或剪切作用而破坏。因此，独立承台承载力有两个方面：一是按承台受柱，桩冲切确定承台高度。计算外荷载在控制截面引起的内力，包括受弯计算、受冲剪计算和受剪计算三种验算；二是按照承载能力极限状态计算截面配筋，确定承台的破坏模式。

根据受力特性，承台可分为板式承台和梁式承台。板式承台即承台卧置于基桩上的板双向受力，柱下独立多桩承台、柱下（墙下）筏形、箱形承台均属于板式承台；需计算其受冲切、受剪及受弯承载能力。梁式承台即承台作为卧置于基桩上的梁来工作，近于单向受力，两桩承台、柱下、墙下条形承台均属于梁式承台，需要计算受弯，受剪承载力。单桩承台主要是将桩和柱可靠地连接起来，一般无需计算。当承台的混凝土强度等级低于柱子的强度等级时，还要验算承台的局部受压承载力。有规范按照把承台的受冲切、受剪承载力计算中以方桩作为基准，对于圆桩，计算时应将其截面换算成方桩，取换算桩截面边长 $b = 0.8d$（d 为圆桩直径）。

我国现行规范《建筑地基基础设计规范》（GB50007—2002）和《混凝土结构设计规范》（GB50010）中虽已载有桩基承台的设计计算内容，但还有一些问题尚无明确的规定。到目前为止，即使对于一个钢筋混凝土独立柱下桩基承台的设计计算应包括哪些内容也不统一。

因此,在实际设计工作中,往往忽略了某些应予计算的内容,或是有些计算是偏于不安全的。

对于柱下独立的桩基承台,国内众多研究单位进行了大量的模拟试验。从破坏结果分析来分析,其破坏模式从柱、桩的尺寸和位置以及承台的厚度配筋方式都有较大的影响。

8.2　受弯计算

板式承台抗弯计算主要问题是确定外载荷引起的弯矩。在确定弯矩后,便可按《混凝土结构设计规范》(GB50010)计算承台的配筋。板式承台的配筋计算有两种方法:空间桁架法和梁式法。空间桁架法是假定承台的受力如同桁架空间,受拉纵向钢筋为拉杠,混凝土为承台的斜压杆,因此在柱轴向作用力下很容易求出承台的配筋,其受力机理适用于厚度较大的承台。梁式法的受力机理适用于厚度不是很大的建筑中所经常采用的承台。它基于大量的模型试验,裂缝在两个方向呈梁式交替出现和开展,即两个方向类似于梁承担荷载,取柱边屈服绞线处的最大弯矩作为设计弯矩。梁式计算截面取柱边缘,且基桩反力只单向取距,而不双向分配。规范中根据工程实践经验按梁式法确定承台的弯矩值更接近于建筑承台的实际破坏机理。

一般柱下单独桩基承台板作为受弯构件,在桩的反力作用下,桩基承台应进行正截面受弯承载力计算。受弯承载力和配筋可按现行国家标准《混凝土结构设计规范》(GB50010)的规定进行。承台弯矩可按公式(8-1)～(8-5)计算。

1. 柱下独立桩基承台

考虑到钢筋混凝土柱下独立桩基承台弯曲破坏时的极限承载力,一般是采用板的塑性绞线理论,按机动法基本原理的上限解,然后在有限的塑性绞线模式中,求得的最小极限荷载。试验表明,这个解比较接近承台的抗弯承载力。钢筋混凝土承台受破坏的极限承载力假设满足:

(1) 钢筋混凝土承台板为理想钢塑体。

(2) 承台与柱的连接为铰接,柱对承台提供集中荷载。

(3) 承台与桩顶的连接为铰接,桩对承台提供点支撑,为不动支座。

(4) 承台板底纵筋双向正交等量配置,以保证板的抗弯能力为各向同性。

(5) 塑性绞线在柱边形成。

(6) 忽略地基土反力、承台及其上土重。

(7) 桩中心至承台边缘的距离等于桩直径。

1) 多桩矩形承台

柱下独立桩基承台的正截面弯矩设计值可按下列规定计算:

两桩条形承台和多桩矩形承台弯矩计算截面取在柱边和承台变阶处,如图 8-2(a)所示,可按下列公式计算:

$$M_x = \sum N_i y_i \tag{8-1}$$

$$M_y = \sum N_i x_i \tag{8-2}$$

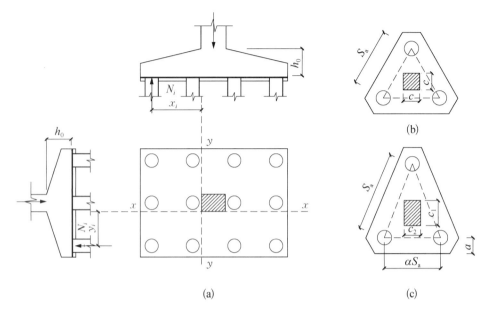

图 8－2　承台弯矩计算

(a) 矩形多桩承台；(b) 等边三桩承台；(c) 等腰三桩承台

式中：M_x、M_y——分别为绕 x 轴和绕 y 轴方向计算截面处的弯矩设计值；

　　　x_i、y_i——垂直 y 轴和 x 轴方向自桩轴线到相应计算截面的距离；

　　　N_i——不计承台及其上土重，在荷载效应基本组合下的第 i 基桩或复合基桩竖向反力
　　　　　　设计值。

2）三桩三角形承台

破坏性试验表明，三桩承台破坏形态较为复杂，重点是确定角桩对承台的剪切破坏面是单向的还是双向。① 在承台底部，裂缝开展沿柱角开始；② 没有发生整体冲切破坏。因此，对于，柱下三桩承台无需验算柱对承台的冲切承载力。

三桩三角形承台的正截面弯矩值应符合下列要求：

(1) 等边三桩承台（见图 8－2(b)）。

$$M = \frac{N_{max}}{3}\left[s_a - \frac{\sqrt{3}}{4}c\right] \tag{8－3}$$

式中：M——通过承台形心至各边边缘正交截面范围内板带的弯矩设计值；

　　　N_{max}——不计承台及其上土重，在荷载效应基本组合下三桩中最大基桩或复合基桩
　　　　　　竖向反力设计值；

　　　s_a——桩中心距；

　　　c——方柱边长，圆柱时 $c = 0.8d$（d 为圆柱直径）。

(2) 等腰三桩承台（见图 8－2(c)）。等腰三角形的三桩承台，其典型的塑性铰线基本上都垂直于等腰三桩承台的两个腰，试件通常在长跨发生弯曲破坏，可以导出：

$$M_1 = \frac{N_{max}}{3}\left[s_a - \frac{0.75}{\sqrt{4-\alpha^2}}c_1\right] \tag{8－4}$$

$$M_2 = \frac{N_{\max}}{3} \left(\alpha s_a - \frac{0.75}{\sqrt{4 - \alpha^2}} c_2 \right) \tag{8-5}$$

式中：M_1、M_2——分别为通过承台形心至两腰边缘和底边边缘正交截面范围内板带的弯矩
　　　　　　设计值；

　　　s_a——长向桩中心距；

　　　α——短向桩中心距与长向桩中心距之比，当 α 小于 0.5 时，应按变截面的二桩承台
　　　　　设计；

　　　c_1、c_2——分别为垂直于、平行于承台底边的柱截面边长。

2. 箱型承台与筏形承台

筏形承台的总弯矩由两部分组成，一是由结构整体弯曲形成的弯矩称为整体弯矩 M_1；二是由基地反力作用于筏板产生的弯矩称为局部弯矩 M_2，总弯矩 $M = M_1 + M_2$。

箱形承台和筏形承台的弯矩可按下列规定计算：

（1）箱形承台和筏形承台的弯矩宜考虑地基土层性质、基桩分布、承台和上部结构类型和刚度，按地基-桩-承台-上部结构共同作用原理分析计算；

（2）对于箱形承台，当桩端持力层为基岩、密实的碎石类土、砂土且深厚均匀时；或当上部结构为剪力墙；或当上部结构为框架－核心筒结构且按变刚度调平原则布桩时，箱形承台底板可仅按局部弯矩作用进行计算；

（3）对于筏形承台，当桩端持力层深厚坚硬、上部结构刚度较好，且柱荷载及柱间距的变化不超过 20% 时；或当上部结构为框架-核心筒结构且按变刚度调平原则布桩时，可仅按局部弯矩作用进行计算。

对于结构整体变形的影响因素多且复杂，工程设计时应采取减少整体弯矩。如果上部结构刚度大且能抵抗差异沉降，则不必考虑整体弯矩而仅计算局部弯矩，如钢筋混凝土剪力墙结构；对于框架结构，其整体抗弯刚度较弱，如果选择的桩端持力层深厚坚硬，结构物预估变形较小，也不必考虑整体弯矩而计算局部弯矩；对于框架核心筒结构，其整体抗弯刚度在核心部位巨大，在边框架部位较小，荷载分布也极其不均，此时应按变刚度调平原则布置桩基，可不考虑整体弯矩而仅计算局部弯矩。

设计时如果仅计算局部弯矩，则应配置必要数量钢筋来抵抗可能产生的整体弯矩。考虑到结构体系的实际受力的情况具有共同作用的特性，总弯矩按照地基-桩-承台-上部结构的原理分析计算，按此弯矩计算的配筋则包含了整体弯矩的影响，不必另外增加配置抵抗整体弯矩的钢筋。

3. 柱下条形承台梁的弯矩的计算

（1）可按弹性地基梁（地基计算模型应根据地基土层特性选取）进行分析计算。将柱作为支座采用倒置连续梁或倒楼盖法计算承台梁或承台板的弯矩，当倒置连续梁整桩位并重复上述计算过程，当支座竖向反力与上部竖向荷载基本吻合，就可确定为最后的计算弯矩。

（2）当桩端持力层深厚坚硬且桩柱轴线不重合时，可视桩为不动铰支座，按连续梁计算。

可先将承台梁或承台板上的荷载按静力等效原则移至承台梁或承台板底面桩群形心处，

并根据式(8-6)求出桩顶反力 N,然后在确定承台梁或承台板的弯矩时可按下列方法计算:当桩基沉降量较小且均匀时,可将单桩简化为一个弹簧,按支座与弹簧上的弹性梁或板来近似计算承台梁或承台板的弯矩,其中桩的弹簧常数可近似为:

$$k = \frac{1}{\dfrac{\lambda L}{EA} + \dfrac{1}{c_0 A_0}} \tag{8-6}$$

式中: k——桩的弹簧常数;

λ——桩的侧阻力分布形式系数,当桩的侧阻力沿桩身均匀分布时 $\lambda = (1+a')/2$;当桩侧阻力沿桩身三角形分布时,$\lambda = (2+a')/3$;当桩端时,$\lambda = 1$;其中 a' 为桩端极限阻力占桩的极限承载力的比例;

L——桩长;

E——桩身弹性模量;

A——桩身截面积;

c_0——桩端地基土竖向抗力系数,$c_0 = m_0 L$,m_0 桩端地基土竖向抗力系数的比例系数;当 $L < 10\,\mathrm{m}$,以 10 m 计;

A_0——桩侧阻力扩散至桩端平面所围成的圆面积,$A_0 = \pi \left(\dfrac{d}{2} + L \tan \dfrac{\bar{\phi}}{4} \right)^2 \leqslant \dfrac{\pi}{4} S_A^2$,

当该面积超过以相邻桩端中心距 S_A 为直径的面积时,则 A_0 取后者,$\bar{\phi}$ 为桩端侧土内摩擦角加权平均值。

4. 砌体墙下条形承台梁

对砖砌体和混凝土砌块砌体墙下的条形承台梁弯矩的确定问题主要是如何考虑墙体与承台梁的共同作用,即作用于承台梁上的有效竖向荷载的取值问题。

可按倒置弹性地基梁计算弯矩和剪力,并应符合规范的要求。

(1) 均布全荷载连续梁法。

不考虑墙体与承台梁的共同作用,墙体传下的荷载均布于承台梁上,以桩作为支座,按普通连续梁计算其弯矩和剪力。

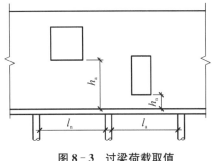

图 8-3　过梁荷载取值

(2) 过梁荷载取值法。

按《砌体结构设计规范》(GB50003—2001)中有关过梁荷载取值的规定确定连续承台梁的荷载(见图 8-3)。

① 对砖砌体,当过梁上的墙体高度当过梁的墙体高度 $h_w \leqslant l_n/3$(l_n 为过梁的净跨,即桩的净距)时,应按墙体的均布自重采用。当墙体高度 $h_w \geqslant l_n/3$ 时,应按高度 $l_n/3$ 墙体的均布自重采用;

② 对混凝土砌块砌体,当过梁上的墙体高度 $h_w \leqslant l_n/2$ 时,应按墙体的均布自重采用。当墙体高度 $h_w \geqslant l_n/2$ 时,就按 $l_n/2$ 墙体的均布自重采用。

弯矩和剪力计算与连系梁法相同。

③ 倒置连续地基梁的荷载取值(见图 8-4)。

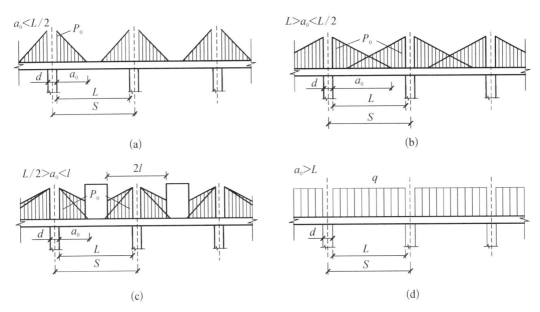

图 8-4 倒置弹性地基梁荷载取值

墙下连续承台梁的内力计算公式如表 8-1 所示。

表 8-1 墙下连续承台梁的内力计算公式

内　　力	计算简图编号	内　力　计　算　公　式
支座弯矩	(a)、(b)、(c)	$M = -p_0 \dfrac{a_0^2}{12}\left(2 - \dfrac{a_0}{L_c}\right)$ 　　(8-7(a))
	(d)	$M = -q \dfrac{L_c^2}{12}$ 　　(8-7(b))
跨中弯矩	(a)、(c)	$M = p_0 \dfrac{a_0^2}{12L_c}$ 　　(8-7(c))
	(b)	$M = p_0 \dfrac{a_0^2}{12L_c}$ 　　(8-7(d))
	(d)	$M = \dfrac{p_0}{12}\left[L_c\left(6a_0 - 3L_c + 0.5\dfrac{L_c^2}{a_0}\right) - a_0^2\left(4 - \dfrac{a_0}{L_c}\right)\right]$ 　(8-7(e))
最大剪力	(a)、(b)、(c)	$Q = \dfrac{p_0 a_0}{2}$ 　　(8-7(f))
	(d)	$Q = \dfrac{qL}{2}$ 　　(8-7(g))

表 8-1 中:

p_0——线荷载的最大值(kN/m),按下式确定:

$$p_0 = \frac{qL_c}{a_0} \tag{8-8}$$

a_0——自桩边算起的三角形荷载图形的底边长度,分别按下列公式确定:

中间跨:
$$a_0 = 3.14 \sqrt[3]{\frac{E_n I}{E_k b_k}} \tag{8-9}$$

边跨:
$$a_0 = 2.4 \sqrt[3]{\frac{E_n I}{E_k b_k}} \tag{8-10}$$

式中:L_c——计算跨度,$L_c = 1.05L$;

$\quad q$——承台梁底面的均布荷载;

$\quad E_n I$——承台梁的抗弯刚度;

$\quad E_m$——承台梁混凝土的弹性模量;

$\quad I$——承台梁横截面的惯性矩;

$\quad E_k$——墙体的弹性模量;

$\quad b_k$——墙体的宽度。

在以上3种计算方法中,不考虑墙体与承台梁协同工作的均布全荷载连系梁计算弯矩最大。偏于保守,一般不宜采用;过梁荷载取值法的计算弯矩最小,但它是在考虑墙体能充分发挥效应的假定下建立起来的,对砌体质量的要求较高,可能存在不安全因素;倒置弹性地基梁法考虑了墙梁的协同工作。按照倒置弹性地基梁法计算,墙下承台梁的弯矩求出后,便可按普通钢筋混凝土构件计算抗弯钢筋。

对于承台上的砌墙体,应验算桩顶部位的砌体局部承压强度。当计算弯矩截面不与主筋方向正交时,需对主筋方向进行换算。

承台的弯矩应根据地质条件、桩型、承台和上部结构的刚度等情况,按地基-桩-承台-上部结构共同作用原理进行分析与计算。但在一定条件下,计算可以简化。例如对于筏形承台,当桩端持力层为基岩、密实且均匀的碎石类土与砂,或当上部为剪力墙结构、多层框架结构或框-剪结构体系且箱基整体刚度较大时,对于箱形承台,当桩端持力层坚硬均匀、上部结构刚度较大且柱荷载及柱间距变化不大时,亦可仅考虑局部弯曲按倒梁法计算;当桩端以下存在中、高压缩性且分布不均匀,上部结构刚度较低或柱荷载及柱间距变化较大时,对承台板应按弹性地基上的梁板进行计算。

8.3　桩承台抗冲切验算

板式承台的抗剪承载力可按《混凝土结构设计规范》(GB50010)无腹筋受弯构件的斜截面受剪承载力有关规定计算,但由于承台板较厚,因此抗剪性能应考虑剪跨比的有利影响。

桩基承台厚度应满足柱(墙)对承台的冲切和基桩对承台的冲切承载力要求。

1. 桩基承台受柱(墙)冲切

从桩基承台受柱(墙)冲切破坏性试验结果来看,承台在竖向轴心荷载作用下,首先在剪应力高的区域出现斜裂缝,随着在承台平面内横向发展,与受弯裂缝不同,在混凝土表面看不见这些因剪切产生的斜裂缝。当荷载继续增加裂缝进入板的受压区,在该区域处于三向受压状态,这种剪压复合的应力条件限制了裂缝的进一步开展,使其极限抗冲切强度提高;承台直到冲切破坏前,面板看不见裂缝,一旦破坏则存在突然性。因此对于桩基承台,应进行冲切承载力的验算。

轴心竖向力作用下桩基承台受柱(墙)的冲切,可按下列规定计算:

(1) 冲切破坏锥体应采用自柱(墙)边或承台变阶处至相应桩顶边缘连线所构成的锥体,试验表明,独立基础冲切破坏锥体斜面与基础底面之间夹角介于 $35°\sim60°$ 之间,计算锥体斜面与承台底面之夹角不应小于 $45°$(见图 8 - 5)。

受柱(墙)冲切承载力可按下列公式计算:

$$F_l \leqslant \beta_{hp}\beta_0 u_m f_t h_0 \tag{8-11}$$

$$F_l = F - \sum O_i \tag{8-12}$$

$$\beta_0 = \frac{0.84}{\lambda + 0.2} \tag{8-13}$$

式中: F_l——不计承台及其上土重,在荷载效应基本组合下作用于冲切破坏锥体上的冲切力设计值;

f_t——承台混凝土抗拉强度设计值;

β_{hp}——承台受冲切承载力截面高度影响系数,当 $h \leqslant 800$ mm 时, β_{hp} 取 1.0, $h \geqslant 2\,000$ mm 时, β_{hp} 取 0.9,其间按线性内插法取值;

u_m——承台冲切破坏锥体一半有效高度处的周长;

h_0——承台冲切破坏锥体的有效高度;

β_0——柱(墙)冲切系数;

λ——冲跨比, $\lambda = a_0/h_0$, a_0 为柱(墙)边或承台变阶处到桩边水平距离;当 $\lambda < 0.25$ 时,取 $\lambda = 0.25$;当 $\lambda > 1.0$ 时,取 $\lambda = 1.0$;

F——不计承台及其上土重,在荷载效应基本组合作用下柱(墙)底的竖向荷载设计值;

$\sum O_i$——不计承台及其上土重,在荷载效应基本组合下冲切破坏锥体内各基桩或复合基桩的反力设计值之和。

(2) 对于柱下矩形独立承台受柱冲切的承载力可按下列公式计算(见图 8 - 5):

$$F_l \leqslant 2[\beta_{0x}(b_c + a_{0y}) + \beta_{0y}(h_c + a_{0x})]\beta_{hp}f_t h_0 \tag{8-14}$$

式中: β_{0x}、β_{0y}——由式(8-13)求得 $\lambda_{0x} = a_{0x}/h_0$, $\lambda_{0y} = a_{0y}/h_0$; λ_{0x}、λ_{0y} 均应满足 $0.25 \sim 1.0$ 的要求;

h_c、b_c——分别为 x、y 方向的柱截面的边长;

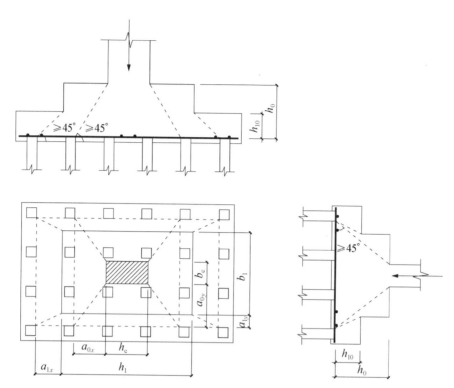

图 8 - 5　柱对承台的冲切计算示意

a_{0x}、a_{0y}——分别为 x、y 方向柱边离最近桩边的水平距离。

（3）对于柱下矩形独立阶形承台受上阶冲切的承载力可按下列公式计算（见图 8 - 5）：

$$F_l \leqslant 2[\beta_{1x}(b_1 + a_{1y}) + \beta_{1y}(h_1 + a_{1x})]\beta_{hp} f_t h_{10} \tag{8 - 15}$$

式中：β_{1x}、β_{1y}——由公式（8 - 13）求得，$\lambda_{1x} = a_{1x}/h_{10}$，$\lambda_{1y} = a_{1y}/h_{10}$；$\lambda_{1x}$、$\lambda_{1y}$ 均应满足 0.25～1.0 的要求；

h_1、b_1——分别为 x、y 方向承台上阶的边长；

a_{1x}、a_{1y}——分别为 x、y 方向承台上阶边离最近桩边的水平距离。

（4）对于圆柱及圆桩，计算时应将其截面换算成方柱及方桩，即取换算柱截面边长 $b_c = 0.8d_c$（d_c 为圆柱直径），换算桩截面边长 $b_p = 0.8d$（d 为圆桩直径）。

对于柱下两桩承台，宜按深受弯构件（$l_0/h < 5.0$，$l_0 = 1.15l_n$ 为两桩净距）计算受弯、受剪承载力，不需要进行受冲切承载力计算。

2. 柱（墙）冲切破坏锥体以外的基桩

（1）四桩以上（含四桩）承台受角桩冲切的承载力可按下列公式计算（见图 8 - 6）：

$$N_l \leqslant [\beta_{1x}(c_2 + a_{1y}/2) + \beta_{1y}(c_1 + a_{1x}/2)]\beta_{hp} f_t h_0 \tag{8 - 16}$$

$$\beta_{1x} = \frac{0.56}{\lambda_{1x} + 0.2} \tag{8 - 17}$$

$$\beta_{1y} = \frac{0.56}{\lambda_{1y} + 0.2} \tag{8 - 18}$$

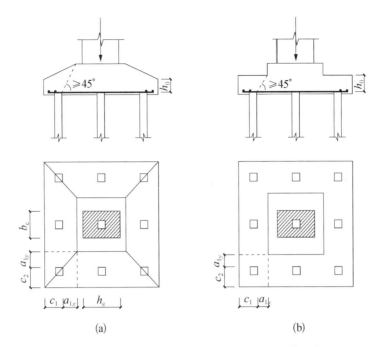

图 8‑6 四桩以上(含四桩)承台角桩冲切计算示意

(a) 锥形承台;(b) 阶形承台

式中:N_1——不计承台及其上土重,在荷载效应基本组合作用下角桩(含复合基桩)反力设
　　　　计值;

　　β_{1x}、β_{1y}——角桩冲切系数;

　　a_{1x}、a_{1y}——从承台底角桩顶内边缘引 45°冲切线与承台顶面相交点至角桩内边缘的
　　　　水平距离;当柱(墙)边或承台变阶处位于该 45°线以内时,则取由柱(墙)
　　　　边或承台变阶处与桩内边缘连线为冲切锥体的锥线;

　　h_0——承台外边缘的有效高度;

　　λ_{1x}、λ_{1y}——角桩冲跨比,$\lambda_{1x} = a_{1x}/h_0$,$\lambda_{1y} = a_{1y}/h_0$,其值均应满足 0.25~1.0 的
要求。

(2) 三桩三角形承台受角桩柱冲切的承载力。

对于三桩三角形承台可按下列公式计算受角桩冲
切的承载力(见图 8‑7):

底部角桩:

$$N_1 \leqslant \beta_{11}(2c_1 + a_{11})\beta_{hp}\mathrm{tg}\frac{\theta_1}{2}f_t h_0 \qquad (8-19)$$

$$\beta_{11} = \frac{0.56}{\lambda_{11} + 0.2} \qquad (8-20)$$

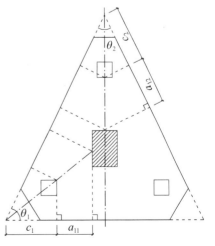

**图 8‑7 三桩三角形承台角
桩冲切计算示意**

顶部角桩:

$$N_l \leqslant \beta_{12}(2c_2 + a_{12})\beta_{hp}\mathrm{tg}\frac{\theta_2}{2}f_t h_0 \tag{8-21}$$

$$\beta_{12} = \frac{0.56}{\lambda_{12} + 0.2} \tag{8-22}$$

式中：λ_{11}、λ_{12}——角桩冲跨比，$\lambda_{11} = a_{11}/h_0$，$\lambda_{12} = a_{12}/h_0$，其值均应满足 $0.25 \sim 1.0$ 的要求；

a_{11}、a_{12}——从承台底角桩顶内边缘引 45°冲切线与承台顶面相交点至角桩内边缘的水平距离；当柱(墙)边或承台变阶处位于该 45°线以内时，则取由柱(墙)边或承台变阶处与桩内边缘连线为冲切锥体的锥线。

对于柱下独立桩基，基桩对承台的冲切，可不验边桩，只验算需角桩。由于承台受角桩冲切形成的冲切椎体存在双向临空面，承台受边桩冲切形成的冲切椎体只存在单向临空面。对于冲切椎体有效抗冲切破坏面，前者明显小于后者，导致抗冲切承载力角桩明显小于边桩。在柱受轴压下，角、边桩桩顶的荷载效应接近，而承台受角桩的冲切承载力远小于边桩，故只需验算角桩对承台的冲切。在柱受单向偏心或双向偏心竖向压力时，偏心一侧角桩的荷载效应最大，理所当然只需验算荷载效应最大、承台抗冲切承载力最小部位的角桩。

对于锥形承台图 8-8(a)，认为其在柱下的受冲切承载力与厚度均匀的承台相同。

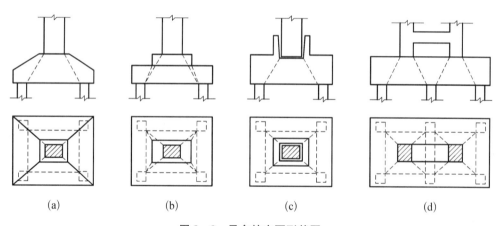

图 8-8　承台的主要形状图

(a) 锥形承台；(b) 阶形承台；(c) 杯口形承台；(d) 双肢柱下承台

(3) 对于箱形、筏形承台，应按下列公式计算承台受内部基桩的冲切承载力：

① 应按下式计算受基桩的冲切承载力(见图 8-9(a))：

$$N_l \leqslant 2.8(b_p + h_0)\beta_{hp}f_t h_0 \tag{8-23}$$

② 应按下式计算受桩群的冲切承载力(图 8-9(b))：

$$\sum N_{li} \leqslant 2[\beta_{0x}(b_y + a_{0y}) + \beta_{0y}(b_x + a_{0x})]\beta_{hp}f_t h_0 \tag{8-24}$$

式中：β_{0x}、β_{0y}——由式(8-13)求得，其中 $\lambda_{0x} = a_{0x}/h_0$，$\lambda_{0y} = a_{0y}/h_0$，$\lambda_{0x}$、$\lambda_{0y}$ 均应满足 $0.25 \sim 1.0$ 的要求；

N_l、$\sum N_{li}$——不计承台和其上土重，在荷载效应基本组合下，基桩或复合基桩的净反力设计值、冲切锥体内各基桩或复合基桩反力设计值之和。

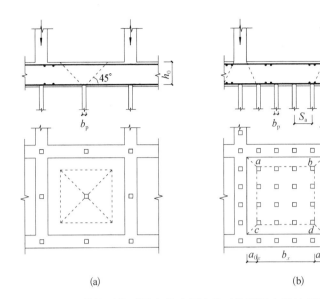

图 8-9 基桩对筏形承台的冲切和墙对筏形承台的冲切计算示意

(a) 受基桩的冲切； (b) 受桩群的冲切

3. 实例：冲切承载力验算

初步设承台高度为 $h = 1\,000$ mm。承台下设置垫层时，混凝土保护层厚度取 40 mm，承台有效高度为 $h_0 = 1\,000 - 40 = 960$ mm。

1) 柱冲切承载力验算

对于 $800 < h_0 < 2\,000$ 的情况 β_{hp}（承台受冲切截面高度影响系数）在 1.0~0.9 之间插值取值，$\beta_{hp} = 0.98$。冲切验算时将圆桩换算成方桩，边长 $b_c = 0.8d = 480$ mm。冲切验算示意图见图 8-10。

$$F_l = F - \sum Q_i \text{（冲切体内基桩净反力之和）}$$

$$= 7\,000 - \frac{7\,000}{5} = 5\,600 \text{ kN}$$

柱边到桩边距离：$a_{0x} = a_{0y} = 1\,100 - 300 - 240 = 560$ m；

冲跨比：$\lambda_{0x} = \lambda_{0y} = a_{0x}/h_0 = a_{0y}/h_0 = 560/960 = 0.583$。

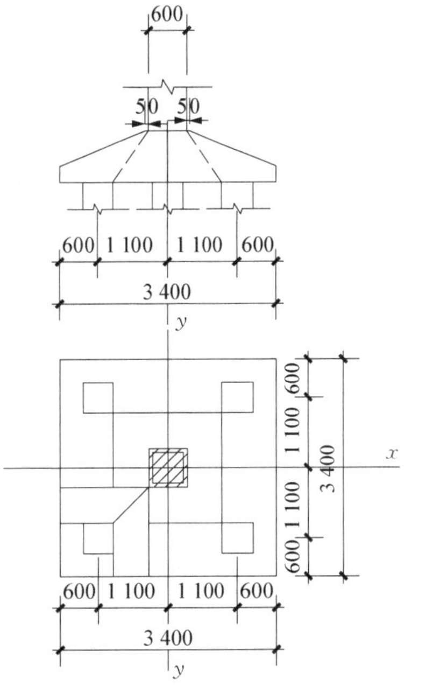

则

冲切系数：$\beta_{0x} = \beta_{0y} = \dfrac{0.84}{\lambda_{0x} + 0.2} = \dfrac{0.84}{0.583 + 0.2} = 1.073$

$$2[\beta_{0x}(b_c + a_{0y}) + \beta_{0y}(h_c + a_{0x})]\beta_{hp} f_t h_0$$

$$= 2 \times 1.073 \times 2(600 + 560) \times 0.98 \times 1.27 \times 960$$

$$= 5\,949 \times 10^3 \text{ N}$$

$$= 5\,949 \text{ kN} > F_1 = 5\,600 \text{ kN（满足要求）}$$

图 8-10 冲切验算示意图

2）角桩冲切承载力验算

桩顶净反力如下：

$$N_{\max \atop \min} = \frac{F}{n} \pm \frac{M_y x_{\max}}{\sum x_i^2} = \frac{7\,000}{5} \pm \frac{500 \times 1.1}{4 \times 1.1^2} = 1\,400 \pm 114 = \frac{1\,514\ \text{kN}}{1\,286\ \text{kN}}$$

柱边到角桩内边距离：$a_{1x} = a_{1y} = 1\,100 - 240 - 300 = 560\ \text{mm}$；

角桩内边到承台外边距离：$c_1 = c_2 = 900\ \text{mm}$；

角桩冲跨比：$\lambda_{1x} = \lambda_{1y} = a_{1x}/h_0 = a_{1y}/h_0 = 560/960 = 0.583$；

角桩冲切系数：$\beta_{1x} = \beta_{1y} = \dfrac{0.56}{\lambda_{1x} + 0.2} = \dfrac{0.56}{0.583 + 0.2} = 0.715$

$$\left[\beta_{1x}\left(c_2 + \frac{a_{1y}}{2}\right) + \beta_{1y}\left(c_1 + \frac{a_{1x}}{2}\right) \right]\beta_{hp} f_t h_0$$
$$= 2(900 + 560/2) \times 0.98 \times 1.27 \times 960$$
$$= 2\,820 \times 10^3\ \text{N}$$
$$= 2\,820\ \text{kN} > N_{\max} = 1\,514\ \text{kN}（满足要求）$$

3）斜截面受剪承载力验算

由 $V \leqslant \beta_{hs} a f_t b_0 h_0$ 进行验算，作用于斜截面上的剪力为：

验算抗剪斜截面最大剪力设计值：$V = 2N_{\max}$（验算柱截面一侧基桩净反力之和）
$$= 2 \times 1\,514 = 3\,028\ \text{kN}$$

承台受剪切承载力截面高度影响系数：$\beta_{hs} = (800/h_0)^{1/4} = (800/960)^{1/4} = 0.955$，

计算截面剪跨比：$\lambda = a_x/h_0 = 560/960 = 0.583$

承台剪切系数：
$$\alpha = \frac{1.75}{\lambda + 1} = \frac{1.75}{0.583 + 1} = 1.105$$
$$= 0.955 \times 1.105 \times 1.27 \times 3.4 \times 960$$
$$= 4\,374\ \text{kN} > V = 3\,028\ \text{kN}（满足要求）$$

4）抗弯验算（配筋计算）

各桩对垂直于 y 轴和 x 轴方向截面的弯矩设计值分别为：

$$M_y = \sum N_i x_i = \sum N_{\max} x_i = 2 \times 1\,514 \times (1.1 - 0.24) = 2\,604\ \text{kN} \cdot \text{m}$$

（对 y 方向的弯矩设计值 M_y 等于 y 方向一侧所有基桩的 N_i（偏心受力时取 $N_{\max}$）乘以基桩轴线到相应计算截面的距离 x_i 之和）

$$M_x = \sum N_i y_i = \sum (N_{\max} + N_{\min}) y_i = (1\,514 + 1\,286) \times (1.1 - 0.24) = 2\,408\ \text{kN} \cdot \text{m}$$

（对 x 方向的弯矩设计值 M_x 等于 x 方向一侧所有基桩的 N_i（偏心受力时就有 $N_{\max}$ 和 $N_{\min}$）乘以基桩轴线到相应计算截面的距离 y_i 之和）

沿 x 方向布设的钢筋截面面积为（注意：x 方向配筋用 M_y 表示）：

$$\frac{M_y}{0.9 h_0 f_y} = \frac{2\,604 \times 10^6}{0.9 \times 960 \times 300} = 10\,046\ \text{mm}^2$$

基础配筋间距一般在 $100\sim200$ mm 之间,若取间距 120 mm,则实际配筋 $28\,\underline{\phi}22(A_s=10\,643\,\mathrm{mm}^2)$。

沿 y 方向布设的钢筋截面面积为(注意:y 方向配筋用 M_x 表示):

$$\frac{M_x}{0.9(h_0-d_g/2)f_y}=\frac{2\,408\times10^6}{0.9\times(960-22/2)\times300}=9\,398\ \mathrm{mm}^2$$

取间距 130 mm,则实际配筋 $26\,\underline{\phi}22(A_s=9\,883\ \mathrm{mm}^2)$。

8.4 受剪切验算

此处需要分开剪切破坏和冲剪破坏两种破坏形式,剪切破坏的破裂面平行于剪力,冲切破坏的破裂面沿着冲切力(一般为集中力)边缘 45°的方向。在局部荷载或者集中反力作用下,在板内产生正应力和剪应力,尤其在柱头(桩顶)四周合成较大的主拉应力,当主拉应力超过混凝土抗拉强度时,沿柱(桩)头四周出现斜裂缝,最后在板内形成椎体斜截面破坏,破坏形状像从板中冲切而成,故称冲切破坏,为斜拉破坏。混凝土剪切破坏的机理相对复杂,影响因素很多。剪切破坏为斜截面(平面)破坏,又称单向剪切;冲切破坏为冲切破坏椎体破坏(三维空间曲面),又称双向剪切。

诸多破坏性试验显示,对正方形承台施加轴心压力时,承台几乎没有发生单向剪切破坏的;在承台顶部施加偏心压力时,四桩承台即可发生类似于梁的剪切破坏。四桩及以上的承台,仅配置底部纵筋而不配置腹筋,剪切裂缝一旦形成,则沿斜截面产生突然破坏。此外地震作用下柱端产生较大弯矩时,也可能使承台发生剪切破坏。

柱(墙)下桩基承台,应分别对柱(墙)边、变阶处和桩边连线形成的贯通承台的斜截面的受剪承载力进行验算。当承台悬挑边有多排基桩形成多个斜截面时,应对每个斜截面的受剪承载力进行验算。

柱下独立桩基承台斜截面受剪承载力应按下列规定计算:

(1) 承台斜截面受剪承载力可按下列公式计算(见图 8-11):

$$V\leqslant\beta_{hs}\alpha f_t b_0 h_0 \tag{8-25}$$

$$\alpha=\frac{1.75}{\lambda+1} \tag{8-26}$$

$$\beta_{hs}=\left(\frac{800}{h_0}\right)^{1/4} \tag{8-27}$$

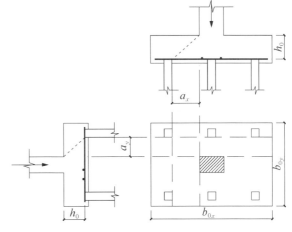

图 8-11 承台斜截面受剪计算示意

式中:V——不计承台及其上土自重,在荷载效应基本组合下,斜截面的最大剪力设计值;

f_t——混凝土轴心抗拉强度设计值;

b_0——承台计算截面处的计算宽度;

h_0 ——承台计算截面处的有效高度；

α ——承台剪切系数；按式(8-26)确定；

λ ——计算截面的剪跨比，$\lambda_x = a_x/h_0$，$\lambda_y = a_y/h_0$，此处，a_x、a_y 为柱边(墙边)或承台变阶处至 y、x 方向计算一排桩的桩边的水平距离，当 $\lambda < 0.25$ 时，取 $\lambda = 0.25$；当 $\lambda > 3$ 时，取 $\lambda = 3$；

β_{hs} ——受剪切承载力截面高度影响系数；当 $h_0 < 800\ mm$ 时，取 $h_0 = 800\ mm$；当 $h_0 > 2\,000\ mm$ 时，取 $h_0 = 2\,000\ mm$；其间按线性内插法取值。

工程实践中，为了节约承台混凝土用量，在满足承台受角桩的冲切承载力条件下，可将承台做成阶形或者锥形。对这类承台进行受剪承载力设计计算时，可按"有效面积相等"的原则将截面换算成等效矩形面积后再进行计算，其中矩形面积的有效高度与原截面中的最大有效高度相同。

对于阶梯形承台应分别在变阶处($A_1 - A_1$，$B_1 - B_1$)及柱边处($A_2 - A_2$，$B_2 - B_2$)进行斜截面受剪承载力计算(见图 8-12)。

计算变阶处截面($A_1 - A_1$，$B_1 - B_1$)的斜截面受剪承载力时，其截面有效高度均为 h_{10}，截面计算宽度分别为 b_{y1} 和 b_{x1}。

计算柱边截面($A_2 - A_2$，$B_2 - B_2$)的斜截面受剪承载力时，其截面有效高度均为 $h_{10} + h_{20}$，截面计算宽度分别为

$$对\ A_2 - A_2 \qquad b_{y0} = \frac{b_{y1} \cdot h_{10} + b_{y2} \cdot h_{20}}{h_{10} + h_{20}} \qquad (8-28)$$

$$对\ B_2 - B_2 \qquad b_{x0} = \frac{b_{x1} \cdot h_{10} + b_{x2} \cdot h_{20}}{h_{10} + h_{20}} \qquad (8-29)$$

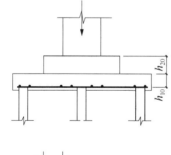

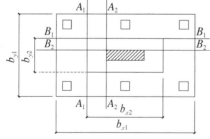

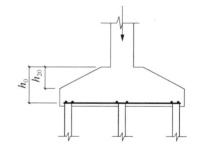

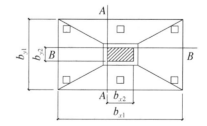

图 8-12　阶梯形承台斜截面受剪计算示意　　图 8-13　锥形承台斜截面受剪计算示意

(2) 对于锥形承台应对变阶处及柱边处($A-A$ 及 $B-B$)两个截面进行受剪承载力计算(图 8-13)，截面有效高度均为 h_0，截面的计算宽度分别为：

对 A-A　　　　$b_{y0} = \left[1 - 0.5\dfrac{h_{20}}{h_0}\left(1 - \dfrac{b_{y2}}{b_{y1}}\right)\right]b_{y1}$　　　　(8-30)

对 B-B　　　　$b_{x0} = \left[1 - 0.5\dfrac{h_{20}}{h_0}\left(1 - \dfrac{b_{x2}}{b_{x1}}\right)\right]b_{x1}$　　　　(8-31)

梁板式筏形承台的梁的受剪承载力可按现行国家标准《混凝土结构设计规范》(GB50010)计算。

梁板式筏形承台中,常将桩布置于梁下,此时应计算梁的受剪切承载力,如图 8-14 所示。

承台梁受剪承载力应按《混凝土结构设计规范》(GB50010)进行验算。当其跨高比满足深受弯构件的比例尺度时,应按受弯构件验算受剪承载力。

砌体墙下条形承台梁配有箍筋,但未配弯起钢筋时,斜截面的受剪承载力可按下式计算:

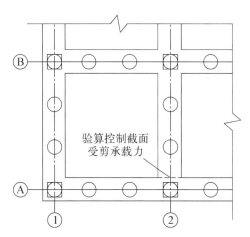

图 8-14　梁板式承台梁的剪切模型

$$V \leqslant 0.7 f_t b h_0 + 1.25 f_{yv}\frac{A_{sv}}{S}h_0 \quad (8-32)$$

式中: V——不计承台及其上土自重,在荷载效应基本组合下,计算截面处的剪力设计值;

A_{sv}——配置在同一截面内箍筋各肢的全部截面面积;

s——沿计算斜截面方向箍筋的间距;

f_{yv}——箍筋抗拉强度设计值;

b——承台梁计算截面处的计算宽度;

h_0——承台梁计算截面处的有效高度。

砌体墙下承台梁配有箍筋和弯起钢筋时,斜截面的受剪承载力可按下式计算:

$$V \leqslant 0.7 f_t b h_0 + 1.25 f_y\frac{A_{sv}}{s}h_0 + 0.8 f_y A_{sb}\sin\alpha_s \quad (8-33)$$

式中: A_{sb}——同一截面弯起钢筋的截面面积;

f_y——弯起钢筋的抗拉强度设计值;

α_s——斜截面上弯起钢筋与承台底面的夹角。

柱下条形承台梁,当配有箍筋但未配弯起钢筋时,其斜截面的受剪承载力可按下式计算:

$$V \leqslant \frac{1.75}{\lambda+1}f_t b h_0 + f_y\frac{A_{sv}}{s}h_0 \quad (8-34)$$

式中: λ——计算截面的剪跨比, $\lambda = a/h_0$, a 为柱边至桩边的水平距离;当 $\lambda < 1.5$ 时,取 $\lambda = 1.5$;当 $\lambda > 3$ 时,取 $\lambda = 3$ 。

承台梁受剪承载力应按《混凝土结构设计规范》(GB50010)进行验算。当其跨高比满足深受弯构件的比例尺度时,应按深受弯构件验算受剪承载力。

在设计中,当承台抗剪承载力不足时,对策有:提高硅等级(但抗弯钢筋不因此减少),

增加承台厚度(若需相应增加埋深,则不经济),但有条件时应优先扩大短柱一个方向甚至两个方向上的尺寸,以较小的砼用量在抗剪、抗弯两方面都受益,而且由于减少短柱接触处的压力和承台计算截面上的剪跨比,使传力线平顺缓和,可使总体受力状态大为改善。

8.5 承台的极限承载力状态和正常使用极限状态分析

8.5.1 承台结构承载力状态计算

计算柱下独立承台承载力有两个重点,一是首先按承台受柱、桩冲切确定承台高度,其次是计算外荷载在控制截面引起的内力,包括弯矩和剪力;二是按承载能力极限状态计算截面配筋;关键是确定承台的破坏模式。

承载能力极限状态是对应于结构或构件达到最大承载能力或不适于继续承载的变形,它包括:

① 结构构件或连接因强度超过而破坏;

② 结构或其一部分作为刚体而失去平衡(如倾覆、滑移);

③ 在反复荷载下构件或连接发生疲劳破坏等。

对所有结构和构件都必须按承载力极限计算。不同厚度下桩基承台的极限承载力分析如下:

① 普通混凝土与钢纤维混凝土桩基承台的极限承载力均随承台的增加而增大;

② 普通混凝土桩基承台的承载力与承台高度曲线前段较后段增长幅度小,说明增加普通混凝土承台的有效高度可以显著提高承台的极限承载力。

8.5.2 正常使用状态计算

由于承台的厚度通常较大,故在一般情况下,承台的挠度很小,可不比进行挠度变形验算。关于裂缝计算问题,对于直接与土接触的钢筋混凝土承台,土中的水、少量的氧气和可能存在的氯化物对承台中的钢筋锈蚀有着潜在的危险,需要时,应验算并控制承台的最大裂缝宽度。计算方法参照《混凝土结构设计规范》(GB50010—2002)。

根据承台结构计算要求,作用在承台上的荷载应按表 8-2 分别计算确定:

表 8-2　作用在承台上的荷载

分 类	竖向荷载	水平荷载	弯　矩	承台自重及覆土重
设计值	F	V	M	D
标准值	F_k	V_k	M_k	D_k

应当指出,对承台进行承载能力状态(包括局部承压、抗冲切、抗剪切和抗弯矩承载力)和正常使用状态(包括变形和裂缝)计算时,应分别采用荷载设计值和标准值的最不利组合

结果进行计算。

8.6 作用在承台上的荷载与桩顶反力的关系

（1）根据承台结构不同的计算用途,作用在承台上的总荷载及其相应的桩顶反力可分为 3 类,如表 8-3 表示。

表 8-3 作用在承台上的总荷载及桩顶反力

用 途	抗弯承载力、桩顶局部承压承载力	抗冲切承载力、抗剪承载力、局部承压承载力	变形及裂缝
总荷载	F、V、M、D	F、V、M	F_k、V_k、M_k、D_k
桩顶反力	N_i	$N_{\tau i}$	N_{ki}

表中：N_i——i 桩顶反力设计值;
$N_{\tau i}$——i 桩顶净压力设计值,即桩顶反力设计值扣除承台自重及覆土重的剩余值;
N_{ki}——i 桩顶反力标准值。

（2）桩顶反力计算中采用的荷载。

计算上述 3 种桩顶反力时,一般可采用桩身结构强度计算时的桩顶荷载简化的传统计算方法公式(8-35)进行,这时应将承台上的荷载作用位置按静力等效原则移至承台底面桩群形心处。

$$N_i = \frac{F+D}{n} + \frac{M_x y_i}{\sum\limits_n y_i^2} + \frac{M_y x_i}{\sum\limits_n x_i^2} \qquad (8-35)$$

$$N_{\tau i} = \frac{F}{n} + \frac{M_x y_i}{\sum\limits_n y_i^2} + \frac{M_y x_i}{\sum\limits_n x_i^2} \qquad (8-36)$$

$$N_{ki} = \frac{F_k+D_k}{n} + \frac{M_{kx} y_i}{\sum\limits_n y_i^2} + \frac{M_{ky} x_i}{\sum\limits_n x_i^2} \qquad (8-37)$$

式中：n——总桩数;
x_i、y_i——i 桩中心在纵横坐标轴上的位置,坐标轴的原点位于桩群形心;
M_x、M_y——作用在承台底面,沿 x 轴方向和 y 轴方向的弯矩设计值;
M_{kx}、M_{ky}——作用在承台底面,沿 x 轴方向和 y 轴方向的弯矩标准值。

8.7 局部承压承载力

当承台混凝土等级低于承台上的现浇柱或承台下的桩的混凝土等级时,应验算承台面与柱或桩交接处的局部承压承载力。当承台柱下部分不配置间接钢筋时,桩上部分一般只设置单片或双片钢筋网,因此可按《混凝土结构设计规范》(GB50010—2002)中素混凝土结构局部受压承载力公式计算。但考虑到工程中常用的柱或桩截面尺寸,以及承台与柱或桩交接处局部承压面积一般的情况,也可按上述规范中规定的公式简化得到局部承压承载力公式计算:

$$N \leqslant 2.5 f_c A_t \qquad (8-38)$$

式中:N——柱轴力设计值,或桩顶反力设计值;

　　　f_c——承台混凝土轴心抗压设计强度;

　　　A_t——柱截面面积,或桩顶截面面积。

例如,对于承台上的砌体墙,尚应验算桩顶部位砌体的局部承压强度,如图 8‑15 所示。

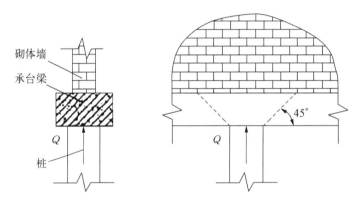

图 8‑15　砌体墙下条形承台梁局部承压计算

8.8　承台的抗震验算

当进行承台的抗震验算时,应根据现行国家标准《建筑抗震设计规范》(GB50011)的规定对承台顶面的地震作用效应和承台的受弯、受冲切、受剪承载力进行抗震调整。承受竖向荷载为主的低承台桩基,当地面下无液化土层,且桩承台周围无淤泥、淤泥质土和地基承载力特征值不大于 100 kPa 的填土时,下列建筑可不进行桩基抗震承载力验算:

(1) 7 度和 8 度时的下列建筑:

① 一般的单层厂房和单层空旷房屋;

② 不超过 8 层且高度在 24 m 以下的一般民用框架房屋;

③ 基础荷载与②项相当的多层框架厂房和多层混凝土抗震墙房屋。

(2) 规范 1、3 款规定且采用桩基的建筑。

非液化土中低承台桩基的抗震验算,应符合下列规定:

(1) 单桩的竖向和永平向抗震承载力特征值,可均比非抗震设计时提高 25%。

(2) 当承台周围的回填土夯实至于密度不小于现行国家标准《建筑地基基础设计规范》(GB50007)对填土的要求时,可由承台正面填土与桩共同承担水平地震作用;但不应计入承台底面与基土间的摩擦力。

存在液化土层的低承台桩基抗震验算,应符合下列规定:

(1) 承台埋深较浅时,不宜计入承台周围土的抗力或刚性地坪对水平地震作用的分担作用。

(2) 当桩承台底面上、下分别有厚度不小于 1.5 m 和 1.0 m 的非液化土层或非软弱土层时,可按下列两种情况进行桩的抗震验算,并按不利情况设计:

① 桩承受全部地震作用,桩承载力按《建筑桩基技术规范》第 4.4.2 条取用,液化土的桩周摩阻力及桩水平抗力均应乘以《建筑桩基技术规范》表 4.4.3 的折减系数。

② 地震作用按水平地震影响系数最大值的 10% 采用,桩承载力仍按《建筑桩基技术规范》第 4.4.2 条 1 款取用,但应扣除液化土层的全部摩阻力及桩承台下 2 m 深度范围内非液化土的桩周摩阻力。

8.9　桩基承台的破坏机理

桩基承台类似于深梁,根据承台和深梁的试验研究,当 $a/h_0 \leqslant 2$(宽高比) 时,桩基承台的破坏应以剪切破坏为主,其破坏形式可分为斜弯破坏和斜压破坏。

1) 斜弯破坏

当 $a/h_0 = 1 \sim 2$ 时桩基承台发生斜弯破坏,如图 8-16 所示,首先在桩边形成斜裂纹,纵向受拉钢筋可能屈服也可能不屈服,裂纹出现后向跨中上部扩展,承台的破坏与否取决于 I-I 截面在压剪应力作用下的承载能力,也称弯压破坏,其传力机理为一拉杆拱结构。

2) 斜压破坏

当 $a/h_0 \leqslant 1$ 且配置了足够的纵向钢筋时,桩基承台常发生斜压破坏,如图 8-17 所示,首先在腹部出现腹剪裂纹,裂纹向节点扩展,承台的破坏取决于节点处的抗剪能力,也称劈裂破坏,对角拉伸破坏。

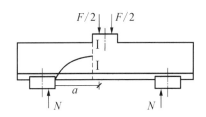

图 8-16　桩基承台的斜弯破坏

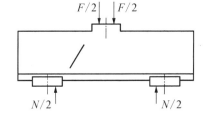

图 8-17　桩基承台的剪切破坏

8.10　承台的构造

承台为上部构件与桩基之间的连接构件,通常为三维块体,由于承台的传力机制复杂,按照已有的规范来设计满足承台的极限承载力要求。

1. 桩基承台的构造

桩基承台的构造应满足抗冲切、抗剪切、抗弯承载力和上部结构要求,尚应符合下列要求:

(1) 独立柱下桩基承台的最小宽度不应小于 500 mm,边桩中心至承台边缘的距离不应小于桩的直径或边长,且桩的外边缘至承台边缘的距离不应小于 150 mm。对于墙下条形承台梁,桩的外边缘至承台梁边缘的距离不应小于 75 mm。条形承台和柱下独立基桩承台的厚度不应小于 300 mm。

(2) 高层建筑平板式和梁板式筏形承台的最小厚度不应小于 400 mm,墙下布桩的剪力墙结构筏形承台的最小厚度不应小于 200 mm。

(3) 高层建筑箱形承台的构造应符合《高层建筑筏形与箱形基础技术规范》(JGJ6)的规定。

(4) 筏形、箱形承台板的厚度,对于基桩不至于墙下或基础梁下的情况不宜小于 250 mm,且板厚与计算区段最小跨度之比不宜小于 1/20;

2. 承台的材料要求

1) 混凝土

为保证承台有足够的抗冲切、抗弯、抗剪切相局部承压承载力,承台混凝土强度等级。不应低于 C20。承台混凝土材料及其强度等级应符合结构混凝土耐久性的要求和抗渗要求。承台底面钢筋的混凝土保护厚度,当有混凝土垫层时,不应小于 50 mm;无混凝土垫层垫时不应小于 70 mm;此外尚不应小于桩嵌入承台内的长度。承台构造钢筋的混凝土保护层厚度不宜小于 35 mm。

应满足承台的混凝土要求:

(1) 承台混凝土强度等级不宜小于 C20。

(2) 承台底面钢筋混凝土保护层厚度不宜小于 70 mm,当设素混凝土垫层时,保护层厚度可适当减小。

(3) 垫层厚度宜为 100 mm,强度等级宜为 C7.5。

2) 钢筋

承台受力钢筋应通长布置不应长短相间或缩短后交叉布置。矩形承台板配筋按双向均匀布置,受力钢筋直径不宜小于 10 mm,间距不应大于 200 mm,同时不应小于 100 mm。承台梁的纵向主钢筋直径不应小于 12 mm。架立钢筋直径不宜小于 10 mm,箍筋直径不应小于 6 mm。

3. 承台的基本尺寸与形式

1) 平面形式与基本尺寸

(1) 对于独立承台和筏形承台,根据上部结构类型和布桩要求,可采用矩形、三角形、多边形和圆形等形式的现浇承台板;对于条形和井格形承台。一般采用现浇连续梁承台梁,当需防冻胀或基地土膨胀时,为便于承台梁设置防胀设施,也可采用预制承台梁。

(2) 一般情况下,承台的平面尺寸是根据上部结构荷载分布和布桩要求确定的,为节省材料,应使承台的平面尺寸尽可能小,为此宜考虑尽可能按最小桩距要求布桩,表 8-4 列出了最小中心距 S_{min} 的数据供设计时参考。

表 8 - 4 最小桩中心距 S_{min} 的数据

土类或桩工艺		排数不少于 3 排且桩数不少于 9 根的摩擦型桩桩基	其 他 情 况
非挤土灌注桩		$3.0d$	$3.0d$
部分挤土桩		$3.5d$	$3.0d$
挤土桩	非饱和土	$4.0d$	$3.5d$
	饱和黏性土	$4.5d$	$4.0d$
钻、挖孔扩底桩		$2D$ 或 $D+2.0$ m(当 $D>2$ m)	$1.5D$ 或 $D+1.5$ m(当 $D>2$ m)
趁管夯扩、 钻孔挤扩桩	非饱和土	$2.2D$ 且 $4.0D$	$2.0D$ 且 $3.5D$
	饱和黏性土	$2.5D$ 且 $4.5D$	$2.2D$ 且 $4.0D$

注：① d—圆桩直径或方桩边长，D—扩大墙设计直径；
　　② 当纵横向桩距不相等时，其最小中心距应满足"其他情况"一栏的规定；
　　③ 当为端承桩时，非挤土灌注桩的"其他情况"一栏可减小至 $2.5d$。

（3）独立柱下桩基承台的最小宽度不应小于 500 mm，边桩中心至承台边缘的距离不应小于桩的直径或边长，且桩的外边缘至承台边缘的距离不应小于 150 mm。对于墙下条形承台梁，桩的外边缘至承台梁边缘的距离不应小于 75 mm。承台的最小厚度不应小于 300 mm。

高层建筑平板式和梁板式筏形承台的最小厚度不应小于 400 mm。

2）承台的剖面形式及基本尺寸

（1）现浇制柱下独立承台的剖面一般采用矩形等厚度板形式。未节省混凝土用量，独立承台也可采用台锥形式或台阶形剖面形式（见图 8 - 18）。台锥形或台阶形实际就是在矩形剖面肩角割坡或变阶而成。对于承台的厚度以及割坡的起点和坡角或变阶部位的尺寸均应满足承台结构计算中局部承压、抗冲切、抗弯和抗剪切承载力的计算要求。

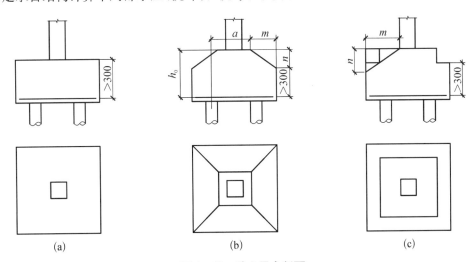

图 8 - 18 独立承台剖面

承台板的厚度一般不小于 300 mm。台锥形和台阶形承台的边缘厚度也不宜小于 300 mm。如图 8 - 18(b)所示台锥型承台，当 $a/h_0>1$ 时，侧面坡度宜满足 $n/m<1/3$；当 $a/h_0<1$ 时，侧面坡度宜满足 $n/m<1/2$；如图 8 - 18(c)所示台阶形承台，每阶高度一般为 300 mm×

500 mm,柱边与台阶形承台最上部两阶交界点连线的坡度宜满足 $n/m < 1/2$。

(2) 如图 8-19 所示条形承台(或井格形承台)的剖面,一般采用矩形或倒 T 形的截面形式,至于柱下条形承台(或井格形承台)则一般采用倒 T 形的截面形式。条形承台也可采用割坡,侧面坡度宜满足 $n/m < 1/2$。

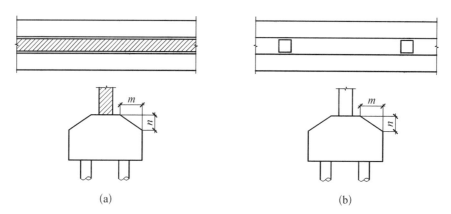

(a)　　　　　　　　　　　　　　(b)

图 8-19　条形承台剖面

条形桩基的承台,一般采用现浇连续承台梁,对于防冻胀和防膨胀的承台梁为便于设置防胀措施,可采用预制承台梁。对于板式承台为避免因抗冲切强度不足而把板厚设计得过大,可将桩顶扩大成倒锥台形,类似无梁楼盖的构造形式,以提高其抗冲切能力。

(3) 对于筏形承台板,为了避免因抗冲切承载力不足而把板厚设计过大,可将桩顶扩大成倒锥台形(见图 8-20(a))类似无梁楼盖的构造形式,以提高其抗冲切能力。同样,在柱底不影响使用要求的条件下,也可将其扩大成正锥台形(见图 8-20(b))。

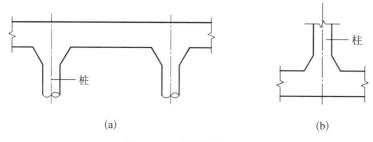

(a)　　　　　　　　　　　　　　(b)

图 8-20　筏形承台剖面

(4) 当上部结构为预制柱时,承台应做成杯口,如图 8-21 所示,杯口承台的杯底有效高度 a_1 和杯壁厚度 t 可参照表 8-5 选用。

表 8-5　杯口承台的杯底和杯壁高度

桩断面长边尺寸/mm	杯底有效高度 a/mm	杯壁厚度 t/mm	桩断面长边尺寸/mm	杯底有效高度 a/mm	杯壁厚度 t/mm
$h < 500$	$\geqslant 250$	150×200			
$500 \leqslant h < 800$	$\geqslant 300$	$\geqslant 200$	$1\,000 \leqslant h < 15$	$\geqslant 300$	$\geqslant 350$
$800 \leqslant h < 1\,000$	$\geqslant 300$	$\geqslant 300$	$1\,500 \leqslant h < 20$	$\geqslant 400$	$\geqslant 400$

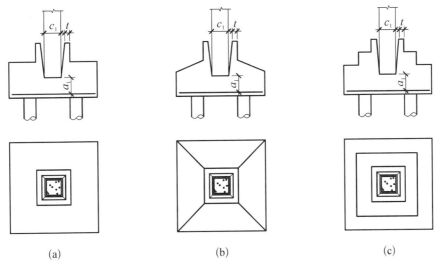

图 8－21　杯形承台剖面

常用的有单桩承台(桩帽)、两桩承台、三桩承台、多桩承台(桩筏)及柱下条式承台等。承台平面尺寸可根据上部结构和布桩形式确定,周边与桩边的净距一般不小于 0.5 倍桩径,对于 $d > 1$ m 的大直径桩,不小于 500 mm。承台厚度一般不应小于 300 mm。

(5) 承台构造的最小尺寸

承台最小宽度不应小于 500 mm,承台边缘至桩中心的距离不宜小于桩的直径或边长,且边缘的挑出部分不应小于 150 mm,对于条形承台梁边缘挑出部分不应小于 75 mm。

4. 承台的钢筋配置

承台的厚度大多是按其能视作刚体所需的最小厚度确定的,但截面仍很厚。因此,当承台的含筋量与截面混凝土面积相比很小时,其性能与无筋混凝土结构相近,这时其极限破坏强度很小。为此,应按少筋混凝土结构考虑其最小配筋量。按规范规定,最小配筋量应大于由混凝土开裂弯矩确定的最低限度配筋量。

承台的钢筋配置应符合下列规定:

(1) 柱下独立桩基承台纵向受力钢筋应通长配置(图 8－22(a)),对四桩以上(含四桩)承台宜按双向均匀布置,对三桩的三角形承台应按三向板带均匀布置,且最里面的三根钢筋围成的三角形应在柱截面范围内(图 8－22(b))。纵向钢筋锚固长度自边桩内侧(当为圆桩时,应将其直径乘以 0.8 等效为方桩)算起,不应小于 $35d_g$(d_g 为钢筋直径);当不满足时应将纵向钢筋向上弯折,此时水平段的长度不应小于 $25d_g$,弯折段长度不应小于 $10d_g$。承台纵向受力钢筋的直径不应小于 12 mm,间距不应大于 200 mm。柱下独立桩基承台的最小配筋率不应小于 0.15%。

(2) 柱下独立两桩承台,应按现行国家标准《混凝土结构设计规范》(GB50010)中的深受弯构件配置纵向受拉钢筋、水平及竖向分布钢筋。承台纵向受力钢筋端部的锚固长度及构造应与柱下多桩承台的规定相同。

(3) 条形承台梁的纵向主筋应符合现行国家标准《混凝土结构设计规范》(GB50010)关于最小配筋率的规定(图 8－22),主筋直径不应小于 12 mm,架立筋直径不应小于 10 mm,箍

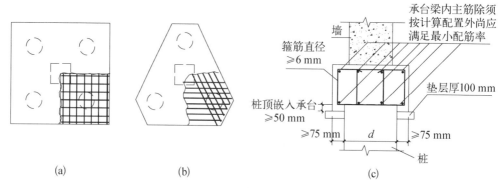

图 8‐22　承台配筋示意

(a) 矩形承台配筋;(b) 三桩承台配筋;(c) 墙下承台梁配筋图

筋直径不应小于 6 mm。承台梁端部纵向受力钢筋的锚固长度及构造应与柱下多桩承台的规定相同。

(4) 筏形承台板或箱形承台板在计算中当仅考虑局部弯矩作用时,考虑到整体弯曲的影响,在纵横两个方向的下层钢筋配筋率不宜小于 0.15%,上层钢筋应按计算配筋率全部连通。当筏板的厚度大于 2 000 mm 时,宜在板厚中间部位设置直径不小于 12 mm、间距不大于 300 mm 的双向钢筋网。筏形承台板的分布构造钢筋,可采用 $\phi 10 \sim 12$ mm,间距 $150 \sim 200$ mm;当考虑局部弯曲作用按倒楼盖法计算内力时,考虑到整体弯曲的影响,纵横两方向尚应有 $1/2 \sim 1/3$ 支座钢筋,且配筋率不小于 0.15%,贯穿全跨配置;跨中钢筋应按计算配筋率全部通过。

(5) 承台底面钢筋的混凝土保护层厚度,当有混凝土垫层时,不应小于 50 mm,无垫层时不应小于 70 mm;此外尚不应小于桩头嵌入承台内的长度。

(6) 箱形承台的顶面与底面的配筋,应综合考虑承受整体弯曲钢筋的配置部位,以充分发挥各截面钢筋的作用;当仅局部弯曲作用计算内力时,考虑到整体弯曲的影响,钢筋配置除符合局部弯曲计算要求外,纵横两方向支座钢筋尚应有 $1/2 \sim 1/3$,且配筋率分别不小于 0.15%,0.10% 贯穿全跨配置,跨中钢筋应按实际配筋率全部通过。

5. 桩基承台的抗弯配筋

对于桩基承台的抗弯配筋,试验表明纵向钢筋的应变在桩之间基本相等,或桩边处纵筋的应变大于跨中的应变,因而桩基承台的抗弯承载力计算应为承台斜截面抗弯承载力计算:

$$V_a = T_z = C_z$$

$$A_s = V_a$$

$$A_s = \frac{V_a}{f_y Z} = \frac{M}{f_y Z}$$

当 $a/h_0 \geqslant 2(2.5)$ 时,则自然过渡到一般梁的正截面抗弯承载力计算。所以桩基承台的配筋计算关键是斜截面抗弯承载力计算中弯矩和内力臂的确定。

6. 承台的连接

1) 桩与承台的连接

上部结构的荷载通过承台传递到桩顶,不同性质的荷载对承台与桩的连接有相应的不同要求:竖向下压荷载要求桩顶与承台底紧密接触;竖向上拔荷载要求桩顶与承台连接的抗拉强度不低于桩身抗拉强度;水平荷载要求桩顶与承台连接的抗剪切强度不低于桩身抗剪切强度,且桩与承台之间形成铰接或固结;弯矩荷载则要求桩顶与承台固结相连,若为铰接则不能将弯矩直接传递于桩顶,而只能借助承台的刚性将弯矩转变为拉、压荷载传给桩顶。由于实际桩基工程中,只能承受竖向下压得荷载情况很少。因此一般需要将桩顶嵌入承台,具体要求为:

(1) 桩嵌入承台内的长度对中等直径桩不宜小于 50 mm;对大直径桩不宜小于 100 mm。

混凝土桩的桩顶纵向主筋应锚入承台内,其锚入长度不宜小于 35 倍纵向主筋直径。对于抗拔桩,桩顶纵向主筋的锚固长度应按现行国家标准《混凝土结构设计规范》(GB50010—2002)确定。当桩顶与承台连接构造满足上述构造要求时,可视桩顶为固结进行计算。应当注意,实际桩基工程中很难从构造上使桩顶与承台形成铰接。

(2) 对于大直径灌注桩,当采用一柱一桩时可设置承台或将桩与柱直接连接。

钢桩桩顶与承台直接的固结构造要求 8-23 所示。

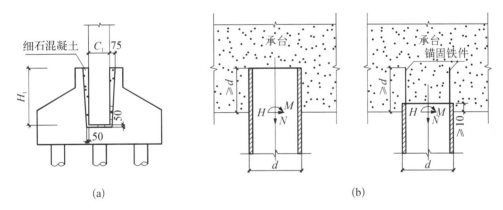

图 8-23 桩顶与承台连接

(a) 杯形承台与预制柱的连接;(b) 钢桩桩顶与承台的固结连接

预应力混凝土管桩桩顶与承台之间的连接构造要求如图 8-24 所示。

2) 桩与承台的连接

(1) 桩顶嵌入承台的长度对于大直径桩,不宜小于 100 mm;对于中等直径桩不宜小于 50 mm。

(2) 混凝土桩的桩顶主筋应伸入承台内,其锚固长度不宜小于 30 倍主筋直径,对于抗拔桩基不应小于 40 倍主筋直径。

(3) 预应力混凝土柱可采用钢筋与桩头钢板焊接的连接方法。

(4) 钢桩宜在桩头加焊锅形板或钢筋的连接方法。

3) 柱与承台的连接

承台与现浇柱的连接构造如图 8-25 所示,现浇柱纵向钢筋伸入承台的锚固长度可按下列要求采用。

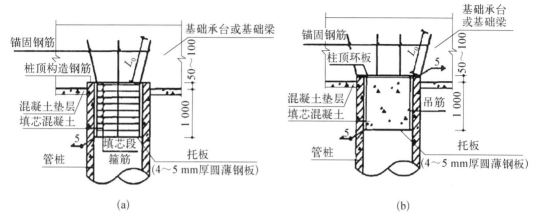

图 8‑24　预应力混凝土管桩桩顶与承台的连接

(a) 截桩桩顶与承台连接；(b) 不截桩桩顶与承台连接

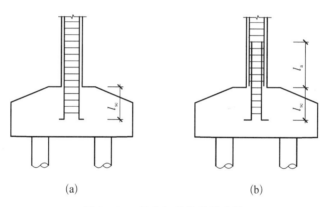

图 8‑25　承台与现浇柱的连接

(a) 同时浇筑；(b) 不同时浇筑

（1）对于一柱一桩基础，柱与桩直接连接时，柱纵向主筋锚入桩身内长度不应小于 35 倍纵向主筋直径。

（2）对于多桩承台，柱纵向主筋锚入承台长度不应小于 35 倍纵向主筋直径；当承台高度不满足锚固要求时，竖向锚固长度不应小于 20 倍纵向主筋直径并向柱轴线方向呈 90° 弯折。

（3）当有抗震设防要求时，对于一、二级抗震等级的柱，纵向主筋锚固长度应乘以 1.15 的系数；对于三级抗震等级的柱，纵向主筋锚固长度应乘以 1.05 的系数。

（4）当现浇柱与承台不同时浇筑，承台内预留的插筋数目及直径应与柱内纵向主筋相同，插筋与柱内纵向主筋的最小搭接长度可根据《混凝土结构设计规范》(GB50010—2002) 的要求确定。

（5）杯形承台与预制柱的连接构造示意图如图 8‑23 所示。

杯口内表面应尽量凿毛，柱子插入杯口后，柱与杯口之间的空隙应采用比承台混凝土强度高一级的细石混凝土密实填充，当填充混凝土强度达到承台混凝土设计强度的 70% 以上时，方可进行上部结构吊装。柱子插入杯口深度 H_1，可参照表 8‑6 选用。同时 H_1 应满足足锚固长度的要求。一般为 20 倍柱子纵向主筋直径。此外尚需考虑吊装时柱子的稳定性，即 $H_1 \geqslant 0.05$ 柱长(吊装时柱长)

表 8-6　柱子插入杯口深度 H

矩形或 I 字形柱				单肢管柱	双肢柱
$C_1 < 500$	$500 \leqslant C_1 \leqslant 800$	$800 \leqslant C_1 \leqslant 1\,000$	$C_1 > 1\,000$		
$H_1 = (1 \times 1.2)C_1$	$H_1 = C_1$	$\begin{array}{c} H_1 = 0.9C_1 \\ \geqslant 800 \end{array}$	$H_1 = 0.8C_1$	$H_1 = 1.5D \geqslant 500$	$\begin{array}{c} H_1 = (1/3 \times 2/3)C_A \\ = (1.5 \times 1.8)C_B \end{array}$

注：C_1 为柱截面长边尺寸(mm)；D 为管柱外直径(mm)；C_A、C_B 为双支柱整个截面长边和短边的尺寸(mm)。

4）承台与承台之间的连接

(1) 柱下单桩宜在桩顶两个互相垂直方向设置连系梁以传递、分配柱底的剪力和弯矩，增强整个建筑物桩基的协调工作能力，也符合结构内力分析时假定为固端计算模式。如桩径大于 2 倍的柱直径时，桩的抗弯刚度约为 16 倍以上，在柱底剪力和弯矩不很大的情况下，单桩基础抗压实现自身的平衡而不致有大的变位，就不需增设桩顶横向连系梁。

(2) 两桩直径的承台，在承台的短边方向的抗弯刚度较小，宜设置承台间的连系梁，如柱底的剪力和弯矩不大，也不需设置连系梁。

(3) 对于有抗震要求的柱下单桩基础，宜设置纵横向连系梁，这是由于单桩荷载作用下，建筑物下各单桩基础之间所受到的剪力、弯矩是非同步的，设置连系梁有利于剪力和弯矩的传递与分配。

(4) 连系梁顶面与承台顶面宜位于同一标高，以利于直接传递柱底剪力和弯矩。确定连系梁的截面尺寸时，一般将柱底剪力作用于梁的端部，按受压确定其截面尺寸，按受拉确定配筋。连系梁的宽度不宜小于 200 mm，其高度可取承台中心距的 $1/10 \sim 1/15$。

(5) 连系梁的配筋应根据计算确定，不宜小于 $4\phi12$ mm。

(6) 承台深埋应不小于 600 mm。

8.11　本章例题

(1) 如图所示桩基，竖向荷载设计值 $F = 16\,500$ kN，承台混凝土强度等级为 C35（$f_t = 1.65$ MPa），保护层厚度 0.1 m，试按《建筑桩基技术规范》计算承台受柱冲切的承载力。（下图中尺寸：$b_c = h_c = 1.0$ m，$a_{1x} = a_{1y} = 0.6$ m，$b_{x1} = b_{y1} = 6.4$ m，$b_{x2} = b_{y2} = 2.8$ m，$h_{01} = 1.0$ m；$h_{02} = 0.6$ m，$c_1 = c_2 = 1.2$ m)

解：根据《建筑桩基技术规范》(JGJ94—2008)第 5.9.7 条：

① $h_0 = h_{01} + h_{02} = 1 + 0.6 = 1.6$ m

$$a_{0x} = a_{0y} = 0.6 + \frac{1}{2} \times (2.8 - 1.0) = 1.5 \text{ m}$$

$$\lambda_{0x} = \lambda_{0y} = \frac{a_{0x}}{h_0} = \frac{1.5}{1.6} = 0.937\,5$$

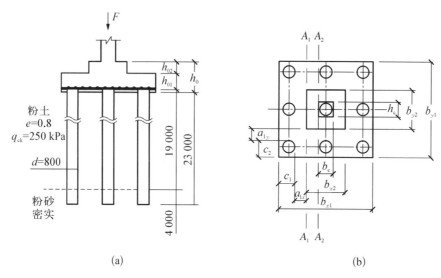

题(1)图

$$\beta_{0x} = \beta_{0y} = \frac{0.84}{\lambda_{0x} + 0.2} = \frac{0.84}{0.9375 + 0.2} = 0.738$$

$$\beta_{hp} = 1 - \frac{h - 800}{12\,000} = 1 - \frac{(1.6 + 0.1) \times 1\,000 - 800}{12\,000} = 0.925$$

② 受柱冲切承载力：

$$2[\beta_{0x}(b_c + a_{0y}) + \beta_{0y}(h_c + a_{0x})]\beta_{hp}f_t h_0$$
$$= 2 \times [0.738 \times (1 + 1.5) + 0.738 \times (1 + 1.5)] \times 0.925 \times 1.65 \times 10^3 \times 1.6 = 18\,021.96 \text{ kN}$$

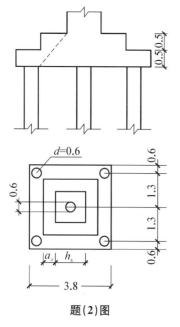

题(2)图

（2）某柱下桩基如图所示，柱宽 $h_c = 0.6$ m，承台有效高度 $h_0 = 1.0$ m，承台混凝土抗拉强度设计值 $f_t = 1.71$ MPa，作用于承台顶面的竖向力设计值 $F = 7\,500$ kN，试按《建筑桩基技术规范》验算柱冲切承载力。

解：根据《建筑桩基技术规范》(JGJ94—2008)第5.9.7条：

① 冲切力：$F_t = F - \sum Q_i = 7\,500 - \frac{1}{5} \times 7\,500 = 6\,000$ kN

② 圆柱化方桩：$b = 0.8d = 0.8 \times 0.6 = 0.48$ m

$$a_{0x} = a_{0y} = 1.3 - \frac{0.48}{2} - \frac{0.6}{2} = 0.76 \text{ m}$$

$$\lambda_{0x} = \lambda_{0y} = \frac{a_{0x}}{h_0} = \frac{0.76}{1} = 0.76$$

$$\beta_{0x} = \beta_{0y} = \frac{0.84}{\lambda_{0x} + 0.2} = \frac{0.84}{0.76 + 0.2} = 0.875$$

$$\beta_{hp} = 1 - \frac{h - 800}{12\,000} = 1 - \frac{1\,000 - 800}{12\,000} = 0.983$$

③ 受冲切承载力：

$$2[\beta_{0x}(b_c + a_{0y}) + \beta_{0y}(h_c + a_{0x})]\beta_{hp}f_t h_0$$
$$= 2 \times [0.875 \times (0.6 + 0.76) + 0.875 \times (0.6 + 0.76)] \times 0.983 \times 1.71 \times 10^3 \times 1.0$$
$$= 8\,001.2\ \text{kN} > F_t = 6\,000\ \text{kN}，满足要求$$

（3）如图所示，四桩承台，采用截面 0.4 m ×
0.4 m 钢筋混凝土预制方桩，承台混凝土强度等级为
C35（$f_t = 1.57$ MPa），试按《建筑桩基技术规范》验
算承台受角桩冲切的承载力。

解：根据《建筑桩基技术规范》（JGJ94—2008）第
5.9.8 条：

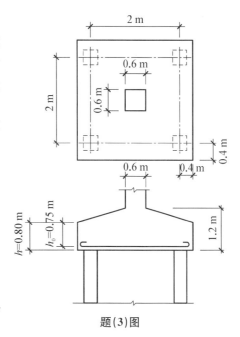

题(3)图

① $a_{1x} = \dfrac{2}{2} - \dfrac{0.6}{2} - \dfrac{0.4}{2} = 0.5$ m

$\lambda_{1x} = \dfrac{a_{1x}}{h_0} = \dfrac{0.5}{0.75} = 0.667$

$\beta_{1x} = \dfrac{0.56}{\lambda_{1x} + 0.2} = \dfrac{0.56}{0.667 + 0.2} = 0.646$

$\beta_{hp} = 1 - \dfrac{h - 800}{12\,000} = 1 - \dfrac{1\,200 - 800}{12\,000} = 0.967$

② $\left[\beta_{1x}\left(c_2 + \dfrac{a_{1y}}{2}\right) + \beta_{1y}\left(c_1 + \dfrac{a_{1x}}{2}\right)\right]\beta_{hp}f_t h_0 = [0.646 \times (0.6 + \dfrac{0.5}{2})] \times 2 \times 0.967 \times$

$1\,570 \times 0.75 = 1\,250.5$ kN

（4）某桩基三角形承台如图所示，承台厚度 1.1 m，钢筋保护层厚度 0.1 m，承台混凝土
抗拉强度设计值 $f_t = 1.7$ N/mm²，试按《建筑桩基技术规范》计算承台受底部角桩冲切的承
载力。

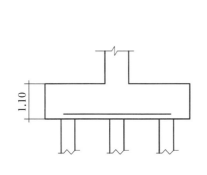

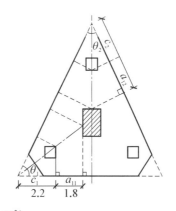

（注：图中 $\theta_1 = \theta_2 = 60°$）

题(4)图

解：根据《建筑桩基技术规范》（JGJ94—2008）第 5.9.8 条：

① $\beta_{hp} = 1 - \dfrac{h-800}{12\,000} = 1 - \dfrac{1\,100-800}{12\,000} = 0.975$

$\lambda_{11} = \dfrac{a_{11}}{h_0} = \dfrac{1.8}{1.1-0.1} = 1.8 > 1$，取 $\lambda_{11} = 1$，$a_{11} = \lambda_{11} \times 1.0 = 1\,\text{m}$

$\beta_{11} = \dfrac{0.56}{\lambda_{11}+0.2} = \dfrac{0.56}{1+0.2} = 0.467$

② $\beta_{11}(2c_1 + a_{11})\beta_{hp}\tan\dfrac{\theta}{2}f_t h_0 = 0.467 \times (2 \times 2.2 + 1) \times 0.975 \times \tan\dfrac{60°}{2} \times 1.7 \times$

$10^3 \times 1.0 = 2\,413.3\,\text{kN}$

（5）如图所示桩基，竖向荷载 $F = 19\,200\,\text{kN}$，承台混凝土 C35（$f_t = 1.57\,\text{MPa}$），试按《建筑桩基技术规范》计算柱边 A-A 至桩边斜截面的受剪承载力。（注：$a_x = 1.0\,\text{m}$，$h_0 = 1.2\,\text{m}$，$b_0 = 3.2\,\text{m}$）

解：根据《建筑桩基技术规范》（JGJ94—2008）第 5.9.10 条：

① $\lambda_x = \dfrac{a_x}{h_0} = \dfrac{1}{1.2} = 0.833$，$\alpha_x = \dfrac{1.75}{\lambda_x+1} = 0.955$

$\beta_{hs} = \left(\dfrac{800}{h_0}\right)^{\frac{1}{4}} = \left(\dfrac{800}{1\,200}\right)^{\frac{1}{4}} = 0.904$

② 受剪承载力：$\beta_{hs} \cdot \alpha_x \cdot f_t \cdot b_{0y} \cdot h_0 = 0.904 \times 0.955 \times 1.57 \times 10^3 \times 3.2 \times 1.2 = 5\,204.8\,\text{kN}$

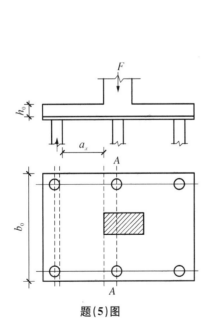

题(5)图

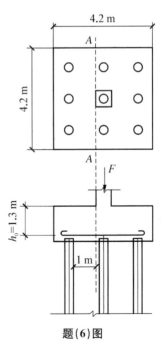

题(6)图

（6）如上图所示，竖向荷载设计值 $F = 24\,000\,\text{kN}$，承台混凝土为 C40（$f_t = 1.71\,\text{MPa}$），试按《建筑桩基设计规范》验算柱边 A-A 至桩边连线形成的斜截面的抗剪承载力与剪切力之比（抗力/V）。

解：根据《建筑桩基技术规范》(JGJ94—2008)第 5.9.10 条：

① $V = \dfrac{F}{n} \times 3 = \dfrac{24\,000}{9} \times 3 = 8\,000\ \text{kN}$

② $a_x = 1.0\ \text{m},\ h_0 = 1.3\ \text{m}$

$$\lambda_x = \frac{a_x}{h_0} = \frac{1}{1.3} = 0.769$$

$$\alpha_x = \frac{1.75}{\lambda_x + 1} = \frac{1.75}{0.769 + 1} = 0.989$$

$$\beta_{hs} = \left(\frac{800}{h_0}\right)^{\frac{1}{4}} = \left(\frac{800}{1\,300}\right)^{\frac{1}{4}} = 0.885\,7$$

$$\begin{aligned}\beta_{hs} \cdot \alpha_x \cdot f_t \cdot b_{0y} \cdot h_0 &= 0.885\,7 \times 0.989 \times 1.71 \\ &\quad \times 10^3 \times 4.2 \times 1.3 \\ &= 8\,178.5\ \text{kN}\end{aligned}$$

③ $\dfrac{\beta_{hs} \cdot \alpha_x \cdot f_t \cdot b_{0y} \cdot h_0}{V} = \dfrac{8\,178.5}{8\,000} = 1.02$

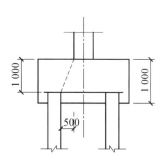

(7) 柱下桩基如图所示，若要求承台长边斜截面的受剪力不小于 11 MN，按《建筑桩基技术规范》计算，承台混凝土轴心抗拉强度设计值 f_t 的最小值。

解：根据《建筑桩基技术规范》（JGJ94—2008）第 5.9.10 条：

① $\lambda_x = \dfrac{a_x}{h_0} = \dfrac{0.6}{1.0} = 0.6$

$$\alpha_x = \frac{1.75}{\lambda_x + 1} = \frac{1.75}{0.6 + 1} = 1.094$$

$$\beta_{hs} = \left(\frac{800}{1\,000}\right)^{\frac{1}{4}} = 0.946$$

$\beta_{hs}\alpha_x f_t b_{0y} h_0 = 0.946 \times 1.094 \times f_t \times 4.8 \times 1 = 4.968 f$

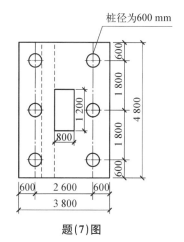

桩径为600 mm

题(7)图

② $11 \times 1\,000 \leqslant 4.968 f_t$，得 $f_t \geqslant 2\,214\ \text{kPa}$

(8) 如图所示，柱下桩基承台，柱截面尺寸为 $0.4\ \text{m} \times 0.8\ \text{m}$，承台混凝土轴心抗拉强度设计值 $f_t = 1.71\ \text{MPa}$，试按《建筑桩基技术规范》，计算承台柱边（$A_1 - A_1$）和变阶处（$B_1 - B_1$ 未画出）斜截面的受剪承载力。

解：根据《建筑桩基技术规范》(JGJ94—2008)第 5.9.10 条：

① 柱边处：

$$\lambda_{1x} = \frac{a_{1x}}{h_{10} + h_{20}} = \frac{1}{0.3 + 0.3} = 1.67,\ 满足\ 0.25 \leqslant \lambda_{1x} \leqslant 3$$

$$\alpha_{1x} = \frac{1.75}{\lambda_{1x} + 1} = \frac{1.75}{1.67 + 1} = 0.655$$

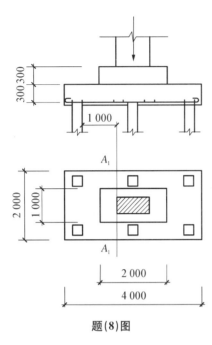

题(8)图

$$\beta_{hs} = \left(\frac{800}{h_{10}+h_{20}}\right)^{\frac{1}{4}}, \quad h_{10} + h_{20} = 600 \text{ mm} <$$

800 mm，取 $\beta_{hs} = 1$

受剪承载力：

$$\beta_{hs}\alpha_{1x}f_t b_{y0}(h_{10}+h_{20}) = 1\times 0.655\times 1.71\times (2 \\ \times 0.3+1\times 0.3) \\ = 1.01 \text{ MN}$$

② 变阶处：

$$a_{1x} = 1.0 - \frac{2-0.8}{2} = 0.4 \text{ m}; \quad \lambda_{1x} = \frac{a_{1x}}{h_{10}} = \frac{0.4}{0.3} =$$

1.33，满足 $0.25 \leqslant \lambda_{1x} \leqslant 3$

$$\alpha_{1x} = \frac{1.75}{\lambda_{1x}+1} = \frac{1.75}{1.33+1} = 0.751; \quad h_{10} =$$

$300 \text{ mm} \leqslant 800 \text{ mm}$，取 $\beta_{hs} = 1$

受剪承载力：$\beta_{hs}\cdot\alpha_{1x}\cdot f_t b_{y1} h_{10} = 1\times 0.751\times$

$1.71\times 2\times 0.3 = 0.77 \text{ MN}$

（9）如图所示，柱下桩基承台，柱截面尺寸为 $0.7 \text{ m}\times$ 0.7 m，桩径 0.6 m，承台混凝土轴心抗拉强度设计值 $f_t = 1.71 \text{ MPa}$，作用于承台顶面的竖向力设计值 $F = 7500 \text{ kN}$，试按《建筑桩基技术规范》，验算承台柱边和变阶处斜截面的受剪承载力。

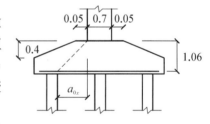

解：根据《建筑桩基技术规范》（JGJ94—2008）第5.9.10条：

① 验算柱边处

剪力：$V = \dfrac{F}{n}\times 3 = \dfrac{7500}{9}\times 3 = 2500 \text{ kN}$

圆桩化方桩：$b = 0.8d = 0.8\times 0.6 = 0.48 \text{ m}$

$$a_{0x} = 1.5 - \frac{0.7}{2} - \frac{0.48}{2} = 0.91 \text{ m}; \quad \lambda_{0x} = \frac{a_{0x}}{h_0} =$$

$$\frac{0.91}{1.06} = 0.858,$$

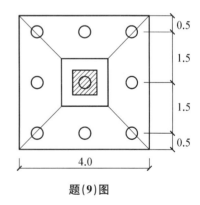

题(9)图

满足 $0.25 \leqslant \lambda_{0x} \leqslant 3$

$$\alpha_{0x} = \frac{1.75}{\lambda_{0x}+1} = \frac{1.75}{0.858+1} = 0.942; \quad \beta_{hs} = (800/1060)^{1/4} = 0.932$$

$$b_{y0} = \left[1 - 0.5\frac{h_{20}}{h_0}\left(1 - \frac{b_{y2}}{b_{y1}}\right)\right]b_{y1} = \left[1 - 0.5\times \frac{0.4}{1.06}\times \left(1 - \frac{0.7}{4}\right)\right]\times 4 = 3.38 \text{ m}$$

受剪承载力：$\beta_{hs}\alpha_{0x}f_t b_{y0}h_0 = 0.932\times 0.942\times 1.71\times 10^3\times 3.38\times 1.06 = 5378.8 \text{ kN} >$

2 500 kN，满足要求；

② 验算变阶处：

剪力：$V = 2\,500$ kN

$$a_{0x} = 1.5 - \frac{0.7}{2} - \frac{0.48}{2} - 0.05 = 0.86 \text{ m}; \quad \lambda_{0x} = \frac{a_{0x}}{h_0} = \frac{0.86}{1.06} = 0.811,$$

满足 $0.25 \leqslant \lambda_{0x} \leqslant 3$

$$\alpha_{0x} = \frac{1.75}{\lambda_{0x} + 1} = \frac{1.75}{0.811 + 1} = 0.966; \quad \beta_{hs} = (800/1\,060)^{1/4} = 0.932$$

$$b_{y0} = \left[1 - 0.5 \frac{h_{20}}{h_0}\left(1 - \frac{b_{y2}}{b_{y1}}\right)\right]b_{y1} = \left[1 - 0.5 \times \frac{0.4}{1.06} \times \left(1 - \frac{0.8}{4}\right)\right] \times 4 = 3.40 \text{ m}$$

受剪承载力：$\beta_{hs}\alpha_{0x}f_t b_{y0}h_0 = 0.932 \times 0.966 \times 1.71 \times 10^3 \times 3.40 \times 1.06 = 5\,548.5$ kN $>$ 2 500 kN，满足要求。

（10）如图所示，某 6 桩群桩基础，预制方桩截面 0.35 m $\times 0.35$ m，桩距 1.2 m，承台 3.2 m $\times 2.0$ m，高 0.9 m，承台埋深 1.4 m，桩伸入承台 50 mm，承台作用竖向荷载设计值 $F = 3\,200$ kN，弯矩设计值 $M = 170$ kN $\cdot$ m，水平力设计值 $H = 150$ kN，承台采用 C20 混凝土，$f_t = 1.1$ MPa，采用 HPB235 钢筋，$f_y = 210$ N/mm^2，试按《建筑桩基技术规范》计算以下内容：① 验算承台冲切承载力；② 验算角桩冲切承载力；③ 验算承台斜截面受剪承载力；④ 计算 x 轴方向最大弯矩设计值 M_y 和配筋。

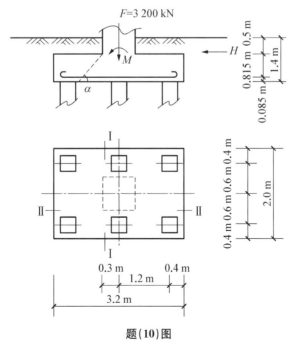

题（10）图

解：① 验算承台冲切承载力：

冲切力：$F_l = F - \sum Q_i = 3\,200 - 0 = 3\,200$ kN

$$a_{0x} = 1.2 - 0.3 - \frac{0.35}{2} = 0.725 \text{ m},$$

$$a_{0y} = 0.6 - 0.3 - \frac{0.35}{2} = 0.125 \text{ m}$$

$$\lambda_{0x} = \frac{a_{0x}}{h_0} = \frac{0.725}{0.815} = 0.890, \text{满足} 0.25 \leqslant \lambda_{0x} \leqslant 1$$

$$\lambda_{0y} = \frac{a_{0y}}{h_0} = \frac{0.125}{0.815} = 0.153 < 0.25, \text{取} \lambda_{0y} = 0.25, \text{反算} a_{0y} = 0.25 \times 0.815 = 0.204 \text{ m}$$

$$\beta_{0x} = \frac{0.84}{0.890 + 0.2} = 0.771, \beta_{0y} = \frac{0.84}{0.25 + 0.2} = 1.867, \beta_{hp} = 1 - \frac{900 - 800}{12\,000} = 0.992$$

受冲切承载力：　$2[\beta_{0x}(b_c + a_{0y}) + \beta_{0y}(h_c + a_{0x})]\beta_{hp}f_t h_0$

$$= 2 \times [0.771 \times (0.6 + 0.204) + 1.867 \times (0.6 + 0.725)] \times$$

$$0.992 \times 1.1 \times 10^3 \times 0.815$$

$$= 5\,502.6 \text{ kN} > F_1 = 3\,200 \text{ kN}, \text{满足条件}。$$

② 验算角桩冲切承载力：

冲切力：$N_1 = \dfrac{F}{n} + \dfrac{M_y x_i}{\sum x_i^2} = \dfrac{3\,200}{6} + \dfrac{(170 + 150 \times 0.9) \times 1.2}{4 \times 1.2^2} = 596.9 \text{ kN}$

$$a_{1x} = 0.725 \text{ m}, a_{1y} = 0.125 \text{ m}, c_1 = c_2 = 0.4 + 0.35/2 = 0.575 \text{ m}$$

$$\lambda_{1x} = \frac{a_{1x}}{h_0} = \frac{0.725}{0.815} = 0.890, \text{满足} 0.25 \leqslant \lambda_{1x} \leqslant 1$$

$$\lambda_{1y} = \frac{a_{1y}}{h_0} = \frac{0.125}{0.815} = 0.153 < 0.25, \text{取} \lambda_{1y} = 0.25, \text{反算} a_{1y} = 0.25 \times 0.815 = 0.204 \text{ m}$$

$$\beta_{1x} = \frac{0.56}{0.890 + 0.2} = 0.514, \beta_{1y} = \frac{0.56}{0.25 + 0.2} = 1.244, \beta_{hp} = 0.992$$

受冲切承载力：　$[\beta_{1x}(c_2 + a_{1y}/2) + \beta_{1y}(c_1 + a_{1x}/2)]\beta_{hp}f_t h_0$

$$= [0.514 \times (0.575 + 0.204/2) + 1.244$$

$$\times (0.575 + 0.725/2)] \times 0.922 \times 1.1 \times 10^3 \times 0.815$$

$$= 1\,346.6 \text{ kN} > N_1 = 596.9 \text{ kN}, \text{满足要求}。$$

③ 验算承台斜截面受剪承载力：

I-I 斜截面：

剪力：$V = 2 \times 596.9 = 1\,193.8 \text{ kN}$

$$a_x = 0.725 \text{ m};$$

$$\lambda_x = 0.725/0.815 = 0.890;$$

$$\alpha_x = \frac{1.75}{0.890 + 1} = 0.926;$$

$$\beta_{hs} = (800/815)^{1/4} = 0.995$$

受剪承载力：

$\beta_{hp}\alpha_x f_t b_{0y} h_0 = 0.995 \times 0.926 \times 1.1 \times 10^3 \times 2.0 \times 0.815 = 1\,652.0\ \text{kN} > V = 1\,193.8\ \text{kN}$，满足要求；

II - II 截面：$V = 3 \times 596.9 = 1\,790.7\ \text{kN}$

$$a_y = 0.125\ \text{m}; \lambda_y = 0.125/0.815 = 0.153 < 0.25, \text{取} \lambda_y = 0.25$$

$$\alpha_y = \frac{1.75}{0.25 + 1} = 1.40; \beta_{hs} = 0.995$$

受剪承载力：

$\beta_{hs}\alpha_y f_t b_{0x} h_0 = 0.995 \times 1.40 \times 1.1 \times 10^3 \times 3.2 \times 0.815 = 3\,996.2\ \text{kN} > V = 1\,790.0\ \text{kN}$，满足要求；

④ 计算 x 轴方向最大弯矩设计值 M_y 和配筋：

$$M_y = \sum N_i x_i = 2 \times 596.9 \times (0.725 + 0.35/2) = 1\,074.4\ \text{kN} \cdot \text{m}$$

$$A_s = \frac{M_y}{0.9 f_t h_0} = \frac{1\,074.4 \times 10^6}{0.9 \times 210 \times 10^3 \times 0.815} = 6\,975.0\ \text{mm}^2$$

第 9 章
桩基础设计

9.1 建筑桩基设计基本概念

地基中有"桩"基础都可称为桩基础。由于高、大建筑物以及重型构筑物的大量兴建,桩基础得到了广泛的采用。"桩"在地基中所起到的作用主要有两方面:一是解决地基土承载力不足的问题;二是限制地基"土"的压缩变形。根据具体工程的性质和地质条件,使基础的设计达到既安全又经济合理是当前普遍关注的问题。

合理和可行的基础设计方法,需要对共同作用的问题全面了解,以及对工程实践的正确评价,重视基本概念、基础知识的积累和运用。

9.1.1 桩基类型

按承载力性能分:有摩擦桩、端承桩、摩擦端承桩;桩承载力由桩侧摩阻力和桩端摩阻力组成,且不同仅表现在侧阻力和端阻力在桩的总承载力中所占比例之多少。

按施工方法分:有锤击桩、静压桩、钻孔灌注桩(包括扩底桩、后压浆钻孔灌注桩)、干作业成孔灌注桩、水泥搅拌桩、树根桩等。

按人工性状分:有混凝土预制桩(桩的体积使土挤密)、非挤土桩(钻孔灌注桩)、部分挤土桩(预钻孔取土预制桩)、低排土桩(开口钢管桩)等。

按材料分:钢筋混凝土桩、钢桩、木桩。

按直径分:小直径桩 ($d \leqslant 250\,\text{mm}$)、中等直径桩 ($250\,\text{mm} < d < 800\,\text{mm}$)、大直径桩 ($d \geqslant 800\,\text{mm}$)。

9.1.2 桩基布置

独立桩基:在框架柱下布桩。

条形桩基:在承重墙下布桩。

群桩布置:筏基,在底板下布桩,基本原则就是在柱下和墙下布桩的联合桩承台,一般用在当建筑物有地下室时。要求把上部结构永久荷载的重心与群桩合力作用点重合,即使基础形心与荷载重心相重合,其目的为保证沉降均匀,一般规定允许偏心小于等于 5%,可根据建筑物、构筑物的高度及其重要性适当灵活掌握。

要求基桩能受水平荷载,布桩考虑弯矩较大的方向桩基础有较大的截面模量。

9.1.3　基桩构造

1）灌注桩

桩身直径有 150～2 000 mm,当直径小于 300 mm 时,通常称为树根桩或微型桩,直径大于 800 mm 时,称大直径桩;桩的正截面配筋率可取 0.2～0.65(小直径取高值大直径取低值),对于荷载特别大的桩、抗拔桩及端承桩应根据计算确定配筋,但不应小于上述规定值。

桩的长度和配筋长度均与地质条件、施工条件等有关;一般摩擦型桩的桩身长度与桩的直径比(长细比 L/d)不宜大于 60～80,桩配筋长度不应小于 2/3 桩长。

混凝土强度等级一般为水下 C30,当计算桩身结构强度与土的承载力相匹配时,则可选用 C35 或 C25。

2）混凝土预制桩

混凝土预制方桩的截面边长不应小于 200 mm;预应力混凝土管桩的最小直径为 300 mm。

预制桩的长度,一般限制其长细比在 100 以内。当设计摩擦桩需要的持力层埋藏很深时,只要施工技术有可靠保证,就可以灵活处理。

锤击沉桩时,预制桩的最小配筋率不宜小于 0.8%;静压沉桩时,最小配筋率不宜小于 0.6%。

预制桩的连接,一般有焊接法和锚接法两种。电焊接桩时,上下节桩底桩顶的预埋件进行电焊链接;锚接法接桩时,上节桩的锚筋插入下节桩的锚筋孔中,用硫磺胶泥固结。

每根预制桩的接头数量不宜超过 3 个。

3）钢桩

钢桩包括各种类型的桩,如钢桩、H 型钢、槽钢等都可以灵活应用,其适应性较强。但是价格相对其他材料的桩要昂贵得多,因此除非特殊需要时,尽量少用或不用。

9.2　桩基础设计的基本规范

(1) 根据建筑规模、功能特征、对差异变形的适应性、场地地基和建筑物体型的复杂性以及由于桩基问题可能造成建筑破坏或影响正常使用的程度,应将桩基设计分为表 9-1 所列的 3 个设计等级。桩基设计时,应根据表 9-1 确定设计等级。

表 9-1　建筑桩基设计等级

设 计 等 级	建　筑　类　型
甲级	(1) 重要的建筑 (2) 30 层以上或高度超过 100 m 的高层建筑 (3) 体型复杂且层数相差超过 10 层的高低层(含纯地下室)连体建筑 (4) 20 层以上框架-核心筒结构及其他对差异沉降有特殊要求的建筑 (5) 场地和地基条件复杂的 7 层以上的一般建筑及坡地、岸边建筑 (6) 对相邻既有工程影响较大的建筑
乙级	除甲级、丙级以外的建筑
丙级	场地和地基条件简单、荷载分布均匀的 7 层及 7 层以下的一般建筑

（2）根据建筑物地基基础设计等级及长期荷载作用下地基变形对上部结构的影响程度，地基基础设计应符合下列规定：

① 所有建筑物的地基计算均应满足承载力计算的有关规定。

② 设计等级为甲级、乙级的建筑物，均应按地基变形设计。

③ 设计等级为丙级的建筑物有下列情况之一时应作变形验算：

a. 地基承载力特征值小于 130 kPa，且体型复杂的建筑；

b. 在基础上及其附近有地面堆载或相邻基础荷载差异较大，可能引起地基产生过大的不均匀沉降时；

c. 软弱地基上的建筑物存在偏心荷载时；

d. 相邻建筑距离近，可能发生倾斜时；

e. 地基内有厚度较大或厚薄不均的填土，其自重固结未完成时。

④ 对经常受水平荷载作用的高层建筑、高耸结构和挡土墙等，以及建造在斜坡上或边坡附近的建筑物和构筑物，尚应验算其稳定性。

⑤ 基坑工程应进行稳定性验算。

⑥ 建筑地下室或地下构筑物存在上浮问题时，尚应进行抗浮验算。

表 9-2 所列范围内设计等级为丙级的建筑物可不作变形验算。

表 9-2 可不作地基变形验算的设计等级为丙级的建筑物范围

地基主要受力层情况	地基承载力特征值 f_{ak}/kPa		$80 \leqslant f_{ak}$ <100	$100 \leqslant f_{ak}$ <130	$130 \leqslant f_{ak}$ <160	$160 \leqslant f_{ak}$ <200	$200 \leqslant f_{ak}$ <300
	各土层坡度/%		$\leqslant 5$	$\leqslant 10$	$\leqslant 10$	$\leqslant 10$	$\leqslant 10$
建筑类型	砌体承重结构、框架结构（层数）		$\leqslant 5$	$\leqslant 5$	$\leqslant 6$	$\leqslant 6$	$\leqslant 7$
	单层排架结构（6 m柱距）	单跨 吊车额定起重量/t	10~15	15~20	20~30	30~50	50~100
		单跨 厂房跨度/m	$\leqslant 18$	$\leqslant 24$	$\leqslant 30$	$\leqslant 30$	$\leqslant 30$
		多跨 吊车额定起重量/t	5~10	10~15	15~20	20~30	30~75
		多跨 厂房跨度/m	$\leqslant 18$	$\leqslant 24$	$\leqslant 30$	$\leqslant 30$	$\leqslant 30$
	烟囱	高度/m	$\leqslant 40$	$\leqslant 50$	$\leqslant 75$		$\leqslant 100$
	水塔	高度/m	$\leqslant 20$	$\leqslant 30$	$\leqslant 30$		$\leqslant 30$
		容积/m³	50~100	100~200	200~300	300~500	500~1 000

注：① 地基主要受力层系指条形基础底面下深度为 $3b$（b 为基础底面宽度），独立基础下为 $1.5b$，且厚度均不小于 5 m 的范围（两层以下一般的民用建筑除外）；

② 地基主要受力层中如有承载力特征值小于 130 kPa 的土层时，表中砌体承重结构的设计，应符合《建筑地基基础设计规范》(GB50007—2011)第 7 章的有关要求；

③ 表中砌体承重结构和框架结构均指民用建筑，对于工业建筑可按厂房高度、荷载情况折合成与其相当的民用建筑层数；

④ 表中吊车额定起重量、烟囱高度和水塔容积的数值系指最大值。

（3）建筑物安全等级。根据桩基损坏造成建筑物的破坏后果（危及人的生命、造成经济损失、产生社会影响）的严重性。桩基设计时应根据表 9-3 选定合适的安全等级。

表 9-3 建筑桩基安全等级

安 全 等 级	破 坏 后 果	建 筑 物 类 型
一级	很严重	重要的工业与民用建筑物,对桩基变形有特殊要求的工业建筑
二级	严重	一般的工业与民用建筑物
三级	不严重	次要的建筑物

（4）地基基础设计时,所采用的作用效应与相应的抗力限值应符合下列规定:

① 按地基承载力确定基础底面积及埋深或按单桩承载力确定桩数时,传至基础或承台底面上的作用效应应按正常使用极限状态下作用的标准组合。相应的抗力应采用地基承载力特征值或单桩承载力特征值。

② 计算地基变形时,传至基础底面上的作用效应应按正常使用极限状态下作用的准永久组合,不应计入风荷载和地震作用。相应的限值应为地基变形允许值。

③ 计算挡土墙、地基或滑坡稳定以及基础抗浮稳定时,作用效应应按承载能力极限状态下作用的基本组合,但其分项系数均为 1.0。

④ 在确定基础或桩基承台高度、支挡结构截面、计算基础或支挡结构内力、确定配筋和验算材料强度时,上部结构传来的作用效应和相应的基底反力、挡土墙土压力以及滑坡推力,应按承载能力极限状态下作用的基本组合,采用相应的分项系数。当需要验算基础裂缝宽度时,应按正常使用极限状态作用的标准组合。

⑤ 基础设计安全等级、结构设计使用年限、结构重要性系数应按有关规范的规定采用,但结构重要性系数（γ_0）不应小于 1.0。

9.3 设计控制原则

桩基础设计的目的是为了使建筑物安全,可靠地使用,设计应通过表 9-4 所示的控制达到这一目的,分别按承载力极限状态和正常使用极限状态两种极限状态验算。

表 9-4 桩基础设计控制

极限状态 / 控制内容	承载力极限状态		正常使用的极限状态
	土对桩的支承	桩身和承台强度	
设计状况	极限状态	极限状态	工作状态
安全度控制	安全系数/分项系数	分项系数	计算沉降量或裂缝
作用项	标准值/设计值	设计值	
抗力项	单桩极限承载力	混凝土强度设计值	允许变形值或裂缝允许值

9.3.1 承载力极限状态验算

承载能力极限状态是指桩基达到最大承载能力、整体失稳或发生不适于继续承载的变形；所有桩基均应进行承载力极限状态的计算，其内容包括：

（1）根据桩基的使用功能和受力特征进行桩基的竖向抗压或抗拔承载力的计算和水平承载力的计算；对于某些条件下的群桩基础还需要考虑由桩群、土和承台相互作用产生的承载力群桩效应。

（2）对桩身强度和承台的承载力进行验算。

（3）当桩端平面以下存在软弱下卧层时，应验算软弱下卧层的承载力。

（4）对位于斜坡、岸边的桩基需要验算整体稳定性。

（5）在地震区，按《建筑抗震设计规范》规定应进行抗震验算的桩基，应验算抗震承载力。

9.3.2　正常使用极限状态验算

正常使用极限状态是指桩基达到建筑物正常使用所规定的变形限值或达到耐久性要求的某项限值。为了验算正常使用极限状态，需要计算下列的变形或裂缝：

（1）桩端持力层为软土的一、二级建筑桩基以及桩端持力层为黏性土、粉土或存在软弱下卧层的一级建筑桩基，应验算沉降，并在需要时考虑上部结构与基础共同作用。

（2）受水平荷载较大或对水平变位要求严格的一级建筑桩基应验算水平变位。

（3）根据使用条件，要求混凝土不得出现裂缝的桩基应进行抗裂验算；对使用上需限制裂缝宽度的桩基应进行裂缝宽度验算。

9.4　桩基础设计荷载规定

9.4.1　荷载分类

建筑结构结构上的荷载可分为下列 3 类：

（1）永久荷载。例如结构自重、土压力、预应力等。

（2）可变荷载。例如楼面活荷载、屋面活荷载和积灰荷载、吊车荷载、风荷载、雪荷载等。

（3）偶然荷载。例如爆炸力、撞击力等。

注：自重是指材料自身重量产生的荷载（重力）。

9.4.2　设计荷载规定

设计荷载具有以下规定：

（1）桩基承载力极限状态计算时，荷载应按基本组合和地震作用效应组合。

（2）按正常使用极限状态验算桩基沉降时，应采用荷载的长期效应组合。

（3）验算桩基的水平变位、抗裂、裂缝宽度时，根据使用要求和裂缝控制等级应分别采用作用效应的短期效应组合或短期效应组合考虑长期荷载的影响。

9.4.3　荷载效应计算

地基基础设计的荷载是上部结构的结构，地基基础设计时，作用组合的效应设计值应符合下列规定：

地基基础设计时,作用组合的效应设计值应符合下列规定：

(1) 正常使用极限状态下,标准组合的效应设计值(S_k)应按下式确定：

$$S_k = S_{Gk} + S_{Q1k} + \psi_{c2}S_{Q2k} + \cdots + \psi_{cn}S_{Qnk} \tag{9-1}$$

式中：S_{Gk}——永久作用标准值(G_k)的效应；

S_{Qik}——第 i 个可变作用标准值(Q_{ik})的效应；

ψ_{ci}——第 i 个可变作用(Q_i)的组合值系数,按现行国家标准《建筑结构荷载规范》(GB50009)的规定取值。

(2) 准永久组合的效应设计值(S_k)应按下式确定：

$$S_k = S_{Gk} + \psi_{q1}S_{Q1k} + \psi_{q2}S_{Q2k} + \cdots + \psi_{qn}S_{Qnk} \tag{9-2}$$

式中：ψ_{qi}——第 i 个可变作用的准永久值系数,按现行国家标准《建筑结构荷载规范》GB—50009 的规定取值。

(3) 承载能力极限状态下,由可变作用控制的基本组合的效应设计值(S_d),应按下式确定：

$$S_d = \gamma_G S_{Gk} + \gamma_{Q1}S_{Q1k} + \gamma_{Q2}\psi_{c2}S_{Q2k} + \cdots + \gamma_{Qn}\psi_{cn}S_{Qnk} \tag{9-3}$$

式中：γ_G——永久作用的分项系数,按现行国家标准《建筑结构荷载规范》(GB50009)的规定取值；

γ_{Qi}——第 i 个可变作用的分项系数,按现行国家标准《建筑结构荷载规范》(GB50009)的规定取值。

(4) 对由永久作用控制的基本组合,也可采用简化规则,基本组合的效应设计值(S_d)可按下式确定：

$$S_d = 1.35S_k \tag{9-4}$$

式中：S_k——标准组合的作用效应设计值。

上式中,地基基础设计时,所采用的荷载效应最不利组合与相应的抗力限值应符合表

9.4.4 地基基础设计规范计算内容

地基基础设计规范计算内容如表 9-5 所示。

表 9-5 地基基础设计荷载规定

计算项目	计算内容	荷载组合	抗力限值
地基承载力计算	确定基础底面积及埋深	正常使用极限状态下的标准组合	地基承载力特征值或单桩承载力特征值
地基变形计算	建筑物沉降	正常使用极限状态下的准永久组合	地基变形允许值

（续表）

计 算 项 目	计 算 内 容	荷 载 组 合	抗 力 限 值
稳定性验算	土压力、滑坡推力、地基及斜坡的稳定性	承载力极限状态下的基本组合，但分项系数取 1.0	
基础结构承载力计算	基础或承台高度、结构截面、结构内力、配筋及材料强度验算	承载力极限状态下的基本组合，采用相应的分项系数	材料强度的设计值
基础抗裂验算	基础裂缝宽度	正常使用极限状态下的标准组合	

9.5　桩型设计

9.5.1　桩型选择依据

桩型选择的主要依据是上部结构的形式、荷载、地质条件和环境条件以及当地的桩基施工技术能力与经验等。例如，一般高层建筑荷载大而集中，对控制沉降要求较严，水平荷载（风荷级或地震荷载）很大，故应采用大直径桩，且支承于岩层（嵌岩桩）或坚实而稳定的砂层、卵砾石层或硬黏土层（端承桩或摩擦端承桩）。可根据环境条件和技术条件选用钢筋混凝土预制桩、大直径预应力混凝土管桩，也可选用钻孔桩或人工挖孔桩，特别是周围环境不允许打桩时；当要穿过较厚砂层时则宜选用钢桩。又如多层建筑，只能选用较短的小直径桩，且宜选用廉价的桩型，如小桩、沉管灌注桩。当浅层有较好持力层时，夯扩桩则更优越。对于基岩面起伏变化的地质条件，则各种灌注桩是首先考虑的桩型。

桩基础的类型则主要根据地质条件、上部结构的形式和对基础刚度的要求来决定。例如对沉降敏感的框架结构，当由摩擦桩支承时，应采用刚度较大的筏板将桩群连成一个刚度较大的基础，甚至采用箱形承台来弥补上部结构刚度的不足；若上部为刚度很大的剪力墙结构，则筏板的厚度可适当减小；当由端承桩支承时，则基础承台可简化为由联系梁拉结的独立承台，甚至可采用一柱一桩也能满足要求。总之，必须综合全面地考虑地质条件、上部结构类型及对基础刚度的要求，选择最佳的桩基础。

基桩可按下列规定分类：

1）按承载性状分类

（1）摩擦桩：在承载能力极限状态下，桩顶竖向荷载由桩侧阻力承受，桩端阻力小到可忽略不计。

端承摩擦桩：在承载能力极限状态下，桩顶竖向荷载主要由桩侧阻力承受。

（2）端承桩：在承载能力极限状态下，桩顶竖向荷载由桩端阻力承受，桩侧阻力小到可忽略不计；

摩擦端承桩：在承载能力极限状态下，桩顶竖向荷载主要由桩端阻力承受。

2) 按成桩方法分类

(1) 非挤土桩：干作业法钻(挖)孔灌注桩、泥浆护壁法钻(挖)孔灌注桩、套管护壁法钻(挖)孔灌注桩。

(2) 部分挤土桩。长螺旋压灌灌注桩、冲孔灌注桩、钻孔挤扩灌注桩、搅拌劲芯桩、预钻孔打入(静压)预制桩、打入(静压)式敞口钢管桩、敞口预应力混凝土空心桩和 H 型钢桩。

(3) 挤土桩。沉管灌注桩、沉管夯(挤)扩灌注桩、打入(静压)预制桩、闭口预应力混凝土空心桩和闭口钢管桩。

3) 按桩径(设计直径 d)大小分类

(1) 小直径桩：$d \leqslant 250$ mm。

(2) 中等直径桩：250 mm $< d < 800$ mm。

(3) 大直径桩：$d \geqslant 800$ mm。

9.5.2　主要桩型选择

一旦确定采用桩基础方案后，合理地选择桩型和桩端持力层是桩基设计的重要环节。选择桩型包括选择桩的材料、成桩和沉桩工艺、桩的长度(结合持力层选择)、桩的截面尺寸等内容，选择桩型时应考虑上部结构的要求、地质条件、环境要求、施工条件及质量控制以及工程造价等因素。主要桩型选择如表 9 - 6 所示。

9.5.3　桩型选取优化

在具体进行桩的选型时，要根据上部结构的荷载特点和地质条件、环境条件、施工条件来合理选择桩型。可以初步选定 2～3 个桩型，如选钻孔桩、预应力管桩或沉管灌注桩编制初步设计方案，并进行方案的综合技术经济安全对比，优选出初步设计桩型方案。同时与各方讨论商定最终方案。

最后选定的桩型其单桩和群桩的极限强度和安全系数都应当满足规范要求。群桩的最终沉降量和最大差异沉降应首先满足甲方使用要求且必须满足《建筑地基基础设计规范》规定的容许变形量。同时，对于主楼、裙楼、地下室一体的建筑，所选桩型必须满足变形协调的要求。

规范规定对于同一建筑物，原则上宜采用同种桩型。对于有可能产生液化的砂土层，不应采用锤击式、振动式现场灌注的混凝土桩型。对于软土要考虑打桩挤土效应。一般最终选择的桩型设计参数是经过桩基静载试验检验最终确定可行的优化方案。

9.5.4　持力层选择

持力层是指地层面某一能对要支承作用的岩上层。桩端持力层一般要有一定的强度与厚度，能使上部结构的荷载通过桩传递到该硬持力层上且变形量小。所以持力层的选择与上部结构的荷载密切相关。一般对荷载较小的如 6 层建筑，持力层只要选用地层剖面中浅层持力层且满足沉降要求就可以。对于荷载较大的如 18 层建筑，持力层要选在地层剖面中较深部的较硬持力层以满足承载力要求，同时桩持力层下无软下卧层以满足变形要求。对

表 9 - 6　桩型与成桩工艺选择

成桩方法	桩类	桩身/mm	扩大头/mm	最大桩长/m	一般黏性土及其填土	淤泥和淤泥质土	粉土	砂土	碎石土	季节性冻土膨胀土	非自重湿陷性黄土	自重湿陷性黄土	中间有硬夹层	中间有砂夹层	中间有砾石夹层	硬黏性土	密实砂土	碎石土	软质岩石和风化岩石	地下水位以上	地下水位以下	振动和噪音	排浆	孔底有无挤密
干作业法	长螺旋钻孔灌注桩	300~800	/	28	○	×	○	△	×	○	○	△	×	△	×	○	○	△	△	○	×	无	无	无
	短螺旋钻孔灌注桩	300~800	/	20	○	×	○	△	×	○	○	×	×	△	×	○	○	×	△	○	×	无	无	无
	钻孔扩底灌注桩	300~600	800~1200	30	○	×	○	×	×	△	△	△	×	△	×	○	○	△	△	○	×	无	无	无
	机动洛阳铲成孔灌注桩	300~500	/	20	○	×	△	×	△	△	△	△	△	×	△	○	○	×	△	○	×	无	无	无
	人工挖孔扩底灌注桩	800~2000	1600~3000	30	○	×	△	△	△	△	○	○	○	△	○	○	△	△	△	○	△	无	无	无
泥浆护壁法	潜水钻成孔灌注桩	500~800	/	50	○	○	○	△	△	△	×	×	○	○	△	○	○	△	△	○	○	无	有	无
	反循环钻成孔灌注桩	600~1200	/	80	○	○	○	△	△	△	○	△	○	○	△	○	○	△	△	○	○	无	有	无
	正循环钻成孔灌注桩	600~1200	/	80	○	○	○	△	△	△	○	△	○	○	△	○	○	△	△	○	○	无	有	无
	旋挖成孔灌注桩	600~1200	/	60	○	△	○	△	△	△	○	△	○	△	△	○	○	△	△	○	○	无	有	无
	钻孔扩底灌注桩	600~1200	1000~1600	30	○	△	○	△	△	△	○	△	○	△	△	○	△	△	△	○	○	无	有	无
套管护壁	贝诺托灌注桩	800~1600		50	○	△	○	△	△	△	△	△	○	△	△	○	○	△	△	○	○	无	无	无
	短螺旋钻孔灌注桩	300~800	/	20	○	△	○	△	△	△	△	△	△	△	△	○	△	△	△	○	○	无	无	无

（非挤土成桩）

（续表）

桩类		桩身/mm	扩大头/mm	最大桩长/m	一般黏性土及其填土	淤泥和淤泥质土	粉土	砂土	碎石土	季节性冻土膨胀土	非自重湿陷性黄土	自重湿陷性黄土	中间有硬夹层	中间有砂夹层	中间有砾石夹层	硬黏性土	密实砂土	碎石土	软质岩石和风化岩石	地下水位以上	地下水位以下	振动和噪音	排浆	孔底有无挤密
部分挤土成桩·灌注桩	冲击成孔灌注桩	600~1200	/	50	○	△	△	△	○	△	×	×	○	○	○	○	○	○	○	○	○	有	有	无
部分挤土成桩·灌注桩	长螺旋钻孔压灌桩	300~800	/	25	○	△	○	○	△	○	○	○	△	△	△	○	○	○	○	○	△	无	无	无
部分挤土成桩·灌注桩	钻孔挤扩多支盘桩	700~900	1200~1600	40	○	○	○	△	△	△	○	○	○	○	△	○	○	△	×	○	○	无	有	无
部分挤土成桩·预制桩	预钻孔打入式预制桩	500	/	50	○	○	○	△	×	△	○	○	△	△	△	○	○	△	△	○	○	有	无	有
部分挤土成桩·预制桩	静压混凝土/预应力砼打入式敞口管桩	800	/	60	○	○	○	△	×	△	○	○	△	△	△	○	○	○	△	○	○	无	无	有
部分挤土成桩·预制桩	H型钢桩	规格	/	80	○	○	○	○	○	△	△	△	○	○	○	○	○	○	○	○	○	有	无	无
部分挤土成桩·预制桩	敞口钢管桩	600~900	/	80	○	○	○	○	○	△	△	△	○	○	○	○	○	○	○	○	○	有	无	有
挤土成桩·灌注桩	内夯沉管灌注桩	325 377	460~700	25	○	○	○	△	△	△	△	△	×	△	×	△	△	△	×	○	○	有	无	有
挤土成桩·预制桩	打入式混凝土预制桩·闭口钢管桩·混凝土管桩	500×500 1000	/	60	○	○	○	△	○	△	○	○	○	○	○	○	○	○	△	○	○	有	无	有
挤土成桩·预制桩	静压桩	1000	/	60	○	○	△	△	△	△	△	△	△	△	×	○	○	△	×	○	○	无	无	有

于荷载很大的如30层高层建筑,桩端持力层要选在地层剖面中深部的坚硬持力层如中风化基岩(或厚度大的卵砾层实行桩底注浆)以满足变形要求。总之,选择桩端持力层要满足承载力和沉降要求(安全性),其次要考虑经济性、合理性、施工方便等因素。原则上在相同的经济性时尽可能不用纯摩擦桩型(即无持力层),而选择摩擦端承型、端承摩擦型或纯端承桩。

持力层的选定是桩基设计的一个重要环节。持力层的选用决定于上部结构的荷载要求、场地内各硬土层的深度分布、各土层的物理力学性质、地下水性质、拟选的桩型及施工方式、桩基尺寸及桩身强度等。持力层选择是否得当,直接影响桩的承载力、沉降量、桩基工程造价和施工难易程度。以上海地基土为例,上海地区一般图层分布如表9-7所示,其中距地表较浅的褐黄色黏性土,地耐力较高,可做地层或多层建筑的天然地基持力基,第六层暗绿色黏土,其物理力学性能最好,是高层建筑桩基的良好持力层,将该层作为高层建筑持力层,已积累了丰富的经验。但在该土层缺失地块,高层建筑选第五层还是第七层作桩持力层,必须视建筑物层数和第五层中5-1层厚度及5-3软层的具体情况作具体分析而定。

表9-7 上海地区地基土层分布

土层编号	土层名称	常见厚度/m	埋深/m	分布情况
1-1	人工填土	0.5~2		市区遍布
1-2	暗浜土	1~4		暗浜区
2	褐黄色黏性土	1.5~4	0.5~2	遍布
3	淤泥质粉质黏土	5~10	3~7	遍布
4	淤泥质黏土	5~10	7~12	遍布
5或5-1	灰色黏性土	5~10	15~20	遍布
5-2	砂质粉土、粉砂	5~10	20~30	暗绿色6层缺失区
5-3	灰黑色黏性土	10~20	25~35	暗绿色6层缺失区
6	暗绿、草黄色黏性土	3~5	25~30	分布较广,古河道区缺失
7-1	砂质粉土、粉砂	5~10	25~35	分布较广,厚度不稳定
7-2	灰色粉细砂	10~20	35~40	分布较广,厚度不稳定

桩基持力层的选择,其实质是对建筑物本身自重和地基土土层的分析评估,即对拟建工程场地上的地基物理力学性能利用的优化取舍,使其桩的工作处于最佳状态,以达到最大限度发挥桩土共同工作,从而提供承载能力变形又处在控制值以内。

9.5.5 桩的中心距

桩的最小中心距应符合表9-8规定,布置过密的桩群,施工时相互干扰很大,灌注桩成孔可能会互相打通,锤击法打预制桩时会使相邻桩上抬。当荷载比较大而单桩承载力不足时,可采用放大底板尺寸的方法布桩,例如上海商城采用了扩大底板面积的方法以使用较短的桩,取得很好的效果。

表9-8　桩的最小中心距

土类与成桩工艺		排数不少于3且桩数不少于9的摩擦型桩基	其他情况
非挤土灌注桩		3.0d	2.5d
部分挤土桩		3.5d	3.0d
挤土灌注桩	非饱和土	4.0d	3.5d
	饱和软土	4.5d	4.0d
扩底钻、挖孔桩		2D 或 D+1.5 m(当 D>2 m)	1.5D 或 D+1 m(当 D>2 m)
沉管夯扩、钻孔挤扩	非饱和土	2.2D	2.0D
	饱和软土	2.5D	2.2D

注：① d—圆桩直径或方桩边长，D—扩大端设计直径；
　　② 当纵横向桩距不相等时，其最小中心距应满足"其他情况"一栏的规定；
　　③ 当为端承型桩时，非挤土灌注桩的"其他情况"一栏可减小至 2.5d。

9.5.6　桩的排列

布桩时，尽量使群桩合力点与长期荷载重心重合，并使桩基受水平力和力矩较大方向有较大的刚度。

对于桩箱基础，宜将桩布置于墙下；对于带梁(肋)桩筏基础，宜将桩布置于梁(肋)下；对于大直径桩宜采用一柱一桩。

同一结构单元宜避免采用不同类型的桩。同一基础相邻桩的桩底标高差，对于非嵌岩端承型桩，不宜超过相邻桩的中心距。对于摩擦型桩，在相同土层中不宜超过桩长的 1/10。

桩的布置也要照顾到沉桩的施工实效，要使桩正确地下沉在施工平面图所示的位置，或要求各桩完全在指定垂线上，这都是往往办不到的，所以桩基设计时，就应考虑到桩的位置虽略有变动不致造成大碍的打算，例如一个不大的柱下基础可以使用两根桩时，由于考虑到桩的定位，垂度在实际施工中可能会有误差，就不如改用三根桩，这样各桩略有偏差，影响就较小，又如墙基下用单排桩就不如用双排桩好。

(1) 承台下常见的布桩形式如图9-1所示。

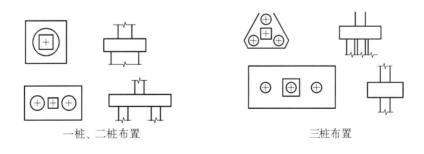

一桩、二桩布置　　　　　　　　　　三桩布置

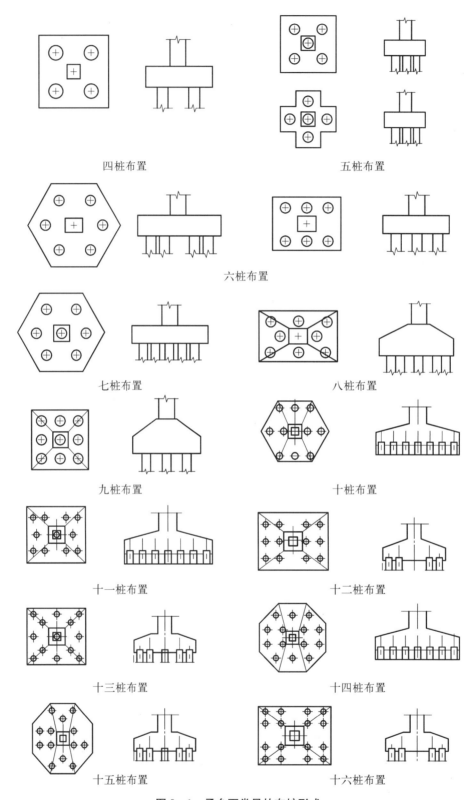

四桩布置

五桩布置

六桩布置

七桩布置

八桩布置

九桩布置

十桩布置

十一桩布置

十二桩布置

十三桩布置

十四桩布置

十五桩布置

十六桩布置

图 9-1 承台下常见的布桩形式

（2）墙基下常见的布桩形式如图9-2所示。

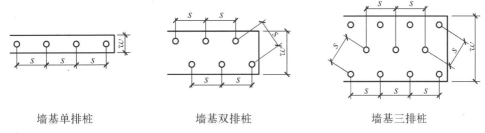

墙基单排桩　　　　　墙基双排桩　　　　　墙基三排桩

图9-2　墙基下常见的布桩形式

（3）基坑围护中常见的布桩形式如图9-3所示。

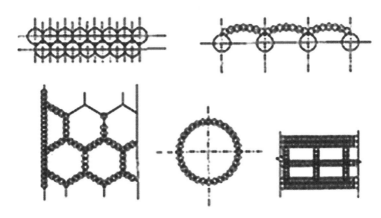

图9-3　基坑围护中常见的布桩形式

（4）油罐粮仓等常见的布桩形式如图9-4所示。

（5）烟囱等常见的环形布桩形式如图9-5所示。

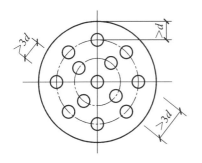 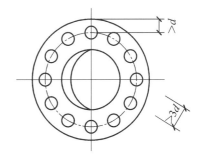

图9-4　油罐粮仓等常见的布桩形式　　　**图9-5　烟囱等常见的环形布桩形式**

9.5.7　桩进入持力层的深度

为了保证桩基的稳定，桩应插入持力层内达到一定深度，这深度为多少要受下列因素的影响，它们是沉桩机具的能力，桩的承载力要求，持力层的强度与厚度，地下水的动态，桩身结构强度，桩脚是否扩大及扩脚条件，打入桩打桩应力的要求，如果开口桩时桩的土塞效应等。

一般应选择较硬土层作为桩端持力层，桩端全截面进入持力层的深度应按不同土层采用不同的深度规定。对于黏性土、粉土进入持力层的深度不宜小于 $2d$,对于沙土不宜小于 $1.5d$,对于碎石类土,不宜小于 $1d$。

从进入持力层的深度对承载力的影响来看,进入持力层的深度度愈深,桩端用力愈大。但受两个条件的制约,一是施工条件的限制,进入持力层过深,将给施工带来困难;二是临界深度的限制。所谓临界深度是指端阻力随深度增加的界限深度值,当桩端进入持力层的深度超过临界深度以后,桩端阻力则不再显著增加或不再增加。

砂与碎石类土的临界深度为 $(3\sim10)d$,随其密度提高而增大,粉土、黏性土的临界深度为 $(2\sim6)d$,随土的孔隙比和液性指数的减少而增大。

当在桩端持力层以下存在软弱下卧层时,桩端距软弱下卧层的距离不宜小于 $4d$。否则,桩端阻力将随着进入持力层深度增大而降低。

合理选用桩的持力层至关重要,对提高桩的承载力,减小桩的沉降与沉降差很有帮助。例如在 20 世纪 60 年代以前,上海修建了一座码头,由于选用的持力层不太合适就产生了很大的沉降,终于无法正常使用,迫得翻修加高,但以后修建另一码头,就把桩打入下卧硬层,多年使用证明情况良好(见表 9-9),又如天津新港深水泊位选定较密实的粉细砂层作为桩的持力层,虽经 1976 年地震,此码头的沉降与沉降差都很少,一直使用,情况良好。

表 9-9 上海两码头的情况

	码头 A			码头 B		
码头长度/m	740			179		
码头宽度/m	18.30			17.50		
结构型式	框架式(木桩)			板式		
排架间隔/m	3.05			6		
桩的尺寸/mm	$\phi510\times30\,480$			$450\times550\times30\,500\sim450\times550\times3\,450$		
桩尖设计标高/m	-29.00			$-31.60\sim27.60$		
简图						
建造时间	1931			1967		
测沉时间	1965			1970		
测沉位置	上游	中游	下游	上游	中游	下游
总沉降/mm 前端	650	1 310	1 270	12	8	8
总沉降/mm 后端	1 010	1 770	1 370	26	35	27
横向不均沉降/mm	360	460	100	14	27	19
桩尖所在土层	$-20.70\sim-21.70$					
	灰色亚黏土,桩尖标高大于钻孔深度			暗绿色硬黏土		

9.5.8 桩的尺寸设计

9.5.8.1 桩长的确定

对桩长的确定应综合考虑各种有关的因素。当然,在大多数情况下难以做到面面俱到,在桩基设计中,只能照顾和控制主要的影响因素,力求做到既满足使用要求、又能最有效地利用和发挥地基土和桩身的承载能力,既符合成桩技术的现实水平,又能满足工期要求和降低桩基造价。

在确定桩长时,对各有关因素的考虑,大致可概括为如下几个方面:

1) 荷载条件

上部结构传递给桩基的荷载大小是控制单桩设计承载力,因而也是控制桩长的主要因素。在给定的地质条件下,确定选用桩型和桩径后,桩长也就初步确定,因为一定的桩长才能提供足够的桩侧摩阻力和端阻力,以满足设计对单桩承载力的要求。一般直接根据规范方法确定,需要强调的是在欠固结的松散填土中,负摩擦力会引起下拉荷载,因而负摩擦力也是确定桩长的主要因素。

2) 地质条件

主要是良好持力层的埋深与地层层次排列的影响。在桩型确定以后,根据土层的竖向分布特征,大体可以选定桩端持力层,从而初步确定桩长。但地层层次的排列情况也是决定桩长的重要因素,在现实的施工技术条件下,桩的最大可能的打入深度或埋设深度以及沉降都与地层层次的排列有密切关系。例如,对于地基浅处有砂砾层而深处有硬黏土层的情况,要权衡的是采用设置桩端于砂砾层的短桩有利,还是采用抵达硬黏土层中的长桩有利。又如,在地基为深厚(厚度为 60 m 左右)饱和软黏土且底层为砂层的情况下,当采用天然地基及软土加固方案均不可行时,只有采用超长桩方案,将高层建筑的荷载传递至软土下的砂层。

3) 地基土的特性

桩长也受到地基土特性的影响:

(1) 可液化土。饱和松砂受振动作用时,会发生液化现象,土的有效应力骤减甚至全无,抗剪强度便突然减小或变为零,这时土中的桩便失去土的支持而破坏。

规范指出,采用打桩处理时,桩长应穿过可液化砂层,并有足够长度伸入稳定土层。

(2) 湿陷性黄土。湿陷性黄土受水浸湿时其强度指标会降低,桩的承载能力随之削弱,其削弱程度与桩长有关,大于 10 m 的长桩,强度下降可达 40%,小于 6 m 的短桩可达 50%。黄土湿陷还对桩产生负摩擦力,这个力产生在湿陷性黄土层的整个厚度内(即中性点出现在湿陷性与非湿陷性黄土层的交界面上)。负摩擦力的出现增大了桩所承受的荷载,故在计算桩的承载力和沉降时,都应计算桩所承受的负摩擦力。在湿陷性黄土中,桩应穿过湿陷性土层而进入非湿陷性的土层中,故湿陷性黄土的桩长必须大于湿陷性土层厚度。

(3) 膨胀土。膨胀土活动层的土遇水膨胀,桩便会因而受到上拔力的作用,这对桩的结构整体性和对基础的变形都有影响,在桩的设计中,埋入活动层中那一部分桩长的承载力,不予考虑;插入活动层以下那一部分的桩长应具有足够的抗拔力,桩的结构抗力足以抵抗上拔力的作用。

4) 桩-土相互作用条件

桩长的选择要使桩-土相互作用发挥最佳的承载效果。从桩基设计的总体来考虑,在地基土的条件允许时,采用较长的桩、较少的桩数、较大的桩距和较大的单桩设计荷载,通常是比较经济的。比较明显的例子是当设计中考虑要多发挥承台分担荷载的作用而利用"疏桩基础理论"进行设计时,按照"长桩疏布、宽基浅埋"的原则,就应该采用较大的桩长。又如,对于摩擦桩,不宜采用短粗的大直径桩,而应采用细长桩,以获得较大的比表面尺寸和节省材料。

5) 深度效应

为使桩的侧阻和端阻得到有效的和合理的利用,在确定桩长时,桩端进入持力层的深度和摩擦桩的入土最小深度应分别不小于端阻临界深度和侧阻临界深度,且桩端离软卧层的距离一般不应小于临界厚度。

6) 关于压屈失稳可能性及长径比的考虑

在有些情况下,桩长的确定也与桩的压屈问题有关。在相同的侧向约束和相同的桩顶约束和桩端约束条件下,桩越细长,越容易出现压屈失稳。在必要时(例如对于桩的自由长度较大的高桩承台、桩周为可液化土或地基极限承载力标准值小于 50 kPa 的地基土等情况)要进行压屈失稳验算来验证所确定的桩长。

桩的长径比的确定,除了考虑压屈失稳问题,还要考虑施工条件问题,为避免由于桩的施工垂直度偏差出现两桩桩端交会而降低端阻力。一般情况下端承桩的长径比 $l/d \leqslant 60$,摩擦桩的长径比 $l/d \leqslant 80$。对于穿越可液化土、超软土、自重湿陷性黄土的端承桩,考虑到其桩侧土的水平反力系数很低,因此,将其最大长径比适当降低。

7) 经济条件

由以上各种控翻条件所确定的桩长最后可能涉及过多的材料耗费、较大的施工难度、较长的工期以及不利的环境效应等,从而使桩基的造价增高。而且,桩长与桩的间距与承台的尺寸密切相关。因此,桩长的最后确定还得考虑经济上的合理性。

9.5.8.2　桩径的确定

一方面桩径越大相对单桩承载力就越高,另一方面桩径越大混凝土用量就越多,所以存在一个合理桩径的问题。

桩径与桩长之间相互影响,相互制约。确定桩长时要考虑的一些因素也同样适用于桩径。设计时还应该注意到如下的一些规定和原则:

(1) 桩径的确定要考虑平面布桩和规范对桩间距的要求。如规范规定钻孔桩的最小桩间距为 $3d$,若选定桩径 d 为 1 000 mm,那么最小桩间距就为 3 000 mm,此时要考虑上部荷载按 3 000 mm 的最小桩间距能否布得下全部桩。

(2) 一般情况下,同一建筑物的桩基应该选用同种桩型和同一持力层,但可以根据上部结构对桩荷载的要求选择不同的桩径。

(3) 桩径的选择应考虑长径比的要求,同时按照不出现压屈失稳条件来核验所采用的桩长径比,特别是对高承台桩的自由段较长或桩周土为可液化土或特别软弱土层的情况下更应重视。

(4) 按照桩的施工垂直度偏差控制端承桩的长径比,以避免相邻两桩出现桩端交会而降低端阻力。

(5) 对桩径的确定,在选定桩型之后考虑,因此要考虑各类桩型施工难易程度、经济性和对环境的影响程度及打桩挤土因素等。

(6) 当桩的承载力取决于桩身强度时,桩身截面尺寸必须满足设计对桩身强度的要求:

$$A = \frac{Q_u}{\psi \varphi f_{ck}} \tag{9-5}$$

式中：Q_u——与桩身材料强度有关的单桩极限承载力(kN)；

$\quad\quad\varphi$——钢筋混凝土受压构件的稳定系数(kN)；

$\quad\quad\psi$——施工条件系数(kN)；

$\quad\quad f_{ck}$——混凝土的轴向抗压强度(kPa)；

$\quad\quad A$——桩身截面积(m^2)；

（7）震害调查表明，地震时桩基的破坏位置，几乎都集中于桩顶或桩的上段部位，因此，在考虑抗震设计时桩上段部分配筋应满足抗震构造要求或扩大桩径。

（8）当场地要考虑桩的负摩阻力时，桩径要作中性点的桩身强度验算。

在工程中，各类桩的常用尺寸如表 9-10 所示。

表 9-10　桩的常用尺寸表

桩　类	常用截面尺寸(mm)	常用长度(m)
木桩	200～300	10～20
钢筋混凝土桩	300×300，500×500 方桩	12～15
预应力钢筋混凝土桩	300×300，600×600	18～30
钢管桩	400～1 200 围桩(空心)	20～50
现场灌注桩		
螺旋钻成孔	300～600	<12
潜水钻成孔	500～800	<50
回旋钻成孔	500～800	<50
机动洛阳铲成孔	270～500	<20
冲击钻成孔	600～1 000	<50
人工挖孔	800～2 000	<15
钻孔扩底	300～400 桩身 800～1 200 扩头	<5
振动沉管	270～480	<20
振动冲击沉管	270～400	<10

9.6　变形量规范要求

地基变形特征可分为沉降量、沉降差、倾斜、局部倾斜。建筑物的地基变形计算值，不应大于地基变形允许值。沉降量一般由桩身压缩，桩端刺入土体的变形和桩端平面以下土层的压缩变形。

（1）沉降量为基础中心的沉降。主要用于计算独立桩基和地基变形较均匀的排架结构桩基的沉降量，也可用于预估建筑物在施工期间和使用期间的地基变形量，以预留建筑物有关部分的净空。

（2）沉降差指两相邻独立基础沉降量的差值。主要用于计算框架结构相邻桩基的地基变形差异。

（3）倾斜是指基础倾斜方向两端点的沉降差与其距离的比值。主要用于计算大块式基础上的烟囱、水塔等高耸结构物及受偏心荷载作用或不均匀地基影响的基础整体倾斜。

（4）局部倾斜指砌体承重结构沿纵向 6～10 m 范围内基础两点的沉降差与其距离的比值。主要用于计算砌体承重墙因纵向不均匀沉降引起的倾斜。

9.6.1　变形计算要求

计算桩基沉降变形时,桩基变形指标应按下列规定选用:

（1）由于土层厚度与性质不均匀、荷载差异、体型复杂、相互影响等因素引起的地基沉降变形,对于砌体承重结构应由局部倾斜控制;

（2）对于多层或高层建筑和高耸结构应由整体倾斜值控制;

（3）当其结构为框架、框架-剪力墙、框架-核心筒结构时,尚应控制柱（墙）之间的差异沉降。其中建筑桩基沉降变形允许值,应按表 9-11 规定采用。

表 9-11　建筑桩基沉降变形允许值

变 形 特 征		允 许 值
砌体承重结构基础的局部倾斜		0.002
各类建筑相邻柱（墙）基的沉降差		
（1）框架、框架-剪力墙、框架-核心筒结构		$0.002l_0$
（2）砌体墙填充的边排柱		$0.0007l_0$
（3）当基础不均匀沉降时不产生附加应力的结构		$0.005l_0$
单层排架结构（柱距为 6 m）桩基的沉降量/mm		120
桥式吊车轨面的倾斜（按不调整轨道考虑）		
纵向		0.004
横向		0.003
多层和高层建筑的整体倾斜	$H_g \leqslant 24$	0.004
	$24 < H_g \leqslant 60$	0.003
	$60 < H_g \leqslant 100$	0.0025
	$H_g > 100$	0.002
高耸结构桩基的整体倾斜	$H_g \leqslant 20$	0.008
	$20 < H_g \leqslant 50$	0.006
	$50 < H_g \leqslant 100$	0.005
	$100 < H_g \leqslant 150$	0.004
	$150 < H_g \leqslant 200$	0.003
	$200 < H_g \leqslant 250$	0.002
高耸结构基础的沉降量/mm	$H_g \leqslant 100$	350
	$100 < H_g \leqslant 200$	250
	$200 < H_g \leqslant 250$	150
体型简单的剪力墙结构高层建筑桩基最大沉降量/mm	—	200

注:l_0 为相邻柱（墙）二测点间距离,H_g 为自室外地面算起的建筑物高度。

9.6.2 变形量计算

一般计算地基变形时,地基内的应力分布,可采用各向同性均质线性变形体理论。其最终变形量可按下式进行计算:

$$s = \psi_s s' = \psi_s \sum_{i=1}^{n} \frac{p_0}{E_{si}} (z_i \bar{\alpha}_i - z_{i-1} \bar{\alpha}_{i-1}) \tag{9-6}$$

式中: s——地基最终变形量(mm);

s'——按分层总和法计算出的地基变形量(mm);

ψ_s——沉降计算经验系数,根据地区沉降观测资料及经验确定,无地区经验时可根据变形计算深度范围内压缩模量的当量值($\bar{E}_s$)、基底附加压力按表9-12取值;

n——地基变形计算深度范围内所划分的土层数(见图9-6);

p_0——相应于作用的准永久组合时基础底面处的附加压力(kPa);

E_{si}——基础底面下第 i 层土的压缩模量(MPa),应取土的自重压力至土的自重压力与附加压力之和的压力段计算;

z_i、z_{i-1}——基础底面至第 i 层土、第 $i-1$ 层土底面的距离(m);

$\bar{\alpha}_i$、$\bar{\alpha}_{i-1}$——基础底面计算点至第 i 层土、第 $i-1$ 层土底面范围内平均附加应力系数,可按《建筑地基基础设计规范(GB50007—2011)》附录 K 采用。

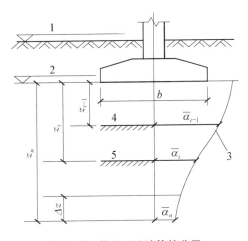

图9-6 基础沉降计算的分层

1-天然地面标高;2-基底标高;
3-平均附加应力系数 $\bar{\alpha}$ 曲线;4-$i-1$ 层;5-i 层

表9-12 沉降计算经验系数 ψ_s

基底附加压力 ＼ $\bar{E}_s$/Mpa	2.5	4.0	7.0	15.0	20.0
$p_0 \geqslant f_{ak}$	1.4	1.3	1.0	0.4	0.2
$p_0 \leqslant 0.75 f_{ak}$	1.1	1.0	0.7	0.4	0.2

式中变形计算深度范围内压缩模量的当量值($\bar{E}_s$),可按下式计算:

$$\bar{E}_s = \frac{\sum A_i}{\sum \dfrac{A_i}{E_{si}}} \tag{9-7}$$

9.7 桩身构件要求

1) 桩身混凝土要求

桩身混凝土及混凝土保护层厚度的要求

（1）桩身混凝土强度等级不得小于C25，混凝土预制桩尖强度等级不得小于C30；

（2）灌注桩主筋的混凝土保护层厚度不应小于35 mm，水下灌注桩的主筋混凝土保护层厚度不得小于50 mm；

（3）四类、五类环境中桩身混凝土保护层厚度应符合国家现行标准《港口工程混凝土结构设计规范》(JTJ267)、《工业建筑防腐蚀设计规范》(GB50046)的相关规定。

2) 扩底端要求

扩底灌注桩扩底端尺寸的规定

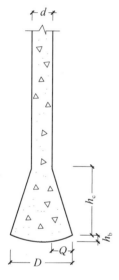

图9-7 扩底桩
构造图

（1）对于持力层承载力较高、上覆土层较差的抗压桩和桩端以上有一定厚度较好土层的抗拔桩，可采用扩底；扩底端直径与桩身直径之比 D/d，应根据承载力要求及扩底端侧面和桩端持力层土性特征以及扩底施工方法确定；挖孔桩的 D/d 不应大于3，钻孔桩的 D/d 不应大于2.5；

（2）扩底端侧面的斜率应根据实际成孔及土体自立条件确定，a/h_c 可取1/4～1/2，砂土可取1/4，粉土、黏性土可取1/3～1/2；

（3）抗压桩扩底端底面宜呈锅底形，矢高 h_b 可取(0.15～0.20)D。

3) 混凝土预制桩构造要求

混凝土预制桩的截面边长不应小于200 mm；预应力混凝土预制实心桩的截面边长不宜小于350 mm。

预制桩的混凝土强度等级不宜低于C30；预应力混凝土实心桩的混凝土强度等级不应低于C40；预制桩纵向钢筋的混凝土保护层厚度不宜小于30 mm。预制桩的桩身配筋应按吊运、打桩及桩在使用中的受力等条件计算确定。采用锤击法沉桩时，预制桩的最小配筋率不宜小于0.8%。静压法沉桩时，最小配筋率不宜小于0.6%，主筋直径不宜小于ϕ14，打入桩桩顶以下4～5倍桩身直径长度范围内箍筋应加密，并设置钢筋网片。

预制桩的分节长度应根据施工条件及运输条件确定；每根桩的接头数量不宜超过3个。

预制桩的桩尖可将主筋合拢焊在桩尖辅助钢筋上，对于持力层为密实砂和碎石类土时，宜在桩尖处包以钢板桩靴，加强桩尖。

4) 预应力混凝土空心桩构造要求

预应力混凝土空心桩按截面形式可分为管桩、空心方桩，按混凝土强度等级可分为预应力高强混凝土(PHC)桩、预应力混凝土(PC)桩。离心成型的先张法预应力混凝土桩的截面尺寸、配筋、桩身极限弯矩、桩身竖向受压承载力设计值等参数可按《建筑地基基础设计规范》(GB50007—2011)附录B确定。

　　预应力混凝土空心桩桩尖型式宜根据地层性质选择闭口型或敞口型;闭口型分为平底十字型和锥型。

　　预应力混凝土空心桩质量要求,尚应符合国家现行标准《先张法预应力混凝土管桩》(GB/T13476)、《先张法预应力混凝土薄壁管桩》(JC888)和《预应力混凝土空心方桩》(JG197)及其他的有关标准规定。

　　预应力混凝土桩的连接可采用端板焊接连接、法兰连接、机械啮合连接、螺纹连接。每根桩的接头数量不宜超过3个。

　　桩端嵌入遇水易软化的强风化岩、全风化岩和非饱和土的预应力混凝土空心桩,沉桩后,应对桩端以上2 m左右范围内采取有效的防渗措施,可采用微膨胀混凝土填芯或在内壁预涂柔性防水材料。

　　5)钢桩构造要求

　　钢桩可采用管型、H型或其他异型钢材,分段长度宜为12～15 m,焊接接头应采用等强度连接,钢桩的端部形式,应根据桩所穿越的土层、桩端持力层性质、桩的尺寸、挤土效应等因素综合考虑确定,并可按下列规定采用:

　　(1)钢管桩可采用下列桩端形式:

　　① 敞口:带加强箍(带内隔板、不带内隔板);不带加强箍(带内隔板、不带内隔板)

　　② 闭口:平底;锥底。

　　(2)H型钢桩可采用下列桩端形式:

　　① 带端板;

　　② 不带端板:锥底,平底(带扩大翼、不带扩大翼)。

　　钢桩的防腐处理应符合下列规定:

　　(1)钢桩的腐蚀速率当无实测资料时可按表9-13确定;

　　(2)钢桩防腐处理可采用外表面涂防腐层、增加腐蚀余量及阴极保护;当钢管桩内壁同外界隔绝时,可不考虑内壁防腐。

表 9-13　钢桩年腐蚀速率

钢桩所处环境		单面腐蚀率/(mm/y)
地面以上	无腐蚀性气体或腐蚀性挥发介质	0.05～0.1
地面以下	水位以上	0.05
	水位以下	0.03
	水位波动区	0.1～0.3

9.8　承台的结构设计

　　承台的常见形式有:柱下独立承台、墙下或柱下条形承台、十字交叉条形承台、筏形承台、箱形承台和环形承台等。承台设计计算包括受弯、受冲切、受剪和局部受压等,具体计算可参考相应规范,并应符合构造要求。

桩基承台的构造要求,主要是满足将上部结构荷载传递给基桩的可靠保证。因此除配合一般建筑结构设计的要求外,尚应验算抗冲切、抗剪切、计算承载力,进行配筋设计。

柱下独立桩承台的基础,需要在承台与承台之间合理布置联系梁,特别当出现单桩或二桩承台时,必须在两方向或至少一个方向设置连梁。布置连梁的目的是为了加强基础的整体刚度,起到减少不均匀沉降的作用。

承重墙下的条形桩承台,单排桩承台梁的截面可按构造要求制定,承台梁的配筋计算可按混凝土结构设计规范中的最小配筋进行设计,钢筋按构造要求布置。桩的布置与选择应考虑尽可能直接放在荷载作用点下,桩的间距只要满足最小间距即可,这样做的目的是为了设计最节约的承台。

筏形承台板或箱型承台板在计算中应考虑局部弯矩作用,还有整体弯矩的影响,在纵横两个方向的钢筋配筋率均不小于最小配筋率0.15%。设计筏板厚度一般不采取最小配筋控制,应按照计算需要配置钢筋。可以选择含钢率不太高的筏板厚度,含钢率宜控制在0.4%左右,因为考虑到基础的防水要求,还有验算冲切需要的厚度,底板过厚不经济,过薄则刚度差,因此通常需要经过反复试算,然后选择出相对合理的承台厚度。承台顶面钢筋应按计算结果的配筋量连通。

桩基承台是建筑结构的组成部分,根据不同形式,可按混凝土结构设计规范进行计算配筋。如抗弯计算、冲切计算、剪切计算、局部承压计算、抗震验算;根据计算结果配筋。

由于承台设计不同于结构构件,通常为满足构造要求,承台体积和断面很大。如大块式基础,要不要配筋,配多少钢筋,需按具体情况具体分析;又如墙下条形承台、独立承台连梁等;如何配筋钢筋,都需要设计人员考虑其合理性,避免在没有充分理由的情况下消耗过多刚才,也没必要用价格贵的高强钢材。

9.8.1　承台结构连接要求

承台之间的连接应符合下列要求:

(1) 单桩承台,宜在两个互相垂直的方向上设置联系梁。

(2) 两桩承台,宜在其短向设置联系梁。

(3) 有抗震要求的柱下独立承台,宜在两个主轴方向设置联系梁。

(4) 联系梁顶面宜与承台位于同一标高。联系梁的宽度不应小于250 mm,梁的高度可取承台中心距的1/10~1/15,且不小于400 mm。

(5) 联系梁的主筋应按计算要求确定。联系梁内上下纵向钢筋直径不应小于12 mm且不应少于两根,并应按受拉要求锚入承台。

9.8.2　承台构造设计

1) 承台构造的最小尺寸

桩基承台的构造,除满足抗冲切、抗剪切、抗弯承载力和上部结构的要求外,尚应符合下列要求:

(1) 承台的宽度不应小于500 mm。边桩中心至承台边缘的距离不宜小于桩的直径或边长,且桩的外边缘至承台边缘的距离不小于150 mm。对于条形承台梁,桩的外边缘至承台梁边缘的距离不小于 75 mm。

(2) 承台的最小厚度不应小于 300 mm。

2) 承台混凝土要求

承台混凝土强度等级不应低于 C20;纵向钢筋的混凝土保护层厚度不应小于 70 mm,当有混凝土垫层时,不应小于 40 mm。

3) 承台配筋要求

(1) 柱下独立桩基承台纵向受力钢筋应通长配置如图 9-8(a)所示。对四桩以上(含四桩)承台宜按双向均匀布置,对三桩的三角形承台应按三向板带均匀布置,且最里面的 3 根钢筋围成的三角形应在柱截面范围内见图 9-8(b)。纵向钢筋锚固长度自边桩内侧(当为圆桩时,应将其直径乘以 0.8 等效为方桩)算起,不应小于 $35d_g$(d_g 为钢筋直径);当不满足时应将纵向钢筋向上弯折,此时水平段的长度不应小于 $25d_g$,弯折段长度不应小于 $10d_g$。承台纵向受力钢筋的直径不应小于 12 mm,间距不应大于 200 mm。柱下独立桩基承台的最小配筋率不应小于 0.15%。

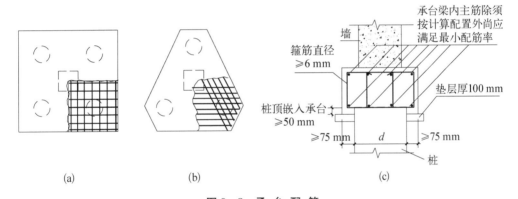

图 9-8　承台配筋

(a) 矩形承台配筋;(b) 三桩承台配筋;(c) 墙下承台梁配筋

(2) 柱下独立两桩承台,应按现行国家标准《混凝土结构设计规范》(GB50010)中的深受弯构件配置纵向受拉钢筋、水平及竖向分布钢筋。承台纵向受力钢筋端部的锚固长度及构造应与柱下多桩承台的规定相同。

(3) 条形承台梁的纵向主筋应符合现行国家标准《混凝土结构设计规范》(GB50010)关于最小配筋率的规定见图 9-8(c),主筋直径不应小于 12 mm,架立筋直径不应小于10 mm,箍筋直径不应小于 6 mm。承台梁端部纵向受力钢筋的锚固长度及构造应与柱下多桩承台的规定相同。

(4) 筏形承台板或箱形承台板在计算中当仅考虑局部弯矩作用时,考虑到整体弯曲的影响,在纵横两个方向的下层钢筋配筋率不宜小于 0.15%;上层钢筋应按计算配筋率全部连通。当筏板的厚度大于 2 000 mm 时,宜在板厚中间部位设置直径不小于 12 mm、间距不大于 300 mm 的双向钢筋网。

(5) 承台底面钢筋的混凝土保护层厚度,当有混凝土垫层时,不应小于 50 mm,无垫层时不应小于 70 mm;此外尚不应小于桩头嵌入承台内的长度。

桩与承台的连接构造应符合下列规定：

（1）桩嵌入承台内的长度对中等直径桩不宜小于 50 mm；对大直径桩不宜小于 100 mm。

（2）混凝土桩的桩顶纵向主筋应锚入承台内，其锚入长度不宜小于 35 倍纵向主筋直径。对于抗拔桩，桩顶纵向主筋的锚固长度应按现行国家标准《混凝土结构设计规范》（GB50010）确定。

（3）对于大直径灌注桩，当采用一柱一桩时可设置承台或将桩与柱直接连接。

9.9　桩基础变刚度调平设计

9.9.1　高层建筑地基基础传统设计例析与设计盲区

1）既有工程出现的问题

（1）天然地基。

图 9-9 为北京中信国际大厦天然地基箱形基础竣工时（1984 年）和使用 4 年（1988 年）后相应的沉降等值线。该大厦高 104.1 m，框筒结构：双层箱基，高 11.8 m；地基为砂砾与袭击性土交互层1984 年建成至今 20 年（2004 年），最大沉降由 6.0 cm 发展至 12.5 cm，最

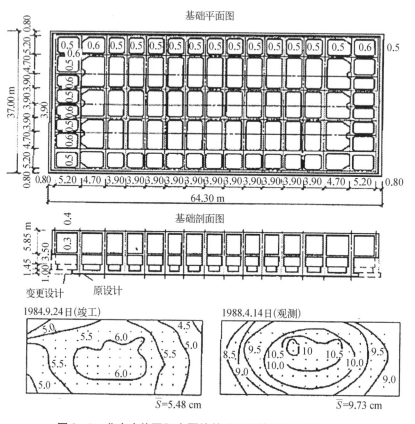

图 9-9　北京中信国际大厦箱基础沉降等值线（单位：cm）

大差异沉降 $\Delta s_{max} = 0.004L$，超过规范允许值 $[\Delta s_{max}] = 0.002L_0$（$L_0$ 为二测点距离）一倍，碟形沉降明显。这说明加大基础的抗弯刚度对于减小差异沉降的效果并不突出，但材料消耗相当可观。

（2）带裙房高层建筑主裙连体沉降差超标。

图 9-10 所示为北京某大厦建成两年沉降等值线。该大厦主楼高 156 m，框架-核心筒结构，裙房地上 4 层，地下室主裙均为 3 层，置于同一箱形基础上，箱形基础高 4 m 底板厚 0.8 m。地基土层分层和性质与北京中信国际大厦类似，也存在黏性土下卧层。建成两年，沉降量 $s_{max} = 10.2$ cm $s_{min} = 1.72$ cm 主裙之间差异沉降出现于与主楼相邻的裙房一侧第一跨内，达到 $\Delta s_{max} = 0.0045L_0$（$L_0$ 为两测点间距）；主楼范围，核心筒与外框架柱之间的差异沉降也达到 $\Delta s_{max} = 0.004L_0$。总体上形成以核心筒为碟底的非对称碟形沉降。根据中信国际大厦沉降最终稳定延续达 20 年，因此本工程沉降和差异沉降将随时间而进一步发展。实际上建成初期箱基底板已开裂。

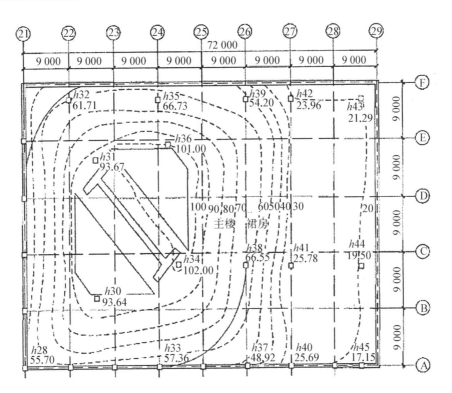

图 9-10 北京某主裙连体大厦的沉降等值线（建成两年，s 单位：mm）

（3）均匀布桩导致碟形沉降。

图 9-11 所示为北京南银大厦桩筏基础建成一年的沉降等值线。该大厦高 113 m，框筒结构；采用 ϕ400PHC 管桩，桩长 $L = 11$ m，均匀布桩，筏板厚 2.5 m；建成一年，最大差异沉降 $\Delta s_{max} = 0.002L_0$。由于桩端以下有黏性土下卧层，桩长相对较短，预计最终最大沉降量将达 7.0 cm 左右，Δs_{max} 将超过允许值。沉降分布与天然地基上箱基类似，呈明显碟形。这说明设桩虽然提高了支承刚度，减小了沉降，但由于桩筏均匀布桩，导致均匀分布的支承刚度

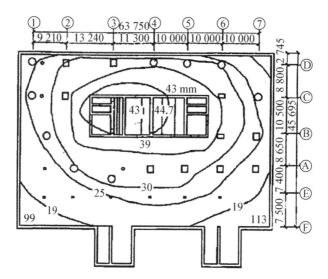

图 9-11 北京南银大厦均匀布桩桩筏基础沉降等值线(单位: mm)

与非均匀分布的荷载不匹配,碟形沉降仍难避免。

(4) 挤土桩均匀密布导致摆棋框架梁开裂。

图 9-12 所示为昆明某大厦桩使基础平面、布桩、裂缝示意图。该大厦高 99.5 m,地上 1~28 层(图 9-12(a)),地下 2 层,握剪结构;基础采用 $\phi500$ 沉管灌注桩, $L=22$ m,桩距 $s_a=3.6d$;梁板式夜形承台,主梁 1.40 m×2.30 m,次梁 0.60 m×2.18 m;底板厚 0.60 m,核心筒部位加厚至 1.00 m;基底标高 -11.40 m,基底以下土层为粉土、粉质差黏 土,桩端持力层为中等压缩性黏土层。工程建至 12 层时,基础底板出现局部开裂、渗漏; 结构封顶时,底板大面积开裂,最终对承台实施加加固,于梁侧加焊钢板、填充混凝土形成 平板厚役承台。

工程采用均匀密布桩距 3.6d 的挤土灌注桩和施工质量失控是酿成事故的原因。首先, 基桩抗力与不均匀荷载不匹配,导致差异沉降和筏板内力加大;其次是密集的沉管灌注桩的 挤土效应导致断桩、缩颈、桩土上涌的可能性增大,而施工过程中未采取有效的质量控制、监 测措施,基桩的质量问题加剧了均匀布桩引发的差异沉降和承台开裂。从图 9-12(c)可以

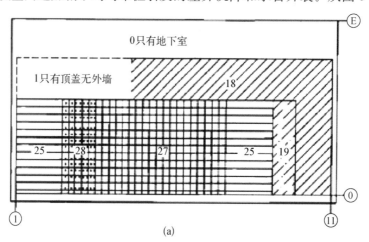

(a)

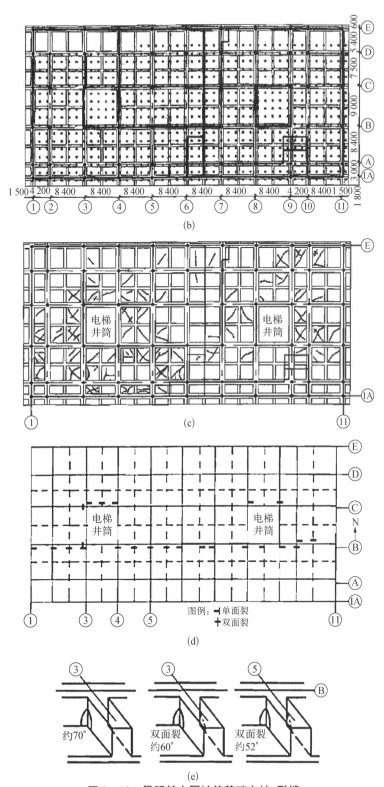

图 9-12　昆明某大厦桩筏基础布桩、裂缝

(a) 高低层平面范围;(b) 基础桩位布置;(c) 底板主要裂缝出现位置;(d) 主次梁斜裂缝出现位置;(e) 主梁斜裂缝侧立面

看出,底板裂缝多集中于荷载大的电梯井周围和框架梁与电梯井相连处,这是由于核心筒荷载与其下部桩群反力差形成的冲切力、剪切力所致。由图 9-12(d)看出,电梯井侧与基础⑥轴线正交的主次梁端部出现起始于梁下部的斜裂缝和竖向裂缝,这是由于北侧桩群承载力不够引起的剪切和挠曲裂缝。

(5) 均匀布桩导致桩土反力分布呈马鞍形。

图 9-13、图 9-14 所示为武汉某大厦桩箱基础桩、土反力实测结果。该大厦为 22 层框剪结构,基桩为 $\phi 500$ PHC 管桩,$L = 22$ m,均匀布桩,桩距 $3.3d$,桩数 344 根,箱底面积 42.7 m$\times 24.7$ m,箱底土层为粉质黏土,桩端持力层为粗中砂。

由图 9-13 看出,桩顶反力在底板自重作用下呈近似均匀分布。随结构刚度与荷载增加,外缘之增幅大于内部,最终发展为中、边桩反力比达 1:1.70。图 9-14 所示桩间土反力发展为中、边部反力比 1:1.4。两者均呈马鞍形分布。

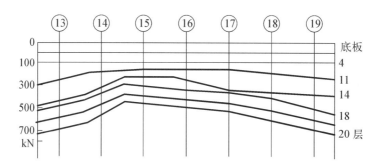

图 9-13　武汉某大厦桩箱基础土桩反力测试结果

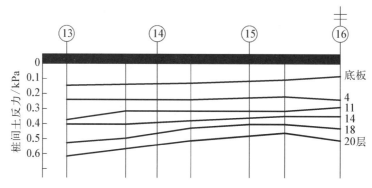

图 9-14　武汉某大厦桩箱基础土反力测试结果

这种马鞍形的反力分布必然加大承台的整体弯矩,而整体弯矩的加大不仅促使承台材料消花增加,还将增大承台挠曲差异变形,并引发上部结构次应力。

(6) 加大基础承台刚度既不经济且成效有限。

① 碟形差异沉降仍不可避免:

上述两个天然地基上高层建筑箱基工程均采用了增大基础刚度的做法以图克服荷载不均引起的差异沉降。中信国际大厦设计为 1.8 m 高的双层箱基,图 9-10 北京某大厦采用 4 m 高的箱基,但其实际碟形差异沉降仍超过允许值一倍以上。图 9-12 所示昆明某大厦桩筏基础的梁板式承台梁高达 2.3 m,刚度不小,然而在基桩为均匀密布且存在严重质量缺陷的条件下,差异变形和承台开裂仍不可避免。

② 主裙差异沉降难以克服:

图 9 - 11 所示主裙连体箱基尚未稳定的差异沉降达 0.004 5L。底板出现裂缝。其主要原因是主体的荷载和沉降很大,裙房为超补偿状态,仅产生回弹再压缩变形,主裙差异沉降达 70 mm 以上。基础和上部为框筒结构,刚度贡献有限,无法抵抗该差异变形及由此引起的次生内力,引起底部局部开裂,并由此释放局部次内力。这种结局也是客观的必然。

2) 传统设计理念的盲区

上述实际工程出现的差异变形过大、基础和上部结构开裂等问题,是由于传统设计理念存在若干盲区所致。传统设计理念的盲区归纳起来有以下 4 个方面:

(1) 设计中过分追求高层建筑基础利用天然地基。将箱基或厚筏应用于荷载与结构刚度极度不均的超高层框筒结构天然地基,由此导致基础的整体弯矩和捷曲变形过大,差异变形超标,甚至出现基础开裂。

(2) 桩筏设计中忽视桩的选型应与结构形式、荷载大小相匹配的原则。将小承载力挤土桩用于大荷载高层建筑的情况,由此导致超规越密布大面积挤土桩,既不能有效减小差异沉降和承台内力,又极易引发成桩质量事故。

(3) 桩筏设计中,忽视合理利用复合桩基调整刚度分布减小差异沉降的作用。由于荷载分布不均,布桩必然稀密不一,承台分担荷载作用在疏桩区不予利用,必然导致该部分支承刚度偏高,既不利于调平,又不利于节材。

(4) 桩筏设计中对利用筏板刚度调整荷载、桩反力分布及减小差异沉降的期望由主高筏板对调整荷载和桩反力、减小差异沉降可起到一定作用,但这是以高投入为代价,且效果不理想。上述中信国际大厦箱基为屈居高 11.8 m,北京某大厦箱基高 4 m,北京南银大厦桩基筏板厚 2~5 m,昆明某大厦梁板式承台梁高 2.3 m,但差异沉降均超出规定允许值一倍以上。说明通过加大基础或承台刚度并不能有效克服差异沉降,而通过优化布桩。调整支承刚度分布,完全可以实现减小乃至消除差异沉降的目标。

9.9.2 变刚度调平设计的提出及基本原理

天然地基和均匀布桩的初始竖向支承刚度是均匀分布的,设置于其上的刚度有限的基础(承台)受均布荷载作用时,由于土与土、桩与桩、土与桩的相互作用导致地基或桩群的竖向支承刚度发生内弱外强的变化,沉降出现内大外小的碟形分布,基底反力出现内小外大的马鞍形分布。当上部结构荷载或刚度是内大外小时,上述现象更为严重。

为了减小差异变形、降低承台内力和上部结构次应力,以节约资源,提高建筑物使用寿命,确保正常使用功能,提出了变刚度调平设计的概念,在此基础上进行了试验和试验性的工程,并将这种桩基设计方法列入了《建筑桩基技术规范》(JGJ94—2008)中。

变刚度是一种手段,采用变刚度的方法将底板的变形调平是这种设计方法的目的。可以采取如下几种方法改变桩基的刚度。

(1) 桩基变刚度采用如图 9 - 15 所示的方法以改变桩的直径、长度、间距,他们都可以改变桩基的刚度。

(2) 局部增强的方法。采用天然地基时,对荷载集中的区域如核心筒等实施局部增强处理,包括采用局部桩基与局部刚性桩复合地基。

(3) 局部弱化处理。采用天然地基、疏桩、短桩、复合地基等相对于桩基而言其有较低刚度等方法。

《建筑桩基技术规范》(JCJ94—2008)就下面的 4 种情况,提出了概念性的设计原则:

(1) 对了主群楼连体建筑,当高层主体采用桩基时,裙房(含纯地下室)的地基或桩基的刚度宜相对弱化,可采用天然地基,复合地基,疏桩或短桩基础。

(2) 对于框架-核心筒结构高层建筑桩基,应加强核心筒区域桩基刚度(如适当增加桩长、桩径、桩数、采用后注浆等措施),适当弱化核心筒外围桩基刚度;

(3) 对于框架-核心筒结构高层建筑天然地基满足要求的情况下,宜于核心筒区域设置增强刚度,减小沉降的摩擦型桩;

(4) 对于大体量筒仓、储罐的摩擦型桩基,宜按内强外弱原则布桩。

根据建筑物的特点,按照上述原则进行概念设计,即采取各种不同强化或弱化的方案进行布桩,然后进行上部结构-基础-桩土地基共同作用的分析计算,进一步优化布桩,并确定承台的内力与配筋。

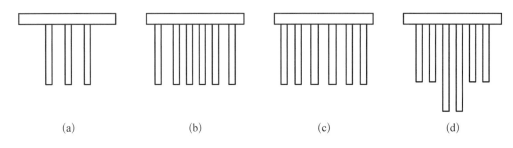

图 9‐15　变刚度的布桩模式

(a) 局部增强;(b) 变桩距;(c) 变桩径;(d) 变桩长

9.9.3　变刚度调平设计具体实施

对于以上规范,可依据情况采用不用的实施方法。

(1) 局部增加变刚度。在满足天然地基承载力要求下,可以荷载集度高的区域如核心筒等实施局部增强处理,包括采用局部桩与局部刚性桩复合地基。

(2) 对于荷载分布比较均匀的大型油罐等构造物,宜按变桩距,变桩长布桩以抵消因相互作用对中心区支承刚度的削弱效应,对于框架-剪力墙,框架-核心筒等结构,应按荷载分布考虑相互作用。将桩相对集中布置于核心筒和柱下,对于外围框架区域应适当弱化。按复合桩基设计,桩长宜减小。

在概念设计的基础上,进行上部结构-基础-地基(桩土)共同作用分析计算,进一步优化布桩,并确定承台内力与配筋。

目前的设计软件如 PKPM 系列 JCCAD 软件都可以进行共同工作分析,同时对于地震荷载作用下,建筑边、角的荷载增大,因此必须进行考虑地震荷载作用下的共同作用计算,确定边、角桩满足抗震设计要求。

9.9.4 变刚度调平设计总体思路

总体思路：以调整桩土支承刚度分布为主线，根据荷载、地质特征和七部结构布局，考虑相互作用效应，采取增强与弱化结合，减沉与增沉结合，刚柔并济，局部平衡，整体协调，实现差异沉降、承台（基础）内力和资源消耗的最小化。

（1）根据建筑物体型、结构、荷载和地质条件，选择桩基、复合桩基、刚性桩复合地基，合理布局，调整桩上支承刚度分布，使之与荷载匹配。对于荷载分布极度不均的框筒结构，核心筒区宜采用常规桩基，外框架区宜采用复合桩基。

（2）为减小各区位应力场的相互重叠对核心区有效刚度的削弱，桩上支承体布局宜做到竖向错位或水平向拉开距离。采取长短桩结合、桩基与复合桩基结合、复合地基与天然地基结合以减小相互影响，优化刚度分布，如图 9-16 所示。

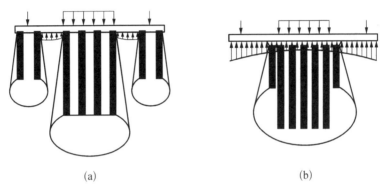

（a）   （b）

图 9-16 框筒结构变刚度优化模式

(a) 桩基；(b) 刚性桩复合地基

（3）考虑桩土的相互作用效应，支承刚度的调整宜采用强化指数进行控制。核心区强化指数宜为 1.05～1.30，外框区的弱化指数宜为 0.95～0.70，增强指数越大，相应的弱化指数越小。外框区的弱化区的桩基甚至可以使其在高于特征值的荷载下工作，以达到增沉的目的。在全筏总承载力特征值与总荷载标准值平衡的条件下，只需控制核心区强化指数，外框区弱化指数随之实现。

核心区强化指数 ξ_s 点为核心区抗力比 λ_R^c 与荷载比 λ_F^c 之比：

$$\xi_s = \lambda_R^c / \lambda_F^c,$$

$$\lambda_R^c = R_{ak}^c / R_{ak}$$

$$\lambda_F^c = F_k^c / F_k$$

式中：R_{ak}^c，R_{ak} 分别为核心区（核心筒及核心筒边至相邻框架柱跨距的 1/2 范围）的承载力特征值和全筏基承载力特征值；F_k^c，F_k 分别为核心区荷载标准值和全筏荷载标准值。当桩筏总承载力特征值与总荷载标准值相同时，核心区增强指数 ξ_s 即为核心区的抗力/荷载。

（4）对于主裙连体建筑，应按增强主体，弱化裙房的原则设计，裙房宜优先采用天然地基、疏短桩基；对于较坚硬地基，可采用改变基础形式加大基底压力、设置软垫等增沉措施。

(5) 桩基的基桩选型和桩端持力层确定,应有利于应用后注浆增强技术,应确保单桩承载力具有较大的调整空间。基桩宜集中布于柱、墙下,以降低承台内力,最大限度发挥承台底地基土分担荷载作用,减小柱下桩基与核心筒桩基的相互作用。

(6) 宜在概念设计的基础上进行上部结构-基础(承台)-桩土的共同作用分析,优化细化设计;差异沉降控制宜严于规范值,以提高耐久性,延长建筑物正常使用寿命。

1. 变桩长模型试验

中国建筑科学研究院在石家庄进行了大型模型试验比较等桩长布桩和变桩长布桩对沉降的影响。在粉质黏土地基上进行了模拟 20 层框架核心筒结构高层建筑的 1/10 现场模型试验,试验结果如图。等桩长试验的桩径 150 mm,桩长 2 m;变桩长试验的桩径也是 150 mm,桩长分别为 2、3 和 4 m。在总荷载为 3 250 kN 作用下,按等桩长布桩的承台最大沉降量 6 mm,而按不等桩长布桩等承台则为 2.5 mm。最大沉降差也由 0.012 减少至 0.005。

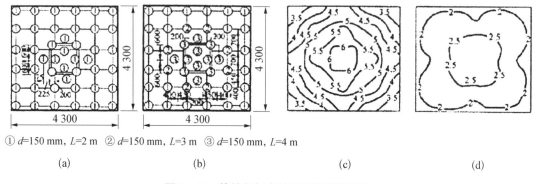

① d=150 mm, L=2 m ② d=150 mm, L=3 m ③ d=150 mm, L=4 m

(a) (b) (c) (d)

图 9‑17 等桩长与变桩长桩基模型试验

(a) 等长度布桩试验 C;(b) 变长度布桩试验 D;(c) 等长度布桩沉降等值线;(d) 变长度布桩沉降等值线

表 9‑14 分别给出了模型试验实测的内部桩、边桩和角桩的桩顶反力与桩顶平均反力的比值。

表 9‑14 模型试验桩顶反力比

试 验 项 目	内部桩	边 桩	角 桩
等长度布桩试验	76%	140%	115%
变长度布桩试验	105%	93%	92%

2. 核心筒局部增强模型试验

图 9‑18 是无桩筏板与采用刚性桩复合地基局部增强的模型实验结果对比,从图 9‑18 的(c)和(d)可以看出,在相同的荷载 3 250 kN 作用下,局部增强的试验最大沉降为 8 mm,差异沉降接近于零;而为增强的无桩筏板的外围最大沉降量 10 mm,最大差异沉降 0.4%,两者相差很大,说明在天然地基满足沉降要求的情况下,采用局部增强措施,其调平效果比较明显。

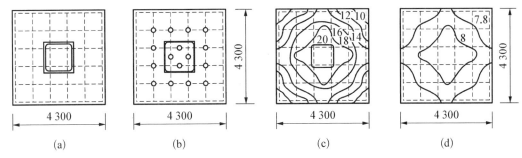

图 9-18　核心筒区域增强和无桩筏板模型试验

(a) 无桩筏板；(b) 核心区刚性桩复合地基 ($d = 150\,mm$，$L = 2\,m$)；(c) 无桩筏板；(d) 核心区刚性桩复合地基

9.9.5　变刚度调平设计工程应用

按变刚度调平设计的方法，在十余个工程项目中应用，进行设计优化，项目情况及优化结果见表 9-15。

表 9-15　变刚度调平设计工程实例

工程名称	层数/高度 /m	建筑面积 /m	结构形式	桩　数 原设计	桩　数 优　化	承台板厚 原设计	承台板厚 优化	节约投资/万元
农行山东省分行大厦	44/170	80 000	框架-核心筒，主裙连体	337ϕ1 000	146ϕ1 000			300
北京皂君庙电信大厦	18/150	66 308	框架-剪力墙，主裙连体	373ϕ800 391ϕ1 000	302ϕ800			400
北京盛富大厦	26/100	60 000	框架-核心筒，主裙连体	365ϕ1 000	120ϕ1 000			150
北京机械工业经营大厦	27/99.8	41 700	框架-核心筒，主裙连体	桩基	复合地基			60
北京长青大厦	26/99.6	240 000	框架-核心筒，主裙连体	1 251ϕ800	860ϕ800		1.4 m	959
北京紫云大厦	32/113	68 000	框架-核心筒，主裙连体		92ϕ1 000			50
BTV综合业务楼	41/255		框架-核心筒		126ϕ1 000	3 m	2 m	
BTV演播楼	11/48	183 000	框架-剪力墙		470ϕ800			1 100
BTV生活楼	11/52		框架-剪力墙		504ϕ600			
万豪国际大酒店	33/128		框架-核心筒，主裙连体		162ϕ800			
北京嘉美风尚中心公寓式酒店	28/99.8	180 000	框架-剪力墙，主裙连体	233ϕ800，$l=38$ m	ϕ800，64 根 $l=38$ m 152 根 $l=18$ m	1.5 m	1.5 m	150
北京嘉美风尚中心办公楼	24/99.8		框架-剪力墙，主裙连体	194ϕ800，$l=38$ m	ϕ800，65 根 $l=38$ m 117 根 $l=18$ m	1.5 m	1.5 m	200

工程名称	层数/高度/m	建筑面积/m	结构形式	桩 数		承台板厚		节约投资/万元
				原设计	优 化	原设计	优化	
北京财源国际中心西塔	36/156.5	220 000	框架-核心筒	$\phi800$ 桩,扩底后注浆	280ϕ1 000	3.0 m	2.2 m	200
北京悠乐汇B区酒店、商业及写字楼(共3栋塔楼)	28/99.15	220 000	框架-核心筒,主裙连体		558ϕ800	核心下30 m,外围柱下2.2 m	1.6 m	685

9.10 桩基工程概念设计

9.10.1 基本设定规定

桩基础应按两类极限状态设计:

(1) 承载能力极限状态。桩基达到最大承载能力、整体失稳或发生不适于继续承载的变形。

(2) 正常使用极限状态。桩基达到建筑物正常使用所规定的变形极限或达到耐久性要求的某项极限。

根据两类极限状态设计的规定,就是要强度与变形双控制。在软土地基上的建筑物基础设计的,关键在于差异沉降值和最大沉降量是否能控制在允许范围内。不均匀沉降会导致建筑物产生裂缝,不同类型和不同等级的建筑物、构筑物有不同的要求和规定,一般基础中心沉降量允许在 $100\sim400$ mm 以内。

9.10.2 功能要求

正确的基本概念与基础设计密切相关的内容有:

掌握建筑物的结构特性。建筑物材料的不同:砖、木、混凝土(现浇或预制装配)、钢、混合型结构等;结构类型的不同:框架柱承重、抗震端承重、框架-核芯筒承重等类型。对地基土沉降变形的敏感性不同。

根据建筑物规模和功能特征,以及由于地基问题可能对建筑物造成破坏或影响正常使用的严重程度,正确判断地基基础的设计等级,一般按地基规范分甲、乙、丙 3 级。掌握地区已有建筑物的特点,了解可借鉴的成功经验,有关房屋沉降变形情况,利用当地的经验,尽量采用地方材料。

9.10.3 熟悉基本资料

1) 岩土工程勘察文件

应对拟建场地的稳定性和适宜性作出评价,查明地层结构、持力层和下卧层的工程特性、土的应力历史和地下水条件以及不良地质作用等；提出地基基础设计、施工所需的岩土参数，确定地基承载力，预测地基变形性状；进行地基的地震效应评价。

2）建筑场地与环境条件的有关资料

建筑物场地形状现状，包括交通设施、高压架空线、地下管线和地下构筑物的分布。现场条件会影响施工工艺的选择，因此设计时尽量摸清周边和现场环境条件，与施工单位取得联系，进行调查研究后提出推荐方案，这类前期工作最好由甲方组织协调（至少应由设计方提出需要甲方参加）。

3）建筑物的有关资料

建筑物的总平面布置图，以及建筑物单体的建筑图；有关结构类型、荷载、使用条件对基础竖向及水平位移的要求。

4）施工条件的有关资料

收集当地的施工经验，施工机械条件，施工工艺在当地的适用性；以及可供设计比较用的桩型资料，有关经济价格应同时进行考虑。

施工工艺对桩的承载力有影响，钻孔灌注桩的施工工艺对承载力的影响较大，如干法和湿法、后压浆桩和常规桩。对于预制桩，打桩还是静压桩等不同的施工工艺，都可能对承载力产生不同程度的影响。

根据时间进度的要求，争取把生产与理论学术研究结合起来，如布置一定的量测元件，采取信息化施工，把得到的资料归纳整理，使工作循序渐进，为技术进行原始资料积累。

5）供设计用的有关桩型和实施可行性的资料

了解有关设计项目的资金来源及社会环境因素，抓住主要矛盾进行有效深入的工作；如缺少资金，项目必须建设，这就要尽量减少结构自重，先解决实用问题，用最经济有效的办法进行设计。

9.10.4　初步设计

掌握粗略的估算方法，用简化结构计算模型，可以通过手算得到初步的计算数据，用以说明问题，提出有说服力的设计方案，吸收各协作单位的意见和建议，取得满意的结论。

1. 单桩承载力计算

（1）竖向力：

轴心竖向力作用下

$$N_k = \frac{F_k + G_k}{n}$$

偏心竖向力作用下

$$N_{ik} = \frac{F_k + G_k}{n} \pm \frac{M_{xk} y_i}{\sum y_j^2} \pm \frac{M_{yk} x_i}{\sum x_j^2}$$

（2）水平力：

$$H_{ik} = \frac{H_k}{n}$$

式中：F_k——荷载效应标准组合下，作用于承台顶面的竖向力；

G_k——桩基承台和承台上土自重标准值，对稳定的地下水位以下部分应扣除水的浮力；

N_k——荷载效应标准组合轴心竖向力作用下，基桩或复合基桩的平均竖向力；

N_{ik}——荷载效应标准组合偏心竖向力作用下，第 i 基桩或复合基桩的竖向力；

M_{xk}、M_{yk}——荷载效应标准组合下，作用于承台底面，绕通过桩群形心的 x、y 主轴的力矩；

x_i、x_j、y_i、y_j——第 i、j 基桩或复合基桩至 y、x 轴的距离；

H_k——荷载效应标准组合下，作用于桩基承台底面的水平力；

H_{ik}——荷载效应标准组合下，作用于第 i 基桩或复合基桩的水平力；

n——桩基中的桩数。

单桩承载力计算应符合下列规定：

桩基竖向承载力计算应符合下列要求：

（1）荷载效应标准组合：

轴心竖向力作用下

$$N_k \leqslant R$$

偏心竖向力作用下除满足上式外，尚应满足下式的要求：

$$N_{kmax} \leqslant 1.2R$$

（2）地震作用效应和荷载效应标准组合：

轴心竖向力作用下

$$N_{Ek} \leqslant 1.25R$$

偏心竖向力作用下，除满足上式外，尚应满足下式的要求：

$$N_{Ekmax} \leqslant 1.5R$$

式中：N_k——荷载效应标准组合轴心竖向力作用下，基桩或复合基桩的平均竖向力；

N_{kmax}——荷载效应标准组合偏心竖向力作用下，桩顶最大竖向力；

N_{Ek}——地震作用效应和荷载效应标准组合下，基桩或复合基桩的平均竖向力；

N_{Ekmax}——地震作用效应和荷载效应标准组合下，基桩或复合基桩的最大竖向力；

R——基桩或复合基桩竖向承载力特征值。

（3）水平荷载作用下：

$$H_{ik} \leqslant R_{Ha}$$

式中：R_{Ha}——单桩水平承载力特征值(kN)。应通过现场水平载荷试验确定。必要时可进行带承台桩的载荷试验。

一般当缺乏实际经验时,用纯桩基方案设计偏向保守些,自从有了关于复合桩基和调平复合桩基概念后,许多事实证明合理应用新概念设计并不存在风险,而且大有潜力可挖,因此为创新提供了方向,例如长、短桩设计方案。

长、短桩基础的承载力由 3 部分组合:

(1) 长桩的竖向承载力。长桩的作用既能很好地发挥其承载力作用,还能很好地起到减少沉降变形量的作用。

(2) 短桩承载力。一般短桩的持力层不如长桩的持力层,可以利用短桩充分提供其承受荷载的潜力。

(3) 基础底与土体接触面处地基土的承载力。一般纯桩基础设计将土的承载力忽略不计,因为有的纯桩基础下确实仅仅只有桩支承,而基础底面与土体不接触。主要有两种情况可以忽略土的承载力,其一是支承摩擦桩,桩下土的压缩层比较坚硬,没有沉降,而打桩时孔隙水压力升高很快,随时间增长孔隙水压力降低,土体固结自重下沉,而桩下土不压缩,认为只能靠"桩"承担全部荷载(成为设计纯桩基的依据);另一种情况是桩过密,土体被扰到后先隆起后下沉,其超过桩的下沉。所以,要想利用地基土的承载力是有条件的。

以上 3 部分承载力如何理想地发挥,三者之间又如何分配,应该考虑地基土、桩型及上部结构的特性,从构造上创造协调变形的条件,按具体情况可以采用适当的措施。关于具体的设计计算方法,可按照地基规范,把以上 3 种承载力的极限值综合,除以安全系数,得到的总承载力应不小于上部结构传来的总荷载,或者用设计承载力计算亦可。应该说强度和变形都可以采用以上思路和方法估算,分析结果,进行合理调整,应用时适当留有余地。

2. 沉降计算

建筑桩基沉降变形计算值不应大于桩基沉降变形允许值,沉降变形允许值应按有关规范中的规定采用。通常设计计算沉降量要求控制其最大沉降、沉降差、整体或局部倾斜。桩基沉降计算常用规范提供的公式计算,或利用电算程序估算。

桩基最终沉降量计算是非常复杂的课题,由于桩与土体之间作用机理的复杂性,以及土性参数不确定性,因此桩基沉降计算方法在实际应用中往往与实测结果相差较大。

基础沉降量一般由 3 部分组成:

(1) 桩身压缩,根据材料力学可以计算,一般情况下可以忽略不计。

(2) 桩端刺入土体的变形,根据桩端持力层的坚硬程度和桩的实际承载力,判断其可能产生的变形量,或者根据设计假定限制其刺入变形在允许情况下(如桩的承载力达到塑性状态或称为接近极限状态)。一般用常规设计方法时,桩的刺入变形根本不会发生,因此实际情况可以忽略不计的较多。

(3) 桩端平面以下土层的压缩变形,一般计算方法是按分层总和法的计算,计算桩端标高以下土层在压缩厚度范围内的压缩变形,通常就是根据计算出来的结果。

由于桩基础沉降的实际测量数据,往往与计算结果出入较多,因此结合地区条件,规范中有经验系数作修正,所以根据计算来设计还存在较多不确定因素。结合已有的经验或采取其他辅助手段,如争取产、学、研相结合搞课题研究,通过实测数据的积累,一方面验证理论计算结果的准确性,另一方面统计归纳出地区经验,提出经验系数,进一步为生产服务。

软土地基上的建筑物,当设计计算天然地基浅基础时,持力层地基承载力基本能够满足要求,但是最终沉降可能较大。为了减小沉降,可以疏布摩擦型桩,由桩和桩间土共同承担荷载,满足承载力和变形要求,从而使桩身强度和地基承载力得到最大限度的利用。

3. 桩基承台计算

桩基承台的构造要求,主要是满足将上部结构荷载传递给基桩的可靠保证。因此除配合一般建筑结构设计的要求外,尚应验算抗冲切、抗剪切,计算承载力,进行配筋设计。

柱下独立桩承台的基础,需要在承台与承台之间合理布置联系梁,特别当出现单桩或二桩承台时,必须在两方向或至少一个方向设置连梁。布置连梁的目的是为了加强基础的整体刚度,起到减少不均匀沉降的作用。

承重墙下的条形桩承台,单排桩承台梁的截面可按构造要求制定,承台梁的配筋计算可按混凝土结构设计规范中的最小配筋进行设计,钢筋按构造要求布置。桩的布置与选择应考虑尽可能直接放在荷载作用点下,桩的间距只要满足最小间距即可,这样做的目的是为了设计最节约的承台。

筏形承台板或箱型承台板在计算中应考虑局部弯矩作用,还有整体弯矩的影响,在纵横两个方向的钢筋配筋率均不小于最小配筋率 0.15%。设计筏板厚度一般不采取最小配筋控制,应按照计算需要配置钢筋。可以选择含钢率不太高的筏板厚度,含钢率宜控制在 0.4% 左右,因为考虑到基础的防水要求,还有验算冲切需要的厚度,底板过厚不经济,过薄则刚度差,因此通常需要经过反复试算,然后选择出相对合理的承台厚度。承台顶面钢筋应按计算结果的配筋量连通。

桩基承台是建筑结构的组成部分,根据不同形式,可按混凝土结构设计规范进行计算配筋。如抗弯计算、冲切计算、剪切计算、局部承压计算、抗震验算;根据计算结果配筋。

由于承台设计不同于结构构件,通常为满足构造要求,承台体积和断面很大。如大块式基础,要不要配筋,配多少钢筋,需按具体情况具体分析;又如墙下条形承台、独立承台连梁等;如何配筋钢筋,都需要设计人员考虑其合理性,避免在没有充分理由的情况下消耗过多钢材,也没必要用价格贵的高强钢材。

9.10.5　优化设计

1. 优化设计的步骤

一般传统设计常常是按照规范进行计算,通过计算得出的结果满足规范限值的要求,就算设计成功。而运用概念设计可进一步优化设计,带来经济效益。

进行优化设计的步骤大致如下:

(1) 寻找建筑基础设计的内在潜力,如:总荷载计算是否合理,是否因为局部性的考虑,哪里不够就马上给以加强,造成层层加码(只要求保险不重视整体性)。根据总荷载对照总桩数,检查有无超过实际承载力,安全系数用得过高的现象。

（2）了解原设计的思路,判断其正确、合理性,是否局限于照搬规范和依赖计算机程序做习惯性的一体化设计,单纯依赖地质报告推荐方案做设计,没有经过综合技术经济分析的设计方案。

（3）根据地质条件和建筑物的功能,判断基础埋深和地下室设置的合理性,桩的选型和布置是否充分发挥和利用了地下室的作用(如正确判断底板下土的承载力和水浮力)。

（4）该领域的最新概念与发展,反复用各种思维方式;进一步做基础设计的方案,进行具体分析比较,提出新的推荐方案。

（5）根据新推荐的方案与原设计的比较,听取各方面的不同意见,再把拟推荐的可行性方案加以改进,最终达到既安全可靠又经济合理的桩型和基础形式。

（6）为了用概念设计进行优化,必须协调好各有关方面的看法,尽量考虑好各方面的经济计划,要把改变既定方案造成的所有损失加起来,补偿后还会有一定的经济效益,而且一致认为不存在任何风险,经过详细介绍各方案的优缺点,达成了共识,这才有可能把相对最优的方案付诸实施,否则较少的修改原设计就容易实施些。

结构设计没有唯一解,基础的工程造价在整个工程造价中所占的比例较高,基础的技术经济指标对建筑物的总造价有很大影响,尤其在地质条件复杂时更显著。基础方案的分析、比较与选择,对超高层建筑和重点工程项目来说十分必要,目前已经得到大家的重视,而对一般量多、面广的高层、小高层、甚至多层和低层建筑,同样也要重视方案比较,因为只有经过具体方案分析计算,综合比较后才能获得较好的社会经济效益。

当需要变更初步设计时,应该有充足的理由,这样在做施工图之前必须再做一些方案比较,经过充分认证,明确了方向与判断,才可努力深化具体的设计工作,完成设计文件。凡遇到已经完成施工图设计的项目,由于不够理想而要求优化的,首先用概念知识从整体着眼,发现问题所在后进行具体估算,尽量在原设计基础上提出合理化建议。如果需要修改设计必须尊重和得到原设计同意,不然会有各种考虑不到的制约因素,因此很多项目实际上优化工作做了可是行不通。所以尽量提前进行优化,把相对最好的方案介绍出来,顺理成章予以推行。

桩、土共同作用的做法早就有了,曾经在上海软土地区有过三七开、二八开的做法,具体设计因客观条件而异,这与合理的判断有关。

建筑基础设计的潜力很大,根据建筑物是否允许有沉降变形,允许产生多大的沉降量,可节约的成本就不同。在计算理论还不够完善的情况下,有足够的把握时就要想办法挖掘潜力。基础底板设计的内在潜力也很大,出现底板的实际内力远小于常规计算方法的因素很多,运用概念设计的方法把计算机结构设计程序算出的结果进行调整,既解决了配筋难的问题,也能节约建材,只求合理,不留后遗症。

2. 典型的设计优化方法

（1）及时进入方案设计,结构工程师和建筑师之间要有创造性合作的可能性。

设想某工程由主楼和裙房组成,主楼和裙房之间设不设缝的问题需要专门研究.有时设沉降缝,上下全部断开;有时设伸缩缝,基础连接,上部断开;有时不设缝。这样的实例经常会遇到,经过论证及时与建筑师沟通,这样做的目的是为了更合理与经济。

（2）在初步设计阶段,根据项目的复杂性和重要性投入相应的技术力量,多做具体方案比较,选出其中技术经济指标最好的方案,进行初步设计;凡是初步设计做得好的设计文件,施工图设计阶段只要继续深化,一般掌握结构设计基本功的就能胜任。如果有必要改变初步设计,应该提出充分理由,做施工图设计前再进行具体方案比较,方向找对了才能做下一步出图及施工交底的工作。

（3）凡遇到已经完成施工设计的项目,由于某一方面提出优化要求,最好由原设计方面自行修改,因为有许多考虑不到的因素影响优化设计的实际采纳。

桩基工程应进行包括桩位、桩长、桩断面、桩身质量和单桩承载力的检验;有关桩体原材料(砂、石、水泥、钢材等)质量的检验项目和方法应符合国家现行标准的规定,一般通过检验取得验收合格后方可进行下道工序。

单桩承载力试验竖向抗压极限承载力,一般情况下,试桩均应加载至地基破坏,有条件时可埋设应力、应变测量元件,能够实测桩周各土层的侧摩阻力和桩端土的端阻力。

9.10.6　施工检验

1. 桩基工程施工检验

桩基工程的检验分 3 个阶段:施工前、施工过程、施工后的综合检验。

桩基工程应进行包括桩位、桩长、桩断面、桩身质量和单桩承载力的检验;有关桩体原材料(砂、石、水泥、钢材等)质量的检验项目和方法应符合国家现行标准的规定.一般通过检验取得验收合格后方可进行下道工序。

单桩承载力试验竖向抗压极限承载力,一般情况下,试桩均应加载至地基破坏,有条件时可埋设应力、应变测量元件,能够实测桩周各土层的侧摩阻力和桩端土的端阻力。

2. 桩基工程监测

桩基工程监测,主要对于重要建筑和有特殊要求的地基基础工程,过程中,对其自身以及邻近建筑进行检查和监测。

在施工期间及使用桩基工程在施工过程中土体性状引起改变,对周围环境和地下设施产生影响,对基坑和支护结构的安全及稳定性等一系列问题,需要预估到可能产生的危害,然后采取措施防患于未然。为保证工程顺利进行,现场监测工作显得十分重要,采取信息化施工就可以在必要时修正设计,或进一步加强措施。通过以下的工程实例可以了解施工监测的一些具体做法。

建筑物沉降观测的要点,是指对建筑物从浇筑基础开始在施工期间和使用期,连续进行定期的沉降观测,直到沉降稳定为止(控制在日平均沉降≤0.02 mm)。有关沉降计算的方法都建立在理论假定的基础上,其中有经验系数,因此实测数据更具有参考价值。数据积累非常重要,总结归纳的工作同样重要。

9.10.7　工程实例

1. 工况

南京工业大学图书馆地上 9 层,地下 1 层,总建筑面积 12 000 m^2,基础面积 1 655 m^2,总荷载 190 780 kN,基底总压力为 115.3 kPa。

2. 地质状况

该场地的土层分布较均匀,主要为近期冲积形成的粉砂、粉土、粉质黏土等厚软土层(约 45 m)以下有强风化,中等风化砂岩,土层分布如下。

层 号	名 称	厚度/m	
1	杂填土	1.5~3.7	
2-1	粉砂	3.9~8.5	
2-2	粉土夹粉砂	9.2~15.7	
2-3	粉砂	6.6~22.2	粉砂稍密可作为桩端持力层
2-4	粉质黏土夹薄层粉土	2.6~7.3	
2-5	粉质黏土夹极薄层粉土	5.2~14.3	
3	粉质黏土	0~1.5	
4-1	强风化砂岩	0~2.0	
4-2	中风化粉砂岩~砂岩	未穿	

3. 基础设计及桩型选择

基础方案为半地下室,有利于采光,减少土方工程同时尽量利用较硬的 2-1 稍密粉砂作为持力层,使用少量桩为了减沉,施工为静压法。基础埋深 2.8 m,其下 2-1 层为稍密的饱和粉砂层,承载力 $f_k = 140$ kPa,值得利用,因为软土层厚,天然地基沉降量大,预估值达 30 cm,并且上部结构荷载显著偏心,因此需要用桩调整。2-3 粉砂是相当好的桩端持力层。该工程运用塑性支承桩的概念,设计摩擦桩符合桩基。

桩型:

(1) 预制钢筋混凝土方桩 45 cm², 长 21 m 及 18 m 两种;

(2) 预制钢筋混凝土方桩 35 cm², 长 15.5 m;

(3) 预制钢筋混凝土方桩 30 cm², 长 8.5 m。

以上 4 种桩进行组合,满足了柱下荷载(3 400~5 000 kN)的不同卸载要求,桩间距 ≥ 8~10d。

小结:

该工程采用复合桩基与常规桩基相比,桩基的混凝土用量减少 60%,节省造价 63%(104.49 万元)

长、短桩的设计方案适用范围非常广,既符合"沉降控制复合桩基"的基本概念,又能节约大量建设投资目前运用概念设计的方法大力推广应用有很大的现实意义。通过比较典型的实例,可以看出长、短桩充分发挥各自的承受荷载及减少沉降的作用,已经突破了旧的设计概念,其优势在于有生命力。

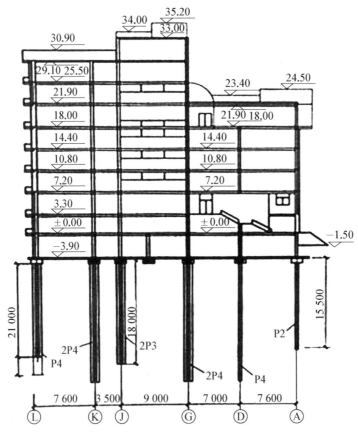

图 9-19 建筑剖面

9.11 本章例题

(1) 某框架柱采用 6 桩独立基础,桩基承台埋深 2.0 m,承台面积 3.0 m×4.0 m,采用边长 0.2 m 钢筋混凝土预制实心方桩,桩长 12 m 承台顶部标准组合下轴心竖向力 F_k,桩身混凝土强度等级 C25,抗压强度设计值 $f_c = 11.9$ MPa,箍筋间距 150 mm,根据《建筑桩基技术规范》,若按桩身承载力验算,该桩基础能够承受的最大竖向力 F_k 为多少。

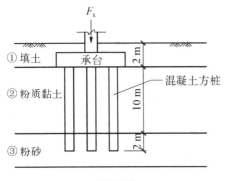

题(1)图

解:根据《建筑桩基技术规范》(JGJ94—2008)第 5.8.2 条:

① 箍筋间距 150 mm > 100 mm

则 $N \leqslant \psi_c f_c A_{ps} = 0.85 \times 11.9 \times 10^3 \times 0.2^2 = 404.6$ kN

② $N_K = \dfrac{N}{1.35} = \dfrac{404.6}{1.35} = 299.7$ kPa

③ $N_K = \dfrac{F_k + G_k}{n}$

$$F_k = 299.7 \times 6 - 3 \times 4 \times 2 \times 20 = 1\,318.2\ \text{kN}$$

（2）某打入式钢管桩，外径 0.9 m，壁厚 14 mm，桩长 67 m，入土深度 35 m，试验算桩身局部压曲（$f'_y = 210\ \text{N/mm}^2$，$E = 2.1 \times 10^5\ \text{MPa}$）。

解：根据《建筑桩基技术规范》(JGJ94—2008)第 5.8.6 条：

① $d = 900\ \text{mm} > 600\ \text{mm}$，应按下式验算：

$$t/d = 14/900 = 0.016;\quad f'_y/0.388E = 210/(0.388 \times 2.1 \times 10^5) = 0.002\,6$$

$t/d \geqslant f'_y/0.388E$，满足要求；

② $d \geqslant 900\ \text{mm}$，除按上式验算外，尚应按下式验算：

$$t/d = 0.016;\quad \sqrt{f'_y/14.5E} = \sqrt{210/(14.5 \times 2.1 \times 10^5)} = 0.008\,3$$

$t/d \geqslant \sqrt{f'_y/14.5E}$，满足要求。

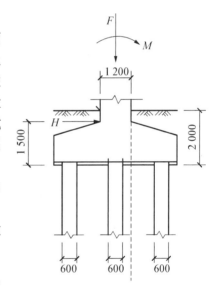

（3）某地下箱型构筑物，基础长 50 m，宽 40 m，顶面高程 -3 m，地面高程为 -11 m，构筑物自重（含上覆土重）总计 1.2×10^5 kN，其下设置 100 根 $\phi600$ 抗浮灌注桩，桩轴向配筋抗拉强度设计值为 300 N/mm²，抗浮设防水位为 -2 m，假定不考虑构筑物与土的侧摩阻力，试按《建筑桩基技术规范》计算桩顶截面配筋率。（分项系数取 1.35，不考虑裂缝验算，抗浮稳定安全系数取 1.0）

解：根据《建筑桩基技术规范》(JGJ94—2008)第 5.8.7 条：

① $F_{浮} = \rho g V = 10 \times 50 \times 40 \times (11 - 3) = 1.6 \times 10^5\ \text{kN}$

② 基桩轴向拉力设计值：$N = \dfrac{1.35(F_{浮} - G)}{n} =$

$\dfrac{1.35 \times (1.6 \times 10^5 - 1.2 \times 10^5)}{100} = 540\ \text{kN}$

③ $A_s = \dfrac{540}{300 \times 10^{-3}} = 1\,800\ \text{mm}^2$

④ $A_s = \dfrac{A_s}{A_p} = \dfrac{1\,800}{3.14 \times 300^2} \times 100\% = 0.637\%$

（4）桩基承台如图所示（尺寸以 mm 计），已知柱轴力 $F = 12\,000$ kN，力矩 $M = 1\,500$ kN·m，水平力 $H = 600$ kN（F、M 和 H 均对应荷载效应基本组合），承台及其上填土的平均重度为 20 kN/m³。试按《建筑桩基技术

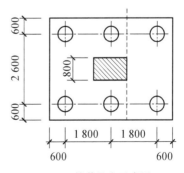

桩基承台示意图

题(4)图

规范》计算图示虚线截面处的弯矩设计值。

解：根据《建筑桩基技术规范》(JGJ94—2008)第 5.9.2 条：

① 右侧两根桩的静反力：

$$N = \frac{F}{n} \pm \frac{M_y x_i}{\sum x_i^2} = \frac{12\,000}{6} + \frac{(1\,500 + 600 \times 1.5) \times 1.8}{4 \times 1.8^2} = 2\,333.3\ \text{kN}$$

② 弯矩设计值：

$$M_y = \sum N_i x_i = 2 \times 2\,333.3 \times (1.8 - 0.6) = 5\,599.9\ \text{kN}$$

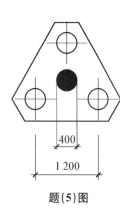

题(5)图

(5) 某柱下桩基采用等边三角形承台，如图所示，承台等厚，三向均匀，在荷载效应基本组合下，作用于基桩顶面的轴心竖向力为 2 100 kN 重标准值为 300 N，根据《建筑桩基技术规范》计算该承台正截面最大弯矩。

解：根据《建筑桩基技术规范》(JGJ94—2008)第 5.9.2 条：

① 边长圆柱换方柱：$c = 0.8d = 0.8 \times 0.4 = 0.32\ \text{m}$

② $M = \dfrac{N_{\max}}{3}\left(s_a - \dfrac{\sqrt{3}}{4}c\right) = \dfrac{2\,100 - 300}{3} \times \left(1.2 - \dfrac{\sqrt{3}}{4} \times 0.32\right) = 636.9\ \text{kN} \cdot \text{m}$

(6) 某桩基的多跨条形连续承台梁净跨距均为 7.0 m，承台梁受均布荷载 $q = 100\ \text{kN/m}$ 作用，试计算承台梁中跨支座处弯矩 M。

解：根据《建筑桩基技术规范》(JGJ94—2008)附录 G：

① $L_c = 1.05L = 1.05 \times 7 = 7.35\ \text{m}$

② $M = q\dfrac{L_c^2}{12} = 100 \times \dfrac{7.35^2}{12} = 450.2\ \text{kN} \cdot \text{m}$

第 10 章
桩基础施工

10.1 桩基施工概述

桩基础是一种特殊的深基础,深埋于地下,是一种隐蔽工程。同时,其结构类型、传力特点与施工方法有着密切的关系,施工质量又直接影响桩基础的承载性状。所以研究桩基础的施工是桩基工程的一项重要内容。

在这一章里主要讨论桩基施工的几个技术关键问题,例如灌注桩成孔泥浆护壁技术的应用,成孔质量的控制,钢筋笼的制作,水下混凝土的浇筑;沉桩方法及其对环境的影响,以及承台的施工等。

桩基工程施工前的调查与准备工作主要包括桩基施工前的调查、编制桩基工程施工组织设计和桩基础施工准备:

(1) 桩基施工前的调查。主要包括现场踏勘、施工场地和周围状况、桩基设计情况及有关监督单位和法规上的限制等。

(2) 编制桩基工程施工组织设计。桩基础工程在施工前,应根据工程规模的大小、复杂程度和施工技术的特点,编制整个分部分项工程施工组织设计或施工方案,主要包含内容:

① 机械施工设备的选择;

② 设备、材料供应计划;

③ 成桩方式与进度要求;

④ 作业和劳动力计划;

⑤ 桩的试打或试成孔;

⑥ 桩的载荷试验;

⑦ 制定各种技术措施;

⑧ 编制施工平面图。

(3) 桩基础施工准备。

① 在施工开始以前应根据设计图纸、工程地质水文地质条件、地形地貌、施工设备条件等资料认真编制切实可行的施工方案,其内容应包括施工方法、需用机具、沉桩顺序和进度、施工平面布置、预制桩的制作、建筑材料和预制桩的运输与堆放、保证质量和安全技术措施、劳动组织以及材料和水电供应计划等。

② 清除现场妨碍施工的高空和地下障碍物,如地下管线、旧有基础、地上电杆、电线、树木等。

③ 整平施工范围内的场地,周围作好排水沟,修建现场临时道路。

④ 对预制桩施工要设置防震措施,对灌注桩施工要设置泥浆池和防止泥浆污染环境的措施。

　　⑤ 做好测量控制网、水准基点,按平面放线定位。

　　⑥ 对于水上桩基础的施工,要考虑河流水位的可能变化(如潮汐、洪水)和地质条件,选用合适的水上施工作业平台方案,例如采用筑岛方法造成可以施工的水中陆地,也可采用钢平台加钢围堰的方法造成稳定的作业平台和安全可靠的浇筑承台的空间。

10.2　灌注桩施工

10.2.1　灌注桩成孔方法

　　灌注桩成孔方法灌注桩的成孔方法分为泥浆护壁成孔灌注桩、干作业成孔灌注桩、套管成孔灌注桩和爆扩成孔灌注桩等 4 种,成孔的控制深度按不同桩型采用不同标准控制,灌注桩适用范围如表 10-1 所示。

表 10-1　灌注桩适用范围

	成 孔 方 法		适 用 土 类
1	泥浆护壁成孔	冲抓	碎石土、砂土、黏性土及风化岩
		冲击	
		回转钻	黏性土、淤泥、淤泥质土及砂土
		潜水钻	
2	干作业成孔	螺旋钻	地下水位以上的黏性土、砂土及人工填土
		钻孔扩底	地下水位以上的坚硬、硬塑的黏性土及中密以上砂土
		机动洛阳铲	地下水位以上的黏性土、黄土及人工填土
3	套管成孔	锤击振动	可塑、软塑、流塑的黏性土,稍密及松散的砂土
4	爆扩成孔		地下水位以上的黏性土、黄土、碎石土及风化岩

　　对摩擦型桩,以设计桩长控制成孔深度;端承摩擦桩必须保证设计桩长及桩端进入持力层深度;当采用锤击沉管法成孔时,桩管入土深度控制以标高为主,贯入度控制为辅。

　　对端承型桩,当采用钻(冲)、挖掘成孔时,必须保证桩孔进入设计持力层的深度:当采用锤击沉管法成孔时,沉管深度控制以贯入度为主,设计持力层标高为辅。

10.2.2　成孔机的选择

　　成孔机具根据土质条件按表 10-2 的适用范围选用。

表 10-2　成孔机具的适用范围

成 孔 机 具	适 用 范 围
潜水钻	黏性土、粉土、淤泥、淤泥质土及砂土
回转钻(正、反循环)	碎石类土、砂土、黏性土、粉土、强风化岩、软质岩与硬质研
冲抓钻	碎石类土、砂土、砂卵石、黏性土、粉土、强风化岩
冲击钻	适用于各类土层及风化岩、软质岩

10.2.3 灌注桩的施工规范要求

1. 垂直度

《建筑桩基技术规范》(JGJ94—2008)与《建筑地基基础工程施工质量验收规范》(GB502022002)对灌注桩成孔施工的允许偏差的规定均应满足表 10-3 的要求。

2. 孔底沉渣(虚土)

《建筑桩基技术规范》(JGJ94—2008)中规定灌注混凝土之前孔底沉渣厚度指标规定端承型桩灌注桩成孔施工的允许偏差应满足表 10-3 的要求。

表 10-3　灌注桩成孔施工允许偏差

成　孔　方　法		桩径偏差/mm	垂直度允许偏差/%	桩位允许偏差/mm	
				1~3 根桩、条形桩基沿垂直轴线方向和群桩基础中的边桩	条形桩基沿轴线方向和群桩基础的中间桩
泥浆护壁钻、挖、冲孔桩	$d \leqslant 1\,000$ mm	$\leqslant -50$	1	$d/6$ 且不大于 100	$d/4$ 且不大于 150
	$d > 1\,000$ mm	-50		$100 + 0.01H$	$150 + 0.01H$
锤击(振动)沉管振动冲击沉管成孔	$d \leqslant 500$ mm	-20	1	70	150
	$d > 500$ mm			100	150
螺旋钻、机动洛阳铲干作业成孔灌注桩		-20	1	70	150
人工挖孔桩	现浇混凝土护壁	± 50	0.5	50	150
	长钢套管护壁	± 20	1	100	200

注：① 桩径允许偏差的负值是指个别断面；
② H 为施工现场地面标高与桩顶设计标高的距离；d 为设计桩径。

表 10-4　灌注桩成孔底沉渣允许偏差

桩　　型	沉渣厚度允许值
端承型桩	$\leqslant 50$ mm
摩擦型桩	$\leqslant 100$ mm
抗拔、抗水平力桩	$\leqslant 200$ mm

10.2.4 钢筋笼的加工

钢筋笼的加工规范要求：钢筋采用 HPB235、HRB335 级钢筋,其质量应符合《钢筋混凝土用钢第 1 部分：热轧光圆钢筋》(GB1499.1—2008)、《钢筋混凝土用钢第 2 部分：热轧带肋钢筋》(GB1499.2—2007)及相关规范的规定。

焊条应采用与主体钢材强度相适应的型号,并应符合现行标准。

钢筋笼制作的允许偏差见表 10-5,主筋净距必须大于混凝土粗骨料粒径 3 倍以上,粗骨料可选用卵石或碎石,其最大粒径对于沉管灌注桩不宜大于 50 mm,并不得大于钢筋间最小净距的 1/3;对于素混凝土桩,不得大于桩径的 1/4,并不宜大于 40 mm。

表 10-5　钢筋笼制作允许偏差

项　　目	允许偏差/mm
主筋间距	±10
箍筋间距	±20
钢筋笼直径	±10
钢筋笼长度	±100

分段制作的钢筋笼,其接头宜采用焊接或机械式接头(钢筋直径大于 20 mm),并应遵守国家现行标准《钢筋机械连接通用技术规程》(JGJ10)、《钢筋焊接及验收规程》(JGJ18)和《混凝土结构工程施工质量验收规范》(GB50204)的规定。

加劲箍宜设在主筋外侧,当因施工工艺有特殊要求时也可置于内侧;导管接头处外径应比钢筋笼的内径小 100 mm 以上;在同一截面内的钢筋接头不得超过主筋总数的 50%,两个接头的竖向间距为 $35d$(d 为主筋直径),且不应小于 500 mm,焊接长度为双面焊时,单面焊 $10d$,并应符合《混凝土结构工程施工质量验收规程》GB50204 的规定。搬运和吊装钢筋笼时,应防止变形,安放应对准孔位,避免碰撞孔壁和自由落下,就位后应立即固定。

10.2.5　混凝土的灌注

灌注桩的混凝土一般是水下浇筑的,因此对混凝土配合比的要求,浇灌的方法等都有其特点。混凝土灌注要求:

(1) 混凝土质量控制应符合《混凝土质量控制标准》GB50164 的规定。

(2) 当钻孔灌注桩处于二类(a)环境时,混凝土最大水灰比为 0.60,最小水泥用量为 250 kg/h,最低混凝土强度等级为 C25,最大氯离子含量为 0.3%,最大碱含量为 3.0 kg/m³;当钻孔灌注桩处于二类(b)环境时,混凝土最大水灰比为 0.55,最小水泥用量为 275 kg/h,最低混凝土强度等级为 C30,最大氯离子含量为 0.2%,最大碱含量为 3.0 kg/m³。

1) 混凝土配合比的特点

混凝土的配合比除了满足设计强度要求外,还应考虑采用导管法在泥浆中浇灌混凝土的施工特点和这种施工方法对混凝土强度的影响。混凝土的强度应比设计强度提高 5 MPa,并要求混凝土的和易性好,流动度大且缓凝。水泥应采用 425 号或 525 号或普通水泥或矿渣水泥;石料宜用卵石,最大粒径不大于导管内径的 1/6 和钢筋最小间距的 1/4,且不宜大于 40 cm,使用碎石的粒径宜为 0.5~20 cm;砂宜用中、粗砂;水灰比不大于 0.6;单位水泥用量不大于 370 kg/m³;含砂率宜为 40%~50%;混凝土的坍落度宜为 18~20 cm,并有一定的流动保持率,坍落度降低至 15 cm 的时间不宜小于 1 h,扩散度宜为 34~38 cm。混凝土初凝时间应满足浇灌和接头施工工艺的要求,一般为 3~4 h。如运输距离过远,一般宜在混凝土中掺加木钙减水剂,可减小水灰比,增大流动度,减少离析,防止导管堵塞,并延缓初凝时间,降低浇灌强度。

2）导管法与初灌量计算

通常采用履带吊车起吊混凝土料斗，通过下料漏斗和导管在稀泥浆中浇灌混凝土。导管内径一般选用 150～300 mm，用 2～3 mm 的厚钢板卷焊而成，每节长 2～2.5 m，并配几节 1～1.5 m 的调节长度用的短管，接头处用橡胶垫圈密封防水，接头外部应光滑，使之在钢筋笼内移动时不会挂住钢筋。

开导管方法采用球胆或圆柱形隔水塞。在整个浇灌过程中，混凝土导管应埋入混凝土中 2～4 m，最小埋入深度不得小于 1.5 m，否则会把混凝土上升面附近的浮浆卷入混凝土内；也不能大于 6 m，埋入太深将会影响混凝土的充分流动。导管随浇灌随提升，避免提升过快而造成混凝土脱空现象；提升过慢则会造成埋管而拔不出来。浇灌时，利用不停浇灌及导管出口混凝土的压力差，使混凝土不断从导管内挤出，混凝土面逐渐均匀上升，孔内的泥浆逐渐被混凝土置换而排出孔外，流入泥浆池内。

开导管时，料斗必须初存的混凝土量要经过计算确定，以保证完全排出导管内的泥浆，并使导管出口埋深在不小于 0.8 m 的流态混凝土中，防止泥浆卷入混凝土中。

开导管首批混凝土量可按下式计算：

$$V = h_1 \times \frac{\pi d^2}{4} + H_c A \qquad (10-1)$$

式中：d——导管直径（m）；

    H_c——首批混凝土要求浇灌深度（m）；

    A——钻孔横截面（m^2）；

    h_1——孔内混凝土达到 H_c 时，导管混凝土柱与导管外水压平衡所需要的高度（m）。

$$h_1 = \frac{H_w \gamma_w}{\gamma_c} \qquad (10-2)$$

    H_w——预计浇灌混凝土顶面至钻孔口的高差（m）；

    γ_w——孔内泥浆的高度，取 12 kN/m^3；

    γ_c——混凝土拌合物的重度，取 24 kN/m^3。

在浇筑混凝土的最后阶段，导管内混凝土柱要求的高度 h_c 按下式计算：

$$h_c = \frac{p + H_A \times \gamma_w}{\gamma_c}$$

式中：p——超压力，在浇灌混凝土高度小于 4 m 时，不宜小于 80 kN/m^3；

    H_A——漏斗顶高出水（或泥浆）面的高度（m），$H_A = H_c - H_w$。

3）混凝土的浇筑

混凝土浇灌时要注意如下问题：

（1）混凝土浇灌要一气呵成，不得中断，并控制在 4～6 h 内浇完，以保证混凝土的均匀性。间歇时间一般应控制在 15 min 内，任何情况下不得超过 30 min。

（2）浇灌时要保持孔内混凝上面均匀上升，且保持上升速度不大于 2 m/h。浇灌速度一般为 30～35 m^3/h；导管提升速度应与混凝土的上升速度相适应，始终保持导管在混凝土中的插入深度不小于 1.5 m,也不能使混凝土溢出漏斗或流进孔内。

(3) 在混凝土浇灌过程中,要随时用探锤测量混凝上面的实际标高,(至少 3 处,取平均值)计算混凝土上升高度,导管下面与混凝土的相对位置,统计混凝土浇灌量,及时做好记录。

(4) 拌和好的混凝土应在 1.5 h 内浇筑完毕,夏季应在 1.0 h 内浇筑完毕,否则应掺加缓凝剂;混凝土浇灌到顶部 3 m 时,可在孔内放水适当稀释泥浆,或将导管埋深减为 1 m,或适当放慢浇灌速度,以减少混凝土排除泥浆的阻力。

(5) 混凝土应浇灌到设计桩顶标高以上规定的高度时才能停止浇灌,以保证设计桩顶标高以下混凝土的质量。

表 10 - 6　混凝土灌注要求

项　　目	要　　求	检 查 方 法
混凝土坍落度	水下灌注宜为 180～200 mm 干作业宜为 70～100 mm	坍落度仪
桩顶混凝土灌注高度	至少高出桩顶设计标高 0.5 m	测绳
混凝土充盈系数	>1	计量实际灌注量
混凝土试件留取数量	单桩混凝土体积>25 m³ 时,每根桩留 1 组试件(3 件) 单桩混凝土体积≤25 m³ 时,每个灌注台班留 1 组试件(3 件)	标准试件模具
混凝土强度	设计要求	试件报告或钻芯取样
组骨料粒径	不大于钢筋最小净间距的 1/3,水下灌注时且应小于 40 mm	检验报告

10.2.6　沉管灌注桩

沉管灌注桩又称套管成孔灌注桩,根据沉管方法可分为锤击沉管灌注桩、振动沉管灌注桩和振动冲击沉管灌注桩。沉管灌注桩的施工为采用锤击、振动或振动冲击等方法,将带封口桩尖的钢套管沉到预定标高,然后边灌注混凝土、边拔出钢管而成桩。

沉管灌注桩适用于一般结构性土、粉土、淤泥质土、淤泥、松散至中密的砂土及人工填土等地层,不宜用于标准贯入击数 N 大于 12 的砂土、N 大于 15 的黏性土以及碎石土。对于松散填土、松散砂土经沉管挤土可收到加密效果。

挤土沉管灌注桩用于淤泥和淤泥质土层时,应局限于多层住宅桩基。

优点:

(1) 设备操作简单,施工方便。

(2) 施工速度快,工期短,造价低。

缺点:

(1) 振动大,噪声高。

(2) 桩径较小,单桩承载力不高。

(3) 由于挤土效应导致成桩质量很不稳定,包括断桩、缩径、桩土上涌等。因此,对于饱和黏性土中成桩时,一定要注意控制日成桩量以降低挤土效应的负面影响。

1. 锤击沉管灌注桩施工

1）施工工序

锤击沉管灌注桩的施工应根据土质情况和荷载要求，分别选用单打法、复打法、反插法。锤击沉管灌注桩的施工过程可综合为：安放桩靴→桩机就位→校正垂直度→锤击沉管至要求的贯入度或标高→测量孔深并检查桩靴是否卡住桩管→下钢筋笼→灌注混凝土→边锤击边拔出钢管。工艺过程见图 10-1 所示。

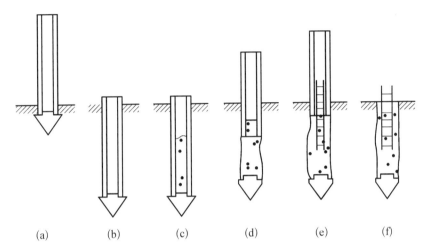

图 10-1　锤击沉管灌注桩施工程序示意图

(a) 就位；(b) 沉入套管；(c) 开始灌注混凝土；(d) 边锤击边拔管，并继续灌注混凝土；
(e) 下钢筋笼，并继续灌注混凝土；(f) 成型

2）施工注意事项

① 锤击沉管灌注桩施工应根据土质情况和荷载要求，分别选用单打法、复打法或反插法。

② 锤击沉管灌注桩施工。群桩基础的基桩施工应根据土质、布桩情况，采取消减负面挤土效应的技术措施，确保成桩质量；桩管、混凝土预制桩尖或钢桩尖的加工质量和埋设位置应与设计相符，桩管与桩尖的接触应有良好的密封性。

③ 灌注混凝土和拔管的操作控制。沉管至设计标高后，应立即检查和处理桩管内的进泥、进水和吞桩尖等情况，并立即灌注混凝土；当桩身配置局部长度钢筋笼时，第一次灌注混凝土应先灌至笼底标高，然后放置钢筋笼，再灌至桩顶标高。第一次拔管高度应以能容纳第二次灌入的混凝土量为限，不应拔得过高。在拔管过程中应采用测锤或浮标检测混凝土面的下降情况；拔管速度应保持均匀，对一般土层拔管速度宜为 1 min，在软弱土层和软硬土层交界处拔管速度宜控制在 0.3～0.8 m/min；采用倒打拔管的打击次数，单动汽锤不得少于50 次/min，自由落锤小落距轻击不得少于 40 次/min；在管底未拔至桩顶设计标高之前，倒打和轻击不得中断。

④ 混凝土的坍落度宜采用 80～100 mm。混凝土的充盈系数不得小于 1.0；对于充盈系数小于 1.0 的桩，应全长复打，对可能断桩和缩颈桩，应采用局部复打。成桩后的桩身混凝土顶面应高于桩顶设计标高 500 mm 左右。全长复打时，桩管入土深度宜接近原桩长，局部

复打应超过断桩或缩颈区 1 m 以上。

⑤ 全长复打桩施工。第一次灌注混凝土应达到自然地面;拔管过程中应及时清除粘在管壁上和散落在地面上的混凝土;初打与复打的桩轴线应重合;复打施工必须在第一次灌注的混凝土初凝之前完成。

3) 锤击沉管灌注桩的施工特点及应用范围

锤击沉管灌注桩的施工特点是:可采用普通锤击打桩机施工,设备简单,操作方便,沉桩速度快。适用于黏性土、淤泥质土、稍密的砂土及杂填土层中使用;不宜用于标准贯入击数大于 12 的砂土及击数大于 15 的黏性土及碎石土;由于锤击沉管灌注桩在灌注混凝土过程中没有振动,所以容易产生桩身缩颈、混凝土离析等现象,特别是在厚度较大、含水量和灵敏度高的淤泥土等土层中使用时更容易出问题。所以锤击式沉管灌注桩不常用。

2. 振动、振动冲击沉管灌注施工

振动沉管灌注桩是利用振动桩锤将桩管沉入土中,然后灌注混凝土而成桩。它是目前最常用的沉管灌注桩施工方式,振动沉管灌注桩适用于在一般黏性土、淤泥、淤泥质土、粉土、稍密及松散的砂土及填土中使用,但在淤泥和淤泥质黏土中施工时要采取防止缩颈和挤土效应的措施。振动冲击沉管灌注桩也可用于中密碎石土层和强风化岩层。但在较硬土层中施工时易损伤桩尖,应慎用并采取相应的措施。

振动、振动冲击沉管灌注桩应根据土质情况和荷载要求,分别选用单打法、复打法、反插法等。单打法可用于含水量较小的土层,且宜采用预制桩尖;反插法及复打法可用于饱和土层。

1) 施工工序

振动沉管施工法,是在振动锤竖直方向反复振动作用下,桩管也以一定的频率和振幅产生竖向往复振动,以减少桩管与周围土体的摩阻力,当强迫振动频率与土体的自振频率相同时(黏土自振频率为 600～700 r/min,砂土自振频率为 900～700 r/min),土体结构因其共振而破坏。与此同时,桩管受加压作用而沉入土中,在达到设计要求深度后,边拔管、边振动、边灌注混凝土、边成桩。

这种沉桩方法的施工程序,可总结如下:桩机就位→振动沉管、灌注混凝土→安放钢筋笼→拔管、灌注混凝土→成桩。施工程序如图 10-2 所示。

2) 施工注意事项

① 振动、振动冲击沉管灌注桩应根据土质情况和荷载要求,分别选用单打法、复打法、反插法等。单打法可用于含水量较小的土层,且宜采用预制桩尖;反插法及复打法可用于饱和土层。

② 振动、振动冲击沉管灌注桩单打法施工的质量控制应符合:必须严格控制最后 30 s 的电流、电压值,其值按设计要求或根据试桩和当地经验确定;桩管内灌满混凝土后,应先振动 5～10 s,再开始拔管,应边振边拔,每拔出 0.5～1.0 m,停拔,振动 5～10 s;如此反复,直至桩管全部拔出;在一般土层内,拔管速度宜为 1.2～1.5 m/min,用活瓣桩尖时宜慢,用预制桩尖时可适当加快,在软弱土层中宜控制在 0.6～0.8 m/min。

③ 振动、振动冲击沉管灌注桩反插法施工的质量控制应符合:桩管灌满混凝土后,先振

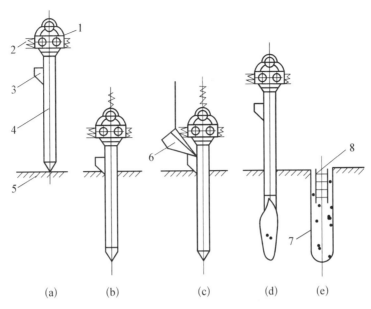

图 10-2 振动沉管灌注桩施工程序

(a) 桩机就位；(b) 沉管；(c) 上料；(d) 拔出桩管；(e) 在桩顶部混凝土内插入短钢筋并灌满混凝土
1-振动锤；2-加压减振弹簧；3-加料口；4-桩管；5-活瓣桩尖；6-上料斗；7-混凝土桩；8-短钢筋骨架

动再拔管，每次拔管高度 0.5~1.0 m，反插深度 0.3~0.5 m；在拔管过程中，应分段添加混凝土，保持管内混凝土面始终不低于地表面或高于地下水位 1.0~1.5 m 以上，拔管速度应小于 0.5 m/min；在距桩尖处 1.5 m 范围内，宜多次反插以扩大桩端部断面；穿过加泥夹层时，应减慢拔管速度，并减少拔管高度和反插深度，在流动性淤泥中不宜使用反插法。

3）振动沉管灌注桩的特点及适用范围

(1) 能适应复杂地层，不受持力层起伏和地下水位高低的限制。

(2) 能用小桩管打出大截面桩（一般单打法的桩截面比桩管大 30%；复打法可扩大 80%；反插法可扩大 50%）使桩的承载力增大。

(3) 对砂土，可减轻或消除地层的地震液化性能。

(4) 有套管保护，可防止坍孔、缩孔、断桩等质量通病，且对周围环境的噪音及振动影响较小。

(5) 施工速度快，效率高，操作规程简便，安全，费用也较低。

但是由于桩管振动而使土体受扰，会降低地基强度。因此，当土层为软弱土时，至少应养护 15 天，才能恢复地基强度。

3. 内夯沉管灌注桩

内夯沉管灌注桩也称夯扩桩，分为带钢筋混凝土预制桩尖夯扩桩和无桩尖夯扩桩。前者与美国西方基础公司的西方扩底桩类似；后者近似于富兰克桩。

我国的内夯沉管灌注桩在 20 世纪 70 年代后期起源于浙江杭州，其构思来自国外的富兰克桩。内夯沉管灌注桩打桩设备为在沉管灌注桩设备基础上，增加内夯管。使用范围基本与沉管灌注桩相同，且在距地面 4~20 m 范围内有一层较硬的土层作为桩端持力层时较为适用。

夯扩沉管灌注桩通过外管与内夯管结合锤击沉管实现桩体的夯压、扩底、扩径。内夯管比外管短 100 mm,内夯管底端可采用闭口平底或闭口锥底,外管封底可采用干硬性混凝土、无水混凝土配料,高度一般为 100 mm。当内、外管间不会发生间隙涌水措施,经夯击形成阻水、阻泥管塞,其涌泥时,亦可不采用上述措施。

(1)内夯沉管灌注桩的优点:

① 内夯沉管灌注桩由于夯扩成型,在桩端处形成扩大头,桩端面积增大,同时桩端持力层被夯实挤密,与一般灌注桩相比,单桩承载力较高。

② 桩身混凝土因夯扩成型,避免和减少了桩身缩径的缺陷。

③ 施工工期短,成本低。

(2)内夯沉管灌注桩的缺点:

① 当地层中有硬夹层时,桩管很难沉入。

② 成桩长度和直径均较小,外管直径 325~450 mm,桩长一般 15 m 左右,单桩承载特征值 2 000 kN 以内。

③ 遇承压水时,成桩困难。

④ 由于有挤土效应,在淤泥层较厚的沿海、沿江和内陆软土地区不宜采用。

⑤ 在无有效措施避免施工产生液化的粉土或砂土地基不宜采用。

(3)施工注意事项:

桩的长度较大或需要配置钢筋笼时,桩身混凝土宜分段灌注。拔管时内夯管和桩锤应施压于外管中的混凝土顶面,边压边拔。

施工前宜进行试成桩,并应详细记录混凝土的分次灌注量,外管上拔高度,内管夯击次数,双管同步沉入深度,并检查外管的封底情况,有无进水、涌泥等,经核定后作为施工控制依据。必须注意,夯扩灌注桩不适用在易液化砂土层中施工,因为液化后桩身混凝土易离析。

(4)沉管灌注桩的主要问题及对策:

沉管灌注桩的主要问题及对策如表 10 - 7 所示。

表 10 - 7　沉管灌注桩常遇问题和处理方法

问　题	可　能　原　因	处　理　对　策
缩颈	软土中拔管速度过快,软土结构破坏	进行桩身质量和承载力检测,若严重缩颈时需补桩
扩颈	砂土层处扩颈	注意扩颈后产生沉渣的处理
断桩	(1)有钢筋笼与无钢筋笼界面处断桩(挤土); (2)桩上部因桩架移动或挤土或挖土不当断桩	浅部断桩挖开重新接桩; 深部断桩则补打桩
混凝土离析	砂土处打桩液化使水泥浆流失	同上
夯扩头不够大	黏土中夯扩时扩颈不够大,夯扩参数不当	调整夯扩参数和方法
桩偏位	打桩挤土或挖土不当	反向取土扶直,加强基础刚度或补桩

10.2.7　钻孔灌注桩施工

钻孔灌注桩是利用钻孔机在桩位成孔,然后在桩孔内放入钢筋骨架再灌混凝土而成的就地灌注桩。它能在各种土质条件下施工,具有无振动、对土体无挤压等优点。常用的施工方法根据地质条件的不同可分为干作业成孔灌往桩和泥浆护壁成孔灌注桩。钻孔桩的施工顺序为成孔,第一次清渣→下钢筋笼→第二次清渣→灌注混凝土成桩。

1) 干作业成孔灌注桩

干作业成孔灌注桩是指不用泥浆或套管护壁情况下,用人工或机械钻具钻出桩孔,然后在桩孔中放入钢筋笼,再灌注混凝土成桩。它分为螺旋钻成孔灌注桩和柱锤冲击成孔灌注桩。

其适用于干作业成孔灌注桩适宜地下水位以上施工,使用于人工填土层、黏土层、粉土层、砂土层、碎石土层和风化岩层,在一些特殊土层如黄土、膨胀土和陈土中适应性也较强。

干作业成孔灌注桩的优点:

① 成孔质量便于检查、桩周及桩端土性易于判断飞桩身混凝土灌注质量稳定可靠等优点。

② 机械成孔时,干成孔作业施工具有环境污染少、噪声低。

③ 人工挖孔时,设备简单,进出场方便,垂直运输工具一般为手摇铲辘、电葫芦或卷扬机吊土工具。上述小型设备或工具特别适用于施工狭窄、崎岖山间坡地等大型施工机械作业空间的情况。

④ 人工挖孔时,成孔机具简单,扩孔可靠,清底干净。

⑤ 人工挖孔时,可以分组同时作业,施工工期短。

干作业成孔灌注桩的缺点:

① 桩径较小时,工人在孔内的劳动条件差,劳动强度高。

② 遇有松软地层及地下水时或安全管理疏漏时,工人在孔下作业易发生安全事故。

③ 挖孔抽水易引起附近地面沉降、房屋开裂或倾斜、混凝土离析等事故。

(1) 螺旋钻孔机成桩

① 施工流程。长螺旋压灌桩施工工艺可用如下流程图及图 10-3 所示。

具体施工工艺如下:

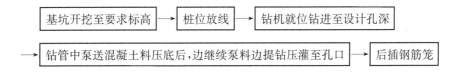

a. 螺旋钻机就位;

b. 启动马达钻孔至预定标高;

c. 混凝土泵将搅拌好的混凝土通过钻杆内管压至钻头底端,边压混凝土边拔管直至成素混凝土桩;

d. 将制作好的钢筋笼与钢筋笼导入管连接并吊起,移至已成素混凝土桩的桩孔内;

e. 起吊振动锤至笼顶,通过振动锤下的夹具夹住钢筋笼导入管;

f. 启动振动锤通过导入管将钢筋笼送入桩身混凝土内至设计标高;

g. 边振动边拔管将钢筋笼导入管拔出,并使桩身混凝土振捣密实。

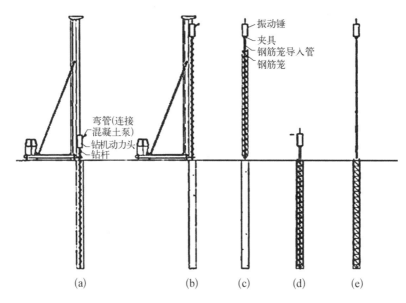

图 10‑3 长螺旋成桩工艺施工流程

(a) 长螺旋钻机成孔至设计标高;(b) 边拔钻边泵入混凝土成素混凝土桩
(c) 钢筋笼就位;(d) 钢筋笼送至设计标高;(e) 拔出钢筋导入管成桩

② 施工特点。螺旋钻成孔灌注桩的特点是:成孔不用泥浆或套管护壁;施工无噪声、无振动、对环境影响较小;设备简单,操作方便,施工速度快;由于干作业成孔,混凝土灌注质量易于控制。其缺点是孔底虚土不易清除干净。

因此,影响桩的承载力,成桩沉降较大,另外由于钻具回转阻力较大,对地层的适应性有一定的条件限制。

这种成孔方法主要适用于黏性土、粉土、砂土、填土和粒径不大的砾砂层,也可用于非均质含碎砖、混凝土块、条石的杂填土及大卵砾石层。

③ 螺旋成孔施工要点:

a. 合理选择钻头类型,不同土层的成孔难易程度不同,应根据前面讲的各种钻头的适用土质选取合适的钻头类型,以便提高成孔效率保证成孔质量。

b. 钻孔时,钻杆应垂直稳固、位置正确,防止因钻杆晃动而引起扩大孔径。

c. 钻进速度应根据电流表读数变化,及时调整。电流增大,说明孔内阻力增大,应降低钻进速度。

d. 开始钻进或穿过软硬土层交界处时,应缓慢进尺,在含有砖块、卵石土层钻进时,应注意控制钻杆跳动及机架晃动。

e. 钻进中,应及时清理孔门积土,遇到地下水、塌孔、缩孔等异常情况时,立即停钻,检查原因,采取必要措施。如果情况不严重时,可调整钻进参数,投入适盘砂或黏土,上下活动钻具,保证钻进通畅。

f. 钻进中遇憋车、不进尺或钻进缓慢时,应及时查明原因后再钻,以防出现严重倾斜、塌孔甚至卡钻、折断钻具等恶性孔内事故。

g. 短螺旋钻进,每次进尺宜控制在钻头长度的 2/3 左右,砂层、粉土层可控制在 0.8～

1.2 m,黏土、粉质土层宜控制在 0.6 m 以下。

h. 成孔达到设计深度后,应使钻共在孔内空钻数圈清除虚土,然后起钻卸土,并保护孔口,防止杂物落入。如果出现严重塌孔,有大量泥土时,应回填砂或钻土重新钻孔,或者填入少量石灰;少量泥浆不易清除时,可投入一些 25~60 mm 的碎石或卵石插实以挤密土壤,防止桩承重后发生大量沉降。

i. 灌注混凝土前,应先放松孔口护孔漏斗,随后放置钢筋笼并再次清孔,最后灌注混凝土。钢筋骨架的主筋不宜少于 $6\phi12\sim16$,长度不小于桩长的 $1/3\sim1/2$,箍筋宜用 $\phi6\sim8@200\sim300$,混凝土保护层厚度 40~50 mm。骨架应一次绑好,用导向钢筋送入孔内,长度较大时应分段吊放,然后逐段焊接。灌注桩顶以下 5 m 范围混凝土时,应随浇随振动,每次灌注高度不得大于 1.5 m,混凝土应分层灌注。

(2)柱锤冲孔混凝土桩

干作业柱锤冲孔混凝土桩就是利用柱锤冲扩钻机或冲击锤对地基土冲击成孔(一般孔深较浅,所以不用护壁),然后下钢筋笼并灌注混凝土成桩。该法适用于地下水位以上的残坡积或回填土碎石土地基、黄土黏土地基短桩施工。

(3)施工常见问题处理

施工常见问题、原因和处理方法如表 10-8 所示。

表 10-8 常见问题、原因和处理方法

常见问题	主 要 原 因	处 理 方 法
孔底虚土过多	在松散填土或含有大量炉灰、砖头、垃圾等杂填土层或在流塑淤泥、松砂、砂卵石、卵石夹层中钻孔、成孔过程中或成孔后土体容易塌落	探明地质条件,尽可能避开可能引起大量塌孔的地点施工;对不同工程地质条件,应选用不同的施工工艺
	钻杆加工不直,或使用过程中变形,或钻杆连接法兰不平,使钻杆拼接后弯曲,由此钻进过程中钻杆晃动,造成局部扩径,提钻后土回落孔底	校直钻杆、填平钻杆连接法
	钻头及叶片的螺距成倾角过大,使土粒滑到孔底	选择合适的螺距或倾角
	钻头倾角不合适	不同孔底土层应采用不同倾角的钻头
	施工工艺选择不当	对不同地质条件采用不同提钻杆的施工工艺,例如多次投钻,或在原钻深处空钻,或钻至设计标高后边旋转边提钻杆
	孔口土未及时清理,甚至在孔口周围堆积大量钻出的土,提钻或工人踩踏而回落孔度	及时清理孔口堆积土
	成孔后,孔口未放盖板,孔口土经扰动而回落孔底	成孔后及时在孔口放置盖板,当天成孔必须当天灌注混凝土
	成孔后未及时灌注混凝土,被雨水冲刷或浸泡	当天成孔当天灌注混凝土
	放混凝土漏斗或放钢筋笼入孔时,孔口土或孔壁土被碰撞掉入孔底	竖直放置漏斗或钢筋笼竖直地入孔

常见问题	主　要　原　因	处　理　方　法
钻进困难	遇坚硬土层	换钻头
	遇地下障碍物(石块、混凝土块等)	障碍物埋深浅,清除后填土再钻;障碍物埋深较大,移位重钻
	钻进速度太快造成难钻	在饱和黏性土中采用慢速高扭矩方式钻孔,在硬土层中钻孔时,可适当往孔中加水
	钻杆倾斜太大造成难钻	调直钻杆垂直度
	钻机功率不够	按地层情况选择合适的钻机
	钻头倾角、转速选择不当	选择合适的钻头倾角和转速
钻孔倾斜	遇地下障碍物、孤石等	挪位另钻孔,如果障碍物位置较浅,清除后填土再钻
	地面不平,桩架导杆不竖直	平整地面,调整导杆垂直度
	钻杆不直	调整钻杆,尤其当用两根钻杆接长时,应使两根钻杆在同一轴线上
	钻头定位尖与钻杆中心线不同心	调整同心度
塌孔	在流塑淤泥质土夹层中成孔,孔壁不能直立而塌落	先钻至塌孔以下 $1\sim2$ m,用豆石混凝土或低等级混凝土(C5~C10)填至塌孔以上 1 m,待混凝土初凝后再钻至设计标高
	孔底部的砂卵石、卵石造成孔壁不能直立而塌落	采用深钻办法,任其塌落,但要保证有效桩长满足设计要求
	局部遇上层滞水,因动水压作用引起渗漏,使该层土坍塌	塌孔处可用黏土、3:7 灰土或低强度等级混凝土填至塌孔以上 1 m,再重新钻孔(对于填凝土的情况,须等混凝土初凝后再钻孔)至设计要求,使填充物起到局部护壁作用。未钻孔部分的场地,可采取降水措施,将上层滞水抽走
桩身夹土	钢筋笼放置方法不妥,如当钢筋笼未通长设置时,采用先灌下部混凝土,然后放钢筋笼,最后再灌上部混凝土,如果放钢筋笼时不注意,会使土掉落在先灌混凝土的顶部,造成桩身夹土	采用先放钢筋笼,后灌混凝土的方法
桩身混凝土质量差	水泥过期,骨料含泥量大,混凝土配合比不当	按规范要求选用水泥和骨料,正确选择配合比
	桩身分段不均匀,混凝土离析	各盘混凝土的搅拌时间、加量、骨料含量应一致
	混凝土振捣不密实,出现"蜂窝"、空洞	桩顶以下 $4\sim5$ m 范围内一定用振捣棒振实

2）泥浆护壁成孔灌注桩

（1）关于护壁泥浆：

《建筑桩基技术规范》（JGJ94—2008）6.3.1 条明确规定：除能自行造浆的黏性土地层外，均应制备泥浆。同时，《建筑桩基技术规范》（JGJ94—2008）6.3.2 条指出清孔后要求测定的泥浆指标有 3 项，即相对密度、含砂率和黏度。它们是影响混凝土灌注质量的主要指标。该条文的操作执行有一定难度。事实上，桩基施工单位现场测量泥浆 3 项指标的也很少，作为施工人员应该首先明白护壁泥浆的作用而后方能灵活把握使用泥浆护壁的技术和操作要点。

泥浆对壁面的作用首先是在壁面上形成不透水的膜，把泥浆与周围的土隔开。泥浆在壁面上形成的不透水膜，大大促进泥浆的护壁作用。如果泥浆不断渗进周围土中去，或者反过来地下水侵入槽内与泥浆相混合，就会使整体不稳定或失去护壁作用。清水虽然能产生作为抵抗土压所必需的静水压力，但因为形成不了具有不透水性的膜-泥皮层，所以清水的护壁作用非常弱。因此，为了在壁面上形成一层不透水膜，护壁泥浆就必须含有适量的固体物质，这些固体物质以黏土矿物为佳，通常采用钠基膨润土。在泥浆中膨润土的颗粒是不沉淀的，经常处于悬浮状态，即使长期搁置也不会变质。此外，泥浆应其有适当的黏性和凝胶性，使成孔内掘削土砂在泥浆内不沉淀而随泥浆排出槽外。当土砂被混合在泥浆中，会使泥浆的相对密度暂时升高。在这种情况下泥浆的性质一般会恶化。此时，则需要置换新鲜泥浆。而根据《建筑桩基技术规范》（JGJ942）第 6.3.3 条，废弃的浆、液应进行处理，不得污染环境。

（2）护壁泥浆对孔壁的作用：

① 在土的孔隙中凝胶化：

首先，泥浆侵入土的孔隙成为静止凝胶，凝胶化的泥浆固定了土颗粒的相互位置，在孔壁面附近形成纵然稍不规则但垂直方向稳定的土层。其厚度受土的渗透性的影响。如同滤饼的形成过程，垂直的一层土的颗粒间的孔隙逐渐被膨润土泥浆的凝胶所填满。

② 不透水膜的形成：

上述孔壁面上的膨润土凝胶层是由逐渐固结在一起的膨润土颗粒形成的隔水膜。这种不透水膜牢固地密贴在壁面的土上，能防止泥浆翻失，亦挡住了地下水渗入到槽内。低透水性的膜沿孔壁面发展的情况在现场已被充分证实。可是，也有不能形成这种膜的现象。也就是说，由于地基与泥浆的条件而不能形成上述会进一步强化的不透水膜，或不能生成膜，或已形成后破损，以致发生壁面坍塌等危险现象。

由于形成不透水膜的必要条件是泥浆渗入地层并在壁面产生滤饼。为此，土层必须有某种程度的渗透性。在渗透系数接近于零的黏土层的壁面，是不能形成不透水膜的，相反，具有适当渗透性的砂质地层则容易形成。膜的形成更受到泥浆性质的影响。含有优质膨润土的泥浆会迅速形成薄而强韧的膜，既其有密度大，能承受冲击的性质，又有充分的不透水性。质量差的钻土泥浆则容易形成厚而弱的、密水性不良的膜。

③ 静液压力的作用：

孔内的泥浆对垂直孔壁作用着静液压力，它比地下水压要大。《建筑桩基技术规范》（JGJ94—2008）6.3.2 条 1 条规定，施工期间护筒内的泥浆面应高出地下水位 1.0 m 以上，在受水位涨落影响时，泥浆面应高出最高水位 1.5 m 以上。该条即是确保孔壁的任何部分均保持 0.015 MPa 以上的静水压力，通过不透水膜对壁面产生支护作用，保护孔壁不坍塌。

④ 其他因素的作用：

除泥浆的一般物理作用外，电渗现象的存在也有利于滤饼与不透水膜的迅速形成。根据实验室观察的结果，由于孔内液体的静水压力与地下水压的压差会产生电化学的电位，而发生了电位差。

⑤ 成孔机具的作用：

从成孔机具对不透水膜形成的影响来看，如果用回转式机械则不会有什么大的影响，若使用冲击式或抓斗式成孔机械，则由于机具在孔段内上下运动，容易把孔壁面的不透水膜碰落。在多数情况下，孔内的泥浆又会立即在那一部分壁面上向土层渗透，仍按上述过程形成新的不透水膜，使孔壁重新保持稳定状态，但是，当土层是黏性小的砂层或砂砾层时，或者不透水一般成孔机具连续大面积碰落时，壁面就会在新膜形成之前坍塌。因此，为了保护不透水膜，必须注意选择成孔机具。

对于以上 5 点有关泥浆保护孔壁作用还要稍加补充说明。滤饼能将土的各个颗粒保持在挖孔前的自然位置，即泥浆进入壁面土体内将土颗粒相互胶结，是非常重要的。对于土体稳定来说，这种作用是有益的，尤其在非黏性土中摩擦力是土颗粒相互之间唯一的力，则更是如此。在孔壁面上。如果没有这种作用，则该部分的土体就会坍落。此外在成孔时，即使泥浆中带有掘削下来的土砂，泥浆的相对密度也不可能上升到与土的密度相等的程度。所以接近孔壁表面的土颗粒还必须由土的抗剪力来支持，即土颗粒表面的抗剪力必须大于或等于土与泥浆的密度差和土的体积的乘积。这也是大的土颗粒会使壁面难于稳定的原因。

（3）泥浆护壁基本规定：

泥浆护壁钻孔灌注桩宜用于地下水位以下的黏性土、粉土、砂土、填土、碎石土及风化岩层，泥浆护壁施工应符合下列规定：

① 施工期间护筒内的泥浆面应高出地下水位 1.0 m 以上，在受水位涨落影响时，泥浆面应高出最高水位 1.5 m 以上。

② 在清孔过程中，应不断置换泥浆，直至浇注水下混凝土。

③ 浇注混凝土前，孔底 500 mm 以内的泥浆比重应小于 1.25；含砂率不得大于 8%；黏度不得大于 28 s。

④ 在容易产生泥浆渗漏的土层中应采取维持孔壁稳定的措施。

⑤ 废弃的浆、渣应进行处理，不得污染环境。

（4）泥浆制备和处理：

泥浆需具有物理稳定性、化学稳定性、合适的密度和流动性。

泥浆的物理稳定性是指泥浆在静置状态下，保持其性质不变的能力。泥浆在使用过程中，混入其他物质（如水泥、地基土中的阳离子等）时，是否发生性质变化及变化程度等特性，称为泥浆的化学稳定性。为使泥浆有效地发挥作用，泥浆还需具有合适的密度和流动性。《建筑桩基技术规范》（JGJ94—2008）规定：除能自行造浆的黏性土层外，均应制备泥浆。泥浆制备应选用高塑性黏土或膨润土。泥浆应根据施工机械、工艺及穿越土层情况进行配合比设计。《建筑桩基技术规范》（JGJ94—2008）规定：清孔后要求测定的泥浆指标有 3 项，即相对密度、含砂率和黏度。它们是影响混凝土灌注质量的主要指标，根据工程经验，施工过程中主要泥浆指标选择范围可参考表 10-9。

表 10 - 9 制备泥浆的性能指标

项 目	性 能 指 标	检 验 方 法
相对密度	1.1～1.20(正循环取高值)	泥浆比重计
黏 度	15～25 s	50 000/70 000 漏斗法
含砂率	＜4%～6%(膨润土造浆取低值)	
胶体率	＞95%	量杯法
失水量	＜30 mL/30 min	失水量仪
泥皮厚度	1～3 mm/30 min	失水量仪
静切力	10 s,1～4 Pa	静切力计
稳定性	＜0.03 g/cm³	
pH 值	7～9	pH 试纸

注：① 对于正反循环钻成孔应确保泥浆的护壁和清渣功能；
② 对于旋挖成孔应确保泥浆护壁的功能。

为满足泥浆的使用功能,泥浆需要有合适的相对密度、教度等特性,针对不同的地质条件,有代表性的泥浆配比见表 10 - 10。

表 10 - 10 常用泥浆配合比

土 层	膨润土/%	CMC/%	分散剂/%	其 他
黏性土	6～8	0～0.02	0～0.5	—
砂	6～8	0～0.05	0～0.5	—
砂砾	8～12	0.05～0.1	0～0.5	防漏剂

(5) 护筒设置：

泥浆护壁成孔时,宜采用孔口护筒,护筒设置应符合下列规定：

① 护筒埋设应准确、稳定,护筒中心与桩位中心的偏差不得大于 50 mm。

② 护筒可用 4～8 mm 厚钢板制作,其内径应大于钻头直径 100 mm,上部宜开设 1～2 个溢浆孔。

③ 护筒的埋设深度。在黏性土中不宜小于 1.0 m;砂土中不宜小于 1.5 m。护筒下端外侧应采用黏土填实,其高度尚应满足孔内泥浆面高度的要求。

④ 受水位涨落影响或水下施工的钻孔灌注桩,护筒应加高加深,必要时应打入不透水层。

(6) 钻孔设置：

当在软土层中钻进时,应根据泥浆补给情况控制钻进速度;在硬层或岩层中的钻进速度应以钻机不发生跳动为准。

钻机设置的导向装置应符合下列规定：

① 潜水钻的钻头上应有不小于 3 倍直径长度的导向装置。

② 利用钻杆加压的正循环回转钻机,在钻具中应加设扶正器。

如在钻进过程中发生斜孔、塌孔和护筒周围冒浆、失稳等现象时,应停钻,待采取相应措施

后再进行钻进。钻孔达到设计深度,灌注混凝土之前,孔底沉渣厚度指标应符合下列规定:

① 对端承型桩,不应大于 50 mm。

② 对摩擦型桩,不应大于 100 mm。

③ 对抗拔、抗水平力桩,不应大于 200 mm。

(7) 施工流程:

泥浆护壁成孔可用多种形式的钻机钻进成孔。在钻进过程中,为防止塌孔,应在孔内注入黏土或膨润土和水拌和的泥浆,同时利用钻削下来的黏性土与水混合自造泥浆保护孔壁。这种护壁泥浆与钻孔的土屑混合,边钻边排出孔内相对密度、稠度较大泥浆,同时向孔内补入相对密度、稠度较小泥浆,从而排出土屑。当钻孔达到规定深度后,清除孔底泥渣,然后安放钢筋笼,在泥浆下灌注混凝土成桩。泥浆护壁成孔灌注桩施工流程如图 10-4 所示。

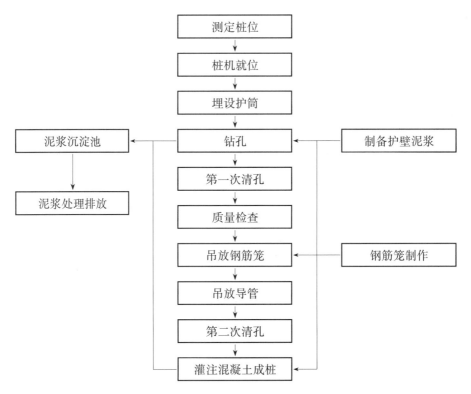

图 10-4 泥浆护壁成孔灌注桩施工流程

(8) 正、反循环钻孔灌注桩施工工艺:

对孔深较大的端承型桩和粗粒土层中的摩擦型桩,宜采用反循环工艺成孔或清孔,也可根据土层情况采用正循环钻进,反循环清孔。施工工艺示意图如图 10-5 和图 10-6 所示。

3) 冲击成孔灌注桩的施工

冲击成孔施工法是冲击式钻机或卷扬机将一定重量的冲击钻头提升到一定高度后,瞬间释放,利用钻头自由降落的冲击动能破碎地层,用掏渣筒或反循环法将钻渣排出而成孔。提升钻头的钢丝绳带有转向装置,冲击成孔过程中,使钻头在平面 360°范围内均匀冲击形成规则的桩孔断面。

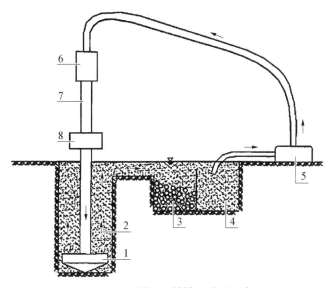

图 10-5　正循环回转钻进成孔示意图

1-钻头;2-泥浆循环方向;3-沉淀池及沉渣;4-泥浆池及泥浆;5-泥浆泵;
6-水龙头;7-钻杆;8-钻机回转装置

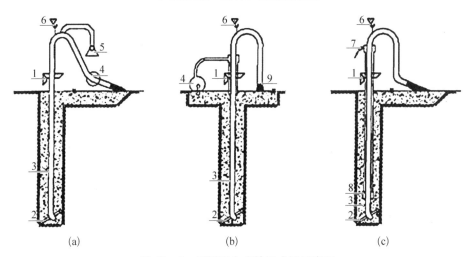

(a)　　　　　　　　(b)　　　　　　　　(c)

图 10-6　反循环方式钻进成孔示意图

(a) 泵吸反循环;(b) 射流反循环;(c) 气举反循环

1-转盘;2-钻头;3-反循环钻杆;4-砂石泵(或射流泵);5-真空泵;6-吊钩;7-压缩空气;8-汽水混合气;9-喷嘴

（1）适用范围及原理：

① 基本原理：

冲击钻成孔施工法是采用冲击式钻机或卷扬机,采用一定重量的冲击钻头,在一定的高度内使钻头提升。然后突放使钻头自由降落,利用冲击动能冲挤土层或破碎岩层形成桩孔,再用淘渣筒或其他方法将钻渣岩屑排出。每次冲击之后,冲击钻头在钢丝绳转向装置带动下转动一定的角度,从而使桩孔得到规则的圆形断面。

② 适用范围：

冲击钻成孔适用于填土层、黏土层、粉土层、淤泥层,砂土层和碎石土层,也适用于砾卵石层。岩溶发育岩层和裂缝发育的地层施工。而后者常常是旋转钻进和其他钻进方法施工困难的地层。

桩孔直径通常为 600～1 500 mm，最大直径可达 2 500 mm，钻孔深度一般为 50 m 左右，某些情况下可超过 100 m。

（2）冲击成孔灌注桩优缺点：

① 冲击成孔优点：

a. 冲击法在坚硬岩土和含有较大卵石层、漂砾石层中破碎效果好、成孔效率高。

b. 设备简单，操作、移动方便，机械故障少，钻进参数容易掌握。

c. 靠抽渣筒抽渣，孔内泥浆一般只起护壁和浮渣作用，不循环，泥浆用量少。

d. 设备所需功率小，仅在提升钻具时需要动力，钻头自由下落冲击地层能源，能耗小。

② 冲击成孔缺点：

a. 成孔过程中，提放钻头和掏渣占时较大，钻进效率较低，并随孔深加大而凸显。

b. 受冲击能量的限制，孔深和孔径均比反循环钻成孔施工法小。

c. 容易出现孔斜、卡钻和掉钻等事故。

d. 容易出现桩孔不圆的情况。

e. 在岩溶发育地区应慎重使用，采用时，应适当加密勘察钻孔。

（3）施工程序：

设置护筒→钻机就位、孔位校正→冲击成孔、泥浆循环→清孔换浆→终孔验收～下钢筋笼和导管→二次清孔→灌注混凝土成桩。

（4）冲击成孔灌注桩施工注意事项：

① 在钻头锥顶和提升钢丝绳之间应设置保证钻头自动转向的装置。

② 冲击成孔质量控制应符合：开孔时，应低锤密击，当表土为淤泥、细砂等软弱土层时，可加黏土块夹小片石反复冲击造壁，孔内泥浆面应保持稳定；在各种不同的土层、岩层中成孔时，可按照表 10-11 的操作进行。进入基岩后，应采用大冲程、低频率冲击，当发现成孔偏移时，应回填片石至偏孔上方 300～500 mm 处，然后重新冲孔；当遇到孤石时，可预爆或采用高低冲程交替冲击，将大孤石击碎成挤入孔壁；应采取有效的技术措施防止扰动孔壁、塌孔、扩孔、卡钻和掉钻及泥浆流失等事故；每钻进 4～5 m 应验孔一次，在更换钻头前或容易缩孔处，均应验孔。进如基岩后，非桩端持力层每钻进 300～500 mm 和桩场持力层每钻进 100～300 m 时，应清孔取样一次，并应做记录。

表 10-11　冲击成孔操作要点

项　　目	操　作　要　点
在护筒刃脚以下 2 m 范围内黏性土层	小冲程 1 m 左右，泥浆相对密度 1.2～1.5，软弱土层投入黏土块夹小片石
	中、小冲程 1～2 m，泵入清水或稀泥浆，经常清除钻头上的泥块
粉砂或中粗砂层	中冲程 2～3 m，泥浆比重 1.2～1.5，投入黏土块，勤冲、勤掏渣
砂卵石层	中、高冲程 3～4 m，泥浆相对密度（密度）1.3 左右，勤掏渣
软弱土层或塌孔回填重钻	小冲程反复冲击，加黏土块夹小片石，泥浆相对密度 1.3～1.5

注：① 土层不好时提高泥浆相对密度或加黏土块；
　　② 防黏钻可投入碎砖石。

③ 排渣可采用泥浆循环或抽渣筒等方法,当采用抽渣排渣时,应及时补给泥浆。

④ 冲孔中遇到斜孔、弯孔、梅花孔、塌孔及护筒周围冒浆、失稳等情况时,应停止施工,采取措施后方可继续施工。

⑤ 大直径桩孔可分级成孔,第一级成孔直径应为设计桩径的 0.6～0.8 倍。

⑥ 清孔宜按下列规定进行:

a. 不易塌孔的桩孔,可采用空气吸泥清孔;

b. 稳定性差的孔壁应采用泥浆循环或抽渣筒排渣,清孔后灌注混凝土之前的泥浆指标应满足规范要求;

c. 清孔时,孔内泥浆面应符合规范规定;

d. 灌注混凝土前,孔底沉渣允许厚度应符合规范规定。

(5) 冲击钻孔灌注桩常遇问题、原因和处理方法。

表 10 - 12　冲击钻成孔灌注桩常遇问题、原因和处理方法

常遇问题	主要原因	处理方法
桩孔不圆,呈梅花形,掏渣筒下入困难	钻头的转向装置失灵,冲击时钻头未转动	经常检查转向装置的灵活性
	泥浆黏度过高,冲击转动阻力太大,钻头转动困难	调整泥浆的黏度和相对密度
	冲程太小,钻头转动时间不充分或转动很小	用低冲程时,每冲击一段换用高一些的冲程冲击,交替冲击修整孔形
钻孔偏斜	冲击中遇探头石、漂石,大小不均,钻头受力不均	发现探头石后,应回填碎石,或将钻机稍移向探头石一侧,用高冲程猛击探头石,破碎探头石后再钻进
	基岩面产状较陡	遇基岩时采用低冲程,并使钻头充分转动,加快冲击频率,进入基岩后采用高冲程钻进;若发现孔斜,应回填重钻
	钻机底座未安置水平或产生不均匀沉陷	经常检查,及时调整
冲击钻头被卡,提不起来	钻孔不圆,钻头被孔的狭窄部位卡住(叫下卡)	若孔不圆,钻头向下有活动余地,可使钻头向下活动并转动至孔径较大方向提起钻头
	冲击钻头在孔内遇到大的探头石(叫上卡)	使钻头向下活动,脱离卡点
	石块落在钻头与孔壁之间	使钻头上下活动,让石块落下
	未及时焊补钻头,钻孔直径逐渐变小,钻头入孔冲击被卡	及时修补冲击钻头;若孔径已变小,应严格控制钻头直径,并在孔径变小处反复冲刮孔壁,以增大孔径
	上部孔壁塌落物卡住钻头	用打捞钩或打捞活套助提
	在黏土层中冲程太高,泥浆黏度过高,以致钻头被吸住	利用泥浆泵向孔内泵送性能优良的泥浆,清除塌落物,替换孔内黏度过高的泥浆
	放绳太多,冲击钻头倾倒,顶住孔壁	使用专门加工的工具将顶住孔壁的钻头拨正

常遇问题	主　要　原　因	处　理　方　法
钻头脱落	大绳在转向装置连接处被磨断;或在靠近转向装置处被扭断;或绳卡松脱;或冲锥本身在薄弱断面折断	用打捞活套打捞;用打捞钩打捞;用冲抓锥来抓取掉落的冲锥
	转向装置与顶锥的连接处脱开	预防掉锥,勤检查易损坏部位和机构
孔壁拥塌	冲击钻头或掏渣筒倾倒,撞击孔壁	探明坍塌位置,将砂和黏土(或砂砾和黄土)混合物回填到塌孔位置以上 1~2 m,等回填物沉积密实后再重新冲孔
	泥浆相对密度偏低,起不到护壁作用	按不同地层土质采用不同的泥浆相对密度
	助孔内泥浆面低于孔外水位	提高泥浆面
	遇流砂、软淤泥、破碎地层或松砂层钻进时进尺太快	严重拥孔,用黏土、泥膏投入,待孔壁稳定后采用低速重新钻进
吊脚桩	清孔后泥浆相对密度过低,孔壁拥塌或孔底涌进泥砂,或未立即灌注混凝土	做好清孔工作,达到要求,立即灌注混凝土
	清渣未净,残留沉渣过厚	注意泥浆浓度,及时清渣
	沉放钢筋骨架,导管等物碰撞孔壁,使孔壁土明落孔底	注意孔壁,不让重物碰撞孔壁
流砂(冲孔时大量流砂涌塞孔底)	孔外水压力比孔内大,孔壁松散,使大量流砂涌塞孔底	流砂严重时,可抛入碎砖石、黏土,用锤冲入流砂层,做成泥浆结块,形成坚厚孔壁,阻止流砂涌入

4) 旋挖钻机成孔灌注桩施工

旋挖钻机通过钻具的旋转,借助钻具的自重和钻机的加压系统,钻具边旋转边切削地层,并通过钻具提升出土,多次反复而成孔。旋挖钻机成孔根据地层情况可不护壁、钢套管护壁和泥浆护壁,钻头分为斗筒式钻头和短螺旋钻头两大类,前者钻进中将土屑切削入斗筒内,通过斗筒将上提升至孔外而成孔。后者钻进中土进入钻头螺纹中,钻头提出孔口后,反向旋转,将土甩出而成孔。旋挖钻机钻头的具体型号、种类很多,可根据不同的地层性质,选择具体合适的钻头。目前旋挖钻机成孔多在 60 m 以内,深的可达 100 m。旋挖成孔灌注桩宜用于黏性土、粉土、砂土、填土、碎石土及风化岩层。

(1)优点及缺点:

旋挖钻机成孔灌注桩的优缺点如表 10-13 所示。

(2)施工流程:

取土钻成孔灌注桩施工工艺流程如下:

安装钻机→钻头着地钻孔→钻头满土后提升上来,开始灌水→旋转钻机,将钻头中的土倾卸到翻斗车上→关闭钻头的活门,将钻头转回钻进点,并将旋转体的上部固定住→降落钻头→埋置导向护筒,灌入稳定液→将侧面饺刀安装在钻头内侧,开始钻进取土→钻孔完成

表 10－13　旋挖钻机成孔灌注桩优缺点汇总

成孔方式	优　点	缺　点	适 用 范 围
取土钻成孔	(1) 取土钻进速度快; (2) 振动小,噪声低; (3) 最适宜于在硬质黏土中干钻; (4) 可用比较小型的机械钻成大直径、大深度的桩孔; (5) 机械安装比较简单; (6) 施工场地内移动机械方便; (7) 造价低; (8) 工地边界到桩中心的距离较小; (9) 采用稳定液能确保孔壁不坍塌	(1) 在卵石(粒径 10 cm 以上)层及硬质基岩等硬层中钻进很困难; (2) 稳定液管理不适当时,会产生坍孔; (3) 土层中有强承压水时,施工困难; (4) 由于使用了稳定液,增加了排土的困难; (5) 沉渣处理困难; (6) 钻孔后的桩径,按地质情况的不同,可能比钻头直径大 10%～20% 左右	取土钻成孔法适用于填土层、黏土层、粉土层、淤泥层、砂土层以及短螺旋不易钻进的含有部分卵石、碎石的地层。采用特殊措施,还可嵌入岩层

后,用清底钻头进行第一次清孔,并测定沉渣厚度→测定孔泥浆相对密度,放入钢筋笼→插入导管→第二次清孔并测量沉渣厚度→水下灌注混凝土,边注边拔导管,混凝土全部灌注完毕后,拔出导管→拔出导向护筒,成桩。

工艺流程图如图 10－7 所示。

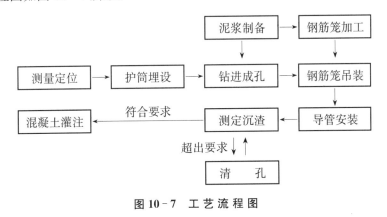

图 10－7　工 艺 流 程 图

(3) 施工要点:

关于旋挖钻机成孔灌注桩施工的注意事项:

a. 泥浆护壁旋挖钻机成孔应配备成孔和清孔用泥浆及泥浆池(箱),在容易产生泥浆渗漏的土层中可采取提高泥浆相对密度、掺入锯末、增黏剂提高泥浆黏度等维持孔壁稳定的措施。泥浆制备的能力应大于钻孔时的泥浆需求量,每台套钻机的泥浆储备量不应少于单桩体积。

b. 旋挖钻机施工时,应保证机械稳定、安全作业,必要时可在场地铺设能保证其安全行走和操作的钢板或垫层(路基板)。

c. 成孔前和每次提出钻斗时,应检查钻斗和钻杆连接销子、钻斗门连接销子以及钢丝绳的状况,并应清除钻斗上的渣土。

d. 旋挖钻机成孔应采用跳挖方式,钻斗倒出的土距桩孔口的最小距离应大于 6 m,并应及时清除。应根据钻进速度同步补充泥浆,保持所需的泥浆面高度不变。

e. 旋挖钻机成孔,孔底沉渣(虚土)厚度较难控制,目前积累的工程经验表明,采用旋挖钻机成孔时,应采用专用清孔钻头进行清渣,并采用桩端后注浆工艺保证桩端承载力。

取土钻成孔法是在泥浆稳定液保护下取上钻进。因钻机结构决定,取土钻头钻进时,每孔要多次上下往复取土作业。由于这个施工特点,如果对护壁泥浆稳定液管理不善,就可能发生坍孔事故。可以说,泥浆稳定液的管理是取土钻成孔法施工作业中的关键。

稳定液是在钻孔施工中为防止地基土坍塌、使地基稳定的一种液体。它以水为主体,内中溶解有以膨润土或羧甲基纤维素(CMC)为主要成分的各种原材料。稳定液的必要黏度参考值如表 10 - 14 所示。

表 10 - 14　稳定液必要黏度参考值

桩径/mm	升降速度/(m/s)	桩径/mm	升降速度/(m/s)
700	0.97	1 300	0.63
1 200	0.75	1 500	0.58

注:① 本表适用于砂土和黏性土互层的情况;
　　② 在以砂土为主的土层中钻进时,表中值应适当减小;
　　③ 随深度增加,对钻斗的升降要慎重,但升降速度不必变化太大。

为防止孔壁坍塌,所用的必要黏度参考值如表 10 - 15 所示。

表 10 - 15　稳定液的黏度参考值

土　　质	必要黏度/(Pa·s)(500/500CC)	土　　质	必要黏度/(Pa·s)(500/500CC)
砂质淤泥	20~23	砂($N \geqslant 20$)	23~25
砂($N < 10$)	>45	混杂黏土的砂砾	25~35
砂($10 \leqslant N < 20$)	25~45	砂砾	>45

注:① 以下情况,必要黏度取值应大于表中值:a. 砂层连续存在时;b. 地层中地下水较多时;c. 桩径大于 1 300 mm 时。
　　② 当砂中混杂有黏性土时,必要黏度取值可小于表中值。

5) 螺旋钻成孔灌注桩的特点及适用范围

螺旋钻成孔灌注桩的特点是:成孔不用泥浆或套管护壁,施工无噪声、无振动、对环境影响较小,设备简单,操作方便,施工速度快;由于干作业成孔,混凝土灌注质量易于控制。其缺点是孔底虚土不易清除干净。

因此,影响桩的承载力,成桩沉降较大,另外由于钻具回转阻力较大,对地层的适应性有一定的条件限制。

这种成孔方法主要适用于黏性土、粉土、砂土、填土和粒径不大的砾砂层,也可用于非均质含碎砖、混凝土块、条石的杂填土及大卵砾石层。

6) 旋挖成孔灌注桩常遇问题、原因和防治措施

旋挖成孔灌注桩常遇问题、原因和防治措施(灌注过程中常遇问题见水下混凝土灌注)见表 10 - 16 所示。

表 10 - 16　旋挖成孔灌注桩常遇问题、原因和防治措施

常遇问题	主　要　原　因	防　治　措　施
护筒外壁冒水	埋设护筒时周围土不密实,或护筒水位差太大,或钻头起落时碰撞	埋护筒时坑底与四周要选用最佳含水量的黏土分层夯实;在护筒适当高度开孔,使护筒内保持有 1~1.3 m 的水头高度;起落钻头时防止碰撞护筒;初发现护筒冒水时可用黏土在四周填实加固,如护筒严重下沉或位移则应返工重埋
在硬可塑黏土层中钻进极慢或不进尺	钻头选型不当,合金刀具安装角度欠妥,刀具切土过浅,钻头配重过轻,钻头被黏土糊满	更换或改造钻头,重新安排刀具角度、形状、排列方向,加大配重、加强排渣、降低泥浆相对密度
孔壁坍塌	主要是由于土质松散,加之泥浆护壁不好,护筒埋设不好,筒内水位不高;提住钻头钻进;钻头钻速过快或空转时间太长都易引起钻孔下部坍塌;成孔后待灌时间和灌注时间过长	在松散易坍土层中适当深埋护筒,密实回填土,使用优质泥浆,提高泥浆相对密度和黏度,升高护筒,终孔后补给泥浆,保持要求的水头高度,保证钢筋笼制作质量,防止变形,吊设时要对准孔位,吊直扶稳,缓缓下沉,防止碰撞孔壁;成孔后待灌时间一般不超过 3 h,并尽可能加快灌注速度、缩短灌注时间;在钢筋笼未下孔内的情况下,浆砂、黏土混合物回填至坍塌孔深以上 1~2 m,或全孔回填并密实后再用原钻头和优质泥浆扫孔;在钢筋笼碰撞孔壁而引起轻微坍塌的情况下,用直径小于钢筋笼内径的钻头以优质泥浆扫孔或用导管清孔
桩孔局部缩颈	软土层受地下水影响和周边车辆振动 塑性土膨胀,造成缩孔 钻具磨损过甚,焊补不及时	在软塑土地层采用失水率小的优质泥浆护壁,降低失水量成孔时,应加大泵量,加快成孔速度、快速通过、在成孔一段时间内,孔壁形成泥皮,则孔壁不会渗水,亦不会引起膨胀。 及时焊补钻具,或在其外侧焊接一定数量的合金刀片,在钻进或起钻时起到扫孔作用,如出现缩颈,采用上下反复扫孔的办法,以扩大孔径
孔底沉渣过多	清孔未净,清孔泥浆相对密度过小或清水置换;钢筋笼吊放未垂直对中,碰刮孔壁泥土坍落孔底;清孔后待灌时间过长,泥浆沉淀;沉渣厚度测量的孔底标高不统一	终孔后钻头提高孔底 10~20 cm,保持慢速空转,维持循环清孔时间不少于 30 min;清孔采用优质泥浆,控制泥浆相对密度和黏度不要直接用清水置换,钢筋笼垂直缓放入孔;用平底钻头时沉渣厚度从钻头底部所达到的孔底平面算起;用底部带圆锤的笼头钻头时沉渣厚度从钻头底部所达到的孔底平面算起;或采用导管二次清水,冲孔时间以导管内测量的孔底沉渣厚度达到规范要求为准;提高混凝土初灌时对孔底的冲击力,导管底端距孔底控制在 30~40 cm,初灌混凝土量须满足导管底端能埋入混凝土中 1.0 m 以上的要求,利用隔水塞和混凝土冲刷残留沉渣
抱钻、埋钻	钻头与孔壁形成真空;砂层密实,钻进深度大;砂层坍塌	及时对钻头进行补焊,保证钻头边缘的空隙和钻孔的孔径;严格控制钻进深度;控制提升速度,保证泥浆的质量

10.2.8　桩端桩侧后注浆施工技术

1）灌注桩后注浆的概况

桩端桩侧压力注浆是指在钻孔、挖孔和冲孔等各种形式的灌注桩灌注前在桩身预埋注浆管和注浆头，成桩一定时间后用高压注浆泵先清水开塞然后向桩端或桩侧注水泥浆的一种施工技术。这些水泥浆通过渗透、填充、置换、压密、劈裂及固结等物理化学形式的共同作用，固化了桩土界面泥皮及改善桩端（侧）土体的物理力学性质，使桩端阻力和桩侧阻力得到不同程度的提高，从而减少群桩的沉降。

桩端压力注浆技术于 1961 年在 Maracaibo 大桥桩基中首次应用。此后，该项技术不断创新和发展，应用范围越来越广，取得了十分显著的技术和经济效益。该技术在我国的应用始于 20 世纪 80 年代初期，最早见诸报道的是北京市建筑工程研究所沈保汉等 1983 年进行的两根直径分别为 12.8 cm 和 13.4 cm，桩长分别为 2.43 m 和 2.51 m 的小规格桩的试验。中国建筑科学研究院地基基础研究所 20 世纪 90 年代初进行了试验。最近十年来，随着桩基工程技术的迅速发展，中国建筑科学研究院地基基础研究所刘金砺等和浙江大学张忠苗等在桩底注浆理论和应用方面做了很多工作。桩端注浆技术不断地得到成熟。由于桩端压力注浆技术效果好、速度快，可以节省大量成本、减少建筑物的整体沉降和不均匀沉降，所以该项技术得到广泛应用。桩端注浆在桩端为砂卵砾石持力层中效果最好，单桩竖向极限承载力至少可以提高 30%～40% 及以上；粉砂土中次之，单桩竖向极限承载力可以提高 20%～30% 左右；黏性土中，注浆主要是加固沉渣，单桩竖向极限承载力可以提高 10%～15% 左右；有裂隙发育的基岩中，注浆主要是加固基岩裂隙和沉渣，减少变形量，单桩竖向极限承载力可以提高 15% 左右。桩端注浆最大的好处不但是提高单桩竖向承载力，而且对减少群桩沉降尤其是主裙楼一体建筑的群桩不均匀沉降特别有效。因此桩端注浆越来越受到设计人员的重视和应用。桩端注浆一般是先渗透注浆然后压密注浆再劈裂注浆，但其三者是交替进行的。

2）注浆工艺流程

《建筑桩基技术规范》(JGJ94—2008)中的灌注桩后注浆施工技术工艺流程如表 10-17 所示。

表 10-17　灌注桩后注浆施工工艺流程

3）注浆装置的设置与要求

注浆装置包括注浆导管、注浆阀及相应的连接和保护配件。

（1）注浆导管材料选用：

注浆导管一般采用国标低压流体输送用焊接管。桩端注浆导管公称口径 $\phi25(1'')$，壁厚 3.0 mm 左右，桩侧压浆导管公称口径 $\phi20(3/4'')$，壁厚 2.75 mm 左右。注浆管的管壁不应太薄，否则与注浆阀管箍连接易出现断裂。

（2）注浆导管的连接：

注浆导管用作桩身超声波检测时，可根据检测要求适当加大注浆导管直径。注浆导管一般采用管箍连接或套管焊接两种方式。管箍连接简单，易操作，适用于钢筋笼运输和放置过程中挠度不大、对应的注浆导管受的拉力很小的情况,否则必须采用套管焊接。套管连接所采用的焊接套管公称口径较注浆导管外径大,一般取 ϕ32,壁厚 3.25 mm。焊接必须连续密闭,焊缝饱满均匀,不得有孔隙、砂眼,每个焊点应敲掉焊渣检查焊接质量,符合要求后才能进行下一道工序。

(3) 注浆导管设置:

① 注浆导管数量:

桩端注浆导管数量宜根据桩径大小设定,对于直径不大于 1 200 mm 的桩,宜沿钢筋笼圆周对称设置 2 根,对于直径大于 1 200 mm 而不大于 2 500 mm 的桩,宜对称设置 3 根。每道桩侧注浆对应设置一根桩侧注浆管。

② 注浆导管位置:

注浆导管的设置位置主要参考注浆导管外径和桩受力钢筋直径的大小关系确定,当二者相差较大时,选择注浆导管和钢筋同放在加劲箍内侧,当二者接近时,选择注浆导管和钢筋同放在加劲箍外侧。注浆导管代替钢筋时,其设置位置即为被代替钢筋位置,不替代钢筋时置于相邻钢筋之间。

③ 注浆导管设置要点:

注浆导管设置要点如下:

a. 注浆导管上端均设有管螺纹、管箍及丝堵;桩端注浆导管下端设有螺纹及用以旋接桩端注浆阀的管箍;桩侧注浆导管下端设有螺纹及用以插接桩侧压浆阀的三通;注浆导管与钢筋笼固定采用铅丝十字绑扎固定方法,绑扎应牢固,绑扎点应均匀;b. 注浆导管的上端宜低于桩施工作业地坪下 200 mm(视具体情况可略作调整),主要为保护压浆管不被破坏;桩端压浆导管下端口(不包括桩端压浆阀)距钢筋笼底端 400 mm,与钢筋笼最下一道加劲箍位置接近;c. 桩空孔段压浆导管管箍连接应牢靠。

(4) 注浆阀的设置:

① 注浆阀的基本要求:

所采用的后注浆阀应具备下列性能:

a. 注浆阀应能承受 1 MPa 以上静水压力;注浆阀外部保护层应能抵抗砂石等硬质物的刮撞而不致使注浆阀受损;

b. 注浆阀应具备逆止功能。

② 注浆阀安装时间:

注浆阀需待钢筋笼起吊至预钻孔垂直竖起后方可安装,不得提前安装。

③ 注浆阀安装注意事项:

a. 安装前应仔细检查注浆阀及连接管箍的质量,包括注浆阀内是否有异物、保护层是否有破坏、管箍是否有裂缝;

b. 钢筋笼子起吊至预钻孔口后,需用工具敲打注浆管,排除管内铁锈、异物等;

c. 桩端注浆阀应旋接牢固;

d. 桩侧注浆阀在钢筋笼入孔过程中插接,桩侧压浆阀应固定牢固、坚挺。

(5) 注浆装置放置过程注意事项:

注浆装置随钢筋笼一起置于孔内,放置过程应注意以下两点:

　　a. 钢筋笼入沉放过程中不宜反复向下冲撞和扭动；

　　b. 钢筋笼应沉放至孔底，严禁悬吊。

　　（6）注浆装置放置后的检测：

　　后注浆装置安装就位后，应对注浆装置进行检测。主要检测注浆管内是否有异物、水或泥浆。可用带铅锤的细钢丝探绳进行检测。检测可能出现以下情况：

　　① 探绳直接放至注浆导管底，无水、泥浆、异物，此为理想状态；

　　② 注浆导管底部有少量的清水，可能焊接口或导管本身存在细小的砂眼，可不做处理；

　　③ 注浆管内有大量的泥浆，应将钢筋笼提出孔外，查找原因后重新放入预钻孔内。检验合格，用管箍和丝堵将注浆管上部封堵保护。桩灌注完毕孔口回填后，应插有明显的标识，加强保护，严禁车辆碾压。

　　4）混凝土灌注注意事项

　　注浆装置检验、保护好后，可进行混凝土灌注施工，为确保后注浆装置安全，混凝土灌注时需注意以下两点：

　　① 灌注混凝土的导灰管直径应根据桩径大小确定，当桩径小于 600 mm，应选用规格小的导灰管，导灰管采用丝扣连接。

　　② 避免导灰管提拔时将钢筋笼带起，特别是导灰管采用法兰盘连接时。

　　5）灌注桩后注浆施工

　　（1）后注浆施工所用设备及要求：

　　① 后压浆机械设备：

　　压浆泵采用 2～3 SNS 型高压注浆泵，额定压力不小于 8 MPa，额定流量不小于 50 L/min，功率 11～18 kW。

　　② 监控压力表：

　　压浆泵监控测压力表为 2.5 级 16 MPa 抗震压力表。

　　③ 液浆搅拌机：

　　液浆搅拌机为与注浆泵相匹配的 YJ-340 型液浆搅拌机，容积为 0.34 m³，功率 4 kW。

　　④ 输浆管：

　　水泥浆液的输浆管应采用高压流体泵送软管，额定压力不小于 8 MPa。

　　（2）后注浆时间及施工顺序如下：

　　① 注浆作业宜于成桩 2 d 后开始；

　　② 对于饱和土中的复式注浆顺序宜先桩侧后桩端；对于非饱和土宜先桩端后桩侧；多断面桩侧注浆应先上后下；桩侧桩端注浆间隔时间不宜少于 2 h；

　　③ 桩端注浆应对同一根桩的各注浆导管依次实施等量注浆；

　　④ 注浆作业离成孔作业点的距离不宜小于 8～10 m；

　　⑤ 对于桩群注浆宜先外围，后内部。

　　（3）后注浆参数的确定：

　　注浆参数包括浆液配比、终止注浆压力、流量、注浆量等参数。后注浆作业开始前，宜进行试注浆，优化并最终确定注浆参数。设计应符合下列要求：

　　① 浆液的水灰比应根据土的饱和度、渗透性确定，对于饱和土宜为 0.45～0.65；对于非

饱和土宜为 0.7~0.9(松散碎石土、砂砾宜为 0.5~0.6);低水灰比浆液宜掺入减水剂;

② 桩端注浆终止注浆压力应根据土层性质及注浆点深度确定,对于风化岩、非饱和黏性土及粉土,注浆压力宜为 3~10 MPa;对于饱和土层宜为 1.2~4 MPa,软土取低值,密实黏性土取高值;

③ 注浆流量不宜超过 75 L/min;

④ 单桩注浆量的设计应根据桩径、桩长、桩端桩侧土层性质、单桩承载力增幅及是否复式注浆等因素确定,可按下式估算:

$$G_c = \alpha_p d + \alpha_s nd$$

式中:α_p、α_s——分别为桩端、桩侧注浆量经验系数,$\alpha_p = 1.5 \sim 1.8$,$\alpha_s = 0.5 \sim 0.7$;对于

卵、砾石、中粗砂取较高值;

n——桩侧注浆断面数;

d——基桩设计直径(m);

G_c——注浆量,以水泥重量计(t)。

对独立单桩、桩距大于 $6d$ 的群桩和群桩初始注浆的数根基桩的注浆量应按上述估算值乘以 1.2 的系数。

⑤ 选择 2~3 根进行试注浆,验证注浆参数符合设计要求后,才能正式后注浆施工。

(4) 后注浆终止条件及施工中问题的处理:

后压浆质量控制采用注浆量和注浆压力双控方法,以注浆量控制为主,注浆压力控制为辅。当满足下列条件之一时可终止注浆:

① 注浆总量和注浆压力均达到设计要求。

② 注浆总量已达到设计值的 75%,且注浆压力超过设计值 1.2 倍。

③ 水泥压入量达到设计值的 75%,泵送压力不足表中预定压力的 75% 时,应调小水灰比,继续压浆至满足预定压力。

④ 若水泥浆从桩侧溢出,应调小水灰比,改间歇注浆至水泥量满足预定值。

⑤ 桩侧压浆量未达到设计标准,可按其不足量的 1.2 倍由桩端压浆补入。

(5) 桩基工程质量检查和验收:

后注浆桩基工程质量检查和验收应符合下列要求:

① 后注浆施工完成后应提供水泥材质检验报告、压力表检定证书、试注浆记录、设计工艺参数、后注浆作业记录、特殊情况处理记录等资料。

② 在桩身混凝土强度达到设计要求的条件下,承载力检验应在注浆完成 20 d 后进行,浆液中掺入早强剂时可于注浆完成 15 d 后进行。

③ 对于注浆量等主要参数达不到设计值时,应根据工程具体情况采取相应措施。

(6) 后注浆特殊问题的处理:

① 干作业条件下后注浆设置:

后注浆工艺一般应用于地下水位较高、需采用泥浆护壁的灌注桩,但近年也推广到地下水位低、具备干作业条件的灌注桩,常用的成孔方法有人工挖孔和长螺旋成孔两种。干作业条件下灌注桩后注浆成功的关键在于注浆阀的位置,对于长螺旋成孔可采用两种方法:

　　a. 注浆阀随钢筋笼就位后,检查注浆阀是否置于孔底的虚土中,如埋在虚土中可直接灌注混凝土。这里需要注意,长螺旋由于自身的原因和钢筋笼放置引起的孔壁土的滑落,必然造成孔底存在虚土,但虚土的厚度宜为 200 mm 左右,过厚则需清理。

　　b. 注浆阀随钢筋笼就位后,如注浆阀没有置于孔底的虚土中,即孔底虚土很薄,小于 50 mm,此种情况一般发生在桩侧、桩端均为黏性土。为保证注浆阀顺利打开,可采用 232 向孔中投放级配碎石方案,级配碎石在孔底的高度应在 200 mm 左右。

　　当采用人工挖孔大直径桩时,注浆阀的设置注意 3 点:

　　a. 注浆阀比钢筋笼长 200 mm;

　　b. 在桩孔底注浆阀对应的位置预挖与注浆阀数量相等、直径 100 mm、深 200 mm 的孔;

　　c. 注浆阀置于预挖的小孔中,注浆阀与小孔孔壁之间的缝隙用粗砂填充,见图 10 - 8。

　　如果为大直径挖孔桩,也可采用先下钢筋笼,然后下注浆导管及注浆阀。注浆阀应埋入桩底 200 mm。

　　② 钢筋笼不通长情况后注浆装置的设置:

　　当桩很长,且从计算和构造的角度钢筋笼不需随桩身通长时,可按图 10 - 9 设置后注浆装置。

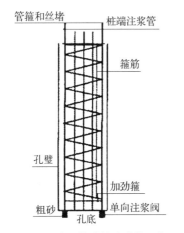

图 10 - 8　人工挖孔桩端注浆示意图　　　　**图 10 - 9　非通长钢筋笼注浆装置示意图**

　　③ 注浆装置检验不合格钢筋笼不能提起:

　　注浆装置随钢筋笼就位后,如对其检验不合格,而钢筋笼又不能拔出检查原因,需采取以下措施:

　　a. 混凝土灌注完成后,24 h 内完成后注浆。

　　b. 后注浆所采用的水灰比应在 0.5 左右。

　　c. 应对事故桩周围的桩加大水泥注入量,可较正常注入量增加 1.2 倍以上。

　　d. 根据地质条件、成桩工艺分析造成此事故的原因,避免类似情况发生。

10.3　混凝土预制桩

　　预制混凝土方桩的施工主要包括预制桩的制作,起吊、运输、堆放、接桩以及沉桩 4 个方面内容。

10.3.1　混凝土预制桩的制作

混凝土预制方桩可以在工厂或施工现场预制，现场的主要制作程序如下：制作场地压实平整→场地地坪作三七灰土或灌注混凝土→支模→绑扎钢筋骨架、安装吊环→灌注混凝土→养护至 30% 强度拆模→支间隔头模板、刷隔离剂、绑钢筋→灌注间隔桩混凝土→同法间隔重叠制作其他各层桩→养护至 70% 强度起吊→达 100% 强度后运输、堆放。混凝土预制桩的制作应符合下列要求：

1）基本要求

预制桩的制作应根据工程条件（土层分布、持力层埋深）和施工条件（打桩架高度和起吊运输能力）来确定分节长度，避免桩尖接近持力层或桩尖处于硬持力层中时接桩。每根桩的接头数不应超过两个，尽可能采用两段接桩，不应多于 3 段，现场预制方桩单节长度一般不应超过 25 m，节长规格一般以二至三个规格为宜，不宜太多。

2）场地要求

预制场地必须平整坚实，并有良好的排水条件，在一些新填土或软土地区，必须填碎石或中粗砂并进行夯实，以避免地坪不均匀沉降而造成桩身弯曲。

3）模板要求

现场预制桩身的模板应有足够的承载力、刚度和稳定性，立模时必须保证桩身和桩尖部分的形状、尺寸和相对位置正确，尤其要注意桩尖位置与桩身纵轴线对准，以避免沉桩时将桩打歪，模板接缝应严密，不得漏浆。

4）钢筋骨架的要求

在制作混凝土预制桩的钢筋骨架时，钢筋应严格保证位置的正确，桩尖对准纵轴线。钢筋骨架的主筋应尽量采用整条，尽可能减少接头，如接头不可避免，应采用对焊或电弧焊，或采用钢筋连接器，主筋接头配置在同一截面内的数量不得超过 50%（受拉筋）；相邻两根主筋接头截面的距离应大于 $35d$（主筋直径），并不小于 500 mm，桩顶 1 m 范围内不应有接头。对于每一个接头，要严格保证焊接质量，必须符合钢筋焊接及验收规范。

预制桩桩头一定范围的箍筋要加密；在桩顶约 250 mm 范围需增设 3～4 层钢筋网片，主筋不应与桩头预埋件及横向钢筋焊接。桩身纵向钢筋的混凝土保护层厚度一般为 30 mm。

5）桩身混凝土的要求

预制方桩桩身混凝土强度等级常采用 C35～C40，坍落度为 6～10 cm。灌注桩身混凝土，应从桩顶开始向桩尖方向连续灌注，混凝土灌注过程中严禁中断，如发生中断，应在前段混凝土凝结之前将余段混凝土灌注完毕。在灌注和振捣混凝土时，应经常观察模板、支撑、预埋件和预留孔洞的情况，发现有变形、位移和漏浆时，应马上停止灌注，并应在已灌注的混凝土凝结前修整完好后才能继续进行灌注。

为了检验混凝土成桩后的质量，应留置与桩身混凝土同一配合比并在相同养护条件下养护的混凝土试块，试块的数量对于每一工作班不得少于一组。

对灌注完毕的桩身混凝土一般应在灌注后 12 h 内，在露出的桩身表面覆盖草袋或麻袋并浇水养护。浇水养护时间，对普通硅酸盐水泥或矿渣硅酸盐水泥拌制的混凝土，不得少于

$7d$;对掺用缓凝型外加剂的混凝土,不得少于 $14d$。浇水次数应能保护混凝土处于润湿状态,混凝土的养护用水应与拌制用水相同。当气温低于 $5℃$ 时,不得浇水。

《建筑桩基技术规范》(JGJ94—2008)有关混凝土预制桩制作的规定:

(1) 混凝土预制桩可在施工现场预制,预制场地必须平整、坚实。

(2) 制桩模板宜采用钢模板,模板应具有足够刚度,并应平整,尺寸应准确。

(3) 钢筋骨架的主筋连接宜采用对焊和电弧焊曾当钢筋直径不小于 20 mm 时,宜采用机械接头连接。主筋接头配置在同一截面内的数量应符合:当采用对焊或电弧焊时,对于受拉钢筋,不得超过 50%;相邻两根主筋接头截面的距离应大于 35 d(主筋直径),并不应小于 500 mm;必须符合现行行业标准《钢筋焊接及验收规程》(JGJ18)和《钢筋机械连接技术规程》(JGJ107)的规定。

(4) 预制桩钢筋骨架的允许偏差应符合表 10 - 18 的规定。

表 10 - 18　预制桩钢筋骨架的允许偏差

项　　目	允许偏差/mm	项　　目	允许偏差/mm
主筋间距	±5	吊环露出桩表面的高度	±10
桩尖中心线	10	主筋距桩顶距离	±5
箍筋间距或螺旋筋的螺距	±20	桩顶钢筋网片位置	±10
吊环沿纵轴线方向	±20	多节桩桩顶预埋件位置	±3
吊环沿垂直于纵轴线方向	±20		

(5) 桩的单节长度应符合:满足桩架的有效高度、制作场地条件、运输与装卸能力;避免在桩尖接近或处于硬持力层中时接桩。

(6) 灌注混凝土预制桩时,宜从桩顶开始灌筑,并应防止另一端的砂浆积聚过多。锤击预制桩的骨料粒径宜为 5～40 mm。

(7) 重叠法制作预制桩时应符合:桩与邻桩及底模之间的接触面不得粘连,上层桩或邻桩的浇筑,必须在下层桩或邻桩的混凝土达到设计强度的 30% 以上时,方可进行;桩的重叠层数不应超过 4 层。

(8) 混凝土预制桩的表面应平整、密实,制作允许偏差应符合表 10 - 18 的规定。

(9) 预制桩钢筋骨架的允许偏差表中项次(7)和(8)应予强调。按以往经验,如制作时质量控制不严,造成主筋距桩顶面过近,甚至与桩顶齐平,在锤击时桩身容易产生纵向裂缝,被迫停锤。网片位置不准,往往也会造成桩顶被击碎。

(10) 不宜在桩尖处硬层中接桩。这时如电焊连接耗时较长,桩周摩阻得到恢复,使进一步锤击发生困难。对于静力压桩,则沉桩更困难,甚至压不下去。若采用机械式快速接头,则可避免这种情况。

(11) 根据实践经验,凡达到强度与龄期的预制桩大都能顺利打入土中,很少打裂;而仅满足强度不满足龄期的预制桩打裂或打断的比例较大。为使沉桩顺利进行,应做到强度与龄期双控。

10.3.2　混凝土预制桩的起吊、运输和堆放

混凝土预制桩的起吊、运输和堆放是影响桩身质量的重要环节,如混凝土强度未到或操

作不当,都容易造成桩身损伤。混凝土预制桩的起吊、运输和堆放过程桩身易受弯,产生拉应力,规范中相关规定的基本原则是避免产生超过设计允许的桩身拉应力而使桩损伤。《建筑桩基技术规范》(JGJ94—2008)关于混凝土预制桩的起吊、运输和堆放作业要点如下:

(1)混凝土实心桩的吊运。混凝土设计强度达到70%及以上方可起吊,达到100%方可运输;桩起吊时应采取相应措施,保证安全平稳,保护桩身质量;水平运输时,应做到桩身平稳放置,严禁在场地上直接拖拉桩体。

(2)预应力混凝土空心桩的吊运。出厂前应作出厂检查,其规格、批号、制作日期应符合所属的验收批号内容;在吊运过程中应轻吊轻放,避免剧烈碰撞;单节桩可采用专用吊钩勾住桩两端内壁直接进行水平起吊;运至施工现场时应进行检查验收,严禁使用质量不合格及在吊运过程中产生裂缝的桩。

吊点位置和数量应符合设计规定。一般情况下,单节桩长在 17 m 以内可采用两点吊,18~30 m 的可采用三点吊,30 m 以上的应用四点吊。当吊点少于或等于 3 h,其位置应按正负弯矩相等的原则计算确定,当吊点多于 3 h,其位置应按反力相等的原则计算确定。常用几种吊点合理位置如图 10 - 10 所示。

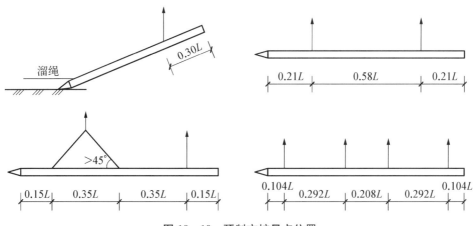

图 10 - 10 预制方桩吊点位置

(3)预应力混凝土空心桩的堆放。堆放场地应平整坚实,最下层与地面接触的垫木应有足够的宽度和高度。堆放时桩应稳固,不得滚动;应按不同规格、长度及施工流水顺序分别堆放;当场地条件许可时,宜单层堆放;当叠层堆放时,外径为 500~600 mm 的桩不宜超过 4 层,外径为 300~400 mm 的桩不宜超过 5 层;叠层堆放桩时,应在垂直于桩长度方向的地面上设置两道垫木,垫木应分别位于距桩端 0.2 倍桩长处;底层最外缘的桩应在垫木处用木模塞紧;垫木宜选用耐压的长木枋或枕木,不得使用有棱角的金属构件。

预制桩在堆放时,要求场地平整坚实,排水良好,使桩堆放后不会因为场地沉陷而损伤桩身。桩应按规格、长度、使用的顺序分层叠置,堆放层数不应超过四层。桩下垫木宜设置两道,支承点的位置就在两点吊的吊点处并保持在同一横断面上,同层的两道垫木应保持在同一水平上。

从现场堆放点或现场制桩点将预制方桩运到打桩机前方的工作,一般由履带吊机或汽车吊机来完成。现场预制的桩应尽量采用即打即取的方法,尽可能减少二次搬运。预制点若离打桩点较近且桩长小于 18 m 的桩,可用吊机进行中转吊运,运输时桩身应保持水平,应有人扶住或用溜绳系住桩的一端,以防止桩身碰撞打桩架。

(4) 取桩。当桩叠层堆放超过两层时,应采用吊机取桩,严禁拖拉取桩;三点支撑自行式打桩机不应拖拉取桩。

10.3.3 混凝土预制桩的接桩

混凝土预制桩的连接有焊接、法兰连接和机械快速连接(螺纹式、啮合式)3 种方式。《建筑桩基技术规范》(JGJ94—2008)对不同连接方式的技术要点和质量控制环节作出相应规定,以避免以往工程实践中常见的由于接桩质量问题导致沉桩过程由于锤击拉应力和土体上涌接头被拉断的事故。《建筑桩基技术规范》(JGJ94—2008)关于混凝土预制桩的接桩的施工要点如下:

(1) 焊接接桩。钢板宜采用低碳钢,焊条宜采用 E43 并应符合现行行业标准《建筑钢结构焊接技术规程》(JGJ81)要求。此外,下节桩段的桩头宜高出地面 0.5 m;下节桩的桩头处宜设导向箍。接桩时上下节桩段应保持顺直,错位偏差不宜大于 3 mm。接桩就位纠偏时,不得采用大锤横向敲打;桩对接前,上下端板表面应采用铁刷子清刷干净,坡口处应刷至露出金属光泽;焊接宜在桩四周对称地进行,待上下节桩固定后拆除导向箍再分层施焊。焊缝层数不得少于两层,第一层焊完后必须把焊渣清理干净,方可进行第二层施焊,焊缝应连续、饱满;焊好后的桩接头应自然冷却后方可继续锤击,自然冷却时间不宜少于 8 min;严禁采用水冷却或焊好即施打;雨天焊接时,应采取可靠的防雨措施;焊接接头的质量宜采用探伤检测,对于同一工程探伤抽样检验不得少于 3 个接头。

(2) 法兰接桩。钢板和螺栓宜采用低碳钢。

(3) 机械快速螺纹接桩。安装前应检查桩两端制作的尺寸偏差及连接件,无受损后方可起吊施工,其下节桩端宜高出地面 0.8 m;接桩时,卸下上下节桩两端的保护装置后,应清理接头残物,涂上润滑脂;应采用专用接头锥度对中,对准上下节桩进行旋紧连接;可采用专用链条式扳手(臂长 1 m 卡紧后人工旋紧再用铁锤敲击板臂,)进行旋紧,锁紧后两端板尚应有 1~2 mm 的间隙。

(4) 机械啮合接头接桩。将上下接头钣清理干净,用扳手将已涂抹沥青涂料的连接销逐根旋入上节桩Ⅰ型端头板的螺栓孔内,并用钢模板调整好连接销的方位;剔除下节桩Ⅱ型端头钣连接槽内泡沫塑料保护块,在连接槽内注入沥青涂料,并在端头板面周边抹上宽度 20 mm、厚度 3 mm 的沥青涂料;当地基土、地下水含中等以上腐蚀介质时,桩端钣板面应满涂沥青涂料;将上节桩吊起,使连接销与Ⅱ型端头钣上各连接口对准,随即将连接销插入连接槽内;加压使上下节桩的桩头钣接触,接桩完成。

10.3.4 沉桩

预制混凝土桩的沉桩方法有振动沉桩法、静力压桩法和锤击沉桩法 3 类,其中振动沉桩法主要用于斜桩施工,常与射水沉桩结合;常用的沉桩方法主要有锤击沉桩法和静力压桩法两种。

1) 锤击沉桩

锤击沉桩法的设备与工艺较简单,施工速度快,在土层适合和桩身强度允许条件下,沉桩深度均可满足设计要求。锤击沉桩设备以筒式柴油打桩机为主,其设备由桩架、行走机构及柴油锤 3 部分组成。打桩架有万能打桩架、桅杆式打桩架等形式,打桩架应有足够的稳定性,行走机构有走管式、轨道式、液压步履式和履带式等形式。

锤击法施工预应力管桩的工艺流程包括:测量定位→底桩就位、对中和调直→锤击沉桩→接桩→再锤击、接桩→打至持力层→收锤,如图 10 - 11 所示。

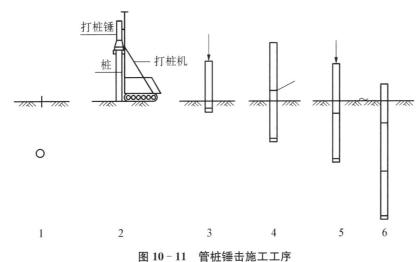

图 10 - 11　管桩锤击施工工序

1-测量放样;2-就位对中调直;3 锤击下沉;4-电焊接桩;5-再锤击、再接桩、再锤击;6-收锤,测贯入度

锤击沉桩的施工要点如下:

(1)沉桩前必须处理空中和地下障碍物,场地应平整,排水应畅通,并应满足打桩所需的地面承载力。

(2)桩打入时,桩帽或送桩帽与桩周围的间隙应为 5～10 mm;锤与桩帽、桩帽与桩之间应加设硬木、麻袋、草垫等弹性衬垫;桩锤、桩帽或送桩帽应和桩身在同一中心线上;桩插入时的垂直度偏差不得超过 0.5%。

(3)打桩顺序。对于密集桩群,自中间向两个方向或四周对称施打;当一侧毗邻建筑物时,由毗邻建筑物处向另一方向施打;根据基础的设计标高,宜先深后浅;根据桩的规格,宜先大后小,先长后短。

(4)桩终止锤击的标准。当桩端位于一般土层时,应以控制桩端设计标高为主,贯入度为辅;桩端达到坚硬、硬塑的黏性土、中密以上粉土、砂土、一碎石类土及风化岩时,应以贯入度控制为主,桩端标高为辅;贯入度已达到设计要求而桩端标高未达到时,并按每阵 10 击的贯入度不应大于设计规定的数值确认,必要时,施工控制贯入度应通过试验确定;预应力混凝土管桩的总锤击数及最后 1.0 m 沉桩锤击数应根据当地工程经验确定。

(5)当遇到贯入度剧变,桩身突然发生倾斜、位移或有严重回弹、桩顶或桩身出现严重裂缝、破碎等情况时,应暂停打桩,并分析原因,采取相应措施。

(6)当采用射水法沉桩时,射水法沉桩宜用于砂土和碎石土;沉桩至最后 1～2 m 时,应停止射水,并采用锤击至规定标高,终锤控制标准可按《建筑桩基技术规范》(JGJ94—2008)

第 7.4.6 条有关规定执行。

（7）施打大面积密集群桩时，对预钻孔沉桩，预钻孔孔径可比桩径（或方桩对角线）小 50～100 mm，深度可根据桩距和土的密实度、渗透性确定，宜为桩长的 1/3～1/2；施工时应随钻随打；桩架宜具备钻孔锤击双重性能；应设置袋装砂井或塑料排水板。袋装砂井直径宜为 70～80 mm，间距宜为 1.0～1.5 m，深度宜为 10～12 m；塑料排水板的深度、间距与袋装砂井相同。为消减挤土效应对相邻市政设施、建筑物的影响，可设置隔离板桩或地下连续墙或开挖地面防震沟，并可与其他措施结合使用。防震沟沟宽可取 0.5～0.8 m，深度按土质情况决定，应限制打桩速率；沉桩结束后，宜普遍实施一次复打；沉桩过程中应加强邻近建筑物、地下管线等的观测、监护。

（8）锤击沉桩送桩。送桩深度不宜大于 2.0 m；当桩顶打至接近地面需要送桩时，应测出桩的垂直度并检查桩顶质量，合格后应及时送桩；送桩的最后贯入度应参考相同条件下不送桩时的最后贯入度，并修正；送桩后遗留的桩孔应立即回填或覆盖。当送桩深度超过 2.0 m 且不大于 6.0 m 时，打桩机应为主点支撑履带自行式或步履式柴油打桩机 F 桩帽和桩锤之间应用竖纹硬木或盘圆层叠的钢丝绳作"锤垫"，其厚度宜取 150～200 mm。

（9）送桩器及衬垫设置。送桩器宜做成圆筒形，并应有足够的强度、刚度和耐打性。送桩长度应满足送桩深度的要求，弯曲度不得大于 1/1 000；送桩器上下两端面应平整，且与送桩器中心轴线相垂直；送桩器下端面应开孔，使空心桩内腔与外界连通；送桩器应与桩匹配。套筒式送桩器下端的套筒深度宜取 250～350 mm，套管内径应比桩外径大 20～30 mm，插销式送桩器下端的插销长应宜取 200～300 mm，杆销外径应比（管）桩内径小 20～30 mm。对于腔内存有余浆的管桩，不宜采用插销式送桩器；送桩作业时，送桩器与桩头之间应设置 1～2 层麻袋或硬纸板等衬垫。内填弹性衬垫压实后的厚度不宜小于 60 mm。

（10）施工现场应配备桩身垂直度观测仪器（长条水准尺或经纬仪）和观测人员随时量测桩身的垂直度。打入桩（预制混凝土方桩、预应力混凝土空心桩、钢桩）的桩位偏差，应符合表 10-19 规定。斜桩倾斜度的偏差不得大于倾斜角正切值的 15%（倾斜角系桩的纵向中心线与铅垂线间夹角）。

表 10-19　打入桩桩位的允许偏差（mm）

项　　　　目	允 许 偏 差
带有基础梁的桩：（1）垂直基础梁的中心线	$100+0.01H$
（2）沿基础梁的中心线	$150+0.01H$
桩数为 1～3 根桩基中的桩	100
桩数为 4～16 根桩基中的桩	1/3 桩径或边长
桩数大于 16 根桩基中的桩：（1）最外边的桩	1/3 桩径或边长
（2）中间桩	1/2 桩径或边长

注：H 为施工现场地面标高与桩顶设计标高的距离。

（11）桩锤的选用应根据地质条件、桩型、桩的密集程度、单桩竖向承载力及现有施工条件等因素确定，也可按表 10-20 选用。

表 10-20　锤 重 选 择 表

锤　　型		柴油锤/t						
		D25	D35	D45	D60	D72	D80	D100
锤的动力性能	冲击部分质量/t	2.5	3.5	4.5	6.0	7.2	8.0	10.0
	总质量/t	6.5	7.2	9.6	15.0	18.0	17.0	20.0
	冲击力/kN	2 000~2 500	2 500~4 000	4 000~5 000	5 000~7 000	7 000~10 000	>10 000	>12 000
	常用冲程/m	1.8~2.3						
持力层	预制方桩、预应力管桩的边长或直径/mm	350~400	400~450	450~500	500~550	550~600	600 以上	600 以上
	钢管桩直径/mm	400		600	900	900~1 000	900 以上	900 以上
黏性土粉土 一般进入深度/m	1.5~2.5	2.0~3.0	2.5~3.5	3.0~4.0	3.0~5.0		
静力触探比贯入阻力 P_s 平均值/MPa	4	5	>5	>5	>5		
砂土 一般进入深度/m	0.5~1.5	1.0~2.0	1.5~2.5	2.0~3.0	2.5~3.5	4.0~5.0	5.0~6.0
标准贯入击数 $N_{63.5}$（未修正）	20~30	30~40	40~45	45~50	50	>50	>50
锤的常用控制贯入度/(cm/10 击)		2~3		3~5	4~8		5~10	7~12
设计单桩极限承载力/kN		800~1 600	2 500~4 000	3 000~5 000	5 000~7 000	7 000~10 000	>10 000	>10 000

注：① 本表仅供选锤用；
② 本表适用于桩端进入硬土层一定深度的长度为 20~60 m 的钢筋混凝土预制桩及长度为 40~60 m 的钢管桩。

2) 静压沉桩

静压沉桩是通过压桩机自重及桩架上的配重作为反力将预制桩压入土中的一种沉桩工艺。压桩设备有绳索式压桩机和液压式压桩机。绳索式应桩机主要由桩架、压梁、桩帽、卷扬机、钢丝绳与滑轮组等组成,此种压桩机的压桩能力不大,最大仅为 1 000 kN 左右。液压式压桩机由桩架、行走机构、夹具、配重、千斤顶及液压动力系统等组成,目前被压式压桩机最大压桩力可达 10 000 kN 左右。静压沉桩对桩的传力方式分为顶压式和抱压式两种,目前多为抱压式,夹具根据桩截面不同,分为方桩夹具与圆桩夹具。图 10-12、图 10-13 为绳索式压桩机和液压式压桩机的示意图,表 10-21 为几种典型压桩机的性能对比。

表 10-21　几种典型压桩机的性能对比

桩机型号	最大压桩力 f(kN)	最大压桩速度 U(m/min)	装机功率 N(kw)	性能功率比 K(统一单位)
YZY160	1 700	1.8	70	0.72
DYZ320	3 200	0.94	55	0.89
日本桩机	2 250	0.5	55	0.4
ZYJ180	1 800	2.1	44	1.56
ZYJ240	2 400	2.1	44	1.87
ZYJ320	3 200	2.1	44	2.49

注：其中 $K = fU/N$,为“性能功率比”;“日本桩机”系日本的一种压桩装置。(引自史佩栋主编《桩基工程手册》P662)

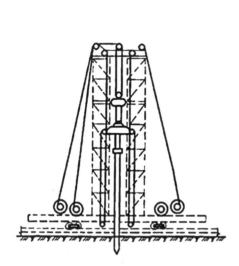

图 10-12　绳索式压桩机

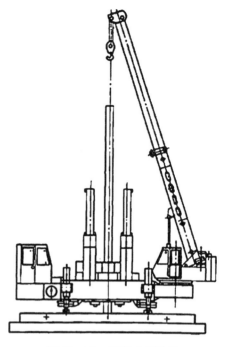

图 10-13　液压式压桩机

静压法施工工艺流程如下：

测定桩位→压桩机就位调平→将管桩吊入压桩机夹持腔→夹持管桩对准桩位调直→压桩至底桩露出地面 2.5～3.0 m 时吊入上节桩与底桩对齐,夹持上节桩,压底桩至桩头露出地面 0.60～0.80 m→调整上下节桩,与底桩对中→电焊接桩、再静压、再接桩直至需要深度或达到一定终压值,必要时适当复压→截桩,终压前用送桩将工程桩头压至地面以下。程序图如图 10-14 所示。

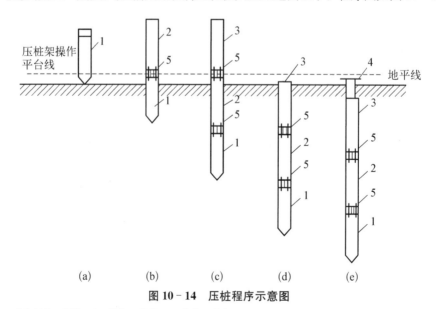

图 10-14　压桩程序示意图

(a) 准备压第一段桩;(b) 接第二段桩;(c) 接第三段桩;(d) 整根桩压平至地面;(e) 采用送桩压桩完毕

1-第一段桩;2-第二段桩;3-第三段桩;4-送桩;5-接头

《建筑桩基技术规范》(JGJ94—2008)中关于静压沉桩施工的要求如下：

(1) 采用静压沉桩时，场地地基承载力不应小于压桩机接地压强的 1.2 倍，且场地应平整。

(2) 选择压桩机的参数应包括：压桩机型号、桩机质量(不含配重)、最大压桩力等；压桩机的外形尺寸及拖运尺寸；压桩机的最小边桩距及最大压桩力，长、短船型履靴的接地压强；夹持机构的形式；液压油缸的数量，直径，率定后的压力表读数与压桩力的对应关系，吊桩机构的性能及吊桩能力。

(3) 压桩机的每件配重必须用量具核实，并将其质量标记在该件配重的外露表面；液压式压桩机的最大压桩力应取压桩机的机架重量和配重之和乘以 0.9。

(4) 当边桩空位不能满足中置式压桩机施压条件时，宜利用压边桩机构或选用前置式液压压桩机进行压桩，但此时应估计最大压桩能力，减少造成的影响。

(5) 当设计要求或施工需要采用引孔法压桩时，应配备螺旋钻孔机，或在压桩机上配备专用的螺旋钻，当桩端持力层需进入较坚硬的岩层时，应配备可入岩的钻孔桩机或冲孔桩机。

(6) 最大压桩力不得小于设计的单桩竖向极限承载力标准值，必要时可由现场试验确定。

(7) 静力压桩施工的质量控制应符合：第一节桩下压时垂直度偏差不应大于 0.5%；宜将每根桩一次性连续压到底，且最后一节有效桩长不宜小于 5 m。抱压力不应大于桩身允许侧向压力的 1.1 倍。

(8) 终压条件应符合：应根据现场试压桩的试验结果确定终压力标准，终压连续复压次数应根据桩长及地质条件等因素确定。对于入土深度大于或等于 8 m 的桩，复压次数可为 2～3 次；对于入土深度小于 8 m 的桩，复压次数可为 3～5 次，稳压压桩力不得小于终压力，稳定压桩的时间宜为 5～10 s。

(9) 压桩顺序宜根据场地工程地质条件确定。对于场地地层中局部含砂、碎石、卵石时，宜先对该区域进行压桩，当持力层埋深或桩的入土深度差别较大时，宜先施压长桩后施压短桩。

(10) 压桩过程中应测量桩身的垂直度。当桩身垂直度偏差大于 1% 时，应找出原因并设法纠正；当桩尖进入较硬土层后，严禁用移动机架等方法强行纠偏。

(11) 出现下列情况之一时，应暂停压桩作业，并分析原因，采取相应措施：

① 压力表读数显示情况与勘察报告中的土层性质明显不符；

② 桩难以穿越具有软弱下卧层的硬夹层；

③ 实际桩长与设计桩长相差较大；

④ 出现异常响声，压桩机械工作状态出现异常；

⑤ 桩身出现纵向裂缝和桩头混凝土出现剥落等异常现象；

⑥ 夹持机构打滑；

⑦ 压桩机下陷。

(12) 静压送桩的质量控制应符合：测量桩的垂直度并检查桩头质量，合格后方可送桩，压、送作业应连续进行；送桩应采用专制钢质送桩器，不得将工程桩用作送桩器；当场地上多数桩的有效桩长 L 小于或等于 15 m 或桩端持力层为风化软质岩，可能需要复压时，送桩深度不宜超过 1.5 m；除满足本条上述规定外，当桩的垂直度偏差小于 1%，且桩的有效桩长大于 15 m 时，静压桩送桩深度不宜超过 8 m；送桩的最大压桩力不宜超过桩身允许抱压压桩力的 1.1 倍。

（13）引孔压桩法质量控制应符合：引孔宜采用螺旋钻；引孔的垂直度偏差不宜大于 0.5%；引孔作业和压桩作业应连续进行，间隔时间不宜大于 12 h；在软土地基中不宜大于 3 h；引孔中有积水时，宜采用开口型桩尖。

（14）当桩较密集，成地基为饱和淤泥、淤泥质土及黏性土时，应设置塑料排水板，袋装砂井消减超孔压或采取引孔等措施，在压桩施工过程中应对总桩数 10% 的桩设置上涌和水平偏位观测点，定时检测桩的上涌量及桩顶水平偏位值，若上涌和偏位道较大，应采取复压等措施。

（15）对于预制混凝上方桩、顶应力混凝土空心桩、钢桩等压入桩的桩位允许偏差，应符合表 10 - 19。

10.3.5　预应力管桩沉桩施工中的常见问题及注意事项

预应力管桩施工中的工程质量问题主要包括桩顶偏位、桩身倾斜、桩顶碎裂、桩身断裂以及沉桩达不到设计的控制要求等，各种问题产生的原因见表 10 - 22，根据不同的原因，就可以在施工中采取相应的措施来防止各种问题的发生。

表 10 - 22　预应力管桩常见问题及处理对策

问 题	产 生 的 原 因	处 理 对 策
桩顶偏位	（1）先施工的桩因后打桩挤土偏位； （2）两节或多节桩施工时，连接不直，桩中心线成折线型，桩顶偏位； （3）基坑开挖时，挖土不当或支护不当引起桩身倾斜偏位	（1）先检测桩身是否完好 （2）如桩完好可以在桩倾斜的反方向取土扶直 （3）在桩身内重新放钢筋笼湿混凝土加固
桩身倾斜	（1）先打的桩因后打桩挤土挤斜； （2）施工时接桩不直； （3）基坑开挖时，或边打桩边开挖，或桩旁堆土，或桩周土体不平衡引起桩身倾斜	
桩身断裂	（1）接桩时接头施工质量差引起接头开裂，脱节； （2）桩端很硬，总锤击数过大，最后贯入度过小； （3）桩身质量差； （4）挖土不当	（1）先检测桩身断裂界面位置； （2）在管桩内芯重新下钢筋笼（笼长比界面深 3 m），重新在管内灌混凝土； （3）重新测承载力或补桩
桩身碎裂	（1）桩端持力层很硬，且打桩总锤击数过大，最后停锤标准过严； （2）施打时桩锤偏心锤击； （3）桩顶混凝土有质量问题	将桩顶碎裂段重新凿除并检测桩下部是否完整，最后用钢筋混凝土将桩接高到设计标高
桩顶上浮	（1）后打桩对先打桩挤土作用时先打桩上浮； （2）基坑开挖坑底面土隆起使桩顶上浮	（1）用打入或压入法将上浮桩复位； （2）检测桩身质量和承载力； （3）加强基础刚度

10.4 钢桩施工

常见的钢桩主要包括钢管桩、H 型钢桩和其他异型钢桩。钢桩具体强度高、施工方便的特点,但成本也最高而且要防腐蚀。

1) 钢桩的制作

钢桩制作偏差不仅要在制作过程控制,运到工地后在施打前还应检查,否则沉桩时会发生困难,甚至成桩失败。这是因为出厂后在运输或堆放过程中会因措施不当而造成桩身局部变形。此外,出厂成品均为定尺钢桩,而实际施工时都是由数根焊接而成,但不正好是定尺桩的组合,多数情况下,最后一节为非定尺桩,这就要进行切割。因此要对切割后的节段及拼接后的桩进行外形尺寸检验。关于钢桩的制作应符合下列规定:

(1) 制作钢桩的材料应符合设计要求,并应有出厂合格证和检验报告。

(2) 现场制作钢桩应有平整的场地及挡风防雨措施。

(3) 用于地下水有侵蚀性的地区或腐蚀性土层的钢桩,应按设计要求作防腐处理。

(4) 钢桩制作的允许偏差应符合表 10 - 23 的规定,钢桩的分段长度同混凝土预制桩的规定,且不宜大于 15 m。

表 10 - 23 钢桩制作的允许偏差

项 目		允许偏差/mm
外径或断面尺寸	桩端部	±0.5%外径或边长
	桩身	±0.1%外径或边长
长度		>0
矢高		≤1%桩长
端部平整度		≤2(H 形桩≤1)
端部平面与桩身中心线的倾斜值		≤2

2) 钢桩的焊接

焊接是钢桩施工中的关键工序,必须严格控制质量。关于钢桩的焊接应符合下列规定:

(1) 必须清除桩端部的浮锈、油污等脏物,保持干燥;下节桩顶经锤击后变形的部分应割除;上下节桩焊接时应校正垂直度,对口的间隙宜为 2~3 mm;焊接应对称进行;应采用多层焊,钢管桩各层焊缝的接头应错开,焊渣应清除。

(2) 焊丝(自动焊)或焊条应烘干。如焊丝不烘干,会引起烧焊时含氢量高,使焊缝容易产生气孔而降低其强度和韧性,因而焊丝必须在 200~300℃温度下烘干 2 h。据有关资料,未烘干的焊丝其含氢量为 12 ml/100 gm,经过 300℃温度烘干 2 h 后,减少到 9.5 ml/100 gm。

(3) 当气温低于 0℃或雨雪天,无可靠措施确保焊接质量时,不得焊接。现场焊接受气候的影响较大,雨天烧焊时,由于水分蒸发会有大量氢气混入焊缝内形成气孔。大于 10 m/s 的风速会使自保护气体和电弧火焰不稳定。雨天或刮风条件下施工,必须采取防风避雨措施,否则质量不能保证。

(4) 每个接头焊接完毕,应冷却 1 min 后方可锤击。焊缝温度未冷却到一定温度就锤击,易导致焊缝出现裂缝。浇水骤冷更易使之发生脆裂。因此,必须对冷却时间予以限定且要自然冷却。有资料介绍,1 min 停歇,母材温度即降至 300℃,此时焊缝强度可以承受锤击应力。

(5) H 形钢桩或其他异型薄壁钢桩,接头处应加连接板,可按等强度设置。H 形钢桩或其他薄壁钢桩不同于钢管桩,其断面与刚度本来很小,为保证原有的刚度和强度不致因焊接而削弱,一般应加连接板。

(6) 外观检查和无破损检验是确保焊接质量的重要环节。焊接质量应符合国家现行标准《钢结构工程施工质量验收规范》(GB50205)和《建筑钢结构焊接技术规程》(JGJ81)的规定,每个接头除应按表 10-24 规定进行外观检查外,还应按接头总数的 5% 进行超声或 2% 进行 X 射线拍片检查,对于同一工程,探伤随机抽样检验不得少于 3 个接头。超声或拍片的数量应视工程的重要程度和焊接人员的技术水平而定,《建筑桩基技术规范》(JGJ94—2008)提供的数量,仅是一般工程的要求。

表 10-24　接桩焊缝外观允许误差

项　　目	允许偏差/mm	项　　目	允许偏差/mm
上下节桩错口:		咬边深度(焊缝)	0.5
① 钢管桩外径≥700 mm	3	加强层高度(焊缝)	0~2
② 钢管桩外径＜700 mm	2	加强层宽度(焊缝)	0~3
H 形钢桩	1		

3) 钢桩的施工工序

钢管桩的施工程序为:桩机安装→桩机移动就位→吊桩→插桩→锤击下沉、接桩→锤击至设计标高→内切割桩管→精割、盖帽。

4) 钢桩的运输和堆放

钢管桩出厂时,两端应有防护圈,以防坡口受损;对 H 形桩,因其刚度不大,若支点不合理,堆放层数过多,均会造成桩体弯曲,影响施工。关于钢桩的运输与堆放应符合下列规定:

(1) 堆放场地应平整、坚实、排水通畅;

(2) 桩的两端应有适当保护措施,钢管桩应设保护圈;

(3) 搬运时应防止桩体撞击而造成桩端、桩体损坏或弯曲;

(4) 钢桩应按规格、材质分别堆放,堆放层数:ϕ900 的钢桩,不宜大于 3 层 ϕ600 的钢桩,不宜大于 4 层;ϕ400 的钢桩,不宜大于 5 层;H 形钢桩不宜大于 6 层。支点设置应合理,钢桩的两侧应采用木楔塞住。

5) 钢桩的沉桩

钢桩的沉桩方法与预制混凝土桩的沉桩方法类似,分为静力压桩法和锤击沉桩法。由于技术进步和环保等要求,静力压桩法是发展趋势。《建筑桩基技术规范》(JGJ94—2008)关于钢桩的沉桩有如下规定和建议:

（1）对敞口钢管桩，当锤击沉桩有困难时，可在管内取土助沉。钢管桩内取土，需配以专用抓斗，若要穿透砂层或硬土层，可在桩下端焊一圈钢箍以增强穿透力，厚度为 8～12 mm，但需先试沉桩，方可确定采用。

（2）H 形钢桩，其刚度不如钢管桩，且两个方向的刚度不一，很容易在刚度小的方向发生失稳，因而要对锤重予以限制。锤击 H 形钢桩时，锤重不宜大于 4.5 t 级（柴油锤），且在锤击过程中桩架前应有横向约束装置。在刚度小的方向设约束装置有利于顺利沉桩。

（3）H 形钢桩送桩时，锤的能量损失约 1/3～4/5，故桩端持力层较好时，H 形钢桩一般不宜送桩。

（4）大块石或混凝土块容易嵌入 H 形钢桩的槽口内，随桩一起沉入下层土内。当地层中有大块石、混凝土块等回填物时，不仅造成成桩困难，甚至继续锤击导致桩体失稳，应先行探明后清除。

6）钢管桩施工常见问题及对策

（1）桩水平位移、倾斜：

钢管桩如果采用闭口桩则其排土量同预制桩一样，也是桩管体积的 100%，一般采用开口钢管桩可以减少挤土，但当其下沉至一定深度时，挤入管口的土体会将管口封闭，同样会引起挤土，一般情况下，随着桩管直径的增大，挤土量会逐渐减少。但尽管如此，当桩位较密时，桩的施工由一边向另一侧或由中间对称向四周推进，土体越挤越密，加之沉桩产生的超静水压力，使先打的桩上部挠曲变形，使桩顶出现位移、倾斜。这种侧向应力的大小与工程地质、桩型、桩群密度、沉桩顺序、沉桩速率有关。

施工时可以采取以下措施：

a. 尽可能采用开口钢管桩，或采取预钻孔打入法，减少挤土。

b. 采用长桩，提高单桩承载力，减少桩的数盘，增大桩距，以减少对浅层土体的挤压影响。

c. 选用合理的打桩流水方案，避免在基础混凝土灌注完毕的区域附近打桩。

d. 选择合理的打桩顺序，具体要求和预制桩相同。

e. 减慢打桩速度，减少单位时间内的挤土量。

f. 增加辅助措施。钻孔设置排水砂井插入塑料排水板，以减少超孔隙水压力。

（2）打桩造成周围建筑物位移及振动影响：

沉桩时，钢管桩进入土层对软土产生挤压，使附近建筑物地下管线产生水平和垂直方向的位移，严重时导致裂缝或损坏；同时采用柴油锤打桩引起的振动会使周围建筑物地基沉降陷落，还会使附近的设备及各种精密机械工作性能受到影响。

施工时，为了减少挤土，除采用开口桩外，还可以在靠近建筑物的一侧设浅层防挤沟，减挤砂井或其他排水桩。防挤沟如较浅可采用空沟，如较深，可填入发泡塑料、砂等松散材料，将打桩传来的振动波吸收或反射，可以减振 1/10～1/3。

（3）钢管桩被打坏：

在采用下端开口钢管桩时，如果钢管桩壁过薄，那么在桩尖穿过坚硬黏土层或粗砂、砾石层时，容易使开口桩尖卷曲破坏。沉桩时应在钢管底端加焊一道钢套箍，以加强桩尖部分的刚度，另外如果遇到较大孤石、旧混凝土基础时，应在沉桩前清除，减少沉桩阻力。

此外，如果焊接材料、设备、技术不过关引起焊接质量下降时，在沉桩时由于桩锤的反复锤击,会使钢管桩在接头部破坏。因此焊接材料要好,而且必须严格按焊接规范施工,另外必须确保钢桩能垂直地沉入,沉桩前应调整好桩架,避免偏心打桩。

(4)沉桩困难:

有两种情况,一是在整个沉桩过程中,中间有硬土层需要穿过,造成沉桩困难;二是桩尖快到持力层时,贯入度过小,难以达到实际标高。

当贯入度过小,难以达到标高时,首先应对所选桩锤进行分析,其锤击能量、回跳高度是否足够,桩是否垂直。如果设备正常,则应采取前面提到的保证顺利沉桩措施。

(5)桩急剧下沉:

可能遇到软土层、土洞,或桩身弯曲。应该将桩拔起检查改正重打,或在原桩位附近补桩并加强沉桩前的检查。

7)H 型钢管桩的施工要点

H 型钢桩的沉桩工艺流程与钢管桩基本相同,但有以下几方面应稍作改变:

(1)钢桩截面刚度较小,接头处应加连接板,焊接时桩尖不能停在硬土层中。

(2)送桩不宜过深,否则容易使 H 型钢桩移位,或者因锤击过多而失稳;当持力层较硬时不宜采用送桩。

(3)场地准备应比钢管桩更严格。桩入场前应仔细检查堆放场地,防止变形;沉桩前应清除地面层大石块、混凝土块等回填物,保证沉桩质量。

(4)H 型桩不像钢管桩无方向性要求,其断面横轴向和纵轴向的抗弯能力是有差异的,应根据设计单位的图示方向插桩。

(5)锤击时必须有横向稳定措施,防止桩在沉入过程中发生侧向失稳而被迫停锤。有效措施是设铰链抱箍,抱箍可开启、可闭合,由于锤击是瞬间冲击荷载,横向振动较大,造成抱箍经常损坏,应有充分的准备。

(6)H 型钢桩在沉入设计标高并完成基坑开挖后,应在其桩顶加盖桩盖。

8)常见施工问题及措施

(1)桩身扭转。沉桩过程中,桩周围土体发生变化,聚集在 H 到钢桩两翼缘间的土存在差异,且随着打桩入土深度的增加而加剧,致使桩朝土体弱的方向转动。如入土深度不大,可拔出桩再次锤击入土。

(2)贯入度突然增大,具体表现是在沉桩过程中回弹量过大,锤击声音不很清脆,导致这种现象的原因很多,桩没有垂直插入土中,锤击过程中发生倾斜,而且越打越斜,桩架无抱箍,锤击时自由长度较大,如桩断面刚度太小,则横向无约束也造成倾斜沉入。施工场地用块石或混凝土块填成,桩位没有彻底清理,插桩时如块体夹在桩的一侧,强行沉入后,因两侧阻力不同造成桩身倾斜。对这类事故的防治措施是:彻底清理桩位下的障碍物,垂直插桩,桩架设抱箍以增加横向约束。

10.5 人工挖孔桩

人工挖孔灌注桩是用人工挖土成孔,然后安放钢筋笼,灌注混凝土成桩。挖孔扩底灌注桩是在挖孔灌注桩的基础上,扩大桩端尺寸而成。这类桩由于其受力性能可靠,不需要大型机具设备,施工操作工艺简单,在各地应用较为普遍,是大直径灌注桩施工的一种主要工艺方式。

1) 适用范围

人工挖孔灌注桩适用于桩直径 800 mm 以上,无地下水或地下水较少的黏土、粉质黏土、含少量的砂、砂卵石的黏性土层,也可用于膨胀土、冻土中施工,特别适于在黄土中使用,成孔深度一般在 20 m 左右,可用于高层建筑、公用建筑、水工结构的基础。对有流砂、地下水位较高、涌水量大的冲积地带及近代沉积的含水量较高的淤泥及淤泥质土层中,以及松砂层、连续的极软弱土层中不宜采用。对于孔中氧气缺乏或有毒气发生的土层也应该慎用。

2) 主要特点

人工挖孔桩的特点如表 10 - 25 所示。

表 10 - 25　人工挖孔桩的特点

人工挖孔桩特点	具 体 表 现
优点	(1) 单桩承载力高,结构传力明确,沉降量小,可一柱一桩,不需承台,不需凿桩头,可起到支撑、抗滑、锚拉、挡土等作用; (2) 可直接检查桩径、垂直度和持力土层情况,桩质量有保证; (3) 施工机具设备简单,一般均为工地常规机具,施工工艺操作简便,占地小,进出场方便; (4) 施工时无振动、无挤土、无环境污染、基本无噪声,对周围建筑物影响较小; (5) 挖孔桩一般按端承桩设计,桩身强度的充分发挥,桩身配筋率低,因此节省投资,同时,可以多桩同时施工,速度快,能根据工期要求灵活掌握工程进度,节省设备费用
缺点	(1) 工人劳动强度大,作业环境差; (2) 安全事故多,是各种桩基中出现人身伤害事故最高的; (3) 挖孔抽水易引起附近地面沉降、房屋开裂或倾斜; (4) 在含水量较大的土层中施工不当时,可能导致挖孔桩施工的失败

3) 施工要求

(1) 挖掘成孔:

人工挖孔桩成孔过程中,要根据桩身范围内体制情况,采用无支护开挖或有支护开挖,在开挖深度不大于 6 m 的硬黏土中,可采用无支护的空壁开挖法;对于其他情况都应做好孔壁的支护,支护分为砖护壁、钢套筒护圈或混凝土护壁。

钢套筒护圈法适宜于深度不大于 8 m,孔径小于 1.2 m 的桩。护圈一般由 3 mm 厚度的钢板焊接,做成分段组合式,以便于施工时安装拆卸、下放或提升。

混凝土护壁适用于砂土层,每节高度以 1 m 为宜,在易坍塌的砂层中,每节高度宜减为 0.5 m。为便于浇注混凝土和严密接茬,护壁可做成上厚下薄,护壁的平均厚度不宜小于 100 mm,两节护壁的搭接长度不得小于 50 mm,并用钢筋拉结。扩大端斜面应以竖向钢筋拉结。护壁模板用 2~4 块弧形钢板拼装而成。护壁用 C15 细石混凝土现场浇筑,坍落度不小于 150 mm。

（2）浇注混凝土：

挖孔完毕并检查合格后应立即浇筑混凝土。有扩大端的先浇注扩大端部分的混凝土，桩身混凝土应连续浇注，分段振捣，每端高度不宜大于 1 m。浇注时必须采用溜槽和串筒，不能直接从孔中倒入混凝土。

4）注意事项

人工挖孔桩成孔工作的劳动条件比较差，施工时必须采取严格的安全措施，以防止发生安全事故。

（1）要了解孔内是否存在有害气体，深度超过 10 m 的孔应有通风设施，风量应大于 25 L/s；

（2）供施工人员上下的井道电葫芦、吊篮等应有自动卡紧保险装置，不得用单绳徒手蹬井帮上下，孔内必须设置应急软梯；

（3）随时检查提升设备的完好情况；

（4）暂时停止施工的孔口应加盖板并设护栏，挖出的土方应及时运走，不得堆放在孔口附近；

（5）严守用电规程，各孔用电必须分闸，孔内电线必须有防潮湿、防折断的保护措施。

5）常见问题处理

在人工挖孔桩的施工过程中，常会发生一些问题，如桩头混凝土强度不足、桩身缩颈、扩颈、桩身断桩或夹泥、桩端沉渣厚等，当发生这些问题时，应综合分析其原因，并提出合理的解决方法，表 10-26 即为人工挖孔桩常见问题及处理对策。

表 10-26　人工挖孔桩常见问题及处理对策

问　　题	可　能　原　因	处 理 对 策
桩身离析	挖孔桩内有水，灌混凝土时遇水混凝土离析	钻孔注浆或补桩
桩端持力层达不到设计要求	（1）未挖到真正的硬岩层，在做桩端岩基静载试验后重新再向下挖到硬层； （2）成桩后承载力不到，则桩端持力层承载力不足； （3）桩端下有软下卧层	向下挖或补桩

10.6　大直径薄壁筒桩施工

振动沉模现浇大直径混凝土薄壁筒桩（下文简称薄壁筒桩）的软土地基加固技术主要优点是造价相对较低、施工速度快、加固处理深度不受限制，适宜各种地质条件，可明显增加路基的稳定性，提高桩土地基的抗水平力。

振动沉模现浇大直径混凝土薄壁筒桩技术适用于各种结构物的大面积地基处理。如多层及小高层建筑物地基处理；高速公路、市政道路的路基处理；大型油罐及煤气柜地基处理；污水处理厂大型曝气池、沉淀池基础处理；江河堤防的地基加固等。但大直径筒桩桩身质量不易保证，竖向承载力相对较低。

1）施工流程

施工进场→现场装配→桩机就位→振动沉入双套管→灌注混凝土→振动拔管→移机，

施工流程见图 10-15。

具体步骤如下：

(1) 筒桩打桩机就位,把桩管对准预先埋设在桩位上的预制桩靴,放松卷扬机钢丝绳,利用桩机和桩管自重,把桩靴竖直地压入土中。

(2) 开动卷扬机,将桩管吊起,用钢丝绳把钢筋笼吊起套入桩管内。

(3) 将桩管放下,钢筋笼全部套入桩管内,把桩管和桩靴连接,用胶泥或石膏水泥密封防水。

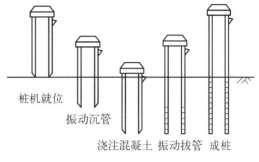

图 10-15　施工流程示意

(4) 开动振动锤,同时放松滑轮组,使桩管逐渐下沉,当桩管下沉达到要求后停止振动锤振动。

(5) 利用上料斗向桩管内灌入混凝土。

(6) 当混凝土灌满后,再次开动振动锤和卷扬机,一面振动,一面拔管,在拔管过程中要向桩管内继续加灌混凝土,以满足灌注量的要求。

(7) 拔管完毕后,将挤出地面以上的内芯土外运。

(8) 过两周后,将桩顶原地面以上凿平,挖出部分土芯,浇注混凝土盖板。如土芯高度低于地面高度,则用混凝土补实。

2) 施工要点

振动沉模现浇薄壁筒在施工中要注意以下要点：

(1) 为保证在含地下水地层中应用现浇管桩的质量,保证在成桩过程中地下水、流砂、淤泥不从桩靴处进入管腔,灌注混凝土时宜采用二步法工艺,即在成桩管下到地下水位以上即进行第一次灌注,将桩靴完全封闭,然后继续下到设计深度后再进行第二次灌注成桩。

(2) 为保证桩与桩之间在成桩过程中不互相影响,施工顺序应采用隔孔隔排施工工序。

(3) 如遇到较硬夹层,可利用专门设计的成模润滑造浆器在沉桩过程中注入泥浆。

(4) 内外管应锁定后方可起吊装配。

(5) 混凝土应以细石料为主,可以适当掺入减水剂,以利于混凝土在腔体中有较好流动性。

(6) 在遇到砂性土层时,宜放慢上提的速度。

现浇薄壁筒桩在施工过程中常存在的问题主要有地下水入渗、闭塞效应、缩颈、混凝土的离析和厚薄不均等问题,下面介绍各种问题产生的原因及处理方法。

(1) 地下水入渗问题：

地下水入渗是指在成桩过程中。地下水流沙或淤泥由管靴进入管腔,影响混凝土灌注质量,这是现浇混凝土筒桩所必须面对的问题。在施工中主要采取以下方法解决：

① 两步法解决。所谓两步法工艺,就是在成桩管下到地下水位以上即进行第一次灌注,将桩靴完全封闭,然后继续下到设计深度后进行第二次灌注成桩。

② 成孔器与桩靴应吻合一致,密切咬合,每次沉孔前桩靴与沉孔器之间需要用胶泥或石膏水泥密封防水,同时严格控制在垂直度 2% 以内。沉孔速度要均匀,避免突然加力与加速情况。沉孔深度需达到设计桩底标高。

（2）土塞效应：

土芯在沉桩过程中有时会高于沉桩深度，有时会低于沉桩深度，但变化幅度不大。在成桩后，土芯一般高于地面（10 cm）或持平。这说明在黏性土中沉桩的过程中不会形成土塞，即管桩沉入的深度通常等于土芯上升高度。

（3）缩颈问题：

由于现浇筒桩中配置钢筋较少或根本不配置钢筋，所以如何解决缩颈问题，对于现浇混凝土筒桩来说是个大问题。在实际施工中主要采取以下几个措施：

① 合理安排打桩次序。从实际资料来看，在沉桩过程中对于地表土体的挤密近于指数形势的衰减，在距桩心 2.5 m 处桩周土的位移小于 2 mm，而且在深度 3 m 以下，桩周土的位移几乎为零。所以在施工过程中合理设计打桩的次序及桩距是很重要的。

② 自模板体系的保护作用。在施工过程中，在振动力的作用下，环形模板的腔体沉入土中灌注混凝土，当振动模板提拔时，混凝土从环形腔体模板下端注入环形槽内，空腹模板起到了护壁作用。因此，有效地防止了缩壁和塌壁现象。

③ 通过造浆器造浆，可以减少沉模时环形套模内外摩擦阻力，保护桩芯的侧壁土稳定。

（4）断桩：

造成断桩大致有以下原因：

① 拔管速度太快，混凝土还没来得及排出管外，周围土径向挤压形成断桩；

② 桩距过小，受邻近桩体施工时的荷载挤压形成断桩；

③ 套管中进入泥浆水，产生夹泥。

预防措施：灌注混凝土时严格控制拔管速度，在混凝土接头处要适当加密反插振捣。在软土地基上打较密集群桩时，为减少桩的变位，可采取控制打桩速度及设计合理打桩顺序，最大程度减少挤土效应。拔管速度应控制在 0.8～1.2 m/min 之间，不应超过1.5 m/min，在土层分界面附近应停顿 30 s 左右。在沉管未提离地面前管模内混凝土保持高于地面 50 cm，且锤头不停止振动。

（5）混凝土的离析和厚薄不均问题：

① 由于现浇大直径薄壁筒桩的空腔较窄小，所以容易发生缩颈等现象。因此，如何振捣就是要特别注意的问题。在现阶段，主要采用自制的混凝土分流器来避免灌注时候的离析和厚薄不均。

② 控制混凝土的原料。混凝土以细石料为主，并可适当加入减水剂，以利于混凝土的流动。通过提升料斗的方法将混凝土送入成孔器壁腔内，成孔器放慢提升，提升速度为1 m/min。成孔器在提升过程中，应边提升边振动，以保证灌注混凝土有良好的密实度。薄壁管桩在灌注过程中，设计采用半排土方案，即每次沉孔将有一部分土体沿着内壁向上排出，并排出地面。每次沉桩结束后，应立即将部分泥土清除出路基以外，再平整好原地面。

（6）桩体歪斜：

桩体歪斜产生原因可能是桩机就位时没调好垂直度，或者邻桩施工时的挤土效应所致。

预防措施：桩机就位时应调整桩机的垂直度和水平度，垂直度以桩塔的垂线控制，垂直偏差应小于 1%。沉管应自然下垂就位，不得人为强行推动沉管就位。在软土地基上打较密集群桩时，可采取控制打桩速度及设计合理打桩顺序，最大限度减少挤土效应。

10.7　承台施工

桩基承台在结构体系中起着承上启下的关键作用,其形式有独立承台、梁式承台、筏形承台和箱形承台。随着地下空间开发利用的日益增多,承台埋置深度越来越大。同时,为了充分发挥地基土的承载作用,增强地基土、桩与上部结构的共同作用和整体性,高层建筑及超高层建筑桩基多采用筏式承台,且筏板一般均较厚。承台施工涉及基坑开挖、承台混凝土浇筑和承台周边的回填,承台施工是桩基施工的重要组成部分,承台施工质量与进度,直接影响整个桩基工程的质量与进度,有时甚至起控制作用。

桩基承台在结构体系中起着承上启下的关键作用,其形式有独立承台、梁式承台、筏形承台和箱形承台。随着地下空间开发利用的日益增多,承台埋置深度越来越大。同时,为了充分发挥地基土的承载作用,增强地基土、桩与上部结构的共同作用和整体性,高层建筑及超高层建筑桩基多采用筏式承台,且筏板一般均较厚。承台施工涉及基坑开挖、承台混凝土浇筑和承台周边的回填,承台施工是桩基施工的重要组成部分,承台施工质量与进度,直接影响整个桩基工程的质量与进度,有时甚至起控制作用。

10.8　基坑开挖和回填

1) 基坑开挖

目前大型基坑越来越多,且许多工程位于建筑群中或闹市区。基坑开挖涉及的土方、支护和降水等系列问题,本身就是系统工程,有相应的行业和地方规范标准。完善的基坑开挖方案,对确保邻近建筑物和公用设施(燃气管线、上下水道、电缆等)的安全至关重要。《建筑桩基技术规范》(JGJ94—2008)中关于基坑开挖的有关部分条款,仅对基坑工程中的关键环节和易发生问题的工序给出原则性的建议和规定,工程实际中,应根据基坑支护设计和有关基坑安全和基坑监测标准制定周详的实施方案。具体要求如下。

(1) 施工方案:

桩基承台施工顺序宜先深后浅。当承台埋置较深时,应对邻近建筑物及市政设施采取必要的保护措施,在施工期间应进行监测。基坑开挖前应对边坡支护形式、降水措施、挖土方案、运土路线及堆土位置编制施工方案。先成桩后开挖基坑的软土场地,当基桩为挤土和部分挤土桩时,应在成桩后 $15\sim30d$ 后,待超孔隙水压力基本消散后开挖。

(2) 降水:

当地下水位较高时,基坑开挖前应根据周围环境情况采用截水帷幕内降水或内外同时降水措施。外降水可降低主动土压力,增加边坡的稳定性。基坑开挖结束后,应在基坑底做出排水盲沟及集水井,如有降水设施仍应维持运转。

(3) 挖土:

挖土应均衡分层进行,对流塑状软土的基坑开挖,高差不应超过 1 m。软土地区基坑开挖分层均衡进行极其重要。某电厂厂房基础,桩断面尺寸为 450 mm×450 mm,基坑开挖深度 4.5 m。由于没有分层挖土,由基坑的一边挖至另一边,由坑中坑的土压力引起桩体发生很大水平位移,有些桩由于位移过大而断裂。类似的由于基坑开挖失当而引起的事故在软土地区屡见不鲜。因此对挖土顺序必须合理适当,严格均衡开挖,挖出的土方不得堆置在基坑附近。对已成桩须妥善保护,不得让挖土设备撞击,对支护结构和已成桩应进行严密监测。机械挖土时必须确保基坑内的桩体不受损坏。

2) 回填

承台和地下室外墙与基坑侧壁间隙的回填质量往往不受重视,填料不加选择,密实度不符合要求,使用期间受水浸泡而湿陷,导致散水破坏、周边管线的受损等事故时有发生,尤其是地震设防区承台和地下室外墙的侧向土抗力对减小水平地震作用对结构体系和基桩的影响效果明显。因此,承台和地下室外墙与基坑侧壁间隙的回填质量至关重要。在承台和地下室外墙与基坑侧壁间隙回坡土前,应排除积水,清除虚土和建筑垃圾,填土应按设计要求选料,分层夯实,对称进行。

10.9　桩基工程事故的基本对策

对桩基工程事故首先要对原设计资料、地质报告、打桩记录、挖土情况、监理情况、测试报告进行详细的综合分析并召开专家论证会。分析产生桩基事故的原因,确定原有桩的承载力,并提出今后补救处理的措施确保处理工程的长久安全。基础施工阶段桩基事故处理对于施工阶段桩基事故要根据设计要求、地质情况和打桩记录、挖土情况及测试结果分析桩基产生事故的原因并采取有针对性的措施(见表 10 - 27)。

表 10 - 27　基础施工阶段桩基事故处理对策

桩基事故类型	分　类	主　要　处　理　对　策
钻孔灌注桩事故	桩身质量	浅部断桩、离析、夹泥凿桩后再接桩,深部断桩则补桩
	桩承载力不足	一般补桩或桩土共同作用(好土)
预应力管桩事故	桩身质量	偏位:反方向取土纠偏并在管内放钢筋笼再灌混凝土 断桩:浅部接桩,深部则补桩
	桩承载力不足	复压或复打桩或补桩
沉管灌注桩事故	桩身质量	浅部凿桩后再接桩,深部断桩则补桩
	桩承载力不足	一般补桩或桩土共同作用(好土)

补桩一般补打同类桩,特殊条件下也常补树根状或静压锚杆桩。

建筑物竣工后桩基事故处理要依据上部结构荷载、地质情况、原桩基施工记录和基础情况及环境条件等综合研究补救处理方案。对于高层建筑原则上应补打大桩、长桩,工程量大。对于小高层及多层建筑常用静压锚杆桩或树根桩基础托换加固,在处理同时应加强沉降监测等。当建筑物不均匀沉降时还应先纠偏然后再加固。加固时必须要同步进行沉降观测。

10.10　本章例题

（1）某工程采用泥浆护壁钻孔灌注桩，桩径 1 200 mm，桩端进入中风化 1.0 m，岩体较完整，岩块饱和单桩抗压强度标准值 41.5 MPa，桩顶以下土层参数依次列表如下，试按《建筑桩基技术规范》，① 估算单桩极限承载力；② 若桩型改为干作业螺旋钻孔灌注桩，则单桩承载力极限承载力和单桩承载力特征值为多少？ ③ 假设考虑桩侧土层的大直径侧阻尺寸效应，则按干作业螺旋钻孔灌注桩计算单桩极限承载力又为多少？

岩土层编号	岩土层名称	桩顶以下岩土层厚度	q_{sik}/kPa	q_{pik}/kPa
1	黏土	13.7	32	—
2	粉质黏土	2.3	40	—
3	粗砂	2.00	75	2 500
4	强风化岩	8.85	180	—
5	中风化岩	8.00	—	—

解：① 按泥浆护壁钻孔灌注桩计算

嵌岩深径比：$h_r/d = 1.0/1.2 = 0.83$

$f_{rk} = 41.5$ MPa > 30 MPa 属较硬岩，可内插得：$\zeta_r = 0.755\,6$

$$\begin{aligned}
Q_{uk} &= u\sum q_{sik}l_i + \zeta_r f_{rk} A_p = 3.14 \times 1.2 \times (32 \times 13.7 + 40 \times 2.3 \\
&\quad + 75 \times 2.0 + 180 \times 8.85) + 0.755\,6 \times 41.5 \times 10^3 \times 3.14 \times 0.6^2 \\
&= 44\,012.6 \text{ kN}
\end{aligned}$$

② 按干作业螺旋钻孔灌注桩计算

对干作业桩，ζ_r 因取表列数值的 1.2 倍，即：$\zeta_r = 1.2 \times 0.755\,6 = 0.906\,7$

$$\begin{aligned}
Q_{uk} &= 3.14 \times 1.2 \times (32 \times 13.7 + 40 \times 2.3 + 75 \times 2.0 + 180 \times 8.85) \\
&\quad + 0.906\,7 \times 41.5 \times 10^3 \times 3.14 \times 0.6^2 = 51\,100.9 \text{ kN}
\end{aligned}$$

$$R_a = Q_{uk}/2 = 25\,550.5 \text{ kN}$$

③ 假设考虑桩侧土层大直径尺寸效应，计算如下：

桩侧黏土、粉质黏土层：　　$\psi_{si} = (0.8/1.2)^{1/5} = 0.922$

桩侧粗砂层：　　$\psi_{si} = (0.8/1.2)^{1/3} = 0.874$

$$\begin{aligned}
Q_{uk} &= 3.14 \times 1.2 \times (0.922 \times 32 \times 13.7 + 0.922 \times 40 \times 2.3 + 0.874 \\
&\quad \times 75 \times 2.0 + 180 \times 8.85) + 0.906\,7 \times 41.5 \times 10^3 \times 3.14 \times 0.6^2 \\
&= 50\,873.8 \text{ kN}
\end{aligned}$$

（2）某干作业螺旋钻孔灌注桩，桩径为 800 mm，桩长 20 m，采用桩端桩侧联合后注浆，桩侧注浆断面位于桩顶 12 m，桩周土性及后注浆桩侧阻力与桩端阻力增强系数如表所示。试按《建筑桩基技术规范》估算单桩极限承载力。（注：下表中 β_{si}、β_p 为规范表列数值。）

岩土层编号	岩土层名称	土层厚度/m	q_{sik}/kPa	p_{pik}/kPa	β_{si}	β_p
1	素填土	1.5	25	—	—	—
2	粉质黏土	8.5	55	—	1.4	—
3	细砂	8.0	60	—	1.8	2.6
4	粗砂	6.0	90	4 600	2.0	3.0

解：① 干作业灌注桩增强段为端桩以上、桩侧注浆断面上下各 6 m，可知本题增强段为 6～20 m；

② 对干作业钻孔灌注桩，桩端持力层为砂土，β_p 应乘以 0.8 的折减系数；

③
$$Q_{uk} = u\sum q_{sik}l_i + u\sum \beta_{si}q_{sik}l_{gi} + \beta_p q_{pk}A_p$$
$$= 3.14 \times 0.8 \times (25 \times 1.5 + 55 \times 4.5) + 3.14 \times 0.8$$
$$\times (1.4 \times 55 \times 4.0 + 1.8 \times 60 \times 8.0 + 2.0 \times 90 \times 2.0)$$
$$+ 0.8 \times 3.0 \times 4\,600 \times 3.14 \times 0.4^2 = 10\,110.8 \text{ kN}$$

（3）某泥浆护壁成孔灌注桨，桩径为 1 200 mm，桩长 28 m，采用桩端桩侧联合后注浆，桩侧注浆断面位于桩顶下 14 m，桩周土性及后注浆桩侧阻力与桩端阻力增强系数如图所示。试按《建筑桩基技术规范》估算单桩极限承载力。

岩土层编号	岩土层名称	土层厚度/m	q_{sik}/kPa	p_{pik}/kPa	β_{si}	β_p
1	素填土	2.0	25	—	—	—
2	粉质黏土	14.0	55	—	1.4	—
3	细砂	8.0	60	—	1.8	2.6
4	粗砂	16.0	90	4 600	2.0	3.0

解：① 桩侧注浆，增强段为 2～14 m 段；

桩端注浆，增强段为 16～28 m 段；

② 桩径 1 200 mm ＞ 800 mm，属于大直径桩；

桩侧黏土、粉质黏土层： $\psi_{si} = (0.8/1.2)^{1/5} = 0.922$

桩侧细砂、粗砂层： $\psi_{si} = (0.8/1.2)^{1/3} = 0.874$

桩端粗砂层： $\psi_p = (0.8/1.2)^{1/3} = 0.874$

③
$$Q_{uk} = u\sum q_{sik}l_i + u\sum \beta_{si}q_{sik}l_{gi} + \beta_p q_{pk}A_p$$
$$= 3.14 \times 1.2 \times (25 \times 2.0 + 55 \times 20) + 3.14 \times 1.2 \times (0.922$$
$$\times 1.4 \times 55 \times 12.0 + 0.874 \times 1.8 \times 60 \times 8.0 + 0.874 \times 2.0$$
$$\times 90 \times 4.0) + 0.874 \times 3.0 \times 4\,600 \times 3.14 \times 0.6^2$$
$$= 2\,266.3 \text{ kN}$$

（4）某甲类建筑物拟采用干作业钻孔灌注桩基础，桩径 0.8 m，桩长 50.0 m，拟建场地土层如图所示，其中土层②、③层为湿陷性黄土状粉土，这两层土自重湿陷量 $\Delta z_s = 440$ mm，④层粉质黏土无湿陷性，桩基设计参数图表所示，根据《建筑桩基技术规范》和《湿陷性黄土地区建筑规范》（GB50025—2004）规定，单桩所能承受的竖向力 N_k 最大值为多少。（注：黄土状粉土的中性点深度比取 $l_n/l_0 = 0.5$）

地层编号	地层名称	天然重度	干作业钻孔灌注桩	
			桩的极限侧阻力标准值 q_{sik}/kPa	桩的极限端阻力标准值 q_{pk}/kPa
②	黄土状粉土	18.7	31	
③	黄土状粉土	19.2	42	
④	粉质黏土	19.3	100	2 200

解：根据《建筑桩基技术规范》（JGJ94—2008）第 5.3.5、5.4.4 条及《湿陷性黄土地区建筑规范》（GB 50025—2004）表 5.7.5：

① 中性点深度：$l_n = 0.5 \times 40 = 20$ m

② 自重湿陷量：$\Delta z_s = 440$ mm，大于 200 mm，查表得 $q_{sik} = 15$ kPa

③
$$
\begin{aligned}
N_k &= R_a - Q_g^n = \frac{1}{2} Q_{uk} - Q_g^n \\
&= \frac{1}{2} (u \sum q_{sik} l_i + q_{pk} A_p) - Q_g^n \\
&= \frac{1}{2} \times [3.14 \times 0.8 \times (42 \times 20 + 100 \times 10) \\
&\quad + 2\,200 \times 3.14 \times 0.4^2] - 15 \times 20 \times 3.14 \times 0.8 \\
&= 2\,110.1 \text{ kN}
\end{aligned}
$$

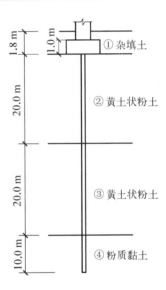

（5）某轴心受压混凝土预制方桩，桩截面 0.3 m×0.3 m，桩长 15 m，采用 C30 混凝土，$f_c = 14.3$ N/mm²。土层分布：0～13.5 m 为黏土，$q_{sik} = 36$ kPa；13.5 以下为粉土，$q_{sik} = 64$ kPa，$q_{pk} = 2\,100$ kPa。试计算桩顶轴向压力设计值 N 和单桩承载力特征值 R_a。

解：根据《建筑桩基技术规范》（JGJ94—2008）第 5.3.5、5.8.2 条：

① 计算桩顶轴向压力设计值 N：

预制桩，ψ_c 取 0.85，桩身无钢筋，按以下公式计算：

$$N \leqslant \psi_c f_c A_{ps} = 0.85 \times 14.3 \times 10^3 \times 0.3^2 = 1\,093.95 \text{ kN}$$

轴心受压，稳定系数 $\varphi = 1.0$，取 $N = 1\,093.95$ kN

② 计算单桩承载力特征值 R_a：

$$Q_{uk} = u \sum q_{sik} l_i + q_{pk} A_p = 4 \times 0.3 \times (36 \times 13.5 + 64 \times 1.5) + 2\,100 \times 0.3^2 = 887.4 \text{ kN}$$

$$R_a = Q_{uk}/2 = 887.4/2 = 443.7 \text{ kN}$$

（6）某一柱一桩（端承灌注桩）基础，桩径 1.0 m，桩长 20 m，承受轴向竖向荷载设计值 $N = 5\,000$ kN，地表大面积堆载，$P = 60$ kPa，桩周土层分布如图所示，根据《建筑桩基技术规范》桩身混凝土强度等级（见下表）选用哪种最经济合理。（不考虑地震作用，灌注桩施工工艺系数 $\psi_c = 0.7$，负摩阻力系数 $\zeta = 0.20$）

混凝土强度等级	C20	C25	C30	C35
轴心抗压强度设计值 $f_c/(\text{N/mm}^2)$	9.6	11.9	14.3	16.7

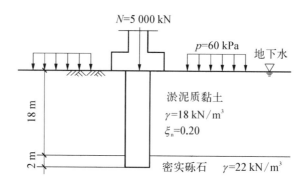

解：根据《建筑桩基技术规范》（JGJ94—2008）第 5.4.4、5.8.2 条：

① 持力层为卵石，$\dfrac{l_n}{l_0} = 0.9$，$l_n = 0.9 \times 18 = 16.2$ m

② $\sigma'_i = p + \sum\limits_{e=1}^{i-1} \gamma_e \cdot \Delta z_e + \dfrac{1}{2}\gamma_i \Delta z_i = 16.2 \times \dfrac{1}{2} \times (18-10) + 60 = 124.8$ kPa

$q_{si}^n = \xi_n \sigma'_i = 0.2 \times 124.8 = 24.96$ kPa

$Q_g^n = u \sum\limits_{i=1}^{n} q_{si}^n l_i = 3.14 \times 1 \times 24.96 \times 16.2 = 1\,269.67$ kN

③ 受压桩正截面荷载：$N' = N + Q_g^n \times 1.35 = 5\,000 + 1\,269.67 \times 1.35 = 6\,714.05$ kN

④ 取稳定系数 $\varphi = 1.0$，$N' \leqslant \psi_c f_c A_{ps} \varphi$

即：$6\,714.05 \leqslant 0.7 \times f_c \times \dfrac{3.14 \times 1^2}{4} \times 1.0$，解得：$f_c = 12.2$ MPa

查表对应强度等级为 C25。

（7）某灌注桩直径为 800 mm，桩身露出地面的长度为 10 m，桩入土长度为 20 m，桩端嵌入较完整的坚硬岩石，桩的水平变形系数 α 为 0.520 m^{-1}，桩顶铰接，桩顶以下 5 m 范围内箍筋间距为 200 mm，该桩轴心受压，桩顶轴向压力设计值为 6 800 kN，成桩工艺 ψ_c 取 0.8，按《建筑桩基技术规范》，则桩身混凝土轴心受压强度设计值应不小于多少？

解：根据《建筑桩基技术规范》（JGJ94—2008）第 5.8.2～5.8.4 条：

① 桩身配筋不符合规定，按 $N \leqslant \psi_c f_c A_{ps}$ 计算

② $h = 20$ m $> \dfrac{4}{\alpha} = \dfrac{4}{0.52} = 7.7$ m，则有：$l_c = 0.7 \times \left(l_0 + \dfrac{4.0}{\alpha}\right) = 0.7 \times \left(10 + \right.$

$$\frac{4}{0.52}) = 12.38 \text{ m}$$

③ $\dfrac{l_c}{d} = \dfrac{13.38}{0.8} = 15.5$，查表得压曲稳定系数：$\varphi = 0.81$

④ $f_c \geqslant \dfrac{N}{\psi_c \cdot A_{ps} \cdot \varphi} = \dfrac{6\,800}{0.8 \times \dfrac{3.14 \times 0.8^2}{4} \times 0.81} = 20.9 \text{ MPa}$

（8）某轴心受压钢筋混凝土预制桩，外径 0.6 m，壁厚 80 mm，采用 C30 混凝土，$f_c = 14.3 \text{ N/mm}^2$，纵向主筋采用 10 根 $\phi 14$ mm $HPB235$ 型钢筋，$f'_y = 210 \text{ N/mm}^2$，桩顶下 3.0 m 范围内箍筋间距 80 mm，试计算桩顶轴向压力设计值 N。

解：预制桩，ψ_c 取 0.85，桩顶以下 $5d$ 范围箍筋间距不大于 100 mm，按下式计算：

$$\begin{aligned}
N &\leqslant \psi_c f_c A_{ps} + 0.9 f'_y A'_s \\
&= 0.185 \times 14.3 \times 10^3 \times \frac{3.14 \times (0.6^2 - 0.44^2)}{4} + 0.9 \\
&\quad \times 210 \times 10^3 \times 10 \times \frac{3.14 \times 0.014^2}{4} \\
&= 1\,878.5 \text{ kN}
\end{aligned}$$

第 11 章
桩基础在港航工程中的应用

11.1　桩基础在高桩码头中的应用

11.1.1　概述

高桩码头是由基桩和上部结构组成,桩的下部打入土中,上部高出水面,上部结构有梁板式、无梁大板式、框架式和承台式等。高桩码头属透空结构,波浪和水流可在码头平面以下通过,对波浪不发生反射,不影响泄洪,并可减少淤积。

高桩码头不仅适应于软土地基以及可以沉桩的黏性土、粉土、砂土等地基,而且在无覆盖层或覆盖层不足的岩基上通过使用嵌岩桩得到较多的应用。随着港口建设不断向深水和外海发展,以及靠泊船舶吨位和装卸机械的大型化,桩基所承受的船舶荷载、波浪力和水流力、防风锚碇荷载大幅增加,同时码头前沿水深不断增大,桩的自由长度增大,对桩基抗弯能力、垂直承载力和抗拔力提出了更高的要求。高桩码头施工设计图如图 11-1 所示。

图 11-1(a)　高桩码头桩基础

11.1.2　高桩码头中桩的分类

　　港口工程基桩可按成桩工艺分为打入桩、灌注桩和嵌岩桩 3 类；各类桩可按下列方法分为不同的桩型。

　　打入桩可按桩材料分为预制混凝土桩和钢管桩等，期中预制混凝土桩可按桩身结构情况分为钢筋混凝土桩和预应力混凝土桩，预应力混凝土桩可按桩身截面形状分为预应力混凝土方桩和预应力混凝土管桩等。

　　灌注桩可按成孔方法分为钻孔灌注桩和挖孔灌注桩等。

　　嵌岩桩可按成桩方法、结构组成和嵌岩

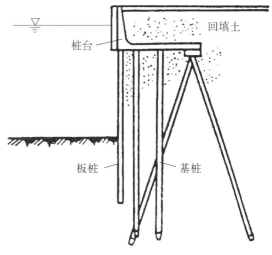

图 11‑1(b)　高桩码头结构图

形式等分为灌注型嵌岩桩、灌注型锚杆嵌岩桩、预制型植入嵌岩桩、预制型芯柱嵌岩桩、预制型锚杆嵌岩桩和预制型组合式嵌岩桩等。

　　本节将对高桩码头中比较常用的钢管桩、预应力混凝土管桩、灌注桩进行讲解。

　　图 11‑2 为钢管桩、预应力混凝土管桩、灌注桩示意图。

图 11‑2(a)　钢管桩现场图

11.1.3　高桩码头的设计规范

　　高桩码头基桩一般采用预应力混凝土桩、预应力混凝土管桩和钢管桩。内河中小型码头可采用钢筋混凝土桩。此外，也可采用灌注桩和嵌岩石桩等其他形式基桩。桩基设计和施工按现行行业标准《港口工程桩基规范》(JTJ254)规定执行。

图 11-2(b) 预应力混凝土管桩现场图

图 11-2(c) 灌注桩现场图

码头伸缩缝的间距,应根据本地区的温度差、上部结构的刚度、桩的自由长度和刚度等因素综合考虑。上部结构为装配整体式结构时,宜取 60～70 m;上部结构为现场整体浇注混凝土时,宜取 35 m 左右。

　　沉降缝的位置应根据荷载情况、结构形式和地质条件确定,沉降缝宜与伸缩缝相结合。

　　码头上部结构在伸缩缝和沉降缝分段处,可采用悬臂式结构或简支结构。分段处的缝宽可取 20～30 mm。当有抗震要求时缝宽可根据计算或当地经验确定。伸缩缝内应采用泡沫塑料等柔性材料填充,保证结构自由伸缩。

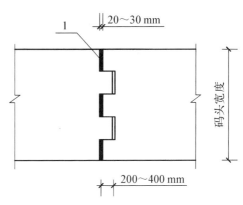

图 11-3　伸缩缝和沉降缝平面图

1-伸缩缝、沉降缝

　　为防止码头相邻两段水平位移不一致影响有轨装卸机械行驶。分段处在平面上宜做成凹凸缝,如图 11-3 所示。凹凸缝的齿高可取 200～400 mm,当水平力较大时应由计算确定。凹凸缝转角处宜设置钢筋予以加强。

　　上部结构为整体连接的码头,当排架内力按平面问题计算,在确定水平集中力(如船舶撞击力或系缆力等)的横向分力在各排架中的分配时,可将码头上部结构在水平方向视为一个以排架基桩作为支承点的连续梁。排架基桩在水平方向以单位力作用下的变形作为支座反力系数,按弹性支承刚性梁进行计算。

　　在设计海港高桩码头时,应采取以下措施提高码头的耐久性。采用预应力混凝土构件,简化构件外形,并应避免积水。

　　除遵守现行行业标准《水运工程混凝土质量控制标准》(JTJ269)的规定外。尚应采取增加混凝土密实性措施。

　　在有掩护海港,浪溅区的钢筋混凝土构件,根据下列情况采用涂料或其他有效措施进行保护:

　　(1)建于侵蚀性严重海域的重要工程,在设计高水位附近梁的底面和侧面。

　　(2)面板底部按建筑物的重要性,通风条件,并参照本地区已有建筑物锈蚀情况确定。

　　(3)浪溅区其他构件按具体情况确定。

　　涂料宜在预制构件安装之前涂刷,竣工前对损坏部位应进行修补。

　　在无掩护海港,对钢筋混凝土构件保护范围根据具体情况确定。

　　钢管桩等桩基防腐蚀应符合现行行业标准《港口工程桩基规范》(JTJ250-98)规定。对堆放散装盐或其他腐蚀性较强的散货码头,应采取措施防止有害物质渗透使钢筋锈蚀。如增加码头面板顶层现浇钢筋保护层的厚度,采用微膨胀混凝土填充预制构件接头或其他有效措施。

　　高桩码头各部位混凝土强度等级不得低于表 11-1 的规定,并应考虑混凝土耐久性的要求。

表 11-1　混凝土强度等级

构件部位名称	现场浇注混凝土、钢筋混凝土	钢筋混凝土预制构件	预应力混凝土预制构件
上部结构	C25	C30	C30
基　桩	—	C35	C40

注：① 海港工程混凝土强度等级不得低于 C30。碳素钢丝,钢绞线作预应力钢筋时,混凝土强度等级不得低于 C50;

　　② 预应力混凝土桩,当沉桩困难或桩长较大时,应酌情提高混凝土的强度等级;

　　③ 后张法预应力混凝土大直径管桩混凝土强度等级不宜低于 C60。

码头面应设排水坡和泄水孔。排水坡度可采用 5‰～10‰。

码头面应设置磨耗层,其厚度根据流动机械的类型和使用情况确定。磨耗层与面板同时浇筑时,其厚度不应小于 20 mm,分开浇筑时不应小于 50 mm。

磨耗层混凝土的强度等级不应低于 C25,对行驶流动机械频繁的码头可适当提高。

预制构件的搁置面上宜采用水泥砂浆找平,砂浆厚度宜取 10～20 mm,水泥砂浆强度等级应按计算确定。但不宜低于 M20,并应考虑耐久性要求。

码头前沿护轮坎宜采用钢板进行保护,并作鲜明标记以防碰撞,护轮坎根部视具体情况设置泄水孔。

在码头上应设置固定的沉降、位移观侧点,并应符合现行行业标准《港口设施维护技术规程》(JTJ/T 289)规定。

11.1.4　钢管桩在高桩码头中的应用

1) 计算和构造

(1) 钢管桩在使用时期和施工时期应分别进行强度计算和稳定性验算。

(2) 钢管桩管壁的厚度由两部分组成:

① 有效厚度。管壁在外力作用下所需要的厚度,应按计算确定。

② 预留腐蚀厚度。为建筑物在使用年限内管壁腐蚀所需要的厚度,应按计算确定。

(3) 钢管桩管壁的计算厚度。使用时期,应取有效厚度;施工时期,可根据施工期限,防腐蚀效果,在计算厚度内计入全部或部分的腐蚀厚度。

(4) 当钢管桩打入良好持力层,且沉桩困难时,桩外径与壁厚之比不宜大于 70。

(5) 钢管桩宜采用两点吊。钢管桩在吊运时将桩重乘以动力系数 α。水平吊运 α 宜取 1.3,吊立过程 α 宜取 1.1。

2) 防腐蚀

(1) 在海港工程中,根据环境对钢管桩的腐蚀程度,沿桩身可划分为 5 个腐蚀区。对有掩护海港,大气区和浪溅区的分界线为设计高水位加 1.5 m;浪溅区和水位变动区的分界线为设计高水位减 1.0 m;水位变动区和水下区的分界线为设计低水位减 1.0 m;水下区与泥下区的分界线为泥面。

(2) 钢管桩必须进行防腐蚀处理。防腐蚀措施有:

① 外壁加覆防腐涂层或其他覆盖层;

② 增加管壁预留腐蚀裕量厚度。

③ 水下采用阴极保护,如外加电流或牺牲阳极;

④ 选用耐腐蚀钢种。

(3) 防腐蚀措施的选择,应根据建筑物的重要性、使用年限、当地腐蚀环境、结构部位、施工可能性、维护方法以及防腐材料来源等,经技术经济比较确定。

实例

广州石化 30 万吨级原油码头工程位于惠州市南海大亚湾中部岛屿—马鞭洲岛东南侧水域,本项目是国内为数不多的 30 万吨级原油码头工程之一,属于大型外海深水码头工程,工程于 2006 年竣工投产。

30 万吨级泊位长 490 m,布置有 1 个工作平台、2 个靠船墩和 6 个系缆墩,码头呈"蝶"形布置,码头工作平台、靠船墩、系缆墩、引桥墩均采用高桩墩式结构型式。在地质条件方面,码头区地质自上至下分 8 层:① 淤泥-淤泥质土;② 粉质黏土-黏土;③ 粉质黏土-黏土;④ 粉质黏土-黏土;⑤ 粗砾砂;⑥ 强风化泥质粉砂岩,平均层顶高程 −31.90 m 左右;⑦ 中风化泥质粉砂岩,平均层顶高程 −34.07 m 左右;⑧ 微风化细砂岩,层顶高程 −36.92 m 左右。

在设计荷载方面,码头区海域 50 年一遇波浪:SSE 向,波高 $H_{1\%} = 6.8$ m,平均周期 $T = 8.6$ s,波浪对墩台产生较大的浮托力和侧压力。靠船墩设两组 SUC2500H 一鼓一板标准型护舷,最大撞击能量 5 633 kJ,最大反力 6 160 kN。系缆力根据国际海洋石油协会推荐的 OPTIMOOR 软件计算,30 万吨级船泊总共考虑 16 根缆绳,其中 3 条艏缆、3 条艉缆、6 条横缆、4 条倒缆,每条缆绳单钩 1 000 kN。

通过充分的结构分析比选,各墩台均采用了透空式高桩墩式码头,桩基为钢管桩。靠船墩尺寸 20 m×16 m,墩台厚度 2.5 m,布置 20 根击 $\phi 1\ 200$ mm、壁厚 20 mm 的钢管桩,桩斜率为 3:1。系缆墩尺寸 13 m×13 m,墩台厚度 2.5 m,采用 12 根西 $\phi 1\ 200$ mm、壁厚 20 mm 的钢管桩,斜率为 3:1。以上钢管桩材质均为 Q345B。

在桩基结构处理方面,码头区域港池的设计水深较深,泥面开挖后,持力层一中风化花岗岩面上的覆盖层较薄,靠船墩和系缆墩局部桩基抗拔能力不足,需要进行嵌岩处理。为了减少工程费用,根据计算结果和桩基处的具体地质条件,将设计桩力大于地基抗拔能力的桩进行锚杆嵌岩处理,每根钢管桩采用两个锚孔,锚孔直径 200 mm。锚孔深度要求进入中风化岩层 5 m,每个锚孔采用 3 根 $\phi 40$ mm 螺纹钢筋。图 11-4 为广州石化原油码头靠船墩结构断面图。

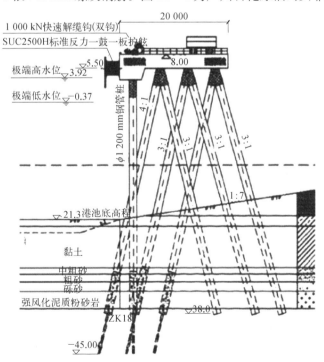

图 11-4　广州石化原油码头靠船墩结构断面图

钢管桩的工艺流程：

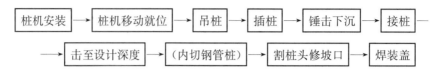

桩机安装 → 桩机移动就位 → 吊桩 → 插桩 → 锤击下沉 → 接桩 —

→ 击至设计深度 → （内切钢管桩） → 割桩头修坡口 → 焊装盖

本实例的建造过程中就充分运用了钢管桩施工中的沉桩和控制规范。

钢管中的施工中沉桩规范：锤击沉桩宜采用吊钟式替打（见图 11-5(a)）；对于小直径或陆上施打的钢管桩也可采用锅盖式替打（见图 11-5(b)）或其他型式替打；替打的导向板宜插入钢管桩内 300～500 mm。环境温度在 -10℃ 以下时，不宜进行锤击沉桩。封闭式桩尖的钢管桩沉桩时，应采取必要措施防止上浮；开口或半封闭桩尖的钢管桩在砂土中沉桩时应防止管涌。沉桩时桩顶有损坏或局部压屈，应予割除，并接长至设计高程。

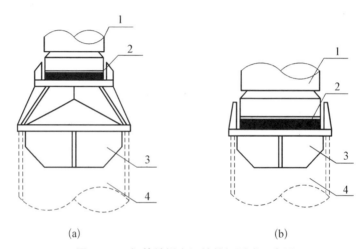

(a)　　　　　　　　　(b)

图 11-5　钢管桩锤击沉桩替打型式示意图

(a) 吊钟式替打；(b) 锅盖式替打
1-桩锤；2-锤垫；3-导向板；4-钢管桩

水上接桩应符合下列规定：

（1）沉桩船应保持平衡，上、下节应保持在同一轴线上。

（2）焊接工作平台应牢固，并应避免潮水和波浪的影响。

（3）下节桩锤击后，如有变形和破损时，接桩前应将变形和破损部分割除，用砂轮机磨平，并应满足表 11-2 的要求。

表 11-2　管节外形尺寸允许偏差

偏差名称	允 许 偏 差	说　　明
钢管外周长	±0.5%周长，且不大于 10 mm	测量外周长
管端椭圆度	±0.5%d，且不大于 5 mm	两相互垂直的直径之差
管端平整度	2 mm	
管端平面倾斜	小于 0.5%d，并不得大于 4 mm	多管节拼接时，以整桩质量要求为准
桩管壁厚度	按所用钢材的相应标准规定	

（4）对口定位点焊应对称进行。

（5）接桩前应做好充分准备，避免接桩时间过长。

（6）焊接结束应停置一段时间，待焊缝冷却后再进行沉桩。

钢管中的施工控制规范：锤击沉桩控制标准应根据地质情况、设计承载力、锤型、桩型和桩长等因素综合考虑确定。

设计桩端土层为一般黏性土时，应以高程控制；沉桩后桩顶高程允许偏差为＋100 mm。

设计桩端土层为砾石、密实砂土或风化岩时，应以贯入度控制；当沉桩贯入度已达到控制贯入度，而桩端未达到设计高程时，应继续锤击贯入 100，或锤击 30～50 击，其平均贯入度不应大于控侧贯入度，且桩端距设计高程不宜超过 1～3 m，硬土层顶面高程相差不大时取小值，超过上述规定时应由有关单位研究解决。

设计桩端土层为硬塑状的黏性土或粉细砂时，应首先以高程控制，当桩端达不到设计高程但相差不大时，可以贯入度作为停锤控制标准。桩端已达到设计高程而贯入度仍较大时，应继续锤击使其贯入度接近控制贯入度，但继续下沉的深度应考虑施工水位的影响，必要时由设计单位核算后确定是否停锤。

控制贯入度的确定应考虑不同的锤型和锤击能量。

11.1.5　预应力混凝土管桩在高桩码头中的应用

大直径预应力混凝土管桩通常是指外径大于 800 mm 的管桩，港口工程中应用预应力混凝土管桩时，需根据桩长、桩型及工程项目的具体情况，合理地发挥大直径预应力混凝土管桩的作用，使得工程项目的桩基工程质量可靠且造价合理。预应力混凝土管桩已在东南沿海地区的大中型码头建设中得到广泛应用。在目前 30 座已建成的预应力混凝土管桩码头中有 5 个 10 万吨级的特大深水泊位。

大直径预应力混凝土管桩分 a，b，c 3 种型号；a1，a2，b1，b2，c1，c 26 种规格。其中 a 型桩是每个预留孔中只设置 1 股钢绞线的单股钢绞线管桩；b 型桩是每个预留孔内设置 2 股钢绞线的双股钢绞线管桩。

预应力混凝土管桩的主筋多沿周长均匀布置，采用单股或双股钢绞线；扎筋做成螺旋式，采用直径大于 6 mm 的一级钢筋；预留孔的灌浆必须密实，灌筑材料的强度须高于 40 MPa。

实例 1

妈湾港区是深圳港西部港区 3 个大型深水港区之一，深圳妈湾港区♯5～♯7 号泊位工程规模为 3 个 5 万吨级集装箱码头（远期兼顾 10 万吨级超大型集装箱船），工程自然岸线位于深圳海星码头和妈湾电厂煤码头之间，长 1 080 m，其后方约 600 m 处紧邻小南山，工程于 2005 年 8 月全部竣工投产。

根据地质勘探资料，码头区土层分为上部覆盖层和下部残积风化层。下卧的全风化花岗岩呈硬塑或坚硬状态，平均贯入击数 37.4 击，有较高的承载力，层顶高程在 −19～−28 m，局部达 −33 m；强风化花岗岩，坚硬，为良好的桩基持力层，该土层层顶高层有一定起伏，层顶高层大致在 −28～−35 m，该土层标贯击数 N 从 50 击增长到 100 击，土层厚度一般为 4～8 m，$N \geqslant 100$ 击的岩面浅高程一般为 32～38 m。

在设计荷载方面,50 年一遇波浪:波高 $H_{1\%} = 2.40\text{ m}$,波浪较小;岸边集装箱装卸桥工作状态下最大轮压 800 kN/轮,非工作状态下最大轮压 1 000 kN/轮;流动机械为 40 ft 集装箱牵引车和半挂车作业。防撞设施选用 1 450H 两鼓一板低反力鼓型橡胶护舷,单鼓设计反力为 749 kN,吸能量为 477 kJ,码头系船柱为 1 500 kN。

根据码头区地质条件和特点,结合荷载条件和使用要求,码头结构采用了高桩梁板型式,桩基为全直桩预应力混凝土管桩。在前、后轨道梁下均采用双直桩,桩径为 1 400 mm,其余节点为单根直桩,桩径为 1 200 mm,大管桩均带长 0.5 m 的钢桩尖。桩尖持力层为强风化花岗岩,根据沉桩穿透能力,确定设计桩长,对于 $N \geqslant 50$ 击到 $N \geqslant 100$ 击的强风化岩,依据具体情况,桩尖大致在 $N \geqslant 65$ 击岩面处,桩尖高程基本在 $-34 \sim -37.00$ m。另外,考虑到岩面的起伏存在截桩的可能,预留适当长度,桩长大致在 38~41 m 之间。

上部结构为正交梁板体系,门机轨道梁和纵向联系梁为预制混凝土梁,采用预应力混凝土结构,横梁采用现浇混凝土结构,纵向梁系与横梁在桩帽节点处整体现浇;面板为预应力混凝土叠合板,为提高码头面的抗裂能力,减少面层开裂,在现浇面层及磨耗层内添加聚丙脂纤维。钢轨采用 QU120 钢轨。

预应力混凝土管桩具有较好的耐久性,该工程只考虑因锤击可能产生微小裂纹,故防腐措施为预应力混凝土管桩上两节管节计 8 m 长加赛柏斯掺剂,以确保码头的使用年限。

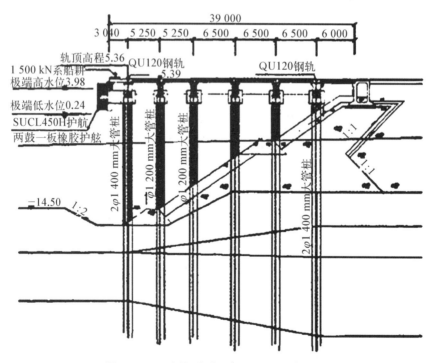

图 11-6 深圳妈湾港区 #5 泊位码头断面图

预应力混凝土管桩通过革新施工工艺、灌筑材料等方法,不断提高桩基的施工技术,为港口工程提供可靠的安全保证。大管桩的桩基布置须考虑大管桩的承载力。在选择管桩类型时,可根据设计的需求,计算管桩的竖向承载力。在确定大管桩的竖向承载力时还需考虑桩体本身的材料强度,以及地基土的支承力,最后取最小值。高应变法静载实验可以快捷地确定单桩竖向承载力的标准值,且实验成本较低。

常见的预应力混凝土管桩的单桩承载力为 8 000～10 000 kN。查阅相关资料,上海宝钢三期码头的项目在试桩阶段采用反力架系统加载,在荷载加到 10 620 kN 后停止加荷载,桩周土没有破坏,实验的 q-s 曲线没有明显的突变;深圳赤湾港同样采用反力架加载,试桩在加载到 9 003 kN 时停止实验,桩未破坏,桩顶沉降量为 12.62 mm,处于可允许范围内。

在同样条件下,预应力混凝土管桩的承载力明显强于传统的混凝土桩及钢管桩。因此在设计码头的排架时,可增大排架的间距,桩基的布置间距一般可取 10 m。在一般的预应力混凝土管桩码头排架设计中都会设置纵向的叉桩,个别的码头可使用全直桩布置。深圳赤湾港 9 号泊位采用全直桩布置建成使用已二十多年,目前适用状态良好。码头在使用全直桩布置时,工程的造价较低、施工较方便、工期可大大缩短,已成为目前码头的设计首选方案。

11.1.6 灌注桩在高桩码头中的应用

港口工程灌注桩施工平面布置、施工道路、施工栈桥、水上施工平台、泥浆系统、混凝土供应系统和水电供应系统等,应根据使用要求进行施工设计。

灌注桩水上施工平台可采用筑岛平台、桩基平台、浮式平台、移动式自升平台和导管架平台等形式。

桩位处于浅水区且地层土质较好时,可采用筑岛平台;桩位处于深水区时,可采用桩基平台;桩位处于水流速度小且流态稳定、水位升降缓慢和风浪不大的水城时,可采用浮式平台,浮式平台应设可靠的锚锭系统;桩位处于风浪和潮差较大的水域时,可采用移动式自升平台;水深、风浪较大时,可采用导管架平台。

施工平台应满足下列要求:

(1) 平面尺寸满足钻孔设备的布置、操作、移动和混凝土浇筑的要求,平台顶高程根据施工期水位、潮位、波浪和钻孔工艺等因素确定;

(2) 桩基施工平台满足施工设备、材料和人群荷载、水流力、波浪力、风压力、冰凌作用和施工船舶系、靠泊力等的要求;

(3) 桩基施工平台的位移、倾斜和沉降满足安全使用要求;

(4) 利用钢护筒作桩基施工平台支承时,护筒的变位不影响成孔位置;

(5) 设有防浪、防洪、抗台风和保障人员、设备等安全设施,并设立航行警示标志和其他必要的提示标志。

灌注桩施工前应根据现场条件和施工难易程度,针对成孔过程中可能出现的问题,测定周密的应急措施,并作好材料、设备和工艺等方面的准备。

灌注桩的混凝土质应严格控制,并采取可靠的检测手段对桩身混凝土完整性进行评价。

实例 2

湖南城陵矶粮食专用码头工程,是《改善粮食流通世行贷款长江走廊项目》之一。港址位于湖南东洞庭湖与长江(荆江)河段汇流处左岸城陵矶城区。

码头型式按工艺要求采用顺岸直立式,能同时停靠一艘 3 000 吨级江海轮及一艘 500 吨级自航驳。年吞吐量为 107 万吨。

码头平台长158 m,宽25 m,供一台M10 t-25 m低架门机、一台AHJ2524型(起重量25 t,后改为40 t)门机及一台装船机(产量2 000 t/h)作业,码头上下游端各设引桥一座与陆域相连。上游引桥宽6.5 m,长114.5 m;下游引桥宽6 m,长98.5 m。

根据地质及防汛泄洪要求,码头方案推荐采用前方平台为钢管桩(ϕ800 mm)及钻孔灌注桩高桩梁板结构,引桥为预制空心大板(单跨长16 m),由现浇钢筋混凝土排架支承,桩基采用灌注桩,其码头平台结构图如图11-7所示。

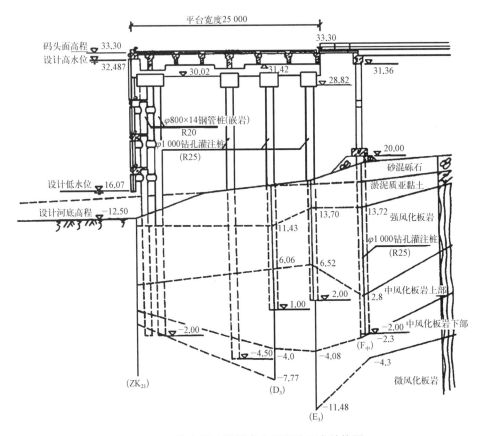

图11-7 湖南城陵矶粮食专用码头平台结构图

港区地质自上而下分为杂填土(厚0~3.1 m);淤泥质亚黏土(厚0.2~5.7 m);亚黏土(厚0~3.1 m)及粉砂质板岩(为冷家溪群变余泥质,粉砂质结构,板状构造)。

岩层为一单斜岩层,走向300°,倾向北东,倾角75°~80°,小断层破碎带有13处,陡倾角裂隙发育,倾角一般为30°~50°。岩石的风化程度受岩性及断裂控制,泥质含量较高的板岩及断层破碎带风化较深,岩层风化自强风化带内局部夹中风化岩体,中风化带内局部夹强风化岩体。

基岩岩性极不均匀,受构造及裂隙的影响,力学指标变化很大。微风化岩层顶板埋深很大,若作为持力层则工程量太大,故设计以中风化下部岩层作为桩基持力层。

在平台桩基中,根据不同地质情况以及桩力的大小,选定9根桩进行PDA高应变动测试桩,据此修正平台桩的设计长度。

码头平台共有18榀排架,90根桩,其中钻孔灌注桩54根,钢管嵌岩桩36根。根据规范规定,取 10％桩孔进行试桩,测试桩孔共 9 根,其中灌注桩 7 根,钢管桩 2 根。由于改进了工艺,提高了清孔质量,桩的总承载力(包括桩侧及桩端承载力)均得到很大的提高。

11.2　桩基础在板桩码头中的应用

11.2.1　概述

板桩码头是散打码头结构形式之一,在合适的条件下,其优点是施工速度快、工期短、造价省;与高桩承台码头相比,适应局部超载的能力比较强,耐久性好。桩基础作为板桩码头中非常重要的一环,也发展出了各类不同的形式。同时,板桩码头在施工中也有特别的施工工艺,例如沉桩技术的应用,这一点嘉新的板桩码头是一个典型的例子。在技术飞速发展的当今,板桩码头也在技术前沿有一席之地,那就是遮帘式板桩码头,所以,板桩码头是一个值得研究的方向。板桩码头施工作业如图 11-8 所示。

图 11 - 8　板桩码头施工作业

11.2.2　板桩码头桩基础施工规范

（1）钢筋混凝土板桩，可采用矩型或 T 型截面，也可采用圆管型或组合型截面。

（2）矩型截面的钢筋混凝土板桩，其厚度应由计算确定，可采用 200～500 mm。当板桩厚度较大时，宜采用空心板桩。板桩宽度可采用 500～600 mm，当施工条件允许时，宜增大板桩宽度，减少板桩和接缝的数量。

（3）矩型截面的钢筋混凝土板桩，宜采取如图 11 - 9 所示构造措施。

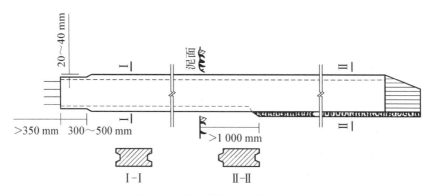

图 11 - 9　钢筋混凝土板桩构造图

① 桩顶的宽度，根据替打尺寸各边缩窄 20～40 mm，缩窄段的长度取 300～500 mm。

② 桩顶主筋外伸的长度，宜小于 350 mm，当板桩厚度较小时，也可留待沉桩后，凿除桩头混凝土露出外伸钢筋。

③ 对于施打的板桩，在其一侧自桩尖至设计泥面以下 1 m 范围内做凸榫，在此侧的其余范围和另一侧的全长范围做凹榫。当板桩墙后回填开山石或块石时，可一侧通长做凸榫，另一侧通长做凹槽。凹槽的深度不宜小于 50 mm。

④ 当板桩需打入较硬地基，沉桩较困难时，应对桩顶采取加固措施，一般采取在桩顶设置 3 层钢筋网。

⑤ 桩尖段在厚度方向应做成楔形,在凹槽一侧应削成斜角。

(4) 钢筋混凝土定位桩和转角桩的桩尖应做成对称型,桩长宜比一般桩长 2 m。转角桩应根据码头转角处的平面布置,设计成异型截面。

(5) 钢筋混凝土板桩之间设计平均缝宽宜采用 20~30 mm。

(6) 当墙后回填细颗粒土料或为钢筋混粉土异型板桩截面图土层时,钢筋混凝土板桩之间的接缝,应采取防漏土措施。对于矩型截面的板桩,可采用在凹槽内填充细石混凝土或水泥砂浆;对于其他型式截面的板桩,也可采取其他合适的措施。

(7) T 型截面钢筋混凝土板桩的翼板和挡板式板桩墙中的挡板,其底面宜低于板桩墙前设计泥面 1 m,如泥面可能遭受冲刷时,不应小于冲刷深度。

(8) 钢板桩可采用 U 型或 Z 型截面,当板桩墙弯矩较大时,也可采用圆管型、H 型或组合型截面。

(9) 钢板桩的转角桩,可用由原钢板桩沿纵向割下的带锁口的肢体焊接而成。

(10) 钢板桩应根据环境条件、使用年限和墙体的不同部位采取合适的防腐蚀措施。对于海港码头,宜适当将胸墙底面标高降低。

(11) 地下墙可采用现浇或预制的钢筋混凝土结构。现浇地下墙的截面可采用板型、T型和钻孔桩排型等(见图 11‑10)。预制地下墙的截面宜采用矩型。

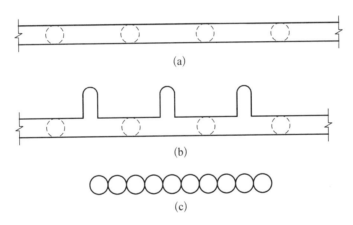

(a)

(b)

(c)

图 11‑10　现浇地下墙截面型式图

(a) 板型;(b) T 型;(c) 钻孔桩排型

(12) 地下墙的厚度或直径由强度计算确定。现浇下地墙的厚度宜采用 600~1 000 mm;预制地下墙的厚度宜采 200~500 mm;钻孔桩的直径不宜小于 550 mm。

(13) 地下墙各施工单元段之间的接头应防止漏土。现浇地下墙段之间可采用接头管连接;预制地下墙段之间可采用榫接或平接钻孔桩排式地下墙宜采用一字形排列,钻孔桩宜靠近,其缝宽不宜大于 100 mm,墙后应设置水泥搅拌土或旋喷水泥浆帷幕。

(14) 现浇地下墙的混凝土和钢筋的设计应符合以下规定:

① 混凝土的设计强度等级不低于 C20;

② 主筋保护层采用 70~100 mm;

③ 受力筋采用 Ⅱ 级钢筋,其直径不小于 16 mm;

④ 构造筋采用 Ⅰ 级钢筋,板型地下墙不小于 12 mm;钻孔桩排型不小于 8 mm;

⑤ 钢筋笼的长度应根据单元段的长度、墙段的接头型式和起重设备能力等因素确定,其端部与接头管和相邻段混凝土接头面之间应留 150～200 mm 的间隙;钢筋笼的下部在宽度方向宜适当缩窄;钢筋笼与墙底之间应留 100～200 mm 的空隙;钢筋笼的主筋应伸出墙顶并留有足够的锚固长度。

⑥ 钢筋笼的钢筋配置,除考虑强度需要外,尚应考虑吊装的要求。

11.2.3　板桩码头桩的应用类型

板桩中各项分类如表 11-3 所示。

表 11-3　板桩中各项分类

桩结构类型	无锚板桩、单锚板桩、双锚板桩、长短板桩组合或主辅板桩组合、斜拉板桩、卸荷式板桩、遮帘式板桩
前墙所用材料分类	钢筋砼板桩、预应力钢筋砼板桩、木板桩、钢板桩、地下连续墙
桩断面类型	U 型、Z 型、H 型、平板型、圆型、组合型

板桩结构按锚碇特点分为无锚板桩、有锚板桩。有锚板桩又可分为单锚、双锚和多锚结构,此外还有斜拉板桩,一般采用钢桩,也可采用钢绞线,小型码头也有采用钢筋混凝土桩的。而卸荷式和遮帘式划分原则是视作用于码头的水平力由谁来承担划分的,由锚碇结构承担水平力的应属卸荷式,由桩基承台的排架结构承担水平力的属于遮帘式。

板桩码头构成的另一个重要结构是板桩墙,一般由断面和长度相同的板桩组成,也可采用长短板桩组合、主辅板桩组合和主桩挡板组合等形式,也可采用地下连续墙结构。板桩墙上部设导梁、帽梁或胸墙,也属于前墙的组成部分,下面是关于各类桩的一些概述。

(1) 木板桩。需要耗用大量木材而且强度低,耐久性差,所以很少采用。

(2) 钢板桩。价格昂贵,抗弯强度较高,沉桩比较容易,适用于水深比较大的情况,但在临海环境中容易腐蚀,必须做好防腐。

(3) 钢筋砼板桩和预应力钢筋砼板桩。耐久性比较好,造价较低,但由于起重能力的限制,断面尺寸不能太大,抗弯强度比较低,适用于中、小型码头。

图 11-11～图 11-15 为一些板桩码头的设计实例。

11.2.4　一般板桩码头施工工艺

1) 施工工艺流程

板桩码头施工工艺流程如图 11-16 所示。

在施工时,要按照《板桩码头设计与施工规范》(JTJ292—98)规范,当板桩墙后回填细颗粒土料或为原土层时,钢筋混凝土板桩之间的接缝,应采取防漏土措施。钢板桩应根据环境条件、使用年限和墙体的不同部位采取合适的防腐蚀措施。地下墙各施工单元段之间的接头应防止漏土。现浇地下墙的混凝土和钢筋的设计应符合以下规定:主筋保护层采用 70～100 mm。钢拉杆应采用焊接质量有保证和延伸率不小于 18% 的钢材。钢拉杆及其附件,

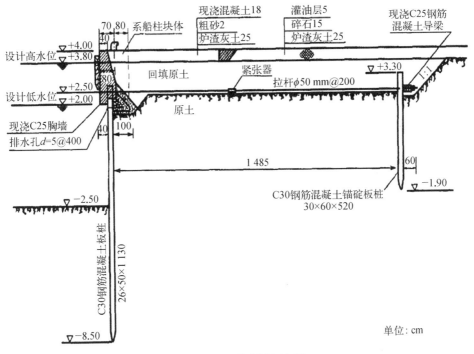

图 11-11　普 通 板 桩 墙

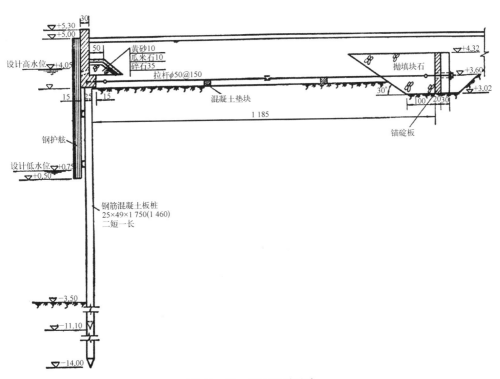

图 11-12　长短板桩结合

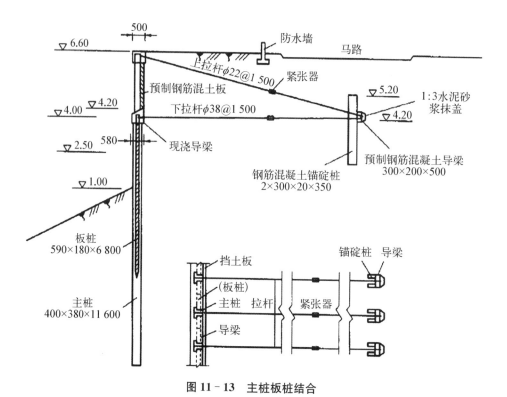

图 11‑13 主桩板桩结合

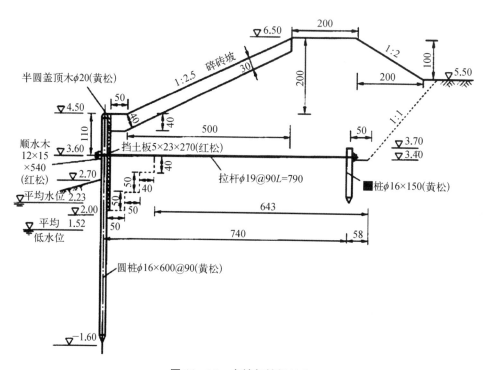

图 11‑14 主桩与挡板结合

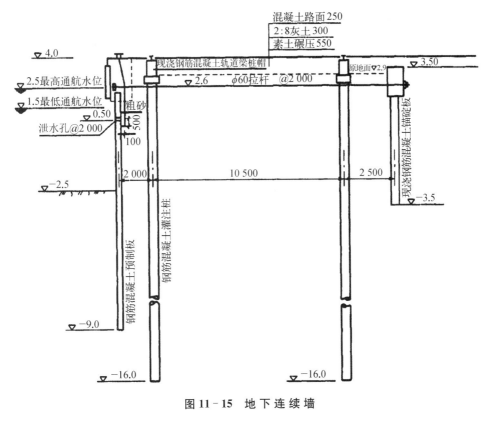

图 11‐15　地下连续墙

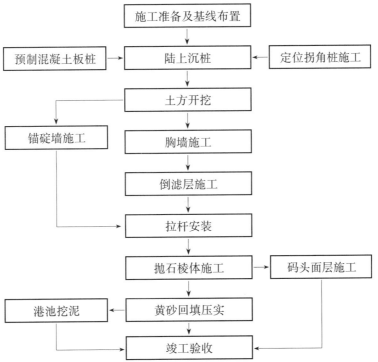

图 11‐16　板桩码头施工工艺

应除锈防腐。钢导梁及其附件应采取防锈蚀措施。帽梁和导梁或胸墙的变形缝间距,应根据当地气温变化情况,板桩墙的结构型式和地基情况等因素确定。在结构形式和水深变化处、地基土质差别较大处及新旧结构的衔接处,必须设置变形缝。板桩墙后的陆上回填,不得采用具有腐蚀性的矿渣和炉渣。

2) 板桩预制及沉桩

工程中用板桩为矩形断面的板桩,并且为了让板桩整齐一致地打入地基并和各板桩之间紧密结合,在板桩两侧要配备阴阳榫,如图 11-17 所示。

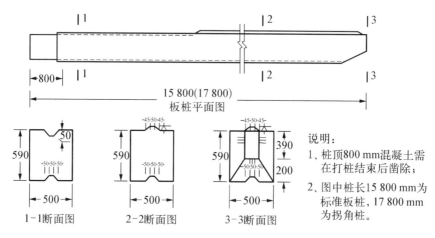

图 11-17　板桩结构示意图

板桩的沉桩质量好坏直接影响到整个板桩码头的施工质量,因为板桩码头是靠板桩的下部分凹凸榫咬合在一起来形成连续墙并起到挡土作用的。所以沉桩之前一定要进行一些工作,安排好顺序。为了能更好地调整板桩墙的轴线位置、减少桩的平面扭曲和提高打桩效率,必须要加工好足够强度及刚度的导向架,如图 11-18。

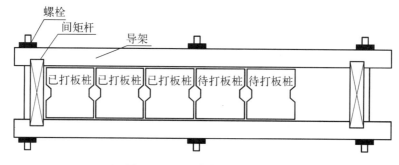

图 11-18　导向架结构示意图

因为板桩码头的板桩墙是连续的,每根桩的正位程度对后续桩的正常施打有很大的影响。因此在施工过程中,为提高沉桩质量,应精心施打开始的几根桩。很多工程的板桩沉设是从起始定位拐角桩开始,虽然在沉桩过程中也采用了导向架等措施,但在打桩过程中,有些板桩或多或少会沿板桩墙轴线方向向前倾斜,倾斜较小时(一般在 5 cm 左右),一般采用修凿桩尖斜度的方法逐渐调整和边打边用卷扬机反向施加拉力的方法来进行纠正。对个别桩由于种种原因造成倾斜较大时,采用的方法是打入楔形板桩,楔形板桩沿前一根已倾斜的板桩的斜线打下去,予以补救。可以根据以往打板桩施工经验,事先预制好一些斜度不同的钢筋砼楔形板备用。

11.2.5　水、土压力与板桩墙计算

对于板桩码头来说,在计算方面也有别于其他码头的计算,其中水、土压力以及板桩墙的计算尤为突出。

1) 剩余水压力

剩余水压力是永久作用,它的大小与潮位变化、板桩墙本身的排水性能、回填土和地基土的渗透性能等因素有关。一般是根据附近建筑物后的地下水位调查、观测确定,也可根据经验确定。经反复研究,在总结了以往工程经验的基础上,规范规定对海港钢筋砼板桩码头,当板桩墙设置排水孔并且墙后回填粗于细砂颗粒的材料时,不考虑剩余水压力对海港钢板桩码头,地下墙式板桩码头及墙后回填细颗粒材料(包括细砂和比细砂颗粒更细的材料)的钢筋砼板桩码头,剩余水头按 $1/3 \sim 1/2$ 平均潮差考虑。对设计高水位计算情况不考虑剩余水头。剩余水压力的分布按剩余水位~计算低水位之间为三角形,计算低水位以下按矩形考虑。

2) 土压力

板桩墙土压力的计算,涉及黏性土与建筑物的互相作用问题,计算中既要考虑 c、ϕ,同时还要考虑墙背外摩擦角 δ 的影响。以往各种公式计算土压力都有一定的局限性,这次编制组经大量计算分析,推导出较为满意的土压力计算公式,它既能用于计算砂性土同时也可用于黏性土,方便适用,也有较高的精度。

按照《板桩码头设计与施工规范》(JTJ292—98)规范板桩码头承载能力极限状态设计时,所取水位应按下列规定采用。

① 持久组合。计算水位应分别采用设计高水位、设计低水位和极端低水位。

② 短暂组合。计算水位应相应采用设计高水位、设计低水位或施工水位。

③ 偶然组合。计算水位应按现行行业标准《水运工程抗震设计规范》(JTJ225)中规定采用。

(1) 当地面为水平,墙背为垂直时,永久作用主动土压力水平强度标准计算公式:

$$e_{ar} = \left(\sum \gamma_i h_i \right) K_a \left(\cos \delta - 2c \, \frac{\cos \phi \cos \delta}{1 + \sin(\phi + \delta)} \right)$$

可变作用主动土压力水平强度标准值计算公式:

$$e_{aqr} = q K_a \cos \delta$$

$$K_a = \frac{\cos^2 \phi}{\cos \delta \left(1 + \dfrac{\sin(\phi + \delta) \sin \phi}{\cos \delta} \right)^2}$$

(2) 当计算水底面为水平,墙面为垂直时,被动土压力水平强度标准值计算公式为:

$$e_{pr} = \left(\sum \gamma_i h_i \right) K_p \left(\cos \delta + 2c \frac{\cos \phi \cos \delta}{1 - \sin(\phi + \delta)} \right)$$

$$K_p = \frac{\cos^2 \phi}{\cos \delta \left(1 - \frac{\sin(\phi + \delta) \sin \phi}{\cos \delta} \right)^2}$$

式中：e_{ar} ——土体本身产生的主动土压力水平强度标准值，当 $e_{ar} < 0$ 时，取 $e_{ar} = 0$；

γ_i ——计算面以上各层土的重度；

h_i ——计算面以上各土层的厚度；

K_a ——计算土层土的主动土压力系数；

δ ——计算土层土与墙面间的摩擦角；

c ——计算土层土的黏聚力；

ϕ ——计算土层土的摩擦角；

e_{aqr} ——由码头地面均布荷载作用产生的主动土压力水平强度标准值；

q ——地面上的均布荷载标准值；

e_{pr} ——被动土压力水平强度标准值；

K_p ——计算土层土的被动土压力系数。

（3）ϕ、c、δ 的取值：

计算中对黏性土的指标 ϕ、c，应根据工程地质钻探资料确定。一般采用固结快剪指标计算土压力，当墙后地基土达不到较高固结程度时，可适当考虑未固结因素的影响，如对固结快剪指标打折扣等，使计算结果比较合理。土与墙面的摩擦角 δ，规范规定：计算板桩墙后主动土压力时，$\delta = \left(\frac{1}{3} \sim \frac{1}{2} \right) \phi$；计算板桩墙前被动土压力时，$\delta = \left(\frac{2}{3} \sim \frac{3}{4} \right) \phi$。当计算的 δ 值大于 $20°$，取 $20°$，一般对黏性土取大值砂性土取小值。计算板桩墙后被动土压力时，δ 取 $-\frac{2}{3} \phi$，当计算的 ϕ 值小于 $-20°$ 时，取 $-20°$。

3）板桩墙计算

板桩墙计算需要确定板桩墙的入土深度、板桩墙的内力（弯矩、拉杆力）。计算时，需先确定其工作状态，即可采用板桩底端弹性嵌固、自由支承或介于两者之间的 3 种工作状态。不同的工作状态，可采用相应的方法计算。

按照《板桩码头设计与施工规范》（JTJ292—98）规范，板桩墙应计算以下内容：板桩墙的入土深度、板桩墙弯矩、拉杆拉力。

（1）板桩墙的入土深度。可通过两种方法求得：

① 弹性线法；

② 满足"踢脚"稳定，其表达式为：

$$\gamma_0 \left[\sum \gamma_G M_G + \gamma_Q M_{Q1} + \psi \left(\gamma_{Q2} M_{Q2} + \gamma_{Q3} M_{Q3} + \cdots \right) \right] \leqslant \frac{M_R}{\gamma_d} \qquad (11-1)$$

式中：γ_0 ——结构重要性系数，取 1.0；

γ_G ——永久作用分项系数；

M_G——永久作用标准值产生的效应,包括板桩墙后土体本身产生的主动土压力标准值和剩余水压力标准值对拉杆锚锭点的"踢脚"力矩;

γ_{Q1},γ_{Q2},…——可变作用分项系数;

M_{Q1}——主导可变作用效应,通常是码头地面可变作用产生的主动土压力标准值或墙前波吸力标准值对拉杆锚锭点的"踢脚"力矩;

ψ——组合系数,取 0.7;

M_{Q2},M_{Q3}…——非主导可变作用标准值产生的作用效应;

M_R——板桩墙前被动土压力标准值对拉杆锚锭点的稳定力矩;

γ_d——结构系数,根据地基土质情况分别取 1.0 和 1.15,当地基土质差时宜取小值。

式(11-1)考虑了永久作用标准值产生的弯矩,主导可变作用标准值产生的力矩和非主导可变作用标准值产生的力矩与板桩墙前被动土压力标准值,对拉杆锚锭点的稳定力矩,经校准计算,并与各规范协调后,取用相应的作用分项系数 γ_G、γ_Q 和结构系数 γ。

需特别说明的是起调整作用的结构系数 γ_d 计算结果表明,当地基土质差时,γ_d 取 1.0,当地基土质好时 γ_d 取 1.15。

(2)板桩墙弯矩、拉杆拉力标准值。可根据不同工作状态采用弹性线法、竖向弹性地基梁法或自由支承法计算。

11.2.6　板桩码头的应用实例

1)嘉新板桩码头

嘉新板桩码头就是利用钢筋砼桩的板桩码头的一个典型例子。由于钢筋砼板桩两侧采用阴阳榫构造,施工时易产生脱榫现象。如何使相邻板桩相互咬合形成一连续板桩墙,是板桩码头施工的关键所在。这里结合京阳水泥厂板桩码头桩基施工经验,详细地围绕桩基础来阐述钢筋砼板桩码头从预制到沉桩施工关键技术。

(1)工程概况:

嘉新京阳水泥厂码头位于长江下游南岸镇江市境内。本码头基础采用钢筋砼板桩,共计 453 根;设备基础采用 50 cm×50 cm×2 000 cm 非预应力方桩,共计 40 根,砼强度等级为 C40。砼桩采用现场预制。

(2)陆上沉桩关键技术:

① 沉桩设备选择:

根据现场施工条件和地质资料以及桩节长度,沉桩选用多功能 DN508—105MM70D(Ⅱ)陆上打桩机,桩锤为 D62 型柴油锤,重锤轻打,桩锤机械性能如表 11-4 所示。

表 11-4　D62 桩锤性能

锤　型	总质量/t	活塞质量/t	总长/m	冲击频率/(次 min^{-1})	活塞行程/m	每锤打击能量/(kN·m)
D62	21.10	7.20	5.95	38~60	2.3	195

② 沉桩工艺:

陆上沉桩施工在预制桩强度达到 100% 设计强度以后进行。沉桩施工之前须先清除芦

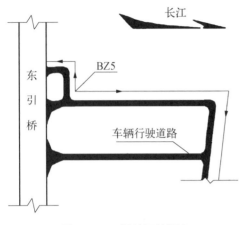

图 11-19　板桩沉桩顺序

苇杂草,平整施工场地,铺设好机械行走道路。

钢筋砼板桩沉放应注意以下几点:

a. 钢筋砼板桩沉桩采用"单独打"的方式进行施工,如图 11-19 所示。根据板桩分布情况,从上游端角桩 BZ5 开始,分组逐块依次延续插打至泥面上 30~50 cm 送桩。至拐角处 5~6 根桩宽度时将该区间的板桩先行插入使角桩能够紧密合拢,再将板桩分组逐块打至泥面上 30~50 cm。板桩由平板车运送至沉桩现场,由打桩机吊、插桩,插入桩后套上桩锤轻轻锤击数下。待检查、纠正偏位后锤击完成。

b. 板桩沉桩施工前,须根据桩位布置情况先将导梁安装好,图 11-20。导桩导梁施工质量将直接影响到板桩的质量。要求导桩有足够的稳定性、导梁有足够的刚度和精度。

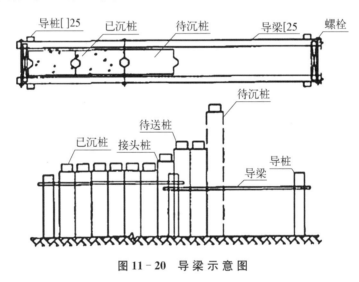

图 11-20　导梁示意图

c. 沉桩工艺:吊、立桩入龙口→调整龙口垂直度→定位→桩自沉→测桩偏位情况→压锤→锤击下沉→停锤移位→分组送桩。

d. 由于设计桩顶高程低于工作面高程,因此必须采取送桩施工,送桩器采用 ϕ500 mm 的无缝钢管加焊喇叭口,长度根据工作面高程与设计桩顶的高程差再加 1 m 制作。送桩按分组(根据导梁长度每组 6~8 根)集中进行,逐根复打至设计高程,送桩时两组间的接头桩应略高于设计高程,防止出现被"带下"的情况,在下组送桩时复打至设计高程。

2) 京唐港散货泊位

京唐港散货泊位属于遮帘式板桩码头,是一个比较新的概念,自 2002 年中交第一航务工程勘察设计院提出的遮帘式板桩结构码头技术后,第一个深水遮帘式地连墙板桩结构码头在京唐港通用散货泊位建成,目前已经使用一段时间了,由于遮帘式板桩码头造价省、工期短,因此受到广泛关注。

(1)工程概况:

京唐港泊位为 10 万吨级通用散货泊位,码头面顶高程为 4.2 m,码头前沿设计水深为
—16.0 m,结构型式采用全遮帘桩板桩方案,前板桩墙和锚碇墙均为地下连续墙,遮帘桩为
长方形的现浇钢筋混凝土桩。码头断面如图 11－21 所示。

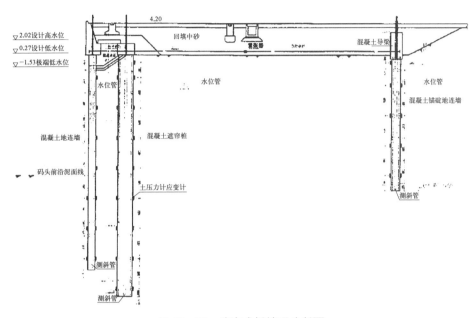

图 11‑21　遮帘式板桩码头断面

(2)桩基础以及施工:

① 码头基础。设计为直立式板桩结构,板桩采用现浇沪宁图地下连续墙结构。♯12 泊
位前墙长 226 m,♯13 泊位前墙长 205 m,前墙共计 109 段,顶高程均为—0.45 m,底高程均
为—21.5 m。♯12、♯13 泊位后锚碇墙均为独立墙体,共计 86 段,标准段长 4.2 m,墙顶高
程为 0.55 m,底高程均为—15.6 m。前墙和后锚碇墙壁厚均为 105 m。

② 导墙施工。工程非常重要的一环,在槽段开挖前,需要沿着地下连续墙设计的纵轴
线位置开挖导沟,在导沟两侧浇筑钢筋混凝土导墙,在成槽过程中起导向和临时储浆排浆之
用,并承受各种机具设备重量,保持土体稳定。根据京唐港松软土质的具体特点,导墙施工
前先进行换土,以黏土置换原土(宽 6 m、深 1.5 m),黏土需要分层回填、碾压、夯实。导墙为
现浇少筋混凝土结构,分段长 20 m,厚度 200～300 mm,两端净距比钻机宽 100 mm,为防止
导墙位移,在导墙内侧以 2 m 艰巨设置木撑支顶。

③ 槽段划分。♯12、♯13 泊位前墙分 109 个单元槽段,共分为 4 个作业区段,标准段成
槽尺寸为 4 m,3 种成槽尺寸,第一种为两侧吊放接头管,应用于某一区段的起始段;第二种
为一侧吊放接头管,沿一定方向延续,为延续段;第三种不放接头管,是某一区段的结束段
(此时,本段两侧的地连墙已经施工完毕),成槽工艺见图 11‑22。

地下连续墙施工采用 KQ950L 型地连墙钻孔机(多头钻)成槽,膨润土泥浆护壁,泵举反
循环出渣的施工工艺。

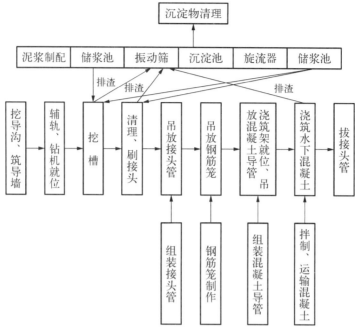

图 11‑22 成 槽 工 艺

3）汉堡港

在日常生活中,运用比较多的还有卸荷式板桩码头,它结合了斜拉板桩和桩基承台的结构特点,是二者组合的混合式结构。汉堡港内的多数集装箱码头扩建就是以这个形式进行的,下面以其为例来介绍这类码头。

（1）工程概况：

汉堡港位于易北河入海口处属河口港。汉堡港作为枢纽港有着 800 多年与世界各国的贸易历史,港口占地面积约 7 400 hm² 占整个汉堡市的十分之一,是德国最大的海港,欧洲第二、世界第九的集装箱港。2004 年汉堡港集装箱吞吐量增长约 14%,达到 700.4 万 TEU。

作为港口扩建的一部分,近期共有 4 个深水集装箱泊位投入建设,总长度约 1 400 m。其中一期工程长 955 m,包括两个集装箱泊位和一个工作船泊位,码头面高程为 7.5 m 前沿水深—16.7 m。

（2）码头施工要点：

① 基槽挖泥及换填砂。采用链斗式挖泥船挖除地基表面的软弱土层及冰川纪沉积块石,并换填砂；

② 靠船桩及组合型前板桩施工。采用平台船吊打钢管桩、HZ 型和 AZ 型钢板桩,板桩的施工是先锤击入土 8～10 m,剩余的部分采用液压压入；

③ 斜拉桩施工。当前板桩墙施工到一定流水长度后,采用平台船吊打,斜拉桩均采用锤击打入；

④ 墙后回填。斜拉桩沉桩完成后,采用铰接方法将它和前板桩连接,形成连续挡土墙后,采用水力法在墙后回填砂；

⑤ 承台下桩基施工。当墙后回填达到一定高程后,采用陆上打桩机施工承台预应力钢

筋混凝土桩和后轨道梁钻孔灌注桩;

⑥ 上部 AZ 型钢板桩切割,砂土削坡;

⑦ 码头承台施工。现场浇注码头胸墙、承台及轨道梁结构;

⑧ 上部回填。

码头施工现场图如图 11‒23 所示。

图 11‒23　码头施工现场图

(3) 工程中桩的运用:

码头前板桩采用卢森堡阿赛洛公司的 HZ‒AZ 新型组合钢板桩,该组合钢板桩具有较高的承载能力,在该组合系统中,HZ 板桩为主体结构,AZ 板桩为挡土结构,二者用特制的热轧 RZ 型锁扣连接,钢板桩组合断面的弹性抵抗矩为 10 330 cm^3/m,最大单元宽度为 2 270 mm,桩尖均进入下部沙层,组合系统中,两个 HZ975A‒24 型钢板桩最长达 33.2 m,作为主桩,钢材材质采用高强度的 S390GP 级,承受来自土压力、水压力的双向水平力以及上部结构的竖向荷载;两个 AZ‒18 板桩长 27.45 m,钢材材质采用 S240GP 级,插入主板桩中,只起到挡土和连接作用,比 HZ 板桩入土要短一些,另外,AZ 型板桩上部从‒1.5 m 以上切除,后方砂土坍落形成 1∶4 的自然稳定边坡,与码头承台构成消浪室,以改善泊稳条件。

码头前板桩与后面的桩基承台通过现浇混凝土承台面板连成整体,承台结构的支撑桩为 G510 mm 的预应力钢筋混凝土桩,桩尖进入砂层,承台后方端部设 PUI2 型钢板桩挡墙,底高程为‒7.0 m,斜拉桩采用 HTM600/136 型钢桩,斜度为 1∶1.3,间距 2.95 m,其上端与前板桩、承台面板连接,下端打入砂土中,最大长度 45 m。

码头前方采用直径 1 219 mm、壁厚 16 mm 的钢管桩作为靠船桩,间距 4.92 m,靠船桩上部通过混凝土胸墙与前板桩及承台相连,整体承受船舶荷载,靠船桩与前板桩间形成一个消力舱,以减小由船舶螺旋桨引起的水流对板桩的冲击。

11.3　桩基础在海洋平台中的应用

11.3.1　概述

近几年来,由于石油、天然气被视为 21 世纪重要的清洁能源,用于钻井、采油的海洋平台越来越受到人们的重视。作为新型设备,海洋平台是一种为在海上进行钻井、采油、集运、观测、导航、施工等活动提供生产和生活设施的构筑物。

海洋平台的建造历史可以追溯到 1887 年在美国加利福尼亚所建造的第一座用钻探海底石油的木质平台。1947 年,第一座钢质导管架平台在墨西哥湾 6 m 水深的海域建成之后,海洋平台得到了迅速发展。然而,随着人类的要求越来越高,作业水深逐步增加,海洋平台的结构、形式也相应发生了改变。

随着油气的开发使用,人们对其资源的需求日益膨胀,石油的开采也从陆地走向近海,由近海走向深海。从而也在结构性、功能性、经济性、安全性等方面提高了对海洋平台的要求。目前,自升式平台、重力式平台和导管架平台在浅海中应用较广,而在深海地区,浮力式平台逐渐取代固定式平台,例如张力腿平台、立柱式平台等(见图 11 - 24)。

与陆地上的桩基础不同,海洋平台的桩基础在水平方向上受到了更大的荷载,这也导致桩基础在海洋平台上的特殊性。因此在设计施工方面也有了独特的方法。

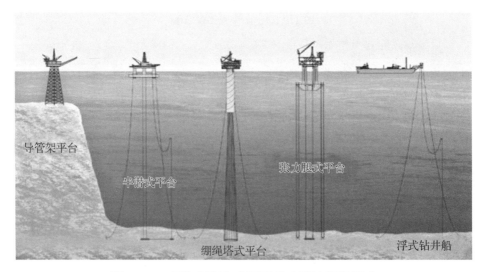

图 11 - 24　因海底地形、水深不同而采用不同的型式

11.3.2　海洋平台的分类和介绍

根据分类的标准不同,海洋平台可分为几大类。按其结构特性与工作状态可分为固定型、半固定型和活动型 3 种。由于固定型平台下部由桩、扩大基脚或者其他构造直接支承固着于海底,所以又可按支承情况细分。活动式平台和半固定式平台也是如此。表 11 - 5 为海洋平台根据不同依据的分类情况。

表 11‑5　海洋平台的分类

分 类 依 据	分类形式	支承情况	类　　　　型
结构特性与工作状态	固定型	桩基	导管架型(群桩式、桩基式、腿柱式)、塔架型
		重力	钢筋混凝土型重力式、钢重力式、钢‑钢筋混凝土重力式
	半固定型	/	张力腿式、拉索塔式
	活动型	着底	坐底式、自升式
		浮动	钻井船、半潜式
水深	浅海	/	自升式、重力式、导管架式
	深海	/	张力腿式

桩基础作为在海洋工程中重要的组成部分,应用相当广泛。其中,导管架式(桩基式)平台和自升式平台目前运用最广。

1) 导管架平台

导管架桩基平台(如图 11‑25 所示)是桩基础运用的典型代表。根据导管架式钻井平台所采用的建筑材料不同,可分为：木桩、钢筋混凝土桩、钢桩和铝质桩几种。钢桩穿过导管打入海底,并由若干根导管组合成导管架。导管架先在陆地预制好后,拖运到海上安装就位,然后顺着导管打桩,桩是打一节接一节的,最后在桩与导管之间的环形空隙里灌入水泥浆,使桩与导管连成一体固定于海底。平台设于导管架的顶部,高于作业区的波高,具体高度须视当地的海况而定,一般大约高出 4~5 m,这样可避免波浪的冲击。

图 11‑25　导管架平台

导管架作为基本同时也是重要的组成部分之一,传递着荷载,是海洋石油平台的固定基础。导管架按数量划分,分为:单腿导管架、双腿导管架、三腿导管架、四腿导管架和八腿导管架;按水深分为浅水导管架(<60 m)、浅深水导管架(60 m$<x<100$ m)和深水导管架(>100 m);按重量分为小型导管架($<1\,000$ t)、轻型导管架($1\,000$ t$<x<5\,000$ t)、中型导管架($5\,000$ t$<x<10\,000$ t)和重型导管架($>10\,000$ t);而按基本功能来分,可分为进口平台导管架(WHP),工艺性平台导管架(CEP),生活平台导管架(LQ)。

在我国陆丰13-1油田运用的导管架平台就采用的是四腿单斜式桩腿,其中两根平行的桩腿作为下水析架,打垂直的12根裙桩,不打主桩。

2) 自升式平台

自升式钻井平台由平台、桩腿和升降机构等组成,平台能沿桩腿升降,一般无自航能力。工作时桩腿下放插入海底,平台被抬起到离开海面的安全工作高度,并对桩腿进行预压,以保证平台遇到风暴时桩腿不致下陷。完井后平台降到海面,拔出桩腿并全部提起,整个平台浮于海面,由拖轮拖到新的井位。

桩腿及桩靴是自升式平台的关键组成部分。当自升式钻井平台实施作业的时候,需通过升降机构将平台举升到海面以上的安全高度,在进行完桩腿的插桩后,由桩靴来支撑整个平台。典型的自升式钻井平台有 3 个独立桩腿,每个桩腿根部设计有桩靴。

自升式平台依据其桩腿和桩靴的形式可分为两种:一是由桩靴支撑的,独立桁架式桩腿的自升式平台;二是席地支撑的自升式平台,该席地将所有的桩腿连接在一起。

典型自开式平台如图 11-26 所示。

11.3.3 海洋平台桩基计算与施工

作为海洋平台工程中应用最广的基础形式,海洋工程中桩基础的桩一般较长,有时长达几百米;其次,海洋工程中的桩基往往要承受很大的水平载荷,因此海工的桩基设计往往比陆地上的桩基设计更为复杂。

1) 海洋工程中桩基承载力的计算

除了桩基横向承载力和竖向承载力的计算要符合海洋工程的规范,尤为注意的是在海洋工程中,桩基可由单桩构成,但大多数情况下都是有多根桩组成的群桩。群桩尤其是摩擦型群桩,其承载机制有别于单桩,当桩的间距密到某种程度时,群桩承载力将不等于各单桩承载力之和,其群桩效率可能小于1,也可能大于1,群桩沉降也明显地超过单桩。

对于桩的轴向承载力,在黏土中其群桩效应一般小于1,这可能主要是因为在成桩过程中由于土体的扰动,破坏了黏土的结构性,从而引起土体强度的降低,使得群桩的承载力也有所降低。相反,在砂土中的群桩效应一般大于1,这可能是由于在成桩过程中砂土被振动挤密使得强度增加所造成的。对于桩的横向承载性能,无论是埋于黏土或非黏性土之中,正常情况下群桩的变形要大于单桩承受群桩平均荷载时的变形。

群桩效应由于受荷载大小、方向、土质、桩间距、打桩顺序、桩的倾斜度、桩的布置等等许多因素的支配,所以非常复杂,虽然目前有针对不同情况的多种计算方法,但都属于近似计算,群桩效应机理及计算方法并未完全搞清。因此在计算时应采用多个分析方法,选用土特性的上限及下限值分别进行多次分析,并根据海洋工程桩基的特殊性,采取适当的计算方法。

(a)

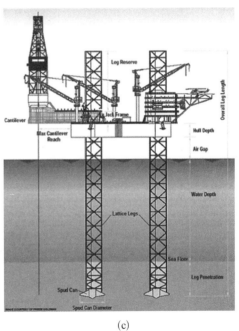

(b) (c)

图 11-26 典型自升式平台

2）海洋工程中的桩基施工

海洋工程中的桩一般由打桩船进行施工，打桩船的型号是根据预定施工区域、施工季节的海况、气象条件、现场作业条件、地基的土质条件、使用钢桩的规格、重量、桩锤的能力等因素选定。其中桩锤的选择是非常重要的。打入钢管桩，无论任何情况，都应使桩锤的效能超过桩的打入阻力。桩的打入阻力包括桩尖阻力、桩侧摩擦力、桩的弹性变形产生的能量损失。一般要结合各类桩锤的特性以及钢管桩的形状、尺寸、重量、埋入深度、结构形式，同时还要参考土质及海况、气象条件进行选择。如果桩锤选择不合理,与桩不相匹配,若是"轻锤重打"则容易形成桩帽部的压曲;若是"重锤轻打"则影响打桩工效。

为保证钢管桩的施工质量,在施工时要注意以下几个方面:

(1) 打桩顺序的确定:

由于桩的打入,会使土受到挤密,造成打入困难。对于软弱土,桩的打入还会造成孔隙水压力的急剧升高而使土向侧面流动或向上涌出。为避免这些现象的产生,使施工可以顺利进行,在施工前要根据地质条件、现场条件、桩基的分布形式等因素确定合理的打桩顺序。

(2) 桩的就位:

为保证桩按设计要求的位置、垂直度或倾角打入,在桩上应画出中线和尺寸线,以便于对中和掌握打入深度。海上作业时应依靠导框、从两个方向用经纬仪来确定打桩位置。由于桩的打入精度在相当大的程度上取决于桩的就位与角度控制,因此要将桩的中心安装准确,当桩埋入不深发现中心偏移时,应及时修正。

(3) 打桩:

桩打入初期要先做试打,在确认桩的中心位置及角度后,再转入正式打入。打桩时,在将桩锤放在桩帽上后,桩会在锤重的作用下被压入土中,桩锤处于空打的状态,此时桩锤轻放是很重要的。

此外在打桩时还应注意,打入大直径桩时,由于冲击可能产生局部压曲,应采取相应措施。桩的打入过程中应尽量避免长时间的中断。同时由于邻近桩的打入可能会造成已打入桩的浮起或下沉,因此对已打入的桩要及时进行桩头标高的测定,以判断再打入和修正的必要性。

(4) 停打标准:

控制停打,主要从 3 个方面判断,即桩的打入深度;最后 10 击平均贯入度;总锤击数与最后 1 m 的击数。由于现场条件差异很大,不可能作出固定的统一停打标准,必须根据实际情况因地制宜地确定可行的标准。

11.3.4 桩基础在海洋平台上应用实例

1) 导管架平台

导管架式(桩基式)海洋平台作为重要的海洋石油开采设施,在国内应用广泛。目前,渤海海域(水深<40 m)是我国海洋石油开发集中地之一,主要的桩基式海洋平台中均为浅水导管架式平台。

如图 11-27 所示,浅水导管架结构的特点为,导管架是由导管和拉筋管组成的空间桁架结构。浅水导管架一般有 3 层或 4 层由拉筋管组成的水平层。最下面一层是防沉板层,标高在泥面位置,此层没有井口导向管。导管架立面片由导管和拉筋十字花片组成,导管在拉筋与导管链接的节点部位由于受力较大设有加厚层,加厚层一般再用 Z 向性能的钢板,以提高此节点抗冲剪的性能。

在 PL19-3 二期 RUP 导管架(见图 11-28)工程中,PL19-3 二期 RUP 导管架有 8 根导管(4 根单倾,4 根般倾),3 层水平片。导管架垂直高度为 392 m,底部尺寸为 69.6 m×29.6 m,顶部尺寸为 60.3 m×20.3 m,导管直径分别为 1 778,1 930.4,1 854.2,1 803.4,1 879.6 和 1 905 mm 5 种。导舒架设计吊重 2 950 t。

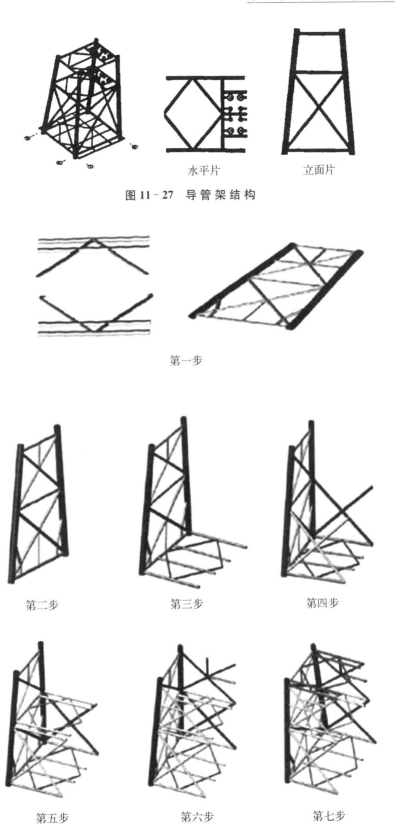

水平片　　　　　立面片

图 11-27　导 管 架 结 构

第一步

第二步　　　　　第三步　　　　　第四步

第五步　　　　　第六步　　　　　第七步

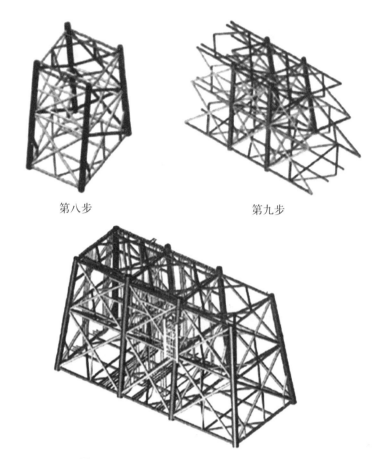

第八步   第九步

图 11 - 28   PL19 - 3 二期 RUP 导管架

以下即为导管架的安装过程：

第一步：预制水平片和立片；

第二步：ROw - 2 片立片；

第三步：安装 ROW - 2 和 ROW - 3 片间的 EL（－）27600 的"K"形片；

第四步：安装十字拉筋；

第五步：安装 ROW - 2 和 ROW - 3 片间的 EL（－）8000"K"形片；

第六步：安装十字拉筋；

第七步：安装 ROW - 2 和 ROW - 3 片间的 EL（＋）8500"K"形片；

第八步：合拢 ROW - 3 片；

第九步：安装 ROW - 1 和 ROW - 2、ROW - 3 和 ROW - 4 间的水平片；

第十步：合拢 ROW - 1 和 ROW - 4 片，安装附件，整体完工。

导管架的作用就是打桩时为桩准确打入海底提供导向作用，打桩后为桩提供侧向支承。通过导管的导向作用把桩打入海底一定深度，再在桩与导管之间的间隙灌注水泥浆，使导管架与桩作为整体牢牢地固定在海底。因此打桩后，导管架与桩作为整体一同承担风浪流等产生的侧向水平力，并且导管架通过水平拉筋和斜拉筋与导管的相互作用为整个结构提供侧向支承。

2）坐底式平台实例

中油海 3 号为坐底式钢质非自航石油钻井平台（如图 11‑29 所示），平台结构由沉垫、上平台和中间支柱 3 部分组成。平台尾部设有 7.2 m 长的固定式悬臂梁和 12 m 宽的井口槽。钻机可以纵向和横向移动，平台一次坐底可以打 16 口以上丛式井。该平台适用于泥砂质或淤泥质地基表面承载能力很低（泥面以下 1 m 处的地基许用承载力 40 kPa）的海域，在无冰区进行钻井或试油、修井作业。

图 11‑29　中油海 3 号钻井平台

相比于其他的坐底式钻井平台，中油海 3 号具有以下的几个特点：

（1）沉垫型深仅 3 m，相对沉垫的长度和宽度而言尺度很小，这种薄型沉垫有利于防冲刷。由于沉垫坐落海底后，水流作用会产生冲刷和淘空，严重时造成平台倾斜，甚至滑移。该平台采用薄沉垫，并在沉垫四周 1.2 m 以上做成 45°斜坡，使水流比较顺畅通过，以减少冲刷和掏空。

（2）设置抗滑桩 4 根，长度为 25.3 m，最大插深 8 m，有效增加了抗滑能力，防止了平台产生滑移。坐底平台需承受风、浪、流作用产生的巨大的水平载荷，仅靠沉垫底面与海底产生的摩擦力和黏结力是不够的。为了抵抗水平载荷以防止滑移，该平台在四角的端立柱内各设置一根截面尺寸为 2 m×1.3 m 的抗滑桩，桩长 25.3 m，最大插深 8 m。用液压插销式升降装置升降。每根桩最大可产生抗滑力 300 多吨，能有效抵抗滑移。

（3）尾部设计有固定悬臂梁，长度 7.2 m，井口槽宽 12 m，扩大了钻井作业范围，平台一次坐底以打 16 口以上丛式井。

（4）钻台下面四角设置调平油缸,在平台产生倾斜时能调整钻台水平度,使钻井作业得以正常进行。

（5）沉垫底部安装喷冲头,用于破坏黏结力和吸附力,以便沉垫起浮。

（6）钻台下面四角设置调平油缸,在平台产生倾斜时能调整钻台水平度,使钻井作业得以正常进行。

（7）采用交流变频驱动系统。具有无级调速的钻井特性,可提高钻井效率;柴油发电机组始终运转在最佳状态,节能降耗效果明显;随着功率因素的提高,可节省无功功率,降低压降和线损,减少输电容量;简化了传动及控制系统,减少了设备重量,安装调整较为容易。

11.4　桩基础在风力发电工程中的应用

11.4.1　概述

随着世界各国经济的不断发展,那些不可再生的能源例如石油、煤炭等在不断地减少,为了要满足各国的需要,将要不断地探索新的能源来代替现在的能源,改变日趋严峻的能源市场结构。我国也在不断地开发利用可再生的能源,尽量减少那些不可再生能源的开挖,但这还远远不能满足我们对其的需求,开发并寻找新的能源是我们现在必须要做的工作。发展海上风电具有陆上风电没有的很多优点,减少了陆上土地资源的利用,有很大的发展空间,海上的风速比陆上的大且稳定,发电的效率比较高,距离海岸线越远发电量也增加得越明显,同时海上风能是清洁的可再生的能源,增加风能在整个能源结构中的比重将会改变世界的能源格局。

随着风电技术的日趋成熟,风电场的建设将会大量地向远离陆地的海洋发展,将给我们带来新的发展方向。我国著名的风力发电场有东海风力发电场、杭州湾风力发电场等等。如图 11-30 为东海风力发电场。

图 11-30　东海风力发电场

而风力发电的大部分资金都用在了风基础的施工设计上,所以风基础也就成了风力发电的重中之重。随着研究的不断深入,风基础发展也越来越完善。本节主要来讨论风基础在海洋风力发电中的类型,承载力的计算以及施工方面的研究成果。

11.4.2　风力发电中桩基础的类型

海上风电场基础结构的类型得到了不断的发展,从浅海到深海,海上风电技术应用不断的成熟,基础型式也得到了不断的发展和完善,最常见的海上风力机基础结构按海水深度分布的形式如表 11-6 所示。

表 11-6　海上风力发电机组基础选型

海水深度/m	基础结构类型
0～10	重力式基础
0～30	单桩基础
>20	三脚架\套管式基础
>50	浮动平台基础

各种桩基础的形式如图 11-31 所示。

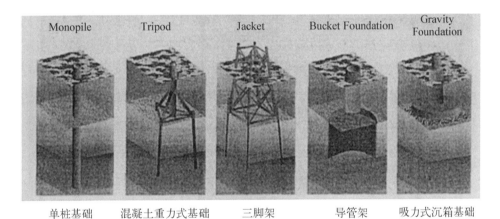

图 11-31　各种桩基础的形式

11.4.3　风机发电中桩基础的承载计算

对于海上风机桩基础,风、浪、流、冰等荷载作用和风机载荷作用以水平载荷为主,因此桩的水平承载性能是海上风机桩基础设计中关键的问题。

海上风机桩基础外载荷主要来自风机的工作水平载荷和波浪水平循环载荷和弯矩为主。图 11-32 为单桩和多桩承受水平载荷和弯矩效应示意图。

桩的水平承载性能是指利用桩周土的抗力来承担桩身受到的水平荷载的能力。桩身在水平荷载引起的力矩作用下,产生水平位移和挠曲,荷载的一部分由桩本身承担,另一部分通过桩传递给土体,促使桩周土发生相应的变形而产生抗力,这一抗力阻止了桩变形的进一步发展。

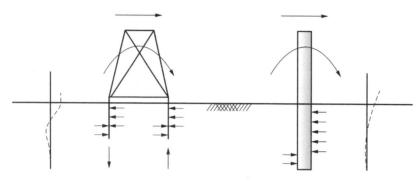

图 11-32　多桩和单桩受力示意图

一般情况下,埋入土中的桩为弹性构件,可以将它视为弹性梁,采用地基反力法计算。取桩的轴方向为 X 轴,土表面水平方向为 Y 轴,根据梁挠曲变形理论,水平承载桩的挠曲微分方程如下:

$$EI\frac{\mathrm{d}^4 y}{\mathrm{d}x^4} + Bp(x, y) = 0$$

式中:E——桩的材料弹性模量;

$\qquad I$——桩截面惯性矩;

$\qquad B$——桩径;

$\qquad p(x, y)$——沿桩长分布的土反力;

$\qquad x$——桩在泥面下任意点的深度;

$\qquad y$——桩身某一点的水平位移。

按照文克尔假定,作用于桩上某一点的土反力与位移成正比:

$$p(x, y) = E_s \cdot y$$

式中:E_s——土反力模量。

土反力模量在土中变化规律的不同假设,产生了 3 种不同的关于水平承载桩的计算方法:极限地基反力法、弹性地基反力法、复合地基反力法。

1) 极限地基反力法

极限地基反力法又称为极限平衡法,土处于极限状态时地基反力的分布形状是事先假定的,并按照作用在桩上的外力及其平衡条件来求桩的横向抗力,其计算方法简便,但只适用于刚性短桩的计算。

2) 弹性地基反力法

弹性地基反力法是计算弹性长桩常用的方法,它把土看作弹性体,应用梁的弯曲理论来求桩的横向抗力。假定桩埋于弹性地基中,又分为两种情况。一种情况是假定该弹性地基为各向同性的半无限弹性体,土的弹性系数或为常数,或随深度按某种规律变化。另一种是采用文克尔地基模型,把桩周土离散为一个个单独作用的弹簧,然后根据弹性地基上梁的挠曲微分方程求解桩的位移和内力。

对于线弹性地基反力法,有常数法、m 法、k 法、c 法和双参数法。水平荷载较小时,利用这些方法计算出来的结果与实际值较接近;当水平荷载增大,土体出现塑性变形时,计算结果偏差较大。

非线弹性地基反力法,由于非线性微分方程很难用解析方法求得近似解,所以使用由标准桩得到的标准曲线和相似法则来计算实桩的受力情况。

3) 复合地基反力法(p-y 曲线法)

在水平荷载作用下,泥面以下深度为 x 处的土反力 p 与该点桩的挠度 y 之间的关系曲线就是所谓 p-y 曲线。p-y 曲线法综合反映了桩周土的非线性、非弹性以及桩的刚度和外载荷作用性质等特点,在 p-y 曲线法中,桩周土的特性是用 p-y 曲线描述的,利用 p-y 曲线描述地面以下不同深度处,土的反力和桩的变位关系。曲线是非线性的并随着深度和土的剪切强度而变,一般是根据现场或室内试验资料的分析结果绘制,缺乏资料时,也可参考使用规范中推荐的 p-y 曲线。

11.4.4　风力发电中风机基础的施工

结合海上风机基础结构初步设计,进行多种风机机型的桩基础结构形式的设计和对比分析。以 2MW 机型为例进行说明各种桩基础的施工要求,如表 11 - 7 所示。

表 11 - 7　各种不同桩基础的施工要求

机　型		单　桩	三　桩	三桩加中心桩	四　桩	四桩加中心桩	八　桩
2MW	特点	结构简单,受力明确,制造工艺相对简单,国外采用较多	结构稳定性好,国内石油平台采用较多,单桩的承载力要求较高,为提供必要的抗弯性能,桩心距较大	具有三桩的特点,在中心加一根桩,改善了整个受力条件,结构抗极端工况能力较强	采用四边形对称结构,抵御不同方向的载荷能力变强	在四边形中心加桩,改善了结构的受力条件,结构比较稳定可靠	承台需要承受较大的风浪作用,材料耗量较大,适合于各类地层
	施工	桩径达到 4.8 m,需要超大型设备,施工存在一定困难	桩径 2.5 m 以上,需要大型打桩设备,同时基础的水平度需严格控制,水下焊接与灌浆质量需保证	最大桩径 2.5 m,变水下施工为水上施工,焊接与灌浆质量易控制;桩支撑架不会下沉,调平容易;增加一道工序,需要两种桩锤	桩径 2 m,变水下施工为水上施工,焊接与灌浆质量易控制;基础的水平度须严格控制	最大桩径 2 m,国内有类似经验变水下施工为水上施工,焊接与灌浆质量易控制;桩支撑架不会下沉,调平容易;增加一道工序,需要两种桩锤	有类似经验借鉴若承台在水面处对受力极为不利,若承台在水底,则需沉井作业
	钢材量 t/m	5.3	5.51	4.78	3.13	3.82	4.7

11.4.5 工程实例中桩的应用

1) 东海大桥风力发电场

从基础结构特点、适用自然条件、海上施工技术与经验以及经济性方面考虑,东海大桥风力发电场风机基础(如图 11-34 所示)选用了 4 脚架组合式基础。如图 11-33 所示。

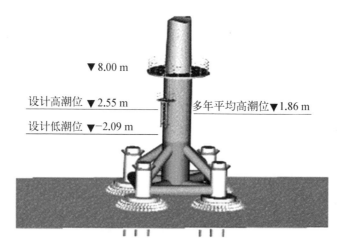

▼8.00 m

设计高潮位 ▼2.55 m   多年平均高潮位▼1.86 m

设计低潮位 ▼-2.09 m

图 11-33   4 脚架组合式基础

图 11-34   东海大桥风力发电的桩基础(桩长 80 m、直径 1.5 m)

脚架组合式基础结构型式为:用 4 根钢管桩定位于海底,桩顶通过与钢套管的固接支撑上部 4 脚架结构,构成组合式基础。

施工时,先在 4 个钢套管基座位置在基床抛约 2 m 厚度的高强土工网装碎石,以提高地基土对 4 脚桁架的承载力,然后沉放 4 脚桁架的预制钢构件,预制钢构件沉放定位后,再将 4 根钢管直桩穿过钢套管打入海床中,每根桩直径为 212 m,桩长 55 m,桩顶高程为 -3 m,桩尖高程为 -58 m,桩尖进入 2 层粉细砂层中,基桩呈等边四边形分布,间距为 16 m。钢套管外壁配带特制固桩器与基桩初步连接,在调整上部结构水平度后,再采用高强灌浆法完成钢套管与钢桩的固接。上部 4 脚架为预制钢构件,其包括 12 根直径 2 m 的水平和斜向钢管连杆,其分别连接 4 个钢套管以及位于中心的直径 615 m 的上部竖向钢管。

　　2)珠海风电场

　　珠海高栏岛风电场场址位于珠海市西南部的高栏岛,风电场总装机 66 台,布置高程为 125～356 m,机组为浙江运达 WD49/750 型,单击容量 750 kW,轮毂高度 55 m。

　　风机基础方面采用正八边形扩展基础(如图 11 - 35 所示),基础底板内切圆直径为 15.0 m,底板高 1.0 m,预埋基础环的圆柱台直径 6.0 m,高 1.0 m,其棱台高 0.6 m。基础主体砼强度等级为 C35,垫层砼强度等级为 C15,厚 150 mm,基础开挖深度 2.75 m,基础埋深 2.6 m。单台基础主体砼 C35 方量为 273 m³,钢筋用量约 22.3 t。

图 11 - 35　正八边形扩展基础

　　施工方面,总体的施工方法是使用凿岩机钻孔(配置 2.8 m³ 空气压缩机和 15 kW 发电机)松动爆破,基础钢筋集中钢筋厂下料,平板车运输现场绑扎,25 t 汽车吊吊装基础环, 12 m³ 砼搅拌运输车配送砼,25 m 砼输送泵车(SY5190THB25)泵送入仓。主要施工工序为:爆破开挖→垫层施工→基础环吊装→钢筋绑扎→模板、埋件安装→C35 砼浇筑→基础养护→基坑回填。

　　垫层施工后,可进行基础环吊装。基础环重 3.8 t,直径 3.21 m,高 1.6 m,底部设 3 根 1.19 m 高支腿,支腿垫板处 1.0 m×1.0 m 范围内垫层加厚至 3 cm,以抵抗基础环吊装时可能带来的冲击动荷载作业。吊车采用 25 t 汽车吊(TR - 250M)进行吊装,作业半径取 13 m (7.5 m 半圆+0.5 m 作业空间+0.825 m 放坡+0.5 m 支腿位置+3.7 m 支腿到吊车纵轴距离),主臂 21 m,额定起重能力 4.3 t,总起重量 4.0 t,吊车负荷率约 93%,满足要求。吊装时,支腿应预先焊接好,为便于调平,就位时支腿底部调节螺栓调至最长,使基础环底部法兰处于最高点,调平时下落基础环即可,避免上调。调平分两次进行,第一次调至高于设计高程 10 mm,浇筑前再调至设计高程。

由于我国海洋风力发电桩基础设计技术还不是很全面,东海大桥海上风电场作为亚洲第一座大型海上风电场,在我国风力发电建设发展史上具有里程碑意义!

11.5　桩基础在岸坡抗滑桩工程中的应用

11.5.1　概述

当桩横向受荷时,根据桩与周围土体相互作用,可将桩分为两类。一类是桩直接承受外荷并主动向桩周土中传递应力,这叫"主动桩";另一类是桩并不直接承受外荷,只是由于桩周土体在自重或外荷下发生变形或运动而受到影响,这叫"被动桩"。抗滑桩属于被动桩一类。抗滑桩在港口码头及路堤边坡等的设计中应用十分广泛,但抗滑桩的破坏机理及桩土之间的相互作用问题十分复杂,至今尚未完全搞清楚。在土坡或地基中,桩的抗滑稳定作用,一般认为来自两个方面:一是桩的表面摩阻力,它将土体滑动面以上的部分土重传至滑动面以下,从而减小了滑动力;二是桩本身刚度提供的抗滑力,它直接阻止土体的滑动。由于对桩表面摩阻力的抗滑机理研究不够,又无合理的计算方法,所以在桩的抗滑稳定验算中,桩的这部分抗滑作用往往略去。在工程实践中,主要计算后者的抗滑力。

11.5.2　抗滑桩的分类

抗滑桩类型的划分方法较多,如按照桩的埋置情况、按照截面形式、按照施工方法、按照材料、按照桩与土的相对刚度等,如表 11 - 8 所示。

表 11 - 8　抗 滑 桩 分 类

分 类 依 据	类　　　　　型
桩的埋置情况	悬臂式、全埋式
截面形式	矩形桩、方形桩、T 形桩、工字形桩、圆形桩、管形桩
材料	木桩、钢桩、钢筋混凝土桩、组合桩
桩头固定情况	几根用冒板固定、不固定
桩与土的相对刚度	刚性桩、弹性桩
施工方法	打入桩、静压桩、就地灌注桩、钻孔桩、挖孔桩
分置形式	密排、互相间隔的单排、互相间隔的多排
结构形式	单桩、排桩、群桩、有锚桩

下面介绍几种新型抗滑桩。

(1) 排桩形式常见的有门式刚架抗滑桩、排架抗滑桩、h 型抗滑桩。

门式刚架抗滑桩——内桩受拉、外桩受压,每排由两根竖向桩和一根横梁组成,能承受较大的推力。

排架抗滑桩——其受力同门形刚架桩,每排由两根竖向桩和一组横梁组成,下横梁可按隧道掘进法施工。

h 形抗滑桩——其受力同门形刚架桩,仅内桩向上延伸,起到收坡作用,适合于整治路堤滑坡。

(2) 有锚桩常见的有锚杆桩和锚索桩,又分为顶锚桩和底锚桩。

顶锚桩(预应力锚索抗滑桩)——由预应力锚索(杆)组成,主要由锚索(杆)受力,改变了悬臂的受力状态和单纯的靠桩侧向地基反力抵抗滑坡的推力机理。

底锚桩——由钢筋混凝土桩和底部竖向锚杆组成。按桩底为固定端的弹性地基梁计算。这种结构的施工的关键在于钻孔和灌浆,基底高程应高于地下水位,深度尽可能浅,以便于各种操作。

11.5.3　抗滑桩在防治滑坡中的受力特性

滑坡工程中的抗滑桩是在岸坡地层中挖孔或钻孔后,放置钢筋或型钢,然后浇筑混凝土而形成的就地灌注桩。水泥砂浆的渗透,无疑会提高桩周一定厚度地层的强度,加上孔壁粗糙,桩与地层的黏结咬合十分紧密,在滑动面以上推力作用下,桩可以把超过桩宽范围相当大的一部分地层的抗力调动进来,同桩一起抗滑。这种桩、土共同作用的效能,是其他许多被动地承受荷载的支挡建筑物所没有和难以媲美的。抗滑桩其效果之所以突出,这是一个重要原因。设计抗滑桩,决定桩的计算宽度时,一定要考虑上述这种有利因素。另外,从受力角度看,抗滑桩桩侧土体的受力状态实际是较复杂的空间问题,为了简化计算而按平面问题考虑时,应将桩的实际宽度换算成与平面受力条件相当的宽度。

抗滑桩与桥梁桩和普通侧向受荷桩根本不同的地方:一是滑动面以上桩前地层的抗力受到自身稳定性的限制;二是只要桩和地基不破坏,容许"大位移"。所以,在保证桩和地基不被破坏的条件下,尽量发挥桩和地基的强度是最经济的。

11.5.4　抗滑桩设计的要求和步骤

1) 抗滑桩设计应满足的要求

(1) 整个滑坡体具有足够的稳定性,即抗滑稳定安全系数满足设计要求,保证滑体不越过桩顶,不从桩间挤出。

(2) 桩身要有足够的强度和稳定性,桩的断面和配筋合理,能满足桩内应力和桩身变形的要求。

(3) 桩周的地基抗力和滑体的变形在容许范围内。

(4) 抗滑桩的间距、尺寸、埋深等都较适当,保证安全,方便施工,并使工程量最省。抗滑桩的设计任务就是根据以上要求,确定抗滑桩的桩位、间距、尺寸、埋深、配筋、材料和施工要求等。这是一个很复杂的问题,常常要经分析研究才能得出合理的方案。

2) 抗滑桩设计计算步骤

(1) 首先弄清滑坡的原因、性质、范围、厚度,分析滑坡的稳定状态、发展趋势。

(2) 根据滑坡地质断面及滑动面处岩(土)的抗剪强度指标,计算滑坡推力。

（3）根据地形、地质及施工条件等确定设桩的位置及范围。

（4）根据滑坡推力大小、地形及地层性质，拟定桩长、锚固深度、桩截面尺寸及桩间距。

（5）确定桩的计算宽度，并根据滑体的地层性质，选定地基系数。

（6）根据选定的地基系数及桩的截面形式、尺寸，计算桩的变形系数（α）及其计算深度（h）据以判断是按刚性桩还是按弹性桩来设计。

（7）根据桩底的边界条件采用相应的公式计算桩身各截面的变位、内力及侧壁应力等，并计算确定最大剪力、弯矩及其部位。

（8）校核地基强度。若桩身作用于地基的弹性应力超过地层容许值或者小于其容许值多时，则应调整桩的埋深或桩的截面尺寸或桩的间距，重新计算，直至符合要求为止。

（9）根据计算的结果，绘制桩身的剪力图和弯矩图。

11.5.5　抗滑桩的锚固深度

桩埋入滑面以下稳定地层内的适宜锚固深度，与该地层的强度、桩所承受的滑坡推力、桩的相对刚度以及桩前滑面以上滑体对桩的反力等有关。

原则上由桩的锚固深度传递到滑面以下地层的侧向压应力不得大于该地层的容许侧向抗压强度，桩基底的最大压应力不得大于地基的容许承载力。

锚固深度不足，易引起桩效用的失败；但锚固过深则将导致工程量的增加和施工的困难。有时可适当缩小桩的间距以减小每根桩所承受的滑坡推力，有时可调整桩的截面以增大桩的相对刚度，从而达到减小锚固深度的目的。

11.5.6　桩身内力的计算方法——悬臂桩简化法

该法在防治滑坡工程实践中常采用。其要点是：滑动面以上（受荷段）桩的计算与悬壁桩法完全一样。不同的是，简化了滑动面以下（锚固段）的计算；采用地层的侧壁容许应力作为控制值，求出桩的最小锚固深度后，再根据桩的侧壁应力图计算桩的内力。方法分析直观，计算简便。由于对滑动面以下侧壁应力图形的假定大同小异，又有多种计算方法，下面仅介绍其中的一种方法。

1）基本假定

（1）同地层相比较，假定桩为刚性的；

（2）忽略桩与周围岩土间的摩擦力、黏结力；

（3）锚固段地层的侧壁应力呈直线变化，其中滑动面和桩底地层的侧壁应力发挥一致，并等于侧壁容许应力；滑动面以下一定深度范围内的侧壁应力假定相同，并设此等压段内的应力之和等于受荷段荷载。

2）基本公式

（1）荷载按矩形分布时

$$\sum H = 0, \quad E_\mathrm{T} - \sigma y_\mathrm{m} B_\mathrm{p} = 0 \tag{11-2}$$

$$\sum M = 0, \quad E'_\mathrm{T}\left(\frac{h_1}{2} + y_\mathrm{m} + \frac{h_3}{2}\right) - \sigma y_\mathrm{m} B_\mathrm{p}\left(\frac{y_\mathrm{m}}{2} + \frac{h_3}{2}\right) - \frac{1}{6}\sigma B_\mathrm{p} h_3^2 = 0 \tag{11-3}$$

$$h_2 = y_m + h_3 \qquad\qquad (11-4)$$

当 E_T'、h_1、B_p 均已知,则由式(11-2)~式(11-4)三式联解,得出 σ、y_m、h_3 的值,即可得到桩侧地层应力及桩的内力。

若令 $\sigma = [\sigma] =$ 锚固段地层的侧壁容许应力,可得:

$$[\sigma]B_p H_2^2 - 2E_T' h_2 - E_T'\left[\frac{2E_T'}{[\sigma]B_p} + 3h_1\right] = 0$$

则桩的最小锚固深度:

$$h_{2\min} = \frac{E_T'}{[\sigma]B_p} + \sqrt{\frac{3E_T'}{[\sigma]B_p}\left[\frac{E_T'}{[\sigma]B_p} + h_1\right]}$$

式中:E_T'——荷载,即每根桩承受的滑坡推力与抗滑力之差(kN);

　　　h_1——桩的受荷段长度(m);

　　　B_p——桩的计算宽度(m);

　　　y_m——锚固段地层达 $[\sigma]$ 区的厚度(m);

　　　h_3——锚固段地层弹性区厚度(m)。

(2) 荷载按三角形分布时

这种情况,只需将前种情况荷载 E_T' 的作用点至滑动面的距离 $h_1/2$ 改为 $h_1/3$,同样可导出桩的最小锚固深度:

$$h_{2\min} = \frac{E_T'}{[\sigma]B_p} + \sqrt{\frac{E_T'}{[\sigma]B_p}\left[\frac{E_T'}{[\sigma]B_p} + 2h_1\right]}$$

其余计算两者完全相同。

11.5.7　码头桩基与岸坡的相互作用

在高桩码头中,为了满足停靠船舶的水深要求并与陆上交通相衔接,码头前沿通常需要挖深,而其后方却往往必须填高。这样的前挖后填必然会破坏土体原有的平衡状态,导致岸坡变形,并对码头桩基产生影响。在高桩码头中,桩基的作用不仅是传递上部结构所承受的荷载,而且还起着增加岸坡稳定性的抗滑作用和阻止或减小岸坡侧向变形的遮帘作用。特别是当码头上部结构的自重以及装卸设备和货重等外加荷载较小时,控制码头桩基性状的是后方回填和堆货所引起的岸坡变形的影响。这就是一个典型的被动桩与岸坡的相互作用问题。

但考虑到桩抗滑力的发挥与土体的变形大小有关,如果桩的抗滑力在码头中充分发挥出来,土体就需要有较大的变形量,而这样的变形量往往是码头正常使用所不允许的。港工地基规范中规定,对于高桩码头中的桩基抗滑作用的利用必须严加限制,使它在岸坡稳定的计算安全系数中的贡献不得不大于 0.1。也就是说,如果规定码头岸坡的最小稳定安全系数为 1.2,则岸坡土体本身的抗滑力必须足以使其安全系数达到 1.1 以上,这样才能使桩基不致承受过大的水平推力而发生破坏。根据码头建筑多年的经验,新的《港口工程地基规范》(JTJ250—98)中规定:对有桩的土坡和地基,在稳定计算中,可不计入桩的抗滑作用。

在软基上建造高桩码头,有时,虽然建筑物的整体稳定性已满足要求,但由于地基土的蠕变和土体在荷载作用下产生的侧向变形等因素的影响,结构可能发生使用要求所不容许的较大的水平位移,甚至造成结构的破坏。例如,1956 年在华南建造的一座高桩框架码头,由于后方回填和堆货等原因引起的岸坡侧向变形,在竣工后的 25 年内岸坡不断向外推移,影响了码头的正常使用,以致最终不得不将它拆除重建。另一个例子是 1958 年在华东建造的一座高桩板梁式码头,在竣工 5 年后即发现码头结构遭受严重损坏。现场观测和试验表明,码头损坏主要是由于岸坡变形使部分桩上产生负摩擦力并引起码头差异沉降而造成的。以上工程实例充分说明,如何合理调节桩基对岸坡的抗滑作用和遮帘作用,是高桩码头设计中一个十分重要的问题。要想解决这一难题,必须进一步深入研究桩基与岸坡之间相互作用问题,否则在码头竣工后的使用期间经常会遇到麻烦。

11.5.8　抗滑桩—边坡体系中桩与地层协同工作研究

1) 抗滑桩—边坡体系研究现状亟待解决的问题

目前在预应力锚索抗滑桩方面进行了较多的研究,取得了大量的研究成果,为进一步的研究打下了坚实的基础尽管如此,目前抗滑桩的理论研究还落后于工程实践,关于预应力锚索抗滑桩的设计理论和计算方法都还不完善,现在还没有全国统一或各行业统一的规范总的来说,目前的研究还存在以下不足。

(1) 在设计计算和分析理论中,进行了较多的与实际不相符的简化和假设,且往往是将各部分分开考虑,受许多主观因素和计算方法(如传递系数法、滑坡推力分布形式的假定等)本身不严谨的影响,计算结果常可能和实际情况有出入。

(2) 在锚索抗滑桩—边坡体系中较少考虑桩、锚索与地层的相互作用或共同作用,即使考虑相互作用,也是将地层作为均质体考虑,很少考虑岩土体的分层性,而岩土体的分层性对桩上的滑坡体推力分布、抗力分布有重要影响,从而影响抗滑桩的内力和弯矩的分布,仅将地层作为一种外荷载考虑较少考虑其作为特殊的工程材料的抗滑性能,忽略了地层与抗滑桩的协同作用。

(3) 对预应力锚索抗滑桩的研究主要是从宏观的角度进行,还没有发现从细观的角度进行的研究。

(4) 预应力锚索抗滑桩的数值模拟中,主要基于从连续介质力学理论进行研究,很少基于顺粒离散元方法进行分析,仅张晓平等基于二维颗粒离散元 PFC2D 方法对抗滑桩进行了折算分析。PFC3D 方法是一种新型的数值模拟方法可通过两个或多个颗粒与其直接相邻的颗粒连接成任意形状的组合体来模拟固体结构,能有效地模拟大变形,块体通过预粒相互连接实现,可以因破坏而彼此分离。PFC3D 方法已在岩体、混凝土及结构与岩上体的相互作用方面得到了越来越多的应用。

(5) 很少考虑地层结构的影响,仅李世稳等探讨了岩层的方向性即边坡地层的顺层,逆层对预应力锚索抗滑桩受力的重要影响,及戴自航等因发现同样大小的滑坡推力但以不同分布形式作用在某抗滑桩上时,可使桩身位移和内力产生较大的差异,因而抗滑桩的结构设计也将有较大不同,而滑坡推力分布形式的不同主要是由于地层结构的不同造成的。综上所述,对于预应力锚索抗滑桩的研究,作者认为应将抗滑桩、预应力锚索边坡作为一个整体,避免一些简化假设和以滑面为界的分开计算,基于三维空间地层结构的影响和地层的特殊支挡性能,采用现场试验与监测、配有数字细观照相的室内模型试验、三维细观力学颗粒流数值仿真模拟软件 PFC3D 和理论分析等方法研究抗滑桩、锚索与地层协同工作的机理及性状,使锚索抗滑桩的设计向精细化方向迈出大步使滑坡整治工程更经济,更安全。

2) 抗滑桩—边坡体系中的地层结构效应

在抗滑桩—边坡体系中也存在地层结构效应。通常将锚索抗滑桩—边坡体系看成是"以地层制地层"的体系,即主要以桩、锚索嵌入的滑床稳定地层、滑面以上桩前地层'制'滑面以上桩后的滑坡体地层。可将桩、锚索嵌入的滑床稳定地层、滑面以上桩前地层看成是一种特殊的自然支挡材料。对滑面以上桩后的滑坡体地层,传统的抗滑桩研究中将桩后地层只看成作用在桩上的荷载,桩后地层与抗滑桩是种对立的关系。研究中,应将桩后一定范围内的地层也看成一种特殊的自然支挡材料,充分利用其自稳和自承能力。

同时,应突出不同地层的空间展布特性的影响,而目前抗滑桩方面的研究很少考虑桩与地层的相互作用,即使考虑的话也是将地层作为均质体考虑,很少考虑地层的分层及空间展布的影响。

3) 抗滑桩与地层之间的协同工作

三维空间的锚索抗滑桩—边坡体系中的"协同工作"是整个抗滑桩—边坡体系中锚索抗滑桩与稳定地层(即滑床)、滑动地层(即滑体)之间的协同,具体包括以下几方面的协同工作:抗滑桩与地层之间、锚索与地层之间、抗滑桩与锚索之间、抗滑桩与抗滑桩之间、锚索与锚索之间等。

对整个抗滑桩—边坡体系来说,当抗滑桩—边坡体系的稳定性好且工程造价低(如桩间距在一定范围内,且足够大;桩嵌入稳定地层的深度足够小等)就达到了一种较好的协同工作状态研究的核心就是要弄清这种协同工作的机理。如地层与抗滑结构接触面上、抗滑桩之间地层中边坡中其他地层中宏观上应力和位移的变化,细观上颗粒的运移和变化规律等。

第 12 章
桩基工程应用实例

12.1 温州世贸中心工程主楼桩基静载试验

12.1.1 桩基工程概况

温州世贸中心工程主楼为 68 层,高 322 m,裙楼 8 层,地下室 4 层,落地面积约 31 000 m²,建筑面积为 229 450 m²,筒中筒结构。本工程基础设计采用钻孔灌注桩,桩长 80～120 m,桩径长 1 100 mm,桩身采用 C40 混凝土。持力层为中风化基岩,入持力层深度≥0.5 m,设计要求单桩竖向承载力特征值为 13 000 kN(桩径 ϕ1 100 mm)。为了评价其实际承载力,设计要求对本工程先做静载试验桩,静载荷试验布置如图 12 - 1 所示,静载试验桩的施工记录如表 12 - 1 所示。

表 12 - 1 温州世贸中心主楼试桩施工记录简表

桩 号	桩长/m	桩径/mm	打桩日期	试验日期	入持力层深度/m	混凝土强度等级	充盈系数	配 筋
S1	119.85	1 100	2003.5.19	2003.7.7	中风化基岩 1.10	C40	1.09	20ϕ25
S2	92.54	1 100	2003.5.22	2003.7.10	中风化基岩 2.62	C40	1.10	20ϕ25

12.1.2 工程地质情况

根据提供的工程地质报告,场地土层分层及主要物理力学指标如表 12 - 2 所示。

表 12 - 2 温州世贸中心土工参数

层次	岩土名称	天然含水量	重度	I_P	I_L	c	φ	E_s	f_k	q_{sk}	q_{pk}
1	杂填土	43.5	17.38	20.4	0.932						
2	黏土	33.9	18.77	21.3	0.515			4.0	100	22	
3 - 1	淤泥	70.1	15.67	23.9	1.747			1.0	42	10	
3 - 2	淤泥	54.7	16.10	23.5	1.561			1.5	52	16	
3 - 3	淤泥质黏土	50.5	17.27	22.5	1.121			2.8	7.	20	
4 - 1	黏土	32.9	19.06	20.5	0.501			5.5	150	45	500
4 - 2	黏土	40.8	18.20	22.1	0.734			4.5	100	35	100
5 - 1	粉质黏土夹黏土	29.9	19.33	16.2	0.519			6.0	160	47	550
5 - 2	黏土	37.0	18.55	20.9	0.648			5.0	130	40	450

（续表）

层次	岩土名称	天然含水量	重度	I_P	I_L	c	φ	E_s	f_k	q_{sk}	q_{pk}
5-3	粉砂黏土夹黏土	26.1	19.26	8.1	0.673			6.5	170	50	700
5-4	泥炭质土	39.8	18.00	18.4	0.763			4.0	100	35	
6-1	黏土夹粉质黏土	29.6	19.49	18.1	0.431			6.5	180	55	800
6-2	黏土	36.8	18.40	20.1	0.648			5.0	130	40	450
7-1	黏土夹粉质黏土	30.7	19.12	17.6	0.520			6.5	180	55	800
7-2	黏土	38.8	18.40	23.0	0.621			5.0	130	40	450
7-3	含粉质黏土粉砂							6.5	170	50	700
8	粉质黏土含烁石							6.0	170	50	700
9-1-1	全风化基岩							7.5	190	55	1 200
9-1-2	全风化基岩							8.0	250	70	2 500
9-2	强风化基岩								400	90	5 000
9-3	中风化基岩								2 500	500	10 000

12.1.3　试验方法检测设备与执行标准

单桩竖向静荷载试验执行标准为《建筑桩基技术规范》及《建筑基桩检测技术规范》。试桩加载采用堆载-反力架装置,并用千斤顶反力加载-百分表测读桩顶沉降的试验方法。试验采用慢速维持荷载法,终止加载条件按《建筑桩基技术规范》和设计要求综合确定,卸载方式按规范进行。

12.1.4　静载荷试验结果及分析

经对温州世贸中心主楼 S1,S2 试桩按慢速维持荷载法的静载试验,得到了荷载与沉降数据如表 12-3 和表 12-4 所示。荷载-沉降曲线如图 12-1 所示。

静载试验结果如表 12-5 所示。

表 12-3　温州世贸中心主楼 S1 试拼静载试验荷载与沉降数据表

荷重/kN			桩顶沉降/mm			变形 $\Delta S/\Delta P$ /(mm/kN)	桩端沉降/mm		
加荷	卸荷	累计	本次沉降	本次回弹	累计沉降		本次沉降	本次回弹	累计沉降
4 800		4 800	2.59		2.59	0.000 539	0		0
2 400		7 200	1.50		4.09	0.000 625	0		0
2 400		9 600	2.60		6.69	0.001 083	0		0
2 400		12 000	1.91		8.60	0.000 796	0		0
2 400		14 400	2.62		11.22	0.001 092	0		0
2 400		16 800	4.58		15.80	0.001 908	0.13		0.13
1 200		18 000	5.01		20.81	0.004 175	0.67		0.80
1 200		19 200	2.53		23.34	0.002 108	0.81		1.61
1 200		20 400	3.28		26.62	0.002 733	0.51		2.12

478　桩 基 工 程

(续表)

荷重/kN			桩顶沉降/mm			变形 ΔS/ΔP /(mm/kN)	桩端沉降/mm		
加荷	卸荷	累计	本次沉降	本次回弹	累计沉降		本次沉降	本次回弹	累计沉降
1 200		21 600	2.54		29.16	0.002 117	0.67		2.79
1 200		22 800	7.48		36.64	0.006 233	1.60		4.39
1 200		24 000	8.25		44.89	0.006 875	2.11		6.50
1 200		25 300	3.03		47.92	0.002 525	0.39		6.89
	2 400	22 800		0.19	47.73			0	6.89
	2 400	20 400		0.28	47.45			0	6.89
	2 400	18 000		0.75	46.70			0.06	6.83
	3 600	14 400		1.41	45.29			0.18	6.65
	4 800	9 600		2.81	42.48			0.24	6.41
	4 800	4 800		7.29	35.19			0.48	5.93
	4 800	0		9.62	25.57			0.95	4.98

表 12 - 4　温州世贸中心主楼 s2 试桩静载试验荷载与沉降数据表

荷重/kN			桩顶沉降/mm			变形 ΔS/ΔP /(mm/kN)	桩端沉降/mm		
加荷	卸荷	累计	本次沉降	本次回弹	累计沉降		本次沉降	本次回弹	累计沉降
4 800		4 800	1.90		1.90	0.000 395	0		0
2 400		7 200	1.32		3.22	0.000 550	0		0
2 400		9 600	4.49		7.71	0.001 871	0		0
2 400		12 000	3.08		10.79	0.001 283	0.31		0.31
2 400		14 400	4.48		15.27	0.001 867	0.24		0.55
2 400		16 800	29.05		44.32	0.012 104	20.49		21.04
2 400		19 200	16.85		61.17	0.007 021	11.33		32.37
1 200		20 400	9.67		70.84	0.008 058	5.59		37.96
1 200		21 600	11.52		82.36	0.009 600	9.40		47.36
1 200		22 800	9.11		91.47	0.007 592	4.40		51.76
1 200		24 000	5.35		96.82	0.004 458	4.05		55.81
	2 400	21 600		0.56	96.26			0.01	55.80
	2 400	19 200		0.44	95.82			0.07	55.73
	4 800	14 400		0.93	94.89			0.23	55.50
	4 800	9 600		5.83	89.06			0.41	55.09
	4 800	4 800		5.67	83.39			0.70	54.39
	4 800	0		4.28	79.11			1.43	52.96

表 12 - 5　温州世贸中心主楼桩静载试验成果表

桩 号	桩长/m	桩径/mm	龄期/d	静载所得单桩竖向极限承载力/kN	极限荷载对应的沉降量/mm		桩身压缩量/mm
					桩 顶	桩 端	
S1	119.85	1 100	49	25 200	47.92	6.89	41.03
S2	92.54	1 100	54	24 000	96.82	55.81	41.01

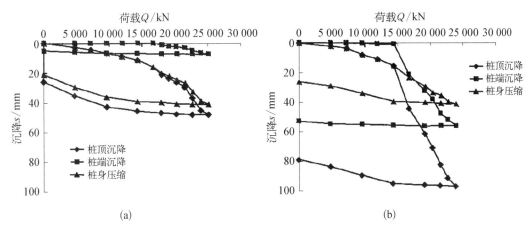

图 12‐1　试桩单桩静载 Q‐s 曲线

(a) 试桩 S1；(b) 试桩 S2

12.1.5　单桩竖向静载试验结果的几点规律

(1) 从图 12‐1 的桩顶 Q‐s_t 曲线上可以看到,当荷载较小时,Q 与 s_t 为线性关系,随着荷载的增大,沉降增速也逐渐增大,Q‐s_t 曲线变为非线性。S2 试桩当荷载超过 14 400 kN 时,s_t 急剧增大,Q‐s_t 曲线斜率也急剧增大,桩进入破坏状态,从桩身压缩曲线看桩身完好,因此 S2 试桩端沉渣较厚。

(2) 从图 12‐1 桩端 Q‐s_b 曲线上可以看到,当荷载较小时,由于桩身力未传到桩底,因此,s_b 值为 0,当荷载达到 12 000 kN 时,开始出现桩端沉降 s_b,随着荷载 Q 的继续增大,s_b 也同步增大。

(3) 从图 12‐1 桩身压缩 Q‐s_s 曲线上可以看到,当荷载较小时,Q‐s_s 曲线与 Q‐s_t 曲线完全重合,桩端沉降为零,随着荷载的增加,当桩端产生沉降时,Q‐s_s 曲线与 Q‐s_t 曲线开始分离,随着荷载的进一步增加,s_s 也同步增大。

(4) 从图 12‐2 桩身轴力分布曲线可以看出,每级荷载下,桩身轴力自上向下发挥,当荷载较小时,桩身下部轴力为零,随着荷载的增大,桩身下部逐渐产生轴力,端阻也开始逐渐发挥出来。

(5) 从图 12‐3 桩平均侧摩阻力沿桩身分布曲线可以看出,上部土层的摩阻力先于下部发挥作用,随着荷载的增加,下部土层的侧摩阻力才逐渐发挥出来,其发挥是一个异步的过程。极限摩阻力小的土层其摩阻力容易发挥到极限。在超过工作荷载并接近极限荷载时,上部土层的摩阻力已经趋于稳定,而下部土层的摩阻力还远未发挥完全。

(6) 从图 12‐4 桩侧平均摩阻力与桩土相对位移曲线可以看出,当桩土位移较小时,上部下部桩侧平均摩阻力均随着桩土位移的增大而增大,随着荷载增大,上部土层达到极限侧阻,不再增大,而下部土层侧阻仍然增大。

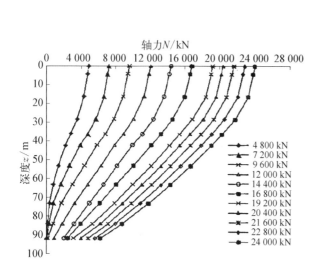

图 12 - 2　S2 桩身轴力图

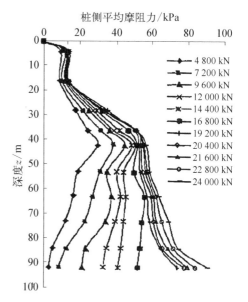

图 12 - 3　S2 桩侧摩阻力沿桩身分布图

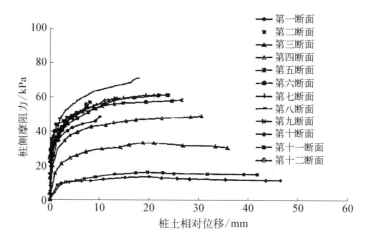

图 12 - 4　S2 试桩装侧平均摩阻力与桩土相对位移曲线

12.1.6　单桩静载试验统计结果分析

为对软土地基中广泛应用的沉管灌注桩、预应力管桩和钻孔灌注桩的受力性状有一个全面的了解,进行了大量静载荷试验并收集了部分浙江地区的试桩资料,对其进行了统计分析。共统计了 1 187 根沉管桩,3 047 根预应力管桩(3 035 根抗压,12 根抗拔),1 792 根钻孔灌注桩(1 730 根抗压,62 根抗拔),共计 6 026 根试桩。

通过对影响桩基性状的有关参数进行规律性的统计分析,得到了一些对指导工程实践和理论研究具有十分重要价值的结论。

1) 桩径统计分布

钻孔桩的直径多采用势 600~1 000 之间的直径,约占统计竖向抗压总桩数 1 730 根的

90.8%。在该范围内有利于充分发挥钻孔桩的承载性能,具有较好的经济效益。

2) 桩长与长径比统计分布

桩长的变化范围较大,桩长主要由承载力的要求和持力层的埋深所决定。最短的为 10 m 左右,长的大于 100 m,常用桩长在 30～70 m 之间。桩的长径比多数在 30～90 之间,桩长 50 m 以上的约占总桩数的 34.2%。综合前面桩长的统计分析表明,随着高层、超高层和大跨建(构)筑物的建设,桩有向超长、大直径方向发展的趋势。部分桩的长径比达到 100 以上,突破了规范的要求,因此,对此类长径比较大的桩设计时,要充分考虑其稳定性。

3) 持力层统计分布

浙江地区作桩端持力层以砂砾(卵)石为多(占 37.1%),其次为中风化基岩(占 31.9%),再次为豁土粉土(占 19.0%)。

持力层的选取要综合建筑物荷载大小、地质条件和施工困难因素确定。持力层的选择原则是在确保安全的条件下,造价经济、施工方便。

4) 桩端入不同持力层深度统计分布

根据统计结果可以看出,入持力层的深度 h 变化范围比较大,入持力层的最佳深度还没有一个明确的原则用于指导设计。研究表明,入持力层深度越大,桩侧嵌岩段阻力越大,由于一般钻孔灌注桩桩长较大,此时桩端阻力以及下部嵌岩段的摩阻力并没有得到充分发挥,所以过分强调嵌岩深度,不利于桩下部土层摩阻力尤其是桩端阻力的发挥,造成设计及施工上的不经济。对以砾石层、中等风化以上的基岩为持力层的桩,关键在于桩底沉渣的处理和保证桩身质量,这是提高桩承载力的关键,对于嵌岩深度,可以参考下面的平均值。

根据统计结果,不同桩径的桩的入持力层的平均深度 h 和长径比 h/d 为(h 为嵌岩深度):

豁土及粉土中: $\bar{h} = 2.5 \sim 3.5\,\text{m},\ h/d = 3.2 \sim 5.0$;

粉砂中: $\bar{h} = 3.0 \sim 5.0\,\text{m},\ h/d = 3.0 \sim 5.0$;

砂砾卵石层: $\bar{h} = 1.5 \sim 5.0\,\text{m},\ h/d = 2.0 \sim 4.0$;

强风化基岩中: $\bar{h} = 1.5 \sim 2.5\,\text{m},\ h/d = 2.0 \sim 3.0$;

中风化基岩中: $\bar{h} = 1.0 \sim 1.5\,\text{m},\ h/d = 1.0 \sim 2.0$;

微风化基岩中: $\bar{h} = 0.5 \sim 1.5\,\text{m},\ h/d = 0.5 \sim 1.0$。

此值可作为设计人员控制参考,当然对于不同的荷载要求,不同的地质条件要具体问题具体分析,灵活掌握。

5) 充盈系数统计

充盈系数一般指混凝土灌注桩施工时实际浇筑的混凝土数量(m^3)与按桩孔计算的所需混凝土数量之比。统计表明,试桩的充盈系数范围一般在 1.09～1.33,平均值为 1.21。

6) 不同桩径桩长和持力层极限承载力统计分析

由各持力层的桩长桩径的承载力均值变化统计曲线可得出以下几点结论:

(1) 在同一持力层和相同桩长的条件下,单桩竖向极限承载力基本随桩径的增加而增大。

(2) 在同一桩径和同一持力层条件下,单桩竖向极限承载力随桩长的增长而增加。

(3) 在相同桩长和桩径的条件下单桩竖向极限承载力的平均值与持力层关系依次为:乳土、粉土中桩<粉砂中桩<强风化基岩中桩<砂砾卵石层中桩<中风化基岩中桩<微风化基岩中桩。

7) 钻孔桩桩身压缩量统计分析

由统计结果发现:

(1) 相同桩径的桩在极限荷载作用下,桩身混凝土的总压缩量是桩长的函数,即桩身压缩量随桩长的增加而增加,这可以从图 12-5 中看到。

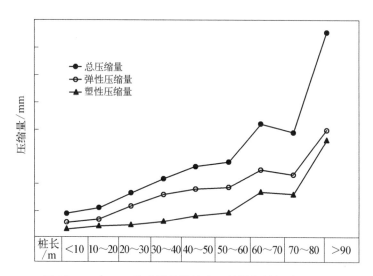

图 12-5 ϕ1 000 钻孔灌注桩桩身压缩量与桩长关系曲线

(2) 相同桩径的桩在极限荷载作用下,桩身混凝土的弹性压缩量是桩长的函数,即桩身弹性压缩量随桩长的增加而增加。

(3) 相同桩径的桩在极限荷载作用下桩身混凝土不仅有弹性压缩量,而且有塑性压缩量。塑性压缩量是一个宏观定义,主要是由桩身混凝土的塑性压缩以及桩端附近混凝土压缩组成。桩身塑性压缩量随荷载的增加而增大。

(4) 桩身塑性压缩量除了与桩长有关外,还与桩顶荷载水平、长径比、桩身混凝土强度、配筋量、地质条件、施工质量等因素有关。在其他条件一定时,桩身荷载水平越高,桩身压缩量越大,而且桩身混凝土破坏前有一个临界值(该值与桩顶荷载水平,桩身混凝土强度,桩长和配筋等有关)。实测表明,桩长 40 m、桩径 1 000 mm、C25 混凝土的钻孔灌注桩其压缩量的临界值约为 20 mm。亦即对该种桩做试桩时,控制最大试验荷载的附加条件是桩顶、桩端的沉降差小于 20 mm。而且可以通过桩顶桩端沉降是否同步来判断桩身混凝土是否压碎。

(5) 由于在极限荷载作用下,桩身混凝土既有弹性压缩,也有塑性变形,所以对桩,尤其在高荷载水平作用下,不能将其作为弹性杆件进行计算。

12.2　武汉红钢城码头预应力混凝土大管桩承载力的确定

12.2.1　设计资料

武汉红钢城码头位于武昌红钢城,是国家"七五"重点科技攻关项目的依托工程,在现场所做的一根试桩,为交通部第二航务工程局在九江预制厂预制的预应力混凝土大管桩,外径 100 cm,内径 74 cm,壁厚 13 cm,桩全长 44 m,由 11 节组成,桩顶标高 20.126 m,桩尖标高 -23.874 m,泥面以上长度 8.4 m,入土深度 35.6 m,水平力的作用点距桩顶 0.345 m,桩的抗弯刚度 $E_P = 1\ 332\ 467.2$ kN · m^2。第一层为淤泥质亚黏土,不排水抗剪强度的标准值 $C_u = 18.0$ kPa,$\varepsilon_{50} = 0.08$,相关系数 ρ 采用 2.0,第二层为细砂,内摩擦角 $\phi = 26°$,土层标贯 N 见钻孔柱状,垂直承载力试桩已压至 8 300 kN,相应的沉降 428 mm,锚桩已上拔,试桩加荷终止,未达桩的极限荷载,荷载 8 300 kN,可认为是桩的屈服荷载。水平荷载加到 60 kN,桩头位移已达 45.79 mm。

12.2.2　竖向垂直承载力

桩虽为空心大管桩,但为了研究空心管桩灌注混凝土的效果,在管中灌注了 6 m 长的混凝土芯,然后进行静载试验,故计算时按闭口计算,桩的垂直承载力设计值:

(1)按经验参数法:

$$Q_d = \frac{1}{\gamma_R}(U\sum q_{fi}l_i + q_R A) \tag{12-1}$$

式中:$\gamma_R = 0.45$;$U = 3.141\ 6$ m;$A = 0.785$ m^2;

q_{fi} 及 q_R 查《建筑桩基技术规范》表 12 - 6。

表 12 - 6　q_{fi} 及 q_R 值

土层底标高	土的名称	标　　贯	q_{fi}	l_i	q_R
+6.08	淤泥质亚黏土		4.0	2.0	
+2.08	细砂	9	43.0	4.0	
+0.08	粉砂	14	51.0	2.0	
-12.42	细砂	22.84	74.0	12.5	
-14.42	粉砂	25	84.0	2.0	
-23.62	细砂	30~50	108	9.2	5 500

将上式各参数值代入式中,则得武汉红钢城码头预应力混凝土大管桩垂直承载力设计值,Q_d 为 8 109.44 kN。

(2)按桩的静载试验值 $Q_d = Q_u/\gamma_R$,γ_R 按《建筑桩基技术规范》取 1.3。推算出桩的极限荷载的标准值:

$$Q_{d} = \frac{Q_{u}}{\gamma_{R}} = \frac{10\ 864}{1.3} = 8\ 357\ \text{kN}$$

12.2.3　水平力作用下的弯矩和挠度

使用黏土及砂土的 p-y 曲线的方法进行 p-y 曲线的计算,再用有限差分迭代法和无量纲迭代法计算桩身弯矩和变位,计算结果如图 12-6 所示,计算桩身最大弯矩与试桩实测值的比较如表 12-7,计算桩头位移与试桩实测值的比较如表 12-8 所示。计算时所推荐的二法均与实测值比较接近。

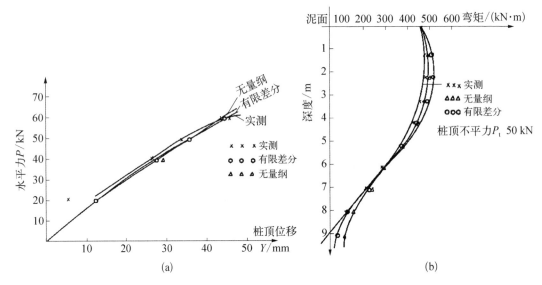

图 12-6　武汉红钢城码头试桩实测与计算比较图

(a) 桩顶位移;(b) 桩身弯矩

表 12-7　计算 M_{max} 与实测值比较(kN・m)

计算方法或实测 \ 水平力/kN	40	50	60
有限差分法	405.3	511.9	618.9
无量纲法	409.9	512.2	614.6
试桩实测	372.0	499.1	635.8

表 12-8　计算桩头位移 y 与实测值比较(mm)

计算方法或实测 \ 水平力/kN	40	50	60
有限差分法	27.4	35.26	44.06
无量纲法	29.18	35.39	43.10
试桩实测	26.06	34.35	45.79

12.3 某大桥双柱式桥墩钻孔灌注桩基础的桩长及桩身弯矩和水平位移的验算

12.3.1 设计资料(见图 12 - 7)

1) 地质与水文资料

墩帽顶(支座垫板)标高 346.88 mm;

墩柱顶标高 345.31 m;

桩顶(常水位)339.00 m;

墩柱直径 1.5 m;

桩直径 1.65 m;

地基土密实细砂类砾石,$m = 1\,000 \text{ kN/m}^2$;

桩身与土的极限摩阻力 $q_f = 70 \text{ kPa}$;

地基土内摩擦角 $\phi = 40°$,内聚力 $c = 0$;

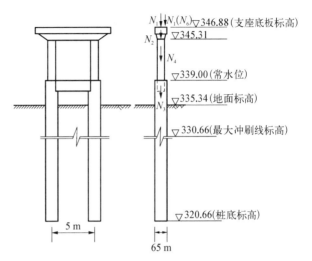

图 12 - 7 双桩桥墩示意图

地基土允许承载力 $[\sigma] = 400 \text{ kPa}$;

土的容重 $\gamma' = 11.80 \text{ kN/m}^3$(已考虑浮力);

桩身混凝土用 C20,其受压弹性模量 $E_h = 2.6 \times 10^4 \text{ MPa}$。

2) 荷载情况

桥墩为单排双柱式,桥面宽 7 m,设计荷载汽—15,挂—80,人行荷载 3 kN/m²,两侧人行道各宽 1.5 m。

上部为 30 m 预应力混凝土梁,每一根桩承受载荷为:

两跨恒载反力 $N_1 = 1\,376.00 \text{ kN}$;

盖梁自重反力 $N_2 = 256.50 \text{ kN}$;

系梁自重反力 $N_3 = 76.40 \text{ kN}$;

一根墩柱(直径 1.5 m)自重反力 $N_4 = 279.00 \text{ kN}$;

桩(直径 1.65 m)每延米重 $q = \dfrac{\pi \times 1.65^2}{4} \times 15 = 32.10 \text{ kN}$(已扣除浮力);

两跨活载反力 $N_5 = 558.00 \text{ kN}$;

一跨活载反力 $N_6 = 403.00 \text{ kN}$。

车辆荷载反力已按偏心受压原理考虑横向偏心的分配影响。

N_6 在顺桥向引起的弯矩 $M = 120.90 \text{ kN} \cdot \text{m}$

制动力 $H = 30.00 \text{ kN}$

纵向风力:

盖梁部分 $W_1 = 3.00 \text{ kN}$,对桩顶力臂 7.16 m;

墩身部分 $W_2 = 2.70$ kN，对桩顶力臂 3.15 m。

桩基础采用冲抓锥钻孔灌注桩，基岩较深，决定采用摩擦桩。

12.3.2 桩长计算

由于地基土层单一，用确定单桩容许承载力的经验公式初步反算桩长。该桩埋入最大冲刷线以下深度 h，一般冲刷线以下深度为 h_3，则

$$[N] = V = \frac{1}{2}U\sum q_{fi}l_i + \lambda m_0 A_P[[\sigma_0] + k_2\gamma_2(h_3 - 3)] \tag{12-2}$$

式中：V——一根桩桩底面所受到的全部竖直荷载(kN)，其余符号同前。

当两跨活载时：

$$V = N_1 + N_2 + N_3 + N_4 + N_5 + l_0 \times q + \frac{1}{2}qh$$

$$= 1\,376.00 + 256.50 + 76.40 + 279.00 + 558.00 + (339.00$$

$$- 330.66) \times 32.10 + \frac{1}{2} \times 32.10 \times h = 2\,813.61 + 16.05h \tag{12-3}$$

设计桩径 $D = 1.65$ m

冲抓锥成孔直径 1.80 m，桩周长 $U = \pi \times 1.80 = 5.65$ m

$$q_f = 70 \text{ kPa}$$

$$A_p = \frac{\pi \times (1.65)^2}{4} = 2.14 \text{ m}^2$$

$$\lambda = 0.7$$

$$m_0 = 0.8$$

$$K_2 = 3$$

$$[\sigma_0] = 400.00 \text{ kPa}$$

$\gamma_2 = 11.80$ kN/m³（已扣除浮力），所以

$$2\,213.61 + 16.05h = \left\{\frac{1}{2}(\pi \times 1.80 \times h \times 70) + 0.7 \times 0.8 \times 2.14\right.$$

$$\left. \times [400 + 3.00 \times 11.80(h + 4.68 + 3.00)]\right\}$$

$$h = \frac{2\,813.61 - 479.40 - 70.31}{197.90 - 16.05 + 42.40} = 10.09 \text{ m}$$

现取 $h = 10$ m，桩底标高为 320.66 m；以上式计算中的 4.68 为一般冲刷线到最大冲刷线高度。由以上计算也可知，h 取 10 m，桩的轴向承载力可符合要求。

12.3.3 桩的弯矩计算

1. 确定桩的计算宽度 b_0

$$b_0 = K_f(d + 1) = 0.9(1.65 + 1) = 2.385 \text{ m} \tag{12-4}$$

2. 计算桩的相对柔度系数 α

$$\alpha = \sqrt[5]{\frac{mb_0}{EI}} = \sqrt[5]{\frac{1\,000 \times 2.385}{0.67 \times 2.6 \times 10^7 \times 0.364}} = 0.327 \text{ m}^{-1} \qquad (12-5)$$

其中：$I = 0.049\,087D^4 = 0.364 \text{ m}^4$。

超静定结构，受弯杆件：$EI = 0.67E_hI$

所以，$\bar{h} = \alpha h = 0.327 \times 10 = 3.27 > 2.5$

按弹性桩计算。

3. 墩桩顶上外力 N_i、Q_i、M_i 及最大冲刷线处桩上外力 P_0、Q_0、M_0 的计算桩帽顶的外力（按一跨活载计算）

$$N_i = 1\,376.00 + 403.00 = 1\,779.00 \text{ kN}$$

$$Q_i = 30.00 \text{ kN}$$

$$M_i = 120.90 \text{ kN} \cdot \text{m}$$

换算到最大冲刷线处：

$$N_0 = 1\,779.00 + 256.50 + 76.60 + 279.00 + (32.1 \times 8.34) = 2\,658.60 \text{ kN}$$

式中 8.34 为桩顶到最大冲刷线一段桩长：

$$Q_0 = 30 + 3 + 2.7 = 35.7 \text{ kN}$$

$$M_0 = 120.90 + 30.00(346.88 - 330.66) + 3 \times 15.50 + 2.7 \times 11.49 = 684.70 \text{ kN} \cdot \text{m}$$

4. 最大冲刷线以下深度 Z 处桩截面上的弯矩 M_z 用 m 法计算

$$M_z = \frac{Q_0}{a} \cdot A_m + M_0 B_m \qquad (12-6)$$

无量纲数 A_m 及 B_m 由胡人礼的《桥梁桩基分析和设计》一书第 340 页附表 3 查得，M_z 值计算列表如表 12-9 所示，其结果如图 12-8 所示。

表 12-9　A_m，B_m 及 M_z 值计算列表

Z	$\bar{Z} = \alpha Z$	$\bar{h} = \alpha h$	A_m	B_m	$\dfrac{Q_0}{a}A_m$	$M_0 B_m$	$M_m/\text{kN} \cdot \text{m}$
0	0	3.27	0	1.000 0	0	684.70	684.70
0.616	0.2	3.27	0.196 75	0.997 97	21.48	683.31	704.79
1.23	0.4	3.27	0.375 71	0.985 42	41.02	674.71	715.73
1.85	0.6	3.27	0.523 99	0.956 20	57.21	654.71	711.92
3.08	1.0	3.27	0.700 67	0.840 98	76.50	575.82	62.32
4.31	1.4	3.27	0.710 97	0.663 29	77.62	454.15	531.77
5.54	1.8	3.27	0.586 85	0.456 56	64.97	312.61	376.68
6.77	2.2	3.27	0.386 75	0.259 00	42.22	177.34	219.56
8.00	2.6	3.27	0.181 44	0.104 89	19.78	71.82	91.60
9.23	3.0	3.27	0.047 68	0.023 06	5.21	15.79	21.00

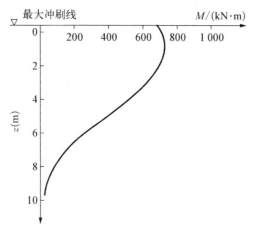

图 12 - 8　桩身弯矩分布图

12.3.4　桩在最大冲刷线处位移和转角 x_0 和 ϕ_0 的验算

$$
\begin{aligned}
x_0 &= \frac{Q_0}{a^3 EI} A_X + \frac{M_0}{a^3 EI} B_X \\
&= \frac{35.70}{0.67 \times 2.6 \times 10^7 \times 0.327^3 \times 0.364} \times 2.614 \\
&\quad + \frac{684.70}{0.67 \times 2.6 \times 10^7 \times 0.327^2 \times 0.364} \times 1.699 \\
&= 2.14 \times 10^{-3}\ \text{m} = 2.14\ \text{mm} < 6\ \text{mm}(符合"m"法的要求)
\end{aligned}
\tag{12-7}
$$

$$
\begin{aligned}
\phi_0 &= \frac{35.70}{0.67 \times 2.6 \times 10^7 \times 0.327^2 \times 0.364} \times (-1.699) \\
&\quad + \frac{648.70}{0.67 \times 2.6 \times 10^7 \times 0.327^2 \times 0.364} \times (-1.788) \\
&= -6.80 \times 10^{-4}\ \text{rad}
\end{aligned}
\tag{12-8}
$$

12.4　江阴长江大桥北塔桥墩钻孔灌注桩基础单桩抗压承载力的推求

12.4.1　工程试桩简况

　　江阴长江大桥北塔桥墩基础为 2.0 m 直径的钻孔灌注桩,桩长 80 m 以上,又在水中,试桩要达到极限承载力有一定难度,为了节约经费,加快施工进度,试桩就选在距北塔很近的北引桥 29 墩进行,如图 12 - 9 所示。桩的设计直径 $d = 100$ cm,1 号试桩为摩擦桩,桩长 785 m,2 号试桩为嵌岩的摩擦端承桩,桩长 81.5 m。由 1.0 m 直径的试桩求出极限承载力后,再推求北塔基础下 2.0 m 直径的工程桩的极限承载力。

　　地质钻孔柱状图如图 12 - 10 所示。试验方法采用慢速维持荷载法,试桩的反力装置采用锚桩加堆载。桩身的应力应变采用电测,加荷采用油压千斤顶,沉降采用百分表量测。

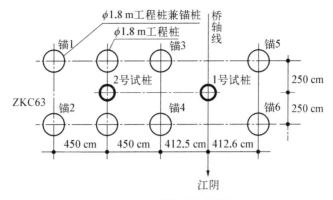

图 12 - 9　试桩桩位布置图

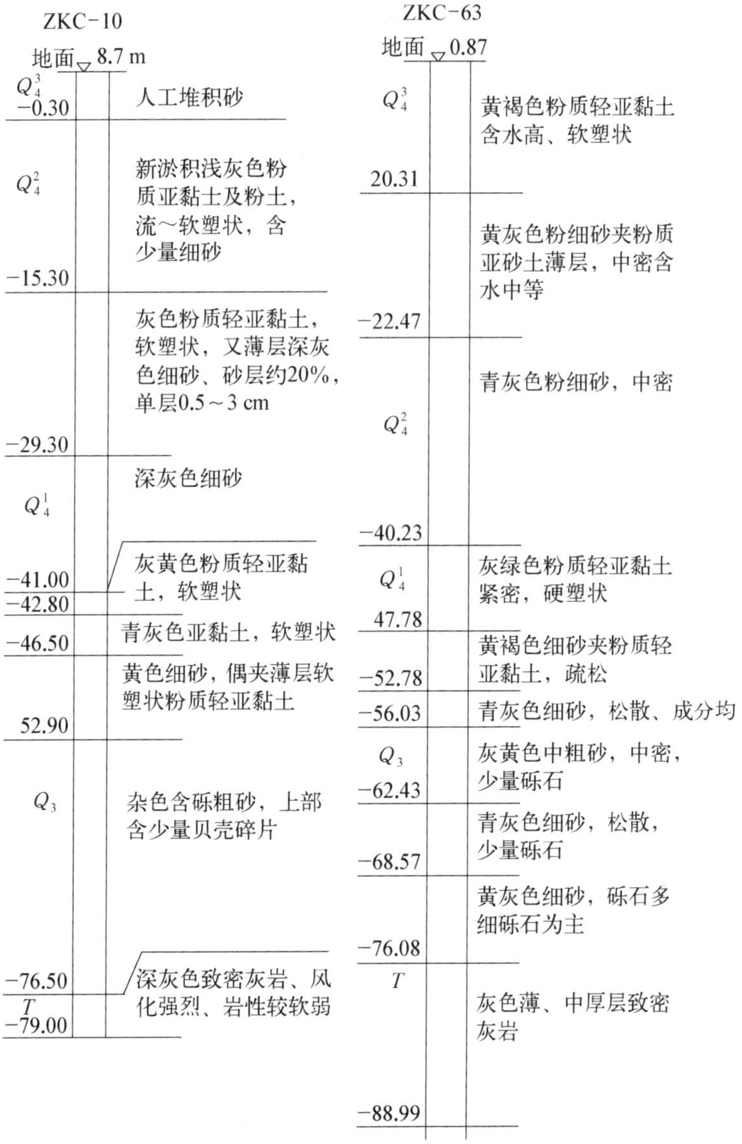

ZKC-10

地面 ▽ 8.7 m

Q_4^3	−0.30	人工堆积砂
Q_4^2		新淤积浅灰色粉质亚黏土及粉土，流～软塑状，含少量细砂
	−15.30	
		灰色粉质轻亚黏土，软塑状，又薄层深灰色细砂、砂层约20%，单层0.5～3 cm
	−29.30	
Q_4^1		深灰色细砂
	−41.00	灰黄色粉质轻亚黏土，软塑状
	−42.80	
	−46.50	青灰色亚黏土，软塑状
	52.90	黄色细砂，偶夹薄层软塑状粉质轻亚黏土
Q_3		杂色含砾粗砂，上部含少量贝壳碎片
	−76.50	深灰色致密灰岩，风化强烈、岩性较软弱
T	−79.00	

ZKC-63

地面 ▽ 0.87

Q_4^3		黄褐色粉质轻亚黏土含水高、软塑状
	20.31	
		黄灰色粉细砂夹粉质亚砂土薄层，中密含水中等
	−22.47	
Q_4^2		青灰色粉细砂，中密
	−40.23	
Q_4^1		灰绿色粉质轻亚黏土紧密，硬塑状
	47.78	
	−52.78	黄褐色细砂夹粉质轻亚黏土，疏松
	−56.03	青灰色细砂，松散、成分均
Q_3	−62.43	灰黄色中粗砂，中密，少量砾石
	−68.57	青灰色细砂，松散，少量砾石
	−76.08	黄灰色细砂，砾石多细砾石为主
T		灰色薄、中厚层致密灰岩
	−88.99	

图 12 - 10　钻 孔 柱 状 图

12.4.2　试验成果

试验成果见表12-10,绘制成$Q\text{-}S$曲线、$S\text{-}\lg Q$曲线和$S\text{-}\lg t$曲线,分别如图12-11~图12-13所示。

表 12-10　垂直静荷载试验成果汇总表

1号试桩						2号试桩基					
序号	载荷/MN	历时/h		沉降值/mm		序号	载荷/MN	历时/h		沉降值/mm	
		本次	累积	本次	累积			本次	累积	本次	累积
1	3	2.0	2.0	1.53	1.53	1	3	2.5	2.5	1.01	1.01
2	6	2.0	4.0	20.2	3.55	2	6	2.0	4.5	2.43	3.44
3	7.5	2.0	6.0	1.37	4.91	3	7.5	2.5	7.0	1.55	4.99
4	9	2.0	8.0	1.83	6.74	4	9	2.0	9.0	1.78	6.77
5	10.5	3.5	11.5	2.14	8.88	5	10.5	2.0	11.0	1.63	8.40
6	12	4.5	16.0	3.07	11.95	6	12	2.0	13.0	2.19	10.59
7	13.5	3.5	19.5	4.05	16.00	7	13.5	2.0	15.0	2.3	12.89
8	15	6.0	25.5	6.15	22.15	8	15	2.0	17.0	2.50	15.39
9	16.5	12.0	37.5	9.59	31.74	9	16.5	4.0	21.0	2.97	18.36
10	18	12.0	49.5	13.59	45.69	10	18	5.0	26.0	2.94	21.30
11	19.5	24.0	73.5	37.06	82.75	11	19.5	4.0	30.0	2.48	23.78
12	16.5	1.0	74.5	−0.29	82.46	12	21	4.0	34.0	2.95	26.73
13	13.5	1.0	75.5	−1.09	81.37	13	22.5	2.0	36.0	2.61	29.34
14	10.5	1.0	76.5	−2.12	79.25	14A	24	2.5	38.5	5.21	34.55
15	7.5	1.0	77.5	−2.05	76.75	14B	24	18.0	56.5	6.24	35.58
16	3	1.0	78.5	−5.50	71.25	15	21	1.0	57.5	−0.52	35.06
17	0	0.5	79.0	−5.45	65.80	16	18	1.0	58.5	−1.71	33.35
18	0	2.0	81.0	−0.22	65.58	17	15	1.0	59.5	−2.27	31.08
						18	12	1.0	60.5	−3.77	27.31
						19	9	1.0	61.5	−4.19	23.12
						20	6	1.0	62.5	−3.62	19.50
						21	3	1.0	63.5	−5.07	14.43
						22	0	1.0	64.5	−4.47	9.96
						23	0	1.0	65.5	−0.35	9.61

1)1号试桩极限荷载力的判定

从$S\text{-}\lg Q$曲线分析,$\Delta S_{11}/\Delta S_{10} > 2$且经过24 h不稳定,故该桩的极限承载力可取18 000 kN;$S\text{-}\lg Q$曲线在荷载达到18 000 kN后有明显陡降坡;$S\text{-}\lg t$曲线在$Q_{11} = 19\,500$ kN时,在明显下弯段特征,其前一段荷载为18 000 kN,故1号试桩的极限承载力为18 000 kN。

2)2号试桩极限承载力的计算

从$Q\text{-}S$曲线、$S\text{-}\lg Q$曲线和$S\text{-}\lg t$曲线均难以确定2号试桩极限承载力,故采用以下方法进行推算。

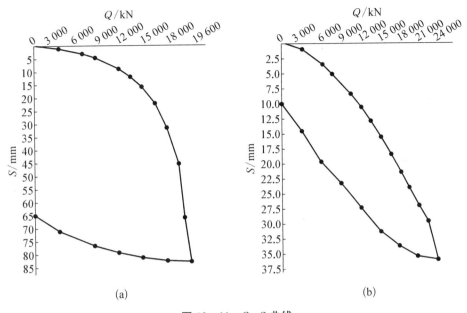

(a)

图 12 - 11　Q-S 曲线

（a）1 号试桩；（b）2 号试桩

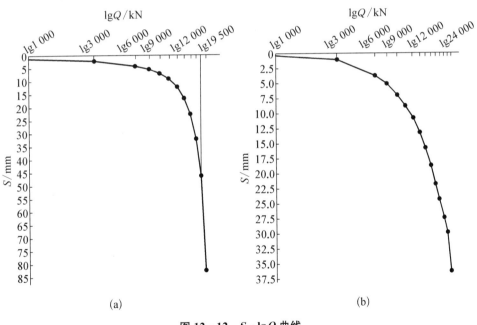

(a)　　　　　　　　　　　　　　　　(b)

图 12 - 12　S-$\lg Q$ 曲线

（a）1 号试桩；（b）2 号试桩

（1）折线发推算极限承载力：

现采用求屈服荷载的折线法，即 $\Delta^2 K/\Delta Q^2$-Q 法来推算 2 号试桩极限承载力。此法假设试桩 Q-S 曲线末段符合如下指数函数：

$$S_i = a\exp(bQ_i) \tag{12-9}$$

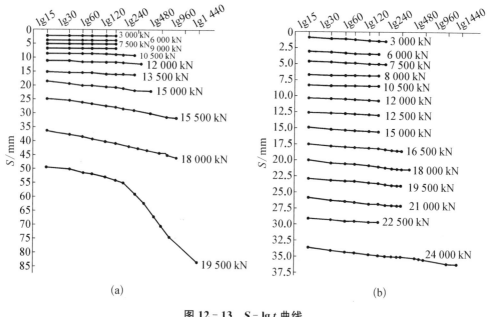

图 12‑13　S‑$\lg t$ 曲线

(a) 1 号试桩；(b) 2 号试桩

式中：S_i——沉降量；

　　Q_i——荷载；

　　a、b——回归系数。

根据试桩最后 5 组实测数据如表 12‑11 所示：

表 12‑11　最后 5 组实测数据

Q/kN	18 000	19 500	21 000	22 500	2 400
S/mm	21.30	23.78	26.73	29.34	34.55

对上式进行回归分析，得出回归系数：

$a = 5.147$；　$b = 7.850 \times 10^{-5}$；　相关系数 $r = 0.996$。

把最后一级实测荷载 $Q_i = 24\,000$ kN 加上每一级荷载增量 $\Delta Q(1\,500$ kN) 代入上述拟合公式，即可预测 Q_{i+1} 荷载级时的沉降量 S_{i+1}。依次类推，便可得出以后各级荷载下沉降量的推算值，同时计算出任一级荷载 Q_i 相对应的 $K_i = (\Delta S / \Delta Q)_i$，以及 K_i 的一阶数值导数 $(\Delta K / \Delta Q)_i$、二阶数值导数 $(\Delta^2 K / \Delta Q^2)_i$，计算结果如表 12‑12 所示。再将计算结果给出 $Q - \Delta^2 K / \Delta Q^2$ 的折线图 12‑14。

由上图可知桩的屈服荷载 $Q_y = 21\,000$ kN，根据经验公式 $Q_u = Q_y / 0.765$，可得出预估极限荷载 $Q_u = 21\,000 / 0.765 = 27\,450$ kN（式中 0.765 为经验系数）。

根据中国有色金属工业总公司和冶金工业部颁发的灌注桩技术规程（YSJ212—92，YBJ42—92），对于缓变型 Q‑S 曲线，一般可取 $S = 40 \sim 60$ mm 对应的荷载作为极限荷载，从工程安全角度考虑，建议取 27 000 kN 作为 2 号试桩的极限荷载，其对应的沉降量推算值为 42.86 mm，符合上述规程的要求。

表 12 - 12　$(\Delta^2 K/\Delta Q^2)_i$ 计算表

Q_i/kN	S_i/mm	$S_i - S_{i-1}$ /mm	$K = \dfrac{S_i - S_{i-1}}{\Delta Q}/$ $(10^{-3}\ \text{mm/kN})$	$\Delta K/\Delta Q/$ $(10^{-7}\ \text{mm/kN}^2)$	$\Delta^2 K/\Delta Q^2/$ $(10^{-10}\ \text{mm/kN}^3)$
1 800	21.3				
		2.48	1.65		
19 500	23.78			2.13	
		2.95	1.97		−2.44
21 000	26.73			−1.53	
		2.61	1.74		8.71
22 500	29.34			11.53	
		5.21	3.47		−12.57
24 000	34.55			−7.33	
		3.55	2.37		8.44
25 500	38.10			5.33	
		4.76	3.17		−1.77
27 000	42.86			2.67	
		5.35	3.57		0.22
28 500	48.21			3.00	
		6.03	4.02		0.22
30 000	54.24			3.33	
		6.78	4.52		
31 500	61.02				

（2）波兰桩基规法（PN - 69/B - 02482）：

此法假设 $Q\text{-}S$ 曲线在破坏时为抛物线，可用作图法外延，求得极限荷载 $Q_u = 37\,500$ kN。

（3）斜率倒数法：

此法假设 $Q\text{-}S$ 为双曲线关系：

$$Q = \frac{S}{a + bS} \qquad (12-10)$$

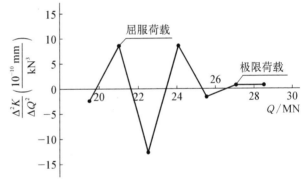

图 12 - 14　$Q - \Delta^2 K/\Delta Q^2$ 关系图

当 $S \to \infty$ 时，$Q = Q_u$

$$Q_u = \lim_{S \to \infty} \frac{S}{a + bS} = \lim_{S \to \infty} \frac{1}{\dfrac{a}{S} + b} = \frac{1}{b} \qquad (12-11)$$

双曲线亦可改写成：

$$S/Q = bS + a \qquad (12-12)$$

由于 S/Q 为直线关系，此直线的斜率倒数 $1/b$ 即为极限荷载 Q_u。用回归分析求得 $a = 7.64 \times 10^{-4}$，$b = 1.92 \times 10^{-5}$，相关系数 $r = 0.987$。所以 $Q_u = 1/b = 52\,083$ kN。

（4）百分率数解法：

此法假设 $Q\text{-}S$ 曲线符合下列指数方程：

$$Q = Q_u[1 - \exp(-aS)] \qquad (12-13)$$

上式亦可表示为：

$$S = a + b\ln(1 - Q/Q_u) \tag{12-14}$$

$Q = 24\,000$ kN 及以前的 S_i 值取实测值，24 000 kN 以后的 Q-S 取方法 1 推求的数值，即

$$S = 5.147\exp(7.85 \times 10^{-5}Q) \tag{12-15}$$

假设不同的 Q_u 进行回归分析，当相关系数：$r = -1$ 时，相应的 Q_u 即为要求的极限荷载 Q_u。
计算结果：

Q_u 分别为 24 000、27 000、30 000 kN，相关系数 γ 分别为 -0.863、$-0.984\,5$、-982。

取 $Q_u = 27\,000$ kN 作为推求的极限荷载。

从以上 4 种方法的分析对比中可见，波兰规范、斜率倒数法是建立在 $S \to \infty$ 基础上的推求极限荷载的，所得结果明显偏大，不够合理；而折线法及百分率法，所得结果很接近，可能较符合 2 号试桩的实际情况，故推荐极限荷载为 27 000 kN。

3) 对北塔桥墩基础直径 2 m 钻孔灌注桩极限承载力的估算值

1 号试桩浇筑时因桩底有 20 cm 沉渣，由试桩曲线综合分析，1 号桩为摩阻桩。2 号桩桩底沉渣只有 5 cm 并嵌入岩层，荷载加到 24 MN 时，还难以判定其极限承载力。用求屈服荷载的折线法预估其极限荷载 27.45 MN，取 27 MN 为 2 号试桩的极限荷载。由 1.0 m 直径的桩推算 2.0 m。当为大直径桩时，应考虑尺寸效应的影响，根据灌注桩基础技术规范（YSJ212—92 及 YBJ42—92）。侧阻力尺寸效应系数及端阻尺寸效应系数均为 $\psi = \left(\dfrac{0.8}{d}\right)^{1/3} = \left(\dfrac{0.8}{2.0}\right)^{1/3} = 0.737$，预估 2 m 工程桩的极限承载力为：

（1）由 2 号试桩按静载试验结果推算：

$$Q_f（桩侧总的摩阻力）= 19.93 \text{ MN}$$

$$Q_b（桩端总的端阻力）= 7.07 \text{ MN}$$

端阻力占 26%。

2 m 桩的极限承载力 Q_u 为：

$$
Q_u = \frac{Q_f}{\pi d_1 L}\psi\pi d_2 L + \frac{Q_b}{\dfrac{\pi d_1^2}{4}}\psi\frac{\pi d_2^2}{4} = Q_f\frac{d_2}{d_1}\psi + Q_b\frac{d_2^2}{d_1^2}
$$

$$
= \left(Q_f + Q_b\frac{d_2}{d_1}\right)\frac{d_2}{d_1}\psi = (19.93 + 7.07 \times 2) \times 2 \times 0.73 = 50.2 \text{ MN}
$$

$$\tag{12-16}$$

（2）1 号试桩根据桩身应力测试结果推算：

由上述测试报告得知 1 号桩在桩顶加载到 18 MN 时，整个桩身测试的侧阻力的加权平均值为 67.1 kPa，我们认为桩侧阻力已达极限；2 号桩在桩顶加荷到 24 MN 时，整个桩身实测的侧阻力的加权平均值为 75.9 kPa，则认为这根桩侧阻力已达到极限，端阻力尚未达到极限。两根试桩相距仅 8.625 m，测试结果应比较接近。由欧洲地基规范知：

$$q_{f1}/q_{f2} = 75.9/67.1 = 1.13$$

取二桩的平均值作为推荐值：

$$q_f = (75.9 + 67.1)/2 = 71.5 \text{ kPa}$$

所以 $Q_f = 17.5$ MN，$Q_b = 5.83$ MN，端阻占 25% 考虑。

$$Q_u = \left(Q_f + Q_b \frac{d_2}{d_1}\right)\frac{d_2}{d_1}\psi = \left(17.5 + 5.822 \times \frac{2}{1}\right) \times \frac{2}{1} \times 0.737 = 42.99$$

（3）由灌注桩基础技术规范（YSJ212—92 及 YBJ42—92）计算其端阻力后再估算 2 m 桩的极限承载力：

桩底阻力：

$$Q_b = \xi_P f_{rc} A_P \tag{12-17}$$

式中：ξ_P——嵌岩桩端阻力修正系数，由规范查得为 0.15；

　　　　f_{rc}——岩石饱和单轴抗压强度，由勘察单位提供的室内力学试验成果表得为 18.53 MPa。

$$Q_b = \xi_p f_{rc} A_p = 0.15 \times 18.53 \times \frac{1}{4}\pi \times 1^2 = 2.183$$

即 $Q_b = 2.183$ MN，$Q_f = 27 - 2.183 = 24.817$ MN。

端阻力占 8%，所以

$$Q_u = 2\left(Q_f + Q_b \frac{d_2}{d_1}\right)\frac{d_2}{d_1}\psi = (24.817 + 2.183 \times 2) \times 2 \times 0.737 = 43.02$$

综上分析，推荐 2 m 嵌岩灌注计的极限承载力为 43 MN 是符合实际的，也是安全的。根据"北塔基础设计说明六、施工要点 3：通过试桩或其他有效的检测手段的验证，当单桩轴向极限承载力大于 41 500 kN，本塔墩的基桩数量可考虑相应减少"。为此，建议将北塔桩基数量适当减少。

关于桩基的安全系数，鉴于桩侧阻力与桩端力达到极限所需的为形相差较大，为了使桩侧桩端达到"等安全度"二建议桩侧桩端取不同的安全系数，桩侧取 1.5 桩端取 4.0，则 2 m 桩的设计承载力：

$$[Q] = \left(\frac{Q_f}{1.5} + \frac{Q_b}{4.0}\right) \times 2\psi = \left(\frac{17.5}{1.5} + \frac{5.833}{4}\right) \times 2 \times 0.737 = 21.5 \text{ MN}$$

（4）建议北塔墩桩基础作为群桩的整体深基础进行强度和变形验算：

为了减少基础不均匀沉降，钻孔灌注桩底端钻入中风化岩 3.5 m，并进入弱风化层，对这样的重大工程是十分必要的。

12.5　根据双桥探头静力触探资料确定混凝土预制桩抗压承载力

根据沪宁高速公路拓宽工程试验段昆山试桩资料得知：无桩帽单桩极限承载力大于 1 650 kN，用 $\Delta^2 k/\Delta Q^2 - Q$ 法推算得知其极限承载力为 1 800 kN。桩直径为 40 cm，桩的入土深度为 35 m。现根据静力触探双桥探头用下面两种方法估算单桩的极限承载力，并与试桩值进行验证对比。

12.5.1　铁道部《静力触探技术规则》法

用双桥探头估算单桩极限承载力 Q_u,打入混凝土桩承载力计算如下:

$$Q_u = \alpha_b \, \bar{q}_{ch} A_p + U \sum \beta_f \, \bar{f}_{ki} L_i \tag{12-18}$$

式中：α_b、β_f——分别为桩端承力、桩侧摩阻力的综合修正系数,其取值分别如表 12-13 所示;

$\bar{q}_{ch}$——桩底上、下 $4d$ 范围内的平均 q_c(kPa),如桩底以上 $4d$ 的 q_c(kPa)平均值大于桩底以下 $4d$ 和 q_c 平均值。则 $\bar{q}_{ch}$ 取桩底一下 $4d$ 的 q_c 平均值。

表 12-13　打入桩的桩端承载力和侧摩阻力综合修正系数 α_b、β_f

条件	α_b	条件	β_f
同时满足 $\bar{q}_{cb} > 2000\,kPa$,$\bar{f}_{si}/\bar{q}_{cb} \leq 0.14$	$3.975(\bar{q}_{cb})^{-0.25}$	同时满足 $\bar{q}_{cb} > 2000\,kPa$,$\bar{f}_{si}/\bar{q}_{cb} \leq 0.14$	$5.05(\bar{f}_{cd})^{-0.25}$
不能同时满足 $\bar{q}_{cb} > 2000\,kPa$,$\bar{f}_{si}/\bar{q}_{cb} \leq 0.14$	$12.00(\bar{q}_{cb})^{-0.25}$	不能同时满足 $\bar{q}_{cb} > 2000\,kPa$,$\bar{f}_{si}/\bar{q}_{cb} \leq 0.14$	$10.04(\bar{f}_{cd})^{-0.25}$

注: $\bar{q}_{cb} = 100\,kPa$; $\bar{f}_{si}$——第 i 层土的探头平均侧阻力。

12.5.2　建筑桩基技术规范法

用双桥探头估算预制单桩极限承载力计算式如下:

$$Q_{uk} = U \sum l_i \beta_i f_{\theta i} + a q_c A_p \tag{12-19}$$

式中：f_{si}——第 i 层土的探头平均侧阻力;

q_c——桩底平面上、下探头阻力,取桩端平面以上 $4d$(d 为桩的直径或边长)范围内的探头阻力加权平均值,然后再和桩端平面以下 $1d$ 范围内的探头阻力进行平均;

α——桩端阻力修正系数,对黏性土、粉土取 2/3 和砂土的 1/2;

β_i——第 i 层土侧阻力综合修正系数,按下式计算:

$$黏性土,\beta_i = 10.04(f_{si})^{-0.55}$$

$$砂性土,\beta_i = 5.05(f_{si})^{-0.45}$$

注: 双桥探头的圆锥底面积为 15 cm²,锥角 60°,套筒高 21.85 cm,侧面积 300 cm²。

12.5.3　对沪宁高速公路昆山试验段的试桩进行验证

$$A_p = \frac{1}{4}\pi d^2 = \frac{1}{4}\pi \times 0.4^2 = 0.125\,7\ m^2$$

$$u = \pi d = 3.141\,6 \times 0.4 = 1.25\ m$$

1) 铁道部《静力触探技术规则》法

$$Q_u = a_b q_{cb} A_q + u \sum \beta_c f_{ki} L_i \qquad (12-20)$$

$$a_b \bar{q}_{cb} A_p = 0.99 \times 1\,250 \times 0.125\,7 = 155.4 \text{ kN}$$

$$\begin{aligned}
u \sum \beta_i \bar{f}_{ki} L_i &= 1.257(1.43 \times 34.63 \times 1.8 + 4.19 \times 4.89 \times 6.7 + 1.28 \times 43.18 \\
&\quad \times 3.2 + 0.72 \times 76.92 \times 3.7 + 0.85 \times 51.98 \times 3.0 + 1.0 \times 36.55 \\
&\quad \times 5.9 + 2.44 \times 13.07 \times 11.5) \\
&= 1.257(89.14 + 137.3 + 176.87 + 204.9 + 132.55 + 215.645 + 366.744) \\
&= 1.257 \times 1\,322.969 = 1\,662.972 \text{ kN}
\end{aligned}$$

$$Q_u = 1\,622.972 + 155.4 = 1\,818.372 \text{ kN}$$

验算结果与试验桩值 1 800 kN 十分接近。

2) 建筑桩基技术规范法

$$Q_{uk} = u \sum L_i \beta_i f_{ki} + a q_c A_p$$

$$a q_c A_p = \frac{2}{3} \times 1\,250 \times 0.125\,7 = 104.8 \qquad (12-21)$$

$$\begin{aligned}
u \sum L_i \beta_i f_{ki} &= 1.257(1.8 \times 34.63 \times 1.43 + 6.7 \times 4.19 \times 4.89 + 3.2 \times 1.28 \times 43.18 \\
&\quad + 3.7 \times 10.04 \times 76.92^{-0.55} \times 76.92 + 3.0 \times 10.04 \times 51.98^{-0.55} \times 51.98 + 5.9 \\
&\quad \times 10.04 \times 36.55^{-0.55} \times 36.55 + 11.5 \times 10.04 \times 13.07^{-0.55} \times 13.07) \\
&= 1.257(89.14 + 137.3 + 176.89 + 262.2 + 178.23 + 299.15 + 367.08) \\
&= 1\,898.05 \text{ kN}
\end{aligned}$$

$$Q_u = 1\,898.05 + 104.8 = 2\,002.86$$

验算结果与试验桩值 1 800 kN 稍大 11%。

据统计铁道部全国 61 根试桩中,95% 的桩误差在 ±30% 以内;建设部 43 根试桩,其中 25 根的误差在 10% 以内,17 根的误差在 10%～20% 之间。在工程无试桩资料的情况下,可用上述方法估算单桩的极限承载力。

12.6　上海港某试桩竖向抗压承载力的分析比较

12.6.1　试验资料

试桩的横截面 $= 50 \times 50 = 2\,500 \text{ cm}^2$;

试桩的长度 $= 30 \text{ m}$;

施工工艺:预制打入桩;

试桩的荷载 Q 与相应的桩顶沉降 S 资料如表 12-14 所示。

表 12 - 14 试桩荷载 Q 与相应的桩顶沉降 S 资料

载荷/kN	沉降/mm	备　注	载荷/kN	沉降/mm	备　注
200	0.33		1 500	15.15	9.5 h 稳定
400	1.00		1 600	18.21	
600	1.89		1 700	21.29	
800	3.43		1 800	25.16	15 h 稳定
1 000	5.66		1 900	31.52	
1 200	8.85		2 000	38.16	23 h 稳定
1 400	13.25		2 100	70.20	31 h 稳定

12.6.2　试桩极限承载能力的确定

(1) 港工桩基规范法(JTJ253—98)：

按试桩资料绘制装的 Q-S 曲线,如图 12 - 15 所示。$\dfrac{\Delta S_n}{\Delta Q_n} = 0.664$；$\dfrac{\Delta S_{n+1}}{\Delta Q_{n+1}} = 0.320\,4$；

$f(L) = \dfrac{3.3}{L} = \dfrac{3.3}{30} = 0.11$,符合 $\dfrac{\Delta S_n}{\Delta Q_n} \leqslant f(L)$,而 $\dfrac{\Delta S_{n+1}}{\Delta Q_{n+1}} > f(L)$ 的条件,或 $\dfrac{\Delta S_{n+1}}{\Delta Q_{n+1}}\Big|$

$\dfrac{\Delta S_n}{\Delta Q_n} > 5$ 且 $\Delta S_{n+1} = 70.2\,\text{mm} > 40\,\text{mm}$ 的条件,n 点对应的荷载为 $2\,000\,\text{kN}$,就是该试桩的

极限荷载 Q_u。

(2) 波兰桩基规范法(见图 12 - 16)：$Q_u = 2\,170\,\text{kN}$。

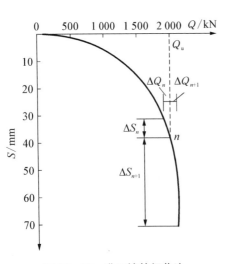

图 12 - 15　港口桩基规范法

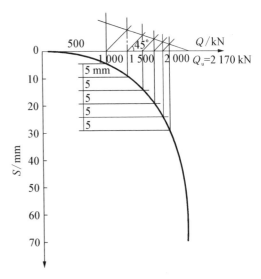

图 12 - 16　波兰桩基规范法

(3) 单对数法(见图 12 - 17)：$Q_u = 2\,000\,\text{kN}$。

(4) 百分率法(见图 12 - 18)：$Q_u = 2\,100\,\text{kN}$。

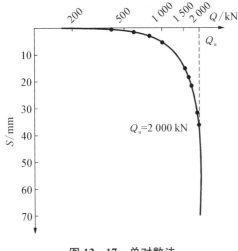

图 12‑17　单对数法

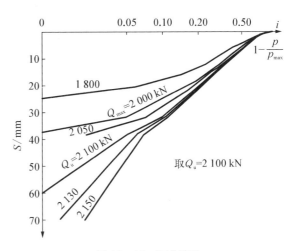

图 12‑18　百分率法

（5）斜率倒数法（见图 12‑19）：$Q_u = 2\ 320$ kN。

现用港工桩基规范法、波兰桩基规范法、单对数法、百分率法及斜率倒数进行分析计算，并将结果绘制成曲线，各分析方法确定的桩极限荷载如表 12‑15 所示。

表 12‑15　几种对比表

分析方法	极限载荷/kN	分析方法	极限载荷/kN
港工桩基规范法	2 000	百分率法	2 100
波兰桩基规范法	2 170	斜率倒数法	2 320
单对数法	2 000		

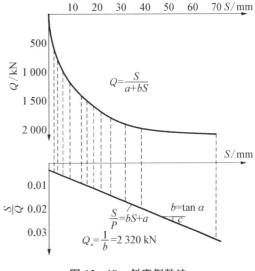

图 12‑19　斜率倒数法

从结果来看，试桩所求出的极限荷载除斜率倒数法外，均比较接近。斜率倒数法求出的值之所以偏大，是因为该法求出的值是双曲线函数 $Q = S/(a+bS)$ 的渐近线，是桩的破坏荷载，故用该法确定的桩的极限荷载自然偏大。

12.7　水平试桩的桩身最大弯矩及泥面位移计算值与试验实测位的计算与比较

12.7.1　厦门东渡二期工程

厦门东渡二期工程做了甲、乙两根试桩，采用 100 kN 卧式千斤顶加载，70 MPa 超压油泵加压，50 kN 拉压传感器测读并控制荷载。甲、乙两试桩如图 12‑20 所示。试桩规格及各

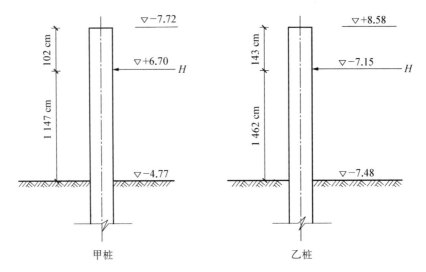

图 12‑20　甲乙两混凝土预制桩水平荷载 H 作用点的位置

层土的主要物理力学指标、水平荷载作用位置如表 12‑16 和表 12‑17 所示。采用双参数法、p‑y 曲线法和 m 法计算甲桩在各级荷载作用下桩的泥面位移,桩身最大弯矩的计算值与实测值之间的比较如表 12‑16 所示。乙桩的计算与实测值比较如表 12‑17 所示。

表 12‑16　甲桩在各级荷载作用下各方法的计算值与实测值的比较表

荷载/kN			4	16	20	32	40
实测泥面位移 y_0/mm			2.1	11.02	15.78	42.72	79.59
实测泥面转角 ϕ/rad			−0.000 76	−0.042 1	−0.005	−0.015 25	−0.024 24
实测桩身最大弯矩 M_{max}/(kN/m)			50.99	209.50	264.11	429.52	543.61
计算泥面位移 y_0 /mm	m 法	取 m 上限值时	2.010 8	8.043 1	10.053 8	16.086 1	20.107 6
		相对误差/%	−4.25	−27.01	−36.29	−62.35	−74.73
		取 m 下限值时	2.758 1	11.032 5	13.791	22.064 9	27.581 2
		相对误差/%	+31.33	+0.11	−12.60	−48.35	−65.35
	双参数发		2.10	11.02	15.78	42.72	79.59
	相对误差/%		0	0	0	0	0
	p‑y 曲线法		2.07	12.01	20.1	43.01	85.24
	相对误差/%		−1.43	+8.98	+27.38	+0.68	+7.1
计算桩身最大弯矩 M_{max}/(kN·m)	m 法	取 m 上限值时	51.942 6 49.844 8	207.770 7 199.379 5	259.713 249.224	412.476 1 403.257 6	519.427 498.449
		相对误差/%	+1.87 −2.25	−0.83 −4.83	−1.66 −5.64	−3.97 −6.11	−4.45 −8.31
		取 m 下限值时	51.695 7 50.676 8	206.783 2 202.707 4	258.479 253.384	413.566 4 405.414 7	516.958 506.768
		相对误差/%	+1.38 −0.61	−1.3 −3.24	−2.13 −4.06	−3.71 −5.61	−4.9 −6.78

（续表）

计算桩身最大弯矩 M_{max}/(kN·m)	双参数发	49.58	209.247 4	264.410 3	429.464 6	543.612
	相对误差/%	−2.77	−0.12	+0.11	−0.013	0
	p-y 曲线法	51.828 8	215.112 9	271.124 5	447.124 5	560.452 8
	相对误差/%	+1.65	+2.68	+2.66	+4.1	+3.1

注：① 相对误差 $=\dfrac{\text{计算值}-\text{实测值}}{\text{实测值}}\times100\%$；

② 计算桩身弯矩时，m 法分别采用规范中的两个公式计算 M_{max}，$M_{max}=M_0 C_2$，$M_{max}=H_0 T D_2$；

③ 桩为 60 cm×60 cm 预制桩，入土深度为 25.51 m，力作用点距泥面距离 11.47 m；

④ 土质：上层为 10 m 灰色淤泥，原状 $q_u=0.25$ MPa，中层为 7.9 黄色砾砂，下层为强风化花岗岩。

表 12-17 乙桩在各级荷载作用下各方法的计算值与实测值比较表

荷载/kN		4	10	20	30
实测泥面位移 y_0/mm		2.81	6.36	19.24	60.10
实测泥面转角 ϕ/rad		−0.001 06	−0.002 36	−0.006 66	−0.021
实测桩身最大弯矩 M_{max}/(kN/m)		69.85	160.97	330.54	500.26
计算泥面位移 y_0/mm	取 m 上限值时	3.048	7.62	15.240 1	22.860 1
	相对误差/%	+8.47	+19.81	−21.52	−61.96
	取 m 下限值时	4.148 9	10.372 3	20.744 6	31.116 8
	相对误差/%	+47.65	+63.09	+6.82	−48.22
	双参数发	2.81	6.36	19.42	60.10
	相对误差/%	0	0	0	0
	p-y 曲线法	3.02	6.53	22.14	64.82
	相对误差/%	+7.47	+2.67	+14.01	+7.85
计算桩身最大弯矩 M_{max}/(kN·m)	取 m 上限值时	65.280 9 61.766 6	155.702 3 154.416 6	311.404 0 308.833 2	467.106 9 463.249 9
	相对误差/%	−10.84 −11.57	−3.27 −4.07	−5.79 −6.57	−6.63 −7.4
	取 m 下限值时	64.709 8 62.528	161.774 5 156.320	323.549 1 312.640 1	485.323 7 468.960 1
	相对误差/%	−7.36 −10.48	+0.5 −2.89	−2.11 −5.42	−2.99 −6.26
	双参数发	66.391	160.970	322.351 1	500.250 3
	相对误差/%	−4.95	0	−2.48	0
	p-y 曲线法	73.102 5	171.001 4	346.842 4	514.124 9
	相对误差/%	+4.66	+6.23	+4.93	+2.77

注：① 桩为 50 cm×50 cm 预制桩，入土深度 19.95 m，着力点距泥面距离 14.62 m；

② 土质：上层为 6.63 m 灰色、灰绿色淤泥，中层为 4.8 m 淤泥及淤泥质黏土，3.5 m 褐黄色砾砂，下层为强风化花岗岩。

12.7.2　上海市苏州河挡潮闸(桥)工程

该试桩是在 1989 年 3 月 28 日进行的,试桩为直径为 90 cm 的钢桩,试桩前在桩周对表土进行了冲刷、松动。冲刷后的泥面标高为 -2.25 m,水平力作用点距泥面距离为 8.05 m,试桩是在桩顶自由的情况下进行的,最大荷载加至 320 kN,试验中分别量测了各级荷载作用下的位移、桩身各测点应变。试桩土层的主要物理力学指标、试桩规格及有关参数如表 12 - 18 所示。水平力作用点位置如图 12 - 22,钢桩在各级荷载作用下采用 m 法、双参数法及 p-y 曲线法计算 y_0 和 M_{max},计算结果与实测值比较如表 12 - 18。

表 12 - 18　钢桩各级荷载作用下各方法的计算值与实测值的比较表

荷载/kN			2.0	6.0	10.0	14.0	20.0	26.0	30.0	32.0
实测泥面位移 y_0/mm			1.09	5.61	11.46	18.6	28.68	39.4	46.5	50.1
实测泥面转角 ϕ/rad			-0.00058	-0.00193	-0.00348	-0.0053	-0.00802	-0.0108	-0.0128	-0.0139
实测桩身最大弯矩 M_{max}/(kN/m)			202	590	979	1 403	1 984	2 520	2 903	3 117
计算泥面位移 y_0/mm	m法	取 m 上限值时	2.34	7.01	11.06	16.36	23.38	30.39	35.06	37.4
		相对误差/%	$+114.68$	$+24.96$	$+2.00$	-12.04	-18.48	-22.87	-24.60	-25.35
		取 m 下限值时	3.09	9.27	15.45	21.63	30.9	40.18	46.36	49.45
		相对误差/%	$+183.49$	$+65.24$	$+34.82$	$+16.29$	$+7.74$	$+1.98$	-0.30	-1.30
	双参数发		1.09	5.61	11.46	18.6	28.68	39.4	46.5	50.1
	相对误差/%		0	0	0	0	0	0	0	0
	p-y 曲线法		0.99	5.52	12.41	19.07	31.61	42.56	48.19	52.75
	相对误差/%		-9.17	-1.60	$+8.29$	$+2.53$	$+10.22$	$+8.02$	$+3.63$	$+5.29$
计算桩身最大弯矩 M_{max}/(kN·m)	m法	取 m 上限值时	337.283 4 / 328.888 3	1 011.8 / 986.664 8	1 686.417 / 1 644.441	2 360.983 / 2 302.218	3 372.834 / 3 288.883	4 384.684 / 4 275.548	5 059.25 / 4 933.324	5 396.534 / 5 262.212
		相对误差/%	$+66.97$ / $+62.82$	$+71.50$ / $+67.23$	$+72.26$ / $+67.97$	$+68.28$ / $+64.09$	$+70.00$ / $+60.77$	$+74.00$ / $+69.66$	$+74.28$ / $+69.94$	$+73.13$ / $+68.82$
		取 m 下限值时	356.127 / 349.826 4	1 068.381 / 1 049.479	1 780.635 / 1 749.132	2 492.889 / 2 448.785	3 561.27 / 3 498.264	4 629.651 / 4 547.744	5 341.904 / 5 247.396	5 698.032 / 5 262.212
		相对误差/%	$+76.30$ / $+73.18$	$+81.88$ / $+78.67$	$+81.88$ / $+78.67$	$+77.68$ / $+74.50$	$+79.50$ / $+76.32$	$+83.72$ / $+80.47$	$+84.01$ / $+80.76$	$+82.81$ / $+79.57$
	双参数发		202.870 2	590.912 2	979.867	1 403.858	1 984.57	2 519.139	2 904.738	3 316.109
	相对误差/%		$+0.43$	$+0.15$	$+0.089$	$+0.06$	$+0.03$	-0.03	-0.06	$+6.39$
	p-y 曲线法		205.125 5	593.214 6	985.325 5	1 491.253 6	2 007.325 6	2 616.235 6	3 426.125 5	3 599.954 2
	相对误差/%		$+1.55$	$+0.54$	$+0.65$	$+6.29$	$+1.18$	$+3.82$	$+17.99$	$+15.40$

注:① 桩为 $\phi90$ 开口钢管桩,壁厚 16 mm,入土深度 38.76 m,着力点距泥面距离 8.05 m;
　　② 土质第一层为 2.83 m 的亚黏土,第二层为 8.7 m 灰色淤泥质黏土,原状 $q_u = 0.037$ MPa,第三层为 7.05 m 灰色黏土,$q_u = 0.051$ MPa,再以下为灰褐色亚黏土,$q_u = 0.037$ MPa。

　　通过表 12 - 16～表 12 - 18 的比较可以看出，
p - y 曲线法的计算值与实测值很吻合，特别是桩身最
大弯矩与实测值的误差一般不超过 5%，只是位移较实
测值稍大一点，但为使结构偏以安全，位移稍大一点也
是容许的。如果有试桩的实测资料应优先选用综合刚
度原理和双参数法进行计算。如果没有试桩的实测资
料，只要土工指标取得准确，p - y 曲线的计算值与试桩
实测值吻合也较好，这是目前在没有试桩实测资料时设
计方法中，最接近于实际的计算方法。它适用性广，对
均质土、成层土、静载、循环荷载、大变形、小变形均可适
用，在某些情况下可以起到水平试桩的作用，故港口工
程桩基规范(JTJ254—98)用该法验算了 20 余根有水平
力试验资料的桩身弯矩和泥面位移。其桩有钢管桩、预
应力混凝土大直径桩和预应力混凝土方桩，计算值与试
桩实测值都比较接近，故本次规范修订时特予采用。

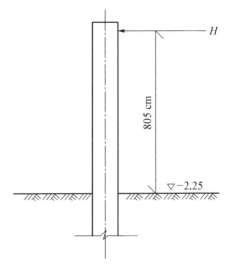

**图 12 - 21　钢管桩在加荷时水平
力作用点位置**

12.8　某铁路路基边坡抗滑桩的设计验算

12.8.1　设计资料

　　如图 12 - 22 所示，滑动面以上为风化极严重的砂砾岩、泥岩，已成土状，从上至下变形
均匀，$r_1 = 19 \text{ kN/m}^3$，$\phi = 26°$。滑动面以下为风化轻微的泥岩、页岩，可按较坚硬的土层考
虑。抗滑桩前、后滑体厚度基本相同，$h_1 = 10 \text{ m}$，滑坡推力 $E_n = 1000 \text{ kN/m}$，桩前剩余抗滑

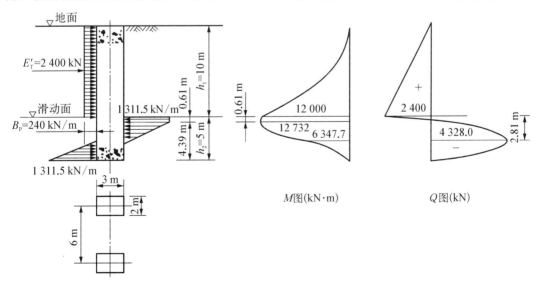

图 12 - 22　桩的受力状况图

力 $E'_n = 600 \text{ kN/m}$，侧壁容许抗压强度 $[\sigma] = 1\,700 \text{ kN/m}^2$。

12.8.2 桩的设计

受荷段桩长：$h_1 = 10 \text{ m}$

桩间距（中至中）：$L = 6.0 \text{ m}$

桩截面：$F = ba = 2 \times 3 = 6.0 \text{ m}^2$

桩的计算宽度：$B_p = b + 1 = 2 + 1 = 3.0 \text{ m}$。

12.8.3 外力计算

每根桩的滑坡推力：

$$E_T = E_n L = 1\,000 \times 6 = 6\,000 \text{ kN} \tag{12-22}$$

桩前被动土压力：

$$E_p = \frac{1}{2}\gamma_1 h_1^2 \tan^2\left(45° + \frac{\phi}{2}\right) = \frac{1}{2} \times 19 \times 10^2 \tan^2\left(45° + \frac{26°}{2}\right) = 2\,433 \text{ kN/m} \tag{12-23}$$

因 $E_p > E'_n$，故采用剩余抗滑力作为桩前地层抗力。

每根桩的剩余抗滑力：

$$E_R = E'_n L = 600 \times 6 = 3\,600 \text{ kN} \tag{12-24}$$

每根桩承受的滑坡推力与抗滑力之差：

$$E'_T = E_T - E_R = 6\,000 - 3\,600 = 2\,400 \text{ kN}。 \tag{12-25}$$

12.8.4 锚固深度计算

桩的最小锚固深度

$$
\begin{aligned}
h_{2\min} &= \frac{E'_T}{[\sigma]B_p} + \sqrt{\frac{3E'_T}{[\sigma]B_p}\left(\frac{E'_T}{[\sigma]B_p} + h_1\right)} \\
&= \frac{2\,400}{1\,700 \times 3} + \sqrt{\frac{3 \times 2\,400}{1\,700 \times 3}\left(\frac{2\,400}{1\,700 \times 3} + 10\right)} = 4.32 \text{ m}
\end{aligned} \tag{12-26}
$$

采用 $h_2 = 5 \text{ m}$。

12.8.5 桩侧应力计算

基本公式

$$E'_T - \sigma y_m B_P = 0 \tag{12-27}$$

$$E'_T\left(\frac{h_1}{2} + y_m + \frac{h_3}{2}\right) - \sigma y_m B_P\left(\frac{y_m}{2} + \frac{h_3}{2}\right) - \frac{1}{6}\sigma B_P h_3^2 = 0 \tag{12-28}$$

$$h_2 = y_m + y_3 \tag{12-29}$$

将已知值代入上述基本公式中：

$$3\sigma y_{\mathrm{m}} - 2\,4000 = 0 \tag{a}$$

$$2\,400\left(5 + y_{\mathrm{m}} + \frac{h_3}{2}\right) - 3\sigma y_{\mathrm{m}}\left(\frac{y_{\mathrm{m}}}{2} + \frac{h_3}{2}\right) - \frac{1}{6} \times 3\sigma h_3^2 = 0 \tag{b}$$

$$5 = y_{\mathrm{m}} + h_3 \tag{c}$$

以式(a) $\sigma = \dfrac{2\,400}{3y_{\mathrm{m}}} = \dfrac{800}{y_{\mathrm{m}}}$、式(c) $h_3 = 5 - y_{\mathrm{m}}$ 代入式(b),整理后得:

$$y_{\mathrm{m}}^2 + 20y_{\mathrm{m}} - 12.5 = 0$$

则

$$y_{\mathrm{m}} = 0.61 \text{ m}$$

将 y_{m} 值代入式(c)得:

$$h_3 = 5 - 0.61 = 4.39 \text{ m}$$

将 y_{m} 值代入式(a),得:

$$\sigma = \frac{2\,400}{3 \times 0.61} = 1\,311.5 \text{ kN/m}^2$$

12.8.6　锚固段桩身内力计算

详见表 12-19,计算结果示于图 12-23。

表 12-19　桩身内力计算表

深度 y/m	剪力/kN	弯矩/kN·m
0	$240 \times 10 = 2\,400$	$2\,400 \times 5 = 12\,000$
0.61	$2\,400 - (1\,311.5 \times 0.61 \times 3) \approx 0$	$2\,400(5+0.61) - 1\,311.5 \times 0.61 \times 3 \times (0.6/2) = 12\,732^*$
2	$-3[(482.9 \times 1.39 - 1\,311.5 - 482.9) \times 1.39 \times 0.5]$ $= -3\,741.3$	$2\,400 \times 7 - 2\,400(0.61/2 + 1.39) - 482.9 \times 3 \times 1.39^2/2 - 828.6 \times (1/2) \times 3 \times (2/3) \times 1.39^2 = 9\,731.6$
2.81	$-1\,311.5 \times 2.2 \times 0.5 \times 3 = 4\,328^*$	$4\,328 \times 2.2 \times (2/3) = 6\,347.7$
4	$-(709.4 \times 1.0 + 602.1 \times 1.0 \times 0.5)3 = -3\,031.4$	$709.4 \times 3 \times 0.5 + 602.1 \times 3 \times 0.5 \times (2/3) = 1\,666.2$
5	0	0

注:有 * 号者为最大值。

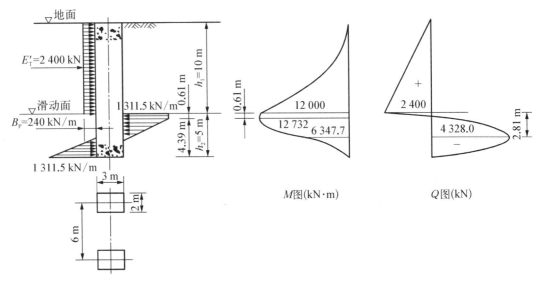

图 12 - 23　桩的受力状况图

12.9　路堤下管桩复合地基沉降量计算

12.9.1　工程概况

广梧高速公路马安至河口段起点位于高要市马安镇鸡肾岗,经马安、白诸、思劳、安塘,终于云浮市河口镇田心村,全长 37.312 km。其中约 18 km 路段为软土地基,软土厚度 0~23 m 不等。软土物理学指标较差。软土地基处理采用袋装砂井排水固结＋土工织物＋等超载为主、真空联合堆载预压、搅拌桩复合地基为辅的处理方案。原定 2005 年底通车。广东省委省政府贯彻落实党中央"全面建设小康"的精神,要求将通车时间提前至 2004 年 6 月底,将原来的 30 个月的工期变更为 18~20 个月。

为了满足工期的要求,软基深度超过 12~15 m 且计算沉降超过 2 m 的路段采用路改桥,软基深度 12~15 m。计算沉降量 1~1.5 m 的路段,管桩十袋装砂井复合地基方案与路改桥方案比选;对于沉降量大、软基厚的一般路段采用管桩十袋装砂井复合地基。对桥台、涵洞、机耕通道附近的路基采用管桩复合地基进行软基处理。广梧高速公路软基处理采用管桩累积约 25 万延米。管桩复合地基应用于处理路堤地基的设计理论,尤其是复合地基沉降计算方法尚有待探讨。按上述提出的管桩复合地基沉降计算,对比了 K12＋540 断面计算沉降与实测沉降。

12.9.2　地质条件

现场钻探结果显示,K12＋540 帕断面位置地层自上而下如图 12 - 24 所示。

(1) 素填土:0~3.2 m,褐黄色,很湿,主要由砂、页岩风化残积土及砂土回填组成,约含 15％的硬质物,土层结构疏松。

(2) 亚黏土:32~43 m,灰黄色,软塑,土质不均匀,局部夹薄层亚砂土或薄层粉砂,土质粘性较差,手感粗糙。

（3）粉砂：$43\sim6.9\,\mathrm{m}$,灰白～灰黄色,饱和,松散,质较纯,局部含少量黏性土,颗粒均匀,分选性好。

（4）黏土：$6.9\sim11.70\,\mathrm{m}$,灰黄色,青灰色,软塑,土质较均匀,粘性好.韧性强,含少量粘砂。

（5）粗砂：$11.70\,\mathrm{m}$ 以下,灰黄色,饱和松散,石英颗粒不均匀,分选性差,其中孔深 $12.20\sim12.60\,\mathrm{m}$ 为淤泥质土,呈软塑状。

12.9.3　设计情况

序号	图　　例	厚度(m)
1		3.2
2		4.3
3		6.9
4		11.7
5		

图 12 - 24　地质剖面示意图

管桩地基剖面图如图 12 - 25 所示。管桩型号 PHC - 400A,长度 $L=11.7\,\mathrm{m}$,桩径 $d=400\,\mathrm{mm}$,桩距 $a=2.5\,\mathrm{mm}$,正方形布置。每个桩顶段 $1\,\mathrm{m}\times1\,\mathrm{m}\times0.4\,\mathrm{m}$ 托板＋1 层土工格栅(CATT60 - 60),上部加载高度 $5.0\,\mathrm{m}$。K12＋540 断面仪器布置如图 12 - 26,分别在路基路肩及中线位置设置沉降观测点,即图中的左、中、右标号,整个加载、预压过程进行了详细的动态跟踪观测工作,监测历时达 221 天。

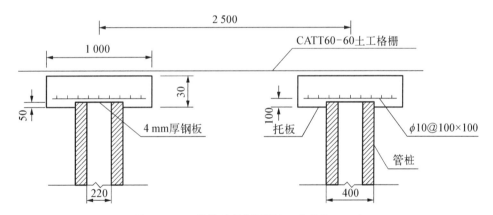

图 12 - 25　管桩地基剖面图(尺寸单位：mm)

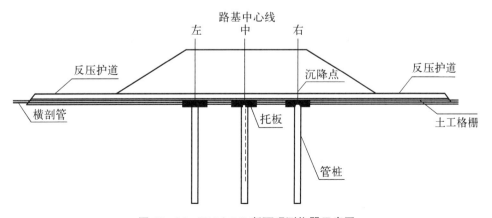

图 12 - 26　K12＋540 断面观测仪器示意图

12.9.4　管桩复合地基沉降量计算

1) 单桩承载力计算

依据建筑地基基础规范,根据土的物理指标与承载力之间的经验关系确定单桩竖向极限承载力标准值 Q_{uk}:

$$Q_{uk} = u \sum q_{sik} l_i + q_{pk} A_p \qquad (12-30)$$

式中：q_{sik} ——桩侧第 i 层土的极限侧阻力标准值；

$\quad\quad\ \ q_{pk}$ ——极限端阻力标准值。

q_{sik} 和 q_{pk} 分别由表查得,得到：$Q_{uk} = 996.0 \text{ kN}$

2) 沉降计算

K12+540 断面加载高度 $H = 5$ m,填土容重 γ 平均为 20 kN/m^3,因此,

$$N = AH\gamma = 6.25 \times 20 \times 5 = 625 \text{ kN}$$

因为 $N < Q_{uk}$,所以 $P_p = N = 625$ kN, $P_s = 0$, $S_s = 0$。

S_P 采用分层总和法,设单桩的沉降主要由桩端以下土层的压缩组成：

$$L_0 = 1.5 \text{ m}, \phi = 28°$$

$$A_e = \frac{\pi}{4}\left[d + 2(L - L_0)\tan\frac{\phi}{4}\right]^2 = 6.37 \text{ m}^2$$

$$A = a^2 = 6.25 \text{ m}^2$$

由于 $A_e > A$,取 $A_e = A = 6.25 \text{ m}^2$

$$\sigma_0 = P_P / A_e = 100 \text{ kPa}$$

根据《土体原位测试机理方法及其工程应用》,结合现场经理触探资料,桩端底部为粗砂层,按 $E_s = 2 - 3.5q_c$ 确定 E_s:

$$E_s = 2 \times 3000 = 6000 \text{ kPa}$$

取 $m = 1.5$,得

$$S_P = m \sum_{i=1}^{n} \frac{\sigma_i}{E_{si}} \Delta Z_i = 76.7 \text{ mm}$$

3) 与实测沉降量对比分析

沉降变化曲线如图 12-27 所示,左、中、右观测点累计沉降量分别为 43.2、79.5、93.4 mm,由于计算点与中观测点位置相近,计算结果与其仅相差 2.8 mm,另外,由于计算点与左、右观测点位置相差较远,计算结果与其相差较大,但将观测 3 点取平均值 72.0 mm,则与计算结果相差较小,由此可见此计算方法基本合理可行。

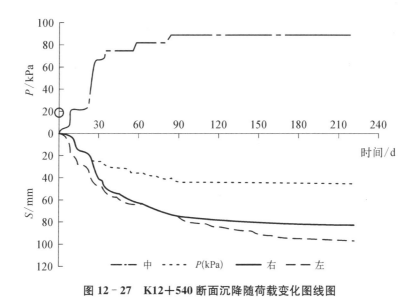

图 12－27　K12＋540 断面沉降随荷载变化图线图

12.10　苏通大桥超长灌注桩基持力层分析

拟建的苏州—南通长江公路大桥(简称苏通大桥)为江苏省跨长江连接苏州与南通两市的重要交通枢纽。在工程可行性阶段对东、中二个桥位方案进行了选比分析,研究推荐东桥位为初步设计阶段勘测、设计和研究的桥位。研究项目中需要考虑钻孔灌注桩基持力层的选择问题。

12.10.1　优势指标的确定

通过综合分析得出了能反映地层持力特性的 7 项优势指标。

(1) 深度(成本)优势指标。深度对桩基持力层的选择是一个最重要的优势指标。深度太深在成本上是极不划算的。比如本工程中的基岩深度 290 m,其优势指标的确定从成本上来看几乎是不可能的。

(2) 承载力大小优势指标。某一持力层的选择必须保证桩基有足够的承载力,才能确保工程的安全。承载力的计算为持力层端阻力加上桩侧所有分层土侧阻力之和。

(3) 厚度优势指标。持力层一般有较大的端阻力和侧阻力,但这是以持力层有足够的厚度为保证的。地层太薄的话,是谈不上持力性的。所以厚度也是选择持力层的一个优势指标。

(4) 厚度变化率优势指标。在桩分布范围内的持力层必须厚度稳定,否则的话就会产生差异沉降等问题,影响桥梁安全。

(5) 下卧层性质优势指标。下卧层太软弱的话会对持力层带来隐患,如它的液化问题就必须引起重视。以极限端阻力来表示下卧层性质,因为极限端阻力在一定程度上反映了下卧层的综合性质。

（6）N 的标准差优势。指标标贯击数能反映土层的动力特性。

（7）抗震动或抗沉降效果优势指标。这是一个综合性的优势指标。

从以上可看出，第（2）、（3）、（5）、（7）项优势指标是越大越好；（1）、（4）、（6）项优势指标是越小越好。

12.10.2　持力层选择

1）各方案优势指标原始值

苏通大桥桥址区 4 个备选方案中持力层具体情况如表 12-20 所示。

表 12-20　各方案的优势指标原始值表

序号	持力层方案	优势指标						
		承载力大小/kN	厚度/m	厚度变化率/%	下卧层性质（极限端阻力）/kPa	深度/m	抗震动或抗沉降效果	N 的标准差
1	6～1 中粗砂	35 986	12.0	38	200	73.4	0.56	19.79
2	8～1 中粗砂	56 510	22.0	32	250	90.8	0.65	14.91
3	9～11 硬土层	94 444	13.9	46	250	128.2	0.75	20.4
4	基岩	232 184	13.0	31	4 500	290.0	0.85	

2）优势指标权重值和因子值取值范围的确定

各方案持力层优势指标的权重值和因子值取值范围如图 12-28 所示。

3）优势指标权重值和因子值具体赋值

苏通大桥桥址区各方案持力层优势指标权重值和因子值的具体赋值情况如表 12-21 所示。需说明的是，权重值的取值带经验性，主要由专家确定。

表 12-21　各方案的优势指标权重值、因子值具体赋值表

序号	持力层厚度	优势指标												
		承载力		厚　度		厚度变化率		下卧层性质		深度（成本）		抗震动或扛沉降效果		N 的标准差	
		因子值 I_1	权重值 W_1	因子值 I_2	权重值 W_2	因子值 I_3	权重值 W_3	因子值 I_4	权重值 W_4	因子值 I_5	权重值 W_5	因子值 I_6	权重值 W_6	因子值 I_7	权重值 W_7
1	6-1 中粗砂	0.1		0.2		0.5		0.2		1.0		0.2		0.5	
2	8-1 中粗砂	0.3	0.20	0.6	0.14	0.7	0.1	0.6	0.08	0.8	0.35	0.4	0.06	0.8	0.07
3	9-11 硬土层	0.5		0.2		0.1		0.6		0.1		0.6		0.3	
4	基　岩	1.0		0.2		0.7		1.0		0.01		0.8		0.1	

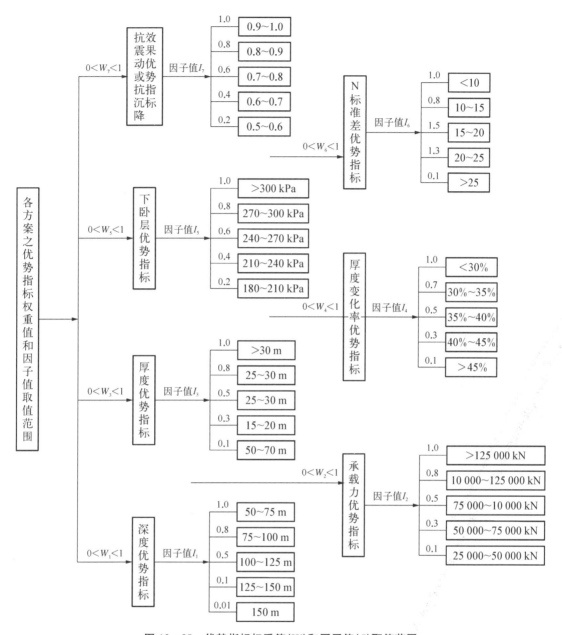

图 12 - 28　优势指标权重值(W)和因子值(I)取值范围

4) 综合值具体计算

综合值计算公式为：

$$R_i = I_{1i} \times W_1 + I_{2i} \times W_3 + I_{3i} \times W_3 + I_{4i} \times W_4 + I_{5i} \times W_5 + I_{6i} \times W_6 + I_{7i} \times W_7$$

$$(12 - 31)$$

式中：R_i——综合值；

$W_1 \sim W_7$——权重值；

$I_{1i} \sim I_{7i}$——因子值。

四方案综合值具体计算如表 12 - 22 所示。

表 12 - 22 四方案综合值表

序　号	持力层方案	R 计 算 式	结　果
1	6 - 1 中粗砂	$R_1 = 0.1 \times 0.2 + 0.2 \times 0.14 + 0.5 \times 0.1 + 0.2 \times 0.08 + 1.0 \times 0.35 + 0.2 \times 0.06 + 0.5 \times 0.07$	0.511
2	8 - 1 中粗砂	$R_2 = 0.3 \times 0.2 + 0.6 \times 0.14 + 0.7 \times 0.1 + 0.6 \times 0.08 + 0.8 \times 0.35 + 0.4 \times 0.06 + 0.8 \times 0.07$	0.588
3	9 - 11 硬土层	$R_3 = 0.5 \times 0.2 + 0.2 \times 0.14 + 0.1 \times 0.1 + 0.6 \times 0.08 + 0.1 \times 0.35 + 0.6 \times 0.06 + 0.3 \times 0.07$	0.278
4	基岩	$R_4 = 1.0 \times 0.2 + 0.2 \times 0.14 + 0.7 \times 0.1 + 1.0 \times 0.08 + 0.01 \times 0.35 + 0.8 \times 0.06 + 0.1 \times 0.07$	0.499

从表中可看出,第二方案为优选出的桩基持力层方案。

综上所述,选出的苏通大桥桥址区桩基持力层应是第二方案,即 90.8 m 深的中粗砂层。同时也可看出选持力层所用的优势指标法,不失为一个简单、实用而较为可靠的方法。

参考文献

[1] 张雁,刘金波. 桩基手册[M]. 北京：中国建筑出版社,2009.

[2] 朱斌见. 预制桩在舟山的应用研究[D]. 浙江：浙江大学,2004.

[3] 高大钊. 桩基础的设计方法与施工技术[M]. 北京：机械工业出版社,1999.

[4] JGJ94—2008 建筑桩基技术规范[S].

[5] 张忠苗. 桩基工程[M]. 北京：中国建筑出版社,2007.

[6] 刘金砺,高文生等. 建筑桩基技术规范应用手册[M]. 北京：中国建筑出版社,2010.

[7] 孙其超. 大直径深长钻孔灌注桩单桩竖向承载性能研究[D]. 上海：同济大学,2008.

[8] 杨克己等. 实用桩基工程[M]. 北京：人民交通出版社,2004.

[9] 侯胜男等. 预应力管桩单桩水平承载力的试验判定标准探讨[J]. 岩土工程学报,2013(S1).

[10] 赵会永. 混凝土灌注桩水平承载性能研究[D]. 西安：西安建筑科技大学,2010.

[11] 史佩栋. 桩基工程手册[M]. 北京：人民交通出版社,2008.

[12] 王浩. 扩底抗拔桩桩端阻力的群桩效应研究[J]. 岩土力学,2012(07).

[13] 邓友生等. 超长大直径钻孔灌注桩群桩效应系数研究[J]. 重庆建筑大学学报,2007(06).

[14] 戴国亮等. 超长钻孔灌注桩群桩效应系数研究[J]. 土木工程学报,2011(10).

[15] 赵俭斌等. 静压PHC管桩群桩效应的数值模拟分析[J]. 工程力学,2014(S1).

[16] 肖俊华. 桩基负摩擦力的下拉荷载与时间关系研究[J]. 岩土力学,2009(09).

[17] 陶学俊,丁选明. 水平荷载作用下PCC桩群桩效应数值分析[J]. 防灾减灾工程学报,2013(03).

[18] 陈绍东. 水平承载桩的群桩效应研究[D]. 哈尔滨：哈尔滨工业大学,2013.

[19] 刘杰. 单桩沉降计算方法综述[J]. 株洲工学院学报,2012(01).

[20] 黄发安. 桩基沉降与分析[D]. 成都：西南交通大学,2006.

[21] 阳吉宝. 单桩沉降计算的荷载传递法讨论[J]. 岩土工程技术,1998(04).

[22] 熊昊. 抗拔桩承载力特性研究与三维数值仿真分析[J]. 工程地质学报,2013(03).

[23] 李兰勇. 抗拔桩桩土荷载传递机理研究[D]. 广州：华南理工大学,2012.

[24] 冯国栋. 土力学[M]. 北京：水利水电出版社,1986.

[25] 冯国栋等. 桩的负摩擦力专辑[M]. 水利电力科技资料,1977(08).

[26] 横山幸满. 桩结构物的计算方法和计算实例. 唐业清等译. 北京：中国铁道出版社,1984.

[27] JTJ222—83 桩基规范. 交通部桩基规范编写组. 上海,1985.

[28] 李广平. 桩基承台的破坏机理及其承载力设计方法的研究[J]. 工业建筑,2003, 30(6).

[29] 宗黎. 桩基设计的持力层选择[J]. 住宅科技,1998(06).

[30] 王海磊,田亚楠等. 浅谈桩基变刚度调平设计[J]. 科技信息,2009(11).

[31] 王涛,高文生等. 桩基变刚度调平事设计的实施方法研究[J]. 岩土工程学报, 2010(04).

[32] 方育平、何文钦. 大中型高桩码头不同类型桩基结构的应用与分析[J]. 水运工程, 2009(7).

[33] 陈平、袁孟全. 提高高桩码头钢管桩桩基承载力的方法[J]. 中国港湾建设,2007(3).

[34] 许英、徐骏、吴兴祥. 港口工程大直径管桩竖向承载力可靠性研究[J]. 江苏科技大学学报(自然科学版),2011,25(6):67-68.

[35] 周鹏. 大管桩在港口工程中的应用与分析[J]. 新乡学院学报(自然科学版),2010, 27(5):81-82.

[36] 周海铀、张勇于. 浅谈振动沉管桩技术在某港口工程中的应用[J]. 中国水运(下半月),2010,(07):29-30.

[37] 曾亮. 2014注册岩土考试专业案例一本通[M]. 南宁：华南岩土出版社,2014,1.

[38] 童文鲁. 钻孔灌注桩在高桩码头平台中的应用[J]. 水运工程,1998(5).

[39] 周正冰. 板桩码头及高桩码头施工技术[J]. 水运工程,2004,10.

[40] 李荣庆. 港口工程板桩结构和桩基可靠度分析[D]. 大连理工大学博士论文. 2009,06.

[41] 徐炬平. 嘉新板桩码头桩基施工关键技术[J]. 水运工程,2009,05.

[42] 张俊平. 京唐港板桩码头基础地下连续墙施工工艺[J]. 水运工程,2004,07.

[43] 邓小明. 浅谈渤海海域浅水导管架立式建造工艺特点[Z]. 2008全国钢结构学术年会论文集,2008.

[44] 韩志强. 海洋平台桩基计算与施工方法探讨[J]. 中国海洋平台. 2002(06).

[45] 杨超. 海上风机桩基础设计研究[D]. 哈尔滨工程大学硕士论文. 2008,12.

[46] 戴维明、黄挺、戴国亮. 东南大学土木学院. 海上风电机高桩基础关键参数试验研究.

[47] 刘冰雪. 海上风机桩基础承载特性的三维有限元分析[D]. 大连理工硕士论文. 2009,6.

[48] 蒋建平、马恒. 抗滑桩一边坡体系中桩与地层协同工作研究[J]. 科技快讯,2011.

[49] 蒋建平、高广运、罗国煜. 苏通大桥超长灌注桩基持力层分析[J]. 土木基础,2002.

[50] 胡人礼. 桥梁桩基础分析和设计[M]. 北京：中国铁道出版社,1987.